Qt for Python PySide6 GUI 界面开发详解与实例

李增刚 沈 丽 / 编著

清華大学出版社
北 京

图书在版编目(CIP)数据

Qt for Python PySide6 GUI 界面开发详解与实例/李增刚，沈丽编著. —北京：清华大学出版社，2022.8

ISBN 978-7-302-61489-0

Ⅰ. ①Q… Ⅱ. ①李… ②沈… Ⅲ. ①软件工具－程序设计 Ⅳ. ①TP311.561

中国版本图书馆 CIP 数据核字(2022)第 137128 号

责任编辑：赵从棉 苗庆波
封面设计：傅瑞学
责任校对：欧 洋
责任印制：宋 林

出版发行：清华大学出版社
网 址：http://www.tup.com.cn，http://www.wqbook.com
地 址：北京清华大学学研大厦 A 座 邮 编：100084
社 总 机：010-83470000 邮 购：010-62786544
投稿与读者服务：010-62776969，c-service@tup.tsinghua.edu.cn
质量反馈：010-62772015，zhiliang@tup.tsinghua.edu.cn
印 装 者：三河市天利华印刷装订有限公司
经 销：全国新华书店
开 本：185mm×260mm 印 张：35.25 字 数：858 千字
版 次：2022 年 10 月第 1 版 印 次：2022 年 10 月第 1 次印刷
定 价：118.00 元

产品编号：097793-01

前言
PREFACE

随着信息社会的快速发展，人们越来越依赖于用计算机程序处理各种事情，小到电脑办公、上网发邮件、玩游戏，大到进行复杂的科学计算、性能预测等，这些都需要人们利用计算机开发语言编写各式各样的程序，来满足各种需求，减少工作量。

Python 是一种跨平台的计算机程序设计语言，也是一种高层次的结合了解释性、编译性、互动性和面向对象的脚本语言，越来越多的人开始使用 Python 进行软件开发。Python 语言的语法简单，使用方便，用户不用考虑细枝末节，容易上手，对于初学计算机编程的人员来说，它是最值得推荐的计算机语言。Python 有众多第三方程序包，通过 pip 命令可以直接安装使用，利用第三方程序包用 Python 语言能够快速搭建各式各样的程序。

对于 Python 的 GUI 开发来说，Python 自带的可视化编程模块的功能较弱，PySide 是跨平台应用程序框架 Qt 的 Python 绑定，Qt 是跨平台 C++图形可视化界面应用开发框架，自推出以来深受业界盛赞。PySide 由 Qt 公司自己维护，允许用户在 Python 环境下利用 Qt 开发大型复杂 GUI。用 Python 简洁的语法调用 PySide6 的各种可视化控件的类，可以快速搭建用户的图形界面，PySide6 开发的 GUI 程序可以运行在所有主要操作系统上。PySide6 支持 LGPL 协议，可以使用动态链接的形式开发闭源程序，可以以任何形式（商业的、非商业的、开源的、非开源的等）发布应用程序。本书详细介绍用 PySide6 进行 GUI 开发的方法，读者需要了解 Python 语言的基本用法，限于篇幅，本书不对 Python 基础知识进行介绍，与本书配套的 Python 基础知识可参考本书作者所著的《Python 编程基础与科学计算》或《Python 基础与 PyQt 可视化编程详解》。

本书主要内容如下：第 1 章介绍 PySide6 的可视化编程框架、信号和槽的机制、在 Qt Designer 中进行界面设计以及窗体文件和资源文件转成 Python 的 py 文件的方法；第 2 章介绍一些基础类、常用控件、容器控件和布局控件的方法、信号和槽函数；第 3 章介绍窗口、主窗口对话框、菜单、工具栏和状态栏方面的内容；第 4 章介绍 PySide6 的事件及事件处理函数方面的内容；第 5 章介绍基于项和模型的控件，基于项和模型的控件属于高级控件；第 6 章介绍 QPainter 绘图和 Graphics/View 机制绘图；第 7 章介绍 PySide6 读写文本文件和二进制文件及文件操作方面的内容；第 8 章介绍绘制二维数据图表，如折线图、散点图、条形图和极坐标图等；第 9 章介绍播放、录制音频和视频及拍照方面的内容；第 10 章介绍数据库操作方面的内容，可以用 Model/View 机制查询或修改常用关系型数据库；第 11 章介绍打印支持方面的内容，可以将界面和文本内容打印到纸质介质或 pdf 文档上。

在本书编写时，Python 的版本是 3.10.2，PySide6 的版本是 6.2，由于开发语言仍在不断发展中，读者在使用本书的时候，Python 和 PySide6 很可能发展到更高的版本，由于软件一般都有向下兼容的特点，因此本书所述内容不会影响正常的使用。本书在讲解内容时，在主要知识点上配有应用实例，这些应用实例可以起到画龙点睛的作用，读者可扫描下面的二维码下载本书实例的源代码。

本书由北京诺思多维科技有限公司组织编写，受作者水平与编写时间的限制，书中疏漏和错误在所难免，敬请广大读者批评指正。读者在使用本书的过程中，如有问题可通过邮箱 forengineer@126.com 与本书作者联系。

作　者

2022 年 3 月

扫描二维码，下载本书应用实例的源代码。

本书实例源代码

目录
CONTENTS

第1章

PySide6 GUI编程基础

GUI 编程需要使用界面代码和可以使界面控件联动起来的代码，为提高编程效率可使这两部分代码分离，写到整个程序的不同部分。界面代码可以利用 Qt Designer 来设计窗口和对控件进行布局，然后将 Qt Designer 设计的 GUI 编译成 Python 的 py 文件，最后对界面上各控件之间的逻辑关系用窗口或控件提供的 API 方法及 PySide6 提供的信号、槽函数和事件处理函数来完成。窗口界面代码和对窗口逻辑编程的代码可以存储到不同的 py 文件中，以提高开发效率，实现窗口和逻辑的独立编程。

1.1 Python 开发环境搭建

Python 自带了编程环境，但是功能较弱，可以用第三方提供的开发环境进行 Python 程序和 PySide GUI 程序的开发，本书在 PyCharm 环境下编写 Python 程序和 PySide GUI 程序。

1.1.1 Python 和 PySide 简介

1. Python 简介

Python 是一种跨平台高级语言，可以用于 Windows、Linux 和 Mac 平台上。Python 语言简洁明了，即便是非软件专业的初学者也很容易上手。相对于其他编程语言来说，Python 有以下几个优点：

（1）Python 是开源免费的，用户使用 Python 进行开发或者发布自己的程序不需要支付任何费用，也不用担心版权问题，即使作为商业用途，Python 也是免费的。

（2）Python 的语法简单，和传统的 C/C++、Java、C# 等语言相比，Python 对代码格式的要求没有那么严格，这种宽松使得用户在编写代码时比较轻松，不用在细枝末节上花费太多精力。

(3) Python 是高级语言,封装较深,屏蔽了很多底层细节,比如 Python 会自动管理内存(需要时自动分配,不需要时自动释放)。

(4) Python 是解释型语言,可应用于多个平台上,可移植性好。

(5) Python 是面向对象的编程语言,可用于高效地开发 GUI 程序。

(6) Python 有广泛的第三方应用程序包,用 pip 命令就可以安装,扩展性强,可以帮助用户完成各种各样的程序。它覆盖了文件 I/O、数值计算、GUI、网络编程、数据库访问、文本操作等绝大部分应用场景。

2. PySide 简介

PySide 是 Qt 在 Python 的绑定,是将 C++开发环境下的 Qt 移植到 Python 环境下。由于 Python 语句简单,用 Python 语言开发 Qt 应用程序就变得相对容易。下面内容是 PySide 几个主要模块的简介,其中 QtWidgets、QtCore 和 QtGui 是基本模块,开发 GUI 时都会用这三个模块,其他模块是扩展模块。本书用到的模块有 QtWidgets、QtCore、QtGui、QtWebEngineWidgets、QtChart、QtMultimedia、QtSql 和 QtPrintSupport。

- QtWidgets 是窗口模块,提供窗口类和窗口上的各种控件(按钮、菜单、输入框、列表框等)类。
- QtCore 是核心模块,是其他模块的应用基础,包括五大模块:元对象系统、属性系统、对象模型、对象树、信号与槽。QtCore 模块涵盖了 PySide 核心的非 GUI 功能,此模块被用于处理程序中涉及的时间、文件、目录、数据类型、文本流、链接、MIME、线程或进程等对象。
- QtGui 模块涵盖多种基本图形功能的类,包括事件处理、2D 图形、基本的图像和字体文本等。
- QtSql 模块提供了常用关系型数据库的接口和数据库模型,方便读写数据库中的数据。
- QtMultimedia 模块包含处理多媒体事件的类库,通过调用 API 接口访问摄像头、语音设备,播放音频和视频,录制音频和视频及拍照等。
- QtChart 和 QtDataVisualization 模块用于数据可视化,可以绘制二维和三维数据图表。
- QtPrintSupport 模块提供打印支持,能识别系统中安装的打印机并进行打印,可以对打印参数进行设置,提供打印对话框和打印预览对话框。
- QtBluetooth 模块包含了处理蓝牙的类库,它的功能包括扫描设备、连接、交互等。
- QtNetwork 模块包含用于网络编程的类库,这组类库通过提供便捷的 TCP/IP 及 UDP 的 c/s 程式码集合,使得网络编程更容易。
- QtWebEngine 和 QtWebEngineWidgets 模块借助开源的 Chromium 浏览器,在应用程序中嵌入 Web 浏览功能。
- QtXml 模块包含了用于处理 XML 的类库,提供实现 SAX 和 DOM API 的方法。
- QtOpenGL、QtOpenGLFunctions 和 QtOpenGLWidgets 模块使用 OpenGL 库来渲染 3D 和 2D 图形,该模块使得 Qt GUI 库和 OpenGL 库无缝集成。
- QtDesigner 模块可以为 Qt Designer 创建自定义控件。

- QtSvg 模块为显示矢量图形文件的内容提供了函数。
- QtTest 模块包含了可以通过单元测试调试 PySide 应用程序的功能。
- QtStateMachine 模块可以创建和执行状态图。
- QtHelp 模块可以为应用程序集成在线帮助。
- QtConcurrent 模块支持多线程程序。
- Qt3DCore、Qt3DInput、Qt3DRender、Qt3DAnimation、Qt3DLogic、Qt3DExtras 等模块提供三维渲染、三维实时动画。

1.1.2 Python 开发环境的建立

编写 Python 程序,可以在 Python 自带的交互式界面开发环境中进行。由于其自带的开发环境的提示功能和操作功能不强大,因此可以在第三方提供的专业开发环境中编写 Python 程序,例如 PyCharm,然后调用 Python 的解释器运行程序。本书中 Python 程序的编写既可以在 Python 自带的开发环境中进行,也可以在第三方开发环境中进行,由读者根据自己的爱好自行决定。

1. 安装 Python

Python 是开源免费开发程序,用户可以到 Python 的官网上直接下载 Python 安装程序。登录 Python 的官方网站,可以直接下载不同平台上不同版本的安装程序。Python 的安装文件不大,最新 3.10.2 版只有 27.6MB。单击 Downloads,可以找到不同系统下的各个版本的 Python 安装程序。下载 Python 安装程序时,根据自己的计算机是 32 位还是 64 位选择相应的下载包,例如单击 Windows installer(64-bit)可以下载 64 位的可执行安装程序,一般选择该项即可;单击 Windows embeddable package(64-bit)表示使用 zip 格式的绿色免安装版本,可以直接嵌入(集成)到其他的应用程序中;单击 web-based installer 表示通过网络安装,也就是说下载的是一个空壳,安装过程中还需要联网下载真正的 Python 安装包。Python 安装程序也可以在国内的一些下载网站上找到,例如在搜索引擎中输入"Python 下载",就可以找到下载链接。

以管理员身份运行 Python 的安装程序 python-3.10.2-amd64.exe,在第 1 步中,如图 1-1 所示,选中 Add Python 3.10 to PATH,单击 Customize installation 项;在第 2 步中,勾选所有项,其中 pip 项专门用于下载第三方 Python 包。单击 Next 按钮进入第 3 步,勾选 Install for all users 项,并设置安装路径,不建议安装到系统盘中,单击 Install 按钮开始安

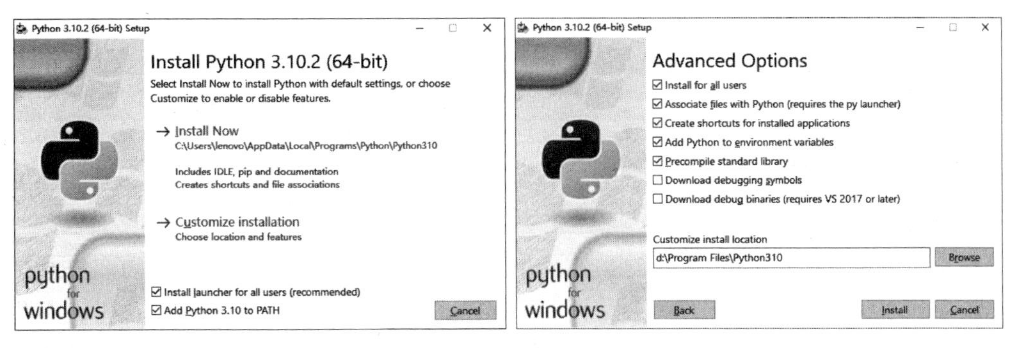

图 1-1 Python 的安装过程

装。安装路径会自动保存到 Windows 的环境变量 PATH 中，Python 可以多个版本共存在一台机器上。安装完成后，在 Python 的安装目录 Scripts 下出现 pip.exe 和 pip3.exe 文件，用于下载其他安装包。

安装完成后，需要测试一下 Python 是否能正常运行。从 Windows 的已安装程序中找到 Python 自己的开发环境 IDLE，如图 1-2 所示，在“>>>”提示下输入“1＋2”或者“print("hello")”并按 Enter 键，如果能返回 3 或者 hello，说明 Python 运行正常。

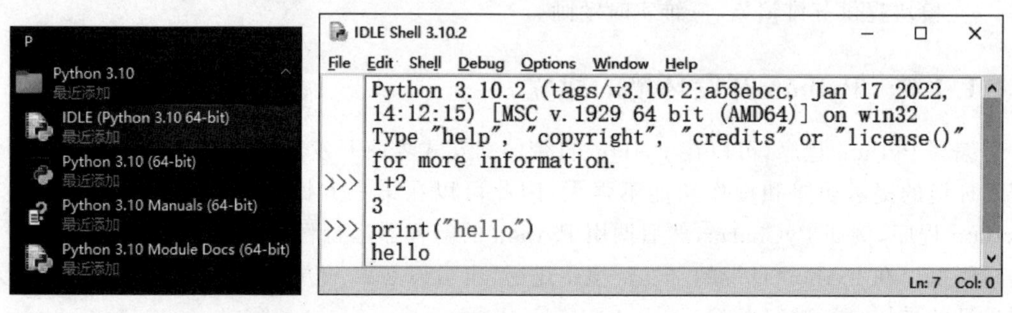

图 1-2　测试 Python

2. 安装 PySide6 及其他包

安装完 Python 后，接下来需要安装本书用到的包 PySide6、openpyxl、pyinstaller、qt-material 和 pymysql，每个包可以单独安装，也可以一次安装多个，下面介绍 Windows 系统中安装 PySide6 的步骤。以管理员身份运行 Windows 的 cmd 命令窗口，输入 pip install pyside6 后按 Enter 键就可以安装 PySide6 包，如图 1-3 所示。也可以用 pip install pyside6 openpyxl pyinstaller pymysql 命令一次安装多个包。如果要卸载包，可以使用 pip uninstall pyside6 命令。

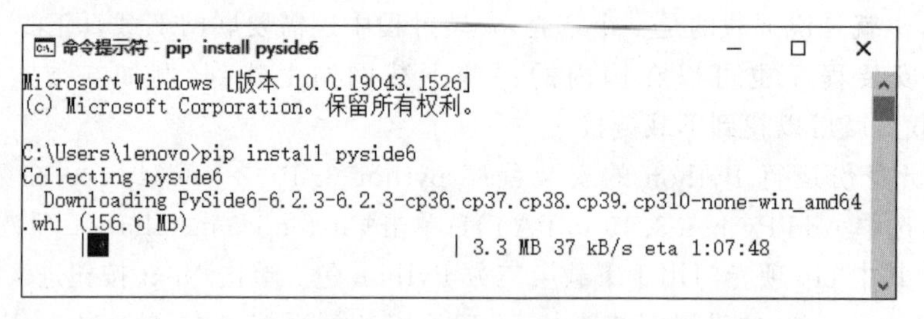

图 1-3　安装 PySide6 包

有些安装包比较大，例如 PySide6 有 156.6MB，如果直接从国外网站上下载 PySide6 可能比较慢，可以使用镜像网站下载，例如清华大学的镜像网站，格式如下所示。

```
pip install pyside6 -i https://pypi.tuna.tsinghua.edu.cn/simple
```

3. 安装 PyCharm

如果只是编写简单的程序，在 Python 自带的开发环境中写代码是可以的。但对于专业的程序员来说，其编写的程序比较复杂，在 Python 自带的开发环境中编写代码就有些捉襟见肘了，尤其是编写面向对象的程序，无论是代码提示功能还是出错信息的提示功能远没有专业开发环境的功能强大。PyCharm 是一个专门为 Python 打造的集成开发环境(IDLE),带有一整套可以帮助用户在使用 Python 语言开发时提高其效率的工具,比如调试、语法高亮、项目管理、代码跳转、智能提示、自动完成、单元测试、版本控制等。PyCharm 可以直接调用 Python 的解释器运行 Python 程序,极大地提高了 Python 的开发效率。

PyCharm 由 Jetbrains 公司开发,可以在其官网上下载,如图 1-4 所示,PyCharm 有两个版本,分别是 Professional(专业版)和 Community(社区版)。专业版是收费的;社区版是完全免费的,单击 Community 下的 Download 按钮可以下载社区版 PyCharm。在搜索引擎中输入“PyCharm 下载”,也可以在其他下载平台找到 PyCharm 下载链接。

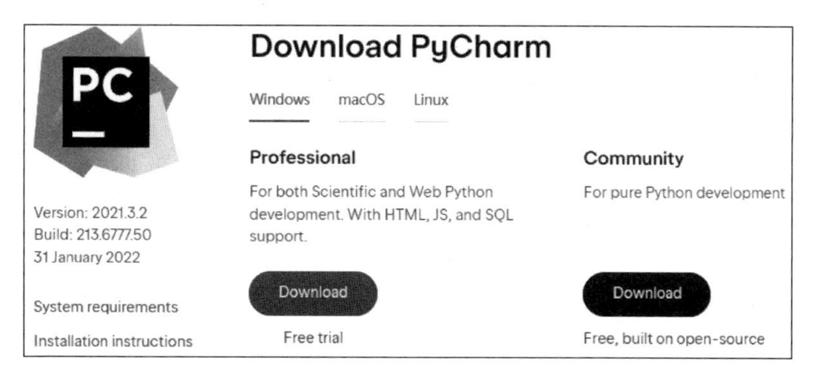

图 1-4 PyCharm 下载页面

以管理员身份运行下载的安装程序 pycharm-community-2021.3.2.exe(读者下载的版本可能与此不同),在第 1 个安装对话框中单击 Next 按钮,在第 2 个安装对话框中设置安装路径,如图 1-5 所示。单击 Next 按钮,在第 3 个安装对话框中勾选.py 项,将 py 文件与 PyCharm 关联,单击 Next 按钮,在最后一个安装对话框中单击 Install 按钮开始安装,最后单击 Finish 按钮完成安装。

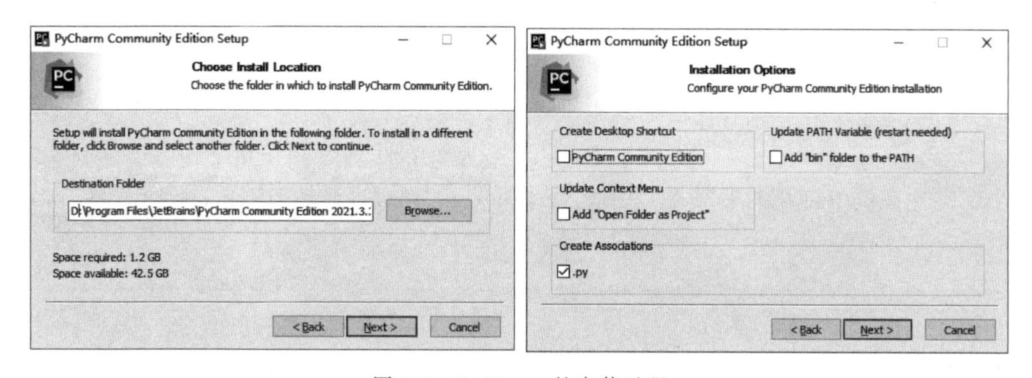

图 1-5 PyCharm 的安装过程

1.1.3 Python 开发环境使用基础

1. Python 自带集成开发环境

在安装 Python 时,同时也会安装一个集成开发环境 IDLE,它是一个 Python Shell (可以在打开的 IDLE 窗口的标题栏上看到)，在“>>>”提示下逐行输入 Python 程序，每输入一行后按 Enter 键，Python 就执行这一行的内容。前面我们已经应用 IDLE 输出了简单的语句，但在实际开发中，需要编写多行代码时，应在写完代码后一起执行所有的代码，以提高编程效率，为此可以单独创建一个文件保存这些代码，待全部编写完成后一起执行。

在 IDLE 主窗口的菜单栏上选择 File→New File 命令，将打开 Python 的文件窗口，在该窗口中直接编写 Python 代码。在输入一行代码后再按 Enter 键，将自动换到下一行，等待继续输入。单击菜单 File→Save 后，再单击菜单 Run→Run Module 或按 F5 键就可以执行，结果将在 Shell 中显示。文件窗口的 Edit 和 Format 菜单是常用的菜单，Edit 菜单用于编辑查找，Format 菜单用于格式程序，例如使用 Format→Indent Region 可以使选中的代码右缩进。单击菜单 Options→Configure IDLE 可以对 Python 进行设置，例如更改编程代码的字体样式、字体大小、字体颜色、标准缩进长度、快捷键等。

在文件窗口中输入下面一段代码，按 F5 键运行程序，在 Shell 窗口中可以输出一首诗，如图 1-6 所示。

```
#Demo 1_1.py
print('' * 20)
print('' * 10 + '春晓')
print('' * 15 + '---- 孟浩然')
print('春眠不觉晓,处处闻啼鸟.')
print('夜来风雨声,花落知多少.')
```

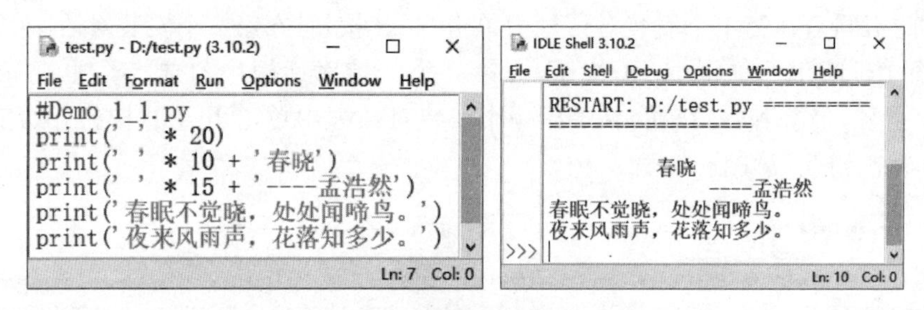

图 1-6 Python 文件窗口和 Shell 窗口

在文件窗口中打开本书实例 Demo1_2.py，见下面的代码，按 F5 键后运行程序，得到一个窗口。对该程序的解释见下一节的内容。

```
import sys #Demo1_2.py
from PySide6 import QtCore, QtGui, QtWidgets

app = QtWidgets.QApplication(sys.argv)
myWindow = QtWidgets.QWidget()
myWindow.setWindowTitle('Demo1_2')
myWindow.resize(500,400)

myButton = QtWidgets.QPushButton(myWindow)
myButton.setGeometry(150,300,150,50)
```

```
myButton.setText('关 闭')
str1_1 = ''* 10 + '程序员之歌\n'
str1_2 = ''* 15 + '--- «江城子»改编\n'
str1_3 = '''
十年生死两茫茫,写程序,到天亮.\n\
千行代码,Bug 何处藏.\n\
纵使上线又怎样,朝令改,夕断肠.\n\
领导每天新想法,天天改,日日忙.\n\
相顾无言,惟有泪千行.\n\
每晚灯火阑珊处,程序员,正加班.
'''
peo = str1_1 + str1_2 + str1_3
myLabel = QtWidgets.QLabel(myWindow)
myLabel.setText(peo)
myLabel.setGeometry(50,10,400,300)
font = QtGui.QFont()
font.setPointSize(15)
myLabel.setFont(font)
myButton.setFont(font)
myButton.clicked.connect(myWindow.close)
myWindow.show()
sys.exit(app.exec())
```

2. PyCharm 集成开发环境

要使 PyCharm 成为 Python 的集成开发环境，需要将 Python 设置成 PyCharm 的解释器。启动 PyCharm，如图 1-7 所示，在欢迎对话框中，选择 New Project 项，弹出 New Project 设置对话框，在 Location 中输入项目文件的保存路径，该路径应为空路径，选中 New environment using，并选择 Virtualenv，从 Base interpreter 中选择 Python 的解释器 python.exe，勾选 Inherit global site-packages 和 Make available to all projects，将已经安装的包集成到当前项目中，并将该配置应用于所有的项目。最后单击 Create 按钮，进入 PyCharm 开发环境。

PyCharm 正常启动后，也可以按照下面步骤添加新的 Python 解释器。单击菜单 File→Settings 打开设置对话框，单击左侧项目下的解释器 Python Interpreter，然后单击右边 Python Interpreter 后面的 ⚙ 按钮，选择 Add，弹出添加 Python 解释器的对话框，如图 1-8 所示，左侧选择 System Interpreter，单击右侧 Interpreter 后的 ⋯ 按钮，弹出选择 Python 解释器的对话框，找到 Python 安装目录下的 python.exe 文件，单击 OK 按钮，回到设置对话框，右边将显示已经安装的第三方程序包。最后单击 OK 按钮关闭所有对话框。

进入 PyCharm 后，单击 File→New 菜单，然后选择 Python File，输入文件名并按 Enter 键后，建立 Python 新文件，输入代码后，要运行程序，需要单击菜单 Run→Run 命令后选择对应的文件，即可调用 Python 解释器运行程序。

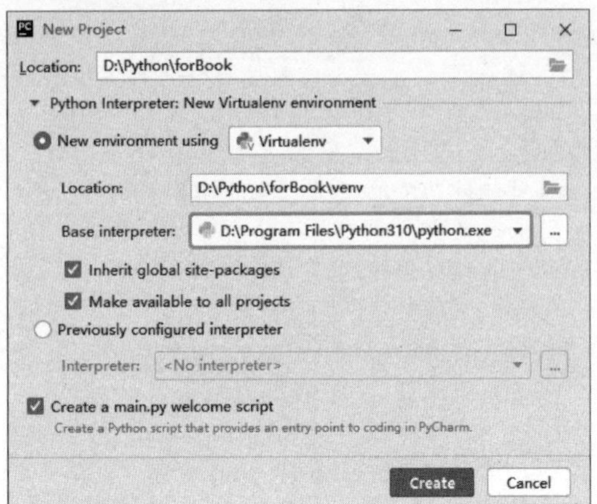

图 1-7 配置 Python 解释器

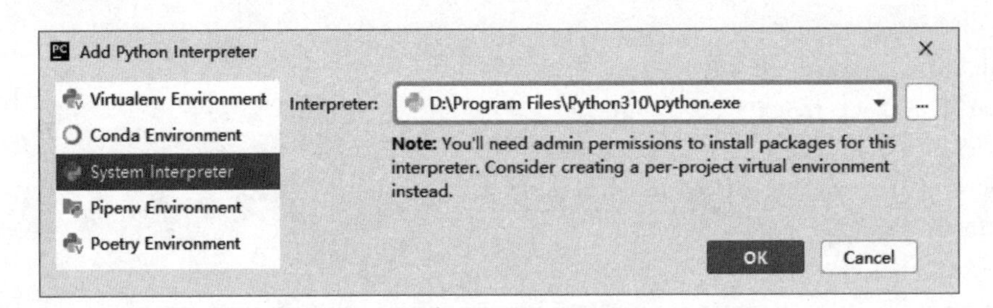

图 1-8 选择 Python 解释器对话框

1.2 PySide6 窗口的运行机理

窗口是图形用户界面(GUI)程序开发的基础，我们平常所见的各种图形界面都是在窗口中放置不同的控件、菜单和工具条，实现不同的动作和目的。图形界面程序开发就是在窗口上放置不同类型的控件、菜单和工具条按钮，并为各个控件、菜单和工具条按钮编写代码使其“活跃”起来。因此要进行图形界面开发，必须首先理解 PySide6 中窗口产生的机理和运行方法，之后再在窗口中添加各种控件。

1.2.1 关于 QWidget 窗口

PySide6 的 QtWidgets 模块集中了可视化编程的各种窗口和控件，这些窗口和控件一般都是直接或间接从 QWidget 类继承来的。继承自 QWidget 类的控件按照功能可以分成如图 1-9 所示的分类，进行可视化编程就要熟悉这些控件的方法、属性、信号及槽函数，以及控件的事件和事件的处理函数。QWidget 是从 QObject 和 QPaintDevice 类继承而来的，QObject 类主要实现信号和槽的功能，QPaintDevice 类主要实现控件绘制的功能。

QWidget 类通常用作独立显示的窗口，这时窗口上部有标题栏，QWidget 类也可以当作普通的容器控件使用，在一个窗口或其他容器中添加 QWidget，再在 QWidget 中添加其

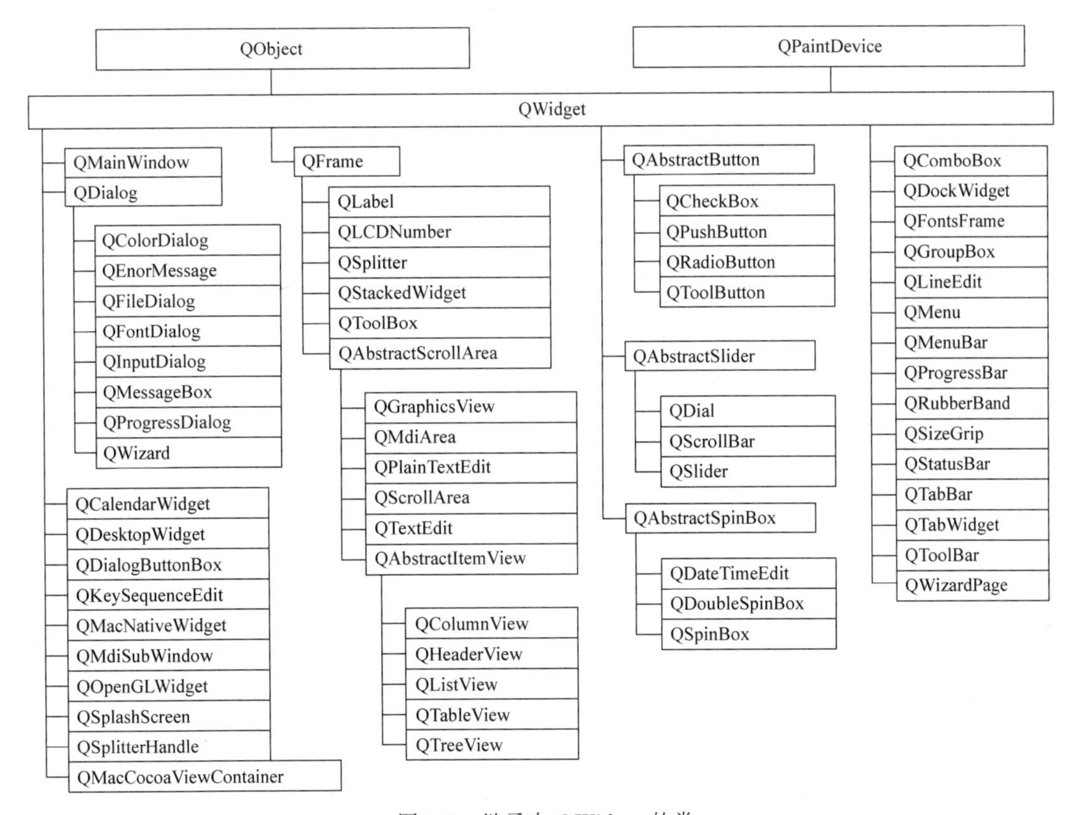

图 1-9　继承自 QWidget 的类

他控件。当一个控件有父窗口时，不显示该控件的标题栏；当控件没有父窗口时，会显示标题栏。常用于独立窗口的类还有 QMainWindow 和 QDialog，它们都是从 QWidget 类继承而来的，关于 QWidget、QMainWindow 和 QDialog 窗口的详细内容参见第 3 章。

1.2.2　QWidget 窗口的初始化类

在创建 QWidget 窗口对象之前，需要先介绍一个 QApplication 类。QApplication 类的继承关系如图 1-10 所示，QApplication 类管理可视化 QWidget 窗口，对 QWidget 窗口的运行进行初始化参数设置，并负责 QWidget 窗口的退出收尾工作，因此在创建 QWidget 窗口对象之前，必须先创建一个 QApplication 类的实例，为后续的窗口运行做好准备。如果不是基于 QWidget 窗口的程序，可以使用 QGuiApplication 类进行初始化，有些程序通过命令行参数执行任务而不是通过 GUI，这时可以使用 QCoreApplication 类进行初始化，以避免初始化占用不必要的资源。

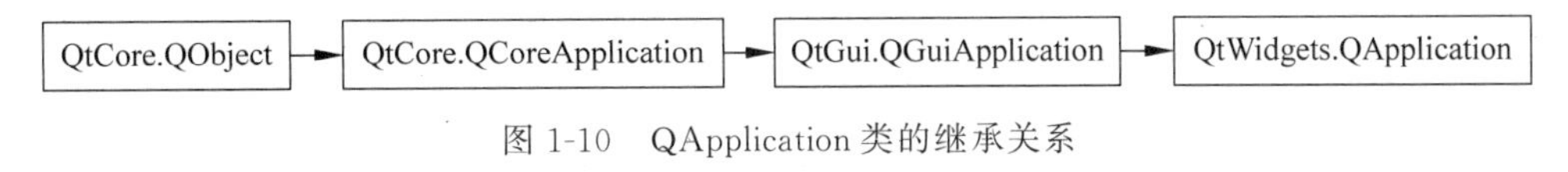

图 1-10　QApplication 类的继承关系

QApplication 类是从 QGuiApplication 类继承来的，QGuiApplication 类为 QWidget 窗口提供会话管理功能，用户退出时可以友好地终止程序，如果终止不了还可以取消对应的进程，可以保存程序的所有状态用于将来的会话。QGuiApplication 类继承自 QCoreApplication 类，QCoreApplication 类的一个核心功能是提供事件循环（event loop）。这些事件可以来自操作系统，如鼠标、定时器（timer）、网络，以及其他原因产生的事件都可以被收发。通过调用 exec()函数进入事件循环，遇到 quit()函数退出事件循环，退出时发送 aboutToQuit()信号，类似于 Python 的 sys 模块的 exit()方法。当某个控件发出信号时，sendEvent()函数立即处理事件，postEvent()函数把事件放入事件队列以等待后续处理，处于队列中的事件可以通过 removePostedEvent()方法删除，也可通过 sendPostedEvent()方法立即处理事件。

由于 QApplication 类进行可视化界面的初始化工作，因此在任何可视化对象创建之前必须先创建 QApplication 对象，而且还可以通过命令行参数设置一些内部状态。QApplication 类的主要功能有处理命令行参数，设置程序的内部初始状态；处理事件，从窗口接收事件，并通过 sendEvent()和 postEvent()发送给需要的窗口；获取指定位置处的窗口（widgetAt()）、顶层窗口列表（topLevelWidgets()），处理窗口关闭（closeAllWindows()）等事件；使用桌面对象信息进行初始化，这些设置如调色板（palette）、字体（font）、双击间隔（doubleClickInterval），并跟踪这些对象的变化；定义整个可视化程序界面的外观，外观由 QStyle 对象包装，运行时通过 setStyle()函数进行设置；提供一些非常方便的类，例如屏幕信息类（desktop）和剪贴板类（clipboard）；管理鼠标（setOverrideCursor()）。

1.2.3 QWidget 窗口的创建

PySide6 的窗口类主要有三种，分别为 QWidget、QMainWindow 和 QDialog，其中 QMainWindow 和 QDialog 从 QWidget 类继承而来。要创建和显示窗口，需要用这 3 个类中的任意一个类实例化对象，并让窗口对象显示并运行起来。窗口类在 PySide6 的 QtWidgets 模块中，使用窗口类之前，需要用“from PySide6.QtWidgets import QWidget, QMainWindow, QDialog”语句把它们导入进来。

下面的代码创建一个空白的 QWidget 窗口，读者需要理解这段代码，这是整个 PySide6 可视化编程最基础的知识。

```
1  import sys                          #Demo1_3.py
2  from PySide6.QtWidgets import QApplication,QWidget
3
4  app = QApplication(sys.argv) #创建应用程序实例对象
5  myWindow = QWidget()                #创建窗口实例对象
6  myWindow.show()                     #显示窗口
7  n = app.exec()              #执行 exec()方法，进入事件循环，若遇到窗口退出命令，返回整数 n
8  sys.exit(n)                         #通知 Python 系统，结束程序运行
```

- 第 1 行导入系统模块 sys，这个系统模块是指 Python 系统，而不是操作系统。
- 第 2 行导入 QApplication 类和 QWidget 类，PySide6 的类都是以大写字母“Q”开始。
- 第 4 行创建 QApplication 类的实例对象 app，为窗口的创建进行初始化，其中 sys.

argv 是字符串列表，记录启动程序时的程序文件名和运行参数，可以通过 print(sys.argv)函数输出 sys.argv 的值，sys.argv 的第 1 个元素的值是程序文件名及路径，也可以不输入参数 sys.argv 创建 QApplication 实例对象 app。QApplication 可以接受的两个参数是-nograb 和-dograb，-nograb 告诉 Python 禁止获取鼠标和键盘事件，-dograb 则忽略-nograb 选项功能，而不管-nograb 参数是否存在于命令行参数中。一个程序中只能创建一个 QApplication 实例，并且要在创建窗口前创建。

- 第 5 行用不带参数的 QWidget 类创建 QWidget 窗口实例对象 myWindow，该窗口是独立窗口，有标题栏。
- 第 6 行用 show()方法显示窗口，这时窗口是可见的。
- 第 7 行执行 QApplication 实例对象的 exec()方法，开始窗口的事件循环，从而保证窗口一直处于显示状态。如果窗口上有其他控件，并为控件的消息编写了处理程序，则可以完成相应的动作。如果用户单击窗口右上角的关闭窗口按钮 ✕ 正常退出界面，或者因程序崩溃而非正常终止窗口的运行，都将引发关闭窗口(closeAllWindows())事件，这时 app 的方法 exec()会返回一个整数，如果这个整数是 0 表示正常退出，如果非 0 表示非正常退出。请注意，当执行到 app 的 exec()方法时，会停止后续语句的执行，直到所有可视化窗体都关闭(退出)后才执行后续的语句。需要注意的是，还有一个与 exec()方法功能相同的方法 exec_()，但 exec_()方法已过时。
- 第 8 行调用系统模块的 exit()方法，通知 Python 解释器程序已经结束，如果是 sys.exit(0)状态，则 Python 认为是正常退出；如果不是 sys.exit(0)状态，则 Python 认为是非正常退出。无论什么情况，sys.exit()都会抛出一个异常 SystemExit，这时可以使用 try…except 语句捕获这个异常，并执行 except 中的语句，例如清除程序运行过程中的临时文件；如果没有 try…except 语句，则 Python 解释器终止 sys.exit()后续语句的执行。第 7 行和第 8 行可以合并成一行 sys.exit(app.exec())来执行。

运行上面的程序，会得到一个窗口，这还只是一个空白窗口，在窗口上没有放置任何控件。

下面的程序是在上面程序的基础上，在窗口上添加 1 个标签和 1 个按钮，同时将按钮的单击事件和窗口的关闭事件相关联，从而起到单击按钮关闭窗口的作用。程序在第 2 行中除了导入 QApplication 和 QWidget 类外，还导入标签类 QLabel 和按钮类 QPushButton。第 7 行中用窗口的 setWindowTitle()方法设置窗口的标题。第 8 行用窗口的 resize()方法设置窗口的长和宽。第 10 行用 QLabel 类在窗口上创建一个标签。第 12 行设置标签显示的文字。第 13 行设置标签的位置和长宽。第 15 行用 QPushButton 类在窗口上创建一个按钮。第 16 行设置按钮上显示的文字。第 17 行设置按钮的位置和长宽。第 18 行将按钮的单击信号和窗口的关闭槽函数连接，从而实现单击按钮关闭窗口的功能，有关按钮信号和窗口事件及关联将在后续内容中进行详细介绍。第 21 行用 QApplication 的实例方法 exec()进入事件循环，从而保证窗口一直处于显示状态，当单击按钮时，关闭窗口事件发生，这时会得到返回值 n。第 22 行输出 n 的值。第 23 行使用 try 语句捕获 Python 解释器停止工作的事件，转到 except 语句执行一些需要额外完成的工作。当然，在这个例子中没有需要额外完成的工作，这里只是用一个 print()语句代替。

```
1  import sys #Demo1_4.py
2  from PySide6.QtWidgets import QApplication,QWidget,QLabel,QPushButton
3
4  app = QApplication(sys.argv)                #创建应用程序实例对象
5
6  myWindow = QWidget()                        #创建窗口实例对象
7  myWindow.setWindowTitle('Hello')            #设置窗口标题
8  myWindow.resize(300,150)                    #设置窗口长和宽
9
10 myLabel = QLabel(myWindow)                  #在窗口上创建标签实例对象
11 string = '欢迎使用本书学习编程!'
12 myLabel.setText(string)                     #设置标签文字
13 myLabel.setGeometry(80,50,150,20)           #设置标签的位置和长宽
14
15 myButton = QPushButton(myWindow)            #在窗口上创建按钮实例对象
16 myButton.setText("关闭")                    #设置按钮文本
17 myButton.setGeometry(120,100,50,20)         #设置按钮的位置和长宽
18 myButton.clicked.connect(myWindow.close)    #将按钮单击信号和窗口关闭槽函数连接
19
20 myWindow.show()                             #显示窗口
21 n = app.exec()           #执行exec()方法,进入事件循环,如遇到窗口退出命令,返回整数n
22 print("n=",n)                               #输出窗口关闭时返回的整数
23 try:                                        #捕获程序退出事件
24     sys.exit(n)                             #通知Python系统,结束程序运行
25 except SystemExit:
26     print("请在此做一些其他工作.")          #Python解释器停止执行前的工作
27 #单击"关闭"按钮后,得到如下结果:
28 #n= 0
29 #请在此做一些其他工作.
```

运行上面的程序，将会得到一个窗口，窗口上只有一个标签和按钮，单击按钮会关闭窗口，并在输出窗口中得到“n=0”和“请在此做一些其他工作。”的返回信息。

1.3 PySide6可视化编程架构

上一节介绍了创建窗口和在窗口上创建控件的方法，这个方法将创建窗口和创建窗口控件的代码与控件的事件代码放到同一段程序中，如果程序非常复杂，控件很多，事件也很多，势必造成代码混杂，程序可读性差，编程效率也不高。为此可以把创建窗口控件的代码放到一个函数或类中，创建窗口的代码放到主程序中，从而使程序的可读性得到提高，也提高了编程效率。

1.3.1 界面用函数来定义

下面的代码将创建窗口控件的代码放到函数setupUi()中，按钮事件与窗口事件的关联也移到函数中。setupUi()函数的形参是窗口，在主程序中调用setupUi()函数，并把窗口

实例作为实参传递给 setupUi()函数,在 setupUi()函数中往窗口上创建控件,运行程序得到与上一节相同的窗口。

```
import sys #Demo1_5.py
from PySide6.QtWidgets import QApplication,QWidget,QLabel,QPushButton

def setupUi(window):                      #形参 window 是一个窗口实例对象
    window.setWindowTitle('Hello')        #设置窗口标题
    window.resize(300, 150)               #设置窗口尺寸

    label = QLabel(window)                #在窗口上创建标签
    label.setText('欢迎使用本书学习编程!')
    label.setGeometry(80, 50, 150, 20)    #设置标签在窗口中的位置和标签的宽度和高度

    button = QPushButton(window)          #在窗口上创建按钮
    button.setText("关 闭")
    button.setGeometry(120, 100, 50, 20)  #设置按钮在窗口中的位置和按钮的宽度和高度
    button.clicked.connect(window.close)  #按钮事件与窗口事件的关联
if __name__ == '__main__':
    app = QApplication(sys.argv)
    myWindow = QWidget()
    setupUi(myWindow)    #调用 setupUi()函数,并把窗口作为实参传递给 setupUi()函数
    myWindow.show()
    sys.exit(app.exec())
```

1.3.2 界面用类来定义

下面的程序将创建窗口控件的代码定义到 MyUi 类的 setupUi()函数中,各个控件是 MyUi 类中的属性,在主程序中用 MyUi 类实例化对象 ui,这样在主程序中就可以用 ui 引用窗口上的任何控件,在主程序中通过 ui 就可以修改控件的参数。例如主程序中用 ui.button.setText("Close")语句修改了按钮的显示文字,按钮事件与窗口事件的关联也移到了主程序中,当然也可以在类的函数中实现。

```
import sys #Demo1_6.py
from PySide6.QtWidgets import QApplication,QWidget,QLabel,QPushButton

class MyUi(): #定义 MyUi 类
    def setupUi(self,window):                 # 定义方法,形参 window 是一个窗口实例对象
        window.setWindowTitle('Hello')
        window.resize(300, 150)

        self.label = QLabel(window)           # 在窗口上创建标签
        self.label.setText('欢迎使用本书学习编程!')
        self.label.setGeometry(80, 50, 150, 20)

        self.button = QPushButton(window)     # 在窗口上创建按钮
```

```
        self.button.setText("关 闭")
        self.button.setGeometry(120, 100, 50, 20)
        #self.button.clicked.connect(window.close)
if __name__ == '__main__':
    app = QApplication(sys.argv)
    myWindow = QWidget()

    ui = MyUi()                          #用 MyUi 类创建实例 ui
    ui.setupUi(myWindow)                 #调用 ui 的方法 setupUi(),并以窗口实例对象作为实参
    ui.button.setText("Close")           #重新设置按钮上显示的文字
    ui.button.clicked.connect(myWindow.close)    #窗口上的按钮事件与窗口事件关联

    myWindow.show()
    sys.exit(app.exec())
```

1.3.3 界面用模块来定义

如果一个界面非常复杂,创建界面控件的代码也就会很多,如果使用模块和包的概念,则程序中创建界面控件的类 MyUi 可以单独存放到一个文件中,在使用的时候用 import 语句把 MyUi 类导入进来,实现控件代码与窗口代码的分离。

下面是在窗口上创建控件的代码,然后把代码保存到 Python 可以搜索到的路径下的 myUi.py 文件中。

```
from PySide6.QtWidgets import QLabel, QPushButton    #Demo1_7.py myUi.py 文件

class MyUi(object):                                  #定义 MyUi 类
    def setupUi(self,window):                        #定义方法,形参 window 是一个窗口实例
        window.setWindowTitle('Hello')
        window.resize(300, 150)

        self.label = QLabel(window)                  #在窗口上创建标签
        self.label.setText('欢迎使用本书学习编程!')
        self.label.setGeometry(80, 50, 150, 20)

        self.button = QPushButton(window)            #在窗口上创建按钮
        self.button.setText("关 闭")
        self.button.setGeometry(120, 100, 50, 20)
```

新建一个 py 文件,在这个 py 文件中输入如下所示的代码,在第 3 行中用 from myUi import MyUi 语句把 MyUi 类导入进来,在主程序中用 ui = MyUi()语句创建 MyUi 类的实例对象 ui,然后就可以用 ui 引用 myUi.py 文件中定义的控件。

```
import sys #Demo1_8.py
from PySide6.QtWidgets import QApplication, QWidget
from myUi import MyUi                        #导入 myUi.py 文件中的 MyUi 类
```

```
if __name__ == "__main__":
    app = QApplication(sys.argv)
    myWindow = QWidget()

    ui = MyUi()                 #用 MyUi 类创建实例 ui
    ui.setupUi(myWindow)        #调用 ui 的方法 setupUi(),并以窗口实例作为实参
    ui.button.setText("Close")  #重新设置按钮上显示的文字
    ui.button.clicked.connect(myWindow.close)    #窗口上的按钮事件与窗口事件关联

    myWindow.show()
    sys.exit(app.exec())
```

1.3.4 界面与逻辑的分离

上例的代码中,可以把创建窗口和对控件操作的代码单独放到一个函数或类中,含有控件的代码称为界面代码,实现控件动作的代码称为逻辑或业务代码。

下面的代码创建 myWidget()函数,在函数中用 widget = QWidget(parent)语句创建 QWidget 类的实例对象 widget,这时首先执行的是 QWidget 类的初始化函数__init__(),经过初始化后的对象成为真正窗口,注意 myWidget()函数的返回值是窗口实例对象 widget。在主程序中调用 myWidget()函数,得到返回值,然后显示窗口并进入消息循环。

```
import sys                      #Demo1_9.py
from PySide6.QtWidgets import QApplication, QWidget

from myUi import MyUi           #导入 myUi.py 文件中的 MyUi 类

def myWidget(parent = None):
    widget = QWidget(parent) #创建 QWidget 类的对象,调用 QWidget 类的__init__()函数
    ui = MyUi()              #实例化 myUi.py 文件中的 MyUi 类
    ui.setupUi(widget)       #调用 MyUi 类的 setupUi(),以 widget 为实参传递给形参 window
    ui.button.setText("Close")   #重新设置按钮上显示的文字
    ui.button.clicked.connect(widget.close)   #窗口上的按钮事件与窗口事件关联

    return widget            #函数的返回值是窗口实例对象
if __name__ == "__main__":
    app = QApplication(sys.argv)
    myWindow = myWidget()    #调用 myWidget()函数,返回值是窗口实例对象
    myWindow.show()
    sys.exit(app.exec())
```

上面代码中,只是用一个函数将界面与逻辑或业务分离,如果要对界面进行多种操作或运算,显然只用一个函数来定义是不够的。由于在类中可以定义多个函数,因而如果用类来代替上述函数,就可以极大地提高编程效率。为此可以把创建窗口和对控件操作的代码放到一个类中。

下面的代码创建一个类 MyWidget,其父类是窗口类 QWidget,在初始化函数__init__

()中用 super()函数调用父类的初始化函数，这时类 MyWidget 中的 self 将会是窗口类 QWidget 的实例对象，也就是一个窗口。在主程序中用类 MyWidget 实例化对象 myWindow，myWindow 就是 MyWidget 的 self 的具体值。myWindow 可以显示出来，也可以进入事件循环。

```
import sys                              #Demo1_10.py
from PySide6.QtWidgets import QApplication, QWidget
from myUi import MyUi                   #导入 myUi.py 文件中的 MyUi 类

class MyWidget(QWidget):                #创建 MyWidget 类,父类是 QWidget
    def __init__(self,parent = None):
        super().__init__(parent) #初始化父类 QWidget,self 将是 QWidget 的窗口对象
        ui = MyUi()             #实例化 myUi.py 文件中的 MyUi 类
        ui.setupUi(self)        #调用 MyUi 的 setupUi(),以 self 为实参传递给形参 window
        ui.button.setText("Close")              # 重新设置按钮的显示文字
        ui.button.clicked.connect(self.close)   # 窗口上的按钮事件与窗口事件关联
if __name__ == "__main__":
    app = QApplication(sys.argv)
    myWindow = MyWidget()               #用 MyWidget 类创建窗口对象 myWindow
    myWindow.show()
    sys.exit(app.exec())
```

上面的程序属于单继承的方法，自定义类 MyWidget 只继承了 QWidget 类，在类 MyWidget 中还要定义类 MyUi 的实例对象。下面介绍多继承的方法，自定义类 MyWidget 同时继承 QWidget 类和 MyUi 类，多继承无须再定义类 MyUi 的实例对象，类中的 self 既指 QWidget 类的窗口对象，也指 MyUi 的实例对象，即窗口上的控件。多继承方法的优点是访问控件方便，缺点是过于开放，不符合面向对象编程的封装要求，如果界面的属性和逻辑函数的属性都较多时，不便于区分是哪个类中定义的属性和方法。本书以单继承的方式讲解 PySide6 的可视化编程。

```
import sys                              #Demo1_11.py
from PySide6.QtWidgets import QApplication, QWidget
from myUi import MyUi                   #从 myUi.py 文件中导入 MyUi 类

class MyWidget(QWidget,MyUi):           #创建 MyWidget 类,父类是 QWidget 和 MyUi
    def __init__(self,parent = None):
        super().__init__(parent) #初始化父类 QWidget,self 是 QWidget 的窗口对象
        self.setupUi(self)      #调用 MyUi 的 setupUi(),以 self 为实参传递给形参 window
        self.button.setText("Close")              # 重新设置按钮的显示文字
        self.button.clicked.connect(self.close)   # 窗口上的按钮事件与窗口事件关联
if __name__ == "__main__":
    app = QApplication(sys.argv)
    myWindow = MyWidget()               #用 MyWidget 类创建窗口对象 myWindow
    myWindow.show()
    sys.exit(app.exec())
```

如果窗口上的控件不是太多，也可以把创建控件的函数直接放到窗口类中，在窗口类的初始化函数中调用该函数，例如下面的代码。

```
import sys                                    # Demo1_12.py
from PySide6.QtWidgets import QApplication,QWidget,QLabel,QPushButton

class MyWidget(QWidget):                      # 创建 MyWidget 类,父类是 QWidget
    def __init__(self,parent = None):
        super().__init__(parent)              # 初始化父类 QWidget,self 是 QWidget 的窗口对象
        self.setupUi()                        # 调用 setupUi()方法,在窗口上添加控件
        self.button.setText("Close")          # 重新设置按钮的显示文字
        self.button.clicked.connect(self.close)   # 窗口上的按钮信号与窗口事件关联

    def setupUi(self):                        # 定义方法
        self.setWindowTitle('Hello')
        self.resize(300, 150)

        self.label = QLabel(self)             # 在窗口上创建标签
        self.label.setText('欢迎使用本书学习编程!')
        self.label.setGeometry(80, 50, 150, 20)

        self.button = QPushButton(self)# 在窗口上创建按钮
        self.button.setText("关 闭")
        self.button.setGeometry(120, 100, 50, 20)
if __name__ == "__main__":
    app = QApplication(sys.argv)
    myWindow = MyWidget()                     # 用 MyWidget 类创建窗口对象 myWindow
    myWindow.show()
    sys.exit(app.exec())
```

以上几种方法的运行结果完全相同，请读者仔细体会这种界面与逻辑分离的编程架构模式。

1.4　QApplication 的方法

在进行可视化编程时，无论出现几个窗口，都要创建一个而且只能创建一个 QApplication 类的实例对象，为窗口的正确显示提供基本的条件。QApplication 的实例对象代表整个运行程序，通过对 QApplication 实例对象的设置可以对整个应用程序进行设置。QApplication 类提供的方法如表 1-1 所示，其中一些方法及参数在后续的内容中进行介绍。需要注意的是，参数类型是以“Qt”开始的枚举类型时，需要用“from PySide6.QtCore import Qt”语句从 QtCore 模块中导入 Qt，例如 setEffectEnabled(Qt.UIEffect, enable=True)方法中，枚举类型 Qt.UIEffect 是指 PySide6.QtCore.Qt 中的枚举类型；Union[para1,para2,...]是类型选择，表示可以从所列的类型中选择其中的一个数据类型作为参数(下同)。

表 1-1 QApplication 的方法及说明

QApplication 的方法及参数类型	返回值类型	说 明
[**static**]exec()	int	进入消息循环，直到遇到 exit()命令
[**static**]quit()	None	退出程序
[**static**]exit(retcode: int=0)	None	退出程序，exec()的返回值是 retcode
[**static**] setQuitOnLastWindowClosed(bool)	None	设置当最后一个窗口关闭时，程序是否退出，默认是 True
setAutoSipEnabled(bool)	None	对于接受键盘输入的控件，设置是否自动弹出软件输入面板(software input panel)，仅对需要输入面板的系统起作用
autoSipEnabled()	bool	获取是否自动弹出软件输入面板
setStyleSheet(sheet: str)	None	设置样式表
styleSheet()	str	获取样式表
[**static**]activeModalWidget()	QWidget	获取带模式的活跃对话框
[**static**]activePopupWidget()	QWidget	获取活跃的菜单
[**static**]activeWindow()	QWidget	返回能接收键盘输入的顶层窗口
[**static**] alert (QWidget, duration: int=0)	None	使非活跃的窗口发出预警，并持续指定的时间(毫秒)。如果持续时间为 0，则一直发出预警，直到窗口变成活跃的窗口
[**static**]allWidgets()	List[QWidget]	获取所有的窗口和控件列表
[**static**]beep()	None	发出铃响
[**static**]closeAllWindows()	None	关闭所有窗口
[**static**]cursorFlashTime()	int	获取光标闪烁时间
[**static**]setDoubleClickInterval(int)	None	设置鼠标双击时间(毫秒)以区分双击和两次单击
[**static**]doubleClickInterval()	int	获取鼠标双击的时间间隔
[**static**]focusWidget()	QWidget	获取接收键盘输入的有焦点的控件
[**static**]setFont(QFont)	None	设置程序默认字体
[**static**]font()	QFont	获取程序的默认字体
[**static**]font(QWidget)	QFont	获取指定控件的字体
[**static**]setEffectEnabled(Qt.UIEffect, enable=True)	None	设置界面特效，Qt.UIEffect 可以取 Qt.UI_AnimateMenu、Qt.UI_FadeMenu、Qt.UI_FadeTooltip、Qt.UI_AnimateCombo、Qt.UI_AnimateTooltip、Qt.UI_AnimateToolBox
[**static**]isEffectEnabled(Qt.UIEffect)	bool	获取是否有某种特效
[**static**]keyboardInputInterval()	int	获取区分两次键盘输入的时间间隔
[**static**]palette()	QPalette	获取程序默认的调色板
[**static**]palette(QWidget)	QPalette	获取指定控件的调色板
[**static**]setActiveWindow(QWidget)	None	将窗口设置成活跃窗口以响应事件
[**static**]setCursorFlashTime(int)	None	设置光标闪烁时间(毫秒)
[**static**]setEffectEnabled(Qt.UIEffect, enable: bool=True)	None	设置界面特效
[**static**]setKeyboardInputInterval(int)	None	设置区分键盘两次输入的时间间隔

续表

QApplication 的方法及参数类型	返回值类型	说　明
[**static**] setPalette(Union[QPalette, Qt.GlobalColor, QColor])	None	设置程序默认的调色板
[**static**]setStartDragDistance(int)	None	设置拖拽动作开始时，光标的移动距离(像素)，默认值是 10
[**static**]startDragDistance()	int	获取拖拽起始时光标需移动的距离
[**static**]setStartDragTime(ms: int)	None	设置拖拽动作开始时，鼠标按下的时间(毫秒)，默认是 500
[**static**]startDragTime()	int	获取从按下鼠标按键起到拖拽动作开始的时间
[**static**]setStyle(QStyle)	None	设置程序的风格
[**static**]style()	QStyle	获取风格
[**static**]setWheelScrollLines(int)	None	设置转动滚轮时，界面控件移动的行数，默认是 3
[**static**]topLevelAt(QPoint)	QWidget	获取指定位置的顶层窗口
[**static**]topLevelAt(x: int, y: int)	QWidget	获取指定位置的顶层窗口
[**static**]topLevelWidgets()	List[QWidget]	获取顶层窗口列表，顶层窗口可能被隐藏
[**static**]widgetAt(QPoint)	QWidget	获取指定位置的窗口
[**static**]widgetAt(x: int, y: int)	QWidget	获取指定位置的窗口
[**static**] setApplicationDisplayName(str)	None	设置程序中所有窗口标题栏上显示的名称
[**static**]setLayoutDirection(Qt.LayoutDirection)	None	设置程序中的布局方向，Qt.LayoutDirection 可以取 Qt.LeftToRight、Qt.RightToLeft 或 Qt.LayoutDirectionAuto
[**static**] setOverrideCursor(Union[QCursor, Qt.CursorShape, QPixmap])	None	设置应用程序当前的光标
[**static**]overrideCursor()	QCursor	获取当前的光标
[**static**]restoreOverrideCursor()	None	恢复 setOverrideCursor()之前的光标设置，可以多次恢复
[**static**]setWindowIcon(Union[QIcon, QPixmap])	None	为整个应用程序设置默认的图标
[**static**]windowIcon()	QIcon	获取图标
[**static**]setApplicationName(str)	None	设置应用程序名称
[**static**]setApplicationVersion(str)	None	设置应用程序的版本
[**static**]translate(context: bytes, key: bytes, disambiguation: bytes=None, n: int=-1)	str	字符串解码，本地化字符串
[**static**]postEvent(receiver: QObject, QEvent, priority=Qt.EventPriority)	None	将事件放入消息队列的尾端，然后立即返回，不保证事件立即得到处理
[**static**]sendEvent(receiver: QObject, QEvent)	bool	用 notify()函数将事件直接派发给接收者进行处理，返回事件处理情况

续表

QApplication 的方法及参数类型	返回值类型	说明
[**static**] sendPostedEvents (receiver: QObject=None, event_type: int=0)	None	将事件队列中用 postEvent()函数放入的事件立即分发
notify(QObject, QEvent)	bool	把事件信号发送给接收者，返回接收者的 event()函数处理的结果
event(QEvent)	bool	重写该方法，处理事件
[**static**]sync()	None	处理事件使程序与窗口系统同步

注：表 2-1 中方法前面有“[**static**]”表示是类的静态方法(static method)，没有“[**static**]”的方法表示实例方法，下同。

下面的程序创建两个窗口，通过 QApplication 的实例对象 app 为整个程序设置标题栏上的名称和图标，在第 2 个窗口上单击“响铃与预警”按钮，将会发出响铃声，并使第一个窗口在任务栏上闪烁。

```
import sys                                              #Demo1_13.py
from PySide6.QtWidgets import QApplication,QWidget,QLabel,QPushButton
from PySide6.QtCore import Qt
from PySide6.QtGui import QPixmap

class myWidget(QWidget):
    def __init__(self,parent = None):
        super().__init__(parent)
        self.setupUi()
        self.button.clicked.connect(self.bell_alert)
    def setupUi(self):
        self.setWindowTitle('Hello')
        self.resize(300, 150)

        self.label = QLabel(self)                       #在窗口上创建标签
        self.label.setText('欢迎使用本书学习编程!')
        self.label.setGeometry(80, 50, 150, 20)

        self.button = QPushButton(self)
        self.button.setText("响铃与预警")
        self.button.setGeometry(90, 100, 100, 20)
    def bell_alert(self):
        QApplication.beep()                             #程序发出响铃声
        QApplication.alert(win,duration = 0)            #第 2 个窗口发出预警
if __name__ == "__main__":
    app = QApplication(sys.argv)
    app.setApplicationDisplayName("欢迎程序")            #设置所有窗口标题栏上显示的名称
    app.setEffectEnabled(Qt.UI_AnimateCombo)
    app.setWindowIcon(QPixmap(r'd:\python\welcome.png'))   #为所有窗口设置图标
    win = QWidget()                                     #创建第 1 个窗口
    win.show()
    myWindow = myWidget()                               #用 myWidget()创建第 2 个窗口
    myWindow.show()
    sys.exit(app.exec())
```

1.5 用 Qt Designer 设计界面

前面用纯代码的方式创建了一个简单的窗口和窗口上的控件，这种用纯代码从无到有的方式开发界面需要用户对界面控件的代码非常熟悉。本节讲解用 Qt Designer 可视化地开发界面，然后再把 Qt Designer 设计的界面文件 ui 转换成 Python 的 py 文件的方法。

1.5.1 窗口界面设计

在用 pip 命令安装完 PySide6 后，在 Python 的安装目录\Scripts 下会出现 PySide6-designer.exe 文件，双击该文件，或者在 Windows 的 cmd 窗口中输入 PySide6-designer 后按 Enter 键，可以启动 Qt Designer。

启动 Qt Designer 后，首先出现"新建窗体"对话框，如图 1-11 所示，从 templates\forms 中选择 Widget，然后单击"创建"按钮，进入 Qt Designer 界面中。Qt Designer 界面的左侧是控件区 Widget Box，中间是设计窗口，可以把控件拖拽到窗口上，右边是控件的属性设置区(对象查看器)。

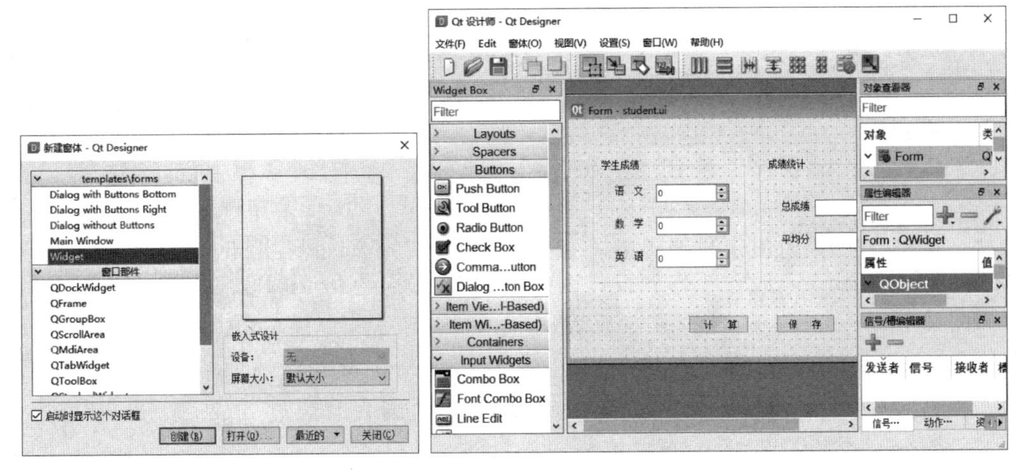

图 1-11 Qt Designer 设计界面

下面通过建立一个输入学生成绩，计算总成绩和平均成绩并保存成绩的简单界面，说明 Qt Designer 的使用方法。

第 1 步，从左边的 Containers 控件中拖拽两个 Group Box 控件到设计窗口中，并调整大小和位置，如图 1-12 所示。在设计窗口上选择左边的 Group Box，然后在右边的属性编辑区将 title 属性改成 "学生成绩"，在设计窗口上选择右边的 Group Box，然后在右边的属性设置区将 title 属性改成 "成绩统计"。

第 2 步，从左侧的 Display Widgets 拖拽 3 个 Label 控件到设计窗口的左侧"学生成绩" Group Box 中，拖拽两个 Label 控件到设计窗口的右侧"学生成绩"Group Box 中，并排列 Label 的位置，如图 1-13 所示。在右侧属性设置区将这 5 个 Label 的 text 分别修改成"语文""数 学""英 语""总成绩""平均分"，并可以设置 alignment 下的"水平的"为 AlignRight。

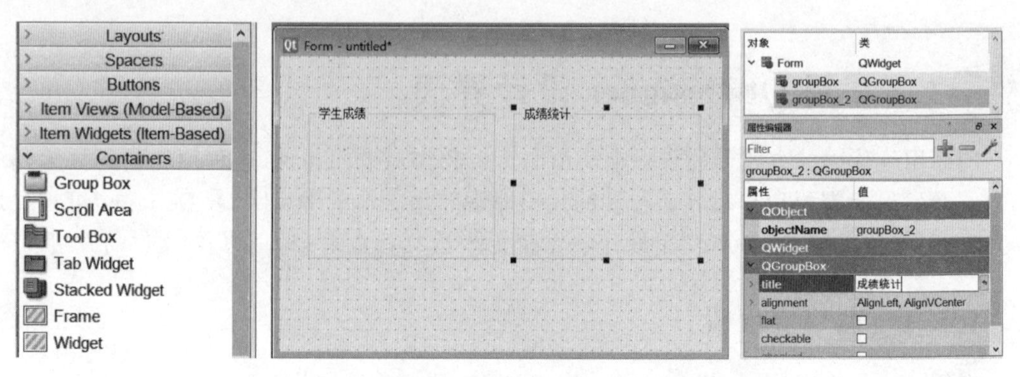

图 1-12　设计 Group Box

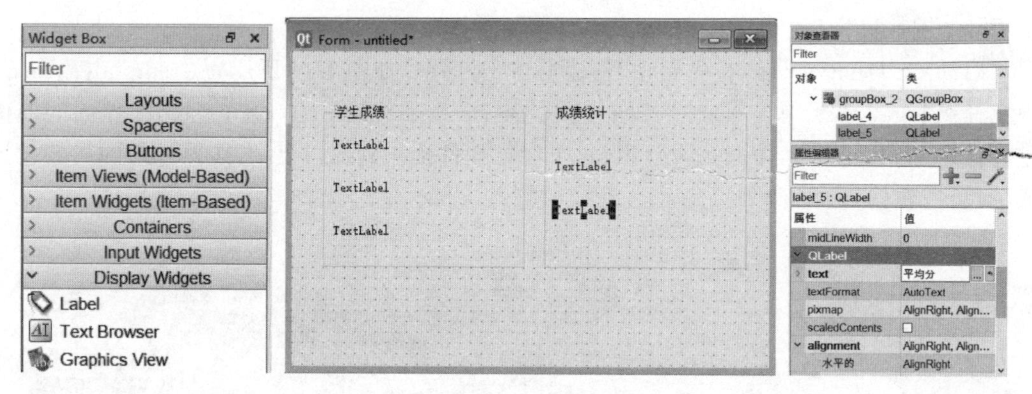

图 1-13　设置 QLabel

第 3 步，从左侧 Input Widgets 中拖拽 3 个 Spin Box 到设计窗口的"学生成绩"Group Box 中，拖拽两个 Line Edit 控件到设计窗口的"成绩统计"Group Box 中，并排列位置和大小，如图 1-14 所示。在右侧的属性设置区将 3 个 Spin Box 的 objectName 分别修改成 chinese、math 和 english，将两个 Line Edit 的 objectName 分别修改成 total 和 average，并勾选 readOnly 属性。objectName 是设置控件的名称，编程时通过 objectName 引用控件，而 title 或 text 属性是界面显示的文字。

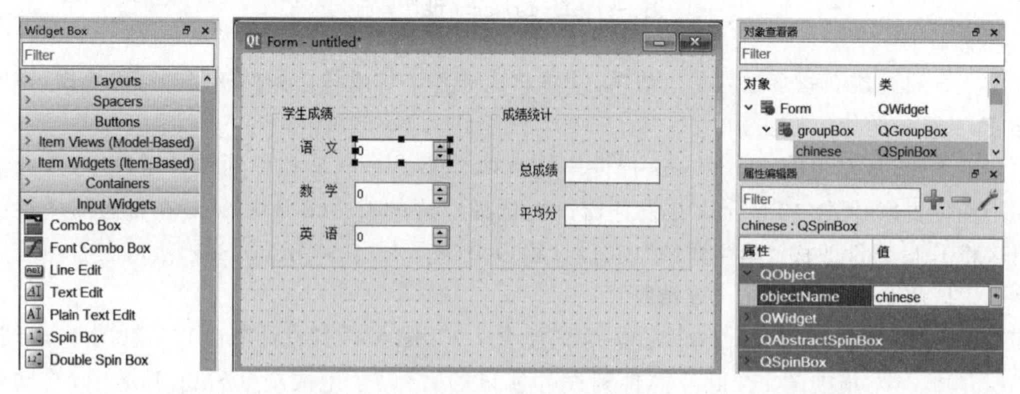

图 1-14　设计 QSpinBox 和 QLineEdit

第 4 步，从右侧的 Buttons 控件中拖拽两个 Push Button 按钮到设计窗口中，并调整大小和位置，如图 1-15 所示。在右侧属性设置区将第 1 个 Push Button 的 ObjectName 设置成 btnCalculate，将 text 设置成“计 算”，将第 2 个 Push Button 的 ObjectName 设置成 btnSave，将 text 设置成“保 存”。

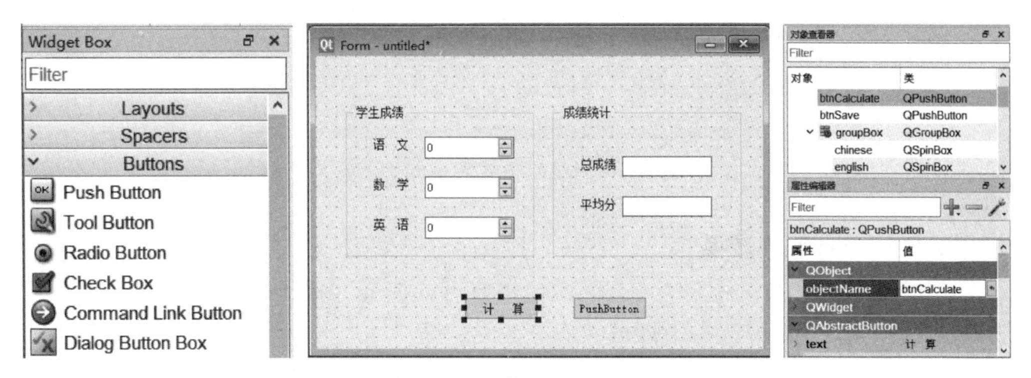

图 1-15 设计 QPushButton

第 5 步，单击工具栏上的“存盘”按钮，将设置好的文件保存到 Python 可以搜索到的本机硬盘路径中，例如 d:\python 目录下的 student.ui 文件中。

1.5.2 ui 文件编译成 py 文件

前面用 Qt Designer 设计的图形界面存盘后是 ui 文件，用记事本打开该文件，可以看出 ui 文件的内容是 xml 格式的文本文件，还不是 Python 能识别的文件，因此需要把 ui 文件转换成 py 文件。下面介绍几种将 ui 文件转换成 py 文件的方法。PySide6 安装完成后，在 Python 的安装路径的 Scripts 路径下有 PySide6-uic.exe 文件，PySide6-uic.exe 可以将 Qt 创建的界面文件(*.ui)转换成 Python 语法格式的文件(*.py)。

1. 用 Windows 操作系统的 cmd 窗口转换

启动 cmd 窗口，先用“cd /d”命令将 ui 文件所在的路径设置成当前路径，然后输入“pyside6-uic student.ui -o student.py”命令，如图 1-16 所示，在 ui 所在的文件夹中将会得到 student.py 文件。

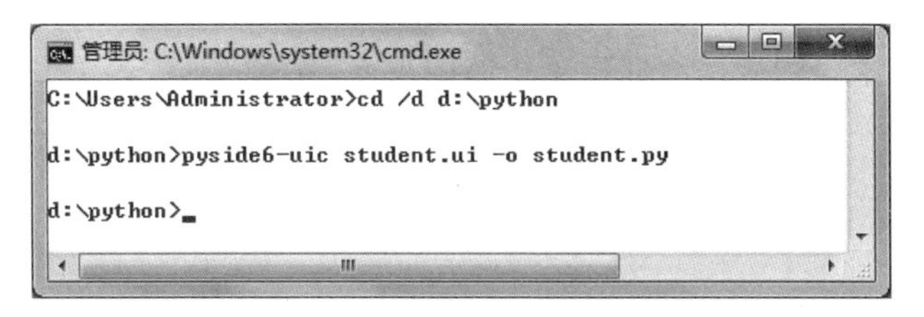

图 1-16 cmd 窗口转换 ui 文件到 py

用记事本或用 Python 的 IDLE 文件环境打开转换后的 py 文件，可以看到已经创建 Ui_Form 类，并在类内建立 setupUi()函数，函数中建立各个控件的实例、名称、尺寸、位置等，代码中 retranslateUi()函数的作用是修改控件的标题，将 unicode 编码的字符串进行解码，读者不用关心该函数。

2. 用批处理形式转换

用记事本建立一个扩展名为 bat 的文件，如 translate. bat，并输入如图 1-17 所示的内容，双击 translate. bat 即可完成 ui 文件到 py 文件的转换。

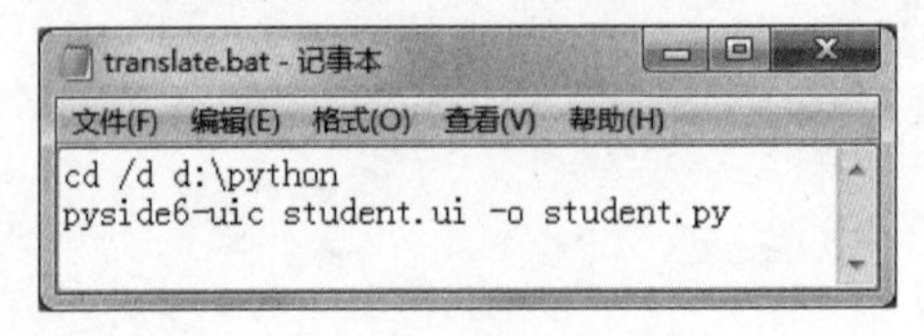

图 1-17 批处理方式转换 ui 到 py

3. 编写 Python 程序转换

建立如下所示的 Python 程序，运行该程序后可以把 ui 文件转换成 py 文件，实际使用时把 ui、py 和 path 变量修改一下即可。

```
import os                                    #Demo1_14.py

ui = 'student.ui'                            #被转换的 ui 文件
py = 'student.py'                            #转换后的 py 文件
path = 'd:\\python'                          #ui 文件所在路径
os.chdir(path)                               #将 ui 文件所在路径设置成当前路径
cmdTemplate = "PySide6-uic {ui}-o {py}".format(ui = ui,py = py)   #文本模板
os.system(cmdTemplate)                       #执行转换命令
```

1.5.3 ui 文件转换后的编程

完成上面的转换后，需要对其进一步编程才能完成界面的功能。界面中有两个按钮：一个是“计算”按钮，可以完成总成绩和平均分的计算；另一个是“保存”按钮，可以把输入的数据保存到一个文件中。

1. 完成界面的显示

按照下面的程序进行编程，程序内各行的意义前面都已经讲过，运行该程序即可得到设计的界面，不过这个界面中的两个按钮的功能还不能用。读者可以将下面的程序作为一个模板，在后面编程的时候稍做修改即可用于新的界面。

```
import sys                                   #Demo1_15.py
from PySide6.QtWidgets import QApplication, QWidget
import student                               #导入 student.py 文件

class myWidget(QWidget):                     #创建 myWidget 类,父类是 QWidget
    def __init__(self,parent = None):
        super().__init__(parent)             #初始化父类 QWidget,这时 self 是 QWidget 的窗口对象
        self.ui = student.Ui_Form()          #实例化 student.py 文件中的 Ui_Form 类
        self.ui.setupUi(self)       #调用 Ui_Form 类的函数 setupUi(),并以 self 为实参传递给
                                    #形参 Form
```

```
if __name__ == "__main__":
    app = QApplication(sys.argv)
    myWindow = myWidget()              #用 myWidget()类创建窗口 myWindow
    myWindow.show()
    sys.exit(app.exec())
```

2. 对"计算"按钮进行编程

"计算"按钮可以完成总成绩、平均成绩的计算和显示，并把各科成绩、总成绩和平均成绩保存到一个列表中，同时记录单击"计算"按钮的次数。下面是对"计算"按钮的编程。

第 1 步，用 from PySide6. QtCore import Slot 导入槽，其目的是为定义按钮事件做准备，后面会详细介绍槽的内容。

第 2 步，在初始化函数"__init__()"中增加两个私有变量"__count"和"__score"，分别记录单击"计算"按钮的次数和计算总成绩和平均成绩。

第 3 步，定义"计算"按钮的函数。在 Python 中对于按钮类可以用"on_按钮名称_clicked()"形式定义按钮的单击事件，在函数前需要加入"@Slot()"修饰，关于这部分内容后面还会详细介绍。

第 4 步，计算和显示总成绩、平均分。程序中用"s = self. ui. chinese. value() + self. ui. math. value() + self. ui. english. value()"语句计算总成绩，通过控件的 value()方法获取输入的各科成绩。由于平均成绩可能是很长的小数，因此程序中用格式化的形式保留 1 位小数，用控件的 setText()方法设置显示控件的值。

第 5 步，把单击"计算"按钮的次数和各科成绩加入到临时列表 temp 中，最后把临时列表 temp 加入到"__score"列表中。

3. 对"保存"按钮进行编程

"保存"按钮用于将列表"__score"变量中的数据保存到文件中。程序中首先定义了一个模板 template = "{}：语文{} 数学{} 英语{} 总成绩{} 平均分{}\n" 用于格式化成绩；接下来打开文件并往文件中输出数据。

```
import sys #Demo1_16.py
from PySide6.QtWidgets import QApplication, QWidget
from PySide6.QtCore import Slot
from student import Ui_Form #导入 student.py 文件中的 Ui_Form 类

class QmyWidget(QWidget):
    def __init__(self,parent = None):
        super().__init__(parent)
        self.ui = Ui_Form()
        self.ui.setupUi(self)
        self.__count = 0
        self.__score = list()
    @Slot()
    def on_btnCalculate_clicked(self):
        s = self.ui.chinese.value() + self.ui.math.value() + self.ui.english.value()
```

```
            self.ui.total.setText(str(s))
            template = "{:.1f}".format(s/3)
            self.ui.average.setText(template)
            self.__count = self.__count + 1
            temp = list()
            temp.append(self.__count)
            temp.append(self.ui.chinese.value())
            temp.append(self.ui.math.value())
            temp.append(self.ui.english.value())
            temp.append(s)
            temp.append(float(template))
            self.__score.append(temp)
    @Slot()
    def on_btnSave_clicked(self):
        template = "{}:语文{} 数学{} 英语{} 总成绩{} 平均分{}\n"        #定义文本模板
        try:
            fp = open("d:\\student_score.txt",'a+',encoding='UTF-8') #打开文件
        except:
            print("保存文件失败")
        else:
            for i in self.__score:
                score = template.format(i[0],i[1],i[2],i[3],i[4],i[5]) #格式化字符串
                fp.write(score)                        #往文件中写入数据
            fp.close()
if __name__ == "__main__":
    app = QApplication(sys.argv)
    myWindow = QmyWidget()
    myWindow.show()
    sys.exit(app.exec())
```

1.6 信号与槽

对于可视化编程，需要将界面上的控件有机结合起来，实现控件功能的联动和交互操作。在上节中，建立了一个输入学生成绩，计算总成绩和平均分，并对学生成绩进行统计，把结果保存到文件中的简单界面程序。在这个程序中，通过单击“计算”按钮和“保存”按钮，实现上述功能。对按钮功能的定义，是通过信号(signal)与槽(slot)机制实现的。信号与槽是PySide6编程的基础，也是Qt的一大创新，有了信号与槽的编程机制，在PySide6中处理界面上各个控件的交互操作时变得更加直观和简单。

信号是指从QObject类继承的控件(窗口、按钮、文本框、列表框等)在某个动作下或状态发生改变时发出的一个指令或一个信息，例如一个按钮被单击(clicked)、右击一个窗口(customContextMenuRequested)、一个输入框中文字的改变(textChanged)等，当这些控件的状态发生变化或者外界对控件进行输入时，让这些控件发出一个信息，来通知系统其某种状态发生了变化或者得到了外界的输入，以便让系统对外界的输入进行响应。槽是系统对控件发出的信号进行的响应，或者产生的动作，通常用函数来定义系统的响应或动作。例如

对于单击“计算”按钮，按钮发出被单击的信号，然后编写对应的函数，当控件发出信号时，就会自动执行与信号关联的函数。信号与槽的关系可以是一对一，也可以是多对多，即一个信号可以关联多个槽函数，一个槽函数也可以接收多个信号。PySide6 已经为控件编写了一些信号和槽函数，使用前需要将信号和槽函数进行连接，另外用户还可以自定义信号和自定义槽函数。

1.6.1　内置信号与内置槽的连接

PySide6 对控件已经定义的信号和槽可以在 Qt Designer 中查看。启动 Qt Designer 并打开前面的 student. ui 文件，在窗口上拖放一个新的 Push Button 按钮，如图 1-18 所示，并将 objectName 改成 btnClose，将 text 设置成“关 闭”。然后单击工具栏上的“编辑信号/槽”按钮，进入信号和槽的编辑界面，按住 Shift 键的同时，用鼠标左键拖拽“关闭”按钮到窗口的空白区，这时会出现一个红色线和接地符号，松开鼠标，弹出“配置连接”对话框，如图 1-19 所示。勾选“显示从 QWidget 继承的信号和槽”，这时对话框的左边列表框中显示按钮的所有已定义信号，右边列表框中显示窗口所有的槽函数。这里左边选择按钮的 clicked()信号，右边选择窗口的 close()函数，单击 OK 按钮，就建立了按钮的单击信号(clicked)和窗口的关闭(close)的连接。

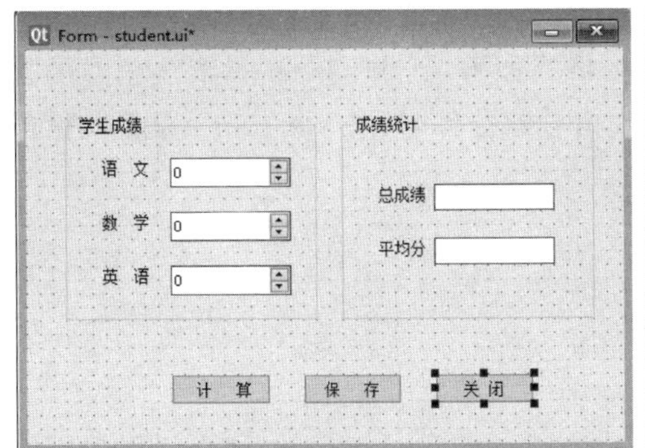

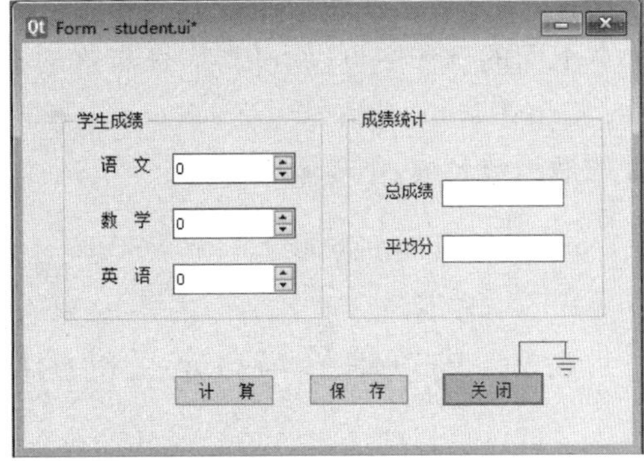

图 1-18　按钮信号与窗口槽函数的关联

图 1-19　“配置连接”对话框

另外一种建立信号和槽的方法是使用“信号/槽编辑器”。在 Qt Designer 的右下角的“信号/槽编辑器”上单击按钮，如图 1-20 所示，双击发送者下的<发送者>，找到 btnClose 按钮，双击信号下的<信号>，找到 clicked()，双击接收者下的<接收者>，找到 Form，双击槽下的<槽>，找到 close()，这样就建立了信号和槽的连接。如果要删除信号和槽的连接，应先选中信号槽，然后单击按钮。

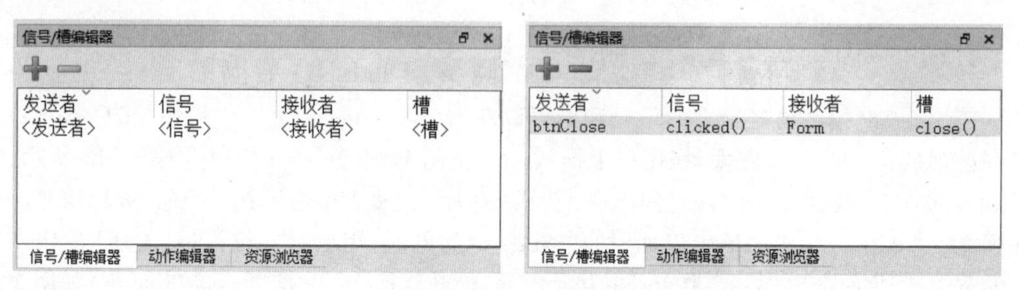

图 1-20　信号和槽编辑器

将以上窗口存盘，重新将 ui 文件编译成 py 文件，并用新的 py 文件替换旧的 py 文件，运行程序后，得到新的界面。打开新生成的 py 文件，可以发现在 py 中增加了一行新代码 self. btnClose. clicked. connect(Form. close)，用控件信号的 connect()方法将信号和函数进行了连接，注意被连接的槽函数不需要带括号。

从上面的例子中可以看出，信号与槽的连接格式如下，其中 sender 是产生信号的控件名称；signalName 是信号名称；receiver 是接收信号的控件名称；slotName 是接收信号的控件的槽函数名称，不需要带括号。

```
sender.signalName.connect(receiver.slotName)
```

1.6.2　内置信号与自定义槽函数

除了可以将控件的内置信号与其他控件的内置槽函数进行连接外，还可以对控件的内置信号直接定义新的槽函数。上节中就是对“计算”按钮和“保存”按钮信号进行按钮单击信号与自定义槽函数连接，从而实现这两个按钮的功能。

1. 自动关联内置信号的自定义槽函数

将 ui 文件编译成 py 文件后，打开 py 文件，可以发现在 py 文件中会出现下面的语句：

```
QMetaObject.connectSlotsByName(Form)
```

该语句的作用是使用 PySide6 的元对象(QMetaObject)在窗口上搜索所有从 QObject 类继承的控件，将控件的信号自动与槽函数根据名称(objectName)进行匹配，这时自定义的槽函数必须具有如下格式，即可实现信号与槽函数的自动关联。

```
@Slot()
def on_objectName_signalName(self,signalParameter):
    函数语句
```

其中，@Slot()修饰符用于指定随后的函数是槽函数；def 为函数定义关键词；on 为函数名的前缀,是必需的;objectName 是控件的 objectName 属性名称,例如前面学生成绩统计例子中定义“保 存”按钮时给按钮起的名字是 btnSave;signalName 是控件的信号名称,如按钮的 clicked 信号;signalParameter 是信号传递过来的参数,例如一个 checkBox 是否处于勾选状态,对 checkBox 可以定义 def on_checkBox_toggled(self,checked)自动关联槽函数,自动接收来自 checkBox 的 toggled(bool)的信号,其中 checked 是形参,表示 toggled(bool)信号传递的状态。

2. 重载型信号的处理

细心的读者会注意到,在 Qt Designer 中查询一个控件的信号时,会发现有些控件有多个名字相同但是参数不同的信号。例如对于按钮有 clicked()和 clicked(bool)两种信号,一种不需要传递参数的信号,另一种传递布尔型参数的信号。这种信号名称相同、参数不同的信号称为重载(overload)型信号。对于重载型信号定义自动关联槽函数时,需要在槽函数前加修饰符@Slot(type)声明是对哪个信号定义槽函数,其中 type 是信号传递的参数类型。例如如果对按钮的 clicked(bool)信号定义自动关联槽函数,需要在槽函数前加入@Slot(bool)进行修饰;如果对按钮的 clicked()信号定义自动关联槽函数,需要在槽函数前加入@Slot()进行修饰。需要注意的是,在使用@Slot(type)修饰符前,应提前用“from PySide6.QtCore import Slot”语句导入槽函数。

3. 手动关联内置信号的自定义槽函数

除了使用控件内置信号定义自动连接的槽函数外,还可以将控件内置信号手动连接到其他函数上,这时需要用到信号的 connect()方法。例如前面的输入学生成绩,计算总成绩和平均分的例子中,将“计算”按钮的 click()信号关联的函数修改成“def scoreCalculate(self):”,然后在窗口初始化函数“__init__()”中用“self.ui.btnCalculate.clicked.connect(self.scoreCalculate)”语句将按钮的单击信号 clicked 与 scoreCalculate()函数进行连接,也可以在主程序中,在消息循环语句前用“myWindow.ui.btnCalculate.clicked.connect(myWindow.scoreCalculate)”语句进行消息与槽函数的连接,程序代码如下所示。

```
import sys                                          #Demo1_17.py
from PySide6.QtWidgets import QApplication, QWidget
from PySide6.QtCore import Slot
from student import Ui_Form                         #导入 student.py 文件中的 Ui_Form 类

class MyWidget(QWidget):
    def __init__(self,parent = None):
        super().__init__(parent)
        self.ui = Ui_Form()
        self.ui.setupUi(self)
        self.__count = 0
        self.__score = list()
        self.ui.btnCalculate.clicked.connect(self.scoreCalculate)   #手动连接信号与槽
    def scoreCalculate(self):                       #“计算”按钮的槽函数,需手动与信号连接
        s = self.ui.chinese.value() + self.ui.math.value() + self.ui.english.value()
        self.ui.total.setText(str(s))
        template = "{:.1f}".format(s/3)
```

```
        self.ui.average.setText(template)

        self.__count = self.__count + 1
        temp = list()
        temp.append(self.__count)
        temp.append(self.ui.chinese.value())
        temp.append(self.ui.math.value())
        temp.append(self.ui.english.value())
        temp.append(s)
        temp.append(float(template))
        self.__score.append(temp)
    @Slot()                                          #槽参数类型修饰符
    def on_btnSave_clicked(self):                    #自动关联槽函数
        template = "{}:语文{} 数学{} 英语{} 总成绩{} 平均分{}\n"   #定义文本模板
        try:
            fp = open("d:\\student_score.txt",'a+',encoding='UTF-8')   #打开文件
        except:
            print("打开文件失败!")
        else:
            for i in self.__score:
                score = template.format(i[0],i[1],i[2],i[3],i[4],i[5])   #格式化字
                                                                          #符串
                fp.write(score)       #往文件中写入数据
            fp.close()
if __name__ == "__main__":
    app = QApplication(sys.argv)
    myWindow = MyWidget()
    myWindow.show()
    #myWindow.ui.btnCalculate.clicked.connect(myWindow.scoreCalculate)   #手动连接信号
                                                                          #与槽
    sys.exit(app.exec())
```

1.6.3 自定义信号

除了可以用控件的内置信号外,还可以自定义信号。自定义信号可以不带参数,也可以带参数,可以带1个参数,也可以带多个参数。参数类型是任意的,如整数(int)、浮点数(float)、布尔(bool)、字符串(str)、列表(list)、元组(tuple)和字典(dict)等。参数类型需要在定义信号时进行声明。自定义信号通常需要在类属性位置用 Signal 类来创建,使用 Signal 前需要用“from PySide6.QtCore import Signal”语句导入 Signal 类。需要注意的是,只有继承自 QObject 的类才可以定义信号。

1. 自定义信号的定义方式

定义非重载型信号的格式如下所示:

```
signalName = Signal(type1,type2, …)
```

定义重载型信号的格式如下所示:

```
signalName = Signal([type1],[type2], …)
```

其中，signalName 为信号名称；Signal()用于创建信号实例对象，type 为信号发送时附带的数据类型，这里数据类型不是形参也不是实参，只是类型的声明，参数类型任意，需根据实际情况确定，[ ]表示重载信号，如果重载信号不带参数，则只使用[ ]，不用带 type。

定义一个信号后，信号就有连接 connect()、发送 emit()和断开 disconnect()属性，对于重载型信号，在进行连接、发送和断开时，需要用 signalName[type]形式进行连接、发送和断开操作。第 1 个信号可以不用 signalName[type]形式，而直接用 signalName 形式。需要注意的是，只有从 QObject 继承的类才可以定义信号。下面是创建不同信号的代码。

```
from PySide6.QtCore import QObject , Signal    #Demo1_18.py

class signalDefinition(QObject):
    s1 = Signal()                              #创建无参数的信号
    s2 = Signal(int)                           #创建带整数的信号
    s3 = Signal(float)                         #创建带浮点数的信号
    s4 = Signal(str)                           #创建带字符串的信号
    s5 = Signal(int,float,str)                 #创建带整数、浮点数和字符串的信号
    s6 = Signal(list)                          #创建带列表的信号
    s7 = Signal(dict)                          #创建带字典的信号
    s8 = Signal([int],[str])                   #创建重载型信号,相当于创建了两个信号
    s9 = Signal([int,str],[str],[list])        #创建重载型信号,相当于创建了 3 个信号
    s10 = Signal([],[bool])    #创建重载型信号,一个不带参数,另一个带布尔型参数

    def __init__(self,parent = None):
        super().__init__(parent)
        self.s1.connect(self.slot1)            #信号与槽的连接
        self.s2.connect(self.slot2)
        self.s3.connect(self.slot3)
        self.s4.connect(self.slot4)
        self.s5.connect(self.slot5)
        self.s6.connect(self.slot6)
        self.s7.connect(self.slot7)
        self.s8[int].connect(self.slot8_1)
        #self.s8.connect(self.slot8_1)         #overload 型信号的第 1 个信号可以不指定类型
        self.s8[str].connect(self.slot8_2)
        self.s9[int,str].connect(self.slot9_1)
        #self.s9.connect(self.slot9_1)         #overload 型信号的第 1 个信号可以不指定类型
        self.s9[str].connect(self.slot9_2)
        self.s9[list].connect(self.slot9_3)
        self.s10.connect(self.slot10_1)
        self.s10[bool].connect(self.slot10_2)

        self.s1.emit()
        self.s2.emit(10)
        self.s3.emit(11.11)
        self.s4.emit('北京诺思多维科技有限公司')
        self.s5.emit(100,23.5,"北京诺思多维科技有限公司")
```

```
            self.s6.emit([1,8,'hello'])
            self.s7.emit({1:'Noise',2:'DoWell'})
            self.s8[int].emit(200)
            #self.s8.emit(200) #overload 型信号的第 1 个信号可以不指定类型
            self.s8[str].emit('Noise DoWell Tech.')
            self.s9[int,str].emit(300,"Noise DoWell Tech.")
            #self.s9.emit(300, "Noise DoWell Tech.")  #overload 型信号的第 1 个信号可不指
                                                      #定类型
            self.s9[str].emit('s9')
            self.s9[list].emit(["s9",'overload'])
            self.s10.emit()
            self.s10[bool].emit(True)
        def slot1(self):
            print("s1 emit")
        def slot2(self,value):
            print("s2 emit int:",value)
        def slot3(self,value):
            print("s3 emit float:",value)
        def slot4(self,string):
            print("s4 emit string:",string)
        def slot5(self,value1,value2,string):
            print("s5 emit many values:",value1,value2,string)
        def slot6(self,list_value):
            print("s6 emit list:",list_value)
        def slot7(self,dict_value):
            print("s7 emit dict:",dict_value)
        def slot8_1(self,value):
            print("s8 emit int:",value)
        def slot8_2(self,string):
            print("s8 emit string:",string)
        def slot9_1(self,value,string):
            print("s9 emit int and string:",value,string)
        def slot9_2(self,string):
            print("s9 emit string:",string)
        def slot9_3(self, list_value):
            print("s9 emit list:", list_value)
        def slot10_1(self):
            print("s10 emit")
        def slot10_2(self,value):
            print("s10 emit bool:",value)
    if __name__ == '__main__':
        signalTest = signalDefinition()
    #运行结果如下:
    #s1 emit
    #s2 emit int: 10
    #s3 emit float: 11.11
    #s4 emit string: 北京诺思多维科技有限公司
    #s5 emit many values: 100 23.5 北京诺思多维科技有限公司
    #s6 emit list: [1, 8, 'hello']
    #s7 emit dict: {1: 'Noise', 2: 'DoWell'}
```

```
#s8 emit int: 200
#s8 emit string: Noise DoWell Tech.
#s9 emit int and string: 300 Noise DoWell Tech.
#s9 emit string: s9
#s9 emit list: ['s9', 'overload']
#s10 emit
#s10 emit bool: True
```

2. 自定义信号的使用

下面通过一个具体的实例说明自定义信号的使用方法。仍以前面输入学生成绩的界面为例,在窗口上增加姓名和学号输入框,学生姓名可以相同,但是学号是唯一的,当输入完学号时,发送带有学号的信号,判断学号是否已经录入系统。如果是则弹出确认对话框,单击"保存"按钮后,把结果保存到 Excel 文档中。

第 1 步,用 Qt Designer 打开前面建立的 student. ui 窗口,从 Containers 控件中拖放一个 Group Box 到窗口中,并排列位置,将 Group Box 的 title 属性修改成"学生基本信息",如图 1-21 所示。

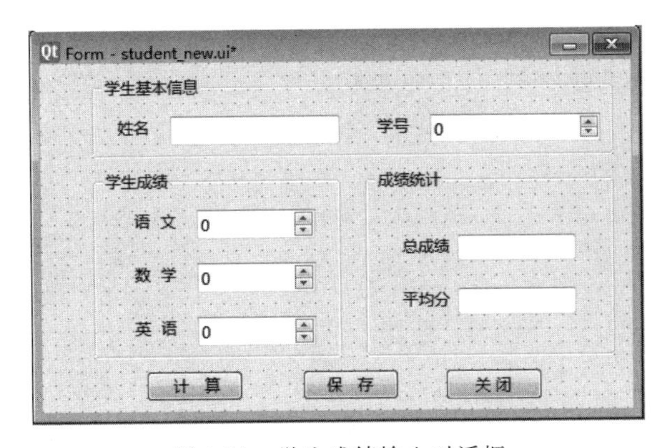

图 1-21　学生成绩输入对话框

第 2 步,从 Display Widgets 控件中拖放两个 Label 标签到 Group Box 中,将这两个标签的 text 属性分别改成"姓名"和"学号"。

第 3 步,从 Input Widgets 控件中拖放一个 Line Edit 和一个 Spin Box 到 Goup Box 中,分别放到"姓名"标签和"学号"标签的后面,将 Line Edit 的 objectName 属性修改成 name,将 Spin Box 的 objectName 属性修改成 number,并将 Spin Box 的 maximum 属性修改成 10000。

第 4 步,将窗口另存为 student_new. ui,然后再编译成 py 文件。

第 5 步,对窗口控件进行逻辑编程,下面是完成窗口控件功能的代码。在代码中使用了字典记录学生姓名、学号、各科成绩,并以学号为关键字,字典值是列表,列表的元素是姓名、学号、各科成绩。代码中定义了信号 numberSignal,发送时传递学号编号,如果学号编号已经在字典中,则会弹出确认对话框,这里使用消息对话框 QMessageBox,我们在后面还会详细介绍 QMessageBox 的使用方法。在输入学号的输入框中按 Enter 键,或者将光标移入到其他输入框中,会触发控件的 editingFinished 信号,程序中使用自动连接槽函数 def on_ number_editingFinished()来触发自定义信号的发送。

```
import sys                                   # Demo1_19.py
from PySide6.QtWidgets import QApplication, QWidget, QMessageBox
from PySide6.QtCore import Slot, Signal
from student_new import Ui_Form              # 导入 student_new.py 文件中的 Ui_Form 类

class MyWidget(QWidget):
    numberSignal = Signal(int)               # 自定义信号

    def __init__(self,parent = None):
        super().__init__(parent)
        self.ui = Ui_Form()
        self.ui.setupUi(self)
        self.__student = dict()          # 记录学生姓名、学号、成绩的字典,关键字是学号
        self.numberSignal.connect(self.isNumberExisting)   # 自定义信号与槽函数的连接
    @Slot()
    def on_btnCalculate_clicked(self):
        s = self.ui.chinese.value() + self.ui.math.value() + self.ui.english.value()
        self.ui.total.setText(str(s))
        template = "{:.1f}".format(s/3)
        self.ui.average.setText(template)

        temp = list()
        temp.append(self.ui.name.text())
        temp.append(self.ui.number.value())
        temp.append(self.ui.chinese.value())
        temp.append(self.ui.math.value())
        temp.append(self.ui.english.value())
        temp.append(s)
        temp.append(float(template))
        self.__student[self.ui.number.value()] = temp
    @Slot()
    def on_btnSave_clicked(self):
        template = "姓名{} 学号{} 语文{} 数学{} 英语{} 总成绩{} 平均分{}\n" # 文本模板
        try:
            fp = open("d:\\student_score.txt", 'a+', encoding = 'UTF-8')    # 打开文件
        except:
            print("打开文件失败!")
        else:
            for i in self.__student.values():
                score = template.format(i[0], i[1], i[2], i[3], i[4], i[5], i[6])
                fp.write(score)          # 往文件中写入数据
            fp.close()
    @Slot()
    def on_number_editingFinished(self):    # 输入学号完成时的槽函数(自动关联的槽函数)
        self.numberSignal.emit(self.ui.number.value())    # 发送信号,信号参数是学号
    def isNumberExisting(self,value):
```

```
            if value in self.__student:                    # 如果学号已经存在
                existing = QMessageBox.question(self,"确认信息","该学号已经存在,是否覆盖?",
                                    QMessageBox.Yes | QMessageBox.No)    # 提示对话框
                if existing == QMessageBox.No:             # 如果不覆盖,需要重新输入学号
                    self.ui.number.setValue(0)             # 学号设置为 0,等待重新输入
                    self.ui.number.setFocus()              # 学号获得焦点
if __name__ == "__main__":
    app = QApplication(sys.argv)
    myWindow = MyWidget()
    myWindow.show()
    sys.exit(app.exec())
```

1.7　控件之间的关系

开发一个图形界面应用程序时,不仅要实现功能,还需要考虑图形界面的美观和操作方便性。界面控件的排列方式、布局、按钮文字图标、菜单文字图标等都会影响界面的美观,界面上的快捷键、Tab 键的顺序会影响操作方便性。在设计一个界面之前,应该考虑到开发的界面可能由不同的用户使用,而用户电脑的屏幕大小、纵横比例、分辨率也不尽相同等。

1.7.1　控件的布局

窗口显示后,可以调整窗口的位置和大小,当窗口尺寸变小时,有些控件会被窗口挡住,而窗口变大时,在控件的外面会产生很大尺寸的空白。如图 1-22 所示为前面创建的输入学生成绩的窗口,调整窗口尺寸时都会影响控件的显示。我们希望在窗口变化尺寸时,有些控件相对窗口的位置不变,有些控件随窗口的缩放也进行相应的缩放。

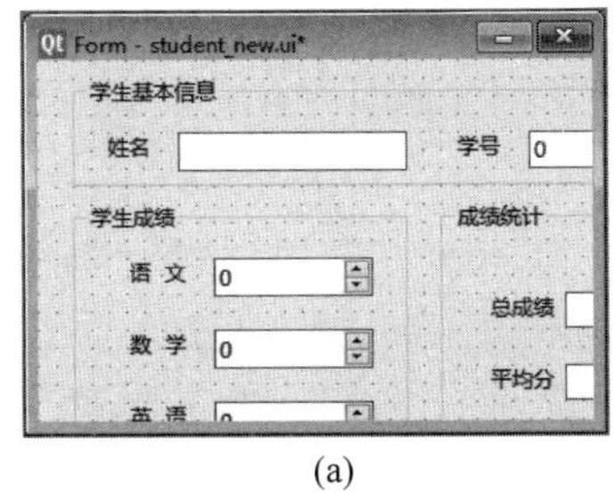

(a)

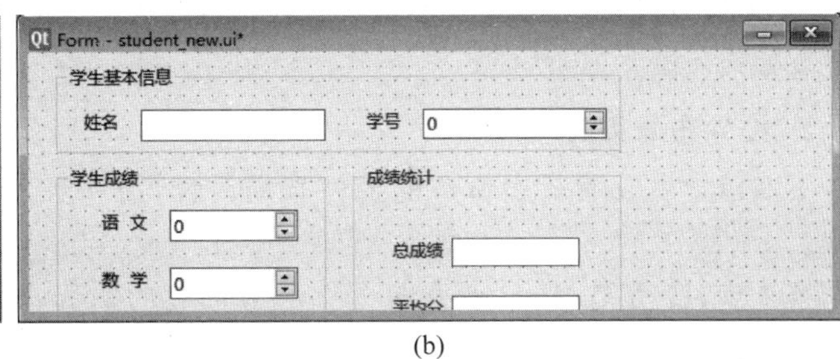

(b)

图 1-22　窗口尺寸的变化

(a) 窗口尺寸变小;(b) 窗口尺寸变大

控件在窗口中的位置可以用代码来确定,每个控件都有宽度和高度值,还可以确定控件左上角在窗口的位置,因此可以用代码来设置控件的位置和大小,不过这样需要写大量的代码,而且也不直观。最经济的方法是在 Qt Designer 中可视化地进行控件的布局。

1. 布局的类型

Qt Designer 中控件的布局可以分为以下 4 种类型。

（1）水平布局（QHBoxLayout），可以把多个控件以水平的顺序依次排开；

（2）竖直布局（QVBoxLayout），可以把多个控件以竖直的顺序依次排开；

（3）栅格布局（QGridLayout），可以以网格的形式把多个控件以矩阵形式排列；

（4）表单布局（QFormLayout），可以以两列的形式排列控件。

布局之间还支持嵌套布局，即一种布局中包含其他形式的布局，这些布局的样式如图 1-23 所示。

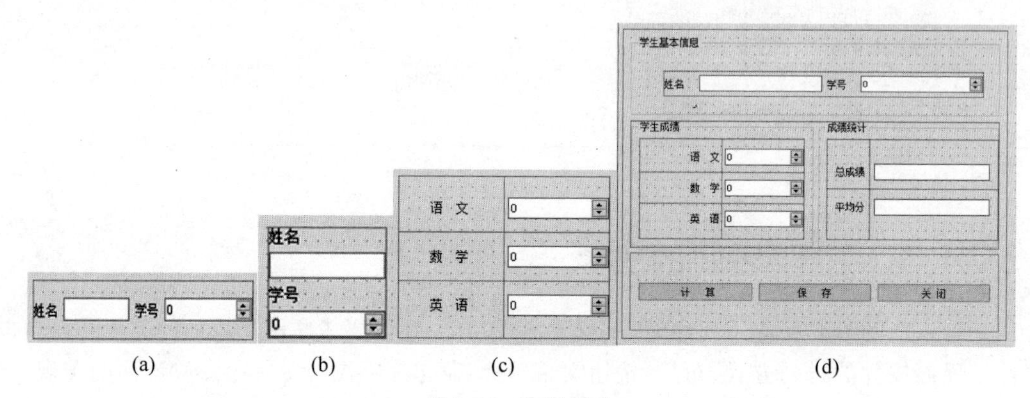

图 1-23 布局样式

（a）水平布局；（b）竖直布局；（c）表单布局；（d）嵌套布局

Qt Designer 中对控件进行布局可以分为两种方式：一种是先创建控件，然后选中控件，再单击工具栏中对应的布局控件，工具栏中的布局控件有 ；另一种是先从 Layouts 控件中拖放布局控件到窗口上，然后再往布局控件中放置控件，Layouts 控件中的布局控件有 Vertical Layout、Horizontal Layout、Grid Layout、Form Layout。另外，还可以在 Spacers 控件中选择 Horizontal Spacer 或 Vertical Spacer 控件来调整控件与布局控件的距离。在进行控件布局设计时，可以设置每个控件的最小宽和高属性及最大宽和高属性，来限制控件可以调整的范围，如设置最小宽和最大宽的值相同，在调整窗口尺寸时，控件的宽度始终不变。

2. 控件布局实例

下面以学生成绩录入窗口的控件布局为例，说明在 Qt Designer 中进行窗口布局的方法。

第 1 步，启动 Qt Designer，打开上一节创建的 student_new.ui 文件或本书附带文件 student_layout.ui，单击学生基本信息 Group Box 控件，单击工具条上的水平布局按钮 ，然后在属性对话框中找到 layoutStretch 属性，将其值设置成“0,1,0,1”，表示相对缩放比例实数，完成学生基本信息内的控件的布局。

第 2 步，单击学生成绩 Group Box 控件，然后单击工具栏上的表单布局按钮 ，对学生成绩内的控件进行表单布局。用同样的方法为成绩统计 Group Box 控件设置表单布局。

第 3 步，按住键盘上的 Ctrl 键，单击学生成绩 Group Box 控件和成绩统计 Group Box 控件，选中这两个控件，然后单击工具栏上水平布局按钮 ，在属性对话框中找到 layoutStretch 属性，将其值设置成“1,1”。

第 4 步，从 Spaces 中拖放两个 分别放到“计算”按钮的左边和“关闭”按钮的右边，如

图 1-24(a)所示，然后按住 Ctrl 键，从左到右依次选中 、"计算"按钮、"保存"按钮、"关闭"按钮和 ，然后单击工具栏中的水平布局按钮 。

第 5 步，从 Spaces 中拖放两个 Vertical Spacer，放到如图 1-24(b)所示的位置，最后单击窗体，不用选中任何控件，单击工具栏上的竖直布局按钮 ，这时如果缩放窗口，窗口内的控件也会跟着缩放。在以上操作中，如果出现问题可以单击工具栏中的 按钮取消布局。

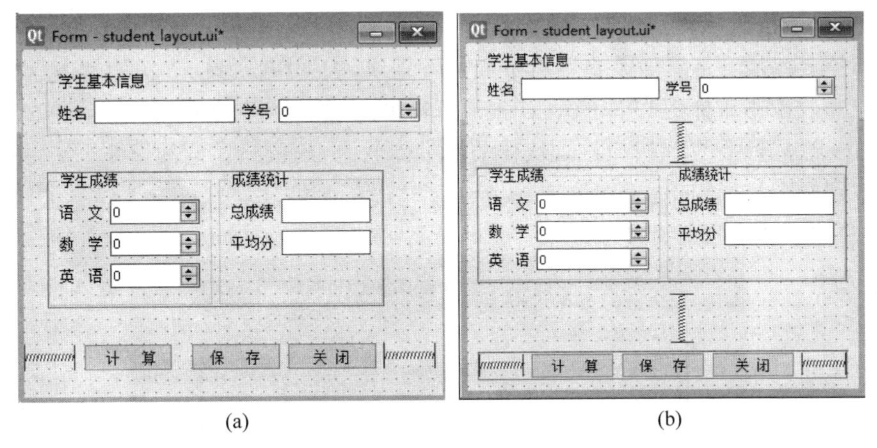

(a)　　(b)

图 1-24　学生基本信息内的控件的布局

(a) 水平间隙；(b) 竖直间隙

完成以上操作后，将 ui 重新转换成 py 文件，运行前面的程序，可以发现控件会随窗口的缩放而缩放。除了以上布局样式外，还有一种分割器布局，对于这种布局将在 2.5.4 节中介绍，并在后续的讲解中会多次用代码的形式创建分割器。以上是在 Qt Designer 中建立布局，本书还会详细介绍各种布局控件的方法，并在后边的实例中用代码直接创建布局。

1.7.2　控件的 Tab 键顺序

Tab 键顺序是程序运行时，按键盘上的 Tab 键，控件依次获取焦点的顺序。要编辑各控件的 Tab 顺序，需要单击 Qt Designer 工具条上的 按钮，进入编辑 Tab 键顺序状态，如图 1-25 所示，依次单击控件上蓝色数字框即可。如果点错，可以右击，从弹出的快捷菜单中选择"重新开始"命令。

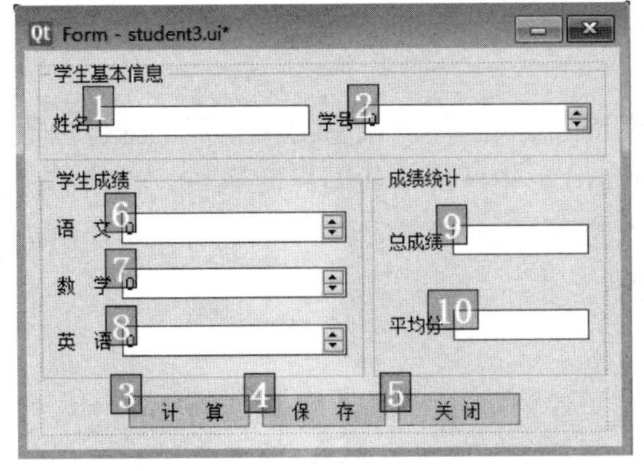

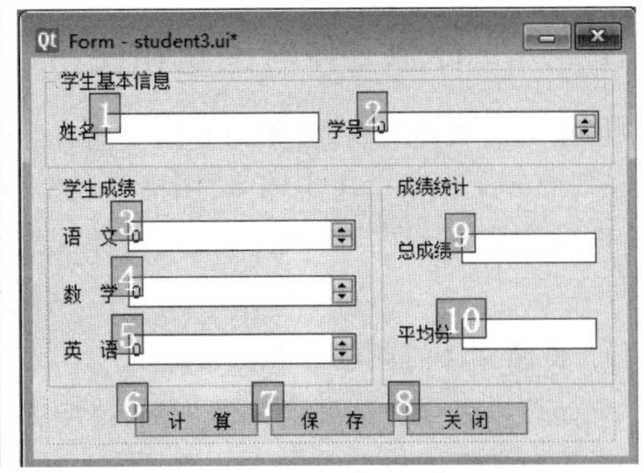

图 1-25　编辑控件的 Tab 键顺序

另外一种编辑 Tab 键顺序的方法是在窗口中右击，从弹出的快捷菜单中选择“制表符顺序列表”命令，弹出“制表符顺序列表”对话框，单击 或 按钮调整顺序。

1.7.3 控件之间的伙伴关系

控件的伙伴关系是指控件与 Label 标签是关联的，在按 Label 标签的快捷键(Alt 键+字母)时，焦点能快速移动到关联的控件上，这时 Label 标签的 text 属性中要有“&”和字符，程序运行时不会显示“&”，而是在字符下面加下划线，表示快捷键。在前面输入学生成绩的界面中，先修改 Label 标签控件的 text 属性，例如把“姓名”修改成“姓名(&N)”，再单击 Qt Designer 工具条上的 按钮进入伙伴关系编辑状态，用鼠标左键选择一个 Label 标签控件，并拖拽到一个目标控件上，如图 1-26 所示。这时标签控件与目标控件建立了伙伴关系，标签名称中的“&”符号也消失了。

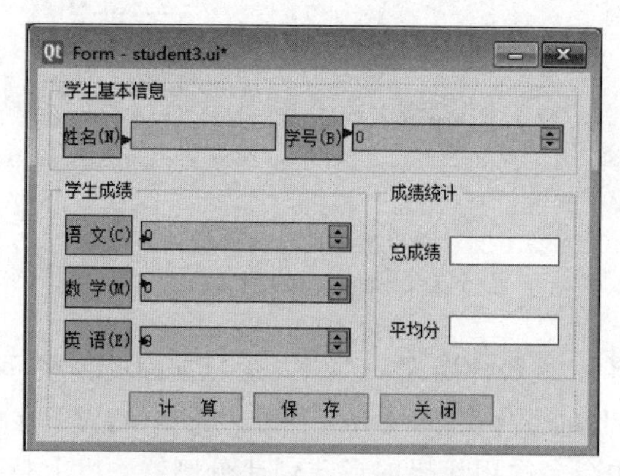

图 1-26 伙伴关系编辑状态

1.8 资源文件

为了增强界面的美观性，界面上的菜单、按钮、窗口上可以增加图标，窗口的背景可以设置图片，图标和图片都称为资源文件。PySide6 可以将多个图标、图片等资源文件编译到一个 py 文件，在使用时从 py 文件中直接调用，无须把图标、图片文件单独存放到文件中。

1.8.1 资源文件的创建和使用

创建资源文件之前，需要先搜集一些有意义的图标、图片。很多网站提供了图标以供下载，在任意一个搜索引擎中输入“图标下载”，会列出一些可供下载图标的网站。将搜集的图标文件单独放到一个文件夹中，并把文件夹放到主程序 py 文件所在的路径下，以方便进行编译。

1. 资源文件的创建

下面仍以学生成绩录入界面为例，说明资源文件的创建过程。在 Qt Designer 中，打开之前的学生成绩录入界面 student.ui，单击 Qt Designer 右下角的“资源浏览器”页，如图 1-27 所示，然后单击左上角的 按钮，弹出“编辑资源”对话框，单击底部左侧的新建按钮，弹出

“新建资源文件”对话框，在对话框中输入文件名，如 image，并把文件放置到主程序 py 文件所在的路径下，资源文件的扩展名为 qrc。

图 1-27　创建资源文件

创建资源文件后，单击底部中间位置的按钮，如图 1-28 所示，添加前缀，在对话框中输入前缀名称，如 icons。添加前缀的目的是把图标和图片文件进行分门别类存储，以方便查找。创建前缀后，需要在前缀中添加图片文件。单击按钮，弹出“添加文件”对话框，可以同时添加多个文件。此处添加了 4 个图片文件，这些文件可以在本书的源码中找到，最后在“编辑资源”对话框中单击 OK 按钮完成资源文件的创建。

图 1-28　在资源文件中添加图片

2. 资源文件的使用

在 Qt Designer 中，先单击学生成绩输出表单上的“计算”按钮，在右侧的属性编辑器中找到 icon 属性，如图 1-29 所示。然后单击 icon 右边的向下黑三角形，选择“选择资源”命令，弹出“选择资源”对话框，从中选择一个图片，单击 OK 按钮。采用同样的方法，可以为“保存”和“关闭”按钮设置图标。

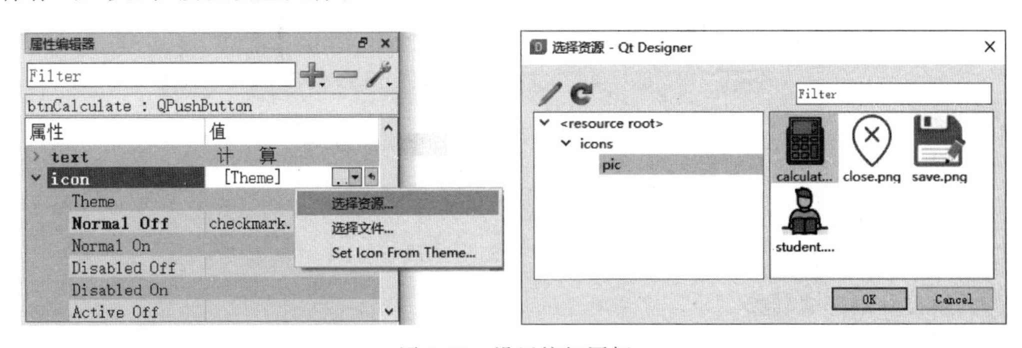

图 1-29　设置按钮图标

另外还可以为窗口设置图标。先在图形区选择窗口，不要选择任何控件，在右侧的属性编辑器中找到窗口的windowIcon属性，如图1-30所示，然后单击icon右边的向下黑三角形▼，选择“选择资源”命令，弹出“选择资源”对话框，从中选择一个图片，单击OK按钮。

进行以上设置后，保存ui文件，需要把ui文件重新编译成py文件。打开编译后的py文件，可以发现在py文件的最后添加了一句import image_rc语句，需要导入image_rc. py文件。image_rc. py文件是由image. qrc文件编译而来的。

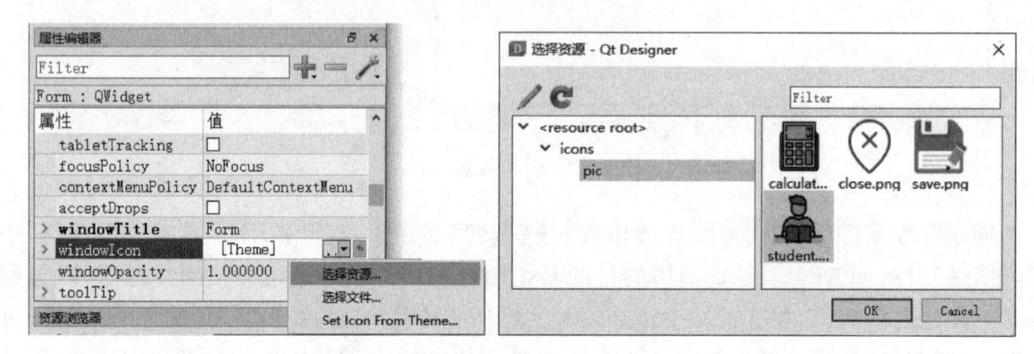

图1-30 设置窗口图标

1.8.2 qrc文件编译成py文件

前面创建的资源文件qrc还不能直接用于PySide6的图形界面中，需要把qrc文件编译成py文件才行。与将ui文件编译成py文件类似，qrc文件编译成py文件也可以采用不同的方法。

在Python的安装路径的Scripts路径下有PySide6-rcc. exe文件，利用该文件可以将Qt Designer创建的资源文件(＊. qrc)转换成Python语法格式的编程文件(＊. py)。

1. 用操作系统的cmd窗口转换

启动cmd窗口，先用“cd/d”命令将当前路径设置成qrc文件所在的路径，然后输入“pyside6-rccimage. qrc -o image_rc. py”命令，如图1-31所示，在qrc文件的路径中将会得到image_rc. py文件。

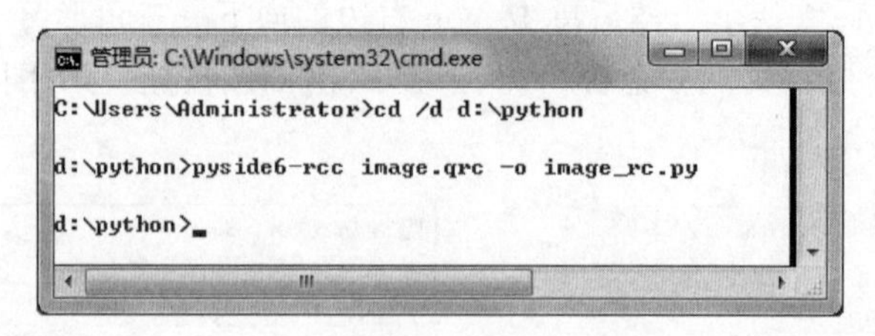

图1-31 cmd窗口转换qrc文件

用记事本或用Python的IDLE文件环境打开编译后的py文件，会发现图片文件变成了十六进制的数字。

2. 用批处理形式转换

用记事本建立一个扩展名为bat的文件，如translate-qrc. bat，并输入如图1-32所示的内容，双击 translate-qrc. bat 即可完成 qrc 文件到 py 文件的转换。在 bat 文件中也可以加入 ui 文件转换 py 文件的命令。

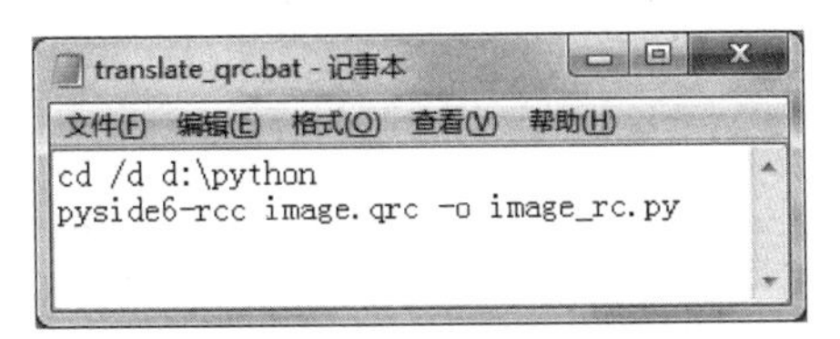

图 1-32　批处理方式转换

3. 编写 Python 程序转换

编制如下所示的 Python 程序，运行该程序后可以把 qrc 文件转换成 py 文件，使用时把 qrc、py 和 path 变量修改一下即可。编译后无须重新编写程序，直接运行主程序，会发现界面中的按钮和窗口已经添加了图标。

```
import os                                    #Demo1_20.py
qrc = 'image.qrc'                            #被转换的 qrc 文件
py = 'image_rc.py'                           #转换后的 py 文件
path = 'd:\\python'                          #qrc 文件所在路径
os.chdir(path)                               #将 qrc 文件所在路径设置成当前路径
cmdTemplate = "PySide6 - rcc {qrc} - o {py}".format(qrc = qrc, py = py)    #文本模板
os.system(cmdTemplate)                       #执行编译命令
```

1.9　py 文件的编译

上面编制的程序都必须在 Python 的环境下运行，如果把 py 文件复制到没有安装 Python 的机器上，将无法运行 py 文件，为此有必要把 py 文件编译成 exe 文件，exe 文件在任何机器上都可以运行；也可将 py 文件进行加密，这样其他人员就不能再编辑 py 文件中的内容。

要把 py 文件打包生成 exe 文件，需要安装编译工具，可以把 py 文件编译成 exe 文件的工具有 py2exe、pyinstaller、cx_Freeze 和 nuitka，本书以 pyinstaller 为例说明 py 文件打包成 exe 文件的过程。使用 pyinstaller 之前需要安装 pyinstaller 工具，在 Windows 的 cmd 窗口中输入“pip install pyinstaller”命令，稍等一会儿就会把 pyinstaller 安装完成，安装完后输入命令“pyinstaller　--version”查看版本号，验证是否安装成功。

安装完成后，可以把需要编译成 exe 文件的所有有关的 py 文件，包括主程序、窗体文件、资源文件等复制到一个新目录中，然后在 cmd 窗口中用“cd/d”命令把 py 文件所有的路径设置成当前路径，再输入命令“pyinstaller-D main. py”，稍等一会儿就可以把一个窗体文件打包成 exe 文件。exe 文件位于新建立的 dist 文件夹中，其中-D 参数表示打包成包含连接库的多个文件；main. py 表示主程序文件，用实际主程序文件代替即可；用-F 参数代替-D 参数，可以打包成一个文件；另外用-i 参数可以指定图标。

除了在 cmd 文件中进行编译外，用户还可以自己编辑程序进行编译，如下所示，使用时

只需把 main 变量和 path 变量修改一下即可。

```
import os                                        # Demo1_21.py
main = 'student_main.py'                          # 主程序 py 文件
path = 'D:\\Python\\installer'                    # 主程序 py 文件所在路径
os.chdir(path)                                    # 将主程序文件所在路径设置成当前路径
cmdTemplate = "pyinstaller -D {}".format(main)    # 命令模板
os.system(cmdTemplate)                            # 执行编译命令
```

第2章

常用控件的用法

控件是 PySide6 已经设计好的一些用于输入/输出的“小窗口”，或者承载这些输入/输出窗口的容器。控件是 GUI 可视化编程的基础，通常用户通过控件与计算机打交道，通过将多个控件有机组织在一起，可以形成复杂的界面。每个控件有自己的属性、方法、信号、槽函数和事件(event)，编程人员需要了解控件的特点，掌握属性的设置方法及信号和槽函数的使用方法，熟悉继承关系，知道控件的父类的特点。

2.1 GUI 编程的常用类

在讲解可视化编程之前，我们先介绍几个常用的类，这些类在控件的使用过程中会经常用到。这些类包括坐标点、尺寸、矩形框、页边距、字体、颜色、调色板、图像、图标、光标和 QUrl 地址。

2.1.1 坐标点类 QPoint 和 QPointF

电脑屏幕的坐标系的原点在左上角，从左到右是 x 轴方向，从上往下是 y 轴方向。要定位屏幕上的一个点的位置，需要用到 QPoint 类或 QPointF 类，这两个类的区别是 QPoint 用整数定义 x 和 y 值，QPointF 用浮点数定义 x 和 y 值。QPoint 类和 QPointF 类在 QtCore 模块中，使用前需用“from PySide6. QtCore import QPoint，QPointF”语句导入到当前程序中。

用 QPoint 和 QPointF 类定义坐标点实例的方法如下所示，其中 xpos 和 ypos 分别表示 x 和 y 坐标。

```
QPoint()
QPoint(xpos:int, ypos:int)
```

```
QPointF()
QPointF(xpos: float, ypos:float)
QPointF(QPoint)
```

坐标点 QPoint 类和 QPointF 类的方法比较简单,常用方法如表 2-1 所示。

表 2-1　坐标点 QPoint 和 QPointF 类的常用方法

方法及参数类型	说　明	方法及参数类型	说　明
setX(int)	设置 x 坐标值	[static]dotProduct (QPoint_1,QPoint_2)	两个点坐标 x 和 y 值的点乘,返回值是 x1 * x2+y1 * y2
setX(float)			
setY(int)	设置 y 坐标值	isNull()	如果 x = y = 0,返回值为 True
setY(float)			
x()	获取 x 坐标值	manhatteranLenth()	返回 x 和 y 绝对值的和
y()	获取 y 坐标值	transposed()	将 x 和 y 值对调
toTuple(self)	输出元组(x,y)	toPoint()	只用于 QPointF,用四舍五入法将 QPointF 转化成 QPoint

QPoint 或 QPointF 可以当作二维向量,用于加减运算,也可以与一个整数或浮点数相乘或相除,还可以逻辑判断,例如下面的代码。

```
from PySide6.QtCore import QPoint,QPointF #Demo2_1.py
p1 = QPoint(-3,4)
p2 = QPointF(5,8)
print(QPoint.dotProduct(p1,p1),QPointF.dotProduct(p1,p2))
p3 = p2-p1
p4 = p1 * 3
print(p3.x(), p3.y(), p4.x(), p4.y())
print(p1 == p2, p1 != p2)
#运算结果如下:
#25 17.0
#8.0 4.0 -9 12
#False True
```

2.1.2　尺寸类 QSize 和 QSizeF

一个控件或窗口有长度和高度属性,长度和高度可以用 QSize 类或 QSizeF 类来定义。QSize 类和 QSizeF 类在 QtCore 模块中,使用前需用"from PySide6.QtCore import QSize, QSizeF"语句导入到当前程序中。

用 QSize 和 QSizeF 定义尺寸实例的方法如下,其中 w 和 h 分别表示宽度或高度,QSize 用整数定义,QSizeF 用浮点数定义。

```
QSize()
QSize(w: int, h: int)
QSizeF()
QSizeF(w: float, h: float)
QSizeF(QSize)
```

QSize 和 QSizeF 的方法基本相同，QSizeF 的常用方法如表 2-2 所示。主要方法是用 setWidth(float)、setHeight(float)设置宽度和高度；用 width()、height()方法获取宽度和高度。其中 scale(width: float, height: float, Qt.AspectRatioMode)方法中，Qt.AspectRatioMode 可以取 Qt.IgnoreAspectRatio(不保持比例关系，缩放后的 QSizeF 尺寸是(width, height))、Qt.KeepAspectRatio(保持原比例关系，缩放后的 QSizeF 在(width, height)内部尽可能大)或 Qt.KeepAspectRatioByExpanding(保持原比例关系，缩放后的 QSizeF 在(width, height)外部尽可能小)，参数值不同，返回的值也不同；shrunkBy(Union[QMargins,QMarinsF])方法中，根据页边距 QMargins 或 QMarginsF 指定的收缩距离，返回新的 QSizeF，QMargins 和 QMarginsF 的定义方法见后面的内容。

表 2-2　尺寸 QSizeF 类的常用方法

QSizeF 的方法及参数类型	返回值的类型	说　明
setWidth(float)、setHeight(float)	None	设置宽度和高度
width()、height()	float	获取宽度和高度
shrunkBy(Union[QMargins,QMarginsF])	QSizeF	在原 QSizeF 基础上根据页边距收缩得到新 QSizeF
grownBy(Union[QMargins,QMarginsF]))	QSizeF	在原 QSizeF 基础上根据页边距扩充得到新 QSizeF
boundedTo(Union[QSize,QSizeF])	QSizeF	新 QSizeF 的高度是自己和参数的高度中值小的高度，宽度亦然
expandedTo(Union[QSize,QSizeF])	QSizeF	新 QSizeF 的高度是自己和参数的高度中值大的高度，宽度亦然
toTuple()	Tuple	返回元组(width,height)
isEmpty()	bool	当宽度和高度有一个小于等于 0 时，返回值是 True
isNull()	bool	宽度和高度都是 0 时，返回值是 True
isValid()	bool	当宽度和高度都大于等于 0 时，返回值是 True
transpose()	None	高度和宽度对换
transposed()	QSizeF	新 QSizeF 的高度是原 QSizeF 的宽度，宽度是原 QSizeF 的高度
scale(width: float, height: float, Qt.AspectRatioMode)	None	根据高度和宽度的比值参数 Qt.AspectRatioMode，重新设置原 QSizeF 的宽度和高度
scale(QSizeF,Qt.AspectRatioMode)	None	
scaled(width: float, height: float, Qt.AspectRatioMode)	QSizeF	返回调整后的新 QSizeF
scaled(QSizeF,Qt.AspectRatioMode)	QSizeF	
toSize()	QSize	将 QSizeF 转换成 QSize

QSize 和 QSizeF 类也可以进行加减乘除运算和逻辑运算，例如下面的代码。

```
from PySide6.QtCore import QSize,QSizeF,QMargins,Qt                # Demo2_2.py

s1 = QSize(5,6); s2 = QSizeF(8,10)
```

```
s3 = s2 - s1; print("s3:",s3.width(), s3.height())
s4 = s1 * 3; print("s4:",s4.width(), s4.height())
margin = QMargins(1,2,3,4)
s5 = s2.shrunkBy(margin); print("s5:",s5.width(), s5.height())

s1 = QSize(5, 6)
ss = s1.scaled(10,20,Qt.IgnoreAspectRatio); print("IgnoreAspectRatio:",ss.width(), ss.height())
ss = s1.scaled(10,20,Qt.KeepAspectRatio); print("KeepAspectRatio:",ss.width(), ss.height())
ss = s1.scaled(10,20,Qt.KeepAspectRatioByExpanding)
print("KeepAspectRatioByExpanding:",ss.width(), ss.height())
#运行结果如下:
#s3: 3.0 4.0
#s4: 15 18
#s5: 4.0 4.0
#IgnoreAspectRatio: 10 20
#KeepAspectRatio: 10 12
#KeepAspectRatioByExpanding: 16 20
```

2.1.3 矩形框类 QRect 和 QRectF

矩形框可以定义一个矩形区域，含有 QPoint 和 QSize 信息的类，矩形框的左上角是 QPoint 的信息，矩形框的宽度和高度是 QSize 信息。对于一个控件，在窗口中有位置、宽度和高度信息，控件的位置可以通过其左上角的位置确定，控件的位置、宽度和高度都可以通过矩形框类来定义。矩形框类分为 QRect 和 QRectF 两种，它们在 QtCore 模块中，使用前需要用“from PySide6.QtCore import QRect,QRectF”语句导入到当前程序中。

用 QRect 或 QRectF 类来定义矩形框实例对象，可以采用以下几种方法，其中 QRect 用整数定义，QRectF 用浮点数定义。

```
QRect()
QRect(left:int,top:int,width:int,height:int)
QRect(topleft:QPoint,bottomright:QPoint)
QRect(topleft:QPoint,size:QSize)
QRectF()
QRectF(left:float,top:float,width:float,height:float)
QRectF(rect:QRect)
QRectF(topleft:Union[QPointF,QPoint],bottomRight:Union[QPointF,QPoint])
QRectF(topleft:Union[QPointF,QPoint],size:Union[QSizeF,QSize])
```

矩形框 QRect 类的常用方法如表 2-3 所示，用 QRect 或 QRectF 定义的矩形框有 4 个角点 topLeft、topRight、bottomLeft、bottomRight，4 个边 left、right、top、bottom 和 1 个中心 center 几何特征，通过一些方法可以获取或者移动角点位置、边位置或中心位置。

表 2-3 QRect 类的常用方法

QRect 的方法及参数类型	说 明
setLeft(x)、setRight(x)	设置左边 x 值和 y 值位置，上边和下边位置不变
setTop(y)	设置上边位置 y 值，左右和底边不变
setBottom(y)	设置底部值，真实底部值需要再加 1
setBottomLeft(QPoint)	设置左下角位置，右上角的位置不变
setBottomRight(QPoint)	设置右下角位置，左上角的位置不变
setCoords(x1,y1,x2,y2)	设置左上角坐标 x1、y1 和右下角坐标 x2、y2，真实右下角坐标需要横纵坐标都加 1
getCoords()	返回左上角和右下角坐标元组(int,int,int,int)，右下角的 x 和 y 值都要减去 1
setWidth(w)、setHeight(h)	设置宽度和高度，左上角的位置不变
setSize(QSize)	设置宽度和高度
size()	获取高度和宽度的 QSize
width()、height()	返回宽度值和高度值
setRect(x,y,w,h)	设置矩形框的左上角位置及宽度、高度
setTopLeft(QPoint)	设置左上角位置，右下角的位置不变
setTopRight(QPoint)	设置右上角位置，左下角的位置不变
setX(x)、setY(y)	设置左上角的 x 值和 y 值，右下角的位置不变
x()、y()	返回左上角 x 值和 y 值
bottomLeft()、bottomRight()	返回左下角 QPoint 和右下角 QPoint，y 值是(底部 y−1)
center()	返回中心点 QPoint
getRect()	返回左上角坐标和宽高元组(x,y,w,h)
isEmpty()	当宽度和高度有一个小于等于 0 时，返回值是 True
isNull()	当宽度和高度都是 0 时，返回值是 True
isValid()	当宽度和高度都大于 0 时，返回值是 True
adjust(x1,y1,x2,y2)	调整位置，调整后的位置是在原左上角的 x 和 y 分别加 x1 和 y1，右下角的 x 和 y 分别加 x2 和 y2
adjusted(x1,y1,x2,y2)	调整位置，并返回新的 QRect 对象
moveBottomLeft(QPoint)	移动左下角到 QPoint，宽度和高度不变
moveBottomRight(QPoint)	移动右下角到 QPoint，宽度和高度不变
moveCenter(QPoint)	移动中心到 QPoint，宽度和高度不变
moveLeft(x)、moveRight(x)	移动左边到 x 值，右边到 x+1 值，宽度和高度不变
moveTo(QPoint)、moveTo(x,y)	左上角移动到 QPoint 点或(x,y)点，宽度和高度不变
moveTop(y)、moveBottom(y)	移动上边到 y，底部到 y+1 值，宽度和高度不变
moveTopLeft(QPoint)	移动左上角到 QPoint，宽度和高度不变
moveTopRight(QPoint)	移动右上角到 QPoint，宽度和高度不变
left()、right()	返回左边 x 值和右边 x−1 值
top()、bottom()	获取左上角的 y 值和底部 y−1 值
topLeft()、topRight()	获取左上角的 QPoint 和右上角的 QPoint
intersected(QRect)	返回两个矩形的公共交叉矩形 QRect
intersects(QRect)	判断两个矩形是否有公共交叉矩形
united(QRect)	返回由两个矩形的边形成的新矩形
translate(dx,dy)	矩形框整体平移 dx、dy

续表

QRect 的方法及参数类型	说　明
translate(QPoint)	矩形框整体平移 QPoint. x()和 QPoint. y()
translated(dx,dy)	返回平移 dx 和 dy 后的新 QRect
translated(QPoint)	返回平移 QPoint. x()和 QPoint. y()后的新 QRect
transposed()	返回宽度和高度对换后的新 QRect

用表 2-3 中的方法获取右边线、底边线、右下角、左下角和右上角的坐标值时，如图 2-1 所示，右下角的 x 值和 y 值返回值比真实值都小 1，右边线和底边线比真实值都小 1。在计算右下角的坐标时，可以用“rect. x()＋rect. width()”和“rect. y()＋rect. height()”语句得到 x 和 y 坐标。

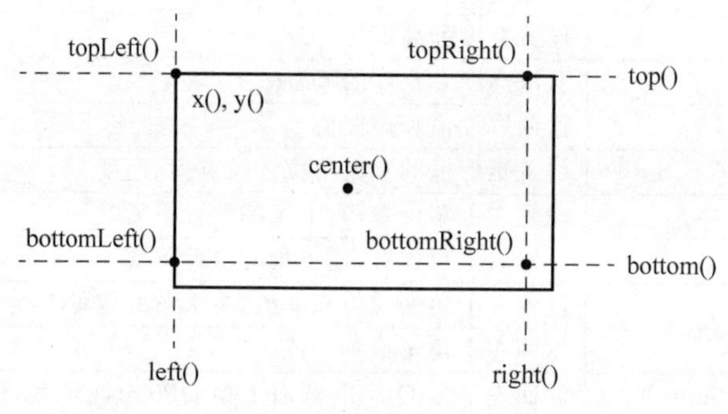

图 2-1　矩形示意图

intersected()方法可以计算两个矩形的交矩形，而 united()方法可以计算两个矩形的并矩形，它们的运算关系如图 2-2 所示。

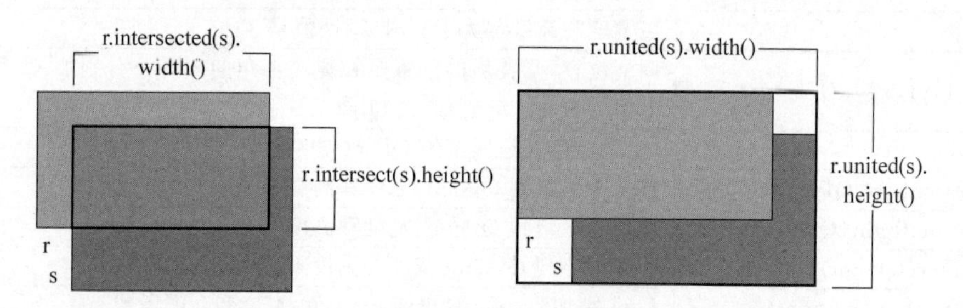

图 2-2　矩形的交和并运算示意图

矩形框类常用于定义控件的左上角的位置和宽度、高度，例如下面的语句定义一个标签 Label 的左上角坐标为(80,150)，宽度是 100，高度是 20。

```
label = QLabel(self)
rect = QRect(80,150,100,20)
label.setGeometry(rect)
```

2.1.4　页边距类 QMargins 和 QMarginsF

页边距类 QMargins 和 QMarginsF 通常应用于布局、窗口和打印中，设置布局控件或窗口内的工作区距边框的左边、顶部、右边和底部的距离，如图 2-3 所示，或者在打印中设置打印区域距纸张四个边的距离。用布局或窗口的 setContentsMargins(QMargins)方法可设置页边距。

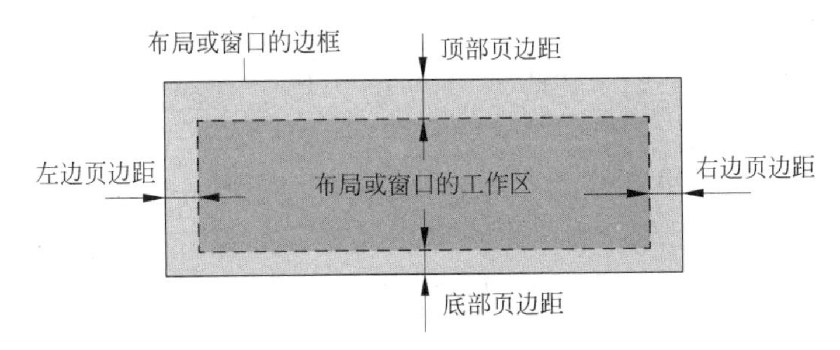

图 2-3　布局或窗口的页边距示意图

QMargins 定义的页边距是整数，QMarginsF 定义的页边距是浮点数(float)。用 QMargins 和 QMarginsF 创建页边距对象的方法如下所示。

```
QMargins()
QMargins(QMargins:QMargins)
QMargins(left:int,top:int,right:int,bottom:int)
QMarginsF()
QMarginsF(QMarginsF:Union[QMarginsF,QMargins])
QMarginsF(left:float,top:float,right:float,bottom:float)
```

QMargins 和 QMarginsF 的方法基本相同，QMarginsF 的常用方法如表 2-4 所示，其中 isNull()方法获取页边距是否为空，如果所有边距都接近 0，则返回值是 True。

表 2-4　QMarginsF 的常用方法

QMarginsF 的方法	返回值类型	说　　明	QMarginsF 的方法	返回值类型	说　　明
setLeft(float)	None	设置左边距	setRight(float)	None	设置右边距
left()	float	获取左边距	right()	float	获取右边距
setTop(float)	None	设置顶边距	setBottom(float)	None	设置底边距
top()	float	获取顶边距	bottom()	float	获取底边距
isNull()	bool	获取页边距是否为空	toMargins()	QMargins	转换成 QMargins

2.1.5　字体类 QFont 与实例

字体类 QFont 可以设置界面控件上显示的字体，字体属性包括字体名称、字体尺寸、粗体字、倾斜字、上/下划线、删除线等。如果指定的字体在使用时没有对应的字体文件，Qt 将自动选择最接近的字体。如果要显示的字符在字体中不存在，则字符会被显示为一个空心方框。

字体类在 QtGui 模块中，使用前需要用“from PySide6. QtGui import QFont”语句把字体类导入进来。用字体类定义字体实例对象的方法如下。

```
QFont()
```

```
QFont(families: Sequence[str], pointSize: int = -1, weight: int = -1, italic: bool = False)
QFont(family: str, pointSize: int = -1, weight: int = -1, italic: bool = False)
QFont(font: Union[QFont, str, Sequence[str]])
```

其中,参数 families 或 family 是字体名称; pointSize 是字体尺寸,取值为负值或 0 时,字体尺寸与系统有关,通常是 12 点; weight 是字体粗细程度; italic 是斜体; ":"表示参数的取值类型,"Union[ ]"表示从多个可选类型中选择一个(下同)。

1. 字体类 QFont 的常用方法

字体类 QFont 的常用方法分为两种,一种是设置字体属性的方法,另一种是获取字体属性的方法。设置字体属性的方法名称以"set"开始,不含 set 的方法是获取字体的属性值。字体类 QFont 的常用方法如表 2-5 所示,主要方法介绍如下。

- 窗口上的各种控件及窗口都会有字体属性,通过控件或窗口的 font()方法可以获取字体,然后对获取的字体按照表 2-5 所示的方法进行字体属性设置,设置完成后通过控件或窗口的 setFont(QFont)方法将设置好的字体重新赋给控件或窗口。当然也可以定义一个全新的字体对象,再通过控件或窗口的 setFont(QFont)方法将这个全新的字体赋给控件或窗口,可以用 QApplication 的 setFont(QFont)方法为整个应用程序设置默认字体。
- 用 setFamily(str)方法设置字体名称,名称中可以用逗号将多个字体名称隔开,PySide6 自动根据逗号将名称分解成多个字体名称,也可以直接用 setFamilies(Sequence[str])方法设置多个字体名称,第 1 个是主字体。需要注意的是字体名称的大小写敏感,当设置的字体名称不支持时,会自动搜索匹配的字体,当字体不支持文字符号时,文字符号用方框来表示。
- setPixelSize(int)方法使用像素作为单位来设置字体大小。setPointSize(int)方法设置实际中我们肉眼看到的字体的大小,与像素无关。使用 setPixelSize(int)方法设置字体尺寸时,在像素大小不同的设备上显示的大小也不同。使用 setPointSize(int)方法设置的字体尺寸,在不同设备上显示的大小是相同的。如果指定了 pointSize,则像素 pixelSize 尺寸的属性值是-1; 反之,如果指定了 pixelSize,则 pointSize 属性值是-1。字体尺寸也可以用 setPointSizeF(float)方法设置,其中参数是浮点数。
- 用 setCapitalization(QFont.Capitalization)方法设置大小写方法,枚举类型 QFont.Capitalization 可以取 QFont.MixedCase、QFont.AllUppercase、QFont.AllLowercase、QFont.SmallCaps 或 QFont.Capitalize(每个字的首字母大写)。
- 用 setWeight(QFont.Weight)方法设置字体的粗细程度,枚举类型 QFont.Weight 可以取 QFont.Thin、QFont.ExtraLight、QFont.Light、QFont.Normal、QFont.Medium、QFont.DemiBold、QFont.Bold、QFont.ExtraBold 或 QFont.Black,对应值分别是 100、200、…、900,字体由细到粗。
- 用 setStyle(QFont.Style)方法设置字体的风格,枚举类型 QFont.Style 可以取 QFont.StyleNormal、QFont.StyleItalic 或 QFont.StyleOblique。
- 用 setStretch(int)方法设置拉伸百分比,参数大于 100 表示拉长,小于 100 表示缩短。参数也可以用枚举值 QFont.AnyStretch(值为 0,表示可匹配其他字体的属性)、QFont. UltraCondensed(值为 50)、QFont. ExtraCondensed(值为 62)、QFont. Condensed(值为 75)、QFont. SemiCondensed(值为 87)、QFont. Unstretched(值为 100)、QFont. SemiExpanded(值为 112)、QFont. Expanded(值为 125)、QFont. ExtraExpanded(值为 150)或 QFont. UltraExpanded(值为 200)来设置。

- 用 setLetterSpacing(QFont. SpacingType, float)方法设置字符间隙,其中 QFont. SpacingType 可以取 QFont. PercentageSpacing(用百分比来表示,大于 100 增大间隙,小于 100 减小间隙)或 QFont. AbsoluteSpacing(用绝对值来表示,正值增大间隙,负值减小间隙)。
- 用 toString()方法将字体的属性以字符串形式输出,这样可以把字体属性保存到文件中。用 fromString(str)方法从字符串获取字体属性。

表 2-5 字体类 QFont 的常用方法

QFont 的方法及参数类型	返回值的类型	说　　明
setBold(bool)	None	设置粗体
bold()	bool	如果 weight()的值大于 QFont. Medium 的值,返回 True
setCapitalization(QFont. Capitalization)	None	设置大小写字体
capitalization()	QFont. Capitalization	获取大小写状态
setFamilies(Sequence[str])	None	设置字体名称
families()	List[str]	获取字体名称
setFamily(str)	None	设置字体名称
family()	str	获取字体名称
setFixedPitch(bool)	None	设置固定宽度
fixedPitch()	bool	获取是否设置了固定宽度
setItalic(bool)	None	设置斜体
italic()	bool	获取是否斜体
setKerning(bool)	None	设置字距,"a"的宽度+"b"的宽度不一定等于"ab"的宽度
kerning()	bool	获取是否设置了字距属性
setLetterSpacing(QFont. SpacingType, float)	None	设置字符间隙
letterSpacing()	float	获取字符间距
setOverline(bool)	None	设置上划线
overline()	bool	获取是否设置了上划线
setPixelSize(int)	None	设置像素尺寸
pixelSize()	int	获取像素尺寸
setPointSize(int)	None	设置点尺寸
pointSize()	int	获取点尺寸
setPointSizeF(float)	None	设置点尺寸,参数是浮点数
pointSizeF()	float	获取点尺寸
setStretch(int)	None	设置拉伸百分比
stretch()	int	获取拉伸百分比

续表

QFont 的方法及参数类型	返回值的类型	说　明
setStrikeOut(bool)	None	设置删除线
strikeOut()	bool	获取是否设置了删除线
setStyle(QFont.Style)	None	设置字体风格
style()	QFont.Style	获取字体风格
setUnderline(bool)	None	设置下划线
underline()	bool	获取是否设置了下划线
setWeight(QFont.Weight)	None	设置字体粗细程度
weight()	QFont.Weight	获取字体的粗细程度
setWordSpacing(float)	None	设置字间距离
wordSpacing()	float	获取字间距
toString()	str	将字体属性以字符串形式输出
fromString(str)	bool	从字符串中读取属性,成功则返回 True

2. 字体类 QFont 的应用实例

下面的程序在窗口上创建 10 个标签控件(QLabel),分别给 10 个标签设置不同的字体属性,同时给应用程序设置默认字体。程序运行结果如图 2-4 所示。

```
import sys                                          # Demo2_3.py
from PySide6.QtWidgets import QApplication,QWidget,QLabel
from PySide6.QtGui import QFont

class TestFont(QWidget):
    def __init__(self,parent = None):
        super().__init__(parent)
        self.setGeometry(200,200,800,600)           # 设置窗口尺寸
        self.createFont()                           # 调用函数
        self.createLabels()                         # 调用函数
        self.getLabelFont()                         # 调用函数
    def createFont(self):                           # 生成 10 个字体
        self.fonts = list()                         # 字体列表
        fontName = ('宋体','仿宋','黑体','楷体','隶书','幼圆','华文中宋','方正舒体', '华文黑体',
                    'Times New Roman')
        for i in range(10):
            f = QFont()
            f.setPointSizeF(25.5)
            f.setFamily(fontName[i])
            self.fonts.append(f)
        self.fonts[0].setBold(True)
        self.fonts[1].setItalic(True)
        self.fonts[2].setStrikeOut(True)
        self.fonts[3].setOverline(True)
        self.fonts[4].setUnderline(True)
        self.fonts[5].setCapitalization(QFont.AllUppercase)
```

```
        self.fonts[6].setWeight(QFont.Thin)
        self.fonts[7].setWordSpacing(50)
        self.fonts[8].setStretch(70)
        self.fonts[9].setPixelSize(50)
    def createLabels(self):
        self.labels = list()
        string = "Nice to Meet You! 很高兴认识你!"
        for i in range(10):
            label = QLabel(self)                          #在窗口上创建标签控件
            label.setGeometry(0,50 * i,800,70)            #标签位置和尺寸
            label.setText(str(i) + ': ' + string)         #设置标签文字
            label.setFont(self.fonts[i])                  #设置标签文字的字体
            self.labels.append(label)                     #标签列表
    def getLabelFont(self):                               #获取每个字体的信息
        print("字体信息:")
        template = "Label {}, family:{}, Bold:{}, Italic:{}, StrikeOut:{}, OverLine:{}, 
UnderLine:{}, " \
                   "Capitalization:{}, Weight:{}, WordSpacing:{}, Stretch:{}, PixelSize:{}, 
PointSize:{}"
        j = 0
        for i in self.labels:
            f = i.font()                                  #获取标签的字体
            print(template.format(j,f.family(),f.bold(),f.italic(),f.strikeOut(),f.
overline(),f.underline(),
            f.capitalization(),f.weight(),f.wordSpacing(),f.stretch(),f.pixelSize(),f.
pointSize()))
            j = j+1
if __name__ == '__main__':
    app = QApplication(sys.argv)
    font = app.font()                                     #获取程序默认的字体
    font.setFamily('Helvetica [Cronyx]')                  #设置字体名称
    app.setFont(font)                                     #设置程序默认的字体
    window = TestFont()
    window.show()
    sys.exit(app.exec())
```

0: Nice to Meet You! 很高兴认识你!
1: Nice to Meet You! 很高兴认识你!
2: Nice to Meet You! 很高兴认识你!
3: Nice to Meet You! 很高兴认识你!
4: Nice to Meet You! 很高兴认识你!
5: NICE TO MEET YOU! 很高兴认识你!
6: Nice to Meet You! 很高兴认识你!
7: Nice to Meet You! 很高兴认识你!
8: Nice to Meet You! 很高兴认识你!
9: Nice to Meet You! 很高兴认识你!

图 2-4　程序运行结果

2.1.6 颜色类 QColor

PySide6 的颜色类是 QColor，颜色可以用 RGB(红，red；绿，green；蓝，blue)值来定义，还可以用 HSV(色相，hue；饱和度，saturation；值，value)值、CMYK(青色，cyan；品红，magenta；黄色，yellow；黑色，black)值或 HSL(色相，hue；饱和度，saturation；亮度，lightness)值来定义。RGB 和 HSV 可以用于电脑屏幕的颜色显示，红绿蓝三种颜色的值都为 0～255，值越大表示这种颜色的分量越大，HSV 中 H 的取值为 0～359，S 和 V 的取值都为 0～255。除了定义红绿蓝 3 种颜色成分外，通常还需要定义 alpha 通道值，表示颜色的透明度。alpha 通道的取值也是 0～255，值越大表示越不透明。

用 QColor 类定义颜色的方法如下所示，其中 QColor(name：str)中 name 是颜色名称，例如'Blue'、'Beige'、'LightPink'。颜色值还可以用 RGB 字符串或 ARGB 字符串来定义，RGB 字符串格式是"#RRGGBB"，ARGB 字符串格式是"#AARRGGBB"，其中 RR、GG 和 BB 分别是用十六进制表示的红、绿、蓝颜色的值，AA 是 alpha 通道的值，例如"#00ff0000"表示红色。QtCore. Qt. GlobalColor 是指 QtCore. Qt 中定义的一些颜色枚举常量，Qt. GlobalColor 是枚举常量，可以取 Qt. white、Qt. black、Qt. red、Qt. darkRed、Qt. green、Qt. darkGreen、Qt. blue、Qt. darkBlue、Qt. cyan、Qt. darkCyan、Qt. magenta、Qt. darkMagenta、Qt. yellow、Qt. darkYellow、Qt. gray、Qt. darkGray、Qt. lightGray、Qt. transparent(透明黑色)、Qt. color0(0 像素值，只针对 QBitmap 图像)或 Qt. color1(1 像素值，只针对 QBitmap 图像)。QColor. Spec 是枚举类型，可以取 QColor. Rgb、QColor. Hsv、QColor. Cmyk、QColor. Hsl、QColor. ExtendedRgb 或 QColor. Invalid，QColor. ExtendedRgb 表示的颜色值取浮点数时可以小于 0 或大于 1。

```
QColor()
QColor(name:str)
QColor(QtCore.Qt.GlobalColor)
QColor(r:int,g:int,b:int,a:int = 255)
QColor(rgb:int)
QColor(QColor.Spec, a1: int, a2: int, a3: int, a4: int, a5: int = 0)
```

颜色类 QColor 的常用方法如表 2-6 所示。颜色类的方法中，一种是名称以 set 开始的方法，为设置颜色相关值；另外一种名称没有 set 的是获取颜色相关值，例如 setRed(int)设置颜色的红色值，而 red()是获取颜色的红色值。设置或获取颜色的相关值时，一种是用整数表示的值，另一种是用浮点数表示的值，用浮点数表示的值，取值范围是 0～1。用 setNamedColor(str)方法使用颜色名称或字符串来定义颜色，例如 setNamedColor('blue')、setNamedColor('#0012FF34')。用 name(format：QColor. NameFormat = QColor. HexRgb)方法获取字符串颜色，其中 QColor. NameFormat 是枚举值，可以取 QColor. HexRgb 或 QColor. HexArgb，返回的颜色字符串分别是'#RRGGBB'和'#AARRGGBB'。QColor 类一般不直接定义控件的颜色，而是与调色板或画刷一起使用。

表 2-6　颜色类 QColor 的常用方法

QColor 的方法及参数类型	返回值的类型	说　　明
setRed(red: int)	None	设置 RGB 的 R 值
setRedF(red: float)	None	同上
red()	int	获取 RGB 值中的 R 值
redF()	float	同上
setGreen(green: int)	None	设置 RGB 的 G 值
setGreenF(green: float)	None	同上
green()	int	获取 RGB 值中的 G 值
greenF()	float	同上
setBlue(blue: int)	None	设置 RGB 的 B 值
setBlueF(blue: float)	None	同上
blue()	int	获取 RGB 值中的 B 值
blueF()	float	同上
setAlpha(alpha: int)	None	设置 alpha 通道的值
setAlphaF(alpha: float)	None	同上
alpha()	int	获取 alpha 通道的值
alphaF()	float	同上
setRgb(r: int, g: int, b: int, a: int=255)	None	设置 R、G、B、A 值
setRgbF(r: float, g: float, b: float, a: float=1.0)	None	同上
getRgb()	Tuple[int, int, int, int]	获取 R、G、B、A 值
getRgbF()	Tuple[float, float, float, float]	同上
setHsl(h: int, s: int, l: int, a: int=255)	None	设置 HSL 值
setHslF(h: float, s: float, l: float, a: float=1.0)	None	同上
getHsl()	Tuple[int, int, int, int]	获取 H、S、L 和 A 值
getHslF()	Tuple[float, float, float, float]	同上
setHsv(h: int, s: int, v: int, a: int=255)	None	设置 HSV 值
setHsvF(h: float, s: float, v: float, a: float=1.0)	None	同上
getHsv()	Tuple[int, int, int, int]	获取 H、S、V 和 A 值
getHsvF()	Tuple[float, float, float, float]	同上
setCmyk(c: int, m: int, y: int, k: int, a: int=255)	None	设置 CMYK 值

续表

QColor 的方法及参数类型	返回值的类型	说　明
setCmykF(c：float，m：float，y：float，k：float，a：float=1.0)	None	同上
getCmyk()	Tuple[int，int，int，int，int]	获取 C、M、Y、K 和 A 值
getCmykF()	Tuple[float，float，float，float，float]	同上
setRgb(rgb：int)	None	设置 RGB 值
setRgba(rgba：int)	None	设置 RGBA 值
rgb()	int	获取 RGB 值
rgba()	int	获取 RGBA 值
setNamedColor(str)	None	设置颜色名称或"#AARRGGBB"
name(format：QColor.NameFormat=QColor.HexRgb)	str	获取颜色的"#RRGGBB"或"#AARRGGBB"
convertTo（colorSpec：QColor.Spec)	QColor	获取指定格式的颜色副本
spec()	QColor.Spec	获取颜色输出的格式
isValid()	bool	获取颜色是否有效
toCmyk()	QColor	转换成 CMYK 表示的颜色
toHsl()	QColor	转换成 HSL 表示的颜色
toHsv()	QColor	转换成 HSV 表示的颜色
toRgb()	QColor	转换成 RGB 表示的颜色
[**static**] fromCmyk（c：int，m：int，y：int，k：int，a：int=255)	QColor	从 C、M、Y、K、A 值中创建颜色
[**static**]fromCmykF(c：float，m：float，y：float，k：float，a：float=1.0)	QColor	同上
[**static**]fromHsl(h：int，s：int，l：int，a：int=255)	QColor	从 H、S、L、A 值中创建颜色
[**static**] fromHslF（h：float，s：float，l：float，a：float=1.0)	QColor	同上
[**static**]fromHsv(h：int，s：int，v：int，a：int=255)	QColor	从 H、S、V、A 值中创建颜色
[**static**] fromHsvF（h：float，s：float，v：float，a：float=1.0)	QColor	同上
[**static**]fromRgb(r：int，g：int，b：int，a：int=255)	QColor	从 R、G、B、A 值中创建颜色
[**static**] fromRgbF（r：float，g：float，b：float，a：float=1.0)	QColor	同上
[**static**]fromRgb(rgb：int)	QColor	从 RGB 值中创建颜色
[**static**]fromRgba(rgba：int)	QColor	从 RGBA 值中创建颜色
[**static**]isValidColor(str)	bool	获取用文本表示的颜色值是否有效

用 RGB 来定义颜色时，一些 RGB 值与颜色名称的对应关系如表 2-7 所示。

表 2-7 RGB 值与颜色名称的对应关系

序 号	RGB	颜色名称	序 号	RGB	颜色名称
1	QColor(255,0,0)	红	11	QColor(91,74,66)	深棕
2	QColor(0,255,0)	绿	12	QColor(130,57,53)	红棕
3	QColor(0,0,255)	蓝	13	QColor(137,190,178)	蓝绿
4	QColor(79,129,189)	淡蓝	14	QColor(201,186,131)	泥黄
5	QColor(192,80,77)	朱红	15	QColor(222,221,140)	暗黄
6	QColor(155,187,89)	浅绿	16	QColor(222,156,83)	橙
7	QColor(128,100,162)	紫	17	QColor(199,237,233)	亮蓝
8	QColor(75,172,198)	浅蓝	18	QColor(175,215,237)	蓝灰
9	QColor(151,151,151)	灰	19	QColor(92,167,186)	蓝绿
10	QColor(36,169,225)	天蓝	20	QColor(147,224,255)	浅蓝

2.1.7 调色板类 QPalette 与实例

PySide6 中各种控件和窗口的颜色都由调色板类 QPalette 来定义，可以为窗体和窗体上的控件设置前景色、背景色，可以用 palette()方法和 setPalette(QPalette)方法获取和设置窗体及控件的调色板，另外可以通过 QApplication 类的 setPalette(QPalette)方法为整个应用程序设置默认的调色板。

QPalette 类有两个基本的概念，一个是颜色组 ColorGroup，另一个是颜色角色 ColorRole。为说明这两个概念的意义，我们在 Qt Designer 中打开任意一个控件的 palette 属性对话框，如图 2-5 所示。颜色组 ColorGroup 分为 3 种情况：激活状态（Active，获得焦点）、非激活状态（Inactive，失去焦点）和失效状态（Disabled，不可用），例如进行多窗口操作时，单击其中的一个窗口，可以在窗口中输入数据，则这个窗口是激活状态，其他窗口是非活跃状态。当将一个控件的 enable 属性设置为 False 时（可通过 setEnabled(bool)方法设置），这个控件就处于失效状态，失效状态的控件不能接受任意输入，例如按钮不能单击、输入框中不能输入文字。对于一个控件，例如一个 Label 标签或 PushButton 按钮，可以设置其文字的颜色，也可以设置其背景颜色。颜色角色 ColorRole 的作用是对控件或窗体的不同部分分别设置颜色。将 ColorGroup 和 ColorRole 结合起来，可以为控件不同部分不同状态设置不同的颜色。

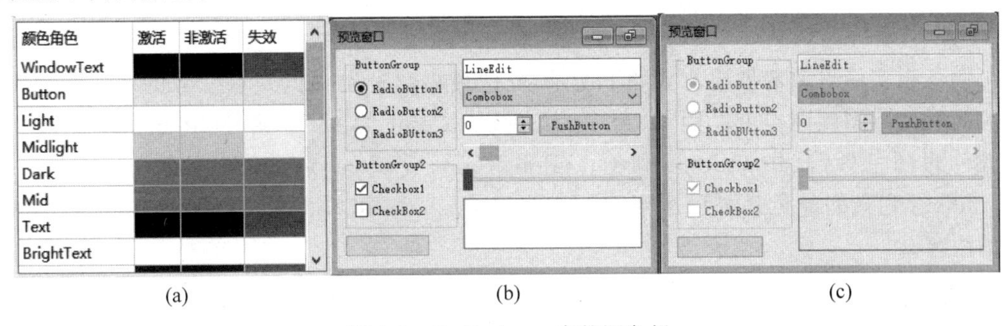

(a) (b) (c)

图 2-5 Qt Designer 中的调色板

(a)调色板；(b) 激活状态；(c) 失效状态

一个窗口由多个控件构成，可以用颜色角色为窗口和窗口中的控件定义不同的颜色。如图 2-6 所示为一个打开文件对话框中不同部分的颜色角色。

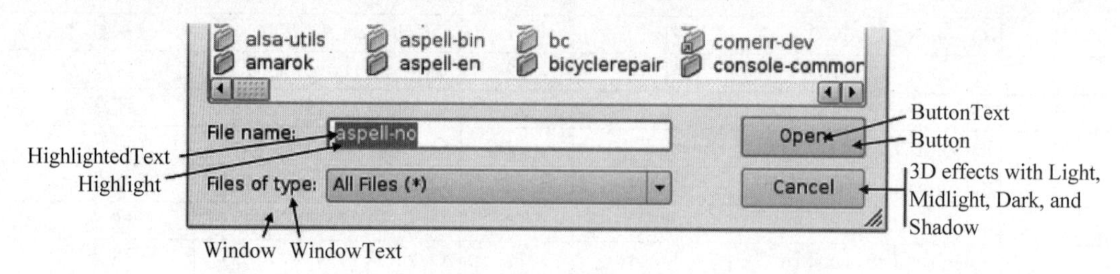

图 2-6 打开文件对话框不同部分的颜色角色

PySide6 中颜色组由枚举常量 QPalette. ColorGroup 确定，QPalette. ColorGroup 可以取 QPalette. Active(或 QPalette. Normal)、QPalette. Inactive 或 QPalette. Disabled。颜色角色由枚举常量 QPalette. ColorRole 确定，QPalette. ColorRole 的枚举值如表 2-8 所示。

表 2-8 QPalette. ColorRole 的枚举值

枚举常量	值	说明	枚举常量	值	说明
QPalette. WindowText	0	窗口的前景色	QPalette. Highlight	12	所选物体的背景色
QPalette. Window	10	窗口控件的背景色	QPalette. HighlightedText	13	所选物体的前景色
QPalette. Text	6	文本输入控件的前景色	QPalette. Link	14	超链接的颜色
QPalette. Button	1	按钮的背景色	QPalette. LinkVisited	15	超链接访问后颜色
QPalette. ButtonText	8	按钮的前景色	QPalette. Light	2	与控件的 3D 效果和阴影效果有关的颜色
QPalette. PlaceholderText	20	输入框中占位文本的颜色	QPalette. Midlight	3	
QPalette. ToolTipBase	18	提示信息的背景色	QPalette. Dark	4	
QPalette. ToolTipText	19	提示信息的前景色	QPalette. Mid	5	
QPalette. BrightText	7	文本的对比色	QPalette. Shadow	11	
QPalette. AlternateBase	16	多行输入输出控件(如 QListWiget)行交替背景色	QPalette. Base	9	文本输入控件(如 QTextEdit)背景色

调色板实例对象的创建方式如下所示，其中最后两种定义方式各参数的取值与第 1 个参数的取值范围相同。可以用 QColor、Qt. GlobalColor、QBrush 或 QGradient 来定义有初始颜色的调色板，其中 QColor 和 Qt. GlobalColor 定义的颜色是纯颜色，而 QBrush 和 QGradient 定义的颜色是可以渐变的。有关 QBrush 和 QGradient 的使用方法参考第 6 章中的内容。

```
QPalette()
QPalette(button:Union[QColor,Qt.GlobalColor,str])
QPalette(button:Union[QColor,Qt.GlobalColor,str,int],window:Union[QColor,Qt.GlobalColor,
str])
```

```
QPalette(palette:Union[QPalette,Qt.GlobalColor,QColor])
QPalette(windowText:Union[QBrush,Qt.GlobalColor,QColor,QGradient,QImage,QPixmap],button,
light,dark,mid,text,bright_text,base,window)
QPalette(windowText:Union[QColor,Qt.GlobalColor,str],window,light,dark,mid,text,base)
```

1．调色板类 QPalette 的常用方法

调色板类 QPalette 的常用方法如表 2-9 所示，主要方法介绍如下。

- 窗口上的各种控件及窗口都会有调色板属性，通过控件或窗口的 palette()方法可以获取调色板，然后对获取的调色板进行颜色设置，设置完成后通过控件或窗口的 setPalette(QPalette)方法将设置好的调色板重新赋给控件或窗口。当然也可以定义一个全新的调色板对象，通过控件或窗口的 setPalette(QPalette)方法将这个全新的调色板赋予控件或窗口。
- 对控件或窗口的不同部分不同状态设置颜色需要用调色板的 setColor()方法或 setBrush()方法。用 brush()方法可以获得不同状态、不同角色的画刷，通过画刷的 color()方法可以获得颜色 QColor 对象。
- 如果需要设置控件的背景色，应将背景色设置成自动填充模式，通过控件的方法 setAutoFillBackground(True)来设置。对于按钮通常还需要关闭 3D 效果，通过按钮的 setFlat(True)来设定。

表 2-9　调色板类 QPalette 的常用方法

QPalette 的方法及参数类型	返回值类型	QPalette 的方法及参数类型	返回值类型
setColor(QPalette.ColorGroup, QPalette.ColorRole, color: Union[QColor,Qt.GlobalColor,str])	None	setColor(QPalette.ColorRole, color: Union[QColor, Qt.GlobalColor,str])	None
setBrush(QPalette.ColorGroup, QPalette.ColorRole, brush: Union[QBrush, Qt.BrushStyle, Qt.GlobalColor, QColor, QGradient, QImage,QPixmap])	None	setBrush(QPalette.ColorRole, brush: Union[QBrush, Qt.BrushStyle, Qt.GlobalColor, QColor, QGradient, QImage, QPixmap])	None
color(QPalette.ColorGroup, QPalette.ColorRole)	QColor	brush(QPalette.ColorGroup, QPalette.ColorRole)	QBrush
color(QPalette.ColorRole)	QColor	brush(QPalette.ColorRole)	QBrush
setCurrentColorGroup(QPalette.ColorGroup)	None	light()	QBrush
currentColorGroup()	QPalette.ColorGroup	link()	QBrush
alternateBase()	QBrush	linkVisited()	QBrush
base()	QBrush	mid()	QBrush
brightText()	QBrush	midlight()	QBrush
button()	QBrush	placeholderText()	QBrush
buttonText()	QBrush	shadow()	QBrush
dark()	QBrush	text()	QBrush

续表

QPalette 的方法及参数类型	返回值类型	QPalette 的方法及参数类型	返回值类型
highlight()	QBrush	toolTipBase()	QBrush
highlightedText()	QBrush	toolTipText()	QBrush
isBrushSet（QPalette.ColorGroup，QPalette.ColorRole）	bool	window()	QBrush
isEqual(cr1：QPalette.ColorGroup，cr2：QPalette.ColorGroup)	bool	windowText()	QBrush

2. 调色板类 QPalette 的应用实例

下面的程序在窗口上设置 10 个标签，然后给每个标签的背景和前景随机设置不同的颜色，并获取背景和前景颜色值，把背景和前景颜色的 RGB 值显示在标签上。

```
import sys                                              # Demo2_4.py
from PySide6.QtWidgets import QApplication, QWidget, QLabel
from PySide6.QtGui import QFont, QColor
from random import randint, seed

class SetPalette(QWidget):
    def __init__(self,parent = None):
        super().__init__(parent)
        self.setGeometry(200,200,1200,500)              # 设置窗口尺寸
        self.setWindowTitle("设置调色板实例")
        self.createLabels()                             # 调用函数
        self.setLabelColor()                            # 调用函数
        self.getLabelColorRGB()                         # 调用函数
    def createLabels(self):                             # 创建 10 个标签
        self.labels = list()
        font = QFont("黑体",pointSize = 20)
        string = "Nice to meet you! 很高兴认识你!"
        for i in range(10):
            label = QLabel(self)                        # 在窗口上创建标签控件
            label.setGeometry(5,50 * i,1200,40)         # 标签位置和尺寸
            label.setText(str(i) + ': ' + string)       # 设置标签文字
            label.setFont(font)                         # 设置标签文字的字体
            self.labels.append(label)                   # 标签列表
    def setLabelColor(self):
        seed(12)
        for label in self.labels:
            colorBase = QColor(randint(0,255), randint(0,255), randint(0,255))  # 定义颜色
            colorText = QColor(randint(0,255), randint(0,255), randint(0,255))  # 定义颜色
            palette = label.palette()
            palette.setColor(palette.Active,palette.Window,colorBase)         # 定义背景色
            palette.setColor(palette.Active,palette.WindowText,colorText)     # 定义前景色
            label.setAutoFillBackground(True)           # 设置背景自动填充
            label.setPalette(palette)                   # 设置调色板
    def getLabelColorRGB(self):                         # 获取标签前景颜色和背景颜色 RGB 值
```

```
        for label in self.labels:
            r,g,b,a = label.palette().window().color().getRgb()   #获取背景颜色的 RGB 值
            rT,gT,bT,a = label.palette().windowText().color().getRgb()
                                                                   #获取文字颜色的 RGB 值
            text = (label.text() + "背景颜色:{} {} {} 文字颜色:{} {} {}").format(r,g,b,
rT,gT,bT)
            label.setText(text)
if __name__ == '__main__':
    app = QApplication(sys.argv)
    window = SetPalette()
    window.show()
    sys.exit(app.exec())
```

2.1.8　图像类与实例

PySide6 的图像类有 QImage、QPixmap、QPicture、QBitmap 四大类，这几个类都是从 QPaintDevice 类继承而来的，它们的继承关系如图 2-7 所示。

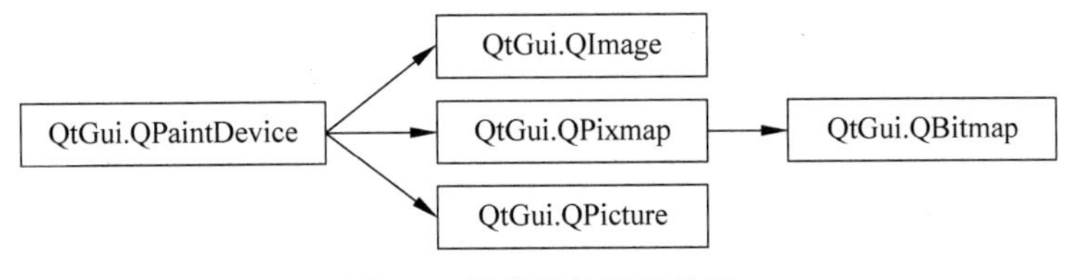

图 2-7　图像类的继承关系

QPixmap 适合将图像显示在电脑屏幕上，可以使用 QPixmap 在程序之中打开 png、jpeg 等图像文件。QBitmap 是 QPixmap 的一个子类，它的色深限定为 1，颜色只有黑白两种，用于制作光标 QCursor 或画刷 QBrush 等。QImage 专门读取像素文件，其存储独立于硬件，是一种 QPaintDevice 设备，可以直接在 QImage 上用 QPainter 绘制图像，可以在另一个线程中对其进行绘制，而不需要在 GUI 线程中处理，使用这一方式可以很大幅度提高 GUI 响应速度。当图片较小时，可直接用 QPixmap 进行加载，当图片较大时用 QPixmap 加载会占很大的内存，这时用 QImage 进行加载会快一些，QImage 可以转成 QPixmap。QPicture 是一个可以记录和重现 QPainter 命令的绘图设备，它还可以保存 QPainter 绘制的图形，QPicture 将 QPainter 的命令序列化到一个 IO 设备上，保存为一个平台独立的文件格式。QPicture 与平台无关，可以用到多种设备之上，比如 svg、pdf、ps、打印机或者屏幕。

1. QPixmap 类

用 QPixmap 类创建实例的方法如下，其中 w、h 和 QSize 指定图像的像素数(尺寸大小)，str 是一个图像文件。

```
QPixmap()
QPixmap(w: int, h: int)
QPixmap(QSize)
QPixmap(str)
QPixmap(QImage)
```

QImage、QPixmap、QBitmap、QPicture 这 4 个类都有 load()和 save()方法，用于从文件中加载图片和保存图片；QImage 和 QPixmap 类有 fill()方法，可以填充某种颜色的图形；QPixmap 类的 toImage()方法可以将 QPixmage 图像转换成 QImage 图像。

QPixmap 类的常用方法如表 2-10 所示，其中用 save(str,format=None,quality=-1)方法可以保存图像，成功则返回 True。其中 str 是保存的文件路径和文件名；format 是文件类型，用字节串表示，支持的格式如表 2-11 所示，如果是 None，则根据文件的扩展名确定类型；quality 的取值为 0～100 的整数，取－1 表示采用默认值，对于有损压缩的文件格式来说，它表示图像保存的质量，质量越低压缩率越大。用 load(str,format=None,flags=Qt. AutoColor)方法可以从文件中加载图像，其中 flags 是 Qt. ImageConversionFlag 的枚举类型，表示颜色的转换模式，可以取 Qt. AutoColor(由系统自动决定)、Qt. ColorOnly(彩色模式)或 Qt. MonoOnly(单色模式)。用 setMask(QBitmap)方法设置遮掩图，黑色区域显示，白色区域不显示。

表 2-10 QPixmap 类的常用方法

QPixmap 的方法及参数类型	返回值的类型	说　明
copy(rect：QRect=Default(QRect))	QPixmap	深度复制图像的局部区域
copy(x：int,y：int,width：int,height：int)	QPixmap	同上
load(fileName：str，format：Union[bytes，NoneType]=None，Qt. ImageConversionFlags=Qt. AutoColor)	bool	从文件中加载图像，成功则返回 True
save(QIODevice，format：Union[bytes，NoneType]=None,quality：int=－1)	bool	保存图像到设备中，成功则返回 True
save(fileName：str，format：Union[bytes，NoneType]=None,quality：int=－1)	bool	保存图像到文件中，成功则返回 True
scaled(QSize，Qt. AspectRatioMode = Qt. IgnoreAspectRatio)	QPixmap	缩放图像
scaled(w：int,h：int,Qt. AspectRatioMode=Qt. IgnoreAspectRatio)	QPixmap	同上
scaledToHeight(h：int)	QPixmap	缩放到指定的高度
scaledToWidth(w：int)	QPixmap	缩放到指定的宽度
setMask(Union[QBitmap,str])	None	设置遮掩图，黑色区域显示，白色区域不显示
mask()	QBitmap	获取遮掩图
swap(Union[QPixmap,QImage])	None	与别的图像进行交换
toImage()	QImage	转换成 QImage 图像
convertFromImage(QImage)	bool	从 QImage 图像转换成 Qpixmap，成功则返回 True
[**static**]fromImage(QImage)	QPixmap	将 QImage 图像转换成 QPixmap
transformed(QTransform)	QPixmap	将图像进行旋转、缩放、平移和错切等变换，详见 6.1 节的内容
rect()	QRect	获取图像的矩形尺寸
size()	QSize	获取图像的区域尺寸
width() height()	int	获取图像的宽度和高度

续表

QPixmap 的方法及参数类型	返回值的类型	说　明
fill(fillColor: Union[QColor,Qt.GlobalColor]=Qt.white)	None	用某种颜色填充图像
hasAlpha()	bool	是否有 alpha 通道值
depth()	int	获取图像的深度，例如 32bit 图深度是 32
isQBitmap()	bool	获取是否是 QBitmap 图

表 2-11　QPixmap 可以读写的文件格式

图像格式	是否可以读写	图像格式	是否可以读写
BMP	Read/write	PBM	Read
GIF	Read	PGM	Read
JPG	Read/write	PPM	Read/write
JPEG	Read/write	XBM	Read/write
PNG	Read/write	XPM	Read/write

下面的程序在窗口上创建一个 QLabel 标签和一个 QPushButton 按钮，单击 QPushButton 按钮选择图像文件，用图像文件创建 QPixmap 对象，然后在 QLabel 标签中显示 QPixmap 图像。

```
import sys                                                    #Demo2_5.py
from PySide6.QtWidgets import QApplication,QWidget,QLabel,QVBoxLayout,\
                              QPushButton,QFileDialog
from PySide6.QtGui import QPixmap
from PySide6.QtCore import Qt

class MyPixmap(QWidget):
    def __init__(self,parent = None):
        super().__init__(parent)
        self.setGeometry(200,200,800,500)                     #设置窗口尺寸
        self.setupUi()                                        #调用函数建立界面
    def setupUi(self):                                        #创建界面
        self.label = QLabel("单击按钮打开图像文件!")            #创建标签
        self.label.setAlignment(Qt.AlignCenter)               #中心对齐
        font = self.label.font()                              #获取字体
        font.setPointSize(10)                                 #设置字体大小
        self.label.setFont(font)                              #给标签设置字体
        self.open_button = QPushButton("打开图像文件(&O)")     #创建按钮
        self.open_button.setFont(font)                        #给按钮设置字体

        self.vertical_layout = QVBoxLayout(self)              #在窗口上创建竖直布局
        self.vertical_layout.addWidget(self.label)            #在布局中添加标签
        self.vertical_layout.addWidget(self.open_button)      #在布局中添加按钮
```

```
            self.open_button.clicked.connect(self.open_button_clicked)     # 按钮信号与槽的
                                                                           # 连接
        def open_button_clicked(self):
            fileName,filter = QFileDialog.getOpenFileName(filter =      # 打开对话框获取文件名
                '图像文件(*.png *.bmp *.jpg *.jpeg);;所有文件(*.*)')
            pixmap = QPixmap(fileName)              # 创建 QPixmap 图像
            self.label.setPixmap(pixmap)            # 在标签中显示图像
if __name__ == '__main__':
    app = QApplication(sys.argv)
    window = MyPixmap()
    window.show()
    sys.exit(app.exec())
```

2. QImage 类

QImage 是绘图设备，可以直接用 QPainter 在 QImage 上绘制图像，QImage 可以直接操作图像上的像素。用 QImage 类创建实例的方法如下：

```
QImage()
QImage(fileName:str,format:Union[bytes,NoneType] = None)
QImage(size:QSize,format:QImage.Format)
QImage(width:int,height:int,format:QImage.Format)
QImage(data: bytes, width: int, height: int, bytesPerLine: int, format: QImage.Format)
QImage(data: bytes, width: int, height: int, format: QImage.Format)
```

其中，format 是 QImage.Format 的枚举值，指定 QImage 的图形文件的格式，其常用取值如表 2-12 所示，例如 QImage.Format_ARGB32 表示采用 32 位 ARGB 格式存储(0xAARRGGBB)，QImage.Format_ARGB8565_Premultiplied 表示采用 24 位预乘 ARGB 格式存储(8-5-6-5)，QImage.Format_Mono 表示每个像素用 1 位存储，QImage.Format_RGB32 表示用 32 位 RGB 格式存储(0xffRRGGBB)，QImage.Format_RGB888 表示用 24 位 RGB 格式存储(8-8-8)。因为涉及存储格式，因此这里需要对图像的类型作一些说明。单色图像就是黑白图像，用 1 位存储一个像素的颜色值。8 位图像是指使用一个 8 位的索引把图像存储到颜色表中，因此 8 位图像的每个像素占据 8 位(1B)的存储空间，每个像素的颜色与颜色表中某个索引号的颜色相对应。颜色表使用 QVector 存储 QRgb 类型颜色，该类型包含一个 0xAARRGGBB 格式的四元组数据。32 位图像没有颜色表，每个像素包含一个 QRgb 类型的值，共有 3 种类型的 32 位图像，分别是 RGB(即 0xffRRGGBB)、ARGB 和预乘 ARGB。带 alpha 通道的图像有两种处理方法，一种是直接 alpha，另一种是预乘 alpha。直接 alpha 图像的 RGB 数值是原始的数值，而预乘 alpha 图像的 RGB 数值是乘以 alpha 通道后得到的数值，比如 ARGB = (a ,r ,g,b)，预乘 alpha 的值为(a,a * r,a * g,a * b)，PySide6 预乘 alpha 通道图像的算法是把红、绿、蓝通道的数值乘以 alpha 通道的数值再除以 255。

表 2-12 QImage. Format 常用取值

QImage. Format 的取值	QImage. Format 的取值	QImage. Format 的取值
QImage. Format_Invalid	QImage. Format_ARGB6666_Premultiplied	QImage. Format_RGBX8888
QImage. Format_Mono	QImage. Format_ARGB32_Premultiplied	QImage. Format_RGBA8888
QImage. Format_MonoLSB	QImage. Format_ARGB8555_Premultiplied	QImage. Format_RGB30
QImage. Format_Indexed8	QImage. Format_ARGB8565_Premultiplied	QImage. Format_Alpha8
QImage. Format_RGB32	QImage. Format_A2BGR30_Premultiplied	QImage. Format_Grayscale8
QImage. Format_ARGB32	QImage. Format_ARGB4444_Premultiplied	QImage. Format_Grayscale16
QImage. Format_RGB555	QImage. Format_A2RGB30_Premultiplied	QImage. Format_RGBX64
QImage. Format_RGB16	QImage. Format_RGBA64_Premultiplied	QImage. Format_RGBA64
QImage. Format_RGB888	QImage. Format_RGBA8888_Premultiplied	QImage. Format_RGB444
QImage. Format_RGB666	QImage. Format_BGR30	QImage. Format_BGR888

QImage 类的常用方法如表 2-13 所示。QImage 可以对图像的像素颜色进行深入操作,可以对图像的颜色 RGB 值进行翻转,可以获取每个像素点的 RGB 值,并可以设置每个像素点的 RGB 值,因此在获取一个像素点的 RGB 值后,应对其进行处理。例如将 R、G、B 三个值取原 R、G、B 值的平均值,可以使图像灰度化; R、G、B 值都增加或减少一个相同的值,可以使图像亮度增加或降低,但是注意不要超过 255 和低于 0; 用卷积计算可以进行锐化、模糊化、调节色调等处理。关于图像的处理可参考本书作者所著的《Python 编程基础与科学计算》。对图像像素颜色的操作与图像的格式有关,例如对单色和 8bit 图像,存储的是索引和颜色表; 对 32bit 图像,存储的是 ARGB 值。

表 2-13 QImage 类的常用方法

QImage 的方法及参数类型	返回值的类型	说　　明
format()	QImage. Format	获取图像格式
convertTo(QImage. Format)	None	转换成指定的格式
copy(QRect)、copy(int,int,int,int)	QImage	从指定的位置复制图像
fill(color: Union[QColor. Qt. GlobalColor,str])	None	填充颜色
load(str,format=None,flags=Qt. AutoColor)	bool	从文件中加载图像,成功则返回 True
save(str,format=None,quality= -1)	bool	保存图像,成功则返回 True
save(QIODevice,format=None,quality=-1)	bool	同上
scaled (QSize, Qt. AspectRatioMode = Qt. IgnoreAspectRatio)	QImage	将图像的长度和宽度缩放到新的宽度和高度,返回新的 QImage 对象
scaled(w: int,h: int,Qt. AspectRatioMode=Qt. IgnoreAspectRatio)	QImage	同上
scaledtoHeight(int,Qt. TransformationMode)	QImage	将高度缩放到新的高度,返回新的 QImage 对象
scaledtoWidth(int,Qt. TransformationMode)	QImage	将宽度缩放到新的宽度,得到新的 QImage 对象
size()	QSize	返回图像的尺寸
width()、height()	int	返回图像的宽度和高度

续表

QImage 的方法及参数类型	返回值的类型	说明
setPixelColor(int,int,QColor)	None	设置指定位置处的颜色
setPixelColor(QPoint,QColor)	None	
pixelColor(int,int)、pixelColor(QPoint)	QColor	获取指定位置处的颜色值
pixIndex(int,int)、pixIndex(QPoint)	int	获取指定位置处的像素索引
setText(key: str,value: str)	None	嵌入字符串
text(key: str='')	str	根据关键字获取字符串
textKeys()	List[str]	获取文字关键字
rgbSwap()	None	颜色翻转,颜色由 RGB 转换为 BGR
rgbSwapped()	QImage	返回颜色反转后的图形,颜色由 RGB 转换为 BGR
invertPixels(QImage.InvertMode = QImage.InvertRgb)	None	返回颜色反转后的图形,有 QImage.InvertRgb(反转 RGB 值,A 值不变)和 QImage.InvertRgba(反转 RGBA 值)两种模式,颜色由 ARGB 转换成(255-A)(255-R)(255-G)(255-B)
transformed(QTransform)	QImage	对图像进行变换
mirror(horizontally: bool=False,vertically: bool=True)	None	对图像进行镜像操作
mirrored(horizontally: bool=False,vertically: bool=True)	QImage	返回镜像后的图像
setColorTable(colors: Sequence[int])	None	设置颜色表,仅用于单色或 8 bit 图像
colorTable()	List[int]	获取颜色表中的颜色
color(i: int)	int	根据索引值获取索引表中的颜色
setPixel(QPoint,index_or_rgb: int)	None	设置指定位置处的颜色值或索引
setPixel(x: int,y: int,index_or_rgb: int)	None	同上
pixel(pt: QPoint)	int	获取指定位置处的颜色值
pixel(x: int,y: int)	int	同上
pixelIndex(pt: QPoint)	int	获取指定位置处的颜色索引值
pixelIndex(x: int,y: int)	int	同上

3. QBitmap 类

QBitmap 是只能存储黑白图像的位图,可以用于图标(QCursor)或画刷(QBrush),QBitmap 可以从图像文件或 QPixmap 中转换过来,也可以用 QPainter 来绘制。用 QBitmap 类创建位图实例对象的方法如下,fileName 是图像文件路径。

```
QBitmap()
QBitmap(Union[QPixmap, QImage])
QBitmap(w:int,h:int)
QBitmap(QSize)
QBitmap(fileName:str,format = None)
```

QBitmap 类继承自 QPixmap，因此具有 QPixmap 的方法。另外 QBitmap 的 clear()方法可以清空图像内容；transformed(QTransform)方法可以对位图进行转换，返回转换后的位图，参数 QTransform 的介绍参考 6.1 节的内容；fromImage(QImage, flags = Qt.AutoColor)方法可以从 QImage 中创建位图并返回位图，其中参数 flags 是 Qt.ImageConversionFlag 的枚举值，表示转换模式，可以取 Qt.AutoColor(由系统自动决定)或 Qt.MonoOnly(单色模式)。

4. QPicture 类

QPicture 是一个读写设备，用 QPainter 可以直接在 QPicture 上绘图，并可以记录和重放 QPainter 的绘图过程。QPicture 采用专用的二进制存储格式，独立于硬件，可以在任何设备上显示。用 QPicture 类创建图像实例的方法如下所示，其中 formatVersion 用于设置匹配更早版本的 Qt，−1 表示当前版本。

```
QPicture(formatVersion: int = -1)
```

QPicture 类的常用方法如表 2-14 所示。

表 2-14 QPicture 类的常用方法

QPicture 的方法和参数类型	返回值的类型	说　明
devType()	int	返回设备号
play(QPainter)	bool	重新执行 QPainter 的绘图命令，成功则返回 True
load(fileName: str)	bool	从文件中加载图像
load(dev: QIODevice)	bool	从设备中加载图像
save(dev: QIODevice)	bool	保存图像到设备
save(fileName: str)	bool	保存图像到文件
setBoundingRect(r: QRect)	None	设置绘图区域
boundingRect()	QRect	返回绘图区域
setData(data: bytes, size: int)	None	设置图像上的数据和数量
data()	object	返回指向数据的指针
size()	int	返回数据的数量

5. 图像类的应用实例

下面的程序将窗口划分为 4 个区域，在每个区域中分别显示同一张图片，左上角显示 QPixmap 图，右上角显示 QBitmap 图，左下角显示经过灰度处理的 QImage 图，右下角显示经过亮化处理的 QImage 图。这里用到了 QPainter 类，我们将在第 6 章详细介绍 QPainter 类的使用方法。程序的运行结果如图 2-8 所示。

```
import sys                                              # Demo2_6.py
from PySide6.QtWidgets import QApplication,QWidget
from PySide6.QtGui import QPainter,QPixmap,QBitmap,QImage,QColor
from PySide6.QtCore import QRect

class ShowPictures(QWidget):
```

```
    def __init__(self,parent = None):
        super().__init__(parent)
        self.setWindowTitle("绘图")
        self.pix = QPixmap()
        self.bit = QBitmap()
        self.image = QImage()
        self.pix.load("d:\\python\\pic.png")
        self.bit.load("d:\\python\\pic.png")
        self.image.load("d:\\python\\pic.png")
                                    #下面创建两个 image 图像,分别存储灰度图和明亮图
        self.image_1 = QImage(self.image.width(), self.image.height(), QImage.Format_
ARGB32)
        self.image_2 = QImage(self.image.width(), self.image.height(), QImage.Format_
ARGB32)

        self.gray()                                         #调用灰度处理函数
        self.bright()                                       #调用明亮处理函数
    def paintEvent(self, event):
        w = int(self.width()/2)                             #窗口的一半宽度
        h = int(self.height()/2)                            #窗口的一半高度
        rect1 = QRect(0,0,w-2,h-2)                          #矩形区域 1
        rect2 = QRect(w,0,w-2,h-2)                          #矩形区域 2
        rect3 = QRect(0,h, w-2, h-2)                        #矩形区域 3
        rect4 = QRect(w,h,w-2,h-2)                          #矩形区域 4

        painter = QPainter(self)
        painter.drawPixmap(rect1,self.pix)                  #在矩形区域 1 绘制图像
        painter.drawPixmap(rect2,self.bit)                  #在矩形区域 2 绘制图像
        painter.drawImage(rect3,self.image_1)               #在矩形区域 3 绘制图像
        painter.drawImage(rect4,self.image_2)               #在矩形区域 4 绘制图像
    def gray(self):                                         #对图像进行灰度处理
        color = QColor()
        for i in range(1,self.image_1.width()+1):
            for j in range(1,self.image_1.height()+1):
                alpha = self.image.pixelColor(i, j).alpha() #获取像素点的 alpha 值
                r = self.image.pixelColor(i, j).red()       #获取像素点红色值
                g = self.image.pixelColor(i, j).green()     #获取像素点绿色值
                b = self.image.pixelColor(i, j).blue()      #获取像素点蓝色值
                average = int((r+g+b)/3)                    #取平均值
                color.setRgb(average,average,average,alpha) #设置颜色
                self.image_1.setPixelColor(i,j,color)       #设置像素点的颜色
        self.image_1.save("d:\\gray.jpg")                   #保存文件
    def bright(self):                                       #对图像进行明亮处理
        color = QColor()
        delta = 50                                          #RGB 增加值
        for i in range(1,self.image_1.width()+1):
            for j in range(1,self.image_1.height()+1):
                alpha = self.image.pixelColor(i,j).alpha()
                r = self.image.pixelColor(i, j).red() + delta
                g = self.image.pixelColor(i, j).green() + delta
```

```
                b = self.image.pixelColor(i, j).blue() + delta
                if r > 255: r = 255
                if g > 255: g = 255
                if b > 255: b = 255
                color.setRgb(r, g, b, alpha)
                self.image_2.setPixelColor(i,j,color)
        self.image_2.save("d:\\bright.jpg")
if __name__ == '__main__':
    app = QApplication(sys.argv)
    window = ShowPictures()
    window.show()
    sys.exit(app.exec())
```

图 2-8 绘制图片

2.1.9 图标类 QIcon 与实例

为了增加界面的美观性,可以为窗口和按钮类添加图标。窗口和控件通常有 Normal、Active、Disabled 和 Selected 状态,有些控件,例如 ◉ Radio Button ,还可以有 on 和 off 状态。根据控件所处的不同状态,控件的图标也会有不同的显示效果,如图 2-9 所示。

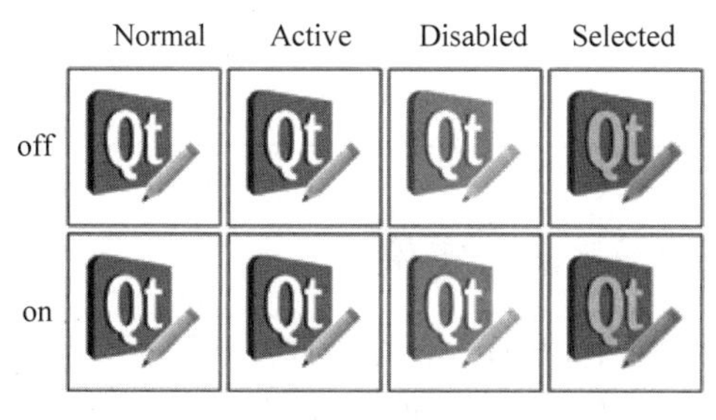

图 2-9 不同状态下图标的显示效果

图标类是 QIcon,用 QIcon 类创建图标实例的方法如下。可以从 QPixmap 中创建,也可以从一个图片文件中直接创建,另外还可以利用资源文件中的图片创建图标。当从 QPixmap 创建图标时,系统会自动产生窗口不同状态下对应的图像,比如窗口在禁用状态下其图标为灰色;从文件构造图标时,文件并不是立刻加载,而是当图标要显示时才加载。

```
QIcon()
QIcon(QPixmap)
QIcon(filename: str)
```

QIcon 类的主要方法是 addFile()和 addPixmap()，它们的格式为 addFile(fileName[, size= QSize()[, mode = Normal[, state = Off]]]) 和 addPixmap(QPixmap[, mode = Normal[, state= Off]])，其中，mode 可以取 QIcon. Normal(未激活)、QIcon. Active(激活)、QIcon. Disabled(禁用)和 QIcon. Seleted(选中)，state 可以取 QIcon. On 和 QIcon. off。另外，QIcon 的 pixmap()方法可以获取图标的图像，isNull()方法可以判断图标的图像是否是无像素图像。

通过窗口的 setWindowIcon(QIcon)方法或控件的 setIcon(QIcon)方法可以为窗口和控件设置图标，通过应用程序 QApplication 的 setWindowIcon(QIcon)方法可以为整个应用程序设置图标，例如下面的程序。

```
import sys                                  # Demo2_7.py
from PySide6.QtWidgets import QApplication,QWidget,QPushButton
from PySide6.QtGui import QPixmap,QIcon

class MyWidget(QWidget):
    def __init__(self,parent = None):
        super().__init__(parent)
        pix = QPixmap()
        pix.load("d:\\python\\welcome.png")
        icon = QIcon(pix)
        self.setWindowIcon(icon)        # 设置窗口图标
        btn = QPushButton(self)
        btn.setIcon(icon)               # 设置按钮图标
if __name__ == '__main__':
    app = QApplication(sys.argv)
    # pix = QPixmap(":/icons/pic/student.png")
    # icon = QIcon(pix)
    # app.setWindowIcon(icon)           # 设置应用程序图标
    window = MyWidget()
    window.show()
    sys.exit(app.exec())
```

2.1.10 光标类 QCursor 与实例

将光标移动到不同的控件上，并且控件在不同的状态下，可以为控件设置不同的光标形状。定义光标需要用到 QtGui 模块中的 QCursor 类。定义光标形状有两种方法，一种是用标准的形状 Qt. CursorShape，另一种是用自己定义的图片来定义。如果用自定义的图片来定义光标形状，需要设置光标的热点 hotX 和 hotY，hotX 和 hotY 的值是整数，如果取负值，则以图片中心点为热点，即 hotX=bitmap(). width()/2，hotY= bitmap(). height()/2。

用 QCursor 创建光标实例的方式如下，其中 Qt. CursorShape 设置标准的光标形状，mask 参数是遮掩图像，可以用 QPixmap 的 setMask(QPixmap)方法提前给光标设置遮掩图。如果光标图像和遮掩图的颜色值都是1,则结果是黑色；如果光标图像和遮掩图的颜色值都是0,则结果是透明色；如果光标图像的颜色值是0,而遮掩图的颜色值1,则结果是白色。反之在Windows上是XOR运算的结果,其他系统上未定义。

```
QCursor()
QCursor(shape: Qt.CursorShape)
QCursor(pixmap: Union[QPixmap, QImage, str], hotX: int = -1, hotY: int = -1)
QCursor(bitmap: Union[QBitmap, str], mask: Union[QBitmap, str], hotX: int = -1, hotY: int =
-1)
```

标准的光标形状是Qt.CursorShape的枚举值,Qt.CursorShape的枚举值及光标形状如表2-15所示。通过窗口和控件的setCursor()方法可以设置光标形状,例如setCursor(QCursor(Qt.PointingHandCursor))。

表2-15　标准的光标形状

光标形状	Qt.CursorShape取值	光标形状	Qt.CursorShape取值
	Qt.ArrowCursor		Qt.SizeVerCursor
	Qt.UpArrowCursor		Qt.SizeHorCursor
	Qt.CrossCursor		Qt.SizeBDiagCursor
	Qt.IBeamCursor		Qt.SizeFDiagCursor
	Qt.WaitCursor		Qt.SizeAllCursor
	Qt.BusyCursor		Qt.SplitVCursor
	Qt.ForbiddenCursor		Qt.SplitHCursor
	Qt.PointingHandCursor		Qt.OpenHandCursor
?	Qt.WhatsThisCursor		Qt.ClosedHandCursor

1. 光标类QCursor的常用方法

光标类QCursor的常用方法如表2-16所示,主要方法是用setShape(Qt.CursorShape)设置光标形状。

表2-16　光标类QCursor的常用方法

QCursor的方法及参数类型	返回值的类型	说　明
setShape(Qt.CursorShape)	None	设置光标形状
shape()	Qt.CursorShape	获取形状
bitmap()	QBitmap	获取QBitmap图
pixmap()	QPixmap	获取QPixmap图
hotSpot()	QPoint	获取热点位置
mask()	QBitmap	获取遮掩图
[**static**]setPos(x: int,y: int)	None	设置光标热点到屏幕坐标系下的指定位置
[**static**]setPos(p: QPoint)	None	同上
[**static**]pos()	QPoint	获取光标热点在屏幕坐标系下的位置

2. 光标类 QCursor 的应用实例

下面的程序在窗口上绘制图片，然后设置两个 32×32 像素的 QBitmap 图片，图片的填充颜色分别为白色和黑色，用这两个 QBitmap 作为光标和遮掩图。

```
import sys                                              # Demo2_8.py
from PySide6.QtWidgets import QApplication,QWidget
from PySide6.QtGui import QPainter,QPixmap,QBitmap,QCursor
from PySide6.QtCore import QRect,Qt

class SetCursor(QWidget):
    def __init__(self,parent = None):
        super().__init__(parent)
        bit = QBitmap(32,32)                            # 创建 32×32 的位图
        bit_mask = QBitmap(32,32)                       # 创建 32×32 的位图
        bit.fill(Qt.black)                              # 设置填充颜色
        bit_mask.fill(Qt.white)                         # 设置填充颜色
        self.setCursor(QCursor(bit,bit_mask))           # 设置光标
    def paintEvent(self, event):
        pix = QPixmap()
        rect = QRect(0,0,self.width(),self.height())
        pix.load("d:\\python\\pic.png")

        painter = QPainter(self)
        painter.drawPixmap(rect,pix)
if __name__ == '__main__':
    app = QApplication(sys.argv)
    window = SetCursor()
    window.show()
    sys.exit(app.exec())
```

2.1.11 地址类 QUrl

要获取网站上的资源或访问一个网站，需要知道资源或网站的 URL 地址。URL(uniform resource locator)是统一资源定位系统，是互联网上用于指定资源位置的表示方法，它有固定的格式。

1. URL 格式介绍

一个 URL 地址的格式如图 2-10 所示，由 scheme、user、password、host、port 和 fragment 等部分构成，以下是对各部分的说明。

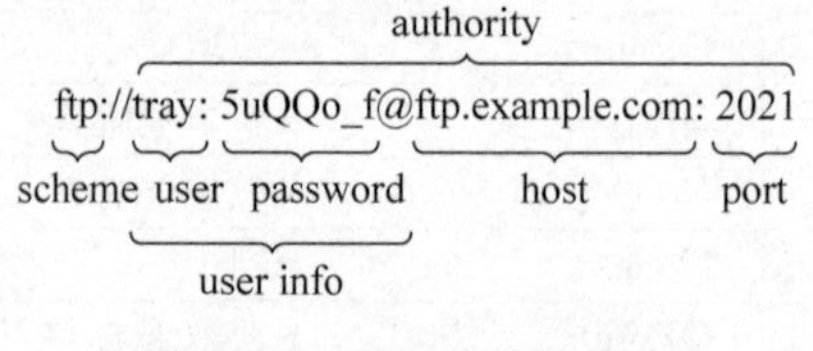

图 2-10　URL 地址的格式

- scheme 指定使用的传输协议，它由 URL 起始部分的一个或多个 ASCII 字符表示。scheme 只能包含 ASCII 字符，对输入不作转换或解码，必须以 ASCII 字母开始。scheme 可以使用的传输协议如表 2-17 所示。

表 2-17　scheme 可以使用的传输协议

协　议	说　　明
file	本地计算机上的文件，格式：file:///
http	通过 HTTP 访问资源，格式：HTTP://
https	通过安全的 HTTPS 访问资源，格式：HTTPS://
ftp	通过 FTP 访问资源，格式：FTP://
mailto	资源为电子邮件地址，通过 SMTP 访问，格式：mailto:
MMS	支持 MMS(媒体流)协议(软件如 Windows Media Player)，格式：MMS://
ed2k	支持 ed2k(专用下载链接)协议的 P2P 软件(如电驴)访问资源，格式：ed2k://
Flashget	支持 Flashget(专用下载链接)协议的 P2P 软件(如快车)访问资源，格式：Flashget://
thunder	通过支持 thunder(专用下载链接)协议的 P2P 软件(如迅雷)访问资源，格式：thunder://
gopher	通过 Gopher 协议访问资源

- authority 由用户信息、主机名和端口组成。所有这些元素都是可选的，即使 authority 为空，也是有效的。authority 的格式为"username: password @ hostname: port"，用户信息(用户名和密码)和主机用"@"分割，主机和端口用"："分割。如果用户信息为空，则"@"必须省略；端口为空时，可以使用"："。
- user info 指用户信息，是 URL 中 authority 可选的一部分。用户信息包括用户名和一个可选的密码，由"："分割，如果密码为空，则"："必须省略。
- host 指存放资源的服务器主机名或 IP 地址。
- port 是可选的，省略时使用方案的默认端口。各种传输协议都有默认的端口号，如 HTTP 的默认端口为 80。如果输入时省略，则使用默认端口号。有时候出于安全或其他考虑，可以在服务器上对端口进行重定义，即采用非标准端口号，此时 URL 中就不能省略端口号。
- path 是由"/"隔开的字符串，一般用来表示主机上的一个路径或文件地址，path 在 authority 之后 query 之前。
- fragment 指定网络资源中的片断，是 URL 的最后一部分，由"#"后面跟的字符串表示。它通常指的是用于 HTTP 页面上的某个链接或锚点。一个网页中有多个名词解释，可使用 fragment 直接定位到某一名词解释。例如"https://doc.qt.io/qt-5/qurl.html#setUserInfo"中"#setUserInfo"表示定位到网页中的"setUserInfo"内容。
- query 指查询字符串，是可选的，用于给动态网页(如使用 CGI、ISAPI、PHP/JSP/ASP、.NET 等技术制作的网页)传递参数。可有多个参数，用"&"隔开，每个参数的名和值用"="连接。

2. QUrl 类的常用方法

PySide 中用 QUrl 类定义 URL 地址，QUrl 可以用解码模式和百分比编码加密模式定义 URL。解码模式适合直接阅读，加密模式适合互联网传播。用 QUrl 类定义 URL 地址的方法如下，其中 url 是 URL 的格式地址文本，mode 可以取 QUrl. TolerantMode(修正地址中的错误)、QUrl. StrictMode(只使用有效的地址)。

```
QUrl()
QUrl(url:str, mode: QUrl.ParsingMode = QUrl.TolerantMode)
```

QUrl 类的常用方法如表 2-18 所示。可以给 URL 的每部分单独赋值，也可进行整体赋值，或者用其他方式构造 URL 地址。QUrl 类的主要方法介绍如下。

- 可以用 setScheme(str)、setUserName(str, mode)、setPassword(str, mode)、setHost(str, mode)、setPath(str, mode)、setPort(int)、setFragment(str, mode)、setQuery(str, mode)和 setQuery(QUrlQuery)方法分别设置 URL 地址的各部分的值，也可以用 setUserInfo(str, mode)、setAuthority(str, mode)方法设置多个部分的值，用 setUrl(str, mode)方法设置整个 URL 值，其中参数 mode 是 QUrl. ParsingModemode 枚举值，可以取 QUrl. TolerantMode(修正地址中的错误)、QUrl. StrictMode(只使用有效的地址)或 QUrl. DecodedMode(百分比解码模式，只使用于分项设置)。
- QUrl 除了用上面的方法，还可以从字符串或本地文件中创建。用 fromLocalFile(str)方法可以用本机地址字符串创建一个 QUrl；用 fromStringList(Sequence[str], mode=QUrl. TolerantMode)方法可以将满足 URL 规则的字符串列表转成 QUrl 列表，并返回 List[QUrl]；用 fromUserInput(str)方法可以将不是很满足 URL 地址规则的字符串转换成有效的 QUrl，例如 fromUserInput("ftp. nsdw-project. org")将变换成 QUrl("ftp:// ftp. nsdw-project. org")；用 fromEncoded(bytes, mode= QUrl. TolerantMode)方法将编码形式的二进制数据转换成 QUrl。
- 可以将 QUrl 表示的地址转换成字符串，用 toDisplayString(options = Qurl. PrettyDecoded)方法转换成易于辨识的字符串，用 toLocalFile()方法转换成本机地址，用 toString(options=QUrl. PrettyDecoded)方法将 URL 地址转换成字符串，用 toStringList(Sequence[QUrl], options = QUrl. PrettyDecoded)方法将多个 QUrl 转换成字符串列表，其中参数 options 是 QUrl. FormattingOptions 的枚举类型，可以取的值有 QUrl. RemoveScheme(移除传输协议)、QUrl. RemovePassword、QUrl. RemoveUserInfo、QUrl. RemovePort、QUrl. RemoveAuthority、QUrl. RemovePath、QUrl. RemoveQuery、QUrl. RemoveFragment、QUrl. RemoveFilename、QUrl. None(没有变化)、QUrl. PreferLocalFile(如果是本机地址，返回本机地址)、QUrl. StripTrailingSlash(移除尾部的斜线)或 QUrl. NormalizePathSegments(移除多余的路径分隔符，解析“. ”和“. . ”)。
- URL 地址可以分为百分比编码形式或未编码形式，未编码形式适用于显示给用户，编码形式通常会发送到 Web 服务器。用 toEncoded(options = QUrl. FullyEncoded)方法将 URL 地址转换成编码形式，并返回 QBytesArray；用 fromEncoded(Union[QByteArray, bytes, bytearray], mode = QUrl. TolerantMode)方法将编码的 URL 地址转换成非编码形式，并返回 QUrl。

表 2-18　QUrl 类的常用方法

QUrl 的方法及参数类型	返回值的类型	说　明
setScheme(scheme: str)	None	设置传输协议
setUserName(userName: str, mode=QUrl.DecodedMode)	None	设置用户名
setPassword(password: str, mode=QUrl.DecodedMode)	None	设置密码
setHost(host: str, mode=QUrl.DecodedMode)	None	设置主机名
setPath(path: str, mode=QUrl.DecodedMode)	None	设置路径
setPort(port: int)	None	设置端口
setFragment(fragment: str, mode=QUrl.TolerantMode)	None	设置片段
setQuery(query: str, mode=QUrl.TolerantMode)	None	设置查询
setUserInfo(userInfo: str, mode=QUrl.TolerantMode)	None	设置用户名和密码
setAuthority(authority: str, mode=QUrl.TolerantMode)	None	设置用户信息、主机和端口
setUrl(url: str, mode=QUrl.TolerantMode)	None	设置整个 URL 值
[**static**]fromLocalFile(str)	QUrl	将本机文件地址转换成 QUrl
[**static**] fromStringList(Sequence[str], mode=QUrl.TolerantMode)	List[QUrl]	将多个地址转换成 QUrl 列表
[**static**]fromUserInput(str)	QUrl	将不是很符合规则的文本转换成 QUrl
[**static**]fromEncoded(bytes, mode=QUrl.TolerantMode)	QUrl	将编码形式的二进制数据转换成 QUrl
toDisplayString(options=QUrl.PrettyDecoded)	str	转换成字符串
toLocalFile()	str	转换成本机地址
toString(options=QUrl.PrettyDecoded)	str	转换成字符串
[**static**] toStringList(Sequence[QUrl], options=QUrl.PrettyDecoded)	List[str]	转换成字符串列表
toEncoded(options=QUrl.FullyEncoded)	QByteArray	转换成编码形式
isLocalFile()	bool	获取是否是本机文件
isValid()	bool	获取 URL 地址是否有效
isEmpty()	bool	获取 URL 地址是否为空
errorString()	str	获取解析地址时的出错信息
clear()	None	清空内容

2.2 常用输入输出控件及用法

输入输出控件用于向程序输入数据、显示程序输出的数据，输入输出控件是可视化编程最基本的控件，常用输入输出控件的继承关系如图 1-9 所示。

2.2.1 标签控件 QLabel 与实例

在可视化图形界面上标签通常用来显示提示性信息，也可以显示图片和 gif 格式的动画。它通常放到输入控件的左边，也用在状态栏上。标签控件的类是 QLabel，继承自 QFrame，QFrame 为其子类提供外边框，可以设置外边框是否显示和显示的样式。

QLabel 类在 QtWidgets 模块中，用 QLabel 类创建实例的方法如下，其中 parent 是容纳 QLabel 控件的容器，该容器通常是继承自 QWidget 的窗口或容器类控件，text 是标签上显示的文字，f 的取值为 Qt. WindowFlags 的枚举值。有关 Qt. WindowFlags 的取值请参考 3.1 节的内容，一般使用默认值即可。

```
QLabel(parent: QWidget = None, f = Qt.WindowFlags)
QLabel(text: str, parent, f = Qt.WindowFlags)
```

1. 标签控件 QLabel 的方法和信号

标签控件 QLabel 的常用方法如表 2-19 所示，方法名称前的“[**slot**]”标识表示该方法也是槽函数(下同)。主要方法介绍如下。

- 可以在创建标签控件时设置其所在的父容器，也可用 setParent(QWidget)方法设置标签控件的父容器或父控件。
- 用 setText(str)方法设置标签上的文字，用 text()方法获取标签的文本，用 setNum(float)和 setNum(int)方法显示数值，用 clear()方法清空显示的内容。
- 用 setPixmap(QPixmap)方法设置标签上显示的图像，参数 QPixmap 表示 QPixmap 的实例对象；用 pixmap()方法获取标签上显示的 QPixmap 图像，显示图像也可用 setPicture(QPicture)方法；用 setMovie(QMovie)方法播放 gif 格式的动画。关于 QMovie 的介绍请参考 9.1.4 节的内容。如果所显示的图片较小，可用 setScaledContents(True)方法设置将图像填充整个空间。
- 用 setAlignment(Qt. Alignment)方法设置文字的水平和竖直对齐方式，用 alignment()方法获取对齐方式。其中参数 Qt. Alignment 是枚举类型，水平方向的对齐方式可以取 Qt. AlignLeft(左对齐)、Qt. AlignRight(右对齐)、Qt. AlignCenter(中心对齐)和 At. AlignJustify(两端对齐)，竖直方向的对齐方式有 Qt. AlignTop(上对齐)、Qt. AlignBottom(下对齐)和 Qt. AlignVCenter(居中对齐)。Qt. AlignCenter 是水平和竖直中心对齐。当同时对水平和竖直方向进行设置时，可以用运算符“|”将两个对齐方式连接起来，例如“Qt. AlignLeft | Qt. AlignVCenter”。
- 用 setFont(QFont)方法设置标签显示的文字的字体，用 font()方法获取文字的字体，用 setPalette(QPalette)方法设置调色板，用 palette()方法获取调色板。

- 用 setBuddy(QWidget)方法设置具有伙伴关系的控件,用 buddy()方法获取具有伙伴关系的控件。

表 2-19　标签控件 QLabel 的常用方法

QLabel 的方法及参数类型	返回值的类型	说　明
[**slot**]setText(str)	None	设置显示的文字
text()	str	获取 QLabel 的文字
setTextFormat(Qt. TextFormat)	None	设置文本格式
[**slot**]setNum(float)	None	设置要显示的数值
[**slot**]setNum(int)	None	同上
[**slot**]clear()	None	清空显示的内容
setParent(QWidget)	None	设置标签所在的父容器
setSelection(int,int)	None	根据文字的起始和终止索引,选中相应的文字
selectedText()	str	获取被选中的文字
hasSelectedText()	bool	判断是否有选择的文字
selectionStart()	int	获取选中的文字起始位置的索引,-1 表示没有选中的文字
setIndent(int)	None	设置缩进量
indent()	int	获取缩进量
[**slot**]setPixmap(QPixmap)	None	设置图像
pixmap()	QPixmap	获取图像
setToolTip(str)	None	当光标放到标签上时,设置显示的提示信息
setWordWrap(bool)	None	设置是否可以换行
wordWrap()	bool	获取是否可以换行
setAlignment(Qt. Alignment)	None	设置文字在水平和竖直方向的对齐方式
setOpenExternalLinks(bool)	None	设置是否打开超链接
setFont(QFont)	None	设置字体
font()	Qfont	获取字体
setPalette(QPalette)	None	设置调色板
palette()	QPalette	获取调色板
setGeometry(QRect)	None	设置标签在父容器中的范围
geometry()	QRect	获取标签的范围
[**slot**]setPicture(QPicture)	None	设置图像
[**slot**]setMovie(QMovie)	None	设置动画
setBuddy(QWidget)	None	设置具有伙伴关系的控件
buddy()	QWidget	获取具有伙伴关系的控件
minimumSizeHint()	QSize	获取最小尺寸
setScaledContents(bool)	None	设置显示的图片是否充满整个标签空间
setMargin(int)	None	设置内部文字边框与外边框的距离,默认为 0
setEnabled(bool)	None	设置是否激活标签控件
setAutoFillBackground(bool)	None	设置是否自动填充背景色

QLabel 的信号有 linkActivated(link)和 linkHovered(link),其中 linkActivated(link)为单击文字中嵌入的超链接时发送信号,如果需要打开超链接,需要把

setOpenExternalLink()设置成 True,传递的参数 link 是链接地址；linkHovered(link)为当光标放在文字中的超链接上时发送信号。

2. 标签控件 QLabel 的应用实例

在前面的实例中多次涉及 QLabel 的应用,下面的程序涉及 QLabel 的图形显示、超链接和信号的应用。这个程序可以改用 Qt Designer 来设计界面,并进行界面布置,这样在窗口缩放时可以保证控件同时移动或缩放,也可手动编写布局。

```
import sys                                              # Demo2_9.py
from PySide6.QtWidgets import QApplication,QWidget,QLabel
from PySide6.QtGui import QPixmap,QFont
from PySide6.QtCore import QRect,Qt,QSize

class MyWidget(QWidget):
    def __init__(self,parent = None):
        super().__init__(parent)
        self.setFixedSize(QSize(600,400))
        w = self.width()                                # 窗口的宽度
        h = self.height()                               # 窗口的高度

        self.label1 = QLabel(self)
        self.label2 = QLabel(self)
        self.label3 = QLabel(self)
        self.label4 = QLabel(self)

        self.label1.setGeometry(QRect(0, 0, w,h))
        self.label1.setPixmap(QPixmap("d:\\python\\pic.png"))

        self.label2.setGeometry(QRect(int(w/2) - 150,150,300,30))
        font = QFont("黑体",pointSize = 20)
        self.label2.setFont(font)
        self.label2.setText("<A href = 'http://www.mysmth.net/'>欢迎来到我的世界!</A>")
        self.label2.setToolTip("我喜欢的网站 www.mysmth.net")  # 设置提示信息
        self.label2.setAlignment(Qt.AlignCenter | Qt.AlignVCenter)
        self.label2.linkHovered.connect(self.hover)            # 定义信号与槽的连接
        self.label2.linkActivated.connect(self.activated)      # 定义信号与槽的连接

        self.label3.setGeometry(QRect(int(w/2),h - 50,int(w/2),50))
        font = QFont("楷体",pointSize = 20)
        self.label3.setFont(font)
        self.label3.setText(">>进入我喜欢的<A href = 'http://www.mysmth.net/'>网站</A>")
        self.label3.setOpenExternalLinks(True)
    def hover(self,link):                               # 光标经过超链接的关联函数
        print("欢迎来到我的世界!")
    def activated(self,link):                           # 单击超链接的关联函数
        rect = self.label3.geometry()
        rect.setY(rect.y() - 50)
        self.label4.setGeometry(rect)
```

```
        self.label4.setText("单击此链接,进入网站" + link)
if __name__ == '__main__':
    app = QApplication(sys.argv)
    window = MyWidget()
    window.show()
    sys.exit(app.exec())
```

2.2.2 单行文本控件 QLineEdit 与实例

图形界面上需要输入信息,与程序进行沟通,输入数据信息的控件有单行文本控件、多行文本控件、数值输入控件。单行文本输入控件是 QLineEdit,继承自 QWidget。

可视化应用程序需要在界面上输入数据和显示数据。QLineEdit 控件是单行文本编辑器,用于接收用户输入的字符串数据,并显示字符串数据,输入的整数和浮点数也会当作字符串数据。可以利用 int()和 float()函数将字符串型整数和浮点数转换成整数和浮点数。

用 QLineEdit 类创建单行文本控件的方法如下,其中 parent 是 QLineEdit 所在的窗口或容器类控件,text 是显示的文字。

```
QLineEdit(parent: QWidget = None)
QLineEdit(text: str, parent: QWidget = None)
```

1. 单行文本控件 QLineEdit 的常用方法

QLineEdit 控件可以用于密码输入,可以进行复制、粘贴、删除等操作。单行文本控件 QLineEdit 的常用方法如表 2-20 所示,主要方法介绍如下。

表 2-20　单行文本控件 QLineEdit 的常用方法

QLineEdit 的方法及参数类型	返回值的类型	说　明
[**slot**]setText(str)	None	设置文本内容
insert(str)	None	在光标处插入文本
text()	str	获取真实文本,而不是显示的文本
displayText()	str	获取显示的文本
setMask(QBitmap)	None	设置遮掩图像
setModified(bool)	None	设置文本更改状态
setPlaceholderText(str)	None	设置占位符
placeholderText()	str	获取占位符
setClearButtonEnabled(bool)	None	设置是否有清空按钮
isClearButtonEnabled()	bool	获取是否有清空按钮
setMaxLength(int)	None	设置文本的总长度
maxLength()	int	获取文本的总长度
setReadOnly(bool)	None	设置只读模式,只能显示,不能输入
setAlignment(Qt.Alignment)	None	设置对齐方式
setFrame(bool)	None	设置是否显示外框
backspace()	None	删除光标左侧或选中的文字
isModified()	bool	获取文本是否被更改

续表

QLineEdit 的方法及参数类型	返回值的类型	说　明
isReadOnly()	bool	获取是否只读模式
del_()	None	删除光标右侧或选中的文字
[**slot**]clear()	None	删除所有内容
[**slot**]copy()	None	复制选中的文本
[**slot**]cut()	None	剪切选中的文字
[**slot**]paste()	None	粘贴文字
isUndoAvailable()	bool	是否可以撤销操作
[**slot**]undo()	None	撤销操作
isRedoAvailable()	None	是否可以恢复撤销操作
[**slot**]redo()	None	恢复撤销操作
setDragEnabled(bool)	None	设置文本是否可以拖放
setEchoMode(QLineEdit. EchoMode)	None	设置显示模式
setTextMargins(QMargins)	None	设置文本区域到外框的距离
setCompleter(QCompleter)	None	设置辅助补全的内容

- 由于单行文本控件可以用于输入密码，其显示的内容并不一定是输入的内容。用 setText(str)方法设置文本内容；用 text()方法获取真实的文本，而不是界面上显示的文本，例如在密码输入模式下，得到的是输入的密码，而不是界面上显示的掩码；用 displayText()方法获取显示的文本内容。
- 用 setEchoMode(QLineEdit. EchoMode)方法可以设置成密码输入方式，其中 QLineEdit. EchoMode 的取值是枚举类型，可以设置的值如表 2-21 所示。

表 2-21　QLineEdit. EchoMode 的取值

QLineEdit. EchoMode 的取值	值	说　明
QLineEdit. Normal	0	正常显示输入的字符，这是默认值
QLineEdit. NoEcho	1	输入文字时不显示任何输入，文字内容和个数都不可见，常用于密码保护
QLineEdit. Password	2	显示密码掩码，不显示实际输入的字符，能显示字符个数
QLineEdit. PasswordEchoOnEdit	3	在编辑的时候显示字符，不编辑的时候显示掩码

- setPlaceholderText()是在 QLineEdit 中灰色显示的字符，常用于提示信息，例如 setPlaceholderText("请输入密码")。当输入真实文字时，不再显示提示信息。
- QLineEdit 中输入的数据有时只能为整数，有时只能为浮点数，这时就需要对输入的数据进行合法性检验。QLineEdit 的合法性检验用 setValidator(QValidator)方法，它的参数是一个 QValidator 类，QValidator 类用来检查输入内容的合法性，当输入内容合法时，才能成功输入并在输入框中显示。QValidator 是一个抽象类，其子类 QIntValidator、QDoubleValidator 分别用来设置合法整数和合法浮点数，还有一个子类 QRegExpValidator 结合正则表达式来判断输入的合法性。QIntValidator 设置整数范围的下限和上限，其使用方法是 QIntValidator(int,int,parent = None)，其中第 1 个 int 是下限，第 2 个 int 是上限；或者用 QIntValidator 的 setRange(int,

int)、setBottom(int)和 setTop(int)方法来设置下限和上限，例如 QLineEdit.setValidator(QIntValidator(0,100))可以设置 QLineEdit 只能输入 0 到 100 的整数。QDoubleValidator 的使用方法是 QDoubleValidator(float,float,int,parent=None)，其中第 1 个 float 参数是下限，第 2 个 float 参数是上限，int 是小数的位数，同样也可通过 setRange(float,float. int)、setBottom(float)、setTop(float)和 setDecimals(int)方法来设置下限、上限和小数位数。

- 在 QLineEdit 中输入数据时，可以有辅助性的提示信息帮助快速完成输入，用 setCompleter(QCompleter)方法设置辅助补全的内容，其中 QCompleter 是辅助补全的类。创建辅助补全的方法为 QCompleter(completions: Sequence[str],parent: QObject= None)、QCompleter(model: QAbstractItemModel,parent: QObject = None)或 QCompleter(parent: QObject] = None)，用 QCompleter 的 setModel(QAbstractItemModel)方法设置数据模型，有关数据模型的内容参见第 5 章。用 setCompletionMode(mode: QCompleter. CompletionMode)方法设置模式，其中枚举类型 QCompleter. CompletionMode 可以取 QCompleter. PopupCompletion(弹窗模式)、QCompleter. InlineCompletion(输入框内选中模式)或 QCompleter. UnfilteredPopupCompletion(以弹窗模式列出所有可能的选项)。
- 用代码在 QLineEdit 中插入文字或选择文字时，需要定位光标的位置，获取或移动光标的方法如表 2-22 所示。

表 2-22 QLineEdit 的光标方法

QLineEdit 的光标方法	说 明
cursorBackward(mark=True,steps=1)	向左移动 step 个字符，mark 为 True 时带选中效果
cursorForward(mark=True,steps=1)	向右移动 step 个字符，mark 为 True 时带选中效果
cursorWordBackward(mark=True)	向左移动一个单词的长度，mark 为 True 时带选中效果
cursorWordForward(mark=True)	向右移动一个单词的长度，mark 为 True 时带选中效果
home(mark=True)	光标移动至行首，mark 为 True 时带选中效果
end(mark=True)	光标移动至行尾，mark 为 True 时带选中效果
setCursorPosition(int)	光标移动至指定位置
cursorPosition()	获取光标位置，返回值是 int
cursorPositionAt(QPoint)	获取指定位置处光标位置，返回值是 int

- 对 QLineEdit 中的文本可以进行复制、粘贴、删除等操作，一般都需要先选择文本，然后再操作。选择文本的方法如表 2-23 所示。

表 2-23 QLineEdit 文本选择方法

文本选择方法	说 明	文本选择方法	说 明
setSelection(int,int)	选择指定范围内的文本	selectionLength()	获取选择的文本的长度
[**slot**]selectAll()	选择所有的文本	selectionStart()	获取选择的文本的起始位置
deselect()	取消选择	selectionEnd()	获取选择的文本的终止位置
hasSelectedText()	是否有选择的文本	selectedText()	获取选择的文本

- 对于需要输入固定格式的文本，例如 IP 地址、MAC 地址、License 序列号，可以用

setInputMask()方法来定义这种固定的格式。例如 setInputMask("000.000.000.000")和 setInputMask("000.000.000.000;_")方法都可以输入 IP 地址，后者在未输入字符的位置用下划线来表示空位；setInputMask("HH:HH:HH:HH:HH:HH")和 setInputMask("HH:HH:HH:HH:HH:HH;_;_")方法都可以输入 MAC 地址；setInputMask("0000-00-00")方法可以输入 ISO 标准格式日期，setInputMask("＞AAAAA－AAAAA－AAAAA－AAAAA－AAAAA;#")方法可以用于输入 License 序列号，所有字母转换为大写。可以用于格式化输入的字符如表 2-24 所示。

表 2-24 用于格式化输入的字符

字 符	含 义	字 符	含 义
A	ASCII 字母是必需的，取值范围为 A～Z、a～z	#	ASCII 数字或加/减符号是允许的，但不是必需的
a	ASCII 字母是允许的，但不是必需的	H	十六进制数据字符是必需的，取值范围为 A～F、a～f、0～9
N	ASCII 字母和数字是必需的，取值范围为 A～Z、a～z、0～9	h	十六进制数据字符是允许的，但不是必需的
n	ASCII 字母和数字是允许的，但不是必需的	B	二进制数据字符是必需的，取值为 0、1
X	任何字符都是必需的	b	二进制数据字符是允许的，但不是必需的
x	任何字符都是允许的，但不是必需的	＞	所有的字符字母都大写
9	ASCII 数字是必需的，取值范围为 0～9	＜	所有的字符字母都小写
0	ASCII 数字是允许的，但不是必需的	!	关闭大小写转换
D	ASCII 数字是必需的，取值范围为 1～9	\	使用\去转义上述列出的特殊字符
d	ASCII 数字是允许的，但不是必需的，取值范围为 1～9	;c	终止输入遮掩，并把空余输入设置成 c

2. 单行文本控件 QLineEdit 的信号

单行文本控件 QLineEdit 的信号如表 2-25 所示。

表 2-25 单行文本控件 QLineEdit 的信号

QLineEdit 的信号及参数类型	说 明
textEdited(text: str)	文本被编辑时发送信号，不适用 setText()方法引起的文本改变
textChanged(text: str)	文本发生变化时发送信号，包括 setText()方法引起的文本改变
returnPressed()	按 Enter 键时发送信号
editingFinished()	按 Enter 键或失去焦点时发送信号
cursorPostionChanged(oldPos: int,newPos: int)	光标位置发生变化时发送信号，第 1 个参数是光标原位置，第 2 个参数是光标移动后的位置
selectionChanged()	选中的文本发生变化时发送信号
inputRejected()	拒绝输入时发送信号

3. 单行文本控件 QLineEdit 的应用实例

下面的程序建立一个学生考试成绩查询的界面，如图 2-11 所示。在界面中输入姓名和准考证号，单击“查询”按钮，可以显示查找的学生成绩，如果查不到，会显示“查无此人”；单击“清空”按钮删除输入的姓名、准考证号和查询到的成绩。

```
import sys                                    # Demo2_10.py
from PySide6.QtWidgets import QApplication,QWidget,QPushButton,QLabel,QLineEdit
from PySide6.QtGui import QFont,QIntValidator
from PySide6.QtCore import QRect

class MyWidget(QWidget):
    def __init__(self,parent = None):
        super().__init__(parent)
        self.setWindowTitle("学生成绩查询系统")
        self.setGeometry(400,200,480,370)
        self.setupUi()
        self.__data = [ [202003, '没头脑', 89, 88, 93, 87],
                    [202002, '不高兴', 80, 71, 88, 98],
                    [202004, '倒霉蛋', 95, 92, 88, 94],
                    [202001, '鸭梨头', 93, 84, 84, 77],
                    [202005, '墙头草', 93, 86, 73, 86] ]   #学生信息和成绩,可从文件读取
    def setupUi(self):                        # 创建界面上的控件
        self.label_1 = QLabel(self)
        self.label_1.setGeometry(QRect(120, 40, 231, 31))
        font = QFont("楷体",pointSize = 20)
        self.label_1.setFont(font)
        self.label_1.setText("学生考试成绩查询")

        self.label_2 = QLabel(self)
        self.label_2.setGeometry(QRect(113, 130, 60, 20))
        self.label_2.setText("姓名(&N):")

        self.label_3 = QLabel(self)
        self.label_3.setGeometry(QRect(100, 160, 70, 20))
        self.label_3.setText("准考证号(&T):")

        self.label_4 = QLabel(self)
        self.label_4.setGeometry(QRect(100, 260, 100, 20))
        self.label_4.setText("查询结果如下:")

        self.lineEdit_name = QLineEdit(self)
        self.lineEdit_name.setGeometry(QRect(190, 130, 113, 20))
        self.lineEdit_name.setClearButtonEnabled(True)               #设置“清空”按钮
        self.lineEdit_number = QLineEdit(self)
        self.lineEdit_number.setGeometry(QRect(190, 160, 113, 20))
        self.lineEdit_number.setValidator(QIntValidator(202001,202100))#设置验证
        self.lineEdit_number.setEchoMode(QLineEdit.Password)         #设置密码形式
        self.lineEdit_number.setClearButtonEnabled(True)             #设置“清空”按钮
        self.lineEdit_results = QLineEdit(self)
        self.lineEdit_results.setGeometry(QRect(70, 300, 321, 20))
        self.lineEdit_results.setReadOnly(True)                      #设置只读属性
```

```
        self.label_2.setBuddy(self.lineEdit_name)                       #伙伴关系
        self.label_3.setBuddy(self.lineEdit_number)                     #伙伴关系

        self.btn_enquire = QPushButton(self)
        self.btn_enquire.setGeometry(QRect(150, 210, 75, 23))
        self.btn_enquire.setText("查询(&E)")
        self.btn_enquire.clicked.connect(self.inquire)                  #信号与槽的连接

        self.btnClear = QPushButton(self)
        self.btnClear.setGeometry(QRect(240, 210, 81, 23))
        self.btnClear.setText("清空(&C)")
        self.btnClear.clicked.connect(self.lineEdit_name.clear)         #信号与槽的连接
        self.btnClear.clicked.connect(self.lineEdit_number.clear)       #信号与槽的连接
        self.btnClear.clicked.connect(self.lineEdit_results.clear)      #信号与槽的连接

        self.lineEdit_name.textChanged.connect(self.text_changed)       #信号与槽的连接
        self.lineEdit_number.textChanged.connect(self.text_changed)     #信号与槽的连接
        self.text_changed()
    def inquire(self):
        number = int(self.lineEdit_number.text())
        template = "{}的考试成绩:语文 {} 数学 {} 英语 {} 物理 {}"
        for i in range(len(self.__data)):
            stu = self.__data[i]
            if stu[0] == number and stu[1] == self.lineEdit_name.text():
                self.lineEdit_results.setText(template.format(stu[1], stu[2], stu[3],
stu[4], stu[5]))
                break
            else:
                if i == len(self.__data) - 1:
                    self.lineEdit_results.setText("查无此人")
    def text_changed(self):
        if self.lineEdit_number.text() != "" and self.lineEdit_name.text() != "":
            self.btn_enquire.setEnabled(True)
        else:
            self.btn_enquire.setEnabled(False)
        if self.lineEdit_number.text() != "" or self.lineEdit_name.text() != "":
            self.btnClear.setEnabled(True)
        else:
            self.btnClear.setEnabled(False)
if __name__ == '__main__':
    app = QApplication(sys.argv)
    window = MyWidget()
    window.show()
    sys.exit(app.exec())
```

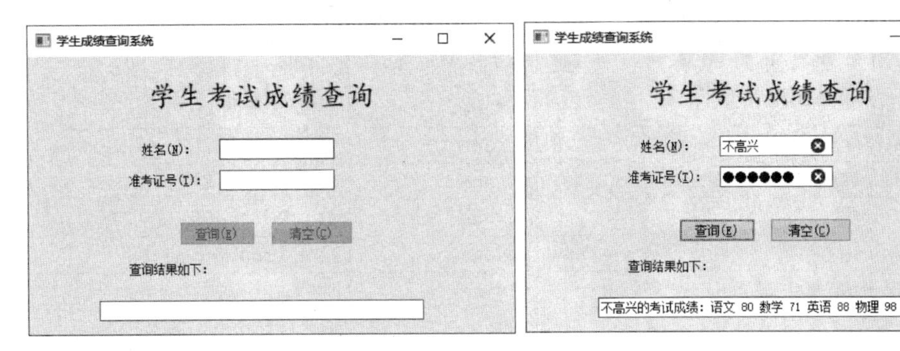

图 2-11　学生考试成绩查询界面

2.2.3　多行文本控件 QTextEdit 与实例

多行文本控件可以用于编辑和显示多行文本和图片，并可对文本进行格式化。多行文本编辑控件有 QTextEdit 和 QPlainTextEdit 两种，QTextEdit 和 QPlainTextEdit 都是直接继承自 QAbstractScrollArea。QAbstractScrollArea 为其子类提供中心视口(viewport)控件，从而保证子类显示的内容超过控件窗口的范围时，提供竖直和水平滚动条。

QTextEdit 是主要用于显示并编辑多行文本的控件，支持富文本，当文本内容超出控件显示范围时，可以显示水平和竖直滚动条。QTextEdit 不仅可以用来显示文本，还可以用来显示 html 文档。

用 QTextEdit 类创建实例的方法如下，其中 parent 是 QTextEdit 所在的窗口或容器类控件，text 是要显示的文本内容。QTextEdit 可以显示、输入和编辑文本。另外还有个从 QTextEdit 继承的类 QTextBrowser，通常只用于显示文本。

```
QTextEdit(parent: QWidget = None)
QTextEdit(text: str, parent: QWidget = None)
```

1. 多行文本控件 QTextEdit 的常用方法

多行文本控件 QTextEdit 的常用方法如表 2-26 所示，用这些方法可以编写文字处理工具。QTextEdit 通常用 setPlainText(str)方法设置纯文本；用 setHtml(str)方法设置 html 格式的文本；用 toPlainText()方法获取纯文本，用 toHtml()方法获取 html 格式的文本；用 append(str)方法在末尾追加文本；用 insertPlainText(str)和 insertHtml(str)方法在光标处插入纯文本和 html 格式文本；用 setReadOnly(bool)方法可以设置成只读模式，这时用户不能输入数据；用 setCurrentCharFormat(QTextCharFormat)方法设置当前的文本格式；用 setTextCuror(QTextCursor)方法设置文档中的光标，可以在光标处插入文字、图像、表格，选择文字；用 setHorizontalScrollBarPolicy(Qt.ScrollBarPolicy)方法和 setVerticalScrollBarPolicy(Qt.ScrollBarPolicy)方法可以分别设置水平滚动条和竖直滚动条的调整策略，枚举值 Qt.ScrollBarPolicy 可取 Qt.ScrollBarAsNeeded、Qt.ScrollBarAlwaysOff 或 Qt.ScrollBarAlwaysOn；QTextEdit 显示的内容是一个 QTextDocument 文档，用 setDocument(QTextDocument)方法可以对文档进行设置。

表 2-26 多行文本控件 QTextEdit 的常用方法

QTextEdit 的方法及参数类型	返回值的类型	说明
[**slot**]setText(str)	None	设置显示的文字
[**slot**]append(str)	None	添加文本
[**slot**]setPlainText(str)	None	设置纯文本文字
[**slot**]setHtml(str)	None	设置成 html 格式的文字
[**slot**]insertHtml(str)	None	插入 html 格式的文本
[**slot**]insertPlainText(str)	None	插入文本
toHtml()	str	获取 html 格式的文字
toPlainText()	str	获取纯文本文字
createStandardContextMenu([QPoint])	QMenu	创建标准的右键快捷菜单
setCurrentCharFormat(QTextCharFormat)	None	设置当前的文本格式
find(str)	bool	查找,若找到则返回 True
print_(QPrinter)	None	打印文本
setAcceptRichText(bool)	None	设置是否接受富文本
acceptRichText()	bool	获取是否接受富文本
setCursorWidth(int)	None	设置光标宽度(像素)
[**slot**]setAlignment(Qt. Alignment)	None	设置文字对齐方式
setTextCuror(QTextCursor)	None	设置文本光标
textCursor	QTextCursor	获取文本光标
setHorizontalScrollBarPolicy(Qt. ScrollBarPolicy)	None	设置水平滚动条的策略
setDocument(QTextDocument)	None	设置文档
setDocumentTitle(str)	None	设置文档标题
[**slot**]setCurrentFont(QFont)	None	设置当前的字体
currentFont()	QFont	获取当前的文字字体
[**slot**]setFontFamily(str)	None	设置当前字体名称
fontFamily()	str	获取当前的字体名称
[**slot**]setFontItalic(bool)	None	设置当前为斜体
fontItalic()	bool	查询当前是否斜体
[**slot**]setFontPointSize(float)	None	设置当前字体大小
fontPointSize()	float	获取当前字体大小
[**slot**]setFontUnderline(bool)	None	设置当前为下划线
fontUnderline()	bool	查询当前是否为下划线
[**slot**]setFontWeight(int)	None	设置当前字体加粗
fontWeight()	int	获取当前字体粗细值
setOverwriteMode(bool)	None	设置替换模式
overwriteMode()	bool	查询是否是替换模式
setPlaceholderText(str)	None	设置占位文本
placeholderText()	str	获取占位文本
setReadOnly(bool)	None	设置是否只读
isReadOnly()	bool	获取是否只读
setTabStopDistance(float)	None	设置按 Tab 键时后退距离(像素)
tabStopDistance()	float	获取按 Tab 键时的后退距离
[**slot**]setTextBackgroundColor(QColor)	None	设置背景色

续表

QTextEdit 的方法及参数类型	返回值的类型	说　明
textBackgroundColor()	QColor	获取背景色
[slot]setTextColor(QColor)	None	设置文字颜色
textColor()	QColor	获取文字颜色
setUndoRedoEnabled(bool)	None	设置是否可以撤销恢复
setWordWrapMode(QTextOption. WrapMode)	None	设置长单词换行到下一行模式
setVerticalScrollBarPolicy(Qt. ScrollBarPolicy)	None	设置竖直滚动条的策略
[slot]zoomIn(range: int = 1)	None	放大
zoomInF(range: float)	None	放大
[slot]zoomOut(range: int = 1)	None	缩小
[slot]selectAll()	None	全选
[slot]clear()	None	清空全部内容
[slot]copy()	None	复制旋转的内容
[slot]cut()	None	剪切选中的内容
canPaste()	bool	查询是否可以粘贴
[slot]paste()	None	粘贴
isUndoRedoEnabled()	bool	获取是否可以进行撤销、恢复
[slot]undo()	None	撤销上步操作
[slot]redo()	None	恢复撤销

2. 多行文本控件 QTextEdit 的信号

多行文本控件 QTextEdit 的信号如表 2-27 所示。

表 2-27　多行文本控件 QTextEdit 的信号

QTextEdit 的信号及参数类型	说　明
copyAvailable(bool)	可以进行复制时发送信号
currentCharFormatChanged(QTextCharFormat)	当前文字的格式发生变化时发送信号
cursorPositionChanged()	光标位置变化时发送信号
redoAvailable(bool)	可以恢复撤销时发送信号
selectionChanged()	选择的内容发生变化时发送信号
textChanged()	文本内容发生变化时发送信号
undoAvailable(bool)	可以撤销操作时发送信号

3. 文字格式 QTextCharFormat

用 QTextEdit 的 setCurrentCharFormat(QTextCharFormat)方法可以设置文字的字体格式,QTextCharFormat 类用于定义字体的格式参数。文字格式 QTextCharFormat 的常用方法如表 2-28 所示。其中,用 setFont(QFont, behavior = QTextCharFormat. FontPropertiesAll)方法设置字体,其中参数 behavior 可以取 QTextCharFormat. FontPropertiesSpecifiedOnly 或 QTextCharFormat. FontPropertiesAll,分别表示在没有明确改变一个属性时不改变属性的值,还是用默认的值覆盖现有的值;用 setUnderlineStyle (QTextCharFormat. UnderlineStyle)方法设置下划线的风格,其中枚举值 QTextCharFormat. UnderlineStyle 可以取 QTextCharFormat. NoUnderline、QTextCharFormat. SingleUnderline、

QTextCharFormat.DashUnderline、QTextCharFormat.DotLine、QTextCharFormat.DashDotLine、QTextCharFormat.DashDotDotLine、QTextCharFormat.WaveUnderline 或 QTextCharFormat.SpellCheckUnderline,对应值分别是 0～7；用 setVerticalAlignment(QTextCharFormat.VerticalAlignment)方法设置文字在竖直方向的对齐方式,枚举值 QTextCharFormat.VerticalAlignment 可以取 QTextCharFormat.AlignNormal、QTextCharFormat.AlignSuperScript、QTextCharFormat.AlignSubScript、QTextCharFormat.AlignMiddle、QTextCharFormat.AlignBottom、QTextCharFormat.AlignTop 或 QTextCharFormat.AlignBaseline,对应值分别是 0～6。

表 2-28 文字格式 QTextCharFormat 的常用方法

QTextCharFormat 的方法及参数类型	说 明
setFont(QFont, behavior = QTextCharFormat.FontPropertiesAll)	设置字体
setFontCapitalization(QFont.Capitalization)	设置大小写
setFontFamilies(families: Sequence[str])	设置字体名称
setFontFamily(family: str)	设置字体
setFontFixedPitch(fixedPitch: bool)	设置固定宽度
setFontItalic(italic: bool)	设置斜体
setFontKerning(enable: bool)	设置字距
setFontLetterSpacing(float)	设置字符间隙
setFontLetterSpacingType(QFont.SpacingType)	设置字符间隙样式
setFontOverline(overline: bool)	设置上划线
setFontPointSize(size: float)	设置字体尺寸
setFontStretch(factor: int)	设置拉伸百分比
setFontStrikeOut(strikeOut: bool)	设置删除线
setFontUnderline(underline: bool)	设置下划线
setFontWeight(weight: int)	设置字体粗细程度
setFontWordSpacing(spacing: float)	设置字间距
setSubScriptBaseline(baseline: float=16.67)	设置下标位置(字体高度百分比值)
setSuperScriptBaseline(baseline: float=50)	设置上标位置(字体高度百分比值)
setTextOutline(pen: Union[Qt.PenStyle,QColor])	设置轮廓线的颜色
setBaselineOffset(baseline: float)	设置文字上下偏移的百分比,正值向上移动,负值向下移动
setToolTip(tip: str)	设置片段文字的提示信息
setUnderlineColor(Union[QColor,Qt.GlobalColor])	设置下划线的颜色
setUnderlineStyle(QTextCharFormat.UnderlineStyle)	设置下划线的风格
setVerticalAlignment(QTextCharFormat.VerticalAlignment)	设置文字竖直方向对齐样式
setAnchor(anchor: bool)	设置成锚点
setAnchorHref(value: str)	将给定文本设置成超链接
setAnchorNames(names: Sequence[str])	设置超链接名,目标必须用 setAnchor() 和 setAnchorHref()方法设置过

4. 文本光标 QTextCursor

QTextCursor 类是 QTextEdit 文档中的光标,用于捕获光标在文档中的位置,选择文字，在光标位置处插入文本、图像、文本块（段落）和表格等。用 QTextCursor 创建光标对象的方法如下所示，可以为一个文档创建多个 QTextCursor 光标。

```
QTextCursor()
QTextCursor(block: QTextBlock)
QTextCursor(document: QTextDocument)
QTextCursor(frame: QTextFrame)
```

文本光标 QTextCursor 的常用方法如表 2-29 所示。如果文档中有锚点 anchor()，则在锚点位置和光标位置 position()之间的文本会被选中。用 setPosition(pos: int, mode=QTextCursor.MoveAnchor)方法移动光标或锚点到指定位置，参数 mode 可取 QTextCursor.MoveAnchor 或 QTextCursor.KeepAnchor；用 setCharFormat(QTextCharFormat)方法可以设置文本的格式；用 insertText(str)或 insertHtml(str)方法插入文本；用 insertImage(QTextImageFormat)方法插入图像；用 insertTable(rows: int, cols: int)方法插入表格。

表 2-29　文本光标 QTextCursor 的常用方法

QTextCursor 的方法及参数类型	返回值的类型	说　明
setCharFormat(QTextCharFormat)	None	设置文本的格式
setPosition(pos: int, mode=QTextCursor.MoveAnchor)	None	移动光标或锚点到指定位置
setBlockCharFormat(QTextCharFormat)	None	设置块内文本的格式
setBlockFormat(QTextBlockFormat)	None	设置块(段落)的格式
insertText(str)	None	插入文本
insertText(str, QTextCharFormat)	None	同上
insertBlock()	None	插入新文本块
insertBlock(QTextBlockFormat)	None	同上
insertFragment(fragment: QTextDocumentFragment)	None	插入文本片段
insertFrame(QTextFrameFormat)	QTextFrame	插入框架
insertHtml(str)	None	插入 html 文本
insertImage(QTextImageFormat)	None	插入带格式的图像
insertImage(QImagename: str='')	None	插入图像
insertImage(name: str)	None	同上
insertList(QTextListFormat)	QTextList	插入列表标识
insertList(QTextListFormat.Style)	QTextList	同上
insertTable(rows: int, cols: int)	QTextTable	插入表格
insertTable(rows: int, cols: int, QTextTableFormat)	QTextTable	插入带格式的表格
atBlockStart()	bool	获取光标是否在块的起始位置
atEnd()	bool	获取光标是否在文档的末尾
atStart()	bool	获取光标是否在文档的起始位置
block()	QTextBlock	获取光标所在的文本块(段落)
blockCharFormat()	QTextCharFormat	获取字符格式
blockFormat()	QTextBlockFormat	获取文本块的格式
charFormat()	QTextCharFormat	获取字符格式

续表

QTextCursor 的方法及参数类型	返回值的类型	说明
clearSelection()	None	清除选择，将锚点移到光标位置
deleteChar()	None	删除选中的或当前的文字
deletePreviousChar()	None	删除选中的或光标之前的文字
document()	QTextDocument	获取文档
position()	int	获取光标的绝对位置
positionInBlock()	int	获取光标在块中的位置
removeSelectedText()	None	删除选中的文字
selectedText()	str	获取选中的文本

对 QTextEdit 中的文字进行更详细的排版、格式化、插入表格等操作，还需要其他一些类的支持，这些类包括 QTextBlock、QTextBlockFormat、QTextBlockGroup、QTextBlockUserData、QTextDocument、QTextDocumentFragment、QTextDocumentWriter、QTextFragment、QTextFrame、QTextFrameFormat、QTextInlineObject、QTextItem、QTextLayout、QTextLength、QTextLine、QTextList、QTextListFormat、QTextObject、QTextObjectInterface、QTextOption、QTextTabale、QTextTableCell、QTextTableCellFormat 和 QTextTableFormat，限于篇幅，本书对此不作介绍。

5. 多行文本控件 QTextEdit 的应用实例

下面的程序建立一个简单的文字处理界面，如图 2-12 所示，单击“打开文本文件”按钮，可以从 txt 文件中导入数据到 QTextEdit 中；单击“插入文本”按钮，可以在光标处插入文本和超链接文本；单击“插入图像文件”按钮，可以从硬盘上打开一个图形文件并插入到光标位置；单击“作为系统输出”按钮，将把 help()、print()函数的输出内容直接输出到 QTextEdit 中。为了将窗口作为系统的标准输出，这里使用了 sys. stdout = self 和 sys. stderr = self 语句，另外还必须为窗口编写 write()函数，读者还可以进一步编写设置字体名称、尺寸和颜色的代码，还可以增加复制、粘贴、剪切、撤销、恢复撤销等的代码。

```
import sys                                                  # Demo2_11.py
from PySide6.QtWidgets import (QApplication,QWidget,QPushButton,QHBoxLayout,
                               QVBoxLayout,QTextEdit)
from PySide6.QtGui import QTextImageFormat
from PySide6.QtWidgets import QFileDialog

class MyWidget(QWidget):
    def __init__(self,parent = None):
        super().__init__(parent)
        self.setWindowTitle("文字处理")
        self.setupUi()
        self.btnOpen.clicked.connect(self.openText)          # 信号与槽的连接
        self.btnInsert.clicked.connect(self.insertText)      # 信号与槽的连接
        self.btnImage.clicked.connect(self.openImage)        # 信号与槽的连接
        self.btnOutput.clicked.connect(self.sysOutput)       # 信号与槽的连接
    def setupUi(self):                                      # 建立界面上的控件
        self.textEdit = QTextEdit(self)
```

```
        self.btnOpen = QPushButton(self)
        self.btnOpen.setText("打开文本文件")
        self.btnInsert = QPushButton(self)
        self.btnInsert.setText("插入文本")
        self.btnImage = QPushButton(self)
        self.btnImage.setText("插入图像文件")
        self.btnOutput = QPushButton(self)
        self.btnOutput.setText("作为系统输出")

        self.horizontalLayout = QHBoxLayout()              #水平排列
        self.horizontalLayout.addWidget(self.btnOpen)
        self.horizontalLayout.addWidget(self.btnInsert)
        self.horizontalLayout.addWidget(self.btnImage)
        self.horizontalLayout.addWidget(self.btnOutput)
        self.verticalLayout = QVBoxLayout(self)            #竖直排列
        self.verticalLayout.addWidget(self.textEdit)
        self.verticalLayout.addLayout(self.horizontalLayout)
    def openText(self):                                    #按钮的槽函数
        name = ""
        name,filter = QFileDialog.getOpenFileName(self,"选择文件","d:\\","文本(*.txt)")
        print(name)
        if len(name)>0:
            fp = open(name,'r')
            strings = fp.readlines()
            for i in strings:
                i = i.strip("\n")
                self.textEdit.append(i)
            fp.close()
    def insertText(self):                                  #按钮的槽函数
        self.textEdit.setFontFamily('楷体')                #定义格式字体
        self.textEdit.setFontPointSize(20)                 #定义格式字体大小
        self.textEdit.insertPlainText('Hello,Nice to meet you!')    #按格式插入字体
        self.textEdit.insertHtml("<a href = 'http://www.qq.com'> QQ </a>") #插入 html 文本
    def openImage(self):                                   #按钮的槽函数
        name,filter = QFileDialog.getOpenFileName(self, "选择文件", "d:\\", "图像
(*.png *.jpg)")
        textCursor = self.textEdit.textCursor()
        pic = QTextImageFormat()
        pic.setName(name)                                  # 图片路径
        pic.setHeight(100)                                 # 图片高度
        pic.setWidth(100)                                  # 图片宽度
        textCursor.insertImage(pic)                        # 插入图片
    def sysOutput(self):                                   #按钮的槽函数
        sys.stdout = self                                  #修改系统的标准输出
        sys.stderr = self                                  #修改系统的异常信息输出
        print("我是北京诺思多维科技有限公司,很高兴认识你!")
    def write(self,info): #将系统标准输出改成窗口,需要定义一个 write()函数
        info = info.strip("\r\n")
        self.textEdit.insertPlainText(info)
```

```
if __name__ == '__main__':
    app = QApplication(sys.argv)
    window = MyWidget()
    window.show()
    sys.exit(app.exec())
```

图 2-12 文字处理界面

2.2.4 多行纯文本控件 QPlainTextEdit

QPlainTextEdit 是一个多行纯文本编辑器，用于显示和编辑多行纯文本，不支持富文本，其功能比 QTextEdit 弱很多。QPlainTextEdit 继承自 QAbstractScrollArea。

用 QPlainTextEdit 创建实例对象的方法如下所示，其中 parent 是继承自 QWidget 的窗口或控件，text 是显示的文字。

```
QPlainTextEdit(parent: QWidget = None)
QPlainTextEdit(text: str, parent: QWidget = None)
```

1. 多行纯文本控件 QPlainTextEdit 的常用方法

QPlainTextEdit 的大部分方法与 QTextEdit 的方法相同，其常用方法如表 2-30 所示。用 setPlainText(str)方法可以设置显示的纯文本；用 toPlainText()方法可以获取纯文本内容；用 insertPlainText(str)方法可以在光标处插入文本；用 appendPlainText(str)方法和 appendHtml(str)方法可以在末尾添加文本和 html 格式的文本；用 setOverwriteMode(bool)方法可以设置是否是覆盖模式。

表 2-30 QPlainTextEdit 的常用方法

QPlainTextEdit 的方法及参数类型	返回值的类型	说　明
[**slot**]setPlainText(str)	None	设置纯文本
toPlainText()	str	获取纯文本
[**slot**]insertPlainText(str)	None	在光标处插入文本
[**slot**]appendPlainText(str)	None	在末尾添加文本
[**slot**]appendHtml(str)	None	在末尾添加 html 格式文本
setCenterOnScroll(bool)	None	移动竖直滚动条使光标所在的位置可见

续表

QPlainTextEdit 的方法及参数类型	返回值的类型	说　明
setBackgroundVisible(bool)	None	设置文档区之外调色板背景是否可见
setTabStopDistance(float)	None	设置按 Tab 键时光标移动的距离(像素)
setDocument(QTextDocument)	None	设置文档
setDocumentTitle(str)	None	设置文档标题
setCursorWidth(int)	None	设置光标宽度(像素)
setReadOnly(bool)	None	设置是否只读模式
setUndoRedoEnabled(bool)	None	设置是否可以撤销、重复
setPlaceholderText(str)	None	设置掩码
setOverwriteMode(bool)	None	设置是否是覆盖模式
setTextCursor(QTextCursor)	None	设置文本光标
[**slot**]centerCursor()	None	将光标移到竖直中间位置
[**slot**]selectAll()	None	选中所有文本
[**slot**]undo()	None	撤销
[**slot**]clear()	None	清空内容
[**slot**]copy()	None	复制选中的内容
[**slot**]cut()	None	剪切选中的内容
[**slot**]paste()	None	粘贴内容
[**slot**]redo()	None	恢复撤销
[**slot**]zoomIn(range: int=1)	None	缩小
[**slot**]zoomOut(range: int=1)	None	放大

2. 多行纯文本控件 QPlainTextEdit 的信号

多行纯文本控件 QPlainTextEdit 的信号如表 2-31 所示。

表 2-31　多行纯文本控件 QPlainTextEdit 的信号

QPlainTextEdit 的信号及参数类型	说　明
copyAvailable(available: bool)	有选中的文本时发送信号
cursorPositionChanged()	光标位置发生变化时发送信号
modificationChanged(changed: bool)	修改内容发生变化时发送信号
redoAvailable(available: bool)	可以恢复撤销时发送信号
selectionChanged()	选中的内容发生变化时发送信号
textChanged()	文本内容发生变化时发送信号
undoAvailable(available: bool)	可以撤销时发送信号
blockCountChanged(newBlockCount: int)	块(段落)数量发生变化时发送信号

2.2.5　数字输入控件 QSpinBox 和 QDoubleSpinBox

QSpinBox 和 QDoubleSpinBox 控件是专门用于输入数值的控件，前者只能输入整数，后者只能输入浮点数，它们的外观如图 2-13 所示，在右边可以有按钮，也可以没有。QSpinBox 和 QDoubleSpinBox 控件是 QLineEdit 控件和按钮控件组合而来的。这两个控件都继承自抽象类 QAbstractSpinBox，它们的方法、信号和槽函数基本一致。

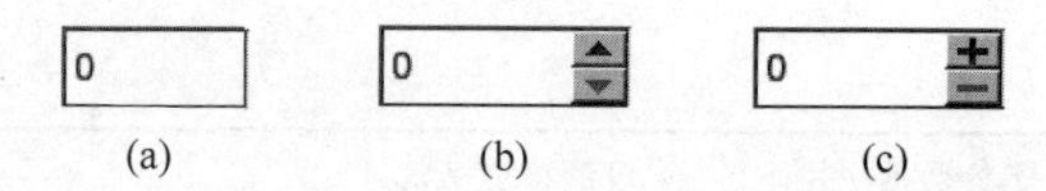

图 2-13 QSpinBox 和 QDoubleSpinBox 控件的外观
(a) 没有按钮；(b) 有上下箭头按钮；(c) 有正负号按钮

用 QSpinBox 和 QDoubleSpinBox 实例化对象的方法如下所示，其中 parent 是控件所在的父窗口或容器控件。

```
QSpinBox(parent : QWidget = None)
QDoubleSpinBox(parent: QWidget = None)
```

1. 数字输入控件 QSpinBox 和 QDoubleSpinBox 的常用方法

数字输入控件 QSpinBox 和 QDoubleSpinBox 的常用方法如表 2-32 所示，主要方法介绍如下：

- 可以设置允许输入的最小值和最大值，可以通过 setMinimum()、setMaximum()和 setRange()方法来设置允许输入的最小值和最大值。
- QSpinBox 和 QDoubleSpinBox 控件都提供一个微调控件，通过单击向上/向下按钮或按键盘的↑/↓键来增加/减少当前显示的值。用 setSingleStep()方法可以设置每次增加或减少的微调量，用 setWrapping(True)方法可以设置到达最大或最小值时是否进行循环。
- QDoubleSpinBox 的默认精度是 2 位小数，可以通过 setDecimals(int)方法设置允许输入的小数的位数。
- 用 setPrefix(str)和 setSuffix(str)方法分别可以设置前缀符号和后缀符号，例如货币或计量单位。
- 值可以用 setValue(int)方法来设置，当前值可以用 value()方法获取，文本可以用 text()方法(包括前缀和后缀)或者 cleanText()方法(没有前缀和后缀)来获取。
- 按钮的样式可以用 setButtonSymbols(QAbstractSpinBox. ButtonSymbols)方法设置，枚举类型参数 QAbstractSpinBox. ButtonSymbols 可以取 QAbstractSpinBox. UpDownArrows、QAbstractSpinBox. PlusMinus 或 QAbstractSpinBox. NoButtons。
- 用 setCorrectionMode(QAbstractSpinBox. CorrectionMode)方法设置当输入有误时使用自动修正模式，参数可取 QAbstractSpinBox. CorrectToPreviousValue(修正成最近正确的值)或 QAbstractSpinBox. CorrectToNearestValue(修正成最接近正确的值)。
- 用 setKeyboardTracking(bool)方法设置是否可以跟踪按键输入，例如要输入 123，在 setKeyboardTracking(True)时，会发送 3 次信号 valueChanged() and textChanged()，信号传递的值分别是 1、12 和 123；setKeyboardTracking(False)时，只发送最后的值 123。

表 2-32 数字输入控件 QSpinBox 和 QDoubleSpinBox 的常用方法

QSpinBox 和 QDoubleSpinBox 的方法及参数类型	说　明
[**slot**]setValue(int)	设置当前的值，用于 QSpinBox 控件
[**slot**]setValue(float)	设置当前的值，用于 QDoubleSpinBox 控件

续表

QSpinBox 和 QDoubleSpinBox 的方法及参数类型	说　明
value()	获取当前的值
setDisplayIntegerBase(int)	设置整数的进位值，例如 2、8、16，默认为 10
displayIntegerBase()	获取整数的进位值，仅用于 QSpinBox 控件
setDecimals(int)	设置允许的小数位数，用于 QDoubleSpinBox 控件
decimals()	获取允许的小数位数，用于 QDoubleSpinBox 控件
setMaximum(int)、setMaximum(float)	设置允许输入的最大值
setMinimum(int)、setMinimum(float)	设置允许输入的最小值
setRange(int,int)、setRange(float,float)	设置允许输入的最小值和最大值
minimum()、maximum()	获取允许的最小值和最大值
setSingleStep(int)、setSingleStep(float)	设置微调步长
singleStep()	获取微调值
setPrefix(str)	设置前缀符号，例如'￥'
setSuffix(str)	设置后缀符号，例如'km'
cleanText()	获取不含前缀和后缀的文本
text()	获取含前缀和后缀的文本
[**slot**]selectAll()	选择显示的值，不包括前缀和后缀
setAlignment(Qt. Alignment)	设置对齐方式
setButtonSymbols(QAbstractSpinBox. ButtonSymbols)	设置右侧的按钮样式
setCorrectionMode(QAbstractSpinBox. CorrectionMode)	设置自动修正模式
setFrame(bool)	设置是否有外边框
setGroupSeparatorShown(bool)	设置按照千位(3 位)用逗号隔开
setKeyboardTracking(bool)	设置是否跟踪键盘的每次输入
setReadOnly(bool)	设置只读，不能编辑
setSpecialValueText(str)	设置特殊文本，当显示的值等于允许的最小值时，显示该文本
setWrapping(bool)	设置是否可以循环，即最大值后再增大则变成最小值，最小值后再减小则变成最大值
setAccelerated(bool)	当按住增大和减小按钮时，是否加速显示值
[**slot**]clear()	清空内容，不包含前缀和后缀
[**slot**]stepDown()	增大值
[**slot**]stepUp()	减小值

2. 数字输入控件 QSpinBox 和 QDoubleSpinBox 的信号

数字输入控件 QSpinBox 和 QDoubleSpinBox 的信号相同，如表 2-33 所示。当 QSpinBox 和 QDoubleSpinBox 的值发生改变时，都会发送重载型信号 valueChanged()，其中一个带 int(或 float)类型参数，另一个带 str 类型参数，str 类型的参数包含前缀和后缀。

表 2-33　数字输入控件 QSpinBox 和 QDoubleSpinBox 的信号

信号及参数类型	说　明
editingFinished()	输入完成，按 Enter 键或失去焦点时发送信号
textChanged(str)	文本发生变化时发送信号
valueChanged(int)	数值发生变化时发送信号，用于 QSpinBox 控件
valueChanged(float)	数值发生变化时发送信号，用于 QDoubleSpinBox 控件

2.2.6 下拉列表框控件 QComboBox 与实例

下拉列表框控件提供一个下拉式选项列表供用户选择，它可以最大限度地减少所占窗口的面积。下拉列表框控件的类是 QComboBox，它继承自 QWidget。下拉列表框由多行内容构成，如图 2-14 所示，下拉列表框控件可以看成是一个 QLineEdit 和一个列表控件的组合体，每行除有必要的文字外，还可以设置图标。下拉列表中的内容可以是程序运行前就确定的内容，也可以是用户临时添加的内容。当单击下拉列表框时，下拉列表框呈展开状态，显示多行选项供用户选择，根据用户选择的内容发送信号，进行不同的动作。通常下拉列表框处于折叠状态，只显示一行当前内容。QComboBox 除了显示可见的文字和图标外，还可以给每行设置一个关联数据，数据类型任意，可以是字符串、文字、图片、类的实例等。通过客户选择的内容，可以读取关联的数据。

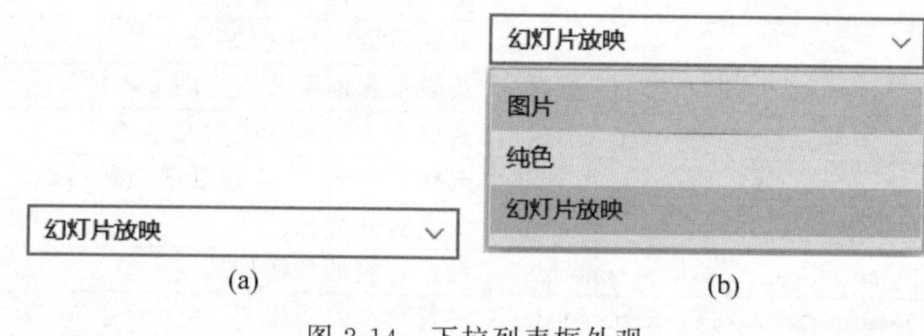

图 2-14 下拉列表框外观

(a) 折叠状态；(b) 展开状态

可以采用下列方式创建 QComboBox 类的实例对象，其中 parent 是继承自 QWidget 的窗口或容器控件。

```
QComboBox(parent:QWidget = None)
```

1. 下拉列表框控件 QComboBox 的常用方法

QComboBox 由一列多行内容构成，每行称为一个项(item)。QComboBox 的方法主要是有关项的方法，可以添加项、插入项和移除项。如果用 Qt Designer 设计界面，则双击 QComboBox 控件，可以为 QComboBox 添加项。下拉列表框控件 QComboBox 的常用方法如表 2-34 所示，主要方法介绍如下。

表 2-34 下拉列表框控件 QComboBox 的常用方法

QComboBox 的方法及参数类型	说 明
addItem(str,userData=None)	添加项，并可设置关联的任意类型的数据
addItem(QIcon,str,userData=None)	添加带图标的项
addItems(Sequence[str])	用列表、元组等序列添加多个项
insertItem(index: int,str,userData=None)	在索引处插入项
insertItem(index: int,QIcon,str,userData=None)	在索引处插入带图标的项
insertItems(index: int,Sequence[str])	在索引处插入多个项
removeItem(index: int)	根据索引值移除项
count()	返回项的数量

续表

QComboBox 的方法及参数类型	说　　明
currentIndex()	返回当前项的索引
currentText()	返回当前项的文本
[**slot**]setCurrentText(str)	设置当前显示的文本
[**slot**]setCurrentIndex(index: int)	根据索引设置为当前项
[**slot**]setEditText(str)	设置编辑文本
setEditable(bool)	设置是否可编辑
setIconSize(QSize)	设置图标的尺寸
setInsertPolicy(QComboBox. InsertPolicy)	设置插入项的策略
setItemData(index: int,any[,role=Qt. UserRole])	根据索引设置关联数据
setItemIcon(index: int,QIcon)	根据索引设置图标
setItemText(index: int,str)	根据索引设置文本
setMaxCount(int)	设置项的最大数量,超过部分不显示
setMaxVisibleItems(int)	设置最多能显示的项的数量,超过显示滚动条
setMinimumContentsLength(int)	设置子项目显示的最小长度
setSizeAdjustPolicy(QComboBox. SizeAdjustPolicy)	设置宽度和高度的调整策略
setValidator(QValidator)	设置输入内容的合法性验证
currentData(role =Qt. UserRole)	获取当前项关联的数据
iconSize()	返回图标尺寸 QSize
itemIcon(index: int)	根据索引获取图标 QIcon
itemText(index: int)	根据索引获取项的文本
showPopup()、hidePopup()	显示或隐藏列表
itemData(index: int,role =Qt. UserRole)	根据索引获取项的关联数据
[**slot**]clear()	从控件中清空所有的项
[**slot**]clearEditText()	只清空可编辑的文字,不影响项

- 在 QComboBox 控件中添加项的方法有 addItem(str[,userData=None])、addItem(QIcon,str[,userData=None])和 addItems(Sequence[str]),前两种只能逐个增加,最后一种可以把一个元素是字符串的迭代序列(列表、元组)加入到 QComboBox 中。前两种在增加项时,可以为项关联任何类型的数据。
- 在 QComboBox 控件中插入项的方法有 insertItem(index: int,str[,userData=None])、insertItem(index: int,QIcon,str[,userData=None])和 insertItems(index: int,Sequence[str])。当插入项时,用 setInsertPolicy(QComboBox. InsertPolicy)方法可以设置插入项的位置,其中 QComboBox. InsertPolicy 的取值如表 2-35 所示。

表 2-35 QComboBox. InsertPolicy 的取值

QComboBox. InsertPolicy 的取值	说　　明
QComboBox. NoInsert	不允许插入项
QComboBox. InsertAtTop	在顶部插入项
QComboBox. InsertAtCurrent	在当前位置插入项
QComboBox. InsertAtBottom	在底部插入项

续表

QComboBox. InsertPolicy 的取值	说　明
QComboBox. InsertAfterCurrent	在当前项之后插入
QComboBox. InsertBeforeCurrent	在当前项之前插入
QComboBox. InsertAlphabetically	根据字母顺序插入项

- 用 removeItem(index: int)方法可以从列表中移除指定索引值的项；用 clear()方法可以清除所有的项；用 clearEditText()方法可以清除显示的内容，而不影响项。
- 通过设置 setEditable(True)，即 QComboBox 是可编辑状态，可以输入文本，按 Enter 键后文本将作为项插入列表中。
- 在添加和插入项时，可以定义关联的数据，另外也可以用 setItemData(index: int, any[,role=Qt. UserRole])方法为索引号是 int 的项追加关联的数据，数据类型任意。可以为项定义多个关联数据，第 1 个数据的角色值 role = Qt. UserRole(Qt. UserRole 的值为 256)，当追加第 2 个关联的数据时，取 role= Qt. UserRole+1，追加第 3 个关联的数据时取 role = Qt. UserRole+2，依次类推。用 currentData(role = Qt. UserRole+i)或 itemData(index: int, role = Qt. UserRole+i)方法获取关联的数据，其中 role= Qt. UserRole+i 表示第 i 个关联数据的索引，i=0,1,2,…。
- 利用 setSizeAdjustPolicy(QComboBox. SizeAdjustPolicy)方法可以设置 QComboBox 的宽度和高度根据项的文字的长度进行调整，其中 QComboBox. SizeAdjustPolicy 可以取 QComboBox. AdjustToContents(根据内容调整)、QComboBox. AdjustToContentsOnFirstShow(根据第 1 次显示的内容调整)或 QComboBox. AdjustToMinimumContentsLengthWithIcon(根据最小长度调整)。

2. 下拉列表框控件 QComboBox 的信号

下拉列表框控件 QComboBox 的信号如表 2-36 所示。

表 2-36 下拉列表框控件 QComboBox 的信号

QComboBox 的信号	说　明
activated(text: str)	由用户激活某项时发送信号，而程序激活时不发送信号。如果有两个项的名称相同，则只发送带整数参数的信号
activated(index: int)	
currentIndexChanged(text: str)	用户或程序改变当前项的索引时发送信号
currentIndexChanged(index: int)	
currentTextChanged(text: str)	用户或程序改变当前项的文本时发送信号
editTextChanged(text: str)	在可编辑状态下，改变可编辑文本时发送信号
highlighted(text: str)	当光标经过列表的项时发送信号
highlighted(index: int)	

3. 下拉列表框控件 QComboBox 的应用实例

本书二维码中的实例源代码 Demo2_12. py 是关于下拉列表框控件 QComboBox 的应用实例。从程序中打开图片文件后，可以选择用原图片、黑白图片、灰色图片、明亮图片的方式在窗口上显示图片。单击“选择图形文件”按钮，弹出“打开图片”对话框，然后在第 1 个 QComboBox 控件中选择图片的样式，窗口会进行同步显示。当选择“明亮图片”时，会激活第 2 个 QComboBox 控件，并用其值计算明亮的图片。选择不同的明亮值，窗口图片会同步更新。需要注意的是，这个程序对大图片反应比较慢，因此应打开文件较小的图片。

4. 字体下拉列表框控件 QFontComboBox

PySide6 专门定义了一个字体下拉列表框控件 QFontComboBox，列表内容是操作系统支持的字体，这个控件主要用在工具栏中，用于选择字体。QFontComboBox 继承自 QComboBox，因此具有 QComboBox 的方法。另外 QFontComboBox 也有自己的方法，主要有 setCurrentFont(QFont)(设置当前的字体)、currentFont()(获取当前字体)、setFontFilters(QFontComboBox.FontFilter)(设置字体列表的过滤器)，其中字体过滤器可以取 QFontComboBox.AllFonts(显示所有字体)、QFontComboBox.ScalableFonts(显示可缩放字体)、QFontComboBox.NonScalableFonts(显示不可缩放的字体)、QFontComboBox.MonospacedFonts(显示等宽字体)和 QFontComboBox.ProportionalFonts(显示比例字体)。QFontComboBox 的特有信号为 currentFontChanged(QFont)，槽函数为 setCurrentFont(QFont)。

2.2.7 滚动条控件 QScrollBar 和滑块控件 QSlider 与实例

滚动条控件 QScrollBar 和滑块控件 QSlider 用于输入整数，通过滚动条和滑块的位置来确定控件输入的值。滚动条和滑块控件的外观如图 2-15 所示，这两个控件都有水平和竖直两种样式。这两个控件的功能相似，外观有所不同，QScrollBar 两端有箭头，而 QSlider 没有，QSlider 可以设置刻度。

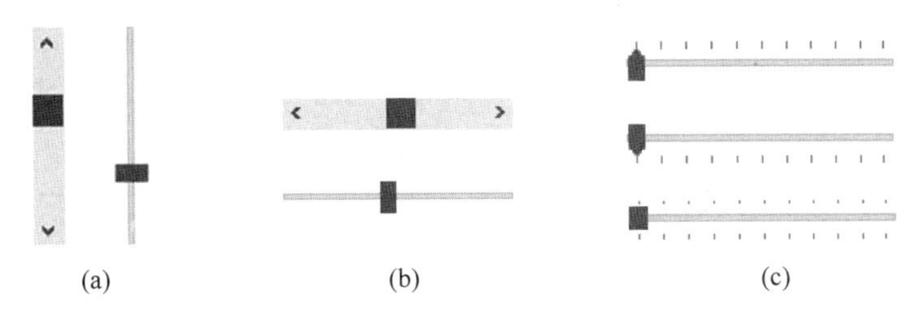

图 2-15 滚动条和滑块控件的外观

(a) 竖直滚动条和滑块控件；(b) 水平滚动条和滑块控件；(c) 带刻度的滑块

用 QScrollBar 和 QSlider 创建实例对象的方法如下所示，其中，parent 是窗口或者容器类控件，Qt.Orientation 可以取 Qt.Horizontal 和 Qt.Vertical，表示水平和竖直。QScrollBar 类和 QSlider 类是从 QAbstractSlider 类继承而来的。

```
QScrollBar(parent : QWidget = None)
QScrollBar(Qt.Orientation, parent : QWidget = None)
QSlider(parent : QWidget = None)
QSlider(Qt.Orientation, parent : QWidget = None)
```

1. 滚动条控件 QScrollBar 和滑块控件 QSlider 的常用方法

QScrollBar 和 QSlider 都是从 QAbstractSlider 类继承而来的，因此它们的多数方法是相同的。QScrollBar 和 QSlider 的常用方法如表 2-37 所示，主要方法介绍如下。

- 滑块的位置可以通过 setMaximum() 和 setMinimum() 方法来设置，也可以用

setRange()方法来设置；滑块的当前值可以通过 setValue()和 setPosition()方法来设置，通过 value()方法可以获取滑块的当前值。

- 要改变滑块的位置或值，可以用鼠标拖动滑块的位置或单击两端的箭头，如果焦点在控件上，还可以通过键盘上的左右箭头来控制，这时值的增加或减少的步长由 setSingleStep()方法来设置。另外还可以单击滑块的滑行轨道，或者用键盘上的 PageUp 和 PageDown 键来改变值，这时值的增加或减少的步长由 setPageStep()方法来设置。在 Windows 系统中，光标移动到 slider 上使用滚轮操作时的默认步长是 min(3 * singleStep, pageStep)。另外 setInvertedControls()方法可以使键盘上的 PageUP 和 PageDown 键的作用反向。如果用键盘来移动滑块的位置，QScrollBar 控件默认是不获得焦点的，可以通过 setFocusPolicy(Qt. FocusPolicy)方法设置其能获得焦点，例如 Qt. FocusPolicy 取 Qt. ClickFocus 可以通过单击获得焦点，取 Qt. TabFocus 可以通过按 Tab 键获得焦点。
- 当设置 setTracking()为 False 时，用鼠标拖动滑块连续移动时(鼠标按住不松开)，控件不发送 valueChanged 信号。
- QSlider 可以设置刻度，方法是 setTickInterval(int)，其中参数 int 是刻度间距。用 tickInterval()方法可以获取刻度间距值，用 setTickPosition(QSlider. TickPosition)方法可以设置刻度的位置，用 tickPosition ()方法可以获取刻度位置，其中 QSlider. TickPosition 可以取 QSlider. NoTicks、QSlider. TicksBothSides、QSlider. TicksAbove、QSlider. TicksBelow、QSlider. TicksLeft 或 QSlider. TicksRight。
- 用 setTickPosition(QSlider. TickPosition)方法设置 QSlider 控件刻度的位置，其中 QSlider. TickPosition 可取 QSlider. NoTicks、QSlider. TicksBothSides、QSlider. TicksAbove、QSlider. TicksBelow、QSlider. TicksLeft 或 QSlider. TicksRight。

表 2-37 QScrollBar 和 QSlider 的常用方法

QScrollBar 和 QSlider 的方法及参数类型	说　明
[**slot**]setOrientation(Qt. Orientation)	设置控件的方向，可设置为水平或竖直方向
orientation()	获取方向
setInvertedAppearance(bool)	设置几何外观左右或上下颠倒
invertedAppearance()	获取几何外观是否颠倒
setInvertedControls(bool)	设置键盘上 PageUP 和 PageDown 键是否进行逆向控制
invertedControls()	获取是否进行逆向控制
setMaximum(int)	设置最大值
maximum()	获取最大值
setMinimum(int)	设置最小值
minimum()	获取最小值
setPageStep(int)	设置每次单击滑动区域，控件值的变化量
pageStep()	获取单击滑块区域，控件值的变化量
[**slot**]setRange(int,int)	设置最小值和最大值
setSingleStep(int)	设置单击两端的箭头或拖动滑块时，控件值的变化量
singleStep()	获取单击两端的箭头或拖动滑块时，控件值的变化量

续表

QScrollBar 和 QSlider 的方法及参数类型	说　明
setSliderDown(bool)	设置滑块是否被按下，该值的设置会影响 isSliderDown 的返回值
isSliderDown()	用鼠标移动滑块时，返回 True；单击两端的箭头或滑动区域时，返回 False
setSliderPosition(int)	设置滑块的位置
sliderPosition()	获取滚动条的位置
setTracking(bool)	设置是否追踪滑块的连续变化
[**slot**]setValue(int)	设置滑块的值
value()	获取滑块的值
setTickInterval(int)	设置滑块两个刻度之间的值，仅用于 QSlider 控件
setTickPosition(QSlider. TickPosition)	设置刻度的位置，仅用于 QSlider 控件

2. 滚动条控件 QScrollBar 和滑块控件 QSlider 的信号

滚动条控件 QScrollBar 和滑块控件 QSlider 的信号如表 2-38 所示，最常用的信号是 valueChanged(value: int)。actionTriggered(action: int)信号在用户用鼠标或键盘键改变滑块位置时发送，根据改变方式的不同，信号的参数值也不同，action 的值可以取 QAbstractSlider. SliderNoAction、QAbstractSlider. SliderSingleStepAdd、QAbstractSlider. SliderSingleStepSub、QAbstractSlider. SliderPageStepAdd、QAbstractSlider. SliderPageStepSub、QAbstractSlider. SliderToMinimum、QAbstractSlider. SliderToMaximum 或 QAbstractSlider. SliderMove，对应的值分别是 0～7，例如单击两端的箭头改变滑块位置，参数的值是 1 或 2；如果单击滑块的轨道改变滑块位置，参数的值是 3 或 4；如果拖动滑块，参数的值是 7。

表 2-38　滚动条控件 QScrollBar 和滑块控件 QSlider 的信号

QScrollBar 和 QSlider 的信号及参数类型	说　明
valueChanged(value: int)	当值发生变化时发送信号
rangeChanged(min: int, max: int)	当最小值和最大值发生变化时发送信号
sliderMoved(value: int)	当滑块移动时发送信号
sliderPressed()	当按下滑块时发送信号
sliderReleased()	当释放滑块时发送信号
actionTriggered(action: int)	当用鼠标改变滑块位置时发送信号，参数 action 根据改变方式的不同也会不同

3. 滚动条控件 QScrollBar 和滑块控件 QSlider 的应用实例

本书二维码中的实例源代码 Demo2_13. py 是滚动条控件 QScrollBar 和滑块控件 QSlider 的应用实例。该程序对输入文字的颜色和背景色进行编辑，界面如图 2-16 所示。输入文字后，选中文字，然后拖动滚动条改变文字的颜色，拖动滑块改变文字的背景色。

2.2.8 仪表盘控件 QDial

仪表盘控件 QDial 与滑块控件 QSlider 类似，只不过是把滑槽由直线变成圆。仪表盘

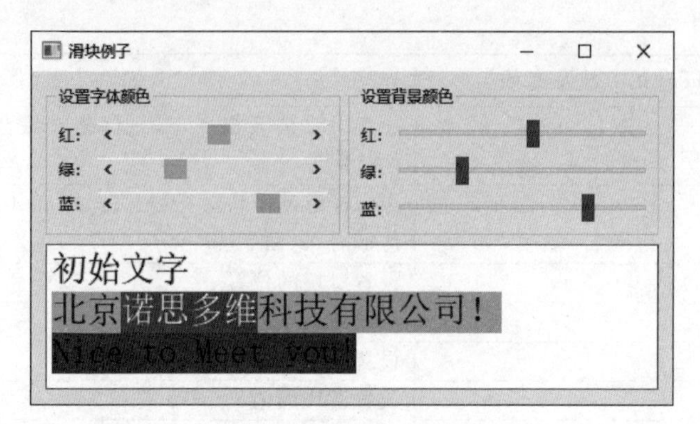

图 2-16　QScrollBar 和 QSlider 控件实例的界面

控件的外观如图 2-17 所示,可以设置仪表盘上显示的刻度,最大值刻度和最小值刻度可以重合,也可以不重合。QDial 继承自 QAbstractSlider,继承了 QAbstractSlider 的方法和信号。

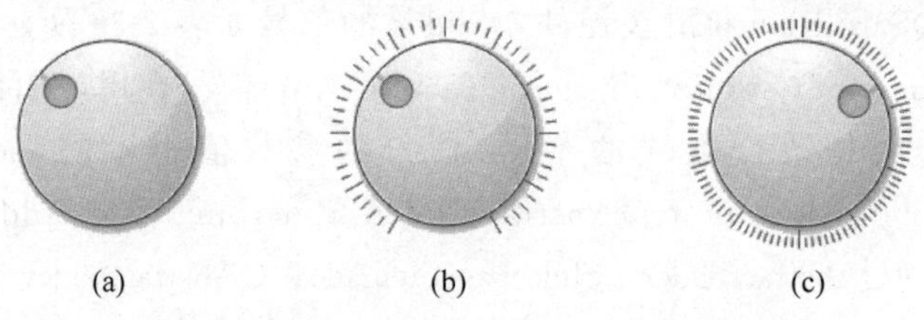

图 2-17　仪表盘控件的外观

(a) 无刻度;(b) 有刻度;(c) 刻度最大值和最小值重合

用 QDial 类创建仪表盘实例的方法如下所示,其中参数 parent 是仪表盘控件所在的窗口或容器控件。

```
QDial(parent: QWidget = None)
```

仪表盘控件 QDial 的常用方法如表 2-39 所示。其中,用 setNotchesVisible(visible: bool)方法设置刻度是否可见,用 setNotchTarget(target: float)方法设置刻度之间的像素距离,用 setWrapping(on: bool)方法设置最大值刻度和最小值刻度是否重合,用 setRange(min: int,max: int)方法设置最小值刻度和最大值刻度所代表的值,用 setValue(int)方法设置滑块当前指向的值,用 value()方法获取滑块的值。QDial 控件的信号与 QSlider 控件的信号相同,在此不多叙述。

表 2-39　仪表盘控件 QDial 的常用方法

QDial 的方法及参数类型	返回值的类型	说　明
[**slot**]setNotchesVisible(visible: bool)	None	设置刻度是否可见
notchesVisible()	bool	获取刻度是否可见
setNotchTarget(target: float)	None	设置刻度之间的距离(像素)
notchTarget()	float	获取刻度之间的距离
[**slot**]setWrapping(on: bool)	None	设置最大刻度和最小刻度是否重合
wrapping()	bool	获取最大值和最小值刻度是否重合

续表

QDial 的方法及参数类型	返回值的类型	说明
notchSize()	int	获取相邻刻度之间的值
setRange(min: int,max: int)	None	设置刻度代表的最小值和最大值
setMaximum(int)	None	设置刻度代表的最大值
setMinimum(int)	None	设置刻度代表的最小值
setInvertedAppearance(bool)	None	设置刻度反向
[**slot**]setValue(int)	None	设置滑块当前所在的位置
value()	int	获取滑块的值
setPageStep(int)	None	设置按 PgUp 键和 PgDn 键时滑块移动的距离
setSingleStep(int)	None	设置按上下左右箭头键时滑块移动的距离
setTracking(enable: bool)	None	设置移动滑块时是否连续发送 valueChanged(int)信号

2.2.9 进度条控件 QProgressBar 与实例

进度条控件 QProgressBar 通常用来显示一项任务完成的进度,例如复制文件、导出数据的进度。进度条的外观如图 2-18 所示。QProgressBar 是从 QWidget 继承而来的。

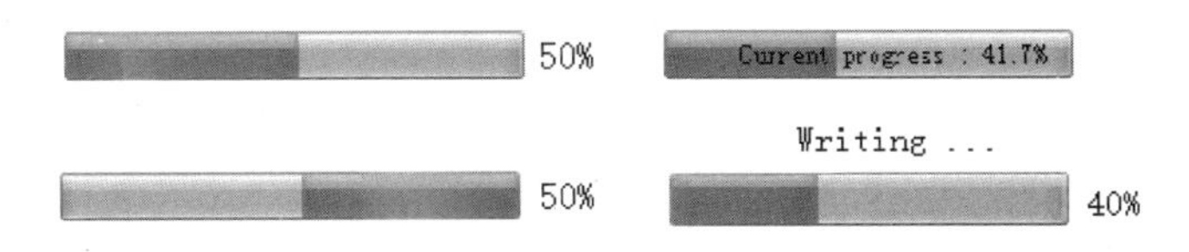

图 2-18 进度条的外观

用 QProgressBar 类创建实例对象的方法如下所示,其中 parent 是窗口或者容器类控件。

```
QProgressBar(parent:QWidget = None)
```

1. 进度条控件 QProgressBar 的常用方法和信号

进度条控件 QProgressBar 的常用方法如表 2-40 所示,主要方法介绍如下。

- 设置进度条的最小值可以用 setRange(int,int)方法,也可以用 setMinimum(int)和 setMaximum(int)方法;设置当前值用 setValue(int)方法;获取当前值用 value()方法;用 reset()方法可以清空进度,重新回到初始位置。当不知道总的工作量,或工作量还无法估计时,可以设置进度条的最大值和最小值都是 0。进度条显示繁忙指示时,不会显示当前的值。
- 用 setOrientation(Qt. Orientation)方法可以设置进度条的方向,参数 Qt. Orientation 可以取 Qt. Horizontal 或 Qt. Vertical;用 setTextDirection (QProgressBar. Direction)方法设置进度条上文本的方向,参数 QProgressBar. Direction 可以取 QProgressBar. TopToBottom 或 QProgressBar. BottomToTop,分别表示文本顺时针旋转 90°和逆时针旋转 90°。设置文本在进度条上的对齐方式

可以用 setAlignment(Qt.Alignment)方法,如果 Qt.Alignment 取 Qt.AlignHCenter,文本将会放置到进度条的中间。

- 用 setFormat(str)方法设置显示的文字格式,在文字中%p%表示百分比值,%v 表示当前值,%m 表示总数,默认显示的是%p%,例如 setFormat("当前步数%v/总步数%m,%p%");获取文本格式用 format()方法;获取格式化的文本用 text()方法。

表 2-40 进度条控件 QProgressBar 的常用方法

QProgressBar 的方法及参数类型	返回值的类型	说　明
[**slot**]setMaximum(int)	None	设置最大值
[**slot**]setMinimum(int)	None	设置最小值
[**slot**]setRange(int,int)	None	设置范围(最小值和最大值)
maximum()、minimum()	int	获取最大值和最小值
[**slot**]setOrientation(Qt.Orientation)	None	设置方向
orientation()	Qt.Orientation	获取方向
setAlignment(Qt.Alignment)	None	设置文本对齐方式
alignment()	Qt.Alignment	获取文本对齐方式
setFormat(str)	None	设置文本的格式
format()	str	获取文本的格式
resetFormat()	None	重置文本格式
setInvertedAppearance(bool)	None	设置外观是否反转
invertedAppearance()	bool	获取外观是否反转
setTextDirection(QProgressBar.Direction)	None	设置进度条文本的方向
textDirection()	QProgressBar.Direction	获取进度条文本的方向
setTextVisible(bool)	None	设置进度条文本是否可见
isTextVisible()	bool	获取进度条文本是否可见
[**slot**]setValue(int)	None	设置当前值
value()	int	获取当前值
text()	str	获取文本
[**slot**]reset()	None	重置进度条,返回初始位置

进度条控件 QProgressBar 只有一个信号 valueChanged(value: int),当值发生变化时发送该信号。

2. 进度条控件 QProgressBar 的应用实例

本书二维码中的实例源代码 Demo2_14.py 是关于进度条控件 QProgressBar 的应用实例。该程序在一个窗口中建立 3 个进度条控件和一个按钮,采用竖直布局分布,同时创建一个定时器,定时器每隔 10 毫秒发送一次信号。单击 Start 按钮启动定时器,单击 Stop 按钮停止定时器,将定时器记录的时间设置成进度条的值,从而控制进度条显示的进度。有关定时器的内容参见 2.4.5 节。

2.3　按钮控件及用法

按钮是可视化编程中经常用到的控件，PySide6 中按钮分为 push 按钮(按压型)、check 按钮(勾选型)和 toggle 按钮(切换型，多个按钮中只有一个可以选中)。其中，push 按钮有 QPushButton 按钮和 QToolButton 按钮，check 按钮是 QCheckBox 按钮，toggle 按钮是 QRadioButton，它们都继承自 QAbastractButton，除此之外还有个从 QPushButton 继承而来的 QCommandLinkButton 按钮。QToolButton 按钮主要用于工具栏中，关于 QToolButton 的用法见 3.3.1 节。QPushButton 按钮、QCheckBox 按钮、QRadioButton 按钮和 QCommandLinkButton 按钮的外观如图 2-19 所示。

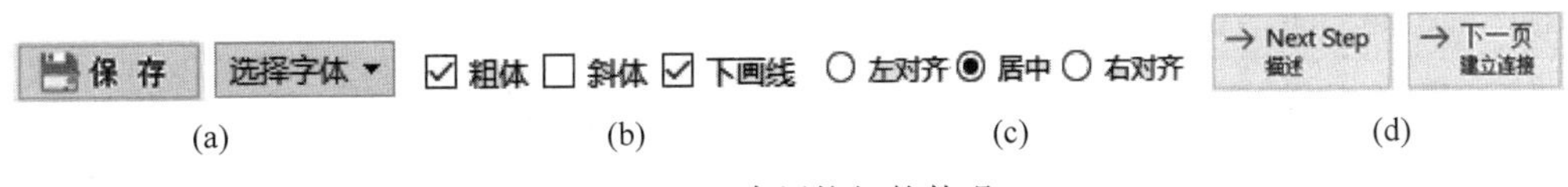

图 2-19　常用按钮的外观

(a) QPushButton 按钮；(b) QCheckBox 按钮；(c) QRadioButton 按钮；(d) QCommandLinkButton

2.3.1　抽象按钮 QAbstractButton

抽象按钮 QAbstractButton 是所有按钮控件的基类，不能直接使用，它为其他按钮提供一些共同的属性和信号。QAbstractButton 为按钮类提供的方法如表 2-41 所示，主要方法介绍如下。

- 按钮都有 setText(str)和 setIcon(QIcon)方法，分别设置按钮上的文字和图标；用 text()和 icon()方法获取按钮的文字和图标；用 setIconSize(QSize)方法设置图标的尺寸。
- 按钮文字中若有“&”，则“&”后的字母是快捷键，在界面运行时按 Alt+字母键会发送按钮的信号，如果要在按钮中显示“&”方法，则需要用两个“&&”表示一个“&”。对于没有文字的按钮，用 setShortcut(str)或 setShortcut(QKeySequence)方法设置快捷键，其中 QKeySequence 是用于定义快捷键的类，例如用 setShortcut("Ctrl+O")或 setShortcut(QKeySequence("Ctrl+O"))表示的快捷键是键盘的 Ctrl 键和 O 键的组合。setShortcut("Ctrl+Alt+O")或 setShortcut(QKeySequence("Ctrl+Alt+O"))表示的快捷键是键盘的 Ctrl 键、Alt 键和 O 键的组合。快捷键也可以是枚举常量 Qt.Modifier 和常量 Qt.Key 的组合，Qt.Modifier 可取 Qt.SHIFT、Qt.META、Qt.CTRL 或 Qt.ALT，Qt.Key 可取 Qt.Key_A～Qt.Key_Z、Qt.Key_0～Qt.Key_9 等，例如 setShortcut(QKeySequence(Qt.CTRL | Qt.ALT | Qt.Key_O)) 表示的快捷键是键盘的 Ctrl 键、Alt 键和 O 键的组合。也可以使用 QKeySequence 中的标准快捷键枚举常量 QKeySequence.StandardKey 来定义，例如 QKeySequence.Open、QKeySequence.Close、QKeySequence.Cut、QKeySequence.Copy、QKeySequence.Paste、QKeySequence.Print 和 QKeySequence.Find 表示的快捷键分别是 Ctrl+O、Ctrl+F4、Ctrl+X、Ctrl+C、Ctrl+V、Ctrl+P 和 Ctrl+F。

- 用 setCheckable(bool)方法可以设置按钮是否可以进行勾选，如果多个有可勾选的按钮在同一容器中，且 setAutoExclusive(bool)设置为 True，则只能有一个按钮处于选中状态。对于 QCheckBox 按钮 autoExclusive 默认是 False。对 QRadioButton 默认是 True。用 setChecked(bool)方法设置按钮是否可以选中，用 isChecked()方法获取按钮的 checked 状态。
- 如果 setAutoRepeat(bool)设置为 True，则在长时间按住按钮时，每经过固定长度的时间间隔后，信号 pressed()、released()和 clicked()就会发送一次，用 setAutoRepeatInterval(int)方法设置这个时间间隔(毫秒)，用 setAutoRepeatDelay(int)方法设置首次发送信号的延迟时间(毫秒)。

表 2-41 QAbstractButton 为按钮类提供的方法

QAbstractButton 的方法及参数类型	返回值的类型	说　明
setText(str)	None	设置按钮上的文字
text()	str	获取按钮上的文字
setIcon(Union[QIcon,QPixmap])	None	设置图标
icon()	QIcon	获取图标
[**slot**]setIconSize(QSize)	None	设置图标的尺寸
iconSize()	QSize	获取图标的尺寸
setCheckable(bool)	None	设置按钮是否可以选中或标记
isCheckable()	bool	获取按钮是否可以勾选
[**slot**]setChecked(bool)	None	设置按钮是否处于选中或标记状态
isChecked()	bool	获取勾选状态
setAutoRepeat(bool)	None	设置用户长时间按按钮时，是否可以自动发送信号
autoRepeat()	bool	获取是否可以重复执行
setAutoRepeatDelay(int)	None	设置首次重复发送信号的延迟时间
autoRepeatDelay()	int	获取重复执行的延迟时间
setAutoRepeatInterval(int)	None	设置重复发送信号的时间间隔
autoRepeatInterval()	int	获取重复执行的时间间隔
setAutoExclusive(bool)	None	设置自动互斥状态
autoExclusive()	bool	获取是否具有互斥
setShortcut(Qt.Key)	None	设置快捷键
setShortcut(Union[QKeySequence, QKeySequence.StandardKey,str])	None	同上
shortcut()	QKeySequence	获取快捷键
[**slot**]animateClick()	None	用代码执行一次按钮被按下的动作，发送相应的信号
[**slot**]click()	None	同上，如果按钮可以勾选，则勾选状态发生改变
[**slot**]toggle()	None	用代码切换按钮的勾选状态
setDown(bool)	None	设置是否处于按下状态，若设成 True，则不会发送 pressed()或 clicked()信号

续表

QAbstractButton 的方法及参数类型	返回值的类型	说　　明
isDown()	bool	获取按钮是否处于被按下状态
hitButton(QPoint)	bool	如果 QPoint 点在按钮内部则返回 True

继承 QAbstractButton 按钮的信号如表 2-42 所示，其中信号 pressed()、released()和 clicked()的发送是有先后顺序的。当在按钮上按下鼠标左键时，首先发送的是 pressed()信号；在按钮上松开左键时，先发送 released()信号，再发送 clicked()信号；如果在按钮上按下左键，然后按住左键不放，将光标移开按钮，则会发送 released()信号，不会再发送 clicked()信号。

表 2-42　继承 QAbstractButton 按钮的信号

继承 QAbstractButton 按钮的信号	说　　明
pressed()	当光标在 button 上并单击左键时发送信号
released()	当鼠标被释放时发送信号
clicked()	当光标首先按下并释放，或者快捷键被触发，或者 click()和 animateClick()方法被调用时发送信号
clicked(bool)	
toggled(bool)	在可切换(标记)状态下，按钮状态改变时发送信号

2.3.2　按压按钮控件 QPushButton

QPushButton 按钮是最常用的按钮，单击按钮后通常完成对话框中的“确定”“应用”“取消”和“帮助”等功能，QPushButton 还可以设置菜单。

用 QPushButton 类创建实例对象的方法如下所示，其中 parent 是窗口或者容器类控件，text 是 QPushButton 上显示的文字，QIcon 是图标。

```
QPushButton(parent: QWidget = None)
QPushButton(text: str, parent: QWidget = None)
QPushButton(QIcon, text: str, parent: QWidget = None)
```

1. 按压按钮控件 QPushButton 的特有方法

QPushButton 继承自 QAbstractButton，具有 QAbstractButton 的方法。按压按钮 QPushButton 特有的方法如表 2-43 所示，其中 setMenu(QMenu)方法可以为按钮设置菜单，有关菜单 QMenu 的内容参考 3.2 节。default 和 autoDefault 属性是在对话框窗口(QDialog)中有多个按钮情况下，按 Enter 键时，发送哪个按钮的信号。设置 default 和 autoDefault 属性时，有下面几种情况。

- 当焦点在某个按钮上时(用 Tab 键切换焦点)，按 Enter 键，则发送有焦点的按钮的信号；若所有按钮的这两个属性值均为 False，且焦点不在任何按钮上，则按 Enter 键时不发送按钮信号。
- 若某个按钮的 default 为 True，其他按钮的 default 为 False，则不管其他按钮的 autoDefault 是否为 True，按 Enter 键时，有 default 的按钮发送信号。
- 当前所有按钮的 default 属性为 False，并且有一些按钮的 autoDefault 属性为 True，当按 Enter 键时第 1 个设置了 autoDefault 属性的按钮发送信号。

- 当多个按钮的 default 属性为 True 时，按 Enter 键发送第 1 个 default 为 True 的按钮的信号。以上说的第 1 个按钮是指实例化按钮的顺序，而不是设置 default 或 autoDefault 的顺序。

表 2-43　按压按钮控件 QPushButton 特有的方法

QPushButton 的方法及参数类型	返回值的类型	说　明
setMenu(QMenu)	None	设置菜单
menu()	QMenu	获取菜单
[**slot**]showMenu()	None	弹出菜单
setAutoDefault(bool)	None	设置按钮是否是自动默认按钮
autoDefault()	bool	获取按钮是否是自动默认按钮
setDefault(bool)	None	设置按钮是默认按钮，按 Enter 键时发送该按钮的信号
isDefault()	bool	获取按钮是否是默认按钮
setFlat(bool)	None	设置按钮是否没有凸起效果
isFlat()	bool	获取按钮是否没有凸起效果

2. 命令连接按钮控件 QCommandLinkButton

命令连接按钮控件 QCommandLinkButton 主要用于由多个对话框构成的向导对话框(step by step)中，其外观通常类似于平面按钮，但除了普通按钮文本外，它上面还有功能描述性文本。默认情况下，它还会带有一个向右的箭头图标。

用 QCommandLinkButton 类创建实例对象的方法如下，其中 parent 是窗口或者容器类控件，text 是 QCommandLinkButton 上显示的本文，description 是 QCommandLinkButton 上的功能描述性文本。

```
QCommandLinkButton(parent: QWidget = None)
QCommandLinkButton(text: str, parent: QWidget = None)
QCommandLinkButton(text: str, description: str, parent: QWidget = None)
```

QCommandLinkButton 类是从 QPushButton 类继承来的，因此有 QPushButton 的所有方法，如 setText(str)、text()、setQIcon(QIcon)、setFlat(bool)。另外，QCommandLinkButton 控件可以设置描述性文本，方法是 setDescription(str)，获取描述文本的方法为 description()。QCommandLinkButton 控件的信号和槽函数与 QPushButton 控件的相同，在此不多叙述。

2.3.3　复选框按钮控件 QCheckBox

复选框按钮控件 QCheckBox 通常用于一个选项只有两种状态可选的情况(checked 和 unchecked)，例如字体是否是粗体、是否有下划线等。通过 setTristate(bool)方法设置成 True，QCheckBox 控件也可以有第 3 种状态，表示不确定的情况(indeterminate)。QCheckBox 控件的 3 种状态的显示方式如图 2-20 所示，另外同在一个容器中的多个复选框也可以设置互斥性。

图 2-20　QCheckBox 控件的 3 种状态的显示方式

(a) 3 种状态；(b) 互斥性；(c) 非互斥性

用 QCheckBox 类创建实例对象的方法如下所示，其中 parent 是窗口或者容器类控件，text 是 QCheckBox 上显示的文字。

```
QCheckBox(parent: QWidget = None)
QCheckBox(text: str, parent: QWidget = None)
```

复选框按钮控件 QCheckBox 是从 QAbstractButton 类继承来的，因此有 QAbstractButton 的方法和信号。复选框按钮控件 QCheckBox 的特有方法如表 2-44 所示。

表 2-44　复选框按钮控件 QCheckBox 的特有方法

QCheckBox 的方法及参数类型	说　明
setTristate(y: bool =True)	设置是否有不确定状态(3 种状态)
isTristate()	获取是否有不确定状态
setCheckState(Qt. CheckState)	设置当前的选中状态，可以取 Qt. Unchecked、Qt. PartiallyChecked 或 Qt. Checked，分别表示没有选中、部分选中和选中状态
checkState()	获取当前的选择状态，返回值可以为 0、1 或 2，分别表示没有选中、不确定和选中状态
nextCheckState()	设置当前状态的下一个状态

QChechBox 比 QAbstractButton 多了一个 stateChanged(int) 信号。stateChanged(int)信号在状态发生变化时都会发送信号，而 toggled(bool)信号在从不确定状态转向确定状态时不发送信号，其他信号相同。

2.3.4　单选按钮控件 QRadioButton

单选按钮控件 QRadioButton 为用户提供多个选项，一般只能选择一个。在一个容器中如果有多个单选按钮，那么这些按钮一般都是互斥的，选择其中一个单选按钮时，其他按钮都会取消选择。如果只有一个单选按钮可以通过单击该按钮改变其状态；而存在多个按钮时单击选中的按钮无法改变其状态，只能选择其他单击按钮才能改变其选中状态。

用 QRadioButton 类创建实例对象的方法如下所示，其中 parent 是窗口或者容器类控件，text 是 QRadioButton 上显示的文字。

```
QRadioButton(parent:QWidget = None)
QRadioButton(text: str, parent:QWidget = None)
```

QRadioButton 是从 QAbstractButton 类继承来的，具有 QAbstractButton 的方法和信号，在此不多叙述。

2.3.5 按钮控件的综合应用实例

本书二维码中的实例源代码 Demo2_15.py 是按钮综合应用的实例。该程序通过对按钮进行简单的文字处理，说明按钮控件的使用方法，按钮综合例子的界面如图 2-21 所示。程序中用 QPushButton 的下拉菜单选择字体名称，用 3 个 QCheckBox 控件分别选择字体的粗体、斜体和下划线，用 3 个 QRadioButton 控件确定对齐方式，用 QComboBox 控件选择字体尺寸，用 QTextEdit 作为输入输出文字的控件。程序中 QPushButton 控件上添加菜单需要用 setMenu()方法，需要用 QMenu 类提前定义菜单实例，菜单的每个子菜单需要定义动作 QAction，并需要将动作的 triggered 事件与槽函数关联。我们在 3.2 节中还会详细介绍 QMenu 和 QAction 的使用方法。

图 2-21 按钮综合例子的界面

2.4 日期时间类及相关控件

日期和时间类也是 PySide6 中的基本类，利用它们可以设置纪年法、记录某个日期时间点、对日期时间进行计算等。用户输入日期时间及显示日期时间时需要用到日期时间控件，本节介绍有关日期时间的类及相关控件。

2.4.1 日历类 QCalendar

日历类 QCalendar 主要用于确定纪年法，当前通用的是公历纪年法，这也是默认值。QCalendar 类在 PySide6.QtCore 模块中。

用 QCalendar 类创建日历实例的方法如下：其中，name 可以取'Julian'、'Jalali'、'Islamic Civil'、'Milankovic'、'Gregorian'、'islamicc'、'Islamic'、'gregory'、'Persian'或'islamic-civil'；system 是 QCalendar.System 的枚举值，可取 QCalendar.System.Gregorian、QCalendar.System.Julian、QCalendar.System.Milankovic、QCalendar.System.Jalali 或 QCalendar.System.IslamicCivil，默认值是 QCalendar.System.Gregorian。

```
QCalendar()
QCalendar(name: str)
QCalendar(system: QCalendar.System)
```

日历类 QCalendar 的常用方法如表 2-45 所示，其中用 name()方法获取当前使用的日历纪年法，用 dateFromParts(year,month,day)方法可以创建一个 QDate 对象。

表 2-45　日历类 QCalendar 的常用方法

QCalendar 的方法及参数类型	返回值的类型	说　明
name()	str	获取当前使用的日历纪年法
[**static**]availableCalendars()	List[str]	获取可以使用的日历纪年法
dateFromParts(year: int,month: int,day: int)	QDate	返回指定年、月、日构成的日期
dayOfWeek(QDate)	int	获取指定日期在一周的第几天
daysInMonth(month: int,year: int=None)	int	获取指定年指定月的总天数
daysInYear(year: int)	int	获取指定年中的总天数
isDateValid(year: int,month: int,day: int)	bool	获取指定的年、月、日是否有效
isGregorian()	bool	获取是否是公历纪年
isLeapYear(year: int)	bool	获取某年是否是闰年
isLunar()	bool	获取是否是月历
isSolar()	bool	获取是否是太阳历
maximumDaysInMonth()	int	获取月中最大天数
maximumMonthsInYear()	int	获取年中最大月数
minimumDaysInMonth()	int	获取月中最小天数

2.4.2　日期类 QDate

日期类 QDate 用年、月、日来记录某天，例如 date=QDate(2023,8,22)，date 记录的是 2023 年 8 月 22 日，它可以从系统时钟中读取当前日期。QDate 提供了操作日期的方法，例如添加和减去日期、月份和年份得到新的日期，与日期字符串相互转换等。QDate 在 PySide6.QtCore 模块中。

用 QDate 创建日期实例的方法如下所示：

```
QDate()
QDate(y:int,m:int,d:int)
QDate(y:int,m:int,d:int,cal:QCalendar)
```

日期 QDate 的常用方法如表 2-46 所示，其中[ ]中的内容是可选项，主要方法介绍如下。

表 2-46　日期 QDate 的常用方法

QDate 的方法及参数类型	返回值的类型	说　明
setDate(year: int, month: int, day: int [,cal: QCalendar])	bool	根据年、月、日设置日期
getDate()	Tuple[int,int,int]	获取记录的年、月、日
day()、day(cal: QCalendar)	int	获取记录的日
month()、month(cal: QCalendar)	int	获取记录的月
year()、year(cal: QCalendar)	int	获取记录的月
addDays(days: int)	QDate	返回增加指定天后的日期，参数可为负

续表

QDate的方法及参数类型	返回值的类型	说　明
addMonths(months: int[,cal: Qcalendar])	QDate	返回增加指定月后的日期,参数可为负
addYears(years: int[,cal: Qcalendar])	QDate	返回增加指定年后的日期,参数可为负
dayOfWeek([cal: Qcalendar])	int	获取记录的日期是一周中的第几天
dayOfYear([cal: Qcalendar])	int	获取记录的日期是一年中的第几天
daysInMonth([cal: Qcalendar])	int	获取日期所在月的月天数
daysInYear([cal: Qcalendar])	int	获取日期所在年的年天数
daysTo(d: QDate)	int	获取记录的日期到指定日期的天数
isNull()	bool	获取是否不含日期数据
toJulianDay()	int	换算成儒略日
toString(format=Qt.TextDate)	str	将年、月、日按指定格式转换成字符串
toString(format: str,cal: QCalendar=Default(QCalendar))	str	同上
weekNumber()	Tuple[int,int]	获取日期在一年中的第几周,返回的元组的第1个整数是周数,第2个是年
[**static**]currentDate()	QDate	获取系统的日期
[**static**]fromJulianDay(jd: int)	QDate	将儒略日时间转换成日期
[**static**]fromString(string: str,format: Qt.DateFormat = Qt.TextDate)	QDate	从字符串中获取日期
[**static**]fromString(string: str,format: str,cal=Default(QCalendar))	QDate	同上
[**static**]isLeapYear(year: int)	bool	获取指定的年份是否是闰年
[**static**]isValid([y: int,m: int,d: int])	bool	获取指定的年、月、日是否有效

- 用setDate(year: int,month: int,day: int)方法可以设置年、月、日,用getDate()方法可以获取记录的年、月、日,返回值是元组Tuple(year, month, day);用currentDate()方法可以获取系统日期;用day()、month()和year()方法可分别获取日、月、年。
- 用addDays(days: int)、addMonths(months: int)、addYears(years: int)方法可以在当前记录的时间上增加或减少天、月和年;用daysTo(QDate)方法可计算与指定日期之间的天数间隔。
- 用fromString(string: str,format: Qt.DateFormat = Qt.TextDate)或fromString(string: str,format: str)方法可以将字符串型的日期数据转换成QDate,也可用toString(format: Qt.DateFormat = Qt.TextDate)或toString(format: str)方法将记录的年、月、日转换成字符串,其中Qt.DateFormat是枚举类型常量。Qt.DateFormat可以取的值如表2-47所示,用Qt.DateFormat进行指定格式的转换时与操作系统有关。format是格式化文本,可以取的格式符号如表2-48所示,例如date=QDate(2022,8,22),date.toString("日期是yyyy年M月d日")的返回值是"日期是2022年8月22日",date.toString("今天是dddd")的返回值是"今天是星期六",date.toString("今天是ddd")的返回值是"今天是周六"。再例如,QDate.fromString('20220822','yyyyMMdd')、QDate.fromString('2022/08/22','yyyy/

MM/dd')、QDate. fromString('2022-08-22','yyyy-MM-dd')、QDate. fromString('2022,08,22','yyyy,MM,dd')的返回值都是QDate(2022,8,22)。

表 2-47 Qt. DateFormat 的取值

Qt. DateFormat 的取值	举 例
Qt. DefaultLocaleLongDate	fromString("2022 年 8 月 22 日",Qt. DefaultLocaleLongDate)
Qt. DefaultLocaleShortDate	fromString("2022/08/22",Qt. DefaultLocaleShortDate)
Qt. ISODate	fromString("2022-08-22",Qt. ISODate)
Qt. LocaleDate	fromString("2022/08/22",Qt. LocaleDate)
Qt. SystemLocaleDate	fromString("2022/08/22",Qt. SystemLocaleDate)
Qt. SystemLocaleLongDate	fromString("2022 年 8 月 22 日",Qt. SystemLocaleLongDate)
Qt. SystemLocaleShortDate	fromString("2022/8/22",Qt. SystemLocaleShortDate)
Qt. TextDate	fromString("周六 8 月 22 2022",Qt. TextDate)

表 2-48 format 的格式符号

日期格式符	说 明
d	天数用 1 到 31 表示(不补 0)
dd	天数用 01 到 31 表示(补 0)
ddd	天数用英文简写表示('Mon'~'Sun')或汉字表示
dddd	天数用英文全写表示('Monday'~'Sunday')或汉字表示
M	月数用 1 到 12 表示(不补 0)
MM	月数用 01 到 12 表示(补 0)
MMM	月数用英文简写表示('Jan'~'Dec')或汉字表示
MMMM	月数用英文全写表示('January'~'December')或汉字表示
yy	年数用 00~99 表示
yyyy	年数用 4 位数表示

2.4.3 时间类 QTime

时间类 QTime 用小时、分钟、秒和毫秒来记录某个时间点,它采用 24 小时制,没有 AM/PM 和时区概念,例如 time=QTime(22,35,15,124),time 记录的时间是 22 时 35 分 15 秒 124 毫秒。它可以对时间进行操作,例如增加或减少毫秒、秒,进行时间与字符串的相互转换等。

用 QTime 创建时间实例的方法如下所示:

```
QTime()
QTime(h: int, m: int, s: int = 0, ms: int = 0)
```

时间 QTime 的常用方法如表 2-49 所示,主要方法介绍如下。

表 2-49 时间 QTime 的常用方法

QTime 的方法及参数类型	返回值类型	说　明
setHMS(h: int,m: int,s: int,ms: int=0)	bool	设置时间,若设置有问题,返回 False
addMSecs(ms: int)	QTime	增加毫秒,ms 可以为负,返回 QTime
addSecs(secs: int)	QTime	增加秒,返回 QTime
[**static**]currentTime()	QTime	获取当前系统时间
hour()	int	获取小时
minute()	int	获取分钟
second()	int	获取秒
msec()	int	获取毫秒
fromMSecsSinceStartOfDay(int)	QTime	返回从 0 开始,增加 int 毫秒的时间
isValid(int,int,int,msec=0)	bool	获取给定的时间是否有效
msecsSinceStartOfDay()	int	返回从 0 到系统当前时间所经过的毫秒数
msecsTo(QTime)	int	获取当前系统时间与给定时间的毫秒间隔
secsTo(QTime)	int	获取当前系统时间与给定时间的秒间隔
[**static**] fromString (str, format: Qt. DateFormat= Qt. TextDate)	QTime	将字符串转换成时间
[**static**]fromString(str,format: str)	QTime	同上
[**static**]fromMSecsSinceStartOfDay (msecs: int)	QTime	返回从 0 时刻到指定毫秒数的时间
toString (f: Qt. DateFormat = Qt. TextDate)	str	将时间转换成字符串
toString(format: str)	str	同上
isNull()	bool	获取是否有记录的时间
isValid()	bool	获取记录的时间是否有效
[**static**] isValid (h: int, m: int, s: int, ms: int=0)	bool	获取给定的时间是否有效

- 用 setHMS(h: int,m: int,s: int,ms: int=0)方法可以设置一个时间点,用 hour()、minute()、second()和 msec()方法可以分别获取小时、分钟、秒和毫秒数据。可以用 addMSecs(ms: int)方法获取在记录的时间上增加 ms 毫秒后的时间,用 addSecs (secs: int)方法获取在记录的时间上增加 secs 秒后的时间。
- 用 fromString(str,format: Qt. DateFormat = Qt. TextDate)或 fromString(str, format: str)方法可以将时间字符串转换成日期,用 toString(f: Qt. DateFormat= Qt. TextDate)或 toString(format: str)方法可以按照格式将时间转换成字符串,其中 format 是格式字符串,可以取的格式字符如表 2-50 所示。例如 time = QTime (18,23,15,124),则 time. toString("hh: mm: ssA")的值是"06: 23: 15 下午",再如 time = QTime. currentTime(),则 time. toString("现在时间是 h: m: s: zzz")的值是"现在时间是 16: 19: 44: 698"。

表 2-50　format 可以取的时间格式字符

时间格式字符	说　　明
h	小时用 0～23 表示，或 1～12 表示（如果显示 am/pm）
hh	小时用 00～23 表示，或 01～12 表示（如果显示 am/pm）
H	小时用 0～23 表示（不论是否显示 am/pm）
HH	小时用 00～23 表示（不论是否显示 am/pm）
m	分钟用 0～59 表示（不补 0）
mm	分钟用 00～59 表示（补 0）
s	秒用 0～59 表示（不补 0）
ss	秒用 00～59 表示（补 0）
z	毫秒用 0～999 表示（不补 0）
zzz	毫秒用 000～999 表示（补 0）
t	时区，例如"CEST"
ap 或 a	使用 am/pm 表示上午/下午或汉字
AP 或 A	使用 AM/PM 表示上午/下午或汉字

2.4.4　日期时间类 QDateTime

日期时间类 QDateTime 是将 QDate 和 QTime 的功能合并到一个类中，用年、月、日、时、分、秒、毫秒记录某个日期和某个时间点，它有时区的概念。

用 QDateTime 创建日期时间实例的方法如下所示，其中 Qt. TimeSpec 可以取 Qt. LocalTime、Qt. UTC、Qt. OffsetFromUTC 或 Qt. TimeZone，对应的值分别是 0～3；当 spec 取 Qt. OffsetFromUTC 时，offsetSeconds 才有意义。

```
QDateTime()
QDateTime(arg__1: int, arg__2: int, arg__3: int, arg__4: int, arg__5: int, arg__6: int)
QDateTime(arg__1: int, arg__2: int, arg__3: int, arg__4: int, arg__5: int, arg__6: int, arg__
7: int, arg__8: int = Qt.LocalTime)
QDateTime(date:QDate, time: QTime, spec:Qt.TimeSpec = Qt.LocalTime, offsetSeconds: int = 0)
```

日期时间类 QDateTime 的常用方法如表 2-51 所示，其大部分方法与 QDate 和 QTime 的方法相同。利用 QDateTime 将日期时间与字符串进行相互转换时，可以参考 QDate 和 QTime 的格式字符。

表 2-51　日期时间类 QDateTime 的常用方法

QDateTime 的方法及参数类型	返回值的类型	说　　明
setDate(date：QDate)	None	设置日期
setTime(time：QTime)	None	设置时间
date()	QDate	获取日期
time()	QTime	获取时间
setTimeSpec(spec：Qt. TimeSpec)	None	设置计时准则
setSecsSinceEpoch(secs：int)	None	设置从 1970 年 1 月 1 日零时开始的时间(秒)

续表

QDateTime的方法及参数类型	返回值的类型	说　明
setMSecsSinceEpoch(msecs: int)	None	将日期时间设置为从1970年1月1日零时开始的时间
setOffsetFromUtc(offsetSeconds: int)	None	将日期时间设置为国际统一时间偏移指定offsetSeconds秒开始的时间，偏移时间不超过±14小时
addYears(years: int)	QDateTime	增加年
addMonths(months: int)	QDateTime	增加月
addDays(days: int)	QDateTime	增加天
addSecs(secs: int)	QDateTime	增加秒
addMSecs(msecs: int)	QDateTime	增加毫秒
[**static**]currentDateTime()	QDateTime	获取当前系统的日期和时间
[**static**]currentDateTimeUtc()	QDateTime	获取当前世界统一时间
[**static**]currentSecsSinceEpoch()	int(秒)	返回从1970年1月1日零时到现在为止的秒数
[**static**]currentMSecsSinceEpoch()	int	返回从1970年1月1日零时到现在为止的毫秒数
daysTo(QDateTime)	int(天)	获取与指定日期时间的间隔
secsTo(QDateTime)	int(秒)	获取与指定日期时间的间隔
msecsTo(QDateTime)	int(毫秒)	获取与指定日期时间的间隔
[**static**] fromString (str, format: Qt. DateFormat=Qt. TextDate)	QDateTime	将字符串转换成日期时间
[**static**]fromString(str,format: str,cal: QCalendar=Default(QCalendar))	QDateTime	将字符串转换成日期时间
[**static**] fromSecsSinceEpoch (secs: int, spec: Qt. TimeSpec = Qt. LocalTime, offsetFromUtc: int=0)	QDateTime	指定秒创建日期时间
[**static**] fromMSecsSinceEpoch (msecs: int, spec: Qt. TimeSpec = Qt. LocalTime,offsetFromUtc: int=0)	QDateTime	指定毫秒创建日期时间
toString(format: str,cal: QCalendar=Default(QCalendar))	str	根据格式将日期时间转换成字符串
toString(format=Qt. TextDate)	str	同上
toUTC()	QDateTime	转换成国际统一时间
toTimeSpec(spec: Qt. TimeSpec)	QDateTime	转换成指定的计时时间
toSecsSinceEpoch()	int(秒)	返回从1970年1月1日开始计时的秒数
toMSecsSinceEpoch()	int(毫秒)	返回从1970年1月1日开始计时的毫秒数
toLocalTime()	QDateTime	转换成当地时间
isNull()	bool	所记录的日期时间是否为空
isValid()	bool	所记录的日期时间是否有效

2.4.5　定时器 QTimer 与实例

定时器 QTimer 像个闹钟，其作用是经过一个固定的时间间隔发送一个信号，执行与信号连接的槽函数，实现自动完成某些功能。可以设置定时器只发送一次信号，或多次发送信号；可以启动发送信号，也可以停止发送信号。

用 QTimer 创建定时器实例的方法如下所示，其中 parent 是继承自 QObejct 的对象。QTimer 是不可见的，当父类删除时，定时器也同时删除。

```
QTimer(parent: QObject = None)
```

1. 定时器 QTimer 的常用方法和信号

定时器 QTimer 的常用方法如表 2-52 所示，主要方法介绍如下。

表 2-52　定时器 QTimer 的常用方法

QTimer 的方法及参数类型	返回值的类型	说　明
setInterval(msec: int)	None	设置信号发送的时间间隔(毫秒)
interval()	int	获取信号发送的时间间隔(毫秒)
isActive()	bool	获取定时器是否激活
remainingTime()	int	获取距下次发送信号的时间(毫秒)
setSingleShot(bool)	None	设置定时器是否为单次发送
isSingleShot()	bool	获取定时器是否为单次发送
setTimerType(atype: Qt.TimerType)	None	设置定时器的类型
timerType()	Qt.TimerType	获取定时器的类型
[**slot**]start(msec: int)	None	经过 msec 毫秒后启动定时器
[**slot**]start()	None	启动定时器
[**slot**]stop()	None	停止定时器
timerId()	int	获取定时器的 ID 号
[**static**]singleShot(int,Callable)	None	经过 int 毫秒后，调用 Python 的可执行函数 Callable
[**static**] singleShot(msec: int, receiver: QObject, member: bytes)	None	经过 int 毫秒后，执行 receiver 的槽函数 member
[**static**] singleShot(msec: int, timerType: Qt.TimerType, receiver: QObject, member: bytes)	None	同上

- 使用定时器的步骤一般是先建立定时器对象，用 setInterval(int)方法设置定时器发送信号的时间间隔，然后将定时器的信号 timeout 与某个槽函数关联，最后用 start()方法启动定时器。如果只需要定时器发送 1 次信号，可以设置 setSingleShot(bool)为 True，否则将会连续不断地发送信号，可以用 stop()方法停止定时器信号的发送。如果只是 1 次发送信号，也可以不用创建定时器对象，用定时器类的静态方法 singleShot()直接连接某个控件的槽函数。如果定义了多个定时器，可以用 timeId()方法获取定时器的编号。
- 定时器的精度与系统和硬件有关，用 setTimerType(Qt.TimerType)方法可以设置

定时器的精度,其中参数 Qt. TimerType 的取值如表 2-53 所示。

表 2-53　Qt. TimerType 的取值

Qt. TimerType 的取值	值	说　明
Qt. PreciseTimer	0	精确的定时器,保持 1 毫秒精度
Qt. CoarseTimer	1	精确度差的定时器,精度保持在时间间隔的 5%范围内
Qt. VeryCoarseTimer	2	精确度非常差的定时器,精度是 500 毫秒

定时器只有一个信号 timeout(),每经过固定的时间间隔发送一次信号,或者只发送一次信号。

2. 定时器 QTimer 的应用实例

下面的程序定义了两个定时器,第 1 个定时器用于窗口背景图片的切换,第 2 个定时器用于设置按钮激活的时间,并改变按钮显示的文字,这里设置单击按钮后 10 秒激活按钮。

```
import sys                                    # Demo2_16.py
from PySide6.QtWidgets import QApplication,QWidget,QPushButton
from PySide6.QtGui import QPainter,QPixmap,QBitmap
from PySide6.QtCore import QRect,QTimer

class MyWindow (QWidget):
    def __init__(self,parent = None):
        super().__init__(parent)
        self.setWindowTitle("定时器")
        path = "d:\\python\\pic.png"
        self.pix = QPixmap(path)
        self.bit = QBitmap(path)
        self.rect = QRect(0, 0, self.pix.width(),self.pix.height())
        self.resize(self.rect.size())

        self.timer_1 = QTimer(self)        #第 1 个定时器
        self.timer_1.setInterval(2000)  #第 1 个定时器的时间间隔
        self.timer_1.timeout.connect(self.timer_1_slot)   #第 1 个定时器信号与槽函数的
                                                          #连接
        self.timer_1.start()               #启动第 1 个定时器
        self.status = True                 #指示变量
        self.timer_2 = QTimer(self)        #第 2 个定时器
        self.timer_2.setInterval(1000)  #第 2 个定时器的时间间隔
        self.timer_2.timeout.connect(self.pushButton_enable)   #第 2 个定时器信号与槽函
                                                               #数的连接
        self.duration = 9                  #按钮激活时间
        self.pushButton = QPushButton("单击发送验证码",self)
        self.pushButton.setGeometry(10,10,200,30)
        self.pushButton.clicked.connect(self.timer_2_start)   #按钮单击信号与槽函数的
                                                              #连接
    def timer_1_slot(self):
        self.status = not self.status
        self.update()   #更新窗口,会触发 paintEvent(),调用 paintEvent()函数
```

```
    def paintEvent(self, event):               #paintEvent 事件
        painter = QPainter(self)
        if self.status:
            painter.drawPixmap(self.rect,self.pix)
        else:
            painter.drawPixmap(self.rect, self.bit)
    def timer_2_start(self):                   #按钮的槽函数
        self.timer_2.start()
        self.pushButton.setEnabled(False)
        self.pushButton.setText(str(self.duration + 1) + "后可重新发送验证码")
    def pushButton_enable(self):
        if self.duration > 0 :
            self.pushButton.setText(str(self.duration) + "后可重新发送验证码")
            self.duration = self.duration - 1
        else:
            self.pushButton.setEnabled(True)
            self.pushButton.setText("单击发送验证码")
            self.timer_2.stop()                #停止定时器
            self.duration = 9
if __name__ == '__main__':
    app = QApplication(sys.argv)
    window = MyWindow()
    window.show()
    sys.exit(app.exec())
```

2.4.6　日历控件 QCalendarWidget

日历控件 QCalendarWidget 主要用于显示日期、星期和周数，其外观如图 2-22 所示。可以设置日历控件显示的最小日期和最大日期，还可以设置日历表头的样式。

十二月，2020							
	周一	周二	周三	周四	周五	周六	周日
49	30	1	2	3	4	5	6
50	7	8	9	10	11	12	13
51	14	15	16	17	18	19	20
52	21	22	23	24	25	26	27
53	28	29	30	31	1	2	3
1	4	5	6	7	8	9	10

十二月，2020						
星期日	星期一	星期二	星期三	星期四	星期五	星期六
29	30	1	2	3	4	5
6	7	8	9	10	11	12
13	14	15	16	17	18	19
20	21	22	23	24	25	26
27	28	29	30	31	1	2
3	4	5	6	7	8	9

图 2-22　日历控件的外观

用 QCalendarWidget 类创建实例对象的方法如下所示，其中 parent 是日历控件所在的窗体或容器控件。QCalendarWidget 继承自 QWidget 类。

```
QCalendarWidget(parent: QWidget = None)
```

1. 日历控件 QCalendarWidget 的常用方法

日历控件 QCalendarWidget 的常用方法如表 2-54 所示，主要方法介绍如下。

- 用 selectedDate()方法可以获取当前选择的日期；用 setSelectedDate(QDate)方法可以用代码选中某个日期；用 setDateRange(min：QDate，max：QDate)方法或 setMaximumDate(date：QDate)和 setMinimumDate(date：QDate)方法可以设置选择的日期范围；用 setSelectionMode(QCalendarWidget. SelectionMode)方法可以设置选择日期的模式，其中参数 QCalendarWidget. SelectionMode 可以取 QCalendarWidget. NoSelection(不允许选择)或 QCalendarWidget. SingleSelection(单选)。
- 用 showSelectedDate()方法可以跳转到选中的日期，用 setCurrentPage(year，month)方法可以显示指定年指定月的日历，用 showNextMonth()、showNextYear()方法可以显示下个月、明年同一日期的日历。
- 用 setGridVisible(bool)方法可以设置是否显示网格线，用 setNavigationBarVisible(bool)方法可以设置是否显示导航条。
- 用 setVerticalHeaderFormat(QCalendarWidget. VerticalHeaderFormat) 方法可以设置竖直表头的格式，其中参数 QCalendarWidget. VerticalHeaderFormat 可以取 QCalendarWidget. ISOWeekNumbers(标准格式的周数)或 QCalendarWidget. NoVerticalHeader(隐藏周数)。用 setHorizontalHeaderFormat(QCalendarWidget. HorizontalHeaderFormat)方法可以设置水平表头的格式，其中参数 QCalendarWidget. HorizontalHeaderFormat 可以取 QCalendarWidget. SingleLetterDayNames(用单个字母代替全拼，如 M 代表 Monday)、QCalendarWidget. ShortDayNames(用缩写代替全拼，如 Mon 代表 Monday)、QCalendarWidget. LongDayNames(全名)、QCalendarWidget. NoHorizontalHeader(隐藏表头)。用 setFirstDayOfWeek(Qt. DayOfWeek)方法可以设置一周中哪天排在最前面，其中参数 Qt. DayOfWeek 可以取 Qt. Monday～Qt. Sunday。

表 2-54 日历控件 QCalendarWidget 的常用方法

QCalendarWidget 的方法及参数类型	返回值的类型	说 明
[**slot**]setSelectedDate(date：QDate)	None	用代码设置选中的日期
selectedDate()	QDate	获取选中的日期
setCalendar(calendar：QCalendar)	None	设置日历
calendar()	QCalendar	获取日历
[**slot**]setCurrentPage(year：int，month：int)	None	设置当前显示的年和月
setDateTextFormat(QDate，QTextCharFormat)	None	设置表格的样式
dateTextFormat(date：QDate)	QTextCharFormat	获取表格的样式
setFirstDayOfWeek(Qt. DayOfWeek)	None	设置一周第一天显示哪天
firstDayOfWeek()	Qt. DayOfWeek	获取一周第一天显示的是哪天
[**slot**]setGridVisible(bool)	None	设置是否显示网格线
isGridVisible()	bool	获取是否已经显示网格线

续表

QCalendarWidget 的方法及参数类型	返回值的类型	说　　明
setHorizontalHeaderFormat (QCalendarWidget. HorizontalHeaderFormat)	None	设置水平表头的格式
setVerticalHeaderFormat (QCalendarWidget. VerticalHeaderFormat)	None	设置竖直表头的格式
[**slot**]setDateRange(min：QDate，max：QDate)	None	设置日历控件可选择的最小日期和最大日期
setMaximumDate(date：QDate)	None	设置日历控件可选的最大日期
maximumDate()	QDate	获取日历控件可选的最大日期
setMinimumDate(date：QDate)	None	设置日历控件可选的最小日期
minimumDate()	QDate	获取日历控件可选的最小日期
setSelectionMode(QCalendarWidget. SelectionMode)	None	设置选择模式
[**slot**]setNavigationBarVisible(bool)	None	设置导航条是否可见
isNavigationBarVisible()	bool	获取导航条是否可见
[**slot**]showSelectedDate()	None	显示已经选中日期的日历
[**slot**]showNextMonth()	None	显示下个月的日历
[**slot**]showNextYear()	None	显示明年的日历
[**slot**]showPreviousMonth()	None	显示上个月的日历
[**slot**]showPreviousYear()	None	显示去年的日历
[**slot**]showToday()	None	显示当前日期的日历
monthShown()	int	获取日历显示的月份
yearShown()	Int	获取日历显示的年份

2. 日历控件 QCalendarWidget 的信号

日历控件 QCalendarWidget 的信号如表 2-55 所示。

表 2-55　日历控件 QCalendarWidget 的信号

QCalendarWidget 的信号及参数类型	说　　明
activated(date：QDate)	双击或按 Enter 键时发送信号
clicked(date：QDate)	单击时发送信号
currentPageChanged(year：int，month：int)	更换当前页时发送信号
selectionChanged()	选中的日期发生改变时发送信号

2.4.7　液晶显示控件 QLCDNumber 与实例

液晶显示控件 QLCDNumber 用来显示数字和一些特殊符号，其外观如图 2-23 所示，常用来显示数值、日期和时间。可以显示的数字和符号有 0/O、1、2、3、4、5/S、6、7、8、9/g、减号、小数点、A、B、C、D、E、F、h、H、L、o、P、r、u、U、Y、冒号、度数(在字符串中用单引号表示)和空格。QLCDNumber 将非法字符替换为空格。

用 QLCDNumber 类创建实例对象的方法如下所示，其中 parent 是控件所在的窗体或容器控件，numDigits 是能显示的数字个数。QLCDNumber 是从 QFrame 类继承而来的。

图 2-23 液晶显示控件的外观

```
QLCDNumber(parent: QWidget = None)
QLCDNumber(numDigits: int, parent: QWidget = None)
```

1. 液晶显示控件 QLCDNumber 的常用方法和信号

液晶显示控件 QLCDNumber 的常用方法如表 2-56 所示。由于液晶显示控件是从 QFrame 类继承来的,因而可以设置液晶显示控件的边框样式,如凸起、凹陷、平面等,液晶显示控件的主要方法介绍如下。

- 用 setDigitCount(int)方法设置液晶显示控件的最大显示数字个数,包括小数点。用 display(str)、display(float)和 display(int)方法分别显示字符串、浮点数和整数,显示的内容只能是 0/O、1、2、3、4、5/S、6、7、8、9/g、减号、小数点、A、B、C、D、E、F、h、H、L、o、P、r、u、U、Y、冒号、度数(在字符串中用单引号表示)和空格,如果显示的整数部分长度超过了允许的最大数字个数,则会产生溢出,溢出时会发送 overflow()信号。可以用 checkOverflow(float)和 checkOverflow(int)方法检查浮点数和整数值是否会溢出,用 intValue()和 value()方法可以分别返回整数和浮点数。
- 如果显示的是整数,可以用 setMode(QLCDNumber. Mode)方法将整数转换成二进制、八进制和十六进制显示,其中参数 QLCDNumber. Mode 可以取 QLCDNumber. Hex、QLCDNumber. Dec、QLCDNumber. Oct、QLCDNumber. Bin,也可以使用 setDecMode()、setHexMode()、setOctMode()、setBinMode()方法设置。
- 用 setSegmentStyle(QLCDNumber. SegmentStyle)方法可以设置液晶显示器的外观,其中参数 QLCDNumber. SegmentStyle 可以取 QLCDNumber. Outline (用背景色显示数字,只显示数字的轮廓)、QLCDNumber. Filled(用窗口的文字颜色显示文字)或 QLCDNumber. Flat(平面,没有凸起效果)。

表 2-56 液晶显示控件 QLCDNumber 的常用方法

QLCDNumber 的方法及参数类型	返回值的类型	说 明
setDigitCount(int)	None	设置可以显示的数字个数
digitCount()	int	获取可以显示的数字个数
setSegmentStyle(QLCDNumber. SegmentStyle)	None	设置外观显示样式
[**slot**]display(str: str)	None	显示字符串
[**slot**]display(num: float)	None	显示浮点数
[**slot**]display(num: int)	None	显示整数
checkOverflow(float)	bool	获取浮点数是否会溢出
checkOverflow(int)	bool	获取整数是否会溢出
intValue()	int	按四舍五入规则返回整数值,若显示的不是数值,则返回 0

续表

QLCDNumber 的方法及参数类型	返回值的类型	说 明
value()	float	返回浮点数值
setMode(QLCDNumber. Mode)	None	设置数字的显示模式
[**slot**]setDecMode()	None	转成十进制显示模式
[**slot**]setHexMode()	None	转成十六进制显示模式
[**slot**]setOctMode()	None	转成八进制显示模式
[**slot**]setBinMode()	None	转成二进制显示模式
[**slot**]setSmallDecimalPoint(bool)	None	设置小数点的显示是否占用一位

液晶显示控件 QLCDNumber 只有一个信号 overflow(),当显示的整数部分长度超过了允许的最大数字个数时发送信号。

2. 液晶显示控件 QLCDNumber 的应用实例

下面的程序从本机上读取时间,计算到 2024 年春节的剩余时间,并用液晶显示控件显示剩余时间。

```
import sys                                              # Demo2_17.py
from PySide6.QtWidgets import QApplication,QWidget,QLabel,QLCDNumber
from PySide6.QtCore import QTimer,QDateTime

class MyWindow(QWidget):
    def __init__(self,parent = None):
        super().__init__(parent)
        self.setWindowTitle("LCD Number")
        self. resize(500,200)
        self.label = QLabel("距离 2024 年春节还有:",self)
        font = self.label.font()
        font.setPointSize(20)
        self.label.setFont(font)
        self.label.setGeometry(100,50,300,50)
        self.lcdNumber = QLCDNumber(12,self)
        self.lcdNumber.setGeometry(100,100,300,50)
        self.sprintDay = QDateTime(2024,1,29,0,0,0)  # 2024 年春节时间
        self.timer = QTimer(self)
        self.timer.setInterval(1000)
        self.timer.timeout.connect(self.change)
        self.timer.start()
    def change(self):
        self.current = QDateTime.currentDateTime()      # 获取系统的当前日期时间
        seconds = self.current.secsTo(self.sprintDay)   # 计算到目的日期的秒数
        days = seconds//(3600 * 24)                      # 计算剩余天
        hours = (seconds - days * 3600 * 24)//3600       # 计算剩余小时
        minutes = (seconds - days * 3600 * 24 - hours * 3600)//60          # 计算剩余分钟
        seconds = seconds - days * 3600 * 24 - hours * 3600 - minutes * 60  # 计算剩余秒

        string = "{:03d}:{:02d}:{:02d}:{:02d}".format(days,hours,minutes,seconds)
```

```
        self.lcdNumber.display(string)
if __name__ == '__main__':
    app = QApplication(sys.argv)
    window = MyWindow()
    window.show()
    sys.exit(app.exec())
```

2.4.8 日期时间控件 QDateTimeEdit 与实例

日期时间控件包括 QDateTimeEdit、QDateEdit 和 QTimeEdit 三个控件，它们的样式如图 2-24 所示，这三个控件可以显示日期时间，但更多的是用于输入日期时间。QDateTimeEdit 可以输入日期和时间，QDateEdit 只能输入日期，QTimeEdit 只能输入时间。QDateTimeEdit 是有下拉列表的日历控件，用于选择日期。

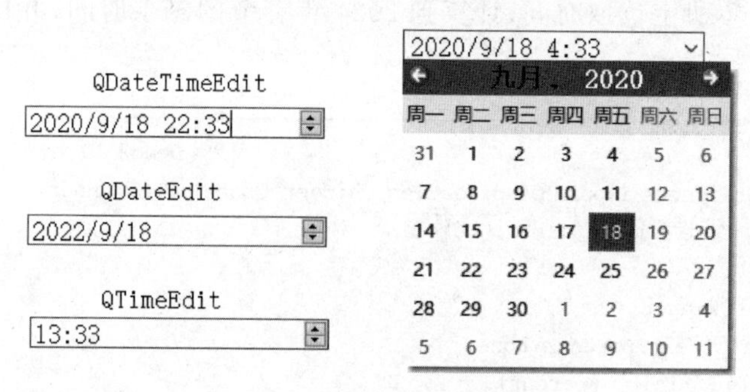

图 2-24 日期时间控件的样式

用 QDateTimeEdit、QDateEdit 和 QTimeEdit 类创建实例对象的方法如下所示，其中 parent 是控件所在的窗体或容器控件。QDateTimeEdit 是从 QAbstractSpinBox 类继承而来的，而 QDateEdit 和 QTimeEdit 都是从 QDateTimeEdit 类继承而来的。

```
QDateTimeEdit(parent: QWidget = None)
QDateTimeEdit(dt: QDateTime, parent: QWidget = None)
QDateTimeEdit(d: QDate, parent: QWidget = None)
QDateTimeEdit(t: QTime, parent: QWidget = None)
QDateEdit(parent: QWidget = None)
QDateEdit(date: QDate, parent: QWidget = None)
QTimeEdit(parent: QWidgett = None)
QTimeEdit(time: QTime, parent = None)
```

1. 日期时间控件 QDateTimeEdit 的方法与信号

日期时间控件 QDateTimeEdit 的常用方法如表 2-57 所示。由于 QDateEdit 和 QTimeEdit 都继承自 QDateTimeEdit，因此 QDateEdit 和 QTimeEdit 的方法与 QDateTimeEdit 的大多数方法相同。QDateTimeEdit 的主要方法介绍如下。

- 可以用 setDate(QDate)、setTime(QTime)和 setDateTime(QDateTime)方法为时间和日期控件 QDateEdit、QTimeEdit 和 QDateTimeEdit 设置日期和时间，用 setDateRange(QDate，QDate)、setTimeRange(QTime，QTime)或 setDateTimeRange(QDateTime，

QDateTime)方法设置日期和时间的最小值和最大值。

- 用 setDisplayFormat(format)方法可以设置 QDateTimeEdit 显示日期时间的格式，用 displayFormat()方法获取显示格式。关于格式符号的使用，请参考日期类和时间类的内容。用 dateTimeFromText(str)方法可以将字符串转换成日期时间对象，用 textFromDateTime(QDateTime)方法可以将日期时间转换成字符串。
- 日期时间控件的输入部分被分割成年、月、日、时、分、秒多个部分，用 setSelectedSection(QDateTimeEdit. Section)方法可以使某个部分被选中，其中 QDateTimeEdit. Section 可以取 QDateTimeEdit. NoSection、QDateTimeEdit. AmPmSection、QDateTimeEdit. MSecSection、QDateTimeEdit. SecondSection、QDateTimeEdit. MinuteSection、QDateTimeEdit. HourSection、QDateTimeEdit. DaySection、QDateTimeEdit. MonthSection 或 QDateTimeEdit. YearSection；用 sectionText(section: QDateTimeEdit. Section)方法可以获取各个部分的文本；用 sectionAt(index: int)方法可以根据索引获取对应部分，例如 sectionAt(0)为 QDateTimeEdit. YearSection。

表 2-57　日期时间控件 QDateTimeEdit 的常用方法

QDateTimeEdit 的方法及参数类型	返回值的类型	说　明
[**slot**]setTime(time: QTime)	None	设置时间
time()	QTime	获取时间
[**slot**]setDate(date: QDate)	None	设置日期
date()	QDate	获取日期
[**slot**]setDateTime(dateTime: QDateTime)	None	设置日期时间
dateTime()	QDateTime	获取日期时间
setDateRange(min: QDate, max: QDate)	None	设置日期的范围
setTimeRange(min: QTime, max: QTime)	None	设置时间的范围
setDateTimeRange(min: QDateTime, max: QDateTime)	None	设置日期时间的范围
setMaximumDate(max: QDate) setMaximumDateTime(dt: QDateTime) setMaximumTime(max: QTime)	None	设置显示的最大日期时间
setMinimumDate(min: QDate) setMinimumDateTime(dt: QDateTime) setMinimumTime(min: QTime)	None	设置显示的最小日期时间
clearMaximumDate() clearMaximumDateTime() clearMaximumTime()	None	清除最大日期时间限制
clearMinimumDate() clearMinimumDateTime() clearMinimumTime()	None	清除最小日期时间限制
setCalendarPopup(bool)	None	设置是否有日历控件
calendarPopup()	bool	获取是否有日历控件
setCalendarWidget(QCalendarWidget)	None	设置日历控件

续表

QDateTimeEdit 的方法及参数类型	返回值的类型	说　明
setDisplayFormat(format: str)	None	设置显示格式
displayFormat()	str	获取显示格式
dateTimeFromText(str)	QDateTime	将字符串转换成日期时间对象
textFromDateTime(QDateTime)	str	将日期时间对象转换成字符串
setCalendar(QCalendar)	None	设置日历
setSelectedSection(QDateTimeEdit.Section)	None	设置被选中的部分
sectionText(section: QDateTimeEdit.Section)	str	获取对应部分的文本
sectionCount()	int	获取总共分几部分
setTimeSpec(spec: Qt.TimeSpec)	None	设置时间计时参考点

日期时间控件的信号有 dateChanged(QDate)、dateTimeChanged(QDateTime)、timeChanged(Qtime)和 editingFinished()。当日期改变时发送 dateChanged(QDate)信号，当日期或时间改变时发送 dateTimeChanged(QDateTime)信号，当时间改变时发送 timeChanged(QTime)信号，当编辑完成按 Enter 键或失去焦点时发送 editingFinished()信号。

2. 日期时间控件的综合应用实例

本书二维码中的实例源代码 Demo2_18.py 是关于日期时间控件、日历控件和液晶显示控件的综合应用实例，更改其中的一个控件，其他控件也会同时发生变化，单击"当前时间按钮"显示当前的日期和时间。

2.5 布局控件及用法

布局(layout)的一个作用是确定界面上各种控件之间的相对位置，使控件排列起来横平竖直；另一个作用是在窗口的尺寸发生变化时，窗口上的控件的尺寸也随同窗口发生变化，以使窗口不会出现大面积的空白区域或者控件不被窗口或其他控件挡住。为了最大限度地体现程序的方便和美观，需要对控件进行精心布局。我们在第 1 章中介绍过在 Qt Designer 中进行布局的方法，本节介绍用布局控件的代码实现控件的布局。在手动创建布局时，一般都用 setLayout(QLayout)方法设置窗口或容器控件内部的布局，也可以在创建布局时指定布局的父控件。布局控件有表单布局 QFormLayout、水平布局 QHBoxLayout、竖直布局 QVBoxLayout 和格栅布局 QGridLayout，它们的继承关系如图 2-25 所示。

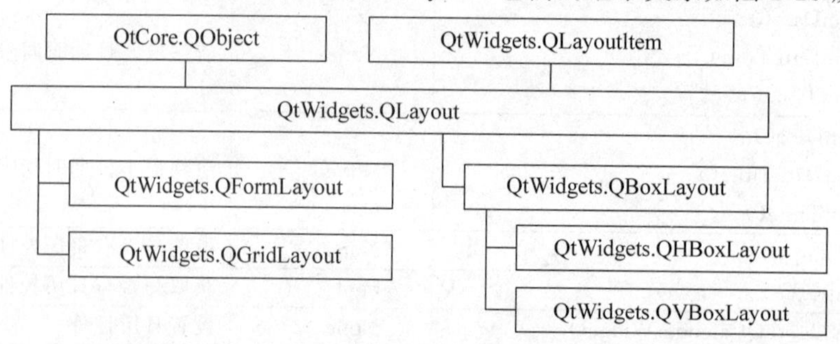

图 2-25　布局控件的继承关系

2.5.1 表单布局 QFormLayout 与实例

表单布局 QFormLayout 由左右两列和多行构成，将控件放到左右两列中，通常左列放置 QLabel 控件，右列放置 QLineEdit 控件、QSpinBox 等输入控件，也可以让一个控件单独占据一行。表单布局支持嵌套。表单布局的界面例子如图 2-26 所示。

图 2-26 表单布局的界面例子

表单布局 QFormLayout 继承自 QLayout，用 QFormLayout 类创建实例对象的方法如下所示，其中 parent 是窗口或容器类控件。

```
QFormLayout(parent: QWidget = None)
```

1. 表单布局 QFormLayout 的常用方法

表单布局 QFormLayout 的常用方法如表 2-58 所示，主要方法介绍如下。

- 用 addRow()方法在底部添加行，用 insertRow()方法在中间插入行。addRow()和 insertRow()方法是重构型方法，有多种不同的参数。用 addRow(label: QWidget, field: QWidget) 和 addRow (label: QWidget,field: QLayout)方法在左列放置第 1 个 QWidget，在右列放置第 2 个 QWidget 或 QLayout；用 addRow(labelText: str, field: QWidget) 和 addRow (labelText: str,field: QLayout)方法在左列创建标题是 str 的 QLabel 控件，在右列放置 QWidget 或 QLayout，这时新建的 QLabel 和 QWidget 或 QLayouthis 已经是伙伴关系；用 addRow(widget: QWidget)和 addRow(layout: QLayout)方法把控件和布局放置到一行上，占据左右两列的位置。
- 用 setHorizontalSpacing(spacing: int)和 setVerticalSpacing(spacing: int)方法可以分别设置控件在水平和竖直方向的间距。
- 用 setLabelAlignment(Qt. Alignment)方法可以设置左列控件的文字对齐方式，用 setFormAlignment(Qt. Alignment)方法可以设置表单布局内控件的水平和竖直方向的对齐方式，其中参数 Qt. Qlignment 可以取水平方向的对齐方式有 Qt. AlignLeft、Qt. AlignRight、Qt. AlignHCenter、Qt. AlignJustify，竖直方向的对齐方式有 Qt. AlignTop、Qt. AlignBottom、Qt. AlignVCenter、Qt. AlignBaseline。Qt. AlignCenter 方式是水平和竖直都在中心。
- 用 setRowWrapPolicy(QFormLayout. RowWrapPolicy)方法可以设置左列控件和右列控件的换行策略，参数 QFormLayout. RowWrapPolicy 如果取 QFormLayout. DontWrapRows，表示右列的输入控件（如 QLineEdit、QSpinBox 和 QDoubleSpinBox）始终在左列标签控件的右边；如果取 QFormLayout. WrapLongRows，表示如果左侧标签的标题文字很长，标签所占据的空间会挤压右侧输入控件的空间，如果整行的空间不足以放置标签，则右侧的输入控件会放到下一行；如果取 QFormLayout. WrapAllRows，表示左侧标签控件始终在右侧输入控件的上面。

- 用 setFieldGrowthPolicy(QFormLayout. FieldGrowthPolicy)方法可以设置可伸缩控件的伸缩方式，右列的输入控件通常可以随着窗体的改变而改变，宽度是可调节的。参数 QFormLayout. FieldGrowthPolicy 如果取 QFormLayout. FieldsStayAtSizeHint，表示控件的伸缩量不会超过有效的范围，控件尺寸由 sizeHint()方法获取的值设置；如果取 QFormLayout. ExpandingFieldsGrow，则对于设置了水平 setSizePolicy()属性或最小伸缩量的控件，使其扩充到可以使用的空间，其他没有设置 setSizePolicy()属性的控件在有效的范围内变化；如果取 QFormLayout. AllNonFixedFieldsGrow，则对于设置了 setSizePolicy()属性的控件，使其扩充到可以使用的空间。
- 用 setSizeConstraint(QLayout. SizeConstraint)方法可以设置控件随窗口大小改变时尺寸的变化方式，这是从 QLayout 继承过来的方法。枚举类型参数 QLayout. SizeConstraint 如果取 QLayout. SetDefaultConstraint，表示控件的最小尺寸根据 setMinimunSize(QSize)方法或 setMinimunSize(int，int)方法设定的值确定；如果取 QLayout. SetNoConstraint，表示控件尺寸的变化量不受限制；如果取 QLayout. SetMinimumSize，表示将控件的尺寸设置成由控件的 setMinimumSize()方法设定的尺寸值；如果取 QLayout. SetFixedSize，表示将控件的尺寸设置成由控件的 sizeHint()方法获取的尺寸值；如果取 QLayout. SetMaximumSize，表示将控件的尺寸设置成由控件的 setMaximumSize()方法设定的尺寸值；如果取 QLayout. SetMinAndMaxSize，表示控件的尺寸可以在最小值和最大值之间变化。

表 2-58 表单布局 QFormLayout 的常用方法

QFormLayout 的方法及参数类型	说　明
addRow(label：QWidget，field：QWidget)	末尾添加行，两个控件分别在左右
addRow(label：QWidget，field：QLayout)	末尾添加行，控件在左，布局在右
addRow(labelText：str，field：QWidget)	末尾添加行，左侧创建名称为 str 的标签，右侧是控件
addRow(labelText：str，field：QLayout)	末尾添加行，左侧创建名称为 str 的标签，右侧是布局
addRow(widget：QWidget)	末尾添加行，只有 1 个控件，控件占据左右两列
addRow(layout：QLayout)	末尾添加行，只有 1 个布局，布局占据左右两列
insertRow(row：int，QWidget，QWidget)	在第 row 行插入，两个控件分别在左右
insertRow(row：int，QWidget，QLayout)	在第 row 行插入，控件在左，布局在右
insertRow(row：int，str，QWidget)	在第 row 行插入，左侧创建名称为 str 的标签，右侧是控件
insertRow(row：int，str，QLayout)	在第 row 行插入，左侧创建名称为 str 的标签，右侧是布局
insertRow(row：int，QWidget)	在第 row 行插入，只有 1 个控件，控件占据左右两列
insertRow(row：int，QLayout)	在第 row 行插入，只有 1 个布局，布局占据左右两列
removeRow(row：int)	删除第 row 行及其控件
removeRow(layout：QLayout)	删除布局
removeRow(widget：QWidget)	删除控件
setHorizontalSpacing(spacing：int)	设置水平方向的间距
setVerticalSpacing(spacing：int)	设置竖直方向的间距
setRowWrapPolicy(QFormLayout. RowWrapPolicy)	设置左列控件和右列控件的换行策略
rowCount()	返回表单布局中行的数量

续表

QFormLayout 的方法及参数类型	说　明
setLabelAlignment(Qt.Alignment)	设置左列的对齐方法
setFormAlignment(Qt.Alignment)	设置控件在表单布局中的对齐方法
setContentsMargins(int,int,int,int) setContentsMargins(QMargins)	设置布局内的控件与布局外边界的左、上、右、下的距离
setFieldGrowthPolicy(QFormLayout.FieldGrowthPolicy)	设置可伸缩控件的伸缩方式
setSizeConstraint(QLayout.SizeConstraint)	设置控件随窗口大小改变时尺寸的变化方式

2. 表单布局 QFormLayout 的应用实例

下面的程序在窗口中用表单布局建立一些控件的布局，用于输入一些基本信息，程序运行界面如图 2-26 所示。

```
import sys                                                    # Demo2_19.py
from PySide6.QtWidgets import (QApplication,QWidget,QLineEdit,QSpinBox,QLabel,
          QTextBrowser,QFormLayout, QRadioButton,QHBoxLayout,QPushButton)
from PySide6.QtCore import Qt
class myWindow(QWidget):
    def __init__(self):
        super().__init__()
        self.setWindowTitle("QFormLayout")
        self.resize(300,200)
        self.setupUi()
    def setupUi(self):
        formLayout = QFormLayout(self)
        name= QLabel("姓名(&N):")
        self.name_lineEdit = QLineEdit()
        name.setBuddy(self.name_lineEdit)                     #定义伙伴关系
        formLayout.addRow(name,self.name_lineEdit)            #添加行
        number = QLabel("学号(&B):")
        self.number_lineEdit = QLineEdit()
        number.setBuddy(self.number_lineEdit)
        formLayout.addRow(number, self.number_lineEdit)  #添加行
        self.age_spinBox = QSpinBox()
        formLayout.addRow("年龄(&A):", self.age_spinBox)#添加行
        self.male_radioButton = QRadioButton("男(&M)")
        self.male_radioButton.setChecked(True)
        self.female_radioButton = QRadioButton("女(&F)")
        h_layout = QHBoxLayout()
        h_layout.addWidget(self.male_radioButton)
        h_layout.addWidget(self.female_radioButton)
        formLayout.addRow("性别:",h_layout)                  #添加行
        self.append_btn = QPushButton("添 加 (&A)")
        formLayout.addRow(self.append_btn)                   #添加行,按钮单独占据一行
    self.address_lineEdit = QLineEdit()
        formLayout.insertRow(4,"地址(&D):",self.address_lineEdit)   #插入行
```

```
        self.class_lineEdit = QLineEdit()
        formLayout.insertRow(4,"班级(&C):",self.class_lineEdit)    #插入行
        self.textBrowser = QTextBrowser()
        formLayout.addRow(self.textBrowser)                        #添加行
        formLayout.setLabelAlignment(Qt.AlignRight)                #对齐方式
        self.append_btn.clicked.connect(self.append_clicked)       #信号与槽函数的连接
    def append_clicked(self):
        sex = "男"
        if self.female_radioButton.isChecked():
            sex = "女"
        template = "姓名:{} 学号:{} 年龄:{} 性别:{} 班级:{} 地址:{}"
        self.textBrowser.append(template.format(self.name_lineEdit.text(),
          self.number_lineEdit.text(),self.age_spinBox.value(),sex,self.class_lineEdit.
text(),
          self.address_lineEdit.text()))
if __name__ == '__main__':
    app = QApplication(sys.argv)
    window = myWindow()
    window.show()
    sys.exit(app.exec())
```

2.5.2 水平布局 QHBoxLayout 和竖直布局 QVBoxLayout

表单布局 QFormLayout 可把多个控件分成两列多行，而水平布局 QHBoxLayout 只能把多个控件水平排列成一行，竖直布局 QVBoxLayout 只能把多个控件竖直排列成一列。在前面的应用中我们也多次用到水平和竖直布局。

QHBoxLayout 和 QVBoxLayout 是从 QBoxLayout 类继承而来的。用 QHBoxLayout 类和 QVBoxLayout 类创建水平布局和竖直布局对象的方法如下所示，其中 parent 是窗口或容器类控件。

```
QHBoxLayout(parent: QWidget = None)
QVBoxLayout(parent: QWidget = None)
```

水平布局 QHBoxLayout 和竖直布局 QVBoxLayout 使用从父类 QBoxLayout 继承的方法，常用方法如表 2-59 所示，主要方法介绍如下。

- 用 addWidget(QWidget, stretch: int = 0, Qt.Alignment) 方法和 addLayout(QLayout,stretch: int=0)方法可在末尾添加控件和子布局，其中参数 stretch 是布局内部各控件和子布局的相对伸缩系数，相对伸缩系数取整数，同时可以指定控件的对齐方式 Qt.Alignment；用 insertWidget(index: int,QWidget,stretch: int=0,Qt.Alignment) 方法和 insertLayout(index: int,QLayout,stretch: int=0)方法可以在指定的索引位置插入控件和子布局。
- 用 addSpacing(size: int)方法和 insertSpacing(index: int,size: int)方法可以在末尾添加或在某个位置插入固定长度的占位空间；用 addStretch(stretch: int =0)方法或 insertStretch(index: int,stretch: int =0)方法可以在末尾添加或在某个位置插

入可以伸缩的占位空间；用 addStrut(int)方法可以设置水平布局在竖直方向的最小高度，也可设置竖直布局在水平方向的最小宽度。

- 用 setDirection(QBoxLayout. Direction)方法可以设置布局的方向，例如把水平布局改变成竖直布局，参数 QBoxLayout. Direction 可以取 QBoxLayout. LeftToRight（从左到右水平布局）、QBoxLayout. RightToLeft（从右到左水平布局）、QBoxLayout. TopToBottom(从上到下竖直布局)、QBoxLayout. BottomToTop(从下到上竖直布局)。

表 2-59 水平布局 QHBoxLayout 和竖直布局 QVBoxLayout 的常用方法

QHBoxLayout 或 QVBoxLayout 的方法及参数类型	说　明
addWidget(QWidget, stretch: int = 0, Qt. Alignment)	添加控件，可设置伸缩系数和对齐方式
addLayout(QLayout, stretch: int=0)	添加子布局，可设置伸缩系数
addSpacing(size: int)	添加固定长度的占位空间
addStretch(stretch: int=0)	添加可伸缩空间
addStrut(int)	指定垂向最小值
insertWidget(index: int, QWidget, stretch: int=0, Qt. Alignment)	根据索引插入控件，可设置伸缩系数和对齐方式
insertLayout(index: int, QLayout, stretch: int=0)	根据索引插入子布局，可设置伸缩系数
insertSpacing(index: int, size: int)	根据索引插入固定长度的占位空间
insertStretch(index: int, stretch: int=0)	根据索引插入可伸缩的空间
count()	获取控件、布局和占位空间的数量
maximumSize()	获取最大尺寸
minimumSize()	获取最小尺寸
setDirection(QBoxLayout. Direction)	设置布局的方向
setGeometry(QRect)	设置左上角位置和宽度、高度
setSpacing(spacing: int)	设置布局内部控件之间的间隙
spacing()	获取内部控件之间的间隙
setStretch(index: int, stretch: int)	根据索引设置控件或布局的伸缩系数
stretch(index: int)	获取第 int 个控件的伸缩比例系数
setStretchFactor(QWidget, stretch: int)	给控件设置伸缩系数，成功则返回 True
setStretchFactor(QLayout, stretch: int)	给布局设置伸缩系数，成功则返回 True
setContentsMargins(int, int, int, int) setContentsMargins(margins: QMargins)	设置布局内的控件与边框的页边距
setSizeConstraint(QLayout. SizeConstraint)	设置控件随窗口尺寸改变时的变化方式

2.5.3 格栅布局 QGridLayout 与实例

格栅布局 QGridLayout(或称为网格布局)提供多行多列的布局位置，可以把控件或子布局放到这些布局节点上，也可以让一个控件或子布局占用多行多列的布局位置。格栅布局的样式如图 2-27 所示。

QGridLayout 继承自 QLayout。用 QGridLayout 类创建实例对象的方法如下所示，其中 parent 是窗口或容器类控件。

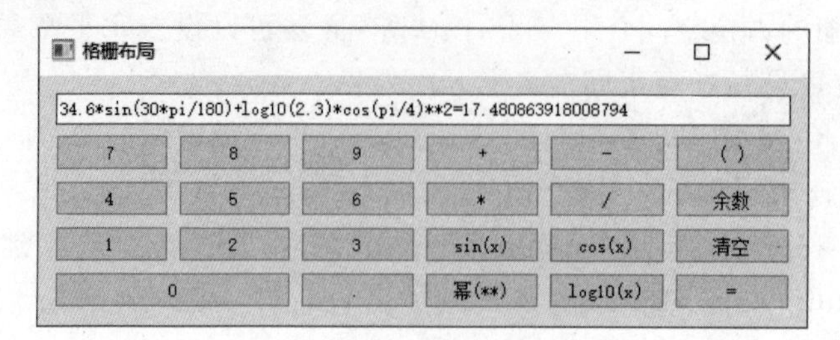

图 2-27 格栅布局的样式

```
QGridLayout(parent:Union[QWidget, NoneType] = None)
```

1. 格栅布局 QGridLayout 的常用方法

格栅布局 QGridLayout 的常用方法如表 2-60 所示，主要方法介绍如下。

- 用 addWidget(QWidget)方法可以在格栅布局第 1 列的末尾添加控件；用 addWidget(QWidget, row, column [, Qt. Alignment]) 方法和 addLayout(QLayout,row,column [,Qt. Alignment])方法可以在指定行和指定列添加控件和子布局，同时可以指定控件的对齐方式；用 addWidget (QWidget,row,column,row_span,column_span[,Qt. Alignment])方法和 addLayout (row,column,row_span,column_span[,Qt. Alignment])方法可以在指定行和指定列处添加控件和子布局，控件和子布局可以跨多行多列。
- 用 setRowStretch(row,stretch)方法和 setColumnStretch(column,stretch)方法可以设置行和列的相对缩放系数。
- 用 setHorizontalSpacing(int)和 setVerticalSpacing(int)方法可以分别设置行之间的距离和列之间的距离，用 setSpacing(int)方法可以同时设置行列之间的距离。

表 2-60 格栅布局 QGridLayout 的常用方法

QGridLayout 的方法及参数类型	说　明
addWidget(QWidget)	在第 1 列的末尾添加控件
addWidget(QWidget, row: int, column: int, Qt. Alignment)	在指定的行列位置添加控件
addWidget(QWidget, row: int, column: int, rowSpan: int, columnSpan: int, Qt. Alignment)	在指定的行列位置添加控件，控件可以设置成跨多行多列
addLayout(QLayout, row: int, column: int, Qt. Alignment)	添加子布局
addLayout(QLayout, row: int, column: int, rowSpan: int, columnSpan: int, Qt. Alignment)	添加子布局
setRowStretch(row: int, stretch: int)	设置行的伸缩系数
setColumnStretch(column: int, stretch: int)	设置列的伸缩系数
setHorizontalSpacing(spacing: int)	设置控件的水平间距
setVerticalSpacing(spacing: int)	设置控件的竖直间距
setSpacing(spacing: int)	设置控件的水平和竖直间距
rowCount()	获取行数
columnCount()	获取列数

续表

QGridLayout 的方法及参数类型	说　明
setRowMinimumHeight(row: int,minSize: int)	设置行最小高度
setColumnMinimumWidth(column: int,minSize: int)	设置列最小宽度
setGeometry(QRect)	设置格栅布局的位置和尺寸
setContentsMargins(left: int,top: int,right: int,bottom: int) setContentsMargins(margins: QMargins)	设置布局内的控件与边框的页边距
setSizeConstraint(QLayout.SizeConstraint)	设置控件随窗口尺寸改变时的变化方式
cellRect(row: int,column: int)	获取单元格的矩形区域 QRect

2. 格栅布局 QGridLayout 的应用实例

本书二维码中的实例源代码 Demo2_20.py 是关于格栅布局 QGridLayout 的应用实例。该程序创建一个简单的计算器,计算器的按钮用格栅进行布局。程序运行界面如图 2-27 所示。

2.5.4　分割器控件 QSplitter 与实例

分割器控件 QSplitter 中可以加入多个控件,在两个相邻的控件之间自动用一个分隔条把这两个控件分开,可以拖拽分割条改变它的位置。分割器可以分为水平分割和竖直分割两种,分割器中还可以加入其他分割器,这样形成多级分割。只能往分割器中加控件,不能直接加布局。分割器的外观如图 2-28 所示。在往窗体或布局中添加分割器控件时,应以控件形式而不能以布局形式加入,因此应该将分割器当成控件而不是布局。

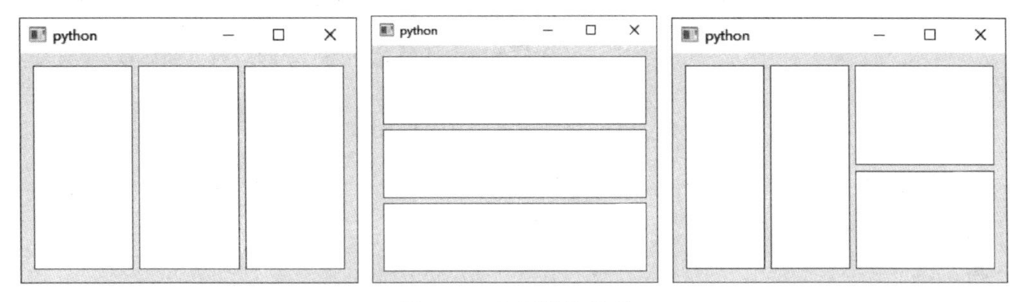

图 2-28　分割器的外观

QSplitter 继承自 QFrame。用 QSplitter 类创建实例对象的方法如下所示,其中 parent 是窗口或容器控件; Qt.Orientation 是分割方向,可以取 Qt.Vertical 或 Qt.Horizontal。

```
QSplitter(parent: Union[QWidget, NoneType] = None)
QSplitter(Qt.Orientation, parent: Union[QWidget, NoneType] = None)
```

1. 分割器控件 QSplitter 的常用方法和信号

分割器控件 QSplitter 的常用方法如表 2-61 所示,主要方法介绍如下。

- 分割器用 addWidget(QWidget)方法在末尾添加控件; 用 insertWidget(index: int,

QWidget)方法插入控件,不能添加布局；用 replaceWidget(index：int,QWidget)方法替换指定索引的控件；用 widget(index：int)方法获取索引值是 index 的控件；用 indexOf(QWidget)方法获取指定控件的索引值；用 count()方法获取控件的数量。

- 用 setOrientation(Qt. Orientation)方法设置分割方向；用 setOpaqueResize(bool)方法设置移动分割条时,是否是动态显示的,动态显示时控件随鼠标的移动进行缩放,非动态显示时释放鼠标后才缩放控件。
- 用 setChildrenCollapsible(bool)和 setCollapsible(int,bool)方法设置控件是否是可以折叠的,在折叠情况下,两个分隔条可以合并在一起。

表 2-61 分割器控件 QSplitter 的常用方法

QSplitter 的方法及参数类型	说　明
addWidget(QWidget)	在末尾添加控件
insertWidget(index：int,QWidget)	在指定索引位置插入控件
widget(index：int)	获取指定索引的控件
replaceWidget(index：int,QWidget)	替换指定索引的控件
count()	获取控件的数量
indexOf(QWidget)	获取控件的索引值
setOrientation(Qt. Orientation)	设置分割方向
orientation()	获取分割方向
setOpaqueResize(bool)	设置拖动分隔条时,是否是动态的
setStretchFactor(index：int,stretch)	设置分割区在窗口缩放时的缩放系数
setHandleWidth(int)	设置分隔条的宽度
setChildrenCollapsible(bool)	设置内部控件是否可以折叠,默认为 True
setCollapsible(index：int,bool)	设置索引号为 int 的控件是否可以折叠
setSizes(list：Sequence[int])	使用可迭代序列(列表、元组等)设置内部控件的宽度(水平分割)或高度(竖直分割)
sizes()	获取分割器中控件的宽度(水平分割)列表或高度(竖直分割)列表
setRubberBand(position：int)	设置橡皮筋到指定位置,如果分割条不是动态的,则会看到橡皮筋
moveSplitter(pos：int,index：int)	将索引为 index 的分割线移到 pos 处
getRange(index：int)	获取索引为 int 的分割线的可调节范围,返回元组
saveState()	保存状态到 QByteArray
restoreState(QByteArray)	恢复保存的状态

分割器控件 QSplitter 只有一个信号 splitterMoved(pos：int,index：int),当分隔条移动时发送信号,信号的参数是分割条的位置和索引值。

2. 分割器控件 QSplitter 的应用实例

下面的程序用两个 QSplitter 分割器将窗口分成三部分,每部分显示一个图片。

```
import sys                                  # Demo2_21.py
from PySide6.QtWidgets import QApplication,QWidget,QSplitter, QLabel, QHBoxLayout
from PySide6.QtCore import Qt
```

```
from PySide6.QtGui import QPixmap

class MyWindow(QWidget):
    def __init__(self,parent = None):
        super().__init__(parent)
        self.widget_setupUi()
    def widget_setupUi(self):                    #建立主程序界面
        label_1 = QLabel()
        label_2 = QLabel()
        label_3 = QLabel()
        label_1.setPixmap(QPixmap('d:/python/pic.png'))
        label_2.setPixmap(QPixmap('d:/python/pic.png'))
        label_3.setPixmap(QPixmap('d:/python/pic.png'))
        splitter_H = QSplitter(Qt.Horizontal)
        splitter_V = QSplitter(Qt.Vertical)
        h = QHBoxLayout(self)
        h.addWidget(splitter_H)
        splitter_H.addWidget(label_1)
        splitter_H.addWidget(splitter_V)
        splitter_V.addWidget(label_2)
        splitter_V.addWidget(label_3)
if __name__ == '__main__':
    app = QApplication(sys.argv)
    window = MyWindow()
    window.show()
    sys.exit(app.exec())
```

2.6 容器控件及用法

容器类控件不能输入输出数据，通常作为常用控件的载体，将常用控件“放置”到其内部。容器控件对放到其内部的控件进行管理，并成为控件的父控件。常用的容器控件如表 2-62 所示，本节介绍前 6 个容器控件，其他容器控件在后续的章节中介绍。

表 2-62 PySide6 中的容器控件

容器控件类	Qt Designer 的图标	中文名
QGroupBox	Group Box	分组框控件
QFrame	Frame	框架控件
QScrollArea	Scroll Area	滚动区控件
QTabWidget	Tab Widget	切换卡控件
QStackedWidget	Stacked Widget	控件栈控件
QToolBox	Tool Box	工具箱控件
QWidget	Widget	容器窗口控件
QMdiArea	MDI Area	多文档区
QDockWidget	Dock Widget	停靠窗口控件
QAxWidget	QAxWidget	插件窗口控件

2.6.1 分组框控件 QGroupBox

分组框控件 QGroupBox 通常是其他控件的容器，将一组意义相同或者一组互斥的 QRadioButton 控件放到 QGroupBox 中。QGroupBox 通常带有一个边框和一个标题栏，标题栏上可以有勾选项，标题栏可以放到左边、中间或右边。分组框控件的外观如图 2-29 所示。布局时 QGroupBox 可用作一组控件的容器，内部使用布局控件（如 QBoxLayout）进行布局。

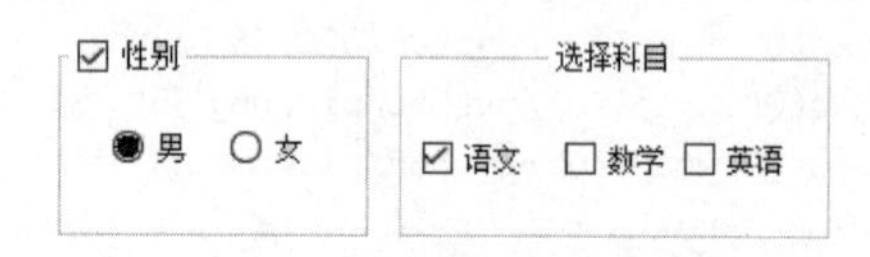

图 2-29　分组框控件的外观

用 QGroupBox 类创建实例对象的方法如下所示，其中 parent 是窗口或者容器类控件；title 是控件上显示的文字，它是从 QWidget 类继承而来的。

```
QGroupBox(parent: QWidget = None)
QGroupBox(title: str, parent: QWidget = None)
```

分组框控件 QGroupBox 的常用方法如表 2-63 所示。用 setTitle(str)方法可以设置分组框的标题名称；用 title()方法可以获取标题名称；用 setCheckable(bool)方法可以设置标题栏上是否有勾选项；用 setAlignment(Q. Alignment)方法可以设置标题栏的对齐位置，其中参数 Qt. Alignment 可以取 Qt. AlignLeft、Qt. AlignRight 或 Qt. AlignHCenter，分别表示把标题栏放到左边、右边和中间；用 setGeometry(QRect)方法可以设置分组框在父容器中的位置、宽度和高度；用 resize(QSize)方法设置分组框的宽度和高度。

表 2-63　分组框控件 QGroupBox 的常用方法

QGroupBox 的方法及参数类型	返回值的类型	说　明
setTitle(str)	None	设置标题的名称
title()	str	获取标题的名称
setFlat(bool)	None	设置是否处于扁平状态
isFlat()	bool	获取是否处于扁平状态
setCheckable(bool)	None	设置标题栏上是否有勾选项
isCheckable()	bool	获取是否有勾选项
[**slot**]setChecked(bool)	None	设置是否处于勾选状态
isChecked()	bool	获取勾选项是否处于勾选状态
setAlignment(Qt. Alignment)	None	设置标题栏的对齐位置
alignment()	Qt. Alignment	获取标题栏的对齐位置
setGeometry(QRect) setGeometry(x: int, y: int, w: int, h: int)	None	设置分组框在父容器中的位置、宽度和高度
resize(QSize) resize(w: int, h: int)	None	设置分组框的宽度和高度
setLayout(QLayout)	None	设置分组框中的布局

分组框控件的信号有 clicked()、clicked(bool)和 toggled(bool),主要的信号是有勾选项时,切换勾选状态时的信号 toggled(bool)。

创建分组框控件后,如果要往分组框中添加其他控件,可以在创建控件对象时将其 parent 参数设置成 QGroupBox 的实例对象,或者用控件的 setParent(QWidget)方法设置控件所在的容器。对其他容器类控件,添加控件的操作方法相同。也可以先创建布局,将控件放到布局中,然后用分组框的 setLayout(QLayout)方法将布局添加到分组框中。

2.6.2 框架控件 QFrame 与实例

框架控件 QFrame 作为容器,可以在其内部放置各种可视控件。但是 QFrame 没有属于自己特有的信号和槽函数,一般不接受用户的输入,它只能提供一个外形,可以设置外形的样式、线宽等。QFrame 作为父类,被其他一些控件所继承,这些控件如 QAbstractScrollArea、QLabel、QLCDNumber、QSplitter、QStackedWidget 和 QToolBox 等。

1. 框架控件 QFrame 的常用方法

框架控件 QFrame 是从 QWidget 类继承而来的。用 QFrame 创建实例对象的常用方法如下所示,其中 parent 是窗口或者容器类控件,f 用于设置控件的窗口类型,可参考 3.1 节中的内容,默认值是 Qt. Widget。

```
QFrame(parent:Union[QWidget,NoneType] = None,f:Qt.WindowFlags = Default(Qt.WindowFlags))
```

框架控件 QFrame 的常用方法如表 2-64 所示,主要方法介绍如下。

表 2-64　框架控件 QFrame 的常用方法

QFrame 的方法及参数类型	返回值的类型	说　明
setFrameShadow(QFrame. Shadow)	None	设置 QFrame 窗口的阴影形式
frameShadow()	QFrame. Shadow	获取窗口的阴影形式
setFrameShape(QFrame. Shape)	None	设置 QFrame 窗口的边框形状
frameShape()	QFrame. Shape	获取窗口的边框形状
setFrameStyle(int)	None	设置边框的样式
frameStyle()	int	获取边框的样式
setLineWidth(int)	None	设置边框线的宽度
lineWidth()	int	获取边框的宽度
setMidLineWidth(int)	None	设置边框线的中间线的宽度
midLineWidth()	int	获取边框线的中间线的宽度
frameWidth()	int	获取边框的宽度
setFrameRect(QRect)	None	设置边框线所在的范围
frameRect()	QRect	获取边框线所在的范围
drawFrame(QPainter)	None	绘制边框线
setLayout(QLayout)	None	设置框架中的布局
setGeometry(QRect) setGeometry(x: int,y: int,w: int,h: int)	None	设置 QFrame 控件左上角的位置和长度、宽度
resize(QSize)、resize(w: int,h: int)	None	设置 QFrame 控件的长度和宽度

• 框架主要由边框线构成,边框线由外线、内线和中间线构成。外线和内线的宽度可

以通过 setLineWidth(int)方法设置，中间线宽度可以通过 setMidLineWidth(int)方法设置，外线和内线的宽度通过 lineWidth()方法获取，中间线的宽度通过 midLineWidth()方法获取，外线、内线和中间线宽度通过 frameWidth()方法获取。

- 通过给边框的内线、外线设置不同的颜色，可以让外框有凸起和凹陷的立体感觉。用 setFrameShadow(QFrame.Shadow)方法设置边框线的立体感觉，参数 QFrame.Shadow 可以取 QFrame.Plain(平面)、QFrame.Raised(凸起)或 QFrame.Sunken(凹陷)。
- 外框线的形状通过 setFrameShape(QFrame.Shape)方法设置，其中参数 QFrame.Shape 是枚举类型，可取值如表 2-65 所示。QFrame 的 frameStyle 属性由 frameShadow 属性和 frameShape 属性决定，因此设置 frameShadow 和 frameShape 的值，就不需要再设置 frameStyle 的值了。将以上参数进行组合可以得到不同感觉的边框线。
- 在界面上，经常在不同类型的控件之间划分一条横线或竖线。横线和竖线可以用 QFrame 来创建，方法是设置 setFrameShape(QFrame.HLine)或 setFrameShape(QFrame.VLine)，并结合 setGeometry()或 resize()方法确定线的位置和尺寸。

表 2-65 QFrame.Shape 的取值

QFrame.Shape 的取值	值	说 明
QFrame.NoFrame	0	无边框，默认值
QFrame.Box	1	矩形框，边框线内部不填充
QFrame.Panel	2	面板，边框线内部填充
QFrame.WinPanel	3	Windows 2000 风格的面板，边框线的宽度是 2 像素
QFrame.HLine	4	边框线只在中间有一条水平线(用作分隔线)
QFrame.VLine	5	边框线只在中间有一条竖直线(用作分隔线)
QFrame.StyledPanel	6	依据当前 GUI 类型，画一个矩形面板

2. 框架控件 QFrame 的应用实例

下面的程序将两组互斥的 QRadioButton 分别放到两个 QFrame 中，这两个 QFrame 又放到 QGroupBox 控件中。由于 QFrame 的边框线不可见，所以从外观上看，所有互斥的 QRadioButton 都放到了 QGroupBox 控件中，但是选择时两组是可以分别选择的。

```
import sys                                    #Demo2_22.py
from PySide6.QtWidgets import QApplication,QWidget,QGroupBox,QFrame,\
     QRadioButton,QHBoxLayout

class MyWidget(QWidget):
    def __init__(self,parent = None):
        super().__init__(parent)
        self.setWindowTitle("QFrame 的应用")
        self.resize(300,100)
        self.setupUi()
    def setupUi(self):                        # 创建界面上的控件
```

```
        self.r_1 = QRadioButton("男")
        self.r_2 = QRadioButton("女")
        self.r_3 = QRadioButton("党员")
        self.r_4 = QRadioButton("团员")
        self.r_5 = QRadioButton("群众")

        self.frame_1 = QFrame()
        self.frame_2 = QFrame()
        self.h_layout_1 = QHBoxLayout(self.frame_1)
        self.h_layout_1.addWidget(self.r_1)
        self.h_layout_1.addWidget(self.r_2)
        self.h_layout_2 = QHBoxLayout(self.frame_2)
        self.h_layout_2.addWidget(self.r_3)
        self.h_layout_2.addWidget(self.r_4)
        self.h_layout_2.addWidget(self.r_5)
        self.groupBox = QGroupBox("选择基本信息",self)
        self.h_layout_3 = QHBoxLayout(self.groupBox)
        self.h_layout_3.addWidget(self.frame_1)
        self.h_layout_3.addWidget(self.frame_2)

        self.r_1.setChecked(True)
        self.r_3.setChecked(True)
if __name__ == '__main__':
    app = QApplication(sys.argv)
    window = MyWidget()
    window.show()
    sys.exit(app.exec())
```

2.6.3　滚动区控件 QScrollArea 与实例

滚动区控件 QScrollArea 作为其他控件的容器，当其内部的控件超过滚动区的尺寸时，滚动区自动提供水平或竖直滚动条，通过拖动滚动条的位置，用户可以看到内部所有控件的内容。例如在滚动区中放置 QLabel 控件，用 QLabel 控件显示图片，当 QLabel 显示的图片超过 QScrollArea 的范围时，通过拖动滚动条可以看到被挡住的图片。

用 QScrollArea 类创建实例对象的方法如下所示，其中 parent 是窗口或者容器类控件，它是从抽象类 QAbstractScrollArea 继承而来的。

```
QScrollArea(parent = None)
```

1. 滚动区控件 QScrollArea 的常用方法

滚动区控件 QScrollArea 的常用方法如表 2-66 所示，主要方法介绍如下。

- 必须用 setWidget(QWidget)方法将某个控件设置成可滚动显示的控件，只有当该控件移出了滚动区控件的窗口，才能用滚动条移动控件。
- 用 setAlignment(Qt.Alignment)方法设置 QScrollArea 内部控件的对齐位置，其中参数 Qt.Alignment 可以取 Qt.AlignCenter、Qt.AlignLeft、Qt.AlignHCenter、Qt.

AlignRight、Qt. AlignTop、Qt. AlignVCenter 或 Qt. AlignBottom。

- 用 setHorizontalScrollBarPolicy(Qt. ScrollBarPolicy)方法和 setVerticalScrollBarPolicy(Qt. ScrollBarPolicy)方法设置竖直滚动条和水平滚动条出现的策略，其中参数 Qt. ScrollBarPolicy 可以取 Qt. ScrollBarAsNeeded(根据情况自动决定何时出现滚动条)、Qt. ScrollBarAlwaysOff(从不出现滚动条)或 Qt. ScrollBarAlwaysOn(一直出现滚动条)。
- ensureVisible(x,y[,xmargin=50[,ymargin=50]])方法和 ensureWidgetVisible(childWidget[,xmargin=50 [,ymargin=50]])方法可以确保某个点或某个控件是可见的，如果无法使其可见，将会使距其最近的有效点可见。当点或控件可见时，点或控件距离边界的位置是 xmargin 和 ymargin。

表 2-66 滚动区控件 QScrollArea 的常用方法

QScrollArea 的方法及参数类型	说明
setWidget(QWidget)	将某个控件设置成可滚动显示的控件
widget()	获取可滚动显示的控件
setWidgetResizable(bool)	设置内部控件是否可调节尺寸，尽量不显示滚动条
widgetResizable()	获取内部控件是否可以调节尺寸
setAlignment(Qt. Alignment)	设置内部控件在滚动区的对齐位置
alignment()	返回内部控件在滚动区的对齐位置
ensureVisible(x: int, y: int, xmargin: int = 50, ymargin: int=50)	自动移动滚动条的位置，确保(x,y)像素点是可见的。可见时，点到边框的距离是 xmargin 和 ymargin，默认距离是 50 个像素
ensureWidgetVisible (childWidget: QWidget, xmargin: int =50, ymargin: int =50)	自动移动滚动条的位置，确保控件 childWidget 是可见的
setHorizontalScrollBarPolicy(Qt. ScrollBarPolicy)	设置竖直滚动条的显示策略
setVerticalScrollBarPolicy(Qt. ScrollBarPolicy)	设置水平滚动条的显示策略

2. 滚动区控件 QScrollArea 的应用实例

下面的程序在窗口中放置 QScrollArea 控件，在 QScrollArea 控件中放置 QLabel，在 QLabel 中显示图片，初始时刻使(150,100)点可见。QLabel 的对齐方式是 Qt. Center。当放大窗口时，滚动条消失，图片居中显示。

```
import sys                                                    # Demo2_23.py
from PySide6.QtWidgets import QApplication,QWidget,QLabel,QHBoxLayout,QScrollArea
from PySide6.QtGui import QPixmap
from PySide6.QtCore import Qt

class MyWindow(QWidget):
    def __init__(self,parent = None):
        super().__init__(parent)
        self.setupUi()
    def setupUi(self):                                        # 建立界面上的控件
        self.scroArea = QScrollArea(self)
        label = QLabel(self.scroArea)
        pix = QPixmap("d:\\python\\pic.jpg")
```

```
        label.resize(pix.width(), pix.height())              #设置标签的宽度和高度
        label.setPixmap(pix)
        self.scroArea.setWidget(label)                       #设置可滚动显示的控件
        self.scroArea.setAlignment(Qt.AlignCenter)           #设置对齐方式
        self.scroArea.ensureVisible(150,100)                 #设置可见点
        self.scroArea.setHorizontalScrollBarPolicy(Qt.ScrollBarAsNeeded)  #设置显示
                                                                          #策略
        self.scroArea.setVerticalScrollBarPolicy(Qt.ScrollBarAsNeeded)   #设置显示策略

        self.h = QHBoxLayout(self)                                        #布局
        self.h.addWidget(self.scroArea)
if __name__ == '__main__':
    app = QApplication(sys.argv)
    window = MyWindow()
    window.show()
    sys.exit(app.exec())
```

2.6.4 切换卡控件 QTabWidget 与实例

切换卡控件 QTabWidget 由多页卡片构成，每页卡片就是一个窗口（QWidget）。可以将不同的控件放到不同的卡片上，这样可以节省界面资源。切换卡控件的外观如图 2-30 所示，当无法显示全部卡片时，可单击右上角显示滚动按钮◀▶。

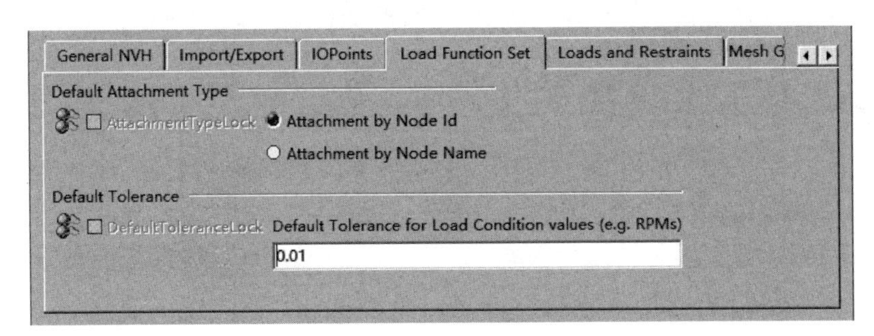

图 2-30　切换卡控件的外观

切换卡控件继承自 QWidget。用 QTabWidget 类创建实例对象的方法如下所示，其中 parent 是窗口或者容器类控件。

```
QTabWidget(parent: QWidget = None)
```

1. 切换卡控件 QTabWidget 的常用方法

切换卡控件 QTabWidget 的常用方法如表 2-67 所示，主要方法介绍如下。

- 切换卡的每页卡片都是一个窗口（QWidget）或者从 QWidget 继承的可视化子类，因此添加卡片时，需要实例化的 QWidget。QTabWidget 添加卡片的方法是 addTab(QWidget, label: str)和 addTab(QWidget, QIcon, label: str)，其中，QWidget 是继承自 QWidget 的实例；label 是卡片标题的名称，可以在名称中添加"&"和字母设置快捷键；QIcon 是卡片的图标，卡片的索引从 0 开始。在某个位置插入卡片用

insertTab(index: int, QWidget, label: str)和 insertTab(index: int, QWidget, QIcon, str)方法；删除所有卡片用 clear()方法；删除索引号是 int 的卡片用 removeTab(index: int)方法；卡片标题可以用 setTabText(index: int, str)方法设置，其中参数 index 是卡片的索引。

- 卡片标题栏可以放到上、下、左、右位置，卡片标题的位置用 setTabPosition(QTabWidget. TabPosition)方法设置，其中参数 QTabWidget. TabPosition 可以取 QTabWidget. North、QTabWidget. South、QTabWidget. East 和 QTabWidget. West，分别表示上、下、右和左。标题栏的位置如图 2-31 所示，可以用 tabPosition()方法获取标题栏的位置。

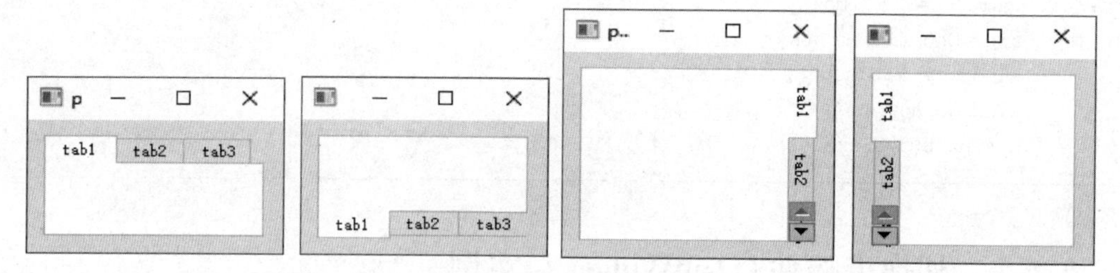

图 2-31　标题栏的位置

- 卡片标题栏的形状用 setTabShape(QTabWidget. TabShape)方法定义，其中参数 QTabWidget. TabShape 可以取 QTabWidget. Rounded 和 QTabWidget. Triangular，分别表示圆角和三角形，这两种形状如图 2-32 所示。用 tabShap()方法可以获取标题栏的形状。

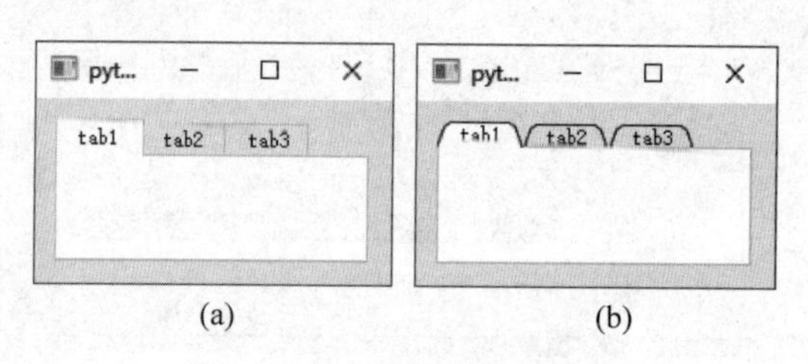

图 2-32　卡片标题栏的形状
(a) Rounded; (b) Triangular

- 如果显示标题栏文字的空间不足，可以用省略号来表示。用 setElideMode(Qt. TextElideMode)方法设置卡片标题栏文字在显示空间不足时的省略号显示方式，其中参数 Qt. TextElideMode 可以取 Qt. ElideNone、Qt. ElideLeft、Qt. ElideMiddle 和 Qt. ElideRight，分别表示没有省略号、省略号在左边、省略号在中间和省略号在右边。
- 当卡片较多时，父窗口中无法显示出所有的卡片标题，这时可以用滚动条来显示出被隐藏的卡片。用 setUsesScrollButtons(bool)方法设置是否有滚动按钮。
- 每页卡片显示时，默认为有框架并呈立体形状显示在父窗口上。用 setDocumentMode(bool)方法设置卡片是否有框架，如果没有框架，则卡片上内容与父窗口看起来是一个整体。有无框架的差别如图 2-33 所示。

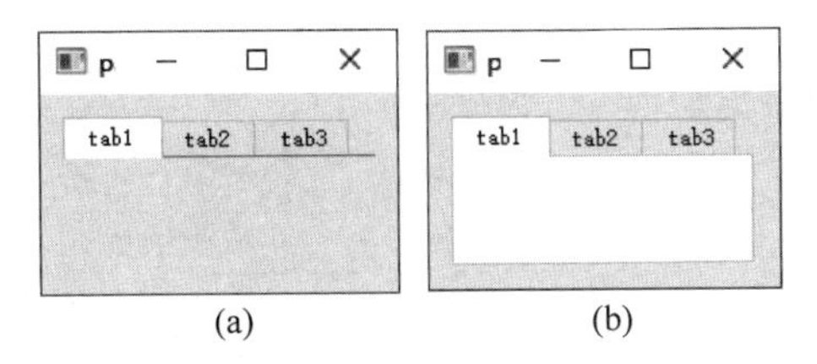

(a)　　　(b)

图 2-33　卡片的文档属性

(a) 无框架；(b) 有框架

- 当 setTabsClosable(bool)为 True 时，卡片的标题栏上显示关闭标识，单击该关闭标识，可发送 tabCloseRequested(int)信号。
- 用 setCornerWidget(QWidget，Qt. Corner)方法可以在 QTabWidget 的右上角、右下角、左上角和左下角处放置控件，例如放置标签、单击按钮等，其中参数 Qt. Corner 可以取 Qt. TopRightCorner、Qt. BottomRightCorner、Qt. TopLeftCorner、Qt. BottomLeftCorner。用 cornerWidget(Qt. Corner)方法可以获取角上的控件。
- 用 setTabBarAutoHide(bool)方法可以设置当只有 1 张卡片时，卡片标题是否自动隐藏。

表 2-67　切换卡控件 QTabWidget 的常用方法

QTabWidget 的方法及参数类型	返回值的类型	说　明
addTab(QWidget，label：str)	int	在末尾添加新卡片
addTab(QWidget，QIcon，label：str)	int	在末尾添加新卡片
insertTab(index：int，QWidget，label：str)	int	在索引 int 处插入卡片
insertTab(index：int，QWidget，QIcon，str)	int	在索引 int 处插入卡片
widget(index：int)	QWidget	根据索引获取卡片窗口
clear()	None	清空所有卡片
count()	int	获取卡片数量
indexOf(QWidget)	int	获取窗口对应的卡片索引号
removeTab(index：int)	None	根据索引移除卡片
setCornerWidget(QWidget，Qt. Corner)	None	在角上设置控件
cornerWidget(Qt. Corner)	QWidget	获取角位置处的控件
[**slot**]setCurrentIndex(index：int)	None	根据索引设置当前卡片
currentIndex()	int	获取当前卡片的索引号
[**slot**]setCurrentWidget(QWidget)	None	将窗口控件是 QWidget 的卡片设置成当前卡片
currentWidget()	QWidget	获取当前卡片的窗口
setDocumentMode(bool)	None	设置卡片是否为文档模式
documentMode()	Bool	获取卡片是否为文档模式
setElideMode(Qt. TextElideMode)	None	设置卡片标题是否为省略模式
setIconSize(QSize)	None	设置卡片图标的尺寸
iconSize()	QSize	获取卡片图标的尺寸
setMovable(bool)	None	设置卡片之间是否可以交换位置
isMovable()	bool	获取卡片是否可以交换位置
setTabBarAutoHide(bool)	None	设置卡片标题是否自动隐藏
tabBarAutoHide()	bool	获取标题是否可以自动隐藏

续表

QTabWidget 的方法及参数类型	返回值的类型	说　　明
setTabEnabled(index: int, bool)	None	设置是否将索引为 int 的卡片激活
isTabEnabled(index: int)	bool	获取索引为 int 的卡片是否激活
setTabIcon(index: int, QIcon)	None	设置索引为 int 的卡片的图标
tabIcon(index: int)	QIcon	获取索引为 int 的卡片的图标
setTabPosition(QTabWidget. TabPosition)	None	设置标题栏的位置
setTabShape(QTabWidget. TabShape)	None	设置标题栏的形状
setTabText(index: int, str)	None	根据索引设置卡片的标题名称
tabText(index: int)	str	获取卡片标题的名称
setTabToolTip(index: int, str)	None	根据索引设置卡片的提示信息
tabToolTip(index: int)	str	获取卡片的提示信息
setVisible(bool)	None	设置切换卡是否显示
setTabsClosable(bool)	None	设置卡片标题上是否有关闭标识
tabsClosable()	bool	获取卡片是否可以关闭
setUsesScrollButtons(bool)	None	设置是否可以有滚动按钮
usesScrollButtons()	bool	获取是否有滚动按钮

2. 切换卡控件 QTabWidget 的信号

切换卡控件 QTabWidget 的信号如表 2-68 所示。

表 2-68　切换卡控件 QTabWidget 的信号

QTabWidget 的信号及参数类型	说　　明
currentChanged(index: int)	当前卡片改变时发送信号
tabBarClicked(index: int)	单击卡片的标题时发送信号
tabBarDoubleClicked(index: int)	双击卡片的标题时发送信号
tabCloseRequested(index: int)	单击卡片的关闭标识时发送信号

3. 切换卡控件 QTabWidget 的应用实例

本书二维码中的实例源代码 Demo2_24.py 是关于切换卡控件 QTabWidget 的应用实例。该程序建立一个学生考试成绩查询的界面，如图 2-34 所示，在窗口上放置 QTabWidget 控件，在第 1 个卡片中输入学生姓名和准考证号，单击“查询”按钮后，在第 2 个卡片中显示查询到的信息。

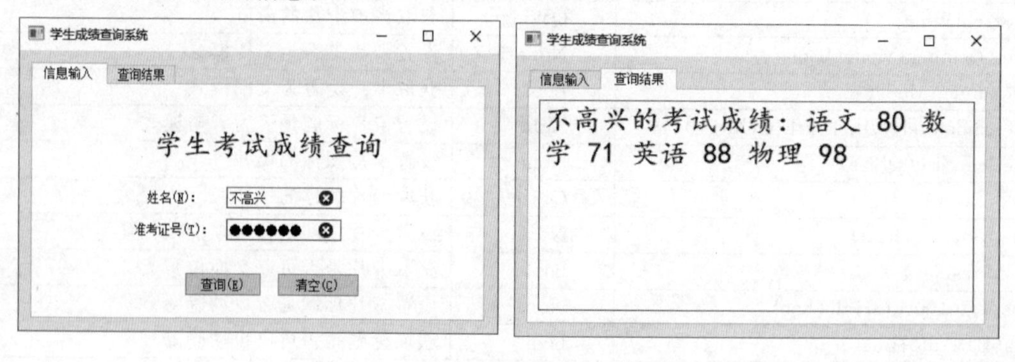

图 2-34　QTabWidget 应用实例的界面

2.6.5　控件栈控件 QStackedWidget 与实例

控件栈控件 QStackedWidget 与 QTabWidget 在功能上有些相似。控件栈也是包含多个窗口的控件，但是与 QTabWidget 不同的是，控件栈不是通过卡片管理窗口控件，而是根据需要从多个控件中选择某个窗口作为当前窗口，当前窗口是要显示的窗口，而不是当前的窗口不显示。QStackedWidget 通常与 QComboBox 和 QListWidget 等控件一起使用，当选择 QComboBox 或 QListWidget 中的某项(Item)内容时，从 QStackedWidget 中显示与之相关的某个窗口界面。

QStackedWidget 类是从 QFrame 继承而来的。用 QStackedWidget 类创建实例对象的方法如下所示，其中 parent 是窗口或者容器类控件。

```
QStackedWidget(parent: Union[QWidget, NoneType] = None)
```

1. 控件栈控件 QStackedWidget 的常用方法和信号

控件栈控件 QStackedWidget 的常用方法如表 2-69 所示。控件栈通过 addWidget(QWidget)方法添加窗口，根据窗口添加的顺序，窗口的索引值从 0 开始逐渐增加。用 insertWidget(index: int,QWidget)方法可以插入新窗口，插入的窗口的索引值是 int，如果需要把某个窗口显示出来，需要将窗口设置为当前窗口。设置当前窗口的方法是 SetCurrentWidget(QWidget)或 setCurrentIndex(index: int)，可以将指定的窗口或索引值是 int 的窗口设置成当前窗口。

表 2-69　控件栈控件 QStackedWidget 的常用方法

QStackedWidget 的方法及参数类型	返回值的类型	说　明
addWidget(QWidget)	int	在末尾添加窗口，并返回索引值
insertWidget(index: int,QWidget)	int	插入新窗口，插入的窗口索引值是 int
[**slot**]setCurrentWidget(QWidget)	None	将指定的窗口设置成当前窗口
[**slot**]setCurrentIndex(index: int)	None	将索引值是 int 的窗口设置成当前窗口
widget(index: int)	QWidget	获取索引值是 int 的窗口
currentIndex()	int	获取当前窗口的索引值
currentWidget()	QWidget	获取当前的窗口
indexOf(QWidget)	int	获取指定窗口的索引值
removeWidget(QWidget)	None	移除窗口
count()	int	获取窗口数量

控件栈控件 QStackedWidget 的信号有 currentChanged(index: int)和 widgetRemoved(index: int)，当前窗口发生变化时发送 currentChanged(index: int)信号，移除窗口时发送 widgetRemoved(index: int)信号。

2. 控件栈控件 QStackedWidget 的应用实例

本书二维码中的实例源代码 Demo2_25.py 是关于控件栈控件 QStackedWidget 的应用实例，是将上节中学生考试成绩查询系统的代码稍作改动，用控件栈 QStackedWidget 代替切换卡 QTabWidget，实现相同的查询功能。

2.6.6 工具箱控件 QToolBox 与实例

工具箱控件 QToolBox 与切换卡控件 QTabWidget 有些类似，也是由多页构成，每页有标题名称。与切换卡不同的是，工具箱的标题是从上到下依次排列，每页的标题呈按钮状态，单击每页的标题，每页的窗口会显示在标题按钮下面；而切换卡的标题是按顺序展开，切换卡的标题面积比卡片窗口的面积小。工具箱界面的外观如图 2-35 所示，由两个按钮构成。

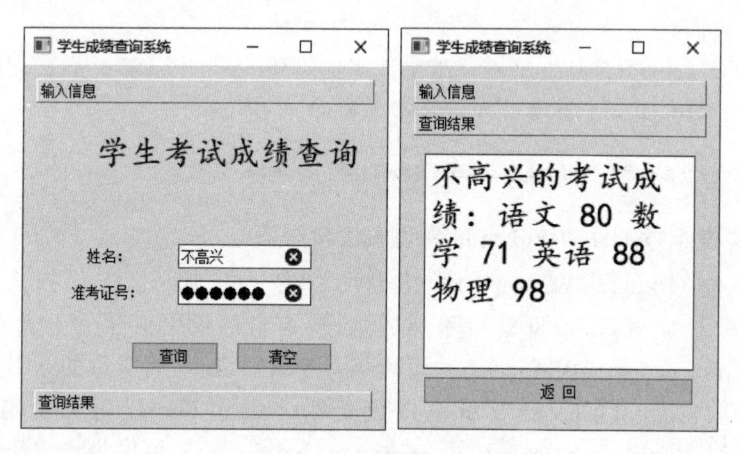

图 2-35 工具箱界面的外观

QToolBox 是从 QFrame 类继承而来的。用 QToolBox 类创建实例对象的方法如下所示，其中 parent 是窗口或者容器类控件，参数 Qt. WindowFlags 用于设置窗口类型，其取值参考 3.1 节中的内容，默认值是 Qt. Widget。

```
QToolBox(parent:Union[QWidget,NoneType] = None,f:Qt.WindowFlags = Default(Qt.WindowFlags))
```

1. 工具箱控件 QToolBox 的常用方法和信号

工具箱控件 QToolBox 的常用方法如表 2-70 所示。工具箱中的每个窗口称为 item(项或条目)。可以用 addItem(QWidget,text: str)或 addItem(QWidget,QIcon,text: str)方法在末尾添加项，其中 QWidget 是对应的窗口或控件，text 是项的标题名称，可以在文本中添加"&"和字母设置快捷键；用 insertItem(index: int,QWidget,text: str)或 insertItem(index: int,QWidget,QIcon,text: str)方法可以在指定位置插入项；用 removeItem(index: int)方法可以删除指定的项；用 count()方法可以获取项的数量；用 setItemText(int,str)方法可以设置项的标题名称；用 setItemIcon(int,QIcon)方法可以指定项的图标；用 currentWidget()方法可以获取当前项的窗口；用 widget(index: int)方法可以根据索引值获取项的窗口。

表 2-70 工具箱控件 QToolBox 的常用方法

QToolBox 的方法及参数类型	返回值的类型	说　明
addItem(QWidget,text: str)	int	在末尾添加项，text 是标题名称，QIcon 是图标或 QPixmap 图像
addItem(QWidget,QIcon,text: str)	int	

续表

QToolBox 的方法及参数类型	返回值的类型	说明
insertItem(index: int,QWidget,text: str)	int	根据索引插入项,新插入项的索引值是 index
insertItem(index: int,QWidget,QIcon,str)	int	
[slot]setCurrentIndex(index: int)	None	将索引值是 int 的项设置成当前项
currentIndex()	int	获取当前项的索引
[slot]setCurrentWidget(QWidget)	None	将指定窗口设置成当前窗口
currentWidget()	QWidget	获取当前项的窗口
widget(index: int)	int	获取索引值是 int 的窗口
removeItem(index: int)	None	移除索引值是 int 的项
count()	int	获取项的数量
indexOf(QWidget)	int	获取指定窗口的索引值
setItemEnabled(index: int,bool)	None	设置索引值是 int 的项是否激活
isItemEnabled(index: int)	bool	获取索引值是 int 的项是否激活
setItemIcon(index: int,QIcon)	None	设置项的图标
itemIcon(index: int)	QIcon	获取项的图标
setItemText(index: int,str)	None	设置项的标题名称
itemText(index: int)	str	获取项的标题名称
setItemToolTip(index: int,str)	None	设置项的提示信息
itemToolTip(index: int)	str	获取项的提示信息

工具箱控件只有 1 个信号 currentChanged(index: int),当前项发生变化时发送,参数是当前项的索引。

2. 工具箱控件 QToolBox 的应用实例

本书二维码中的实例源代码 Demo2_26.py 是关于工具箱控件 QToolBox 的应用实例。本程序用工具箱代替控件栈,实现相同的成绩查询功能。

2.7 网页浏览控件

PySide6 提供了可以浏览网页的控件 QWebEngineView 和 QWebEnginePage,可以利用它们编写网页浏览器,它们位于 QtWebEngineWidgets 模块中。

2.7.1 网页浏览器控件 QWebEngineView 与实例

网页浏览器控件 QWebEngineView 继承自 QWidget,用于管理其内部的网页 QWebEnginePage,设置内部网页的一些属性。用 QWebEngineView 创建网页浏览器控件的方法如下所示,其中 parent 是网页浏览器控件所在的窗体或容器控件。

```
QWebEngineView(parent: QWidget = None)
```

1. 网页浏览器控件 QWebEngineView 的常用方法

网页浏览器控件 QWebEngineView 的常用方法如表 2-71 所示,主要方法是用 load

(url: Union[QUrl,str])方法或 setUrl(url: Union[QUrl,str])方法加载网页;用 url()方法获取当前网页的 QUrl 地址;根据浏览历史记录,用 forward()方法向前浏览网页;用 back()方法向后浏览网页;用 reload()方法重新加载网页;如果已经有 HTML 格式的文本,用 setHtml(html: str)方法显示 HTML 格式的文本内容;用 history()方法获取浏览记录 QWebEngineHistory。对于网页中需要弹出新窗口的链接,需要创建 QWebEngineView 的子类,并重写 createWindow(QWebEnginePage.WebWindowType)函数,其中枚举类型参数 QWebEnginePage.WebWindowType 用于判断链接的类型,可取 QWebEnginePage.WebBrowserWindow(纯浏览器窗口)、QWebEnginePage.WebBrowserTab(浏览器切换卡)、QWebEnginePage.WebDialog(网页对话框)或 QWebEnginePage.WebBrowserBackgroundTab(没有隐藏当前可见的网页浏览器控件的切换卡),分别对应的值是 0~3。

表 2-71 网页浏览器控件 QWebEngineView 的常用方法

QWebEngineView 的方法及参数类型	返回值的类型	说 明
load(url: Union[QUrl,str])	None	加载网页
setUrl(url: Union[QUrl,str])	None	加载网页
[**slot**]reload()	None	重新加载网页
[**slot**]forward()	None	向前浏览网页
[**slot**]back()	None	向后浏览网页
[**slot**]stop()	None	停止加载网页
url()	QUrl	获取网页的 url 地址
title()	str	获取当前网页中用 HTML<title>定义的标题
createStandardContextMenu()	QMenu	创建标准的快捷菜单
createWindow(QWebEnginePage.WebWindowType)	QWebEngineView	创建 QWebEngineView 的子类,并重写该函数,用于弹出新的窗口
findText(subString: str)	None	查找网页中的文本
hasSelection()	bool	获取当前页中是否有选中的内容
selectedText()	str	获取当前页中选中的内容
history()	QWebEngineHistory	返回浏览器中当前网页的访问记录
icon()	QIcon	获取当前页的图标
iconUrl()	QUrl	获取当前页的图标的 QUrl 地址
print(printer: QPrinter)	None	默认用 A4 纸打印网页
printToPdf(filePath: str)	None	将网页输出成 pdf 文档
setHtml(html: str)	None	显示 HTML 格式的文本
setPage(page: QWebEnginePage)	None	设置网页
page()	QWebEnginePage	获取当前的网页
setZoomFactor(factor: float)	None	设置网页的缩放比例,参数取值范围为 0.25~5.0,默认是 1.0
zoomFactor()	float	获取缩放比例
[**static**]forPage(QWebEnginePage)	QWebEngineView	返回与网页关联的网页浏览器

2. 网页浏览器控件 QWebEngineView 的信号

网页浏览器控件 QWebEngineView 的信号如表 2-72 所示,主要信号是 urlChanged

(QUrl),当网页地址发生改变时发送该信号；开始加载网页时发送 loadStarted()信号；加载网页元素时发送 loadProgress(int)信号,参数的范数是 0～100,可以用 QProgressBar 布局来显示加载进度；网页加载完成时发送 loadFinished(bool)信号,成功是 True,出现错误是 False。

表 2-72　网页浏览器控件 QWebEngineView 的信号

QWebEngineView 的信号及参数类型	说　明
urlChanged(QUrl)	网页地址发生改变时发送信号
iconChanged(QIcon)	网页图标发生改变时发送信号
iconUrlChanged(QUrl)	网页图标的 url 地址发生改变时发送信号
loadFinished(bool)	网页加载完成时发送信号,成功是 True,出现错误是 False
loadProgress(int)	加载网页元素时发送信号,参数的范数是 0～100
loadStarted()	开始加载网页时发送信号
pdfPrintingFinished(filePath: str,success: bool)	打印成 pdf 文件结束时发送信号
printFinished(success: bool)	打印完成时发送信号
printRequested()	请求打印时发送信号
selectionChanged()	网页中选择的内容发生改变时发送信号
titleChanged(title: str)	网页标题名称发生改变时发送信号

3. 网页浏览器控件的应用实例

下面的程序创建一个简单的浏览器,用 QWebEngineView 类创建子类 myWebView,并重写了 createWindow()函数,这样在单击 QWebEnginePage.WebBrowserTab(浏览器切换卡)类型的链接时,能够显示链接的内容,如果是非 QWebEnginePage.WebBrowserTab 类型的链接,则根据浏览记录可以向前和向后导航。

```
import sys                                          #Demo2_27.py
from PySide6.QtWidgets import QApplication,QWidget,QLabel,QPushButton,\
                              QLineEdit,QHBoxLayout,QVBoxLayout
from PySide6.QtWebEngineWidgets import QWebEngineView
from PySide6.QtCore import QUrl
from PySide6.QtGui import QIcon

class myWebView(QWebEngineView):                    #创建 QWebEngineView 的子类
    def __init__(self,parent = None):
        super().__init__(parent)
    def createWindow(self,type):                    #重写 createWindow()函数
        return self
class MyWindow(QWidget):
    def __init__(self,parent = None):
        super().__init__(parent)
        self.setWindowTitle('QWebEngineView 的应用实例')
        self.resize(800,600)
        self.setupUi()
    def setupUi(self):
```

```
        self.urlLabel = QLabel("网址(&D):")
        self.urlLine = QLineEdit()
        self.urlLabel.setBuddy(self.urlLine)
        self.backBtn = QPushButton(icon = QIcon("d:\\python\\back.png"))
        self.forwardBtn = QPushButton(icon = QIcon("d:\\python\\forward.png"))
        self.reloadBtn = QPushButton(icon = QIcon("d:\\python\\reload.png"))
        self.homeBtn = QPushButton(icon = QIcon("d:\\python\\home.png"))
        self.webEngineView = myWebView()          #用 QWebEngineView 的子类创建浏览器
        self.webEngineView.setUrl("https://www.sohu.com")
        self.urlLine.setText("https://www.sohu.com")
        H = QHBoxLayout()                         #水平布局
        H.addWidget(self.urlLabel)                #水平布局中添加控件
        H.addWidget(self.urlLine)
        H.addWidget(self.backBtn)
        H.addWidget(self.forwardBtn)
        H.addWidget(self.reloadBtn)
        H.addWidget(self.homeBtn)
        V = QVBoxLayout(self)                     #竖直布局
        V.addLayout(H)                            #竖直布局中添加布局
        V.addWidget(self.webEngineView)           #竖直布局中添加控件

        self.urlLine.returnPressed.connect(self.urlLine_returnPressed)      #信号与槽函数
                                                                            #的连接
        self.webEngineView.titleChanged.connect(self.setWindowTitle)        #信号与槽函数
                                                                            #的连接
        self.webEngineView.urlChanged.connect(self.urlChanged)              #信号与槽函数
                                                                            #的连接
        self.webEngineView.iconChanged.connect(self.setWindowIcon)          #信号与槽函数
                                                                            #的连接
        self.forwardBtn.clicked.connect(self.webEngineView.forward)         #信号与槽函数
                                                                            #的连接
        self.backBtn.clicked.connect(self.webEngineView.back)               #信号与槽函数
                                                                            #的连接
        self.reloadBtn.clicked.connect(self.webEngineView.reload)           #信号与槽函数
                                                                            #的连接
        self.homeBtn.clicked.connect(self.homeBtn_clicked)                  #信号与槽函数
                                                                            #的连接
    def urlLine_returnPressed(self):
        url = QUrl.fromUserInput(self.urlLine.text())
        if url.isValid():
            self.webEngineView.load(url)                                    #加载网页
    def urlChanged(self, url):
        self.urlLine.setText(url.toString())                                #显示新的地址
    def homeBtn_clicked(self):
        self.webEngineView.load("https://www.sohu.com")
if __name__ == '__main__':
    app = QApplication(sys.argv)
    window = MyWindow()
    window.show()
    sys.exit(app.exec())
```

2.7.2　网页 QWebEnginePage 与实例

网页 QWebEnginePage 是指网页浏览器控件 QWebEngineView 中的网页内容，用 QWebEngineView 的 page( ) 方法可以获取 QWebEnginePage，用 setPage(page: QWebEnginePage)方法可以给浏览器控件设置网页。

用 QWebEnginePage 创建网页实例的方法如下所示，其中参数 profile 是对网页的设置、脚本、缓存地址、cookie 的保存策略等。QWebEnginePage 继承自 QObject。

```
QWebEnginePage(parent:QObject = None)
QWebEnginePage(profile:QWebEngineProfile,parent:QObject = None)
```

1. 网页 QWebEnginePage 的常用方法

网页 QWebEnginePage 的常用方法如表 2-73 所示，主要方法介绍如下。

- 用 setUrl(url: Union[QUrl,str])方法或 load(url: Union[QUrl,str])方法设置网页地址；用 requestedUrl()方法或 url()方法获取当前网页的地址。
- 重写 createWindow(QWebEnginePage.WebWindowType)函数，单击链接后需要产生新网页时可以创建新的网页，如果不重写该函数或者返回值不是 QWebEnginePage 对象，将发送 newWindowRequested()信号；重写 acceptNavigationRequest(url: Union[QUrl,str],QWebEnginePage.NavigationType,isMainFrame: bool)函数方法可以设置导航到新地址的处理方式，其中枚举值 QWebEnginePage.NavigationType 确定导航的原因，可取 QWebEnginePage.NavigationTypeLinkClicked(单击链接)、QWebEnginePage.NavigationTypeTyped(加载)、QWebEnginePage.NavigationTypeFormSubmitted(表格提交)、QWebEnginePage.NavigationTypeBackForward(前进或后退动作)、QWebEnginePage.NavigationTypeReload(重新加载)、QWebEnginePage.NavigationTypeRedirect(目录或服务器重新定位或自动重新加载)或 QWebEnginePage.NavigationTypeOther(除以上方式之外的其他方式)。
- 用 findText(str,QWebEnginePage.FindFlags,function(QWebEngineFindTextResult))方法可以在网页中查找指定的文本，查找结束后会发送 findTextFinished(QWebEngineFindTextResult)信号和调用 function(QWebEngineFindTextResult)函数，参数 QWebEngineFindTextResult 是查找后的结果对象，其有两个方法 numberOfMatches()和 activeMatch()，分别获取匹配的个数和当前匹配的索引；参数 QWebEnginePage.FindFlags 设置查找方向，可以取 QWebEnginePage.FindBackward(向后查找)或 QWebEnginePage.FindCaseSensitively(大小写敏感)，默认向前查找和大小写不敏感。
- 用 setFeaturePermission(securityOrigin: Union[QUrl, str], feature: QWebEnginePage.Feature,policy: QWebEnginePage.PermissionPolicy)方法可以给网页需要的一些设备进行权限设置，其中参数 feature 是 QWebEnginePage.Feature 枚举值，可取值如表 2-74 所示；policy 设置权限，可取 QWebEnginePage.PermissionUnknown(不确定是否已经由用户授权)、QWebEnginePage.PermissionGrantedByUser(用户已经授权)或 QWebEnginePage.

PermissionDeniedByUser(用户已经拒绝)。

- 网页中有一些默认的动作,由动作构成右键快捷菜单,有关动作的内容参见3.2节。网页中的动作由action(action: QWebEnginePage.WebAction)方法获取,其中枚举值QWebEnginePage.WebAction可取值如表2-75所示;用triggerAction(action: QWebEnginePage.WebAction,checked: bool=False)方法可以激发某个动作。
- 用chooseFiles(QWebEnginePage.FileSelectionMode,oldFiles: Sequence[str])方法设置网页中选择文件时(如上传文件)的文件选择模式,其中QWebEnginePage.FileSelectionMode枚举值可取QWebEnginePage.FileSelectOpen(只能选择一个文件)、QWebEnginePage.FileSelectOpenMultiple(可选多个文件)或QWebEnginePage.FileSelectUploadFolder(选择文件夹);oldFiles是提供建议的文件名前半部分。
- 用save(filePath: str,format: QWebEngineDownloadRequest.SavePageFormat)方法保存网页内容到指定文件,其中参数format设置文件格式,可取QWebEngineDownloadRequest.UnknownSaveFormat、QWebEngineDownloadRequest.SingleHtmlSaveFormat(保存到一个HTML文件中,有些信息,如图片不保持)、QWebEngineDownloadRequest.CompleteHtmlSaveFormat(保存整个HTML文件,有些信息,如图片保存到文件夹中)或QWebEngineDownloadRequest.MimeHtmlSaveFormat(保存成MIME HTML格式)。

表2-73 网页QWebEnginePage的常用方法

QWebEnginePage的方法及参数类型	返回值的类型	说明
setUrl(url: Union[QUrl,str])	None	加载指定的网页地址
load(url: Union[QUrl,str])	None	加载QUrl地址网页
load(request: QWebEngineHttpRequest)	None	加载特定的网页
requestedUrl()	QUrl	获取当前网页的地址
url()	QUrl	同上
isLoading()	bool	获取网页是否在加载
createWindow(QWebEnginePage.WebWindowType)	QWebEnginePage	重写该方法创建新网页
acceptNavigationRequest(url: Union[QUrl, str], QWebEnginePage.NavigationType, isMainFrame: bool)	bool	重写该函数,设置导航到新地址的处理方式
setFeaturePermission(securityOrigin: Union[QUrl,str],feature: QWebEnginePage.Feature,policy: QWebEnginePage.PermissionPolicy)	None	给网页需要的设备进行权限设置
setUrlRequestInterceptor(interceptor: QWebEngineUrlRequestInterceptor)	None	设置拦截器
action(action: QWebEnginePage.WebAction)	QAction	获取网页的指定动作,用于创建右键快捷菜单
triggerAction(action: QWebEnginePage.WebAction,checked: bool=False)	None	执行指定的动作

续表

QWebEnginePage 的方法及参数类型	返回值的类型	说　明
setBackgroundColor(color: Union[QColor,Qt.GlobalColor,str])	None	设置背景颜色
backgroundColor()	QColor	获取网页背景颜色
contentsSize()	QSizeF	获取网页内容的尺寸
setDevToolsPage(page: QWebEnginePage)	None	设置开发者工具
devToolsPage()	QWebEnginePage	获取开发工具网页
download(url: Union[QUrl,str],filename: str='')	None	下载资源到文件中
findText(str,QWebEnginePage.FindFlags,function(QWebEngineFindTextResult))	None	调用指定的函数查找，函数参数是查找结果
findText(subString: str, QWebEnginePage.FindFlags={})	None	查找指定的内容
hasSelection()	bool	获取是否有选中的内容
history()	QWebEngineHistory	获取历史导航
icon()	QIcon	获取网页的图标
iconUrl()	QUrl	获取网页的地址
title()	str	获取网页标题
chooseFiles(QWebEnginePage.FileSelectionMode,oldFiles: Sequence[str])	List[str]	设置选择文件时（如上传文件），文件选择模式
setAudioMuted(muted: bool)	None	设置网页静音状态
isAudioMuted()	bool	获取是否处于静音状态
setVisible(visible: bool)	None	设置网页是否可见
isVisible()	bool	获取网页是否可见
printToPdf(filePath: str)	None	将网页转换成 pdf 文档
profile()	QWebEngineProfile	获取 QWebEngineProfile
recentlyAudible()	bool	获取是否播放过音频
renderProcessPid()	int	获取渲染进度
replaceMisspelledWord(replacement: str)	None	用指定的文本替换不能识别的文本
runJavaScript(scriptSource: str,worldId: int=0,function(any))	None	运行 Java 脚本
runJavaScript(scriptSource: str,function(any))	None	同上
save(filePath: str,format: QWebEngineDownloadRequest.SavePageFormat)	None	保存网页内容到文件中
scrollPosition()	QPointF	获取网页滚动的位置
selectedText()	str	获取网页上选中的文本
setHtml(html: str, baseUrl: Union[QUrl,str])	None	显示 HTML 文档内容
setWebChannel(QWebChannel,worldId: int=0)	None	设置网络通道
webChannel()	QWebChannel	获取当前的网络通道
setZoomFactor(factor: float)	None	设置缩放系数

续表

QWebEnginePage 的方法及参数类型	返回值的类型	说　明
zoomFactor()	float	获取当前的缩放系数
settings()	QWebEngineSettings	获取对网页的设置

表 2-74　QWebEnginePage. Feature 的取值

QWebEnginePage. Feature 的取值	值	说　明
QWebEnginePage. Notifications	0	网站通知最终用户
QWebEnginePage. Geolocation	1	当地硬件或服务
QWebEnginePage. MediaAudioCapture	2	音频设备,如麦克风
QWebEnginePage. MediaVideoCapture	3	视频设备,如摄像头
QWebEnginePage. MediaAudioVideoCapture	4	音频和视频设备
QWebEnginePage. MouseLock	5	将光标锁定在浏览器中,通常用于游戏中
QWebEnginePage. DesktopVideoCapture	6	视频输出,如多人可共享桌面
QWebEnginePage. DesktopAudioVideoCapture	7	视频和音频输出

表 2-75　QWebEnginePage. WebAction 的取值

QWebEnginePage. WebAction 的取值	值	QWebEnginePage. WebAction 的取值	值
QWebEnginePage. NoWebAction	−1	QWebEnginePage. ToggleMediaPlayPause	23
QWebEnginePage. Back	0	QWebEnginePage. ToggleMediaMute	24
QWebEnginePage. Forward	1	QWebEnginePage. DownloadLinkToDisk	16
QWebEnginePage. Stop	2	QWebEnginePage. DownloadImageToDisk	19
QWebEnginePage. Reload	3	QWebEnginePage. DownloadMediaToDisk	25
QWebEnginePage. Cut	4	QWebEnginePage. InspectElement	26
QWebEnginePage. Copy	5	QWebEnginePage. ExitFullScreen	27
QWebEnginePage. Paste	6	QWebEnginePage. RequestClose	28
QWebEnginePage. Undo	7	QWebEnginePage. Unselect	29
QWebEnginePage. Redo	8	QWebEnginePage. SavePage	30
QWebEnginePage. SelectAll	9	QWebEnginePage. ViewSource	32
QWebEnginePage. ReloadAndBypassCache	10	QWebEnginePage. ToggleBold	33
QWebEnginePage. PasteAndMatchStyle	11	QWebEnginePage. ToggleItalic	34
QWebEnginePage. OpenLinkInThisWindow	12	QWebEnginePage. ToggleUnderline	35
QWebEnginePage. OpenLinkInNewWindow	13	QWebEnginePage. ToggleStrikethrough	36
QWebEnginePage. OpenLinkInNewTab	14	QWebEnginePage. AlignLeft	37
QWebEnginePage. CopyLinkToClipboard	15	QWebEnginePage. AlignCenter	38
QWebEnginePage. CopyImageToClipboard	17	QWebEnginePage. AlignRight	39
QWebEnginePage. CopyImageUrlToClipboard	18	QWebEnginePage. AlignJustified	40
QWebEnginePage. CopyMediaUrlToClipboard	20	QWebEnginePage. Indent	41
QWebEnginePage. ToggleMediaControls	21	QWebEnginePage. Outdent	42
QWebEnginePage. ToggleMediaLoop	22	QWebEnginePage. InsertOrderedList	43
QWebEnginePage. OpenLinkInNewBackgroundTab	31	QWebEnginePage. InsertUnorderedList	44

2. 网页 QWebEnginePage 的信号

网页 QWebEnginePage 的信号如表 2-76 所示，主要信号介绍如下。

- 当网页的 QUrl 地址发生改变时，发送 urlChanged(QUrl)信号。
- 开始加载网页内容时发送 loadStarted()信号；加载过程中发送 loadProgress(int)，参数的值是加载进度，取值范围是 0～100；加载结束时发送 loadFinished(bool)信号，如果加载成功则参数是 True。
- 网页加载发生改变时发送 loadingChanged(QWebEngineLoadingInfo)信号，其中 QWebEngineLoadingInfo 记录加载过程信息，用 QWebEngineLoadingInfo 的 url()方法获取加载网页的 QUrl 地址；用 isErrorPage()方法判断加载过程是否出错；用 status()方法获取加载状态，返回值可能是 QWebEngineLoadingInfo. LoadStartedStatus（加载开始）、QWebEngineLoadingInfo. LoadStoppedStatus（加载停止）、QWebEngineLoadingInfo. LoadSucceededStatus(加载成功)或 QWebEngineLoadingInfo. LoadFailedStatus(加载失败)，对应的值分别是 0～3；如果加载失败，可以用 errorDomain()方法获取失败类型，返回值可能是 QWebEngineLoadingInfo. NoErrorDomain(出错类型未知)、QWebEngineLoadingInfo. InternalErrorDomain(内容不能被 PySide 识别)、QWebEngineLoadingInfo. ConnectionErrorDomain(网络连接出错)、QWebEngineLoadingInfo. CertificateErrorDomain(证书出错)、QWebEngineLoadingInfo. HttpErrorDomain(HTTP 连接出错)、QWebEngineLoadingInfo. FtpErrorDomain(FTP 连接出错)或 QWebEngineLoadingInfo. DnsErrorDomain(DNS 连接出错)，对应的值分别是 0～6。
- 当网页中视频播放器需要全屏显示时发送 fullScreenRequested(QWebEngineFullScreenRequest)信号，信号的参数是 QWebEngineFullScreenRequest 对象，可以用 QWebEngineFullScreenRequest 对象的 accept()方法接受全屏模式；用 reject()方法放弃全屏模式；如果 toggleOn()方法的返回值是 True，则表示处于全屏状态；另外用 origin()方法获取全屏状态时的 QUrl 地址。
- 网页上需要输入授权(用户名和密码)时发送 authenticationRequired(QUrl, QAuthenticator)信号，其中 QUrl 是需要授权的网页地址，QAuthenticator 用于记录用户名和密码的类，可以用 setUser(str)和 setPassWord(str)方法分别设置用户名和密码，用 user()和 password()方法获取用户名和密码。
- 需要设备授权时发送 featurePermissionRequested(QUrl, QWebEnginePage. Feature)信号，设备使用完不再需要设备授权时发送 featurePermissionRequestCanceled(QUrl, QWebEnginePage. Feature)信号。
- 在网页上搜索文本，搜索完成时发送 findTextFinished(QWebEngineFindTextResult)信号，其中 QWebEngineFindTextResult 记录查询到的与目标匹配的结果的个数和当前匹配的索引。用 QWebEngineFindTextResult 的 numberOfMatches()方法获取匹配的个数；用 activeMatch()方法获取当前匹配的索引。
- 调用 acceptNavigationRequest()方法时发送 navigationRequested(QWebEngineNavigationRequest)信号，利用 QWebEngineNavigationRequest 的 accept()或 reject()方法可以接受或拒绝导航到指定网页；用 url()方法获取要导航到的网页地址。

- 需要在另外一个窗口中加载新网页时发送 newWindowRequested(QWebEngineNewWindowRequest)信号，如果用户重写了 createWindow()函数，则不会发送该信号。QWebEngineNewWindowRequest 的 openIn(QWebEnginePage)方法指定在哪个网页中打开；isUserInitiated()方法获取是否由用户(键盘或鼠标事件)引起；requestedUrl()方法获取新网页的 QUrl 地址；requestedGeometry()方法获取新网页的尺寸 QRect；destination()方法获取新网页的类型，返回值是枚举类型 QWebEngineNewWindowRequest. DestinationType，可取值为 QWebEngineNewWindowRequest. InNewWindow（新窗口中）、QWebEngineNewWindowRequest. InNewTab（同窗口的切换卡中）、QWebEngineNewWindowRequest. InNewDialog(在没有切换卡、工具栏和 URL 输入框的新窗口中)或 QWebEngineNewWindowRequest. InNewBackgroundTab(在同一个窗口中，没有隐藏当前可见的浏览器)，对应的值分别是 0～3。
- 需要获取比应用程序分配的更大存储空间时发送 quotaRequested(QWebEngineQuotaRequest)信号，用 QWebEngineQuotaRequest 的 accept()方法或 reject()方法接受请求或拒绝请求；用 requestedSize()方法获取需要的存储空间(单位是 B)；用 origin()方法获取发出请求的网页地址 QUrl。
- 选择客户证书时发送 selectClientCertificate(QWebEngineClientCertificateSelection)信号，用 QWebEngineClientCertificateSelection 的 certificates()方法获取可选的证书列表 List[QSslCertificate]；用 select(QSslCertificate)方法选择一个证书；用 selectNone()方法不选择任何证书继续加载网页；用 host()方法获取需要客户证书的服务器的地址 QUrl(主机名和端口)。
- 渲染非正常中断时发送 renderProcessTerminated(QWebEnginePage. RenderProcessTerminationStatus，exitCode: int)信号，枚举值 QWebEnginePage. RenderProcessTerminationStatus 可取 QWebEnginePage. NormalTerminationStatus、QWebEnginePage. AbnormalTerminationStatus、QWebEnginePage. CrashedTerminationStatus 或 QWebEnginePage. KilledTerminationStatus，分别对应 0～3。

表 2-76 网页 QWebEnginePage 的信号

QWebEnginePage 的信号及参数类型	说 明
urlChanged(QUrl)	网页地址发生改变时发送信号
selectionChanged()	网页所选内容发生改变时发送信号
iconChanged(QIcon)	网页图标发生改变时发送信号
iconUrlChanged(QUrl)	网页图标的地址发生改变时发送信号
titleChanged(str)	网页标题发生改变时发送信号
visibleChanged(bool)	可见性发生改变时发送信号
contentsSizeChanged(QSizeF)	网页的尺寸发生改变时发送信号
geometryChangeRequested(QRect)	网页位置和尺寸发生改变时发送信号
fullScreenRequested(QWebEngineFullScreenRequest)	全屏显示时(如播放视频)发送信号
windowCloseRequested()	需要关闭窗口时发送信号

续表

QWebEnginePage 的信号及参数类型	说　明
audioMutedChanged(bool)	网页静音状态发生改变时发送信号
scrollPositionChanged(QPointF)	滚动位置发生改变时发送信号
linkHovered(str)	光标移到网页中的链接时发送信号
newWindowRequested (QWebEngineNewWindowRequest)	在另一个窗口中加载新网页时发送信号
authenticationRequired(QUrl,QAuthenticator)	网页上需要输入授权(用户名和密码)时发送信号
certificateError(QWebEngineCertificateError)	证书出错时发送信号
featurePermissionRequested(QUrl, QWebEnginePage. Feature)	需要设备授权时发送信号
featurePermissionRequestCanceled(QUrl, QWebEnginePage. Feature)	不再需要设备授权时发送信号
findTextFinished (QWebEngineFindTextResult)	查找结束时发送信号
loadStarted()	开始加载网页内容时发送信号
loadProgress(int)	加载过程中发送信号,参数值的范围是 0～100
loadFinished(bool)	加载结束时发送信号
loadingChanged(QWebEngineLoadingInfo)	加载发生改变时发送信号
navigationRequested (QWebEngineNavigationRequest)	调用 acceptNavigationRequest()方法时发送信号
pdfPrintingFinished (filePath: str, success: bool)	转换完 pdf 格式文档时发送信号
proxyAuthenticationRequired(QUrl, QAuthenticator,proxyHost: str)	需要代理授权时发送信号
quotaRequested(QWebEngineQuotaRequest)	需要获取比应用程序分配的更大存储空间时发送信号
recentlyAudibleChanged(recentlyAudible: bool)	静音状态发生改变时发送信号
renderProcessPidChanged(int)	渲染过程发生改变时发送信号
renderProcessTerminated (QWebEnginePage. RenderProcessTerminationStatus, exitCode: int)	渲染非正常中断时发送信号
selectClientCertificate (QWebEngineClientCertificateSelection)	选择客户证书时发送信号

3. QWebEngineHistory 与 QWebEngineHistoryItem

每个网页都会有一个 QWebEngineHistory 对象,QWebEngineHistory 对象由多个历史记录构成,每个历史记录称为 QWebEngineHistoryItem(历史项),QWebEngineHistoryItem 项用于记录曾经访问过的 QUrl 地址和访问时间。用 QWebEnginePage 或 QWebEngineView 的 history()方法可以获得网页的 QWebEngineHistory 对象。

QWebEngineHistory 和 QWebEngineHistoryItem 的常用方法分别如表 2-77 和表 2-78 所示。网页加载的内容是当前历史项记录的网址,如果当前历史项发生改变,则网页加载的内容也同时改变。当前历史项将 QWebEngineHistory 中的历史项分为之前的历史项和之后的历史项。用 QWebEngineHistory 的 currentItem()方法和 currentItemIndex()方法可以分别获取当前的历史项和历史项的索引；用 back()方法和 forward()方法可以分别将当前项之前的历史项或之后的历史项作为当前历史项，网页也同时跳转，网页也同时跳转；用 goToItem(QWebEngineHistoryItem)方法可以将指定的历史项作为当前项，网页也同时跳转；用 canGoBack()方法或 canGoForward()方法可以判断当前项之前或之后是否有历史项，如果有，则可以后退或前进；用 QWebEngineHistoryItem 的 url()方法可以获取历史项关联的网址；用 lastVisited()方法获取历史项关联的网页最后访问日期和时间。

表 2-77 QWebEngineHistory 的常用方法

QWebEngineHistory 的方法	返回值的类型	说 明
currentItem()	QWebEngineHistoryItem	获取当前的历史项
currentItemIndex()	int	获取当前历史项的索引
back()	None	将当前项之前的历史项作为当前项，网页也同时后退
forward()	None	将当前项之后的历史项作为当前项，网页也同时前进
goToItem(QWebEngineHistoryItem)	None	将指定的历史项作为当前项，网页也同时跳转
backItem()	QWebEngineHistoryItem	获取当前项之前的历史项
backItems(maxItems: int)	List[QWebEngineHistoryItem]	获取当前项之前的最多 maxItems 个历史项
forwardItem()	QWebEngineHistoryItem	获取当前项之后的历史项
forwardItems(maxItems: int)	List[QWebEngineHistoryItem]	获取当前项之后的最多 maxItems 个历史项
canGoBack()	bool	获取是否可以后退
canGoForward()	bool	获取是否可以前进
itemAt(i: int)	QWebEngineHistoryItem	根据索引获取历史项
items()	List[QWebEngineHistoryItem]	获取所有的历史项
count()	int	获取记录的历史项的个数
clear()	None	清空所有记录

表 2-78 QWebEngineHistoryItem 的常用方法

QWebEngineHistoryItem 的方法	返回值的类型	说 明
url()	QUrl	获取历史项关联的网址
title()	str	获取历史项关联的网页的标题
lastVisited()	QDateTime	获取历史项关联的网页最后访问日期和时间
iconUrl()	QUrl	获取历史项关联的图标的网址
isValid()	bool	获取历史项是否有效
originalUrl()	QUrl	获取历史项关联的初始网址

4. QWebEnginePage 和 QWebEngineHistory 的应用实例

下面程序建立一个复杂些的网站浏览器，将浏览器放到切换卡控件中，在需要弹出窗口时自己添加卡片；可以进行页面的前进、后退导航，可以显示加载页面的进度。

```
import sys                                               #Demo2_28.py
from PySide6.QtWidgets import QApplication,QWidget,QLabel,QPushButton,QLineEdit,\
                               QHBoxLayout,QVBoxLayout,QTabWidget,QProgressBar
from PySide6.QtWebEngineWidgets import QWebEngineView
from PySide6.QtCore import QUrl,Qt
from PySide6.QtGui import QIcon

class WidgetInTab(QWidget):                              #切换卡中的控件
    def __init__(self,parent = None,tab = None):         #参数 tab 用于切换卡控件的传递
        super().__init__(parent)
        self.tab = tab

        self.urlLabel = QLabel("网址(&D):")
        self.urlLine = QLineEdit()                       #地址栏
        self.urlLabel.setBuddy(self.urlLine)
        self.backBtn = QPushButton(icon = QIcon("d:\\python\\back.png"))     #后退按钮
        self.forwardBtn = QPushButton(icon = QIcon("d:\\python\\forward.png"))
                                                         #前进按钮
        self.reloadBtn = QPushButton(icon = QIcon("d:\\python\\reload.png"))
                                                         #重新加载按钮
        self.homeBtn = QPushButton(icon = QIcon("d:\\python\\home.png"))     #主页按钮
        self.webView = QWebEngineView()                  #浏览器控件
        self.webPage = self.webView.page()               #浏览器内部的网页
        self.history = self.webPage.history()            #网页上的历史记录
        self.progressBar = QProgressBar()                #进度条控件
        self.progressBar.setRange(0,100)
        self.progressBar.setAlignment(Qt.AlignCenter)
        self.progressBar.setFormat("加载中,已完成%p%")

        self.homeAddress = "https://www.sohu.com"        #主页地址
        self.webPage.setUrl(self.homeAddress)

        H = QHBoxLayout()                                # 水平布局
        H.addWidget(self.urlLabel);H.addWidget(self.urlLine);H.addWidget(self.backBtn)
        H.addWidget ( self. forwardBtn); H. addWidget ( self. reloadBtn); H. addWidget ( self.
homeBtn)

        V = QVBoxLayout(self)                            # 竖直布局
        V.addLayout(H);V.addWidget(self.webView);V.addWidget(self.progressBar)
                                                         #布局添加控件

        self.urlLine.returnPressed.connect(self.urlLine_returnPressed)
                                                         #信号与槽函数的连接
        self.webPage.urlChanged.connect(self.url_changed)          #信号与槽函数的连接
        self.webPage.titleChanged.connect(self.title_changed)      #信号与槽函数的连接
        self.webPage.iconChanged.connect(self.icon_changed)        #信号与槽函数的连接
        self.webPage.newWindowRequested.connect(self.new_WindowRequested)
```

```
        self.forwardBtn.clicked.connect(self.forwardBtn_clicked)    #信号与槽函数的连接
        self.backBtn.clicked.connect(self.backBtn_clicked)          #信号与槽函数的连接
        self.reloadBtn.clicked.connect(self.webView.reload)         #信号与槽函数的连接
        self.homeBtn.clicked.connect(self.homeBtn_clicked)          #信号与槽函数的连接
        self.webPage.loadProgress.connect(self.progressBar.setValue)    #信号与槽函数的
                                                                        #连接
        self.webPage.loadFinished.connect(self.load_finished)       #信号与槽函数的连接
        self.webPage.loadStarted.connect(self.load_started)         #信号与槽函数的连接
    def urlLine_returnPressed(self):                #输入新地址并按 Enter 键后的槽函数
        url = QUrl.fromUserInput(self.urlLine.text())
        if url.isValid():
            self.webPage.load(url)                  #加载网页
    def url_changed(self, url):                     #URL 地址发生变化时的槽函数
        self.urlLine.setText(url.toString())        #显示新的地址
        self.backBtn.setEnabled(self.history.canGoBack())
        self.forwardBtn.setEnabled(self.history.canGoForward())
    def title_changed(self,title):                  #网页地址发生变化时的槽函数
        tab_index = self.tab.indexOf(self)          #获取当前页的索引
        self.tab.setTabText(tab_index,title)
    def icon_changed(self,icon):                    #网页图标发生变化时的槽函数
        tab_index = self.tab.indexOf(self)
        self.tab.setTabIcon(tab_index, icon)
    def new_WindowRequested(self,request):          #需要新网页时的槽函数
        tab_index = self.tab.indexOf(self)
        newWindow = WidgetInTab(parent = None,tab = self.tab)       #创建切换卡内部的控件
        self.tab.insertTab(tab_index + 1,newWindow,'加载中...')     #插入新卡片
        self.tab.setCurrentIndex(tab_index + 1)     #将新插入的卡片作为当前卡片
        newWindow.webPage.load(request.requestedUrl())              #加载新网页
    def load_started(self):                         #网页开始加载时的槽函数
        self.progressBar.show()
    def load_finished(self,ok):                     #网页加载结束时的槽函数
        self.progressBar.hide()
    def backBtn_clicked(self):                      #后退按钮的槽函数
        self.history.back()
        if not self.history.canGoBack():
            self.backBtn.setEnabled(False)
    def forwardBtn_clicked(self):                   #前进按钮的槽函数
        self.history.forward()
        if not self.history.canGoForward():
            self.forwardBtn.setEnabled(False)
    def homeBtn_clicked(self):                      #主页按钮的槽函数
        self.webPage.load(self.homeAddress)
class MyWindow(QWidget):                            #主窗口
    def __init__(self,parent = None):
        super().__init__(parent)
        self.setWindowTitle('QWebEnginePage 的应用实例')
        self.resize(800,600)
        self.setupUi()
    def setupUi(self):
        self.tab = QTabWidget()                     #切换卡控件
```

```
        self.tab.setTabsClosable(True)
        self.tab.setElideMode(Qt.ElideMiddle)
        H = QHBoxLayout(self)
        H.addWidget(self.tab)
        firstTab = WidgetInTab(parent = None,tab = self.tab)    #第一个卡片中的内容
        self.tab.addTab(firstTab, firstTab.webPage.title())

        self.tab.tabCloseRequested.connect(self.tab_closeRequested)
    def tab_closeRequested(self,index):
        if self.tab.count() > 1:
            self.tab.removeTab(index)
if __name__ == '__main__':
    app = QApplication(sys.argv)
    window = MyWindow()
    window.show()
    sys.exit(app.exec())
```

第3章

窗口和对话框

上一章介绍了常用控件和容器控件，这些控件都是直接或间接从 QWidget 类继承而来的，因而也会继承 QWidget 的属性、方法、信号和槽函数。QWidget 是可视化控件的基类。QWidget 可以作为普通容器控件使用，还可以当作独立的窗口使用。除了用 QWidget 作为窗口使用外，通常还可以用 QMainWindow 和 QDialog 作为独立的窗口。QMainWindow 通常用作程序的主窗口，可以建立菜单、工具栏、状态栏和停靠控件；QDialog 通常用于程序运行过程中的临时会话窗口，用于提示和选择内容。本章主要介绍这三种独立窗口的使用方法。

3.1 窗口 QWidget

QWidget 可以当作独立的窗口使用，也可以当作容器控件使用。当作独立窗口时有标题栏，当作容器控件使用时没有标题栏。

3.1.1 独立窗口

在利用上一章中介绍的可视控件创建具体的实例时都选择了一个父窗体，将控件放到这个窗体上，即使在创建实例时没有选择父窗体，也可以用控件的 setParent()方法将控件放到父窗体上。如果一个控件没有放到任何窗体上，则这个控件可以单独成为窗口，并且可以作为父窗口来使用，可在其上面添加其他控件，这种控件可以称为程序的独立窗口(independent widget)。

上一章中介绍的常用控件和容器控件，由于都是从 QWdiget 类继承来的，都可以单独作为窗口来使用。本书二维码中的实例源代码 Demo3_1. py 和 Demo3_2. py 分别用 QPushButton 和 QLabel 作为独立窗口，且都在窗口上添加了两个控件。上一章介绍的常用控件各自都有其独特的属性、方法、信号和槽函数，因此一般不选择这些控件作为独立窗口，一般选择 QWidget、QMainWindow 和 QDialog 作为常用的顶层窗口。在一个 GUI 应用程序中，可以有多个独立窗口。

3.1.2 窗口 QWidget 与实例

QWidget 可以当作普通的容器控件使用，也可以当作独立的窗口来使用。当一个控件有父窗口时，不显示该控件的标题栏；当控件没有父窗口时，会显示标题栏。

QWidget 是可视化控件的基类，继承 QWidget 的控件有很多，按照功能分类可以分解成如图 1-9 所示的继承关系。QWidget 是从 QObject 和 QPaintDevice 类继承而来的，QObject 主要定义信号和槽的功能，QPaintDevice 主要定义绘图功能。

1. QWidget 窗口的类型

用 QWidget 创建实例对象的方法如下，其中 parent 是父窗口控件，如果没有给 QWidget 传递父窗口控件，QWidget 将会成为独立窗口。

```
QWidget(parent: QWidget = None,f: Qt.WindowFlags = Qt.Widget)
```

QWidget 中的参数 f 确定窗口的类型和外观，取值是 Qt. WindowFlags 或 Qt. WindowType 的枚举值。设置 QWidget 的窗口类型的取值如表 3-1 所示，对 QWidget 窗口的外观起作用的取值如表 3-2 所示，如果同时选择多个值，可以用“|”符号将多个可选值连接起来。窗口类型和外观与系统有关，取决于系统是否支持窗口类型和外观。

表 3-1 窗口类型 Qt. WindowFlags 的取值

Qt. WindowFlags 的取值	说　明
Qt. Widget	这是默认值，如果 QWidget 有父容器或窗口，它成为一个控件；如果没有，则它会成为独立的窗口
Qt. Window	不管 QWidget 是否有父容器或窗口，它都将成为一个有窗口框架和标题栏的窗口
Qt. Dialog	QWidget 将成为一个对话框窗口(QDialog)。对话框窗口在标题栏上通常没有最大化按钮和最小化按钮，如果是从其他窗口中弹出了对话框窗口，可以通过 setWindowModality()方法将其设置成模式窗口。在关闭模式窗口之前，不允许对其他窗口进行操作
Qt. Sheet	在 Mac 系统中，QWidget 将是一个表单(sheet)
Qt. Drawer	在 Mac 系统中，QWidget 将是一个抽屉(drawer)
Qt. Popup	QWidget 是弹出式顶层窗口，这个窗口是带模式的，常用来做弹出式菜单
Qt. Tool	QWidget 是一个工具窗，工具窗通常有比正常窗口小的标题栏，可以在其上面放置按钮。如果 QWidget 有父窗口，则 QWidget 始终在父窗口的顶层
Qt. ToolTip	QWidget 是一个提示窗，没有标题栏和边框
Qt. SplashScreen	QWidget 是一个欢迎窗，这是 QSplashScreen 的默认值
Qt. Desktop	QWidget 是个桌面，这是 QDesktopWidget 的默认值
Qt. SubWindow	QWidget 是子窗口，例如 QMidSubWidow 窗口
Qt. ForeignWindow	QWidget 是其他程序创建的句柄窗口
Qt. CoverWindow	QWidget 是一个封面窗口，当程序最小化时显示该窗口

表 3-2　影响窗口外观的 Qt. WindowFlags 的取值

Qt. WindowFlags 的取值	说　明
Qt. MSWindowsFixedSizeDialogHint	对于不可调整尺寸的对话框 Qdialog 添加窄的边框
Qt. MSWindowsOwnDC	为 Windows 系统的窗口添加上下文菜单
Qt. BypassWindowManagerHint	窗口不受窗口管理协议的约束，与具体的操作系统有关
Qt. X11BypassWindowManagerHint	无边框窗口，不受任务管理器的管理。如果不是用 activateWindow()方法激活，不接受键盘输入
Qt. FramelessWindowHint	无边框和标题栏窗口，无法移动和改变窗口的尺寸
Qt. NoDropShadowWindowHint	不支持拖放操作的窗口
Qt. CustomizeWindowHint	自定义窗口标题栏，不显示窗口的默认提示信息，以下 6 个可选值可配合该值一起使用
Qt. WindowTitleHint	有标题栏的窗口
Qt. WindowSystemMenuHint	有系统菜单的窗口
Qt. WindowMinimizeButtonHint	有最小化按钮的窗口
Qt. WindowMaximizeButtonHint	有最大化按钮的窗口
Qt. WindowMinMaxButtonsHint	有最小化和最大化按钮的窗口
Qt. WindowCloseButtonHint	有关闭按钮的窗口
Qt. WindowContextHelpButtonHint	有帮助按钮的窗口
Qt. MacWindowToolBarButtonHint	在 Mac 系统中，添加工具栏按钮
Qt. WindowFullscreenButtonHint	有全屏按钮的窗口
Qt. WindowShadeButtonHint	在最小化按钮处添加背景按钮
Qt. WindowStaysOnTopHint	始终在最前面的窗口
Qt. WindowStaysOnBottomHint	始终在最后面的窗口
Qt. WindowTransparentForInput	只用于输出，不能用于输入的窗口
Qt. WindowDoesNotAcceptFocus	不接受输入焦点的窗口
Qt. MaximizeUsingFullscreenGeometryHint	窗口最大化时，最大化地占据屏幕

2. 窗口类型应用实例

下面举一个有关窗口类型的实例，程序运行的界面如图 3-1 所示。运行下面的程序，先出现一个欢迎界面，窗口类型是 Qt. SplashScreen，这个界面上没有标题栏，只有一个标签和一个按钮，单击“进入>>”按钮后，弹出两个新的窗口，这两个窗口的类型分别是 Qt. CustomizeWindowHint 和 Qt. Window。窗口类型是 Qt. CustomizeWindowHint 时将不会有标题栏，程序中用竖直布局在窗口上部放置 QWidget 控件作为标题栏，并添加一个 QLabel 和一个 QPushButton，可以放置更多的控件以丰富标题栏。窗口现在还不能移动，可以为窗口编写鼠标按键事件，以便在拖动标题栏时窗口能移动。

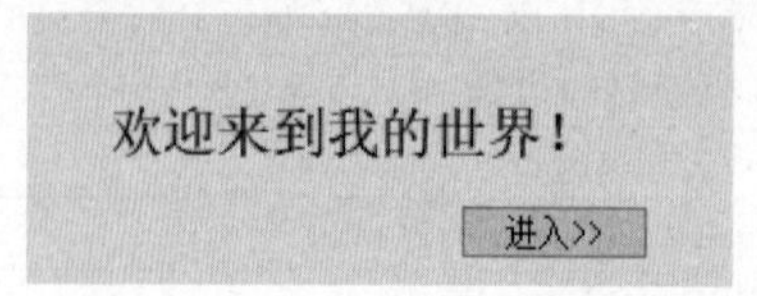

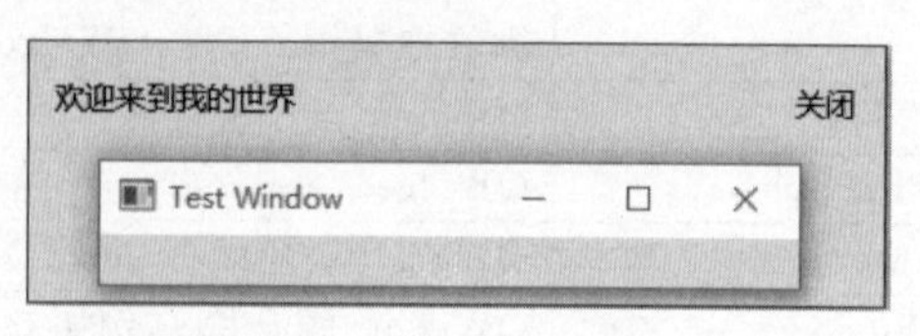

图 3-1　窗口类型实例的界面

```
import sys                                          # Demo3_3.py
from PySide6.QtWidgets import QApplication, QWidget, QLabel,QPushButton, \
                                QFrame, QVBoxLayout, QHBoxLayout
from PySide6.QtCore import Qt
from PySide6.QtGui import QFont

class MyWindow(QWidget):
    def __init__(self,parent = None,f = Qt.Widget):
        super().__init__(parent,f = f)
        self.setStyleSheet('border:0px')
        self.setContentsMargins(0,0,0,0)
        self.resize(400,300)
        self.move(300,200)
        font = QFont()
        font.setPointSize(10)
        #下面创建自定义标题栏
        title = QLabel("欢迎来到我的世界")
        title.setFont(font)
        closeBtn = QPushButton("关闭")
        closeBtn.clicked.connect(self.close)
        closeBtn.setFixedSize(30,15)
        closeBtn.setFont(font)
        closeBtn.setContentsMargins(0,0,0,0)

        titleBar = QWidget()
        titleBar.setFixedHeight(13)
        H = QHBoxLayout(titleBar)
        H.setAlignment(Qt.AlignTop)
        H.setContentsMargins(0,0,0,0)
        H.setSpacing(0)

        H.addWidget(title)
        H.addWidget(closeBtn)
        workArea = QFrame()
        V = QVBoxLayout(self)
        V.setSpacing(0)
        V.addWidget(titleBar)
        V.addWidget(workArea)
        V.setContentsMargins(0,0,0,0)
        # add more...,下面创建有父窗口的窗口,窗口类型是 Qt.Window
        test_window = QWidget(parent = self, f = Qt.Window)
        test_window.setWindowTitle("Test Window")
        test_window.show()
        test_window.resize(300,100)
class WelcomeWindow(QWidget):
    def __init__(self,parent = None,f = Qt.Widget):
        super().__init__(parent,f)
        self.resize(300, 100)
        self.setupUi()
    def setupUi(self):
```

```
        label = QLabel("欢迎来到我的世界!")
        label.setParent(self)
        label.setGeometry(70, 30, 200, 30)
        font = label.font()
        font.setPointSize(15)
        label.setFont(font)
        btn = QPushButton("进入>>",self)
        btn.setGeometry(200,70,70,20)
        btn.clicked.connect(self.enter)                        #信号与槽的连接
    def enter(self):
        self.win = MyWindow(f = Qt.FramelessWindowHint)        #无边框窗口
        self.win.show()                                        #显示另外一个窗口
        self.close()
if __name__ == '__main__':
    app = QApplication(sys.argv)
    welcome = WelcomeWindow(parent = None, f = Qt.SplashScreen) #欢迎窗口
    welcome.show()
    sys.exit(app.exec())
```

3. QWidget 的常用方法

由于 QWidget 可以成为顶层窗口、独立窗口和容器控件，因此 QWidget 的方法根据 QWidget 的功能不同也会有所不同。顶层窗口一定是独立窗口，而独立窗口不一定是顶层窗口，独立窗口也可以有父窗口，例如用参数 Qt. Dialog、Qt. Window 创建的窗口，独立窗口有自己的标题栏，可以移动、放大和缩小。QWidget 的一些属性只能用于窗口，一些只能用于控件，一些既可以用于窗口也可以用于控件。QWidget 的常用方法如表 3-3 所示，主要方法介绍如下。

表 3-3　QWidget 的常用方法

QWidget 的方法及参数类型	返回值的类型	说　明
[**slot**]show()	None	显示窗口，等同于 setVisible(True)
[**slot**]setHidden(bool)	None	设置隐藏状态
[**slot**]hide()	None	隐藏窗口
setVisible(bool)	None	设置窗口是否可见
[**slot**]raise_()	None	提升控件，放到控件栈的顶部
[**slot**]lower()	None	降低控件，放到控件栈的底部
[**slot**]close()	bool	关闭窗口，如果成功则返回 True
setWindowIcon(QIcon)	None	设置窗口的图标
windowIcon()	QIcon	获取窗口的图标
[**slot**]setWindowTitle(str)	None	设置窗口的标题文字
windowTitle()	str	获取窗口标题的文字
[**slot**]setWindowModified(bool)	None	设置文档是否修改过，可依此在退出程序时提示保存
isWindowModified()	Bool	获取窗口的内容是否修改过
setWindowIconText(str)	None	设置窗口图标的文字

续表

QWidget 的方法及参数类型	返回值的类型	说　明
windowIconText()	str	获取窗口图标的文字
setWindowModality(Qt.WindowModality)	None	设置窗口的模式特征
isModal()	bool	获取窗口是否有模式特征
setWindowOpacity(float)	None	设置窗口的不透明度，参数值从 0 到 1
windowOpacity()	float	获取窗口的不透明度
setWindowState(Qt.WindowState)	None	设置窗口的状态
windowState()	Qt.WindowState	获取窗口的状态，如最大化状态
windowType()	Qt.WindowType	获取窗口类型
activateWindow()	None	设置成活动窗口，活动窗口可以获得键盘输入
isActiveWindow()	bool	获取窗口是否是活动窗口
setMaximumWidth(maxw: int)	None	设置窗口或控件的最大宽度
setMaximumHeight(minh: int)	None	设置窗口或控件的最大高度
setMaximumSize(maxw: int,maxh: int)	None	设置窗口或控件的最大宽度和高度
setMaximumSize(QSize)	None	同上
setMinimumWidth(minw: int)	None	设置窗口或控件的最小宽度
setMinimumHeight(minh: int)	None	设置窗口或控件的最小高度
setMinimumSize(minw: int,minh: int)	None	设置窗口或控件的最小宽度和高度
setMinimumSize(QSize)	None	同上
setFixedHeight(h: int)	None	设置窗口或控件的固定高度
setFixedWidth(w: int)	None	设置窗口或控件的固定宽度
setFixedSize(QSize)	None	设置窗口或控件的固定宽度和高度
setFixedSize(w: int,h: int)	None	同上
[**slot**]showFullScreen()	None	全屏显示
[**slot**]showMaximized()	None	最大化显示
[**slot**]showMinimized()	None	最小化显示
[**slot**]showNormal()	None	最大化或最小化显示后回到正常显示
isMaximized()	bool	是否处于最大化状态
isMinimized()	bool	是否处于最小化状态
isFullScreen()	bool	获取窗口是否为全屏状态
setAutoFillBackGround(bool)	None	设置是否自动填充背景
autoFillBackground()	bool	获取是否自动填充背景
setObjectName(name: str)	None	设置窗口或控件的名称
setFont(QFont)	None	设置字体
font()	QFont	获取字体
setPalette(QPalette)	None	设置调色板
palette()	QPalette	获取调色板
setUpdatesEnabled(bool)	None	设置是否可以对窗口进行刷新
[**slot**]update()	None	刷新窗口
update(Union[QRegion, QPolygon, QRect])	None	刷新窗口的指定区域
update(x: int,y: int,w: int,h: int)	None	同上

续表

QWidget 的方法及参数类型	返回值的类型	说　明
setCursor(QCursor)	None	设置光标
cursor()	QCursor	获取光标
unsetCursor()	None	重置光标，使用父窗口的光标
setContextMenuPolicy (policy: Qt.ContextMenuPolicy)	None	设置右键快捷菜单的弹出策略
addAction(action: QAction)	None	添加动作，以便形成右键快捷菜单
addActions(actions: Sequence[QAction])	None	添加多个动作
insertAction(before: QAction, QAction)	None	插入动作
insertActions(before: QAction, actions: Sequence[QAction])	None	插入多个动作
actions()	List[QAction]	获取窗口或控件的动作列表
[**slot**]repaint()	None	调用 paintEvent 事件重新绘制窗口
repaint(x: int, y: int, w: int, h: int)	None	重新绘制指定区域
repaint (Union [QRegion, QPolygon, QRect])	None	同上
scroll(dx: int, dy: int)	None	窗口中的控件向左、向下移动指定的像素，参数可为负
scroll(dx: int, dy: int, QRect)	None	窗口中指定区域向左、向下移动指定的像素
resize(QSize)、resize(int, int)	None	重新设置窗口工作区的尺寸
size()	QSize	获取工作区尺寸
move(QPoint)、move(x: int, y: int)	None	移动左上角到指定位置
pos()	QPoint	获取窗口左上角的位置
x()、y()	int	获取窗口左上角的 x 和 y 坐标
frameGeometry()	QRect	获取包含标题栏的外框架区域
frameSize()	QSize	获取包含标题栏的外框架的尺寸
setGeometry(QRect)	None	设置工作区的矩形区域
setGeometry(x: int, y: int, w: int, h: int)	None	同上
geometry()	QRect	获取不包含框架和标题栏的工作区域
width()、height()	int	获取工作区的宽度和高度
rect()	QRect	获取工作区域
childrenRect()	QRect	获取子控件占据的区域
baseSize()	QSize	如果设置了 sizeIncrement 属性，获取控件的合适尺寸
setBaseSize(basew: int, baseh: int)	None	设置控件的合适尺寸
setBaseSize(QSize)	None	同上
sizeHint()	QSize	获取系统推荐的尺寸
isVisible()	bool	获取窗口是否可见
[**slot**]setDisabled(bool)	None	设置失效状态
[**slot**]setEnabled(bool)	None	设置是否激活
isEnabled()	bool	获取激活状态

续表

QWidget 的方法及参数类型	返回值的类型	说　明
isWindow()	bool	获取是否是独立窗口
window()	QWidget	返回控件所在的独立窗口
setToolTip(str)	None	设置提示信息
childAt(QPoint)	QWidget	获取指定位置处的控件
childAt(x: int, y: int)	QWidget	
setLayout(QLayout)	None	设置窗口或控件内的布局
layout()	QLayout	获取窗口或控件内的布局
setLayoutDirection(Qt.LayoutDirection)	None	设置布局的排列方向
setParent(parent: QWidget)	None	设置控件的父窗体
setParent(QWidget, f: Qt.WindowFlags)	None	同上
parentWidget()	QWidget	获取父窗体
[**slot**]setFocus()	None	设置获得焦点
setSizeIncrement(w: int, h: int)	None	设置窗口变化时的增量值
setSizeIncrement(QSize)	None	同上
sizeIncrement()	QSize	获取窗口变化时的增量值
[**slot**]setStyleSheet(str)	None	设置窗口或控件的样式表
setMask(QBitmap)	None	设置遮掩，白色部分不显示，黑色部分显示
setStyle(QStyle)	None	设置窗口的风格
setContentsMargins(left: int, top: int, right: int, bottom: int)	None	设置左、上、右、下的页边距
setContentsMargins(QMargins)	None	同上
setAttribute(Qt.WidgetAttribute, on=True)	None	设置窗口或控件的属性
setAcceptDrops(bool)	None	设置是否接受鼠标的拖放
setToolTip(str)	None	设置提示信息
setToolTipDuration(int)	None	设置提示信息持续的时间(毫秒)
setWhatsThis(str)	None	设置按 Shift+F1 键时的提示信息
setMouseTracking(enable: bool)	None	设置是否跟踪鼠标的移动事件
hasMouseTracking()	bool	获取是否有鼠标跟踪事件
underMouse()	bool	获取控件是否处于光标之下
setWindowFilePath(str)	None	在窗口上记录一个路径，例如打开文件的路径
mapFrom(QWidget, QPoint)	QPoint	将父容器中的点映射成控件坐标系下的点
mapFrom(QWidget, QPointF)	QPointF	同上
mapFromGlobal(QPoint)	QPoint	将屏幕坐标系中的点映射成控件的点
mapFromGlobal(QPointF)	QPointF	同上
mapFromParent(QPoint)	QPoint	将父容器坐标系下中的点映射成控件的点
mapFromParent(QPointF)	QPointF	同上
mapTo(QWidget, QPoint)	QPoint	将控件的点映射到父容器坐标系下的点

续表

QWidget 的方法及参数类型	返回值的类型	说　明
mapTo(QWidget,QPointF)	QPointF	同上
mapToGlobal(QPoint)	QPoint	将控件的点映射到屏幕坐标系下的点
mapToGlobal(QPointF)	QPointF	同上
mapToParent(QPoint)	QPoint	将控件的点映射到父容器坐标系下的点
mapToParent(QPointF)	QPointF	同上
grab(rectangle: QRect = QRect(0,0,−1,−1))	QPixmap	截取控件指定范围的图像,默认为整个控件
grabKeyboard()	None	获取所有的键盘输入事件,其他控件不再接收键盘输入事件
releaseKeyboard()	None	不再获取键盘输入事件
grabMouse()	None	获取所有的鼠标输入事件,其他控件不再接收鼠标输入事件
grabMouse(Union[QCursor,QPixmap])	None	获取所有的鼠标输入事件并改变光标形状
releaseMouse()	None	不再获取鼠标输入事件
[**static**]find(int)	QWidget	根据控件的识别 ID 号或句柄 ID 号获取控件
[**static**]keyboardGrabber()	QWidget	返回键盘获取的控件
[**static**]mouseGrabber()	QWidget	返回鼠标获取的控件
[**static**]setTabOrder(QWidget,QWidget)	None	设置窗口上的控件的 Tab 键顺序

- 窗口的显示与关闭。用 show()方法可以显示窗口,用 hide()方法可以隐藏窗口,也可以用 setVisible(bool)方法和 setHidden(bool)方法设置窗口的可见性,用 isVisible()和 isHidden()方法判断窗口是否可见,用 close()方法可以关闭窗口。当窗口被关闭时,首先向这个窗口发送一个关闭事件 closeEvent(event: QCloseEvent),如果事件被接受,则窗口被隐藏;如果事件被拒绝,则什么也不做。如果创建窗口时用 setAttribute(Qt.WA_QuitOnClose,on=True)方法设置了 Qt.WA_QuitOnClose 属性,则窗口对象会被析构(删除),大多数类型的窗口都默认设置了这个属性。close()方法的返回值 bool 表示关闭事件是否被接受,也就是窗口是否真的被关闭了。
- 窗口的提升与降级。如果显示多个窗口,则窗口之间是有先后顺序的,用 raise_()方法可把窗口放到前部,用 lower()方法可以把窗口放到底部。
- 窗口的状态。独立窗口有正常、全屏、最大化、最小化几种状态,用 isMinimized()方法判断窗口是否为最小化,用 isMaximized()方法判断窗口是否为最大化,用 isFullScreen()方法判断窗口是否为全屏,用 showMinimized()方法设置以最小化方式显示窗口,用 showMaximized()方法设置以最大化方式显示窗口,用 showFullScreen()方法设置以全屏方式显示窗口,用 showNormal()方法设置以正常方式显示窗口。另外用 setWindowState(Qt.WindowStates)方法也可以设置窗口的状态,其中参数 Qt.WindowStates 可以取 Qt.WindowNoState(无标识,正常状态)、Qt.WindowMinimized(最小化状态)、Qt.WindowMaxmized(最大化状态)、

Qt. WindowFullScreen（全屏状态）或 Qt. WindowActive（激活状态）；用 windowState()方法可以获取状态。

- 窗口的几何参数。QWidget 如果作为独立窗口，则有标题栏、框架和工作区；如果作为控件，则没有标题栏。QWidget 提供了设置和获取窗口与工作区尺寸的方法。窗口尺寸的设置是在屏幕坐标系下进行的，屏幕坐标系的原点在左上角，向右表示 x 方向，向下表示 y 方向。窗口几何参数的意义如图 3-2 所示，用 x()、y()和 pos()方法可以获得窗口左上角的坐标，用 frameGeometry()方法可以获得窗口框架的几何参数，用 frameSize()方法可以获得框架的宽度和高度，用 geometry()方法可以获得工作区的几何参数，包括左上角的位置和宽度、高度，用 rect()、size()、width()和 height()方法可以获得工作区的宽度、高度。用 move(int: x,int: y)方法可以将窗口左上角移动到坐标(x,y)处，用 move(QPoint) 方法可以将窗口左上角移动到 QPoint 处，用 resize(w: int,h: int)方法可以设置工作区的宽度和高度，用 resize (QSize)方法可以将工作区宽度和高度设置成 QSize，用 setGeometry(x: int,y: int, w: int,h: int)方法可以将工作区的左上角移动到(x,y)处，宽度改为 w，高度改为 h。

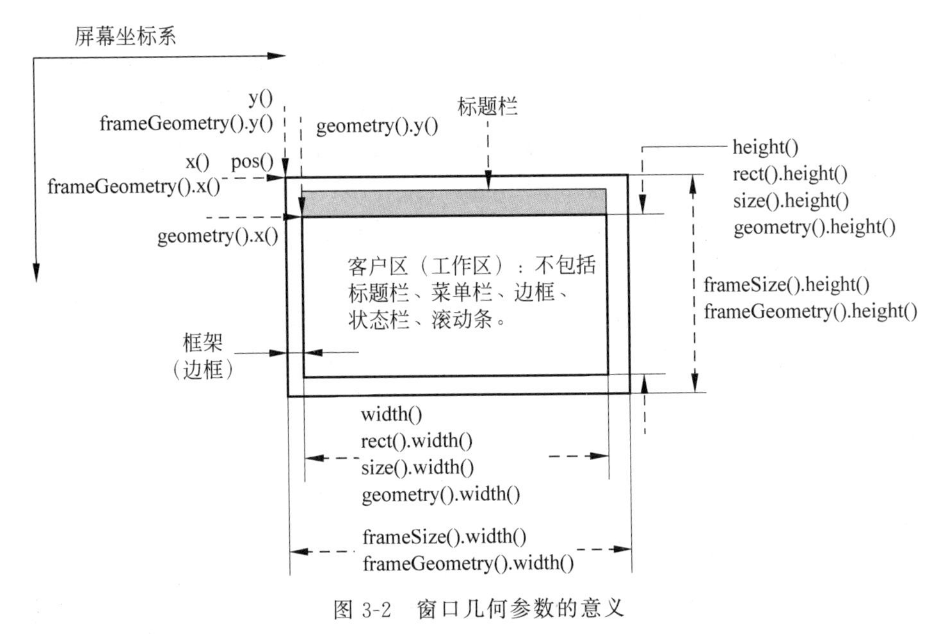

图 3-2 窗口几何参数的意义

- 窗口的模式(或模态)。在主窗口中通常需要弹出一些需要进行设置或确认信息的对话框，在对话框没有关闭之前，通常不能对其他窗口进行操作，这就是窗口的模式。用 setWindowModality(Qt. WindowModality)方法设置窗口的模式特性，其中枚举参数 Qt. WindowModality 可以取 Qt. NonModal(非模式，可以和程序的其他窗口进行交互操作)、Qt. WindowModal(窗口模式，在未关闭当前窗口时，将阻止与该窗口的父辈窗口的交互操作)、Qt. ApplicationModal(应用程序模式，在未关闭当前窗口时，将阻止窗口与任何其他窗口的交互操作)，用 windowModality()方法可以获取窗口的模式特性，用 isModel()方法可以获取窗口是否有模式特性。

- 焦点。焦点用来控制同一个独立窗口内哪一个控件可以接受键盘事件，同一时刻只能有一个控件获得焦点。用 setFocus()方法可以使一个控件获得焦点，用 clearFocus()方法可以使控件失去焦点，用 hasFocus()方法可以获取控件是否有焦点。
- 活跃。当有多个独立窗口同时存在时，只有一个窗口能够处于活跃状态。系统产生的键盘、鼠标等输入事件将被发送给处于活跃状态的窗口。一般来说，这样的窗口会被提升到堆叠层次的最上面，除非其他窗口有总在最上面的属性。用 activateWindow()方法可以使窗口活跃，用 isActiveWindow()方法可以查询窗口是否活跃。
- 激活。处于激活状态的窗口才有可能处理键盘和鼠标等输入事件；反之，处于禁用状态的窗口不能处理这些事件。用 setEnabled(bool)方法或 setDisabled(bool)方法可以使窗口激活或失效，用 isEnabled()方法可以查询窗口是否处于激活状态。
- 窗口标题和图标。用 setWindowTitle(str)方法可以设置窗口的标题文字，用 setWindowIcon(QIcon)方法可以设置窗口的图标，用 setWindowIconText(str)方法可以设置图标的文字，用 windowTitle()方法和 windowIcon()方法可以获取窗口的标题文字和图标。
- 字体和调色板。用 setFont(QFont)和 setPalette(QPalette)方法可以设置窗口的字体和调色板，用 font()和 palette()方法可以获取字体和调色板。
- 窗口的布局。用 setLayout(QLayout)方法可以设置窗口的布局，用 layout()方法可以获取窗口的布局，用 setLayoutDirection(Qt.LayoutDirection)方法可以设置布局的方向，其中参数 Qt.LayoutDirection 可以取 Qt.LeftToRight、Qt.RightToLeft 或 Qt.LayoutDirectionAuto。
- 光标。用 setCursor(QCursor)方法可以为窗口或控件设置光标，用 cursor()方法可以获取光标，用 unsetCursor()方法可以重置光标，重置后的光标使用父窗口的光标。
- 父窗口。用 setParent(QWidget)方法可以设置控件的父窗口或容器，用 parentWidget()方法可以获取父窗口或容器。
- 窗口属性。用 setAttribute(Qt.WidgetAttribute, on=True)方法可以设置窗口的属性，用 testAttribute(Qt.WidgetAttribute)方法可以测试是否设置了某个属性，其中参数 Qt.WidgetAttribute 的常用取值如表 3-4 所示。

表 3-4　Qt.WidgetAttribute 的常用取值

Qt.WidgetAttribute 的取值	说　明
Qt.WA_DeleteOnClose	调用 close()方法时删除窗口而不是隐藏窗口
Qt.WA_QuitOnClose	最后一个窗口如果有 Qt.WA_DeleteOnClose 属性，则执行 close()方法时退出程序
Qt.WA_AcceptDrops	接受鼠标拖放的数据
Qt.WA_AlwaysShowToolTips	窗口失效时也显示提示信息
Qt.WA_Disabled	窗口处于失效状态，不接收键盘和鼠标的输入

续表

Qt. WidgetAttribute 的取值	说 明
Qt. WA_DontShowOnScreen	窗口隐藏
Qt. WA_ForceDisabled	即使父窗口处于激活状态,窗口也强制失效
Qt. WA_TransparentForMouseEvents	窗口和其子窗口忽略鼠标事件
Qt. WA_RightToLeft	布局方向从右向左
Qt. WA_ShowWithoutActivating	当不激活窗口时,显示窗口

- 右键快捷菜单的弹出策略。在窗口或控件上右击鼠标时,将弹出右键快捷菜单(上下文菜单),用 setContextMenuPolicy(policy: Qt. ContextMenuPolicy)方法设置弹出快捷菜单的策略和处理方式,其中 policy 是 Qt. ContextMenuPolicy 的枚举值,可取值如表 3-5 所示。policy 取 Qt. DefaultContextMenu 或 Qt. PreventContextMenu 时,鼠标右击事件交给控件的事件处理函数进行处理,有关事件处理方面的内容详见第 4 章; policy 取 Qt. CustomContextMenu 时,右击鼠标时会发射 customContextMenuRequested(QPoint)信号,此时用户可以在槽函数中编写菜单,用菜单的 popup(pos: QPoint)方法弹出菜单,pos 是菜单的弹出位置,有关菜单的内容见 3.2 节,policy 取 Qt. ActionsContextMenu 时,快捷菜单由窗口或控件的动作构成,有关动作的内容见 3.2 节,用窗口或控件的 addAction(action: QAction)或 addActions(actions: Sequence[QAction])方法可以添加动作,用 insertAction(before: QAction, action: QAction)或 insertActions(before: QAction, actions: Sequence[QAction])方法可以插入动作,用 actions()方法获取动作列表。

表 3-5 Qt. ContextMenuPolicy 的取值

Qt. ContextMenuPolicy 的取值	值	说 明
Qt. NoContextMenu	0	控件没有自己特有的快捷菜单,使用控件父窗口或父容器的快捷菜单
Qt. DefaultContextMenu	1	鼠标右键事件交给控件的 contextMenuEvent()函数处理
Qt. ActionsContextMenu	2	右键快捷菜单是控件或窗口的 actions()方法获取的动作
Qt. CustomContextMenu	3	用户自定义快捷菜单,右击鼠标时,发射 customContextMenuRequested(QPoint)信号,其中 QPoint 是鼠标右击时光标的位置
Qt. PreventContextMenu	4	鼠标右键事件交给控件的 mousePressEvent()和 mouseReleaseEvent()函数进行处理

4. QWidget 窗口的信号

QWidget 窗口的信号如表 3-6 所示。

表 3-6 QWidget 窗口的信号

QWidget 的信号及参数类型	说 明
objectNameChanged(str)	当控件的名称改变时发送信号
windowIconChanged(QIcon)	窗口图标改变时发送信号
windowIconTextChanged(str)	窗口图标的文字改变时发送信号

续表

QWidget 的信号及参数类型	说　明
windowTitleChanged(str)	窗口标题改变时发送信号
customContextMenuRequested(QPoint)	通过 setContextMenuPolicy(Qt. CustomContextMenu)方法设置快捷菜单是自定义菜单，此时右击鼠标时发送信号，参数是右击鼠标时光标的位置
destroyed()	QObject 对象析构时，先发送信号，然后才析构它的所有控件
destroyed(QObject)	

3.2　菜单和动作

对于一个可视化程序界面，往往将各种操作命令集中到菜单栏或工具栏的按钮上，通过单击菜单或工具栏中的按钮来触发动作，每个菜单和按钮实现一定的功能。

一般菜单栏由多个菜单构成，如图 3-3 所示，菜单下面又有动作、子菜单和分隔条，子菜单下面又有动作，还可以有子菜单，动作上有图标和快捷键。

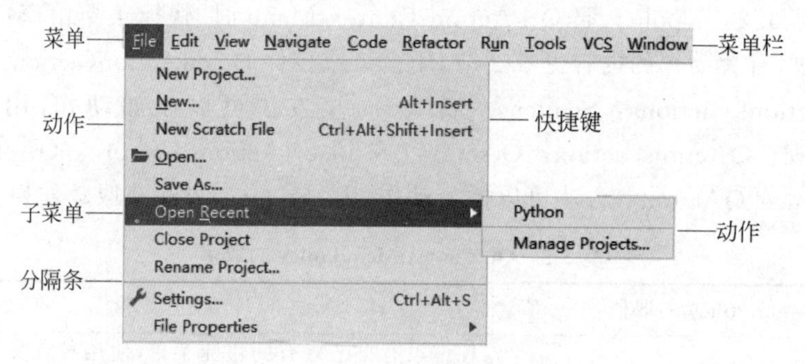

图 3-3　菜单的构成

建立一个菜单分为 3 步，如图 3-4 所示。第 1 步需要建立放置菜单的容器，即菜单栏；第 2 步，在菜单栏上添加菜单，或者在菜单上添加子菜单；第 3 步，在菜单栏、菜单或子菜单下面添加动作，并为动作编写槽函数。菜单一般不执行命令，其作用类似于标签，只有动作才可以发送信号，执行关联的槽函数。

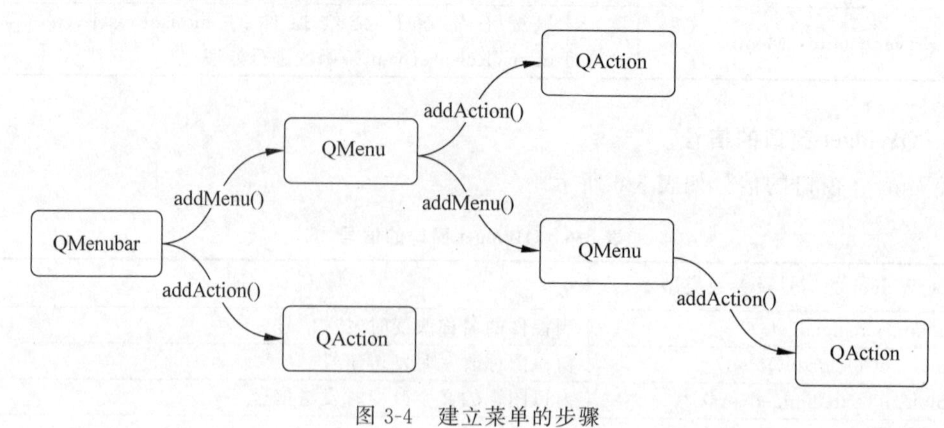

图 3-4　建立菜单的步骤

3.2.1　菜单栏 QMenuBar 与实例

菜单栏 QMenuBar 用于放置菜单和动作，它继承自 QWidget。用 QMenuBar 创建菜单栏实例的方法如下，其中 parent 是放置菜单栏的父窗口。

```
QMenuBar(parent: QWidget = None)
```

1. 菜单栏 QMenuBar 的方法与信号

菜单栏 QMenuBar 的常用方法如表 3-7 所示。菜单栏上可以添加菜单、动作和分隔条，用 addMenu(QMenu) 方法和 addAction(QAction)方法可以添加已经提前定义好的菜单和动作；用 addMenu(str)方法和 addMenu(QIcon,str)方法可以创建并添加菜单，并返回新建立的菜单；用 addAction(str)方法可以用字符串创建并添加动作，并返回动作；用 setCornerWidget(QWidget,Qt. Corner = Qt. TopRightCorner)方法可以在菜单栏的角落位置添加控件，位置可取 Qt. TopLeftCorner、Qt. TopRightCorner、Qt. BottomLeftCorner 或 Qt. BottomRightCorner。

表 3-7　菜单栏 QMenuBar 的常用方法

QMenuBar 的方法及参数类型	返回值的类型	说　　明
addMenu(QMenu)	QAction	添加已经存在的菜单
addMenu(title: str)	QMenu	用字符串添加菜单，并返回菜单
addMenu(QIcon,title: str)	QMenu	用字符串和图标添加菜单，并返回菜单
addAction(QAction)	None	添加已经存在的动作
addAction(text: str)	QAction	用字符串添加动作，并返回添加的动作
insertMenu(before: QAction,QMenu)	QAction	在动作之前插入菜单
addSeparator()	QAction	添加分隔条
insertSeparator(before: QAction)	QAction	在动作之前插入分隔条
clear()	None	清空所有的菜单和动作
setCornerWidget(QWidget,Qt. Corner = Qt. TopRightCorner)	None	在菜单栏的角落位置添加控件
cornerWidget(Qt. Corner = Qt. TopRightCorner)	QWidget	获取角落位置的控件
[**slot**]setVisible(visible: bool)	None	设置菜单栏是否可见
setActiveAction(QAction)	None	设置高亮显示的动作
actionAt(QPoint)	QAction	获取指定位置处的动作
actionGeometry(QAction)	QRect	获取动作所处的区域

菜单栏 QMenuBar 有两个信号，当单击菜单栏上的菜单或动作时，会发送 triggered(QAction)信号；当光标滑过动作时，会发送 hovered(QAction)信号。

2. 菜单栏 QMenuBar 的应用实例

下面的程序创建一个菜单栏和一个多行纯文本控件，采用竖直布局。在菜单栏中添加两个菜单和两个动作，一个动作可以打开文件，另一个动作退出程序。单击动作，通过菜单栏的信号 triggered(QAction)识别单击的是哪个动作，从而采取不同的对应方法。

```
import sys,os                                    # Demo3_4.py
from PySide6.QtWidgets import (QApplication,QMenuBar,QPlainTextEdit,
                         QVBoxLayout,QWidget,QFileDialog,QMessageBox)
class MyWindow(QWidget):
    def __init__(self,parent = None):
        super().__init__(parent)
        self.setWindowTitle("QMenuBar应用实例")
        self.setupUi()
    def setupUi(self):
        self.menuBar = QMenuBar()                  # 创建菜单栏
        self.plainText = QPlainTextEdit()          # 创建文本编辑器
        vlayout = QVBoxLayout(self)                # 创建竖直布局
        vlayout.addWidget(self.menuBar)
        vlayout.addWidget(self.plainText)

        self.fileMenu = self.menuBar.addMenu('文件(&F)')          # 菜单栏中添加菜单
        self.editMenu = self.menuBar.addMenu('编辑(&E)')          # 菜单栏中添加菜单
        self.menuBar.addSeparator()                # 菜单栏中添加分隔条
        self.actNew = self.menuBar.addAction('新建(&N)')          # 菜单栏中添加动作
        self.actOpen = self.menuBar.addAction('打开(&O)')         # 菜单栏中添加动作
        self.actQuit = self.menuBar.addAction('退出(&Q)')         # 菜单栏中添加动作

        self.menuBar.triggered.connect(self.action_triggered)
                                                   # 菜单栏信号与槽函数的连接
    def action_triggered(self,action):             # 菜单栏的槽函数
        if action == self.actNew:                  # 新建动作
            self.plainText.clear()
        elif action == self.actOpen:               # 打开动作
            filename,filter = QFileDialog.getOpenFileName(self,"打开","d:\\","文本文件
(*.txt)")
            try:
                fp = open(filename, "r", encoding = "UTF-8")
                string = fp.readlines()
                self.plainText.clear()
                for i in string:
                    i = i.strip()
                    self.plainText.appendPlainText(i)
                fp.close()
            except:
                QMessageBox.critical(self, "打开文件失败", "请选择合适的文件!")
        elif action == self.actQuit:               # 退出动作
            self.close()
if __name__ == '__main__':
    app = QApplication(sys.argv)
    window = MyWindow()
    window.show()
    sys.exit(app.exec())
```

3.2.2 菜单 QMenu 与实例

菜单 QMenu 用于放置动作和子菜单，通常将动作分类放到不同的菜单中。菜单 QMenu 继承自 QWidget。用 QMenu 类创建菜单实例的方法如下所示：

```
QMenu(parent: Union[QWidget, NoneType] = None)
QMenu(title: str, parent: Union[QWidget, NoneType] = None)
```

1. 菜单 QMenu 的常用方法

菜单 QMenu 的常用方法如表 3-8 所示。菜单的主要方法是在菜单列表中添加动作、子菜单和分隔条，主要方法介绍如下。

- 用 addAction(QAction)方法可以添加一个已经定义好的动作；用 addAction(text: str)或 addAction(icon: QIcon, text: str)方法可以添加一个新创建的动作，并返回动作，其中 text 是动作在菜单中的名称，icon 是图标。
- 用 addMenu(QMenu)方法可以将已定义好的菜单作为子菜单加入到菜单中；用 addMenu(title: str)方法或 addMenu(icon: QIcon, title: str)方法可以添加新的子菜单，并返回子菜单。
- 用 addSection(text: str)、addSection(icon: QIcon, text: str)或 addSeparator()方法可以添加分隔条，并返回对应的动作。分隔条的显示样式与操作系统有关，例如忽略动作的名称、图标或子菜单，或者显示成横线或名称。利用分隔条返回的动作，用动作的 setSeparator(bool)方法可以将分隔条切换成动作，或者将动作切换成分隔条。
- 用 setTearOffEnabled(bool)方法可以将菜单定义成可撕扯菜单，可撕扯菜单在其动作列表中显示一条虚线，单击该虚线可以把菜单及动作列表弹出；用 showTearOffMenu()方法或 showTearOffMenu(QPoint)方法可以将可撕扯菜单在指定位置显示。
- 用 popup(pos: QPoint, at: QAction=None)方法或 exec(pos: QPoint, at: QAction=None)方法可以在指定位置(全局坐标系)弹出菜单，如果指定了 at 参数，则指定的动作显示在指定位置。

表 3-8 菜单 QMenu 的常用方法

QMenu 的方法及参数类型	返回值的类型	说　　明
addAction(QAction)	None	在菜单中添加已存在的动作
addAction(text: str)	QAction	在菜单中添加新动作
addAction(icon: QIcon, text: str)	QAction	同上
addMenu(QMenu)	QAction	在菜单中添加子菜单
addMenu(title: str)	QMenu	在菜单中添加新子菜单
addMenu(icon: QIcon, title: str)	QMenu	同上
addSection(text: str)	QAction	添加分隔条
addSection(icon: QIcon, text: str)	QAction	同上
addSeparator()	QAction	同上

续表

QMenu 的方法及参数类型	返回值的类型	说　明
insertMenu（before：QAction，menu：QMenu）	QAction	在动作前插入子菜单
insertSection（before：QAction，text：str）	QAction	在动作前插入分隔条
insertSection（before：QAction，QIcon，text：str）	QAction	同上
insertSection(before：QAction)	QAction	同上
insertSeparator(before：QAction)	QAction	同上
removeAction(action：QAction)	None	从菜单中移除动作
clear()	None	清空菜单
actions()	List[QAction]	获取菜单中的动作
isEmpty()	int	获取菜单是否为空
actionAt(QPoint)	QAction	获取指定位置处的动作
columnCount()	int	获取列的数量
menuAction()	QAction	获取菜单对应的动作
setSeparatorsCollapsible(bool)	None	合并相邻的分隔条，开始和结尾的分隔条不可见
setTearOffEnabled(bool)	None	设置成可撕扯菜单
showTearOffMenu()	None	以可撕扯菜单形式弹出菜单
showTearOffMenu(pos：QPoint)	None	以可撕扯菜单形式在指定位置弹出菜单
hideTearOffMenu()	None	隐藏可撕扯菜单
isTearOffEnabled()	bool	获取是否是可撕扯菜单
isTearOffMenuVisible()	None	获取可撕扯菜单是否可见
setTitle(title：str)	None	设置菜单的标题
title()	str	获取菜单的标题
setActiveAction(act：QAction)	None	设置活跃的动作高亮显示
activeAction()	QAction	获取活跃的动作
setDefaultAction(QAction)	None	设置默认动作，以粗体字显示
defaultAction()	QAction	获取默认的动作
setIcon(icon：Union[QIcon,QPixmap])	None	设置菜单的图标
setToolTipsVisible(visible：bool)	None	设置提示信息是否可见
popup（pos：QPoint，at：QAction = None）	None	在指定位置显示菜单，并可使菜单中的动作显示在指定位置
[**static**]exec()	QAction	显示菜单，返回被触发的动作，如果没有则返回 None
[**static**]exec(pos：QPoint，at：QAction=None)	QAction	在指定位置显示菜单
[**static**]exec(Sequence[QAction]，pos：QPoint，at：QAction = None，parent：QWidget=None)	QAction	在指定位置显示菜单，当用 pos 无法确定位置时，用父控件 parent 辅助确定位置

2. 菜单 QMenu 的信号

菜单 QMenu 的信号如表 3-9 所示，最常用的是 triggered(QAction)信号，其发送的是被激发的动作。

表 3-9 菜单 QMenu 的信号

QMenu 的信号及参数类型	说　明
aboutToShow()	菜单将要显示时发送信号
aboutToHide()	菜单将要隐藏时发送信号
hovered(QAction)	鼠标滑过菜单时发送信号
triggered(QAction)	动作被激发时发送信号

3. 菜单 QMenu 的应用实例

本书二维码中的实例源代码 Demo3_5. py 是关于菜单 QMenu 的应用实例。该程序建立一个菜单栏和两个菜单“文件”和“编辑”，以及一个多行纯文本控件，“文件”菜单中有新建、打开和退出动作，“编辑”菜单中有复制、剪切和粘贴动作，同时“编辑”菜单是可撕扯菜单。根据菜单的 triggered(QAction)信号传递的动作，来识别单击的是哪个动作，并完成相应的功能。纯文本控件的快捷菜单设置成自定义快捷菜单，当在纯文本控件中右击时，发送 customContextMenuRequested(QPoint)信号，并在该信号的槽函数中用编辑菜单的 popup(QPoint)方法弹出菜单。

3.2.3 动作 QAction 与实例

动作 QAction 是定义菜单和工具栏的基础，单击菜单或工具栏上的动作可以触发动作的 triggered()信号，执行动作关联的槽函数，完成需要完成的工作。动作在菜单中以项(item)的形式显示，在工具栏中以按钮的形式显示。

动作 QAction 继承自 QObject，位于 QtGui 模块中。用 QAction 创建动作对象的方法如下所示，其中 parent 通常是窗口、工具栏、菜单栏或菜单；text 是显示的文字，如果将动作放到菜单或工具栏上，text 将成为菜单或工具栏中按钮的文字；icon 是图标，将成为菜单或工具栏中按钮的图标。

```
QAction(parent:QObject = None)
QAction(text:str,parent:QObject = None)
QAction(icon:Union[QIcon,QPixmap],text:str,parent:QObject = None)
```

1. 动作 QAction 的常用方法

动作 QAction 的常用方法如表 3-10 所示，主要方法介绍如下。

- 用 setMenu(QMenu)方法把动作添加到菜单中，用菜单的 addAction(QAction)方法也可以把动作添加到菜单中，作为菜单下拉列表中的一项。
- 用 setCheckable(bool)方法设置动作是否可以勾选，用 setChecked(bool)方法设置是否处于勾选状态。
- 对于互斥的一些动作，如同 QRadioButton 一样，需要将其放到一个组中，可以先用 group=QActionGroup(self)创建一个对象，然后用 group. addAction(QAction)方法把动作放到一个组中，并将 setExclusive(bool)设置成 True，这样就可以保证组内的动作是互斥的。

- 用 setShortcut(str)方法可以给动作设置快捷键，例如 setShortcut("Ctrl+A")；用 setShortcut(QKeySequence)方法或 setShortcut(QKeySequence. StandardKey)方法也可设置快捷键，其中 QKeySequence 定义按键顺序类，QKeySequence. StandardKey 是一些标准的快捷键，对于快捷键更多的说明可参考 2.3.1 节的内容。
- 用 setIconVisibleInMenu(bool)方法设置菜单中是否显示动作的图标，而在工具栏中不受影响；用 setShortcutVisibleInContextMenu(bool)方法设置在右键快捷菜单中是否显示动作的快捷键(如果动作出现在快捷菜单中)。
- 用 setPriority(QAction. Priority)方法设置动作在界面上的优先级，参数是 QAction. Priority 的枚举值，可取 QAction. LowPriority、QAction. NormalPriority 或 QAction. HighPriority，例如工具栏设置了 Qt. ToolButtonTextBesideIcon 模式，具有 QAction. LowPriority 的动作将不显示文本。

表 3-10 动作 QAction 的常用方法

QAction 的方法及参数类型	返回值类型	说 明
setText(str)	None	设置名称
text()	str	获取名称
setIcon(QIcon)	None	设置图标
icon()	QIcon	获取图标
setCheckable(bool)	None	设置是否可以勾选
isCheckable()	bool	获取是否可以勾选
[**slot**]setChecked(bool)	None	设置是否处于勾选状态
isChecked()	bool	获取是否处于勾选状态
setIconVisibleInMenu(bool)	None	设置在菜单中图标是否可见
isIconVisibleInMenu()	bool	获取在菜单中图标是否可见
setShortcutVisibleInContextMenu(bool)	None	设置动作的快捷键在右键快捷菜单中是否显示
setFont(QFont)	None	设置字体
font()	QFont	获取字体
setMenu(QMenu)	None	将动作添加到菜单中
menu()	QMenu	获取动作所在的菜单
setShortcut(str)	None	设置快捷键
setShortcut(QKeySequence)	None	同上
setShortcut(QKeySequence. StandardKey)	None	同上
[**slot**]setDisabled(bool)	None	设置是否失效
[**slot**]setEnabled(bool)	None	设置是否激活
isEnabled()	Bool	获取是否处于激活状态
[**slot**]resetEnabled()	None	恢复激活状态
setActionGroup(QActionGroup)	None	设置动作所在的组
[**slot**]setVisible(bool)	None	设置是否可见

续表

QAction 的方法及参数类型	返回值类型	说　　明
isVisible()	bool	获取是否可见
setSeparator(bool)	None	将动作当作分割线来使用
setAutoRepeat(bool)	None	设置长按快捷键时是否可以重复执行动作，默认是 True
autoRepeat()	bool	获取是否可以重复执行动作
setData(var: Any)	None	给动作设置任意类型的数据
data()	Any	获取动作的数据
setPriority(QAction.Priority)	None	设置动作的优先级
setToolTip(str)	None	设置提示信息
setStatusTip(str)	None	设置状态提示信息
setWhatsThis(str)	None	设置按 Shift+F1 键时的提示信息
[**slot**]trigger()	None	发送 triggered()或 triggered(bool)信号
[**slot**]hover()	None	发送 hovered()信号
[**slot**]toggle()	None	发送 toggled(bool)信号

2. 动作 QAction 的信号

动作 QAction 的信号如表 3-11 所示，主要信号是 toggled()和 toggled(bool)信号。

表 3-11　动作 QAction 的信号

QMenu 的信号及参数类型	说　　明
hovered()	光标滑过动作时发送信号
triggered()	单击动作或按快捷键时发送信号
triggered(bool)	
toggled(bool)	动作的切换状态发生改变时发送信号
changed()	当动作的属性(如文本、图标、可见性、优先级、快捷键、提示信息等)发生改变时发送信号
checkableChanged(bool)	动作勾选状态发生改变时发送信号
enabledChanged(bool)	动作使能状态发生改变时发送信号
visibleChanged()	动作的可见性发生改变时发送信号

3. 动作 QAction 的应用实例

本书二维码中的实例源代码 Demo3_6. py 是关于动作 QAction 的应用实例。该程序建立一个菜单栏和两个菜单“文件”和“字体”，以及一个多行纯文本控件，“文件”菜单中有新建、打开和退出动作，“字体”菜单中可以选择不同字体、粗体、斜体和下划线，“字体”菜单中的动作具有互斥性和可勾选性。与前面的程序不同的是，这里为每个动作定义了槽函数。程序运行界面如图 3-5 所示。

3.2.4　自定义动作 QWidgetAction 的实例

前面介绍的创建动作的方式是用 QAction 类来创建，这样创建的动作用户无法定制自己需要的功能或外观。若要自己定义动作，可继承 QWidgetAction 创建自定义动作类，

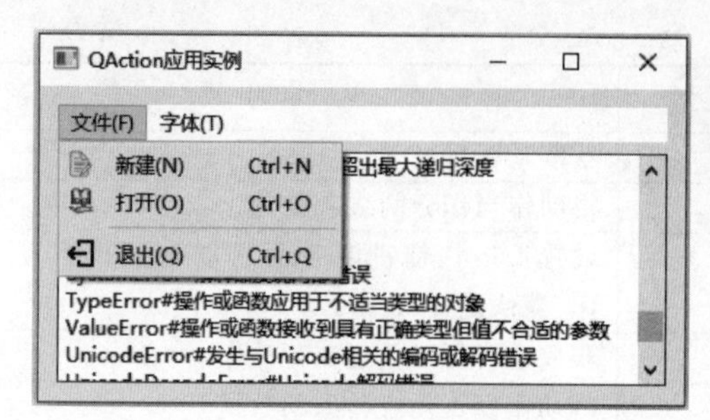

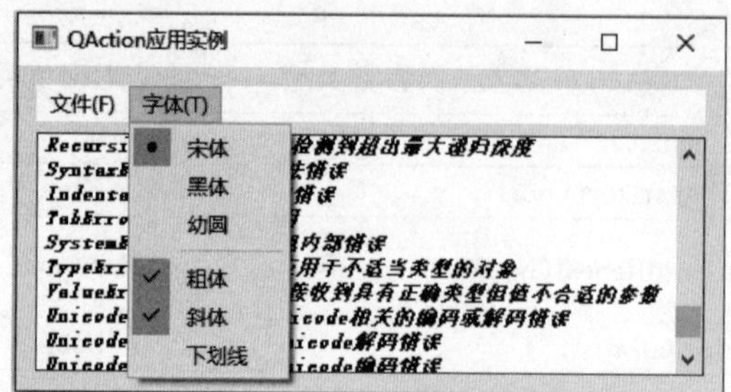

图 3-5 程序运行界面

QWidgetAction 继承自 QAction。在自定义类中重写 createWidget(parent: QWidget)函数,其中 parent 是自定义动作所在的容器,如菜单或工具栏。在将自定义动作添加到菜单或工具栏中时,会自动调用 createWidget(parent: QWidget)函数; 当从菜单或工具栏中移除自定义的动作时,会调用 deleteWidget(widget: QWidget)函数,重写该函数可以删除控件。

下面的代码是自定义动作的应用实例,该程序创建了继承自 QWidgetAction 的 MyAction,在 MyAction 类中重写了 createWidget()函数,在 createWidget()函数中创建了一个 QPushButton 控件和一个 QSlider 控件,单击 QPushButton 控件,可以切换喇叭图像的显示。程序运行结果如图 3-6 所示。

```
import sys                                                    # Demo3_7.py
from PySide6.QtWidgets import (QApplication,QMenuBar,QWidgetAction,QPushButton,
                  QSlider,QHBoxLayout,QWidget)
from PySide6.QtGui import QPixmap
from PySide6.QtCore import Qt,QSize

class MyAction(QWidgetAction):                                # 创建继承自 QWidgetAction 的类
    def createWidget(self,parent):                            # 重写 createWidget()函数
        self.widget = QWidget(parent)
        self.setDefaultWidget(self.widget)
        self.button = QPushButton()
        self.button.setFlat(True)
        self.button.setIcon(QPixmap("d:\\python\\speaker_on.png"))
        self.button.setIconSize(QSize(30,30))
        self.slide = QSlider(Qt.Horizontal)
        self.slide.setFixedWidth(200)

        H = QHBoxLayout(self.widget)
        H.addWidget(self.button)
        H.addWidget(self.slide)

        self.mute = False

        self.button.clicked.connect(self.mute_requested) # 信号与槽函数的连接
    def mute_requested(self):                                 # 槽函数
        self.mute = not self.mute
```

```
            if self.mute:
                self.button.setIcon(QPixmap("d:\\python\\speaker_off.png"))
                self.slide.setEnabled(False)
            else:
                self.button.setIcon(QPixmap("d:\\python\\speaker_on.png"))
                self.slide.setEnabled(True)
class MyWindow(QWidget):
    def __init__(self,parent = None):
        super().__init__(parent)
        self.setWindowTitle("QWidgetAction 应用实例")
        self.setupUi()
    def setupUi(self):
        menuBar = QMenuBar(self)
        self.menuVolume = menuBar.addMenu("音量控制")
        self.actVolume = MyAction(self.menuVolume)    #自定义动作的实例
        self.menuVolume.addAction(self.actVolume)     #将自定义动作加入到菜单中
if __name__ == '__main__':
    app = QApplication(sys.argv)
    window = MyWindow()
    window.show()
    sys.exit(app.exec())
```

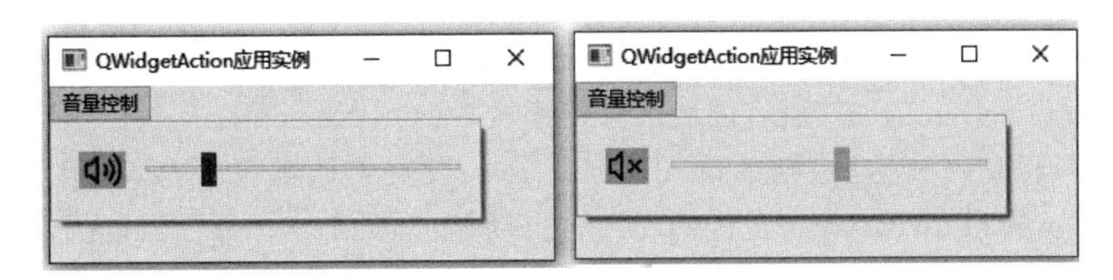

图 3-6 程序运行结果

3.3 工具栏和状态栏

与菜单类似，工具栏也是一组命令的集合地。菜单上放置的动作也可放到工具栏上，实现工具栏和菜单的同步。工具栏上除了放置动作外，还可以放置其他控件，例如 QLineEdit、QSpinBox、QComboBox、QToolButton 和 QFontComboBox 等。在 QMainWindow 窗口中，工具栏还可以拖动和悬浮。

3.3.1 工具栏 QToolBar 与实例

工具栏 QToolBar 用于存放动作，动作在工具栏中一般呈现按钮状态。QToolBar 继承自 QWidget。用 QToolBar 类创建工具栏实例的方法如下，其中 title 是工具栏控件的标题名称，可通过 setWindowTitle(str)方法修改；parent 是工具栏所在的窗口。

```
QToolBar(title:str, parent:QWidget = None)
QToolBar(parent:QWidget = None)
```

1. 工具栏 QToolBar 的常用方法

工具栏 QToolBar 的常用方法如表 3-12 所示，主要方法介绍如下。

- 用 addAction(QAction)方法可以将已经存在的动作添加到工具栏中；用 addAction(text: str)方法、addAction(icon: QIcon, text: str)方法可以同时创建和添加动作，并返回动作；用 addSeparator()方法可以添加分隔条；用 addWidget(QWidget)方法可以把一个控件添加到工具栏上。
- 用 setOrientation(Qt. Orientation)方法可以设置工具栏的方向，其中 Qt. Orientation 可以取 Qt. Horizontal(水平)或 Qt. Vertical(竖直)。
- 用 setToolButtonStyle(Qt. ToolButtonStyle)方法可以设置工具栏上按钮的风格，其中 Qt. ToolButtonStyle 可以取 Qt. ToolButtonIconOnly(只显示图标)、Qt. ToolButtonTextOnly(只显示文字)、Qt. ToolButtonTextBesideIcon(文字在图标的旁边)、Qt. ToolButtonTextUnderIcon(文字在图标的下面)或 Qt. ToolButtonFollowStyle(遵循风格设置)。
- 在 QMainWindow 窗口中，可以用 setMovable(bool)方法可以设置工具栏是否可以移动，用 setFloatable(bool)方法设置工具栏是否可以浮动。
- 在 QMainWindow 窗口中，用 setAllowedAreas(Qt. ToolBarArea)方法可以设置工具栏的停靠区域，其中 Qt. ToolBarArea 参数指定可以停靠的区域，可以取 Qt. LeftToolBarArea(左侧)、Qt. RightToolBarArea(右侧)、Qt. TopToolBarArea(顶部，菜单栏下部)、Qt. BottomToolBarArea(底部，状态栏上部)、Qt. AllToolBarAreas(所有区域都可以停靠)或 Qt. NoToolBarArea(不可停靠)。如果工具栏是可移动的，则无论 allowedAreas 设置何值都可以移动，但只有在进入 toolBar 的 allowedAreas 范围内时才会自动显示 toolBar 停靠区域范围，并在鼠标释放后自动在该范围内缩放，否则将保持最适合的大小浮动在窗口之上。
- 用 toggleViewAction()方法返回一个动作对象，通过单击该动作对象可以切换停靠窗口的可见状态，即该动作是一个对停靠控件窗口进行显示或关闭的开关，如果将该动作加到菜单上，对应菜单栏的文字即为停靠窗口的标题名称，这样就可以在菜单上单击对应菜单项进行停靠窗口的关闭和显示。

表 3-12 工具栏 QToolBar 的常用方法

QToolBar 的方法及参数类型	返回值的类型	说明
addAction(QAction)	None	添加已定义的动作到工具栏上
addAction(text: str)	QAction	创建并添加动作，返回新建立的动作
addAction(icon: QIcon, text: str)	QAction	同上
addSeparator()	QAction	添加分隔条
addWidget(QWidget)	QAction	添加控件，返回与控件关联的动作
insertSeparator(before: QAction)	QAction	在动作的前面插入分隔条
insertWidget(QAction, QWidget)	QAction	在动作的前面插入控件
clear()	None	清空工具栏中的动作和控件
widgetForAction(QAction)	QWidget	获取与动作关联的控件
actionAt(QPoint)	QAction	获取指定位置的动作

续表

QToolBar 的方法及参数类型	返回值的类型	说 明
actionAt(x: int,y: int)	QAction	同上
actionGeometry(QAction)	QRect	获取动作按钮的几何尺寸
setFloatable(bool)	None	在 QMainWindow 中设置是否可以浮动
isFloatable()	bool	获取是否可以浮动
isFloating()	bool	获取是否正处于浮动状态
setMovable(bool)	None	在 QMainWindow 中设置是否可以拖动
isMovable()	bool	获取是否可以移动
[**slot**]setIconSize(QSize)	None	设置图标允许的最大尺寸
iconSize()	QSize	获取图标尺寸
setOrientation(Qt. Orientation)	None	设置工具栏的方向
orientation()	Qt. Orientation	获取工具栏的方向
[**slot**]setToolButtonStyle(Qt. ToolButtonStyle)	None	设置工具栏上按钮的风格
toolButtonStyle()	Qt. ToolButtonStyle	获取按钮风格
setAllowedAreas(Qt. ToolBarArea)	None	设置 QMainWindow 中可停靠的区域
allowedAreas()	Qt. ToolBarArea	获取可以停靠的区域
isAreaAllowed(Qt. ToolBarArea)	bool	获取指定的区域是否可以停靠
toggleViewAction()	QAction	切换停靠窗口的可见状态

2. 工具栏 QToolBar 的信号和槽函数

工具栏 QToolBar 的信号如表 3-13 所示。工具栏的槽函数只有 setToolButtonStyle (Qt. ToolButtonStyle) 和 setIconSize(QSize)。

表 3-13 工具栏 QToolBar 的信号

QToolBar 的信号及参数类型	说 明
actionTriggered(QAction)	动作被触发时发送信号
allowedAreasChanged(Qt. ToolBarArea)	允许的停靠区域发生改变时发送信号
iconSizeChanged(QSize)	按钮的尺寸发生改变时发送信号
movableChanged(bool)	可移动状态发生改变时发送信号
orientationChanged(Qt. Orientation)	工具栏的方向发生改变时发送信号
toolButtonStyleChanged(Qt. ToolButtonStyle)	工具栏的风格发生改变时发送信号
topLevelChanged(bool)	悬浮状态发生改变时发送信号
visibilityChanged(bool)	可见性发生改变时发送信号

3. 工具栏 QToolBar 的应用实例

本书二维码中的实例源代码 Demo3_8. py 是关于工具栏 QToolBar 的应用实例，是将上节的实例稍作改动，添加了菜单栏，把动作同时放到工具栏和菜单栏中，从而保证工具栏和菜单栏中动作的同步。程序运行界面如图 3-7 所示。

3.3.2 工具按钮控件 QToolButton 与实例

工具按钮控件 QToolButton 常放在工具栏中，显示图标而不显示文字。通常为工具按

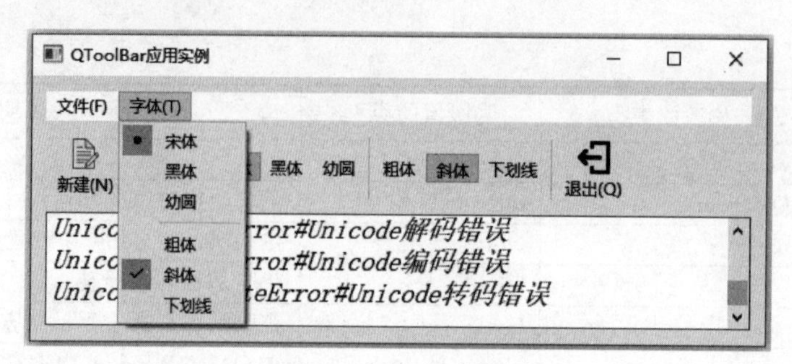

图 3-7 程序运行界面

钮设置弹出式菜单，用于选择之前的操作，例如浏览的网站等。

QToolButton继承自QAbstractButton。用QToolButton类创建工具按钮实例的方法如下，其中parent参数一般是工具按钮所在的窗口或工具栏。

```
QToolButton(parent: QWidget = None)
```

1. 工具按钮QToolButton的常用方法

工具按钮QToolButton的常用方法如表3-14所示，主要方法介绍如下。

- 用工具栏的addWidget()方法可以将工具按钮加入到工具栏中。用setMenu(QMenu)方法可以为工具按钮设置一个菜单。用setPopupMode(QToolButton.ToolButtonPopupMode)方法可以设置菜单的弹出方式。其中参数QToolButton.ToolButtonPopupMode如果取QToolButton.DelayedPopup，表示用鼠标按下按钮并保持一会儿后弹出菜单；如果取QToolButton.MenuButtonPopup，表示在工具按钮的右下角上出现一个向下的黑三角，单击这个黑三角，弹出菜单；如果取QToolButton.InstantPopup，表示立即弹出菜单。用showMenu()方法可以让菜单弹出。
- 用setAutoRaise(bool)方法可以设置工具按钮的自动弹起特征，当光标放到按钮上面时会有三维立体感。
- 按钮的外观和尺寸可通过setToolButtonStyle(Qt.ToolButtonStyle)方法和setIconSize(QSize)方法来设置，其中参数Qt.ToolButtonStyle可以取Qt.ToolButtonIconOnly、Qt.ToolButtonTextOnly、Qt.ToolButtonTextBesideIcon、Qt.ToolButtonTextUnderIcon或Qt.ToolButtonFollowStyle。在QMainWindow的QToolBar中使用工具按钮时，按钮会自动调节尺寸来适应QMainWindow的设置。
- 用setArrowType(Qt.ArrowType)方法可以设置工具按钮上的箭头形状，其中Qt.ArrowType可以取Qt.NoArrow、Qt.UpArrow、Qt.DownArrow、Qt.LeftArrow或Qt.RightArrow。

表 3-14 工具按钮QToolButton的常用方法

QToolButton的方法及参数类型	说　明	QToolButton的方法及参数类型	说　明
setMenu(QMenu)	设置菜单	setText(str)	设置文本
[**slot**]showMenu()	弹出菜单	setIcon(QIcon)	设置图标

续表

QToolButton 的方法及参数类型	说明	QToolButton 的方法及参数类型	说明
setPopupMode(QToolButton.ToolButtonPopupMode)	设置菜单的弹出方式	[**slot**]setIconSize(QSize)	设置图标尺寸
[**slot**]setDefaultAction(QAction)	设置默认动作	setCheckable(bool)	设置是否可勾选
setArrowType(Qt.ArrowType)	设置箭头形状	[**slot**]setChecked(bool)	设置勾选状态
[**slot**] setToolButtonStyle(Qt.ToolButtonStyle)	设置按钮外观	setAutoRaise(bool)	设置自动弹起
setAutoExclusive(bool)	设置是否互斥	showMenu()	弹出菜单
setShortcut(str)	设置快捷键	[**slot**]click()	鼠标单击事件

2. 工具按钮 QToolButton 的信号

工具按钮 QToolButton 的信号如表 3-15 所示。

表 3-15 工具按钮 QToolButton 的信号

QToolButton 的信号	说明	QToolButton 的信号	说明
triggered(QAction)	激发动作时发送信号	pressed()	按钮被按下时发送信号
clicked()	单击时发送信号	released()	按钮被按下又弹起时发送信号

3. 工具栏、工具按钮和菜单综合应用实例

下面的程序是在上节程序的基础之上添加了工具栏，在工具栏上添加动作、字体下拉列表、字体尺寸下拉列表和工具按钮，用下拉列表控制字体和字体尺寸。程序运行界面如图 3-8 所示。程序只能打开 UTF-8 格式的文本文件。

```
import sys,os                                         #Demo3_9.py
from PySide6.QtWidgets import (QApplication,QMenuBar,QPlainTextEdit,QComboBox,
                    QFontComboBox,QToolBar,QVBoxLayout,QWidget,QFileDialog,QToolButton)
from PySide6.QtGui import QIcon
from PySide6.QtCore import Qt
class MyWindow(QWidget):
    def __init__(self,parent = None):
        super().__init__(parent)
        self.setWindowTitle("QMenu and QToolBar")
        self.setupUi()
    def setupUi(self):
        menuBar = QMenuBar()                          #创建菜单栏
        toolBar = QToolBar()                          #创建工具栏
        toolBar.setToolButtonStyle(Qt.ToolButtonTextUnderIcon)
                                                      #设置工具栏上按钮的样式
        self.plainText = QPlainTextEdit()             #创建文本编辑器
        vlayout = QVBoxLayout(self)                   #创建竖直布局
        vlayout.addWidget(menuBar)
        vlayout.addWidget(toolBar)
        vlayout.addWidget(self.plainText)
                                                      #工具栏上添加动作
```

```
act_new = toolBar.addAction(QIcon("D:\\python\\new.png"),"新建(&N)")
                                                    #添加动作
act_open= toolBar.addAction(QIcon("D:\\python\\open.png"), "打开(&O)")
                                                    #添加动作
act_save = toolBar.addAction(QIcon("D:\\python\\save.png"), "保存(&S)")
                                                    #添加动作
toolBar.addSeparator()                              #分隔条
act_copy = toolBar.addAction(QIcon("D:\\python\\copy.png"),"复制(&C)")
                                                    #添加动作
act_paste = toolBar.addAction(QIcon("D:\\python\\paste.png"),"粘贴(&V)")
                                                    #添加动作
act_cut = toolBar.addAction(QIcon("D:\\python\\cut.png"), "剪切(&X)")
                                                    #添加动作
toolBar.addSeparator()                              #分隔条

self.fontComboBox = QFontComboBox(self)             #字体下拉列表
self.fontComboBox.setFixedWidth(100)
toolBar.addWidget(self.fontComboBox)                #工具栏上添加字体下拉列表
self.plainText.setFont(self.fontComboBox.currentFont())  #设置字体
self.fontComboBox.currentFontChanged.connect(self.plainText.setFont)
                                                    #信号与槽连接

self.comboBox = QComboBox(self)                     #下拉列表
for i in range(5,50):
    self.comboBox.addItem(str(i))
self.comboBox.setCurrentText("15")
toolBar.addWidget(self.comboBox)                    #工具栏上添加下拉列表
self.comboBox.currentTextChanged.connect(self.comboBox_text_changed)
                                                    #信号与槽连接

menu_file = menuBar.addMenu("文件(&F)")              #菜单栏中添加菜单
menu_file.addAction(act_new)                        #菜单中添加动作
menu_file.addAction(act_open)                       #菜单中添加动作
menu_file.addAction(act_save)                       #菜单中添加动作
menu_file.addSeparator()                            #菜单中添加分隔条
act_exit = menu_file.addAction(QIcon("D:\\python\\exit.png"), "退出(&E)")
                                                    #添加动作

menu_edit = menuBar.addMenu("编辑(&E)")              #菜单栏中添加菜单
menu_edit.addAction(act_copy)                       #菜单中添加动作
menu_edit.addAction(act_paste)                      #菜单中添加动作
menu_edit.addAction(act_cut)                        #菜单中添加动作

act_new.triggered.connect(self.act_new_triggered)   #信号与自定义槽的连接
act_open.triggered.connect(self.act_open_triggered) #信号与自定义槽的连接
act_save.triggered.connect(self.act_save_triggered) #信号与自定义槽的连接
act_exit.triggered.connect(self.close)              #信号与窗口槽的连接
act_copy.triggered.connect(self.plainText.copy)     #信号与控件的槽的连接
```

```
        act_cut.triggered.connect(self.plainText.cut)         #信号与控件的槽的连接
        act_paste.triggered.connect(self.plainText.paste)     #信号与控件的槽的连接

        toolButton = QToolButton(self)                        #工具按钮
        toolButton.setMenu(menu_file)                         #为工具按钮添加菜单
        toolButton.setArrowType(Qt.DownArrow)
        toolButton.setPopupMode(QToolButton.InstantPopup)    #设置工具按钮的样式
        toolBar.addWidget(toolButton)                         #工具栏中添加工具按钮
    def comboBox_text_changed(self,text):                     #下拉列表的槽函数
        font = self.plainText.font()
        font.setPointSize(int(text))
        self.plainText.setFont(font)
    def act_new_triggered(self):                              #自定义槽函数
        self.plainText.clear()
    def act_open_triggered(self):                             #自定义槽函数
        filename,filter = QFileDialog.getOpenFileName(self,"打开文件","d:\\","文本文件
(*.txt)")
        if os.path.exists(filename):
            self.plainText.clear()
            fp = open(filename,"r",encoding = "UTF-8")
            string = fp.readlines()
            for i in string:
                i = i.strip()
                self.plainText.appendPlainText(i)
            fp.close()
        self.comboBox_text_changed(self.comboBox.currentText())
    def act_save_triggered(self):                             #自定义槽函数
        filename,filter = QFileDialog.getSaveFileName(self,"打开文件","d:\\","文本文件
(*.txt)")
        string = self.plainText.toPlainText()
        if filename != "":
            if os.path.exists(filename):
                fp = open(filename,"wa",encoding = "UTF-8")
                fp.writelines(string)
                fp.close()
            else:
                fp = open(filename, "w", encoding = "UTF-8")
                fp.writelines(string)
                fp.close()
if __name__ == '__main__':
    app = QApplication(sys.argv)
    window = MyWindow()
    window.show()
    sys.exit(app.exec())
```

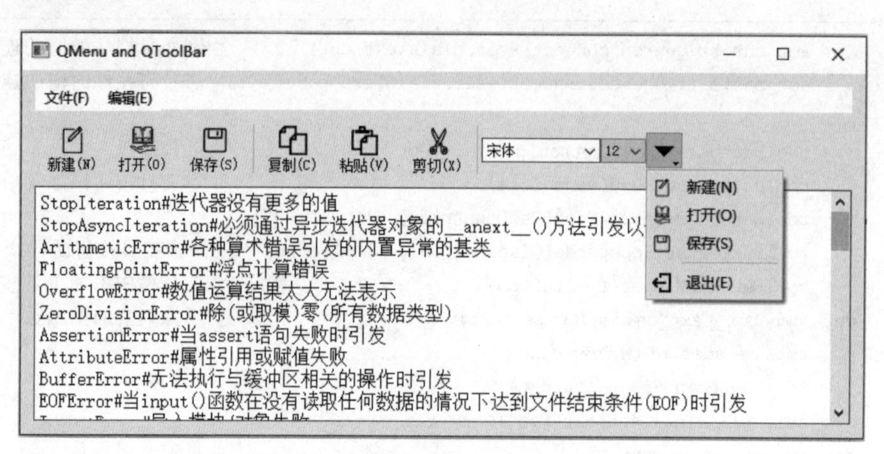

图 3-8 程序运行界面

3.3.3 状态栏 QStatusBar 与实例

状态栏 QStatusBar 一般放在独立窗口的底部，用于显示程序运行过程中的程序状态信息、提示信息、简要说明信息等，这些信息经过一小段时间后会自动消失。状态栏上也可以放置一些小控件，例如 QLabel、QComboBox、QSpinBox 等，用于显示永久信息，永久信息不会被实时信息遮挡住。

状态栏 QStatusBar 继承自 QWidget。用 QStatusBar 类创建状态栏实例的方法如下，其中 parent 是状态的父窗口，一般是独立窗口。

```
QStatusBar(parent: QWidget = None)
```

1. 状态栏 QStatusBar 的常用方法与信号

状态栏 QStatusBar 的常用方法如表 3-16 所示，主要方法介绍如下。

- 用 showMessage(text: str, timeout: int=0)方法设置状态栏要显示的信息，显示的信息从状态的左侧开始，其中参数 timeout 的单位是毫秒，设置信息显示的时间，经过 timeout 毫秒后信息自动消失，如果 timeout=0，则显示的信息一直保留到调用 clearMessage()方法或再次调用 showMessage()方法；用 clearMessage()方法清除显示的信息；用 currentMessage()方法获取当前显示的信息。
- 用 addPermanentWidget(QWidget, stretch: int=0)方法或 insertPermanentWidget(index: int, widget: QWidget, stretch: int=0)方法可以把其他控件(如 QLabel)添加到状态栏的右侧，用于显示一些永久的信息，例如软件版本号、公司名称、键盘大小写状态等，这些信息不会被状态栏的信息遮挡住，其中参数 stretch 用于指定控件的相对缩放系数，index 是控件的索引号。
- 用 addtWidget(widget: QWidget, stretch: int=0)方法或 insertWidget(index: int, QWidget, stretch: int=0)方法可以把其他控件添加到状态栏的左侧，用于显示正常的信息，这些信息会被状态栏的信息遮挡住。
- 用 removeWidget(QWidget)方法可以把控件从状态栏上移除，但控件并没有被真正删除，可以用 addWidget()方法和 show()方法将控件重新添加到状态栏中。

- 用 setSizeGripEnabled(bool)方法可以设置状态栏的右侧是否有一个小三角形标识。

表 3-16 状态栏 QStatusBar 的常用方法

QStatusBar 的方法及参数类型	返回值的类型	说 明
[**slot**]showMessage(text: str, timeout: int=0)	None	显示信息，timeout 是显示时间
currentMessage()	str	获取当前显示的信息
[**slot**]clearMessage()	None	删除信息
addPermanentWidget(QWidget, stretch: int=0)	None	在状态栏的右边添加永久控件
addWidget(widget: QWidget, stretch: int=0)	None	在状态栏的左边添加控件
insertPermanentWidget (index: int, widget: QWidget, stretch: int=0)	int	根据索引值，在右边插入永久控件
insertWidget(index: int, QWidget, stretch: int=0)	int	根据索引值，在左边插入控件
removeWidget(widget: QWidget)	None	从状态栏中移除控件
setSizeGripEnabled(bool)	None	设置在右下角是否有三角形
isSizeGripEnabled()	bool	获取右下角是否有三角形
hideOrShow()	None	确保右边的控件可见

状态栏 QStatusBar 只有 1 个信号 messageChanged(text: str)，当显示的信息发生改变时发送该信号。

2. 状态栏 QStatusBar 的应用实例

本书二维码中的实例源代码 Demo3_10.py 是关于状态栏 QStatusBar 的应用实例。当光标经过工具栏中的动作时，在状态栏上显示对动作功能的解释。程序运行界面如图 3-9 所示。

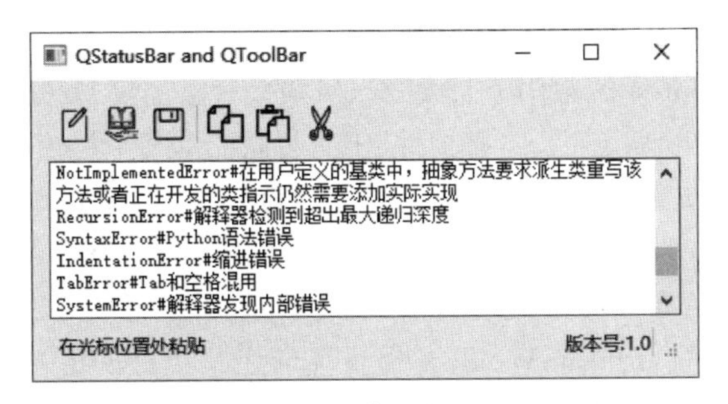

图 3-9 程序运行界面

3.4 主窗口及其专属控件

QMainWindow 窗口与 QWidget 窗口的最大区别在于窗口上的控件和控件的布局。QMainWindow 窗口通常当作主窗口使用，在它上面除了可以添加菜单栏、工具栏、状态栏外，还可以建立可浮动和可停靠的窗口(QDockWidget)、中心控件(CentralWidget)、多文档区(QMdiArea)和子窗口(QMdiSubWindow)。QMainWindow 窗口的布局如图 3-10 所示，

一般在顶部放置菜单栏，在底部放置状态栏，在中心位置放置一个控件，控件类型任意，在中心控件的四周可以放置可停靠控件 QDockWidget，在可停靠控件的四周是工具栏放置区。需要注意的是，QMainWindow 窗口需要有个中心控件。QMainWindow 的中心窗口可以是单窗口，也可以是多窗口，多窗口需要把 QMdiArea 控件作为中心控件。

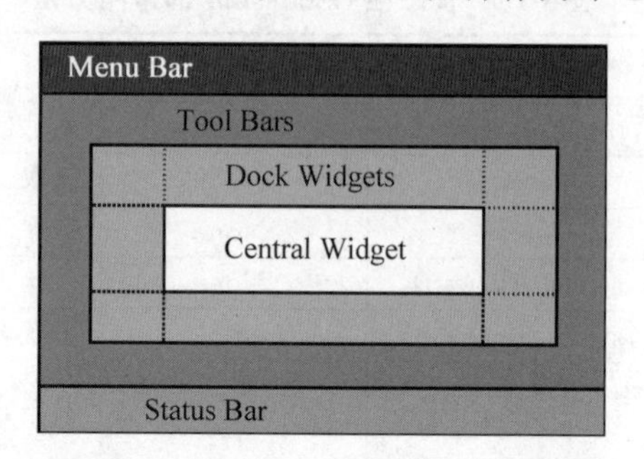

图 3-10　QMainWindow 窗口的布局

3.4.1　主窗口 QMainWindow 与实例

主窗口 QMainWindow 通常由一个菜单栏、一个状态栏、一个中心控件、多个可以停靠的工具栏和可停靠控件 QDockWidget 构成，中心控件为主显示区，工具栏和可停靠控件可以用鼠标进行拖拽、悬浮和停靠操作。

QMainWindow 主窗口是从 QWidget 类继承而来的。用 QMainWindow 创建主窗口实例的方法如下所示，其中参数 parent 通常不用设置，当作独立窗口使用。

```
QMainWindow(parent = None)
QMainWindow(parent = None, flags: Qt.WindowFlags = Default(Qt.WindowFlags))
```

1. 主窗口 QMainWindow 的常用方法

主窗口 QMainWindow 的常用方法如表 3-17 所示。主窗口 QMainWindow 的方法主要针对中心控件、菜单栏、状态栏、停靠控件、工具栏进行设置，主要方法介绍如下。

- 对中心控件的设置。用 setCentralWidget(QWidget)方法可以将某个控件设置成中心控件；用 takeCentralWidget()方法可以将中心控件从布局中移除，使用这种方法中心控件只是从布局移走，并没有真正被删除。
- 对菜单栏的设置。QMainWindow 提供了创建菜单栏的方法 menuBar()，用这个方法可以获取或创建新菜单栏并返回新创建的菜单栏，可以往菜单栏中添加菜单和动作。如果想把已经创建好的菜单栏设置成 QMainWindow 的菜单栏，需要用到 setMenuBar(menubar: QMenuBar)方法，用自己创建的菜单栏替换主窗口提供的菜单栏。如果不想把菜单栏中的菜单显示出来，可以用 setMenuWidget(menubar: QWidget)方法在菜单栏中添加控件。
- 对状态栏的设置。QMainWindow 提供了创建状态栏的方法 statusBar()，用这个方法可以创建新状态栏并返回新创建的状态栏，可以往状态栏中添加控件。如果想把已经创建好的状态栏设置成 QMainWindow 的状态栏，需要用到 setStatusBar(QStatusBar)方法，用自己创建的状态栏替换主窗口提供的状态栏。用

setStatusBar(None)方法可以删除状态栏。

- 对工具栏的设置。QMainWindow 可以有一个或多个工具栏，而且工具栏可以拖放到上、下、左、右不同的停靠区。用 addToolBar(str)方法可以新建名称为 str 的工具栏，并返回新建的工具栏；用 addToolBar(QToolBar)方法可以在主窗口的顶部放置已经定义好的工具栏；用 addToolBar(Qt.ToolBarArea，QToolBar)方法可以在指定位置放置已经定义好的工具栏，其中参数 Qt.ToolBarArea 的取值为 Qt.LeftToolBarArea、Qt.RightToolBarArea、Qt.TopToolBarArea、Qt.BottomToolBarArea、Qt.AllToolBarAreas 或 Qt.NoToolBarArea；用 toolBarArea(QToolBar)方法可以返回工具栏的停靠区位置；用 removeToolBar(QToolBar)方法可以从布局中移除工具栏。通常在一个停靠区放置多个工具栏时，工具栏成一行或一列状态，如果要在一个停靠区使多个工具栏成多行或多列停放，需要用 addToolBarBreak(area: Qt.ToolBarArea = Qt.TopToolBarArea)方法为停靠区设置断点；也可以用 insertToolBarBreak(before: QToolBar)方法在某个工具栏前添加断点，用 removeToolBarBreak(before: QToolBar)方法移除工具栏前的断点。
- 停靠控件设置。用 QDockWidget(str，parent = None，Qt.WindowType)方法可以创建停靠控件，停靠控件通常作为容器使用；用停靠控件的 setWidget(QWidget)方法可以为停靠控件设置控件，通常设置为容器类控件。在主窗口中用 addDockWidget(Qt.DockWidgetArea，QDockWidget)方法或 addDockWidget(Qt.DockWidgetArea，QDockWidget，Qt.Orientation)方法可以在指定停靠区域添加停靠控件，其中参数 Qt.DockWidgetArea 可以取 Qt.LeftDockWidgetArea、Qt.RightDockWidgetArea、Qt.TopDockWidgetArea、Qt.BottomDockWidgetArea、Qt.AllDockWidgetAreas 或 Qt.NoDockWidgetArea，Qt.Orientation 可以取 Qt.Horizontal 或 Qt.Vertical；用 removeDockWidget(QDockWidget)方法可以从布局中移除停靠控件。如果在一个停靠区域内放置多个停靠控件，通常用 QTabWidget 控件的形式将多个停靠控件层叠在一起；如果要在一个停靠区内并排或并列放置停靠控件，需要用 setDockNestingEnabled(bool)方法进行设置。用 setTabPosition(Qt.DockWidgetArea，QTabWidget.TabPosition)方法设置多个停靠控件层叠时 Tab 标签的位置，其中参数 QTabWidget.TabPosition 可以取 QTabWidget.North、QTabWidget.South、QTabWidget.East 和 QTabWidget.West，分别表示上、下、右和左；用 setTabShape(QTabWidget.TabShape)方法设置 Tab 标签的形状，其中参数 QTabWidget.TabShape 可以取 QTabWidget.Rounded 和 QTabWidget.Triangular，分别表示圆角和三角形。
- 用 tabifyDockWidget(first: QDockWidget，second: QDockWidget)方法可以将两个停靠控件放到一个停靠区层叠显示；用 tabifiedDockWidgets(QDockWidget)方法可以获取停靠区中与指定的停靠控件层叠显示的停靠控件列表 List[QDockWidget]。
- 当拖动停靠控件到其他停靠区时，中心控件和其他控件会进行缩放或移动，腾出停靠空间。用 setAnimated(bool)方法可以设置腾出停靠空间的过程中，中心控件或其他控件的缩放比较连贯。用 setDockOptions(QMainWindow.DockOption)方法可以设置停靠控件的停靠参数，其中 QMainWindow. DockOption 可以取 QMainWindow. AnimatedDocks（功能与 setAnimated（True）相同）、QMainWindow. AllowNestedDocks（功能与 setDockNestingEnabled（True）相同）、QMainWindow. AllowTabbedDocks（多个停靠控件可以层叠显示，也可以并排显示）、QMainWindow. ForceTabbedDocks（多个停靠控件必须层叠显示，AllowNestedDocks 属性失效）或 QMainWindow. VerticalTabs（Tab 标签竖直显示，默认在底部水平显示）。用 restoreDockWidget（QDockWidget）方法可以使停靠控件复位，成功则返回 True。

- 主窗口上的工具栏和可停靠控件的状态可以保存起来，必要时可以恢复其状态，用 saveState（version：int＝0）方法保存界面状态到 QByteArray 中，用 restoreState（QByteArray，version：int＝0）方法使界面状态复位，成功则返回 True。
- 用 setCorner（Qt. Corner，Qt. DockWidgetArea）方法可以设置停靠区重叠部分属于哪个停靠区域的一部分，其中参数 Qt. Corner 可以取 Qt. TopRightCorner、Qt. BottomRightCorner、Qt. TopLeftCorner 或 Qt. BottomLeftCorner。用 corner（Qt. Corner）方法可以获取角落所属的停靠区域 Qt. DockWidgetArea。

表 3-17 主窗口 QMainWindow 的常用方法

QMainWindow 的方法及参数类型	返回值的类型	说　明
setCentralWidget（QWidget）	None	设置中心控件
centralWidget（）	QWidget	获取中心控件
takeCentralWidget（）	QWidget	将中心控件从布局中移除
setMenuBar（menubar：QMenuBar）	None	设置菜单栏
menuBar（）	QMenuBar	新建菜单栏，并返回菜单栏
setMenuWidget（menubar：QWidget）	None	设置菜单栏中的控件
menuWidget（）	QWidget	获取菜单栏中的控件
createPopupMenu（）	QMenu	创建弹出菜单，并返回菜单
setStatusBar（QStatusBar）	None	设置状态栏
statusBar（）	QStatusBar	获取状态栏，如状态栏不存在，则创建新状态栏
addToolBar（Qt. ToolBarArea，QToolBar）	None	在指定位置添加工具栏
addToolBar（QToolBar）	None	在顶部添加工具栏
addToolBar（title：str）	QToolBar	添加工具栏并返回新建的工具栏
insertToolBar（QToolBar，QToolBar）	None	在第 1 个工具条前插入工具条
addToolBarBreak（area：Qt. ToolBarArea＝Qt. TopToolBarArea）	None	添加工具条放置区域，两个工具栏可以并排或并列显示
insertToolBarBreak（before：QToolBar）	None	在某个工具条前插入放置区域
removeToolBarBreak（before：QToolBar）	None	移除工具栏前的放置区域
toolBarArea（QToolBar）	Qt. ToolBarArea	获取工具栏的停靠区
toolBarBreak（QToolBar）	bool	获取工具栏区是否分割
removeToolBar（QToolBar）	None	从布局中移除工具栏
setToolButtonStyle（Qt. ToolButtonStyle）	None	设置按钮样式
toolButtonStyle（）	Qt. ToolButtonStyle	获取按钮样式

续表

QMainWindow 的方法及参数类型	返回值的类型	说　明
addDockWidget(Qt.DockWidgetArea, QDockWidget)	None	在指定停靠区域添加停靠控件
addDockWidget(Qt.DockWidgetArea, QDockWidget, Qt.Orientation)	None	在指定停靠区域添加停靠控件，同时可设置方向
removeDockWidget(QDockWidget)	bool	从布局中移除停靠控件
dockWidgetArea(QDockWidget)	Qt.DockWidgetArea	获取停靠控件的停靠位置
[**slot**]setDockNestingEnabled(bool)	None	设置停靠区是否可容纳多个控件
isDockNestingEnabled()	bool	获取停靠区是否只可放一个控件
restoreDockWidget(QDockWidget)	bool	停靠控件复位，成功则返回 True
saveState(version: int=0)	QByteArray	保存界面状态
restoreState(QByteArray, version: int=0)	bool	界面状态复位，成功则返回 True
[**slot**]setAnimated(bool)	None	设置动画状态，动画状态下腾出停靠区比较连贯，否则捕捉停靠区
isAnimated()	Bool	是否是动画样式
setCorner(Qt.Corner, Qt.DockWidgetArea)	None	设置某个角落属于哪个停靠区的一部分
corner(Qt.Corner)	Qt.DockWidgetArea	获取角落所属的停靠区域
setDockOptions(QMainWindow.DockOption)	None	设置停靠参数
setDocumentMode(bool)	None	设置 Tab 标签是否是文档模式
documentMode()	bool	获取 Tab 标签是否是文档模式
setIconSize(QSize)	None	设置工具栏上的按钮图标尺寸
iconSize()	QSize	获取图标尺寸
setTabPosition(Qt.DockWidgetArea, QTabWidget.TabPosition)	None	多个停靠控件重叠时，设置 Tab 标签的位置，默认在底部
setTabShape(QTabWidget.TabShape)	None	多个停靠控件重叠时，设置 Tab 标签的形状
splitDockWidget(after: QDockWidget, dockwidget: QDockWidget, orientation: Qt.Orientation)	None	将被挡住的停靠控件分成两部分
tabifiedDockWidgets(QDockWidget)	List[QDockWidget]	获取停靠区中停靠控件列表
tabifyDockWidget(first: QDockWidget, second: QDockWidget)	None	将第二个停靠控件放在第一个停靠控件的上部，通常创建停靠区

2. 主窗口 QMainWindow 的信号

主窗口 QMainWindow 的信号如表 3-18 所示。

表 3-18　主窗口 QMainWindow 的信号

QMainWindow 的信号及参数类型	说　明
iconSizeChanged(QSize)	当工具栏按钮的尺寸发生变化时发送信号
tabifiedDockWidgetActivated(QDockWidget)	重叠的停靠控件激活时发送信号
toolButtonStyleChanged(Qt.ToolButtonStyle)	工具栏按钮的样式发生变化时发送信号

3. 主窗口 QMainWindow 的应用实例

下面的程序在主窗口中建立一个菜单栏、一个中心控件、两个工具栏、两个悬停控件和一个状态栏，工具栏和悬停控件可以拖放到其他位置。悬停控件中一个用于控制字体和字体大小，另一个用于控制字体的颜色。程序运行界面如图 3-11 所示。

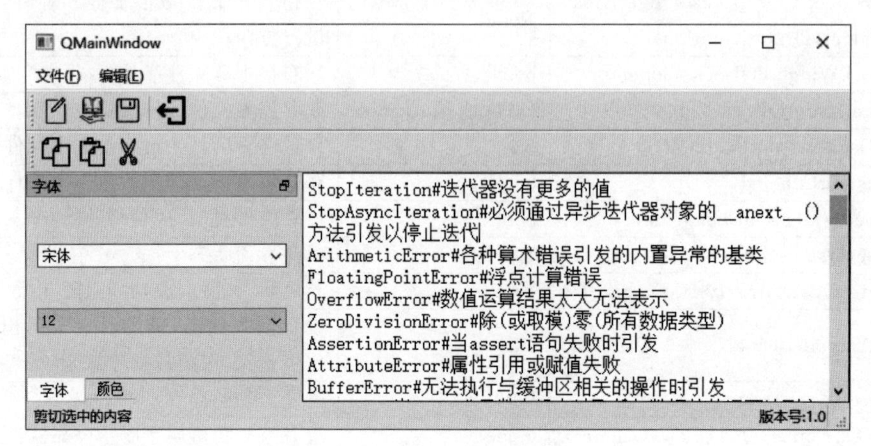

图 3-11　程序运行界面

```
import sys,os                                              # Demo3_11.py
from PySide6.QtWidgets import (QApplication,QPlainTextEdit,QLabel,QMainWindow,QDockWidget,
                    QSlider,QFontComboBox,QComboBox,QVBoxLayout,QWidget,QFileDialog)
from PySide6.QtGui import QIcon,QColor,QPalette
from PySide6.QtCore import Qt

class MyWindow(QMainWindow):
    def __init__(self,parent = None):
        super().__init__(parent)
        self.setWindowTitle("QMainWindow")
        self.setupUi()
    def setupUi(self):
        self.plainText = QPlainTextEdit(self)
        self.setCentralWidget(self.plainText)                    # 设置中心控件
        menuBar = self.menuBar()                                 # 创建菜单栏
        file_menu = menuBar.addMenu("文件(&F)")                  # 创建菜单
        act_new = file_menu.addAction(QIcon("D:\\python\\new.png"),"新建(&N)")
                                                                 # 添加动作
        act_open = file_menu.addAction(QIcon("D:\\python\\open.png"), "打开(&O)")
                                                                 # 添加动作
        act_save = file_menu.addAction(QIcon("D:\\python\\save.png"), "保存(&S)")
                                                                 # 添加动作
        file_menu.addSeparator()
        act_exit = file_menu.addAction(QIcon("D:\\python\\exit.png"), "退出(&T)")
                                                                 # 添加动作
        edit_menu = menuBar.addMenu("编辑(&E)")                  # 创建菜单
```

```
act_copy = edit_menu.addAction(QIcon("D:\\python\\copy.png"),"复制(&C)")
                                                        #添加动作
act_paste = edit_menu.addAction(QIcon("D:\\python\\paste.png"), "粘贴(&V)")
                                                        #添加动作
act_cut = edit_menu.addAction(QIcon("D:\\python\\cut.png"), "剪切(&X)")
                                                        #添加动作

file_toolBar = self.addToolBar("文件")                  #创建工具栏
file_toolBar.addAction(act_new)                         #工具栏上添加动作
file_toolBar.addAction(act_open)                        #工具栏上添加动作
file_toolBar.addAction(act_save)                        #工具栏上添加动作
file_toolBar.addSeparator()
file_toolBar.addAction(act_exit)                        #工具栏上添加动作
self.addToolBarBreak(Qt.TopToolBarArea)                 #添加断点
edit_toolBar = self.addToolBar("编辑")                  #创建工具栏
edit_toolBar.addAction(act_copy)                        #工具栏上添加动作
edit_toolBar.addAction(act_paste)                       #工具栏上添加动作
edit_toolBar.addAction(act_cut)                         #工具栏上添加动作

self.statusBar = self.statusBar()                       #创建状态栏
label = QLabel("版本号:1.0")
self.statusBar.addPermanentWidget(label)

act_new.triggered.connect(self.act_new_triggered)       #信号与自定义槽的关联
act_open.triggered.connect(self.act_open_triggered)     #信号与自定义槽的关联
act_save.triggered.connect(self.act_save_triggered)     #信号与自定义槽的关联
act_copy.triggered.connect(self.plainText.copy)         #信号与控件的槽的关联
act_cut.triggered.connect(self.plainText.cut)           #信号与控件的槽的关联
act_paste.triggered.connect(self.plainText.paste)       #信号与控件的槽的关联
act_new.hovered.connect(self.act_new_hovered)           #信号与控件的槽的关联
act_open.hovered.connect(self.act_open_hovered)         #信号与控件的槽的关联
act_save.hovered.connect(self.act_save_hovered)         #信号与控件的槽的关联
act_copy.hovered.connect(self.act_copy_hovered)         #信号与控件的槽的关联
act_paste.hovered.connect(self.act_paste_hovered)       #信号与控件的槽的关联
act_cut.hovered.connect(self.act_cut_hovered)           #信号与控件的槽的关联

self.dock_font = QDockWidget("字体",self)               #创建停靠控件
self.addDockWidget(Qt.LeftDockWidgetArea,self.dock_font)
                                                        #主窗口中添加停靠控件
self.dock_font.setFeatures(QDockWidget.NoDockWidgetFeatures)
                                                        #设置停靠控件的特征
self.dock_font.setFeatures(QDockWidget.DockWidgetFloatable |
    QDockWidget.DockWidgetMovable | QDockWidget.DockWidgetFloatable)
fw = QWidget()                                          #创建悬停控件上的控件
self.dock_font.setWidget(fw)                            #设置悬停控件上的控件
fv = QVBoxLayout(fw)                                    #在控件上添加布局

self.fontComboBox = QFontComboBox()
self.sizeComboBox = QComboBox()
for i in range(5,50):
```

```
            self.sizeComboBox.addItem(str(i))
        self.sizeComboBox.setCurrentText(str(self.plainText.font().pointSize()))
        fv.addWidget(self.fontComboBox)                         #布局中添加控件
        fv.addWidget(self.sizeComboBox)                         #布局中添加控件

        self.fontComboBox.currentTextChanged.connect(self.font_name_changed)
                                                                #信号与槽的连接
        self.sizeComboBox.currentTextChanged.connect(self.font_size_changed)
                                                                #信号与槽的连接

        self.dock_color = QDockWidget("颜色",self)              #创建悬停控件
        self.addDockWidget(Qt.LeftDockWidgetArea,self.dock_color)
                                                            #主窗口中添加悬停控件
        self.dock_color.setFeatures(QDockWidget.NoDockWidgetFeatures)
                                                            #设置悬停控件的特征
        self.dock_color.setFeatures(QDockWidget.DockWidgetFloatable |
            QDockWidget.DockWidgetMovable | QDockWidget.DockWidgetFloatable)
        self.tabifyDockWidget(self.dock_font,self.dock_color)  #把两个悬停控件层叠

        self.red_slider = QSlider(Qt.Horizontal)
        self.green_slider = QSlider(Qt.Horizontal)
        self.blue_slider = QSlider(Qt.Horizontal)
        self.red_slider.setRange(0,255)
        self.green_slider.setRange(0,255)
        self.blue_slider.setRange(0,255)
        cw = QWidget()                                      #创建悬停控件上的控件
        self.dock_color.setWidget(cw)                       #设置悬停控件上的控件
        cv = QVBoxLayout(cw)
        cv.addWidget(self.red_slider)
        cv.addWidget(self.green_slider)
        cv.addWidget(self.blue_slider)
        self.red_slider.valueChanged.connect(self.color_slider_changed)
                                                            #信号与槽的连接
        self.green_slider.valueChanged.connect(self.color_slider_changed)
                                                            #信号与槽的连接
        self.blue_slider.valueChanged.connect(self.color_slider_changed)
                                                            #信号与槽的连接

        self.setAnimated(True)
        self.setCorner(Qt.TopLeftCorner,Qt.LeftDockWidgetArea)
        self.setDockNestingEnabled(True)
    def font_name_changed(self,name):                   #自定义槽函数
        font = self.plainText.font()
        font.setFamily(name)
        self.plainText.setFont(font)
    def font_size_changed(self,size):                   #自定义槽函数
        font = self.plainText.font()
        font.setPointSize(int(size))
        self.plainText.setFont(font)
    def color_slider_changed(self,value):               #自定义槽函数
```

```
        color = QColor(self.red_slider.value(),self.green_slider.value(),self.blue_
slider.value())
        palette = self.plainText.palette()
        palette.setColor(QPalette.Text,color)
        self.plainText.setPalette(palette)
    def act_new_triggered(self):                #自定义槽函数
        self.plainText.clear()
    def act_open_triggered(self):               #自定义槽函数
        filename,filter = QFileDialog.getOpenFileName(self,"打开文件","d:\\","文本文件
(*.txt)")
        if os.path.exists(filename):
            self.plainText.clear()
            fp = open(filename,"r",encoding="UTF-8")
            string = fp.readlines()
            for i in string:
                i = i.strip()
                self.plainText.appendPlainText(i)
            fp.close()
    def act_save_triggered(self):               #自定义槽函数
        filename,filter = QFileDialog.getSaveFileName(self,"保存文件","d:\\","文本文件
(*.txt)")
        string = self.plainText.toPlainText()
        if filename != "":
            if os.path.exists(filename):
                fp=open(filename,"wa",encoding="UTF-8")
                fp.writelines(string)
                fp.close()
            else:
                fp = open(filename, "w", encoding="UTF-8")
                fp.writelines(string)
                fp.close()
    def act_new_hovered(self):                  #自定义槽函数
        self.statusBar.showMessage("新建文档",5000)
    def act_open_hovered(self):                 #自定义槽函数
        self.statusBar.showMessage("打开文档",5000)
    def act_save_hovered(self):                 #自定义槽函数
        self.statusBar.showMessage("保存文档",5000)
    def act_copy_hovered(self):                 #自定义槽函数
        self.statusBar.showMessage("复制选中的内容",5000)
    def act_paste_hovered(self):                #自定义槽函数
        self.statusBar.showMessage("在光标位置处粘贴",5000)
    def act_cut_hovered(self):                  #自定义槽函数
        self.statusBar.showMessage("剪切选中的内容",5000)
if __name__ == '__main__':
    app=QApplication(sys.argv)
    window = MyWindow()
    window.show()
    sys.exit(app.exec())
```

3.4.2 停靠控件 QDockWidget

停靠控件 QDockWidget 主要应用在主窗口中,用鼠标可以将其拖拽到不同的停靠区域中。停靠控件通常作为容器来使用,需要在其内部添加一些常用控件。停靠控件由标题栏和内容区构成,标题栏上显示窗口标题,还有浮动按钮和关闭按钮。

停靠控件 QDockWidget 继承自 QWidget。用 QDockWidget 类创建停靠控件实例的方法如下所示,其中 title 是停靠控件的窗口标题,parent 是停靠控件所在的窗口。

```
QDockWidget(title: str, parent: QWidget = None, flags: Qt.WindowFlags = Default(Qt.WindowFlags))
QDockWidget(parent:QWidget = None, flags: Qt.WindowFlags = Default(Qt.WindowFlags))
```

1. 停靠控件 QDockWidget 的常用方法

停靠控件 QDockWidget 的常用方法如表 3-19 所示,主要方法介绍如下。

- 用 setWidget(QWidget)方法设置停靠控件工作区中的控件,通常选择容器类控件和表格类控件作为工作区的控件,用 widget()方法获取工作区中的控件。
- 用 setTitleBarWidget(QWidget)方法设置标题栏中的控件,用 titleBarWidget()方法获取标题栏中的控件。
- 用 setAllowedAreas(Qt.DockWidgetArea)方法设置停靠控件可以停靠的区域,用 allowedAreas()方法获取可以停靠的区域,用 isAreaAllowed(Qt.DockWidgetArea)方法获取指定的区域是否允许停靠。
- 用 setFeatures(QDockWidget.DockWidgetFeatures)方法设置停靠控件的特征,其中参数 QDockWidget.DockWidgetFeature 可以取 QDockWidget.DockWidgetClosable(可关闭)、QDockWidget.DockWidgetMovable(可移动)、QDockWidget.DockWidgetFloatable(可悬停)、QDockWidget.DockWidgetVerticalTitleBar(有竖向标题)、QDockWidget.AllDockWidgetFeatures(有以上所有特征)或 QDockWidget.NoDockWidgetFeatures(没有以上特征);用 features()方法获取特征。
- 用 toggleViewAction()方法返回一个 QAction 动作对象,单击该动作对象可以切换停靠窗口的可见状态,即该动作是一个对停靠控件窗口进行显示或关闭的开关。如果将该动作加到菜单上,对应菜单栏的文字即为停靠窗口的 title 文字,这样就可以在菜单上单击对应菜单项进行停靠窗口的关闭和显示。

表 3-19 停靠控件 QDockWidget 的常用方法

QDockWidget 的方法及参数类型	返回值的类型	说明
setAllowedAreas(Qt.DockWidgetArea)	None	设置可停靠区域
isAreaAllowed(Qt.DockWidgetArea)	bool	获取区域是否允许停靠
allowedAreas()	Qt.DockWidgetArea	获取可停靠的区域
setFeatures(QDockWidget.DockWidgetFeatures)	None	设置特征
setFloating(bool)	None	设置成浮动状态
isFloating()	bool	获取是否处于浮动状态
setTitleBarWidget(QWidget)	None	设置标题栏中的控件

续表

QDockWidget 的方法及参数类型	返回值的类型	说　明
titleBarWidget()	QWidget	获取标题栏中的控件
setWidget(QWidget)	None	添加控件
widget()	QWidget	获取控件
toggleViewAction()	QAction	获取隐藏或显示的动作

2. 停靠控件 QDockWidget 的信号

停靠控件 QDockWidget 的信号如表 3-20 所示。

表 3-20　停靠控件 QDockWidget 的信号

QDockWidget 的信号及参数类型	说　明
allowedAreasChanged(Qt.DockWidgetArea)	允许停靠的区域发生改变时发送信号
dockLocationChanged(Qt.DockWidgetArea)	停靠的区域发生改变时发送信号
featuresChanged(QDockWidget.DockWidgetFeature)	特征改变时发送信号
topLevelChanged(bool)	悬浮和停靠状态转换时发送信号
visibilityChanged(bool)	可见性改变时发送信号

有关停靠控件 QDockWidget 的应用可参考上节的实例。

3.4.3 多文档区 QMdiArea 和子窗口 QMdiSubWindow 与实例

用 QMainWindow 建立的主界面，通常会同时建立或打开多个相互独立的文档，这些文档共享主界面的菜单、工具栏和停靠控件，多文档中只有一个文档是活跃的文档，菜单和工具栏的操作只针对当前活跃的文档。主界面要实现多文档操作需要用 QMdiArea 控件，通常把 QMdiArea 定义成中心控件。可以在 QMdiArea 控件中添加多个子窗口 QMdiSubWindow，通常每个子窗口都有相同的控件，当然控件也可以不相同，这时代码会比较复杂。

多文档区 QMdiArea 和子窗口 QMdiSubWindow 的继承关系如图 3-12 所示，QMdiArea 是从抽象类 QAbastractScrollArea 继承而来的，而 QMdiSubWindow 是从 QWidget 类继承而来的。

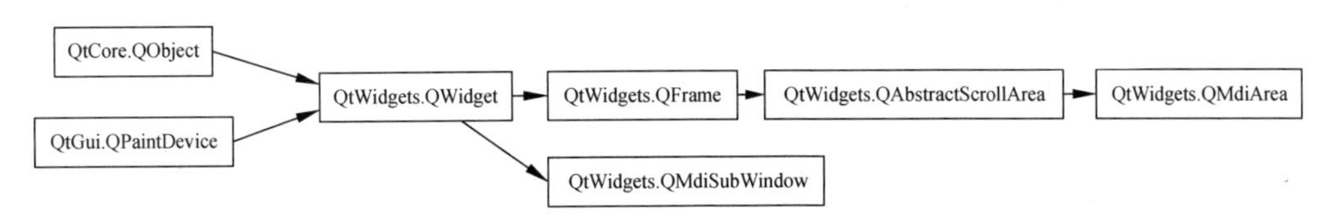

图 3-12　QMdiArea 和 QMdiSubWindow 的继承关系

用 QMdiArea 类和 QMdiSubWindow 类创建多文档实例和子窗口实例的方法如下。

```
QMdiArea(parent:QWidget = None)
QMdiSubWindow(parent:QWidget = None, flags: Qt.WindowFlags = Default(Qt.WindowFlags))
```

1. 多文档区 QMdiArea 和子窗口 QMdiSubWindow 的常用方法

多文档区 QMdiArea 和子窗口 QMdiSubWindow 的常用方法分别如表 3-21 和表 3-22 所示，主要方法介绍如下。

- 用 QMdiArea 的 addSubWindow(QWidget,Qt. WindowFlags)方法可以往多文档区中添加子窗口，并返回子窗口，参数 QWidget 可以是子窗口，也可以是其他控件，如果是其他控件，则先创建其他控件，然后在子窗口上添加该控件；用 removeSubWindow(QWidget)方法可以从多文档中移除子窗口或子窗口上的控件，使用该方法子窗口或控件并没有真正删除，其父窗口变成 None。如果移除的是控件，则控件所在的子窗口并没有被移除。
- 用 QMdiSubWindow 的 setWidget(QWidget)方法可以往子窗口上添加控件；用 widget()方法可以获取子窗口上的控件。
- 用 QMdiArea 的 setViewMode(QMdiArea. ViewMode)方法可以设置多文档区中子窗口的显示模式，其中参数 QMdiArea. ViewMode 可以取 QMdiArea. SubWindowView(子窗口视图)和 QMdiArea. TabbedView(Tab 标签视图)，这两种视图的样式如图 3-13 所示。

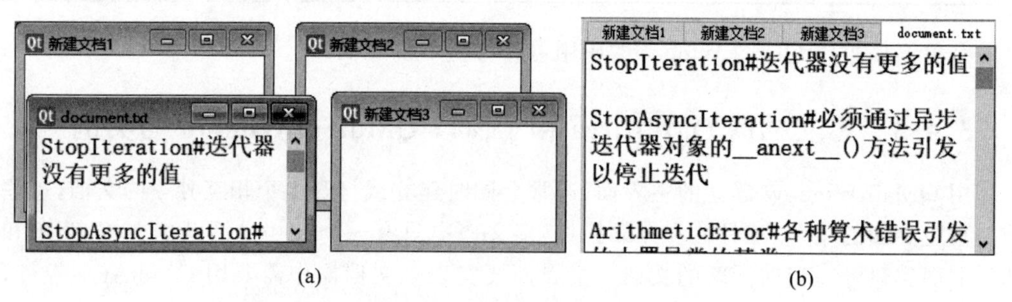

图 3-13 子窗口的显示样式

(a) 子窗口视图；(b) Tab 标签视图

- 在子窗口视图模式下，可以随意缩放和拖动窗口，还可以设置子窗口的排列形式。用 cascadeSubWindows()方法可以设置子窗口为层叠排列显示，用 tileSubWindows()方法可以设置子窗口为平铺排列显示，这两种排列形式如图 3-14 所示。
- 用 QMdiArea 的 currentSubWindow()方法可以获得当前子窗口，如果没有子窗口或活跃窗口，则返回值是 None；用 setActiveSubWindow (QMdiSubWindow)方法可以使某个子窗口变成活跃窗口。
- 如果用户在界面上单击某个子窗口，则单击的子窗口变成活跃窗口。如果用代码使某个窗口活跃，则要考虑子窗口的顺序。用 setActivationOrder(QMdiArea. WindowOrder)方法可以设置子窗口的活跃顺序的规则，其中参数 QMdiArea. WindowOrder 可以取 QMdiArea. CreationOrder(创建顺序)、QMdiArea. StackingOrder(堆放顺序)和 QMdiArea. ActivationHistoryOrder(历史活跃顺序)；用 activateNextSubWindow()方法和 activatePreviousSubWindow()方法可以按照活跃顺序分别激活下一个子窗口和前一个子窗口；用 subWindowList(QMdiArea. WindowOrder) 方法可以按照指定的顺序获取子窗口的列表 List

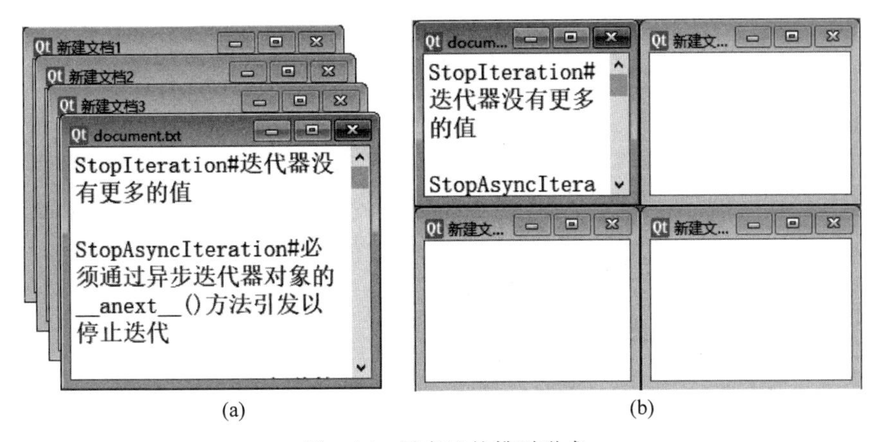

(a)　　(b)

图 3-14　子窗口的排列形式

(a) 子窗口层叠；(b) 子窗口平铺

[QMdiSubWindow]。

- 用 QMdiArea 的 setOption(QMdiArea. AreaOption，bool)方法可以设置子窗口在活跃时的状态，其中参数 QMdiArea. AreaOption 只有一个取值 QMdiArea. DontMaximizeSubWindowOnActivation，在子窗口变成活跃窗口时不进行最大化显示。
- 用 QMdiSubWindow 的 showShaded()方法可以把子窗口折叠起来，只显示标题栏。
- 用 QMdiSubWindow 的 setOption(QMdiSubWindow. SubWindowOption，bool)方法可以设置子窗口缩放或移动时只显示外轮廓，参数 QMdiSubWindow. SubWindowOption 可以取 QMdiSubWindow. RubberBandResize(缩放时只显示外轮廓)和 QMdiSubWindow. RubberBandMove(移动时只显示外轮廓)。

表 3-21　多文档区 QMdiArea 的常用方法

QMdiArea 的方法及参数类型	返回值的类型	说　　明
addSubWindow(QWidget，Qt. WindowFlags)	QMdiSubWindow	用控件创建一个子窗口，并返回子窗口
removeSubWindow(QWidget)	None	移除控件所在的子窗口
setViewMode(QMdiArea. ViewMode)	None	设置子窗口在 QMdiArea 中的显示样式
viewMode()	QMdiArea. ViewMode	获取子窗口的显示样式
[**slot**]cascadeSubWindows()	None	层叠显示子窗口
[**slot**]tileSubWindows()	None	平铺显示子窗口
[**slot**]closeActiveSubWindow()	None	关闭活跃的子窗口
[**slot**]closeAllSubWindows()	None	关闭所有的子窗口
currentSubWindow()	QMdiSubWindow	获取当前的子窗口
scrollContentsBy(dx：int，dy：int)	None	移动子窗口中的控件
setActivationOrder(QMdiArea. WindowOrder)	None	设置子窗口的活跃顺序

续表

QMdiArea 的方法及参数类型	返回值的类型	说　明
activationOrder()	QMdiArea.WindowOrder	获取活跃顺序
subWindowList(QMdiArea.WindowOrder=QMdiArea.CreationOrder)	List[QMdiSubWindow]	按照指定的顺序获取子窗口列表
[**slot**]activateNextSubWindow()	None	激活下一个子窗口
[**slot**]activatePreviousSubWindow()	None	激活前一个子窗口
[**slot**]setActiveSubWindow(QMdiSubWindow)	None	设置活跃的子窗口
activeSubWindow()	QMdiSubWindow	获取活跃的子窗口
setBackground(Union[QBrush,QColor,Qt.GlobalColor,QGradient])	None	设置背景颜色,默认是灰色
background()	QBrush	获取背景色画刷
setOption(QMdiArea.AreaOption,bool)	None	设置子窗口的模式
testOption(QMdiArea.AreaOption)	bool	获取是否设置了选项
setTabPosition(QTabWidget.TabPosition)	None	设置 Tab 标签的位置
setTabShape(QTabWidget.TabShape)	None	设置 Tab 标签的形状
setTabsClosable(bool)	None	Tab 模式时设置 Tab 标签是否有关闭按钮
setTabsMovable(bool)	None	Tab 模式时设置 Tab 标签是否可移动
setDocumentMode(bool)	None	Tab 模式时设置 Tab 标签是否文档模式
documentMode()	bool	Tab 模式时获取 Tab 标签是否文档模式
tabPosition()	QTabWidget.TabPosition	获取 Tab 标签的位置
tabShape()	QTabWidget.TabShape	获取 Tab 标签的形状
tabsClosable()	bool	获取 Tab 标签上是否有关闭按钮
tabsMovable()	bool	获取 Tab 标签是否可移动

表 3-22　子窗口 QMdiSubWindow 的常用方法

QMdiSubWindow 的方法及参数类型	返回值的类型	说　明
setWidget(QWidget)	None	设置子窗口中的控件
widget()	QWidget	获取子窗口中的控件
[**slot**]showShaded()	None	只显示标题栏
isShaded()	bool	获取子窗口是否处于只显示标题栏状态
mdiArea()	QMdiArea	返回子窗口所在的多文档区域
setSystemMenu(QMenu)	None	设置系统菜单
systemMenu()	QMenu	获取系统菜单

续表

QMdiSubWindow 的方法及参数类型	返回值的类型	说　明
[**slot**]showSystemMenu()	None	在标题栏的系统菜单图标下显示系统菜单
setKeyboardPageStep(step: int)	None	设置用键盘 Page 键控制子窗口移动或缩放时的增量步
keyboardPageStep()	int	获取用键盘 Page 键控制子窗口移动或缩放时的增量步
setKeyboardSingleStep(step: int)	None	设置用键盘箭头键控制子窗口移动或缩放时的增量步
keyboardSingleStep()	int	获取用键盘箭头键控制子窗口移动或缩放时的增量步
setOption(QMdiSubWindow.SubWindowOption, bool)	None	设置选项，bool 默认为 True

2. 多文档区 QMdiArea 和子窗口 QMdiSubWindow 的信号

多文档区 QMdiArea 只有一个信号 subWindowActivated(QMdiSubWindow)，当子窗口活跃时发送该信号。

子窗口 QMdiSubWindow 的信号有 aboutToActivate() 和 windowStateChanged(oldState, newState)，当子窗口活跃时发送 aboutToActivate()信号，主窗口状态发生变化时发送 windowStateChanged(oldState: Qt.WindowStates, newState: Qt.WindowStates)信号，其中枚举值 Qt.WindowStates 可取 Qt.WindowNoState(正常状态)、Qt.WindowMinimized(最小化状态)、Qt.WindowMaximized(最大化状态) Qt.WindowFullScreen(全屏状态)或 Qt.WindowActive(活跃状态)。

3. 多文档区 QMdiArea 和子窗口 QMdiSubWindow 的应用实例

本书二维码中的实例源代码 Demo3_12.py 是关于多文档区 QMdiArea 和子窗口 QMdiSubWindow 的应用实例。该程序建立多文档界面，界面上有菜单栏、工具栏、停靠控件、状态栏和多文档区。单击文件菜单的“新建”或工具栏中的“新建”按钮，可以新建多个子窗口，子窗口的标题按照“新建文档 1”“新建文档 2”……的形式逐渐增加。单击“打开”按钮，可以打开 UTF-8 格式的 txt 文件。如果当前活跃的子窗口中没有内容，则打开的文件直接加载到当前活跃的子窗口中；如果当前活跃的子窗口中有内容，则新建子窗口，且子窗口的标题栏名称为文件的名称。子窗口的 windowFilePath 属性是打开文件的路径和文件名。单击“保存”或“另存为”按钮，可以把文档保存到现有文件中或另存到一个新文件中，通过窗口菜单可以将文件以子窗口或 Tab 样式显示，及重叠或平铺显示。状态栏显示当前活跃的子窗口的文件名和路径，用停靠控件可以为当前活跃窗口设置字体和颜色。程序运行界面如图 3-15 所示。

3.4.4　在 Qt Designer 中建立主窗口

除了用代码生成主窗口中的菜单栏、工具栏、动作、状态栏、停靠控件、MDI 窗口外，还可以在 Qt Designer 中生成这些内容，然后把 ui 文件转换成 py 文件，从而实现界面的快速

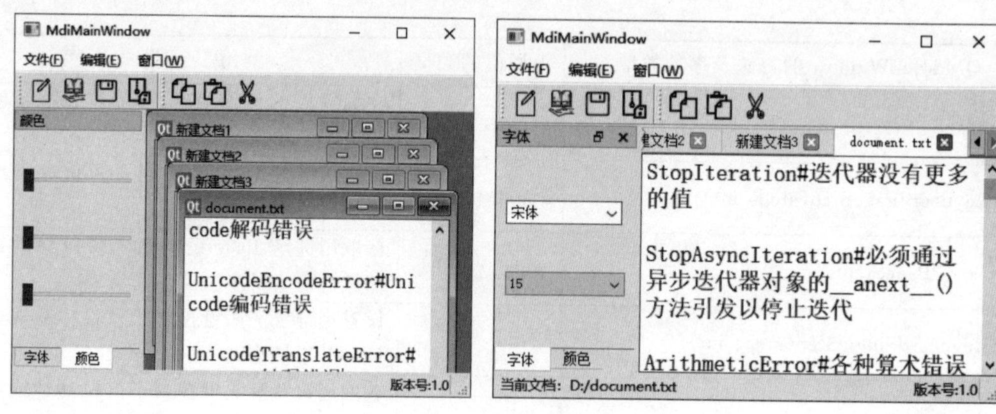

图 3-15 程序运行界面

建模。下面介绍在 Qt Designer 中建立主窗口的方法。

1. 动作的建立

启动 Qt Designer 后,在新建窗体对话框中选择 Main Window 项,单击“创建”按钮,进入窗体设计界面。在右下角的动作编辑器中单击“新建”按钮,如图 3-16 所示,在弹出的新建动作对话框中,输入动作的文本、对象名称、图标(可选择资源或文件)和快捷键,单击 OK 按钮就可以创建一个动作。用同样的方法可以创建更多的动作。

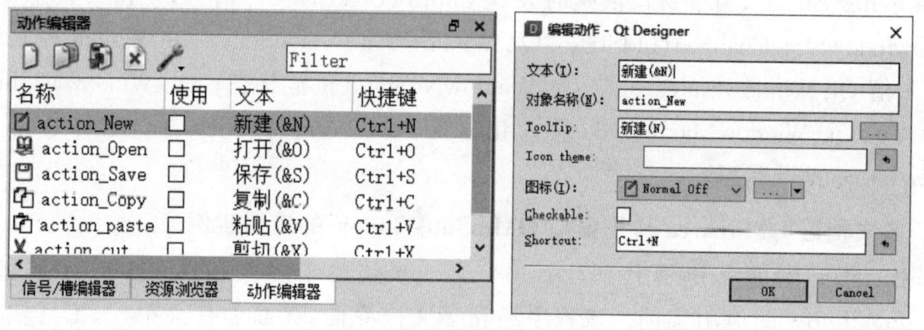

图 3-16 创建动作对话框

2. 创建菜单

在主窗口设计界面上,在菜单栏位置双击“在这里输入”,然后输入菜单名称后按 Enter 键,再用鼠标左键从动作编辑器中拖拽动作到菜单中。如果有必要可以单击“添加分隔符”选项,或者双击“在这里输入”选项定义子菜单,如图 3-17 所示。

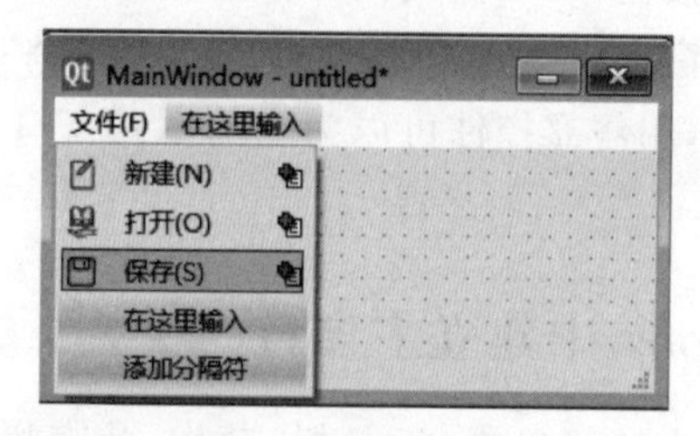

图 3-17 创建菜单

3. 创建工具栏

在主窗口设计界面的空白处右击，从弹出的快捷菜单中选择“添加工具栏”，在菜单栏下面会出现一个工具栏，然后用鼠标从动作编辑器中拖拽动作到工具栏中。如果需增加分隔符，应在工具栏上右击，从弹出的快捷菜单中选择“添加分隔符”，如图 3-18(a)所示。如果需要定义多个工具栏，应在主窗口设计界面的空白处右击，从弹出的快捷菜单中选择“添加工具栏”。

4. 创建状态栏

在主窗口设计界面的底部已经有一个状态栏，如图 3-18(b)所示，在可视化设计阶段，不能往状态栏中添加控件，只能用编写代码的方法给状态栏添加控件。如果不需要状态栏，可在空白区右击，从弹出的快捷菜单中选择“删除状态栏”。

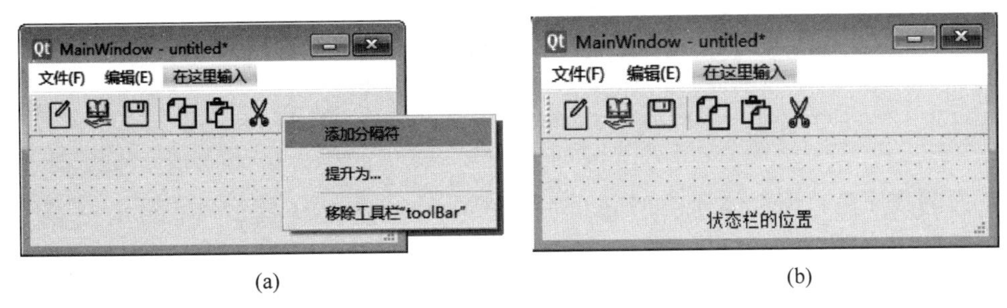

图 3-18　创建工具栏和状态栏

(a) 工具栏；(b) 状态栏

5. MDIArea 中心控件及子窗口

从左侧的容器控件中拖拽一个容器控件(如 Widget 控件)到主窗口设计界面，在右侧的对象查看器中可以看到 Widget 控件在 centralwidget 的下面，再往 Widget 控件中拖放 MDI Area 控件，可以对 Widget 进行布局设计。在 MDI Area 控件上右击，从弹出的快捷菜单中选择“添加子窗口”，可以为 MDI Area 控件添加多个子窗口，再从左侧的控件箱中拖拽其他控件到子窗口中。

6. 停靠控件

从左侧的容器控件中拖拽 Dock Widget 控件到主窗口设计界面上，可以拖拽多个 Dock Widget 控件，在右侧的属性编辑器中修改 Dock Widget 的属性，再拖拽其他控件到 Dock Widget 中。可以对 Dock Widget 中的控件进行布局设计，如图 3-19 所示。

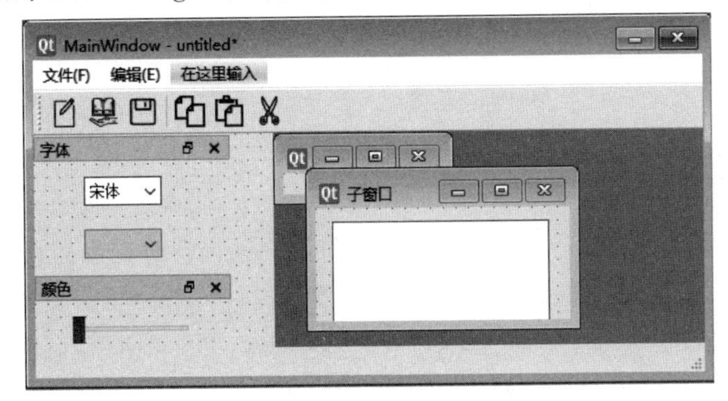

图 3-19　停靠窗口设计

进行以上设计后，将主窗口界面保存到 mainWindow. ui 文件中，然后按照 1.5.2 节介绍的方法，将 mainWindow. ui 文件编译成 mainWindow. py 文件，并把 py 文件导入到继承自 QMainWindow 的类中，给 setupUi(self, MainWindow)函数传递 self，即可使用编译后的 py 文件。

下面是由 ui 文件编译成的 py 文件的部分内容。

```
from PySide6 import QtCore, QtGui, QtWidgets
class Ui_MainWindow(object):
    def setupUi(self, MainWindow):
        MainWindow.setObjectName("MainWindow")
        MainWindow.resize(628, 442)
        self.centralwidget = QtWidgets.QWidget(MainWindow)
        self.centralwidget.setObjectName("centralwidget")
        MainWindow.setCentralWidget(self.centralwidget)
        self.mdiArea = QtWidgets.QMdiArea(self.centralwidget)
```

下面的程序是自编程部分，其中 from mainWindow import Ui_MainWindow 语句是从编译后的 py 文件中导入类，用 self. ui = Ui_MainWindow()语句指向 py 中的类，用 self. ui. setupUi(self)语句调用类中的 setupUi()函数，并把 self 传递进去作为控件的载体。这里只是完成可视化界面的定义，要使菜单和按钮可用，需要进一步编写动作的槽函数。

```
import sys
from PySide6.QtWidgets import QApplication,QMainWindow
from mainWindow import Ui_MainWindow

class myMdiWindow(QMainWindow):
    def __init__(self,parent = None):
        super().__init__(parent)
        self.setWindowTitle("MdiMainWindow")
        self.ui = Ui_MainWindow()
        self.ui.setupUi(self)
if __name__ == '__main__':
    app = QApplication(sys.argv)
    window = myMdiWindow()
    window.show()
    sys.exit(app.exec())
```

3.5 对话框窗口

对话框窗口是一个用来完成简单任务或者和用户进行临时交互的顶层窗口，通常用于输入信息、确认信息或者提示信息。QDialog 类是所有对话框窗口类的基类，继承自 QDialog 的类有 QAbstractPrintDialog、QPageSetupDialog、QPrintDialog、QPrintPreviewDialog、QColorDialog、QErrorMessage、QFileDialog、QFontDialog、QInputDialog、QMessageBox、

QProgressDialog、QWizard。按照运行时是否可以和其他窗口进行交互操作，对话框分为模式（或模态）对话框和非模式对话框。对于带有模式的对话框，只有在关闭该对话框的情况下才可以对其他窗口进行操作；而对于非模式对话框，在没有关闭对话框的情况下，既可以对该对话框进行操作，也可以对其他窗口进行操作，例如记事本中的查询对话框和替换对话框就是非模式对话框。

为方便编程，PySide6 提供了一些常用的标准对话框，例如文件打开保存对话框 QFileDialog、字体对话框 QFontDialog、颜色对话框 QColorDialog、信息对话框 QMessageBox 等，用户可以直接调用这些对话框，而无须再为这些对话框编写代码。

对话框在操作系统的管理器中没有独立的任务栏，而是共享父窗口的任务栏，无论对话框是否处于活跃状态，对话框都将位于父窗口之上，除非关闭或隐藏对话框。

3.5.1 自定义对话框 QDialog 与实例

利用 QDialog 类，用户可以创建自己的对话框，在对话框上放置控件，实现特定的目的。QDialog 是从 QWidget 类继承而来的，用 QDialog 类创建一般对话框实例的方法如下，其中 parent 是 QDialog 对话框的父窗口，Qt.WindowFlags 的取值参考 QWidget 窗口讲解部分。通常将 QDialog 对话框作为顶层窗口使用，在主程序界面中进行调用。

```
QDialog(parent:Widget = None, f: Qt.WindowFlags = Default(Qt.WindowFlags))
```

1. 自定义对话框 QDialog 的常用方法

自定义对话框 QDialog 的常用方法如表 3-23 所示，主要方法介绍如下。

- 对话框的模式特性设置。对话框的模式特性可以用 setModal(bool) 或 setWindowModality(Qt.WindowModality) 方法设置，其中枚举参数 Qt.WindowModality 可以取 Qt.NonModal（非模式，可以和程序的其他窗口进行交互操作）、Qt.WindowModal（窗口模式，在未关闭当前对话框时，将阻止该窗口与父窗口的交互操作）、Qt.ApplicationModal（应用程序模式，在未关闭当前对话框时，将阻止与任何其他窗口的交互操作）；用 windowModality() 方法可以获取窗口的模式特性；用 isModel() 方法可以获取窗口是否有模式特性；用 setModal(True) 方法设置模式特性，默认是窗口模式。
- 对话框的显示方法。显示对话框的方法有 show()、open() 和 exec() 三种。如果对话框已经有模式特性，则用 show() 方法显示的对话框具有模式特性，如果对话框没有模式特性，则用 show() 方法显示的对话框没有模式特性；无论对话框是否有模式特性，用 open() 或 exec() 方法显示的对话框都是模式对话框，其中用 open() 方法显示的对话框默认是窗口模式，用 exec() 方法显示的对话框默认是应用程序模式。当程序执行到 show() 或 open() 方法时，显示对话框后，会继续执行后续的代码，而用 exec() 方法显示对话框时，需关闭对话框后才执行 exec() 语句的后续代码。show()、open() 和 exec() 三种显示对话框的方法不会改变对话框的模式属性的值。
- 对话框的返回值。这里所说的返回值不是在对话框的控件中输入的值，而是指对话框被隐藏或删除时返回的一个整数，用这个整数表示用户对对话框的操作。通常对话框上有“确定”按钮（或 OK 按钮）、“应用”按钮（或 Apply 按钮）和“取消”按钮（或

Cancel 按钮)。单击“确定”按钮表示接受和使用对话框中输入的值,单击“取消”按钮表示放弃或不使用对话框中输入的值。为了区分客户选择了哪个按钮,可以为对话框设个返回值,例如用 1 表示单击“确定”按钮,用 0 表示单击“放弃”按钮,用 2 表示单击“应用”按钮。QDialog 定义了两个枚举类型常量 QDialog. Accepted 和 QDialog. Rejected,这两个常量的值分别是 1 和 0。可以用 setResult(result: int)方法为对话框设置一个返回值,用 result()方法获取对话框的返回值,例如单击“确认”按钮时,隐藏对话框,并把对话框的返回值设置成 setResult(QDialog. Accepted);单击“取消”按钮时,隐藏对话框,并把对话框的返回值设置成 setResult (QDialog. Rejected)。

- 隐藏对话框的方法。QDialog 的 accept()方法可以隐藏对话框,并把对话框的返回值设置成 QDialog. Accepted; reject()方法会隐藏对话框,并把对话框的返回值设置成 QDialog. Rejected; 用 done(int)方法会隐藏对话框,并把对话框的返回值设置成 int。其实 accept()方法调用的就是 done(QDialog. Accepted)方法,reject()方法调用的就是 done(QDialog. Rejected)方法。如果对话框是用 exec()方法显示的,则 exec()方法会返回对话框的值,而 show()和 open()方法不会返回对话框的值。

表 3-23 自定义对话框 QDialog 的常用方法

QDialog 的方法及参数类型	返回值的类型	说　明
[**slot**]open()	None	以模式方法显示对话框
[**slot**]exec()	int	以模式方法显示对话框,并返回对话框的值
[**slot**]accept()	None	隐藏对话框,并将返回值设置成 QDialog. Accepted,同时发送 accepted()和 finished(int)信号
[**slot**]done(int)	None	隐藏对话框,并将返回值设置成 int,同时发送 finished(int)信号
[**slot**]reject()	None	隐藏对话框,并将返回值设置成 QDialog. Rejected,同时发送 accepted()和 finished(int)信号
setModal(bool)	None	设置对话框为模式对话框
isModal()	bool	获取对话框是否是模式对话框
setResult(result: int)	None	设置对话框的返回值
result()	int	获取对话框的返回值
setSizeGripEnabled(bool)	None	设置对话框的右下角是否有三角形
isSizeGripEnabled()	bool	获取对话框的右下角是否有三角形
setVisible(bool)	None	设置对话框是否隐藏

2. 自定义对话框 QDialog 的信号

自定义对话框 QDialog 的信号如表 3-24 所示。当执行 QDialog 的 accept()方法时会发送 accepted()信号,执行 reject()方法时会发送 rejected()信号,执行 accept()、reject()或 done(int)方法时都会发送 finished(result: int)信号,其中参数 result 是对话框的返回值。用 hide()或 setVisible(False)方法隐藏对话框时,不会发送信号。

表 3-24　自定义对话框 QDialog 的信号

QDialog 的信号及参数类型	说　　明
accepted()	执行 accept()和 done(int)方法时发送信号
finished(result: int)	执行 accept()、reject()和 done(int)方法时发送信号
rejected()	执行 reject()和 done(int)方法时发送信号

3. 自定义对话框 QDialog 的应用实例

下面的程序用于输入学生成绩，其界面如图 3-20 所示。在主界面上建立菜单，单击菜单中的“输入成绩”，弹出对话框，用于输入姓名、学号和成绩。单击对话框中的“应用”按钮，将输入的信息在主界面上显示，并不退出对话框，继续输入新的信息；单击“确定”按钮，将输入的信息在主界面上显示，并退出对话框；单击“取消”按钮，放弃输入的内容，并退出对话框。单击主界面上菜单中的“保存”，将显示的内容保存到 txt 文件中；单击“退出”退出整个程序。

```
import sys                                                          #Demo3_13.py
from PySide6.QtWidgets import (QApplication,QDialog,QWidget,QPushButton,QLineEdit,
      QMenuBar,QTextBrowser,QVBoxLayout,QHBoxLayout,QFormLayout,QFileDialog)
class MyWindow(QWidget):
    def __init__(self,parent = None):
        super().__init__(parent)
        self.setWindowTitle("学生成绩输入系统")
        self.widget_setupUi()
        self.dialog_setupUi()
    def widget_setupUi(self):                                       #建立主程序界面
        menuBar = QMenuBar(self)                                    #定义菜单栏
        file_menu = menuBar.addMenu("文件(&F)")                     #定义菜单
        action_input = file_menu.addAction("输入成绩(&I)")          #添加动作
        action_save = file_menu.addAction("保存(&S)")               #添加动作
        file_menu.addSeparator()
        action_exit = file_menu.addAction("退出(&E)")               #添加动作
        self.textBrowser = QTextBrowser(self)                       #显示数据控件
        v = QVBoxLayout(self)                                       #主程序界面的布局
        v.addWidget(menuBar)
        v.addWidget(self.textBrowser)

        action_input.triggered.connect(self.action_input_triggered)
                                                                    #信号与槽函数连接
        action_save.triggered.connect(self.action_save_triggered)   #信号与槽函数连接
        action_exit.triggered.connect(self.close)                   #信号与槽函数连接
    def dialog_setupUi(self):                                       #建立对话框界面
        self.dialog = QDialog(self)
        self.btn_apply = QPushButton("应用")
        self.btn_ok = QPushButton("确定")
        self.btn_cancel = QPushButton("取消")
        h = QHBoxLayout()
        h.addWidget(self.btn_apply)
```

```
        h.addWidget(self.btn_ok)
        h.addWidget(self.btn_cancel)
        self.line_name = QLineEdit()
        self.line_number = QLineEdit()
        self.line_chinese = QLineEdit()
        self.line_math = QLineEdit()
        self.line_english = QLineEdit()
        f = QFormLayout(self.dialog)
        f.addRow("姓名:", self.line_name)
        f.addRow("学号:", self.line_number)
        f.addRow("语文:", self.line_chinese)
        f.addRow("数学:", self.line_math)
        f.addRow("英语:", self.line_english)
        f.addRow(h)
        self.btn_apply.clicked.connect(self.btn_apply_clicked)      #信号与槽函数连接
        self.btn_ok.clicked.connect(self.btn_ok_clicked)            #信号与槽函数连接
        self.btn_cancel.clicked.connect(self.dialog.close)          #信号与槽函数连接
    def action_input_triggered(self):                               #自定义槽函数
        self.dialog.open()
    def action_save_triggered(self):                                #自定义槽函数
        string = self.textBrowser.toPlainText()
        if len(string) > 0:
            filename, filter = QFileDialog.getSaveFileName(self, "保存文件",
                                              "d:\\", "文本文件(*.txt)")
            if len(filename) > 0:
                fp = open(filename, "a+", encoding="UTF-8")
                fp.writelines(string)
                fp.close()
    def btn_apply_clicked(self):                 #自定义槽函数,单击"应用"按钮
        template="姓名:{} 学号:{} 语文:{} 数学:{} 英语:{}"
        string = template.format(self.line_name.text(),self.line_number.text(),
              self.line_chinese.text(),self.line_math.text(),self.line_english.text())
        self.textBrowser.append(string)
        self.line_name.clear()
        self.line_number.clear()
        self.line_chinese.clear()
        self.line_math.clear()
        self.line_english.clear()
    def btn_ok_clicked(self):                    #自定义槽函数,单击"确定"按钮
        self.btn_apply_clicked()
        self.dialog.close()
if __name__ == '__main__':
    app=QApplication(sys.argv)
    window = MyWindow()
    window.show()
    sys.exit(app.exec())
```

上面的程序中虽然建立主界面的代码和建立对话框的代码是在不同的函数中实现的，但是还是在一个类中实现的，这样容易造成程序复杂，不利于分工编程。可以将实现对话框

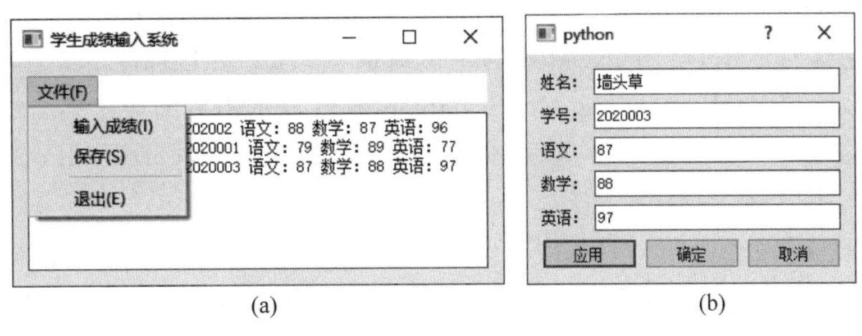

(a)　　(b)

图 3-20　程序界面

(a) 主界面；(b) 对话框

界面的代码单独放在一个类中，也可以单独保存到一个 py 文件中，需要的时候用 import 语句把 py 文件中的类导入进来。

3.5.2　字体对话框 QFontDialog 与实例

字体对话框 QFontDialog 用于选择字体，其界面是 PySide6 已经编辑好的，用户可以直接在对话框中选择与字体有关的选项。字体对话框的界面如图 3-21 所示

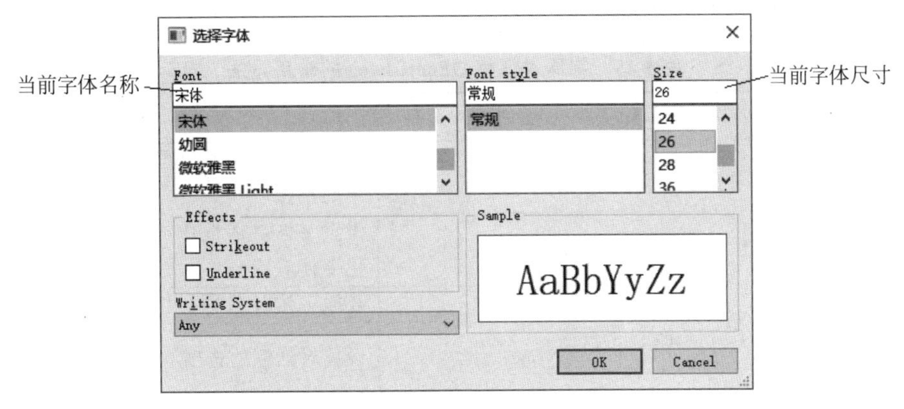

图 3-21　字体对话框的界面

用 QFontDialog 类创建标准字体对话框的方法如下，其中 QFont 用于初始化对话框。

```
QFontDialog(parent = None)
QFontDialog(QFont, parent = None)
```

1. 字体对话框 QFontDialog 的常用方法

字体对话框 QFontDialog 的常用方法如表 3-25 所示，主要方法介绍如下。

- 创建字体对话框的一种方法是先创建对话框实例对象，设置对话框的属性，然后用 show()、open()或 exec()方法显示对话框；另一种方法是直接用 getFont()方法，getFont()方法是静态方法，可直接使用“类名. getFont()”方法调用，也可用实例对象调用。
- 用 setOption(QFontDialog. FontDialogOption[,on=True])方法设置字体对话框的选项，其中 QFontDialog. FontDialogOption 可以取 QFontDialog. NoButtons(不

显示 OK 和 Cancel 按钮)、QFontDialog. DontUseNativeDialog(在 Mac 机上不使用本机字体对话框,使用 PySide6 的字体对话框)、QFontDialog. ScalableFonts(显示可缩放字体)、QFontDialog. NonScalableFonts(显示不可缩放字体)、QFontDialog. MonospacedFonts(显示等宽字体)或 QFontDialog. ProportionalFonts(显示比例字体)。

- 用 selectedFont()方法可以获取在单击 OK 按钮后,最终选中的字体。在对话框中单击 OK 按钮时,同时也发送信号 fontSelected(QFont),其中参数 QFont 是最后选中的字体。
- 用 setCurrentFont(QFont)方法可以设置对话框显示时,初始选中的字体。在对话框中选择不同的字体时,会发送 currentFontChanged(QFont) 信号,其中参数 QFont 是当前选中的字体。
- 用 getFont(initial: QFont, widget = None, title = '', QFontDialog. FontDialogOption)方法可以用模式方式显示对话框,获取字体,其中参数 initial 是初始化字体,title 是对话框标题,返回值是元组 Tuple[bool,QFont]。如在对话框中单击 OK 按钮,bool 为 True,单击 Cancel 按钮,bool 为 False,返回的字体是初始化字体。如果用 getFont(widget=None)方法不能设置初始字体,则单击 Cancel 按钮后返回的是默认字体。

表 3-25 字体对话框 QFontDialog 的常用方法

QFontDialog 的方法及参数类型	返回值的类型	说 明
selectedFont()	QFont	获取在对话框中单击 OK 按钮后,最终选中的字体
setCurrentFont(QFont)	None	设置字体对话框中当前的字体,用于初始化字体对话框
currentFont()	QFont	获取字体对话框中当前的字体
setOption(QFontDialog. FontDialogOption[,on: bool = True])	None	设置对话框的选项
testOption(QFontDialog. FontDialogOption)	bool	测试是否设置了属性
[**static**] getFont(initial: QFont, widget = None, title = '', QFontDialog. FontDialogOption)	Tuple[bool,QFont]	用模式方式显示对话框,获取字体,参数 initial 是初始化字体,title 是对话框标题,返回值是元组 Tuple[bool,QFont]
[**static**] getFont(widget: QWidget = None)		

2. 字体对话框 QFontDialog 的信号

字体对话框 QFontDialog 的信号有 currentFontChanged(QFont)和 fontSelected(QFont),在对话框中选择字体时发送 currentFontChanged(QFont)信号,在最终确定之前,可能会选择不同的字体;单击 OK 按钮时,发送 fontSelected(QFont)信号,参数是最终选择的字体。

3. 字体对话框 QFontDialog 的应用实例

本书二维码中的实例源代码 Demo3_14. py 是关于字体对话框 QFontDialog 的应用实

例。程序中用 3 种不同的方法为控件设置字体：第 1 种是 currentFont 信号方法，在对话框中选择字体时，控件的字体也同时调整；第 2 种是 fontSelected 信号方法，在对话框中单击 OK 按钮后才终止调整字体；第 3 种是 getFont()方法。

3.5.3　颜色对话框 QColorDialog

颜色对话框 QColorDialog 和字体对话框 QFontDialog 类似，也是一种标准对话框，供用户选择颜色。颜色对话框的界面如图 3-22 所示，在对话框中用户可以自己设定和选择颜色，还可使用标准颜色，另外用户也可保存自己设定的颜色。

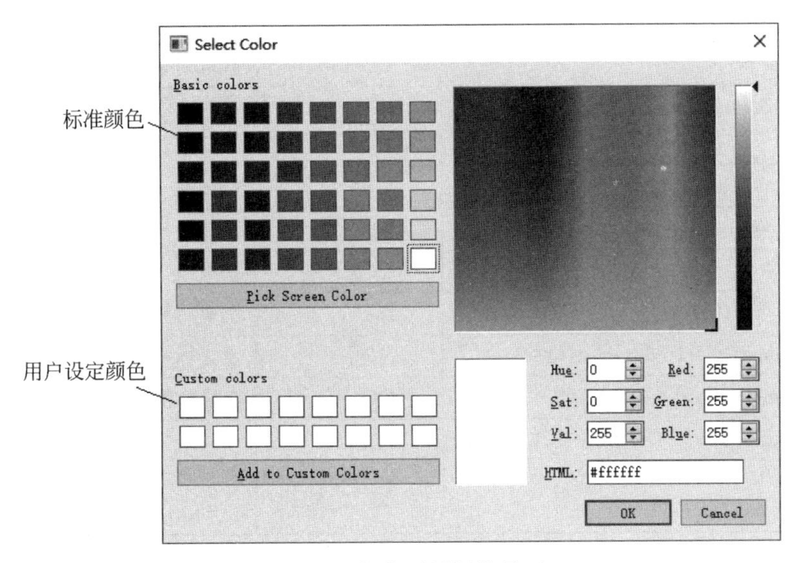

图 3-22　颜色对话框的界面

用 QColorDialog 类创建标准颜色对话框的方法如下，其中参数 QColor 用于初始化对话框，还可以用 Qt.GlobalColor 和 QGradient 初始化颜色。

```
QColorDialog(parent = None)
QColorDialog(QColor, parent = None)
```

1. 颜色对话框 QColorDialog 的常用方法

颜色对话框 QColorDialog 的常用方法如表 3-26 所示，大部分与字体对话框的用法相同。

- 颜色对话框的显示可以用 show()、open()和 exec()方法，也可以用 getColor()方法。getColor()方法是静态方法，直接使用“类名.getColor()”方法调用，也可用实例对象调用。
- 用 setOption(QColorDialog.ColorDialogOption[,on=True])方法设置颜色对话框的选项，其中 QColorDialog.ColorDialogOption 可以取 QColorDialog.ShowAlphaChannel(在对话框上显示 Alpha 通道)、QColorDialog.NoButtons(不显示 OK 和 Cancel 按钮)或 QColorDialog.DontUseNativeDialog(不使用本机的对话框)。
- 颜色对话框中有标准的颜色，可以用 standardColor(index: int)方法获取标准颜色，用 setStandardColor(index：int，QColor)方法设置标准颜色。

- 颜色对话框可以存储用户指定的颜色，用 setCustomColor(index：int，QColor)方法设置用户颜色，用 customColor(index：int)方法获取用户颜色。

表 3-26 颜色对话框 QColorDialog 的常用方法

QColorDialog 的方法及参数类型	返回值的类型	说　明
selectedColor()	QColor	获取颜色对话框中单击 OK 按钮后选中的颜色
setCurrentColor(QColor)	None	设置颜色对话框中当前颜色，用于初始化对话框
currentColor()	QColor	获取对话框中当前的颜色
setOption(QColorDialog.ColorDialogOption[,on=True])	None	设置颜色对话框的选项
testOption(QColorDialog.ColorDialogOption)	bool	测试是否设置了选项
[**static**]setCustomColor(index：int，QColor)	None	设置用户颜色
[**static**]customColor(index：int)	QColor	获取用户颜色
[**static**]customCount()	Int	获取用户颜色的数量
[**static**]setStandardColor(index：int，QColor)	None	设置标准颜色
[**static**]standardColor(index：int)	QColor	获取标准颜色
[**static**] getColor(initial：QColor = Qt.white，parent：QWidget=None，title：str ='',options：QColorDialog.ColorDialogOptions)	QColor	显示对话框，获取颜色

2. 颜色对话框 QColorDialog 的信号

颜色对话框 QColorDialog 的信号有 currentColorChanged(QColor)和 colorSelected(QColor)，在对话框中选择颜色时发送 currentColorChanged(QColor)信号，在最终确定之前，可能会选择不同的颜色；在对话框中单击 OK 按钮时发送 colorSelected(QColor)信号，参数是最终选择的颜色。

3.5.4 文件对话框 QFileDialog 与实例

文件对话框 QFileDialog 用于打开或保存文件时获取文件路径和文件名。在文件对话框中可以根据文件类型对文件进行过滤，只显示具有某些扩展名的文件。文件对话框的界面分为两种，如图 3-23 所示，一种是 PySide6 提供的界面，另一种是本机操作系统提供的界面，可以通过文件对话框的 setOption(QFileDialog.DontUseNativeDialog，bool)方法设置显示的是哪种界面。对话框上的标签和按钮名称都可以通过对话框的属性进行修改。

用 QFileDialog 类创建文件对话框实例的方法如下所示，其中 caption 用于设置对话框的标题，directory 设置默认路径，filter 设置只显示具有某种扩展名的文件，filter 的取值规则见下面的内容。

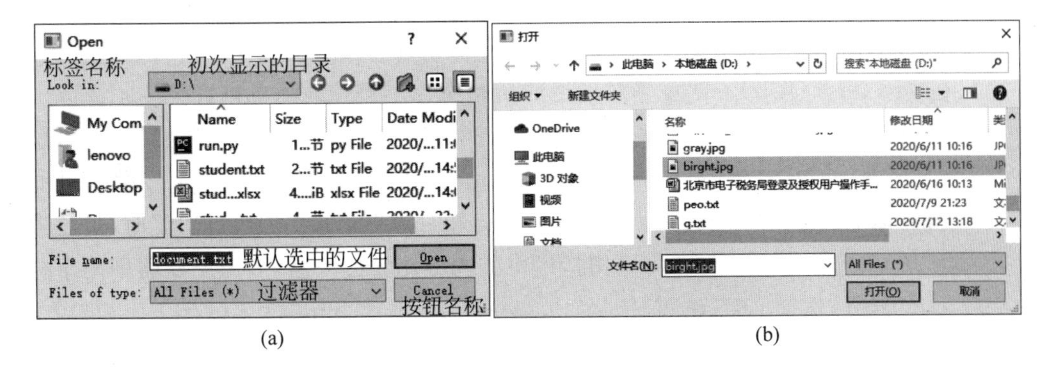

(a) (b)

图 3-23 文件对话框的界面

(a) PySide6 提供的界面；(b) 本机操作系统提供的界面

```
QFileDialog(parent: QWidget, f: Qt.WindowFlags)
QFileDialog(parent: QWidget = None, caption: str = '', directory: str = '', filter: str = '')
```

1. 文件对话框 QFileDialog 的常用方法

文件对话框 QFileDialog 的常用方法如表 3-27 所示，主要方法介绍如下。

- 文件对话框也用 show()、open()和 exec()方法显示，最简便的方法是用 QFileDialog 提供的静态方法来打开文件对话框获取文件路径和文件名。
- 用 setFileMode(QFileDialog. FileMode)方法可以设置对话框的文件模式，文件模式是指对话框显示的内容或允许选择的内容，其中参数 QFileDialog. FileMode 可以取 QFileDialog. AnyFile(任意文件和文件夹，也可以输入不存在的文件或文件夹)、QFileDialog. ExistingFile(只能选择一个存在的文件，不能是文件夹或不存在的文件)、QFileDialog. Directory(只能选择文件夹)或 QFileDialog. ExistingFiles(可以选择多个存在的文件)；用 fileMode()方法可以获取文件模式。
- 用 setOption(QFileDialog. Option，on=True)方法设置文件对话框的外观选项，需在显示对话框之前设置，参数 QFileDialog. Option 可以取 QFileDialog. ShowDirsOnly(只显示文件夹)、QFileDialog. DontResolveSymlinks(不解析链接)、QFileDialog. DontConfirmOverwrite(存盘时若选择了存在的文件，不提示覆盖信息)、QFileDialog. DontUseNativeDialog(不使用操作系统的对话框)、QFileDialog. ReadOnly(只读)、QFileDialog. HideNameFilterDetails(隐藏名称过滤器的详细信息)或 QFileDialog. DontUseCustomDirectoryIcons(不使用用户的目录图标，有些系统允许使用)。
- 用 setAcceptMode(QFileDialog. AcceptMode)方法设置文件对话框是打开对话框还是保存对话框，参数 QFileDialog. AcceptMode 可取 QFileDialog. AcceptOpen 或 QFileDialog. AcceptSave。用 setViewMode(QFileDialog. ViewMode)方法设置对话框的视图模式，参数 QFileDialog. ViewMode 可取 QFileDialog. Detail(详细显示)、QFileDialog. List(列表显示，只显示图标和名称)。
- 用 setDefaultSuffix(str)方法设置默认的扩展名，例如在保存文件时只需输入文件名，系统自动会附加默认的扩展名。

- 用 selectFile(str)方法可以设置对话框中初始选中的文件，用 setDirectory(str)或 setDirectory(QDir)方法设置对话框的初始路径，关于 QDir 的内容见 7.4.2 节。
- 设置过滤器 filter。过滤器的作用是在文件对话框中只显示某些类型的文件，例如通过方法 setNameFilter("Picture(*.png *.bmp *.jpeg *.jpg")设置过滤器后，对话框只显示扩展名为 png、bmp、jpeg 和 jpg 的文件。创建过滤器时，过滤器之间用空格隔开，如果有括号，则用括号中的内容作为过滤器，多个过滤器用两个分号“;;”隔开，例如 setNameFilter("Picture(*.png *.bmp);;text(*.txt)")。用 setNameFilter(str)方法或 setNameFilters(Sequence[str])方法设置对话框中的过滤器。
- 用 selectedFiles()方法可以获得最终选中的文件名(含路径)的列表，用 selectedNameFilter()方法可以获得最终选中的过滤器。
- 对话框上的标签和按钮的文字可以用 setLabelText(QFileDialog.DialogLabel,str)方法重新设置，其中参数 QFileDialog.DialogLabel 可以取 QFileDialog.LookIn、QFileDialog.FileName、QFileDialog.FileType、QFileDialog.Accept 或 QFileDialog.Reject。
- 可以用 QFileDialog 的静态方法快速显示文件对话框，这些静态方法的格式如下所示，其中 caption 是对话框的标题，dir 是初始路径，filter 是对话框中可选的过滤器，selectedFilter 是对话框中已经选中的过滤器，“->”表示返回值的类型(下同)。这些静态函数的返回值除 getExistingDirectory()和 getExistingDirectoryUrl()外，其他都是元组，元组的第 1 个元素是文件名或文件名列表，第 2 个元素是选中的过滤器。

```
getExistingDirectory(parent: QWidget = None, caption: str = '', dir: str = '', options: QFileDialog.Options = QFileDialog.ShowDirsOnly) -> str
getExistingDirectoryUrl(parent: QWidget = None, caption: str = '', dir: Union[QUrl, str] = Default(QUrl), options: QFileDialog.Options = QFileDialog.ShowDirsOnly) -> QUrl
getOpenFileName(parent: QWidget, caption: str = None, dir: str = '', filter: str = '', selectedFilter: str = '', options: QFileDialog.Options = Default(QFileDialog.Options)) -> Tuple
getOpenFileNames(parent: QWidget, caption: str = None, dir: str = '', filter: str = '', selectedFilter: str = '', options: QFileDialog.Options = Default(QFileDialog.Options)) -> Tuple
getOpenFileUrl(parent: QWidget, caption: str = None, dir: Union[QUrl, str] = '', filter: str = Default(QUrl), selectedFilter: str = '', options: QFileDialog.Options = Default(QFileDialog.Options)) -> Tuple
getOpenFileUrls(parent: QWidget, caption: str = None, dir: Union[QUrl, str] = '', filter: str = Default(QUrl), selectedFilter: str = '', options: QFileDialog.Options = Default(QFileDialog.Options)) -> Tuple
getSaveFileName(parent: QWidget, caption: str = None, dir: str = '', filter: str = '', selectedFilter: str = '', options: QFileDialog.Options = Default(QFileDialog.Options)) -> Tuple
getSaveFileUrl(parent: QWidget, caption: str = None, dir: Union[QUrl, str] = '', filter: str = Default(QUrl), selectedFilter: str = '', options: QFileDialog.Options = Default(QFileDialog.Options)) -> Tuple
```

表 3-27　文件对话框 QFileDialog 的常用方法

QFileDialog 的方法及参数类型	返回值的类型	说　　明
setAcceptMode(QFileDialog.AcceptMode)	None	设置是打开还是保存对话框
setDefaultSuffix(str)	None	设置默认的扩展名
defaultSuffix()	str	获取默认的扩展名
saveState()	QByteArray	保存对话框状态到 QByteArray 中
restoreState(QByteArray)	bool	恢复对话框的状态
selectFile(str)	None	设置初始选中的文件，可当作默认文件
selectedFiles()	List[str]	获取被选中的文件的绝对文件路径列表，如果没有选择文件，则返回值只有路径
selectNameFilter(str)	None	设置对话框初始名称过滤器
selectedNameFilter()	str	获取当前选择的名称过滤器
selectUrl(url: Union[QUrl,str])	None	设置对话框中初始选中的文件
selectedUrls()	List[QUrl]	获取被选中的文件的绝对文件路径列表，如果没有选择文件，则返回值只有路径
directory()	QDir	获取对话框的当前路径
directoryUrl()	QUrl	获取对话框的当前路径
setDirectory(directory: Union[QDir, str])	None	设置对话框的初始路径
setFileMode(QFileDialog.FileMode)	None	设置文件模式，对话框是用于选择路径、单个文件还是多个文件
setHistory(paths: Sequence[str])	None	设置对话框的浏览记录
history()	List[str]	获取对话框的浏览记录列表
setLabelText(QFileDialog.DialogLabel, str)	None	设置对话框上各标签或按钮的名称
labelText(QFileDialog.DialogLabel)	str	获取对话框上标签或按钮的名称
setNameFilter(str)	None	根据文件的扩展名设置过滤器
setNameFilters(Sequence[str])	None	设置多个过滤器
nameFilters()	List[str]	获取过滤器列表
setFilter(filters: QDir.Filters)	None	根据文件的隐藏、已被修改、系统文件等特性设置过滤器
setOption(QFileDialog.Option, on = True)	None	设置对话框的外观选项
testOption(QFileDialog.Option)	bool	测试是否设置了某种外观样式
setViewMode(QFileDialog.ViewMode)	None	设置对话框中文件的视图方式，是列表显示还是详细显示

续表

QFileDialog 的方法及参数类型	返回值的类型	说　明
[**static**]getExistingDirectory([parameters])	str	打开文件对话框，获取路径或文件及过滤器
[**static**]getExistingDirectoryUrl([parameters])	QUrl	
[**static**]getOpenFileName([parameters])	Tuple	
[**static**]etOpenFileNames([parameters])	Tuple	
[**static**]getOpenFileUrl([parameters])	Tuple	
[**static**]getOpenFileUrls([parameters])	Tuple	
[**static**]getSaveFileName([parameters])	Tuple	
[**static**]getSaveFileUrl([parameters])	Tuple	

2. 文件对话框 QFileDialog 的信号

文件对话框 QFileDialog 的信号如表 3-28 所示。用户在文件对话框中选择不同的文件或目录时会发送 currentChanged(file: str)信号，其中参数 file 是包含文件名的完整路径。在对话框中单击 open 按钮或 save 按钮后会发送 fileSelected(file: str)或者 filesSelected(files: List[str])信号，在对话框中更改路径时会发送 directoryEntered(directory: str)信号。

表 3-28　文件对话框 QFileDialog 的信号

QFileDialog 的信号及参数类型	说　明
currentChanged(file: str)	在对话框中所选择的文件或路径发生改变时发送信号，参数是当前选择的文件或路径
currentUrlChanged(QUrl)	同上，传递的参数是 QUrl
directoryEntered(directory: str)	进入新路径时发送信号，参数是新路径
directoryUrlEntered(QUrl)	同上，传递的参数是 QUrl
fileSelected(file: str)	单击 open 或 save 按钮后发送信号，参数是选中的文件
urlSelected(QUrl)	同上，传递的参数是 QUrl
filesSelected(files: List[str])	单击 open 或 save 按钮后发送信号，参数是选中的文件列表
urlsSelected(List[QUrl])	同上，传递的参数是 List[QUrl]
filterSelected(str)	选择新的过滤器后发送信号，参数是新过滤器

3. 文件对话框 QFileDialog 的应用实例

本书二维码中的实例源代码 Demo3_15.py 是关于文件对话框 QFileDialog 的应用实例。该程序建立一个菜单，菜单的前 5 个动作用于测试文件对话框的菜单，会把选择的文件或目录输出到 QPlainTextEdit 控件中；中间 5 个动作用于测试以 get 开头的函数；最后两个动作用于真实地打开 txt 文件和保存 txt 文件。

3.5.5　输入对话框 QInputDialog 与实例

输入对话框 QInputDialog 用于输入简单内容或选择内容，分为整数输入框、浮点数输入框、文本输入框、多行文本输入框和下拉列表输入框 5 种，它们的界面如图 3-24 所示。输入对话框由一个标签、一个输入控件和两个按钮构成。如果是整数输入框，输入控件是QSpinBox；如果是浮点数输入框，输入控件是QDoubleSpinBox；如果是单行文本输入框，输入控件是QLineEdit；如果是多行文本输入框，输入控件是QPlainTextEdit；如果是下拉列表输入框，输入控件是QComboBox或QListView。输入框的类型用setInputMode(QInputDialog.InputMode)方法设置。

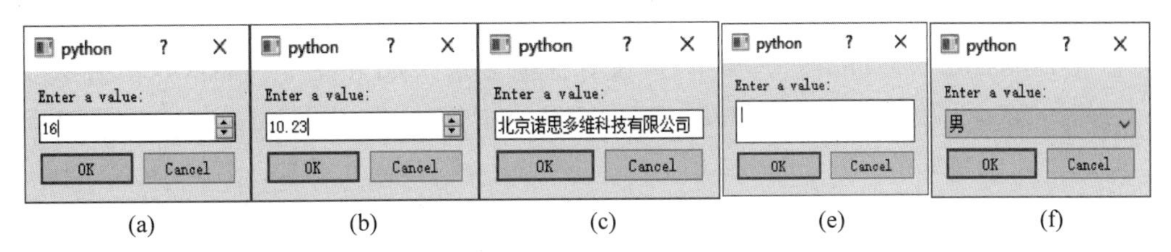

图 3-24　输入对话框的界面

(a) 整数输入框；(b) 浮点数输入框；(c) 文本输入框；(d) 多行文本输入框；(e) 下拉列表输入框

用QInputDialog类创建输入框实例的方法如下所示：

```
QInputDialog(parent: QWidget = None, flags: Qt.WindowFlags = Default(Qt.WindowFlags))
```

1. 输入对话框QInputDialog的常用方法

输入对话框QInputDialog的常用方法如表3-29所示，主要方法介绍如下。

- 输入对话框分为整数输入对话框、浮点数输入对话框和文本输入对话框，其中文本输入对话框又分为单行文本输入对话框、多行文本输入对话框和列表输入对话框，列表输入对话框通常是从QComboBox控件或QListWiew控件中选择内容。用setInputMode(QInputDialog.InputMode)方法设置输入对话框的类型，其中参数QInputDialog.InputMode可以取QInputDialog.IntInput(整数输入对话框)、QInputDialog.Double(浮点数输入对话框)或InputQInputDialog.TextInput(文本输入对话框)。
- 对于整数输入对话框，用setIntValue(int)方法可以设置对话框初次显示时的值，用intValue()方法可以获取单击OK按钮后的整数值。整数输入对话框中允许输入值的范围用setIntMinimum(int)、setIntMaximum(int)方法设置，或者用setIntRange(int,int)方法设置。整数输入对话框的输入控件是QSpinBox，单击右侧上下箭头可微调整数，微调整数值变化的步长用setIntStep(int)方法设置。
- 对于浮点数输入对话框，用setDoubleValue(float)方法可以设置对话框初次显示时的值，用doubleValue()方法可以获取单击OK按钮后的浮点数值。浮点数对话框中允许输入值的范围用setDoubleMinimum(float)、setDoubleMaximum(float)方法设置，或者用setDoubleRange(float,float)方法设置。浮点数对话框的输入控件是QDoubleSpinBox，单击右侧上下箭头可微调数据，浮点数值变化的步长用setDoubleStep(float)方法设置。
- 对于文本输入对话框，默认的输入控件是QLineEdit，用setOption (QInputDialog.UsePlainTextEditForTextInput) 方法将QLineEdit控件替换成QPlainTextEdit，当用setComboBoxItems(Sequence[str])方法设置控件的项(item)时，输入控件替换成

QComboBox，如果设置成 setOption(QInputDialog. UseListViewForComboBoxItems)，则输入控件替换成 QListView。

- 对于文本输入对话框，用 setTextValue(str)方法可以设置对话框中初始文本，用 textValue()方法获取单击 OK 按钮后输入对话框的值。当输入控件是 QLineEdit 时，用 setTextEchoMode(QLineEdit. EchoMode)方法可以设置 QLineEidt 控件的输入模式，其中 QLineEdit. EchoMode 可以取 QLineEdit. Norma（正常显示）、QLineEdit. NoEcho(输入文字时，没有任何显示)、QLineEdit. Password(输入文字时，按照密码方式显示)和 QLineEdit. PasswordEchoOnEdit(失去焦点时，密码显示状态，编辑文本时，正常显示)。
- 用 setLabelText(str)方法设置输入对话框中标签显示的名称，用 setOkButtonText(str)方法和 setCancelButtonText(str)方法分别设置 OK 按钮和 Cancel 按钮的名称，用 setOption(QInputDialog. NoButtons)方法设置成没有按钮。
- 除了用以上方法显示和设置对话框的类型和外观外，还可以直接使用下面的静态函数来显示对话框和获得返回值，其中 title 是设置对话框的标题名称，label 是对话框中标签的名称。在对话框中单击 OK 按钮后，返回值是元组(输入值，True)；单击 Cancel 按钮后，返回值是元组(0，False)或("",False)。

```
getInt(parent:QWidget,title:str,label:str,value:int,minValue:int = 0,maxValue:int = -2147483647,step:int = 2147483647,flags:Qt.WindowFlags = Default(Qt.WindowFlags)) -> Tuple[int,bool]
getDouble(parent:QWidget,title:str,label:str,value:float,minValue:float = 0,maxValue:float = -2147483647,decimals:int = 2147483647,flags = Default(Qt.WindowFlags),step:float = 1) -> Tuple[float,bool]
getText (parent: QWidget, title: str, label: str, echo: QLineEdit. EchoMode, text: str = QLineEdit.Normal,flags:Qt.WindowFlags = Default(Qt.WindowFlags)) -> Tuple[str,bool]
getMultiLineText(parent:QWidget,title:str,label:str,text:str,flags:Qt.WindowFlags = Default(Qt.WindowFlags)) -> Tuple[str,bool]
getItem(parent:QWidget,title:str,label:str,items:Sequence[str],current:int,editable:bool = 0,flags:Qt.WindowFlags = Default(Qt.WindowFlags)) -> Tuple[str,bool]
```

表 3-29 输入对话框 QInputDialog 的常用方法

QInputDialog 的方法及参数类型	返回值的类型	说　明
setInputMode(QInputDialog. InputMode)	None	设置输入对话框的类型
setOption(QInputDialog. InputDialogOption,on=True)	None	设置输入对话框的参数
testOption(QInputDialog. InputDialogOption)	bool	测试是否设置某些参数
setLabelText(str)	None	设置对话框中标签的名称
setOkButtonText(str)	None	设置对话框中 OK 按钮的名称
setCancelButtonText(str)	None	设置 Cancel 按钮的名称

续表

QInputDialog 的方法及参数类型	返回值的类型	说　明
setIntValue(int)	None	设置对话框中初始整数
intValue()	int	获取对话框中的整数
setIntMaximum(int)	None	设置整数的最大值
setIntMinimum(int)	None	设置整数的最小值
setIntRange(min: int,max: int)	None	设置整数的范围
setIntStep(int)	None	设置单击向上或向下箭头时整数调整的步长
setDoubleValue(float)	None	设置对话框中初始浮点数
doubleValue()	float	获取对话框中的浮点数
setDoubleDecimals(int)	None	设置浮点数的小数位数
setDoubleMaximum(float)	None	设置浮点数的最大值
setDoubleMinimum(float)	None	设置浮点数的最小值
setDoubleRange(min: float,max: float)	None	设置浮点数的范围
setDoubleStep(float)	None	设置单击向上或向下箭头时浮点数调整的步长
setTextValue(str)	None	设置对话框中初始文本
setComboBoxItems(Sequence[str])	None	设置下拉列表的值
textValue()	str	获取对话框中的文本
setTextEchoMode(QLineEdit.EchoMode)	None	设置 QLineEdit 控件的输入模式
comboBoxItems()	List[str]	获取下拉列表中的值
setComboBoxEditable(bool)	None	设置下拉列表是否可编辑,用户是否可输入数据
[**static**]getInt(parameters)	Tuple[int,bool]	静态函数,显示输入对话框,并返回输入的值和单击按钮的类型
[**static**]getDouble(parameters)	Tuple[float,bool]	
[**static**]getText(parameters)	Tuple[str,bool]	
[**static**]getMultiLineText(parameters)	Tuple[str,bool]	
[**static**]getItem(parameters)	Tuple[str,bool]	

2. 输入对话框 QInputDialog 的信号

输入对话框 QInputDialog 的信号如表 3-30 所示。对于 3 种类型的输入对话框,单击 OK 按钮时分别发送 intValueSelected(int)、doubleValueSelected(float)和 textValueSelected(str)信号,在编辑状态会分别发送 intValueChanged(int)、doubleValueChanged(float)和 textValueChanged(str)信号。

表 3-30　输入对话框 QInputDialog 的信号

QInputDialog 的信号及参数类型	说　明
intValueChanged(int)	输入对话框中的整数值改变时发送信号
intValueSelected(int)	单击 OK 按钮后发送信号
doubleValueChanged(float)	输入对话框中的浮点数值改变时发送信号
doubleValueSelected(float)	单击 OK 按钮后发送信号

续表

QInputDialog 的信号及参数类型	说　明
textValueChanged(str)	输入对话框中的文本改变时发送信号
textValueSelected(str)	单击 OK 按钮后发送信号

3. 输入对话框 QInputDialog 的应用实例

本书二维码中的实例源代码 Demo3_16.py 是关于输入对话框 QInputDialog 的应用实例。该程序建立一个菜单，用于输入基本信息，菜单中加入 5 个动作，每个动作对应一个输入对话框，用于输入姓名、性别、年龄、电话号码和家庭地址。本例中使用了不同的方法来获取对话框中输入的值。

3.5.6 信息对话框 QMessageBox 与实例

信息对话框 QMessageBox 用于向用户提供一些信息，或者询问用户如何进行下一步操作。信息对话框的界面如图 3-25 所示，由文本(text、informativeText、detailedText)、图标和按钮 3 部分构成，因此在建立信息对话框时，主要设置这 3 部分的参数。

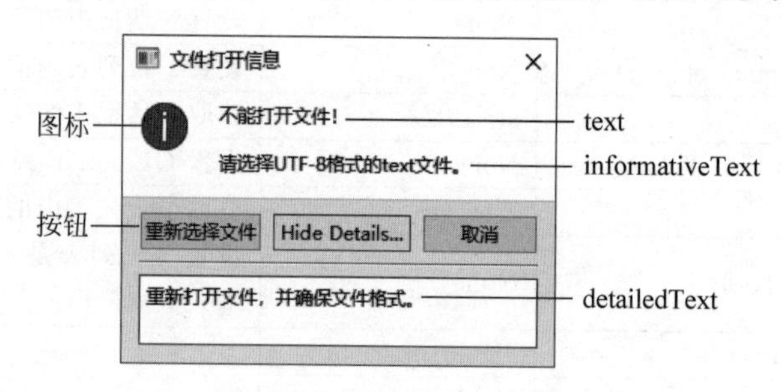

图 3-25　信息对话框的界面

用 QMessageBox 类创建信息对话框的方法如下，其中 icon 是对话框中的图标，title 是对话框的标题，text 是对话框中显示的文本，buttons 设置对话框中的按钮，icon 和 button 的取值见下面的内容；flags 设置窗口的类型，使用默认值即可。

```
QMessageBox(parent:QWidget = None)
QMessageBox(icon:QMessageBox.Icon,title:str,text:str,buttons:QMessageBox.StandardButtons =
QMessageBox.StandardButton.NoButton,parent:QWidget = None,flags:Qt.WindowFlags =
Qt.Dialog | Qt.MSWindowsFixedSizeDialogHint)
```

1. 信息对话框 QMessageBox 的常用方法

信息对话框 QMessageBox 的常用方法如表 3-31 所示，主要方法介绍如下。

表 3-31　信息对话框 QMessageBox 的常用方法

QMessageBox 的方法及参数类型	返回值的类型	说　明
setText(str)	None	设置信息对话框的文本
text()	str	获取信息对话框的文本
setInformativeText(str)	None	设置对话框的信息文本

续表

QMessageBox 的方法及参数类型	返回值的类型	说　明
informativeText()	str	获取信息文本
setDetailedText(str)	None	设置对话框的详细文本
detailedText()	str	获取详细文本
setTextFormat(Qt. TextFormat)	None	设置文本的格式，是纯文本还是富文本
setIcon(QMessageBox. Icon)	None	设置标准图标
setIconPixmap(QPixmap)	None	设置自定义图标
icon(QMessageBox. Icon)	QMessageBox. Icon	获取标准图标的图像
iconPixmap()	QPixmap	获取图标的图像
setCheckBox(QCheckBox)	None	信息对话框中添加 QCheckBox 控件
checkBox()	QCheckBox	获取 QCheckBox 控件
addButton(button: QAbstractButton, role: QMessageBox. ButtonRole)	None	对话框中添加按钮，并设置按钮的作用
addButton(text: str, QMessageBox. ButtonRole)	QPushButton	对话框中添加新建的按钮，并返回新建的按钮
addButton(QMessageBox. StandardButton)	QPushButton	添加标准按钮，标准按钮有固定的角色(作用)
buttons()	List [QAbstractButton]	获取对话框中按钮列表
button(QMessageBox. StandardButton)	QAbstractButton	获取对话框中标准按钮
buttonText(button: int)	str	获取按钮上的文本
removeButton(QAbstractButton)	None	移除按钮
buttonRole(button: QAbstractButton)	QMessageBox. ButtonRole	获取按钮的角色
setDefaultButton(QPushButton)	None	设置默认按钮
setDefaultButton (QMessageBox. StandardButton)	None	将某标准按钮设置成默认按钮
defaultButton()	QPushButton	获取默认按钮
setEscapeButton(QAbstractButton)	None	设置按 Esc 键对应的按钮
setEscapeButton (QMessageBox. StandardButton)	None	将某标准按钮设置成 Esc 键对应的按钮
escapeButton()	QAbstractButton	获取 Esc 键对应的按钮
clickedButton()	QAbstractButton	获取被单击的按钮
[**static**] about (QWidget, title: str, text: str)	None	构建"关于"对话框
[**static**]information(parameters)	QMessageBox. StandardButton 或 int	静态函数，快速构建消息对话框，并返回被单击的按钮
[**static**]question(parameters)		
[**static**]warning(parameters)		
[**static**]critical(parameters)		

- 信息对话框的创建方法有两种：一种是先创建信息对话框的实例对象，然后往实例对象中添加文本、图标和按钮，最后用 show()、open()或 exec()方法把信息对话框

显示出来；另一种是用 QMessageBox 提供的静态函数来创建信息对话框。

- 信息对话框上显示的文本分为 text、informativeText 和 detailedText，如果设置了 detailedText，会出现“Show Details...”按钮，这 3 个文本分别用 setText(str)、setInformativeText(str)和 setDetailedText(str)方法设置。detailedText 文本只能以纯文本形式显示，text 和 informativeText 文本可以用纯文本或富文本的形式显示。用 setTextFormat(Qt. TextFormat)方法设置是用纯文本还是富文本显示，其中参数 Qt. TextFormat 可以取 Qt. PlainText(纯文本)、Qt. RichText(富文本)、Qt. AutoText(由系统决定)、Qt. MarkdownText(Markdown 文本)。
- 信息对话框的图标可以由用户自己定义，也可以使用 QMessageBox 提供的标准图标。自定义图标需要用 setIconPixmap(QPixmap)方法定义，标准图标用 setIcon(QMessageBox. Icon)方法设置，其中 QMessageBox. Icon 可以取 QMessageBox. NoIcon、QMessageBox. Question、QMessageBox. Information、QMessageBox. Warning 和 QMessageBox. Critical，这几种图标的样式如图 3-26 所示。

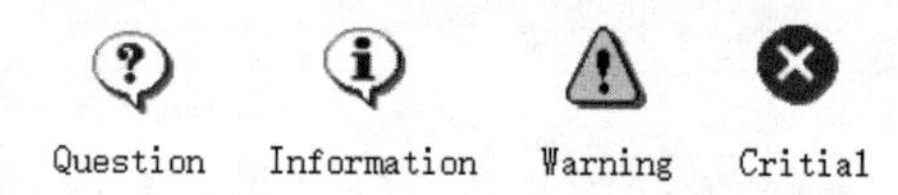

图 3-26 标准图标样式

- 信息对话框的按钮分为自定义按钮和标准按钮，不论哪种按钮都要赋予角色，按钮的角色用来说明按钮的作用。按钮的角色由枚举类型 QMessageBox. ButtonRole 确定，QMessageBox. ButtonRole 可以取的值如表 3-32 所示。

表 3-32 角色值 QMessageBox. ButtonRole 的取值

QMessageBox. ButtonRole 的取值	值	说明
QMessageBox. InvalidRole	−1	不起作用的按钮
QMessageBox. AcceptRole	0	接受对话框内的信息，例如 OK 按钮
QMessageBox. RejectRole	1	拒绝对话框内的信息，例如 Cancel 按钮
QMessageBox. DestructiveRole	2	重构对话框
QMessageBox. ActionRole	3	使对话框内的控件产生变化
QMessageBox. HelpRole	4	显示帮助的按钮
QMessageBox. YesRole	5	Yes 按钮
QMessageBox. NoRole	6	No 按钮
QMessageBox. ResetRole	7	重置按钮，恢复对话框的默认值
QMessageBox. ApplyRole	8	确认当前的设置，例如 Apply 按钮

- 在信息对话框中添加的按钮可以是自定义的按钮，也可以是标准按钮。用 addButton(button: QAbstractButton, role: QMessageBox. ButtonRole)方法或 addButton(text: str, QMessageBox. ButtonRole)方法自定义按钮，前者将一个已经存在的按钮加入到对话框中，后者创建名称是 text 的按钮，同时返回该按钮；用 addButton(QMessageBox. StandardButton)方法可以添加标准按钮，并返回按钮，添加按钮后可以为按钮设置槽函数。标准按钮已经有角色，参数 QMessageBox.

StandardButton 用于设置标准按钮，标准按钮与其对应的角色如表 3-33 所示。用 removeButton(QAbstractButton)方法可以移除按钮。信息对话框中也可添加 QCheckBox 控件，方法是 setCheckBox(QCheckBox)。

表 3-33 标准按钮与其对应的角色

标准按钮	标准按钮的角色	标准按钮	标准按钮的角色
QMessageBox.Ok	AcceptRole	QMessageBox.Help	HelpRole
QMessageBox.Open	AcceptRole	QMessageBox.SaveAll	AcceptRole
QMessageBox.Save	AcceptRole	QMessageBox.Yes	YesRole
QMessageBox.Cancel	RejectRole	QMessageBox.YesToAll	YesRole
QMessageBox.Close	RejectRole	QMessageBox.No	NoRole
QMessageBox.Discard	DestructiveRole	QMessageBox.NoToAll	NoRole
QMessageBox.Apply	ApplyRole	QMessageBox.Abort	RejectRole
QMessageBox.Reset	ResetRole	QMessageBox.Retry	AcceptRole
QMessageBox.RestoreDefaults	ResetRole	QMessageBox.Ignore	AcceptRole

- 默认按钮是按 Enter 键时执行动作的按钮，默认按钮用 setDefaultButton(QPushButton)方法或 setDefaultButton(QMessageBox.StandardButton)方法设置，若未指定，则根据按钮的角色来确定默认按钮。Esc 按钮是按 Esc 键时执行动作的按钮，Esc 按钮用 setEscapeButton(QAbstractButton)方法或 setEscapeButton(QMessageBox.StandardButton)方法设置。如果没有设置 Esc 按钮，则将角色是 CancelRole 的按钮作为 Esc 按钮；如果只有一个按钮，则将这个按钮作为 Esc 按钮。
- 对话框上被单击的按钮可以用 clickedButton()方法获得，也可通过信号 buttonClicked(QAbstractButton)获得，单击按钮后发送该信号，并传递被单击的按钮。
- 可以用静态函数快速构建信息对话框，这些静态函数的格式如下。除 about()函数外，其他函数返回值是被单击的按钮或按钮的角色识别号。

```
about(parent:QWidget,title:str,text:str) -> None
critical(parent:QWidget,title:str,text:str,buttons:QMessageBox.StandardButtons = QMessageBox.Ok,defaultButton = QMessageBox.NoButton) -> QMessageBox.StandardButton
critical(parent:QWidget,title:str,text:str,button0:QMessageBox.StandardButton,button1:QMessageBox.StandardButton) -> int
information(parent:QWidget,title:str,text:str,button0:QMessageBox.StandardButton,button1 = QMessageBox.NoButton) -> QMessageBox.StandardButton
information(parent:QWidget,title:str,text:str,buttons:QMessageBox.StandardButtons = QMessageBox.Ok,defaultButton = QMessageBox.NoButton) -> QMessageBox.StandardButton
question(parent:QWidget,title:str,text:str,buttons:QMessageBox.StandardButtons = QMessageBox.Yes | QMessageBox.No),defaultButton = QMessageBox.NoButton) -> QMessageBox.StandardButton
question(parent:QWidget,title:str,text:str,button0:QMessageBox.StandardButton,button1:QMessageBox.StandardButton) -> int
warning(parent:QWidget,title:str,text:str,buttons:QMessageBox.StandardButtons = QMessageBox.Ok,defaultButton = QMessageBox.NoButton) -> QMessageBox.StandardButton
```

```
warning(parent:QWidget,title:str,text:str,button0:QMessageBox.StandardButton,button1:QMessageBox.StandardButton) -> int
```

2. 信息对话框 QMessageBox 的信号

信息对话框 QMessageBox 只有一个按钮，在对话框中单击任意按钮时发送 buttonClicked(button: QAbstractButton)信号，参数是被单击的按钮。

3. 信息对话框 QMessageBox 的应用实例

本书二维码中的实例源代码 Demo3_17.py 是关于信息对话框 QMessageBox 的应用实例。该程序打开 UTF-8 编码的 txt 文件，如果选择的 txt 文件不是 UTF-8 文件，会弹出提示对话框，如果在对话框中单击"重新选择文件"按钮，将再次弹出文件对话框。如果保存文件时文件已经存在，则会弹出再次确认的对话框；如果文件保存成功，会弹出文件保存完成的对话框。

3.5.7 错误信息对话框 QErrorMessage

错误信息对话框 QErrorMessage 用于将程序运行时出现的错误内容显示出来。错误信息对话框的界面如图 3-27 所示，由一个显示信息的文本框和一个勾选按钮构成。

图 3-27 错误信息对话框的界面

用 QErrorMessage 类创建错误信息对话框实例的方法如下。

```
QErrorMessage(parent:QWidget = None)
```

错误信息对话框只有两个重载型槽函数 showMessage(message: str)和 showMessage(message: str,type: str)，执行该方法后立即显示对话框，其中 message 参数是错误信息，type 参数指定错误信息的类型。如果用户在对话框中不勾选"Show this message again"，则遇到相同的错误信息或相同类型的错误信息时，将不再弹出对话框。

3.5.8 进度对话框 QProgressDialog 与实例

进度对话框 QProgressDialog 用于表明某项任务正在进行及任务的完成进度。进度对话框的界面如图 3-28 所示，由 1 个标签 QLabel、1 个进度条 QProgressBar 和 1 个按钮 QPushButton 构成。进度对话框可以与定时器一起工作，每隔一段时间获取一项任务的完成值，再设置进度条的当前值。当然，如果任务能自动输出其完成值，可直接与进度条的槽函数 setValue(int)连接。

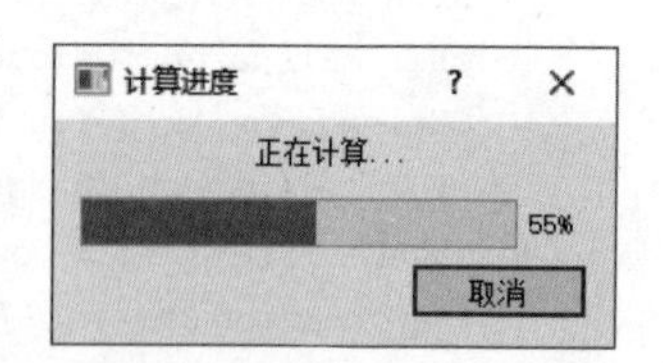

图 3-28 进度对话框的界面

用 QProgressDialog 类创建进度对话框的方法如下所示，其中第 1 个 str 是进度对话框窗口的标题栏，第 2 个 str 是标签的文本，第 1 个 int 是进度条的最小值，第 2 个 int 是进度条的最大值。

```
QProgressDialog(parent = None, Qt.WindowType)
QProgressDialog(str, str, int, int, parent = None, Qt.WindowType)
```

1. 进度对话框 QProgressDialog 的常用方法

进度对话框 QProgressDialog 的常用方法如表 3-34 所示，主要方法介绍如下。

- 进度对话框可以不用 show()等方法来显示，在创建进度对话框后，经过某段时间后对话框会自动显示出来，这段时间是通过 setMinimumDuration(int)来设置的。参数 int 的单位是毫秒，默认是 4000 毫秒，如果设置为 0，则立即显示对话框。可以用 forceShow()方法强制显示对话框。设置这个显示时间的目的是防止任务进展太快，进度对话框一闪而过。
- 进度条需要设置最小值和最大值及当前值，最小值和最大值分别用 setMinimum(int)方法和 setMaximum(int)方法设置，默认是 0 和 100；进度条的当前值用 setValue(int)方法设置。进度条上显示的百分比用公式(value-minumum)/(maximum-minimum)来计算，进度条的最小值和最大值也可以用 setRange(int, int)方法来设置。
- 对话框如果设置了 setAutoClose(True)，调用 reset()方法重置进度条时，会自动隐藏对话框。
- 对话框如果设置了 setAutoReset(True)，则进度条的值达到最大值时会调用 reset()方法重置进度条；如果设置了 setAutoClose(True)，会隐藏对话框。
- 用 setLabelText(str)方法和 setCancelButtonText(str)方法可以设置对话框中标签和按钮显示的文字。
- 当单击对话框中的 Cancel 按钮或执行 cancel()方法时，会取消对话框，并且会重置和隐藏对话框，同时 wasCanceled()的值为 True。

表 3-34　进度对话框 QProgressDialog 的常用方法

QProgressDialog 的方法及参数类型	返回值的类型	说　　明
setMinimumDuration(int)	None	设置对话框从创建到显示出来的过渡时间
minimumDuration()	int	获取从创建到显示时的时间
[**slot**]setValue(int)	None	设置进度条的当前值
value()	int	获取进度条的当前值
[**slot**]setMaximum(int)	None	设置进度条的最大值
maximum()	int	获取进度条的最大值
[**slot**]setMinimum(int)	None	设置进度条的最小值
minimum()	int	获取进度条的最小值
[**slot**]setRange(int,int)	None	设置进度条的最小值和最大值
[**slot**]setLabelText(str)	None	设置对话框中标签的文本
labelText()	str	获取进度条中标签的文本
[**slot**]setCancelButtonText(str)	None	设置“取消”按钮的文本
[**slot**]cancel()	str	取消对话框
wasCanceled()	bool	获取对话框是否被取消了
[**slot**]forceShow()	None	强制显示对话框
[**slot**]reset()	None	重置对话框
setAutoClose(bool)	None	调用 reset()方法时，设置是否自动隐藏

续表

QProgressDialog 的方法及参数类型	返回值的类型	说　明
autoClose()	bool	获取是否自动隐藏
setAutoReset(bool)	None	进度条的值达到最大时，设置是否自动重置
autoReset()	bool	获取进度条的值达到最大时，是否自动重置
setBar(QProgressBar)	None	重新设置对话框中的进度条
setCancelButton(QPushButton)	None	重新设置对话框中的"取消"按钮
setLabel(QLabel)	None	重新设置对话框中的标签按钮

2. 进度对话框 QProgressDialog 的信号

进度对话框 QProgressDialog 只有一个信号 canceled()，单击对话框中的 Cancel 按钮时发送信号。

3. 进度对话框 QProgressDialog 的应用实例

下面的程序将进度对话框和定时器相结合，定时器每隔 200 毫秒发送一个信息。进度条的值随时间的推移逐渐增大，当超过进度条的最大值或单击 Cancel 按钮后，进度条被隐藏和重置。

```
import sys                                    # Demo3_18.py
from PySide6.QtWidgets import QApplication,QWidget,QProgressDialog
from PySide6.QtCore import QTimer

class MyWindow(QWidget):
    def __init__(self,parent = None):
        super().__init__(parent)
        self.pd = QProgressDialog("Copying...","Cancel",0,100,self)
        self.pd.canceled.connect(self.cancel)
        self.t = QTimer(self)
        self.t.setInterval(200)
        self.t.timeout.connect(self.perform)
        self.t.start()
        self.steps = 0
    def perform(self):
        self.pd.setValue(self.steps)
        self.steps = self.steps + 1
        if self.steps > self.pd.maximum():
            self.t.stop()
    def cancel(self):
        self.t.stop()
if __name__ == '__main__':
    app = QApplication(sys.argv)
    window = MyWindow()
    window.show()
    sys.exit(app.exec())
```

3.5.9 向导对话框 QWizard 和向导页与实例

向导对话框 QWizard 由多页构成，可以引导客户按步骤完成某项工作。向导对话框的界面如图 3-29 所示，在 ModernStyle 风格界面中，对话框的顶部是横幅(banner)，横幅中有标题、子标题和 logo，左侧是水印区(watermark)，底部有一排按钮，右侧是向导页的内容；在 MacStyle 风格界面中，顶部没有 logo，左侧用背景(background)代替。

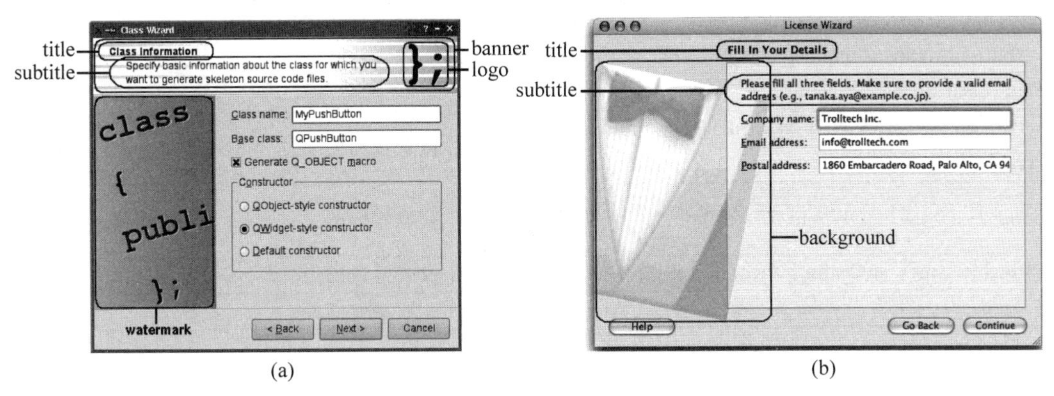

图 3-29 向导对话框的界面

(a) ModernStyle; (b) MacStyle

与其他对话框不同的是，向导对话框由多页构成，同一时间只能显示其中的一页，单击 Next 按钮或 Back 按钮可以向后或向前显示其他页。对话框中的页是向导页 QWizardPage，向导页有自己的布局和控件，向导会为向导页分配从 0 开始的 ID 号。

向导对话框 QWizard 是从 QDialog 类继承来的，QWizardPage 是从 QWidget 类继承来的，用 QWizard 类和 QWizardPage 类创建实例对象的方法如下所示。

```
QWizard(parent:QWidget = None,flags:Qt.WindowFlags = Default(Qt.WindowFlags))
QWizardPage(parent:QWidget = None)
```

1. 向导对话框 QWizard 和向导页 QWizardPage 的常用方法

向导对话框 QWizard 和向导页 QWizardPage 的常用方法分别如表 3-35 和表 3-36 所示，主要方法介绍如下。

表 3-35 向导对话框 QWizard 的常用方法

QWizard 的方法及参数类型	返回值的类型	说　明
addPage(page: QWizardPage)	int	添加向导页，并返回 ID 号
setPage(id: int,page: QWizardPage)	None	用指定的 ID 号添加向导页
removePage(id: int)	None	移除 ID 是 int 的向导页
currentId()	int	获取当前向导页的 ID 号
currentPage()	QWizardPage	获取当前向导页
hasVisitedPage(int)	bool	获取向导页是否被访问过
[**slot**]restart()	None	回到初始页
[**slot**]back()	None	显示上一页

续表

QWizard 的方法及参数类型	返回值的类型	说　明
[**slot**]next()	None	显示下一页
page(id: int)	QWizardPage	获取指定 ID 号的向导页
pageIds()	List[int]	获取向导页的 ID 列表
setButton(which: QWizard.WizardButton, button: QAbstractButton)	None	添加某种用途的按钮
button(QWizard.WizardButton)	QAbstractButton	获取某种用途的按钮
setButtonLayout(Sequence[QWizard.WizardButton])	None	设置按钮的布局(相对位置)
setButtonText(QWizard.WizardButton, str)	None	设置按钮的文本
buttonText(which: QWizard.WizardButton)	str	获取按钮的文本
setField(name: str, value: Any)	None	设置字段的值
field(name: str)	Any	获取字段的值
setOption(QWizard.WizardOption, on = True)	None	设置向导对话框的选项
options()	WizardOptions	获取向导对话框的选项
testOption(QWizard.WizardOption)	bool	测试是否设置了某个选项
setPixmap(which: QWizard.WizardPixmap, pixmap: Union[QPixmap, QImage, str])	None	在对话框的指定区域设置图片
pixmap(which: QWizard.WizardPixmap)	QPixmap	获取指定位置处的图片
setSideWidget(QWidget)	None	在向导对话框左侧设置控件
setStartId(id: int)	None	用指定 ID 号的向导页作为起始页,默认用 ID 值最小的页作为起始页
startId()	int	获取起始页的 ID 号
setSubTitleFormat(format: Qt.TextFormat)	None	设置子标题的格式
setTitleFormat(format: Qt.TextFormat)	None	设置标题的格式
setWizardStyle(style: QWizard.WizardStyle)	None	设置向导对话框的风格
wizardStyle()	WizardStyle	获取向导对话框的风格
visitedIds()	List[int]	获取访问过的向导页 ID 列表
cleanupPage(id: int)	None	清除内容,恢复默认值
initializePage(id: int)	None	初始化向导页
nextId()	int	获取下一页的 ID 号
validateCurrentPage()	bool	验证当前页的输入是否正确

表 3-36　向导页 QWizardPage 的常用方法

QWizardPage 的方法及参数类型	返回值的类型	说　明
setButtonText(QWizard.WizardButton, str)	None	设置某种用途按钮的文字
buttonText(which: QWizard.WizardButton)	str	获取指定用途的按钮的文本

续表

QWizardPage 的方法及参数类型	返回值的类型	说　　明
setCommitPage(commitPage: bool)	None	设置成提交页
isCommitPage()	bool	获取是否是提交页
setFinalPage(bool)	None	设置成最后页
isFinalPage()	bool	获取是否是最后页
setPixmap(which: QWizard. WizardPixmap, pixmap: QPixmap)	None	在指定区域设置图片
pixmap(which: QWizard. WizardPixmap)	QPixmap	获取指定区域的图片
setSubTitle(subTitle: str)	None	设置子标题
setTitle(title: str)	None	设置标题
subTitle()	str	获取子标题
title()	str	获取标题
registerField (name: str, widget: QWidget, property: str = None, changedSignal: str=None)	None	创建字段
setField(name: str, value: Any)	None	设置字段的值
field(name: str)	Any	获取字段的值
setDefaultProperty (className: str, property: str, changedSignal: str)	None	设置某类控件的某个属性与某个信号相关联
validatePage()	bool	验证向导页中的输入内容
wizard()	QWizard	获取向导页所在的向导对话框
cleanupPage()	None	清除页面的内容,恢复默认值
initializePage()	None	用于初始化向导页
isComplete()	bool	获取是否完成输入,以便激活 Next 按钮或 Finish 按钮
validatePage()	bool	验证向导页中的内容,若为 True 则显示下一页
nextId()	int	获取下一页的 ID 号

- 向导对话框的风格用 setWizardStyle(style: QWizard. WizardStyle)方法设置,其中参数 style 是 QWizard. WizardStyle 的枚举值,可以取 QWizard. ClassicStyle、QWizard. ModernStyle、QWizard. MacStyle 和 QWizard. AeroStyle。
- 用向导对话框的 addPage(page: QWizardPage)方法可以添加向导页,并返回向导页的 ID 号;也可用 setPage(id: int, page: QWizardPage)方法用指定的 ID 号添加向导页。
- 向导对话框的标题和子标题由向导页的 setTitle(title: str)方法和 setSubTitle (subTitle: str)方法设置,虽然由向导页设置标题和子标题,但是它们会显示在向导对话框的横幅中。标题和子标题的格式由向导对话框的 setTitleFormat(format: Qt. TextFormat)方法和 setSubTitleFormat(format: Qt. TextFormat)方法设置,其中参数 format 的取值是 Qt. TextFormat 枚举值,可以取 Qt. PlainText(纯文本)、Qt. RichText(富文本)、Qt. AutoText(由系统决定)、Qt. MarkdownText

(Markdown 文本)。

- 向导对话框的选项由 setOption(QWizard.WizardOption,on=True)方法设置,其中 QWizard.WizardOption 参数是枚举类型,其可以取的值如表 3-37 所示。

表 3-37　QWizard.WizardOption 的取值

QWizard.WizardOption 的取值	说　明
QWizard.IndependentPages	向导页之间是相互独立的,相互间不传递数据
QWizard.IgnoreSubTitles	不显示子标题
QWizard.ExtendedWatermarkPixmap	将水印图片拓展到窗口边缘
QWizard.NoDefaultButton	不将 Next 按钮和 Finish 按钮设置成默认按钮
QWizard.NoBackButtonOnStartPage	在起始页中不显示 Back 按钮
QWizard.NoBackButtonOnLastPage	在最后页中不显示 Back 按钮
QWizard.DisabledBackButtonOnLastPage	在最后页中 Back 按钮失效
QWizard.HaveNextButtonOnLastPage	在最后页中显示失效的 Next 按钮
QWizard.HaveFinishButtonOnEarlyPages	在非最后页中显示失效的 Finish 按钮
QWizard.NoCancelButton	不显示 Cancel 按钮
QWizard.CancelButtonOnLeft	将 Cancel 按钮放到 Back 按钮的左边
QWizard.HaveHelpButton	显示 Help 按钮
QWizard.HelpButtonOnRight	将帮助按钮放到右边
QWizard.HaveCustomButton1	显示用户自定义的第 1 个按钮
QWizard.HaveCustomButton2	显示用户自定义的第 2 个按钮
QWizard.HaveCustomButton3	显示用户自定义的第 3 个按钮
QWizard.NoCancelButtonOnLastPage	在最后页中不显示 Cancel 按钮

- 向导对话框和向导页都可以用 setPixmap(which: QWizard.WizardPixmap, pixmap: QPixmap)方法设置向导对话框中显示的图片,用向导对话框设置的图片作用于所有页,用向导页设置的图片只作用于向导页所在的页面,其中参数 which 的取值是 QWizard.WizardPixmap 的枚举值,用于设置图片放置的位置,可以取 QWizard.WatermarkPixmap、QWizard.LogoPixmap、QWizard.BannerPixmap 或 QWizard.BackgroundPixmap。
- 用 setButton(which: QWizard.WizardButton,button: QAbstractButton)方法往对话框中添加某种用途的按钮,其中参数 which 的取值是 QWizard.WizardButton 的枚举值,用于指定按钮的用途。QWizard.WizardButton 的取值如表 3-38 所示。对话框中最多可以添加 3 个自定义的按钮,要使自定义按钮可见,还需要用 setOption()方法把自定义按钮显示出来。通常情况下 Next 按钮和 Finish 按钮是互斥的。

表 3-38　Qwizard.wizard Button 的取值

Qwizard.wizard Button 的取值	说　明	Qwizard.wizard Button 的取值	说　明
QWizard.BackButton	Back 按钮	QWizard.HelpButton	Help 按钮
QWizard.NextButton	Next 按钮	QWizard.CustomButton1	用户自定义第 1 个按钮
QWizard.CommitButton	Commit 按钮	QWizard.CustomButton2	用户自定义第 2 个按钮
QWizard.FinishButton	Finish 按钮	QWizard.CustomButton3	用户自定义第 3 个按钮
QWizard.CancelButton	Cancel 按钮	QWizard.Stretch	布局中的水平伸缩器

- 用向导页的 setCommitPage(bool)方法可以把向导页设置成提交页，提交页上用 Commit 按钮替换 Next 按钮，且不能用 Back 或 Cancel 按钮来撤销。单击 Commit 按钮后，下一页的 Back 按钮失效。用 isCommit()方法可以获取该页是否是提交页。
- 用向导页的 setFinalPage(bool)方法可以把向导页设置成最后页，最后页上用 Finish 按钮替换 Next 按钮，此时用 nextId()方法获取下一页的 ID 时返回－1。
- 向导对话框中的多个向导页之间的数据不能自动进行通信，要实现向导页之间的数据传递，可以将向导页上的控件属性定义成字段，并可以将控件属性与某信号关联，这样当属性值发生变化时发送信号，也可以通过字段设置或获取控件的属性值，字段对于向导对话框来说是全局性的。字段的定义通过 registerField(name: str, widget: QWidget, property: str=None, changedSignal: str=None)函数来实现，其中 name 是字段名称，widget 是向导页上的控件，property 是字段的属性，changedSignal 是与字段属性相关的信号。定义好字段后，可以利用 setField(name: str, value: Any)方法和 field(name: str)方法设置和获取字段的值。用 setDefaultProperty(className: str, property: str, changedSignal: str)方法可以设置某类控件的某个属性与某个信号相关联。PySide6 对大多数控件能自动将某个属性与某个信号相关联，如表 3-39 所示。

表 3-39 控件默认的与属性关联的信号

控 件	属 性	关联的信号
QAbstractButton	checked	toggled(bool)
QAbstractSlider	value	valueChanged(int)
QComboBox	currentIndex	currentIndexChanged(int)
QDateTimeEdit	dateTime	dateTimeChanged(QDatetime)
QLineEdit	text	textChanged(str)
QListWidget	currentRow	currentRowChanged(int)
QSpinBox	value	valueChanged(int)

- 当 isComplete()函数的返回值为 True 时，会激活 Next 按钮或 Finish 按钮。可以重写该函数，用户在页面上输入信息后，当满足一定条件时改变 isComplete()的返回值，以便激活 Next 按钮或 Finish 按钮。如果重写 isComplete()函数，一定要确保 completeChange()信号也能发送。
- 用户单击 Next 按钮或 Finish 按钮后，需要验证页面上输入的内容是否合法，这时会调用向导对话框的 validateCurrentPage()函数和向导页的 validatePage()函数，通常需要重写这两个函数以便完成对输入内容的验证，如果返回 True 则显示下一页。
- 单击 Next 按钮后，在显示下一页之前，会调用向导页的 initializePage()函数。可以重写该函数，以便根据前面的向导页的内容初始化本向导页的内容。
- 单击 Back 按钮后，在显示前一页之前，会调用向导页的 cleanupPage()函数。可以重写该函数，以保证向导页能恢复默认值。
- 根据 nextId()函数的返回值，决定要显示的下一页，如果没有后续页，则返回－1。单击 next 按钮和 back 按钮都会调用 nextId()函数，如果重写该函数，会根据已经输入和选择的内容让 nextId()返回相应页的 ID 号，从而控制页面显示的顺序。

2. 向导对话框 QWizard 和向导页 QWizardPage 的信号

向导对话框 QWizard 的信号如表 3-40 所示。向导页 QWizardPage 只有一个信号 completeChanged()，当 isCompleted()的返回值发生变化时发送该信号。

表 3-40 向导对话框 QWizard 的信号

QWizard 的信号	说 明
currentIdChanged(ID)	当前页发生变化时发送信号，参数是新页的 ID
customButtonClicked(which)	单击自定义按钮时发送信号，参数 which 可能是 CustomButton1、CustomButton2 或 CustomButton3
helpRequested()	单击 Help 按钮时发送信号
pageAdded(ID)	添加向导页时发送信号，参数是新页的 ID
pageRemoved(ID)	移除向导页时发送信号，参数是被移除页的 ID

3. 向导对话框 QWizard 和向导页 QWizardPage 的应用实例

下面的程序建立由 3 个向导页构成的导航对话框，通过单击菜单显示出对话框，用于输入学生基本信息、联系方式和考试成绩。其中第 1 个向导页输入姓名和学号，在这个向导页中重写了 isComplete()函数和 validatePage()函数，当姓名和学号中都输入了内容时，isComplete()的返回值是 True。这时"下一步"按钮会激活，单击"下一步"按钮时，会验证学号中输入的内容是否为数字，如果是则 validatePage()的返回值是 True，显示下一个导航页；如果不是会弹出警告信息对话框，validatePage()的返回值是 False，不会显示下一个向导页。其他向导页也可作类似的处理。在最后一页中单击"完成"按钮，通过字段获取输入的值，并输出到界面上。

```
import sys                                          #Demo3_19.py
from PySide6.QtWidgets import (QApplication,QWidget,QMenuBar,QPlainTextEdit,
    QVBoxLayout, QWizard,QWizardPage,QMessageBox,QPushButton,QLineEdit,QFormLayout)

class QWizardPage_1(QWizardPage):                   #第 1 个向导页类
    def __init__(self,parent = None):
        super().__init__(parent)
        form = QFormLayout(self)
        self.line_name = QLineEdit()
        self.line_number = QLineEdit()
        form.addRow("姓名:",self.line_name)
        form.addRow("学号:",self.line_number)
        self.setTitle("学生成绩输入系统")
        self.setSubTitle("基本信息")
        self.line_name.textChanged.connect(self.isComplete)
        self.line_number.textChanged.connect(self.isComplete)
        self.line_name.textChanged.connect(self.completeChanged_emit)
        self.line_number.textChanged.connect(self.completeChanged_emit)

        self.registerField("name",self.line_name)         #创建字段
        self.registerField("number",self.line_number)     #创建字段
    def isComplete(self):                           #重写 isComplete()函数
```

```
        if self.line_name.text() != "" and self.line_number.text() != "":
            return True
        else:
            return False
    def completeChanged_emit(self):            #重写 isComplete()函数后,需要重新发送信号
        self.completeChanged.emit()
    def validatePage(self):                    #重写 validatePage()函数
        if self.line_number.text().isdigit():  #确保学号中输入的是数字
            return True
        else:
            QMessageBox.warning(self,"警告","输入有误,请检查输入的信息.")
            return False
class QWizardPage_2(QWizardPage):              #第 2 个向导页类
    def __init__(self,parent = None):
        super().__init__(parent)
        form = QFormLayout(self)
        self.line_telephone = QLineEdit()
        self.line_address = QLineEdit()
        form.addRow("电话:",self.line_telephone)
        form.addRow("地址:",self.line_address)
        self.setTitle("学生成绩输入系统")
        self.setSubTitle("联系方式")

        self.registerField("telephone",self.line_telephone)    #创建字段
        self.registerField("address",self.line_address)        #创建字段
class QWizardPage_3(QWizardPage):                              #第 3 个向导页类
    def __init__(self,parent = None):
        super().__init__(parent)
        form = QFormLayout(self)
        self.line_chinese = QLineEdit()
        self.line_math = QLineEdit()
        self.line_english = QLineEdit()
        form.addRow("语文:",self.line_chinese)
        form.addRow("数学:",self.line_math)
        form.addRow("英语:", self.line_english)
        self.setTitle("学生成绩输入系统")
        self.setSubTitle("考试成绩")

        self.registerField("chinese",self.line_chinese)        #创建字段
        self.registerField("math",self.line_math)              #创建字段
        self.registerField("english",self.line_english)        #创建字段
class QWizard_studentnumber(QWizard):                          #向导对话框
    def __init__(self,parent = None):
        super().__init__(parent)
        self.setWizardStyle(QWizard.ModernStyle)
        self.addPage(QWizardPage_1(self))                      #添加向导页
        self.addPage(QWizardPage_2(self))                      #添加向导页
        self.addPage(QWizardPage_3(self))                      #添加向导页
```

```
        self.btn_back = QPushButton("上一步")
        self.btn_next = QPushButton("下一步")
        self.btn_finish = QPushButton("完成")
        self.setButton(QWizard.BackButton, self.btn_back)         # 添加按钮
        self.setButton(QWizard.NextButton, self.btn_next)         # 添加按钮
        self.setButton(QWizard.FinishButton, self.btn_finish) # 添加按钮
          self. setButtonLayout ([ self. Stretch, self. BackButton, self. NextButton, self.
FinishButton])
class MyWindow(QWidget):
    def __init__(self,parent = None):
        super().__init__(parent)
        self.widget_setupUi()                                    # 建立主界面
        self.wizard = QWizard_studentnumber(self)                # 实例化向导对话框
        self.wizard.btn_finish.clicked.connect(self.btn_finish_clicked)
                                                                 # 完成按钮信号与槽的连接
    def widget_setupUi(self):                                    # 建立主程序界面
        menuBar = QMenuBar(self)                                 # 定义菜单栏
        file_menu = menuBar.addMenu("文件(&F)")                  # 定义文件菜单
        action_enter = file_menu.addAction("进入")
        action_enter.triggered.connect(self.action_enter_triggered)
                                                                 # 动作的信号与槽函数的连接
        self.plainText = QPlainTextEdit(self)                    # 显示数据控件
        v= QVBoxLayout(self)                                     # 主界面的布局
        v.addWidget(menuBar)
        v.addWidget(self.plainText)
    def action_enter_triggered(self):                            # 动作的槽函数
        self.wizard.setStartId(0)
        self.wizard.restart()
        self.wizard.open()
    def btn_finish_clicked(self):
                                  # 单击最后一页的"完成"按钮,输入的数据在 plainText 中显示
        template = "姓名:{} 学号:{} 电话:{} 地址:{} 语文:{} 数学:{} 英语:{}"
        string = template.format(self.wizard.field("name"),self.wizard.field("number"),
          self.wizard.field("telephone"),self.wizard.field("address"),self.wizard.field
("chinese"),
        self.wizard.field("math"),self.wizard.field("english"))
                                                                 # 获取字段值,格式化输出文本
        self.plainText.appendPlainText(string)
if __name__ == '__main__':
    app = QApplication(sys.argv)
    window = MyWindow()
    window.show()
    sys.exit(app.exec())
```

3.6 窗口风格和样式表

窗口风格和样式表可以影响应用程序的外观,选择合适的样式表能增加应用程序的美

感，增强程序的吸引力。

3.6.1　窗口风格 QStyle 与实例

PySide6 是一个跨平台的类库，相同的窗口和界面在不同的平台上显示的样式不一样，可以根据需要在不同的平台上设置界面不同的外观风格。图 3-30 所示为 QComboBox 控件在不同风格下的外观。

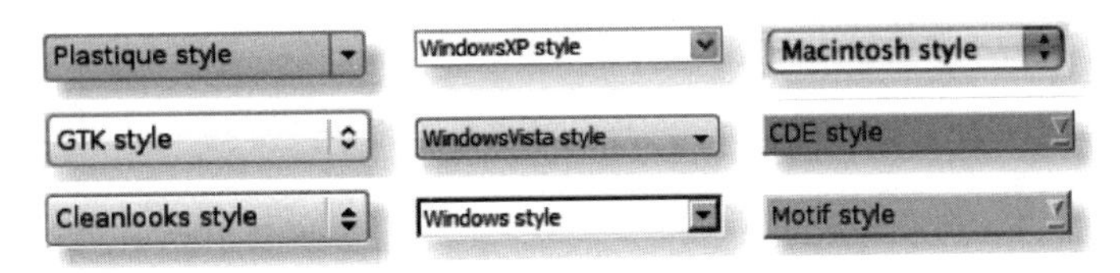

图 3-30　QComboBox 控件在不同风格下的外观

QStyle 是封装 GUI 外观的抽象类。PySide6 定义了 QStyle 类的一些子类，应用于不同的操作系统中。可以用窗口、控件或应用程序的 setStyle(QStyle)方法给窗口、控件或整个应用程序设置风格，用 style()方法获取风格。一个平台支持的风格名称可以用 QStyleFactory.keys()方法获取，返回平台支持的风格列表，例如['windowsvista','Windows','Fusion']，用 QStyleFactory.create(str)方法根据风格名称创建风格，并返回 QStyle。

下面的程序是为整个应用程序设置风格的例子。从 QComboBox 列表中选择不同的界面风格，整个程序的界面风格也随之改变。

```
import sys                                                          # Demo3_20.py
from PySide6.QtWidgets import QApplication,QWidget,QVBoxLayout,QStyleFactory,\
                              QPushButton,QComboBox,QSpinBox
class MyWindow(QWidget):
    def __init__(self,parent = None):
        super().__init__(parent)
        self.setupUi()
    def setupUi(self):
        v = QVBoxLayout(self)
        self.comb = QComboBox()
        self.spinBox = QSpinBox()
        self.pushButton = QPushButton("Close")
        v.addWidget(self.comb)
        v.addWidget(self.spinBox)
        v.addWidget(self.pushButton)
        self.comb.addItems(QStyleFactory.keys())    #将风格名称添加到下拉列表中
        self.pushButton.clicked.connect(self.close)
class MyApplication(QApplication):
    def __init__(self,argv):
        super().__init__(argv)
        window = MyWindow()                                         #创建窗口
```

```
        style = QStyleFactory.create(window.comb.currentText())      #创建风格
        self.setStyle(style)                                         #设置初始风格
        window.comb.currentTextChanged.connect(self.reSetStyle)      #信号与槽的连接
        window.show()
        sys.exit(self.exec())
    def reSetStyle(self,new_style):                                  #槽函数
        style = QStyleFactory.create(new_style)                      #创建新风格
        self.setStyle(style)                                         #设置新风格
        print("当前风格是:", new_style)                               #输出当前的风格
if __name__ == '__main__':
    app = MyApplication(sys.argv)
```

3.6.2 样式表

为了美化窗口或控件的外观，可以通过窗口或控件的调色板给窗口或控件按照角色和分组设置颜色，还可以对窗口或控件的每个部分进行更细致的控制，这涉及窗口或控件的样式表(Qt style sheets，QSS)，它是从 HTML 的层叠样式表(cascading style sheets，CSS)演化而来的。样式表由固定格式的文本构成，用窗口或控件的 setStyleSheet(styleSheet：str)方法设置样式，其中参数 styleSheet 是样式格式符。例如一个窗体上有多个继承自 QPushButton 的按钮，用窗口的 self.setStyleSheet("QPushButton { font：20pt '宋体'；color：rgb(255,0,0)；background-color：rgb(100,100,100) }")方法可以将窗体上所有 QPushButton 类型的按钮定义成字体大小是 20 个像素、字体名称是宋体、字体颜色是红色，背景色是灰黑色的样式。也可以单独给某个按钮定义样式，例如有个 objectName 名称是 btn_open 按钮，则用 btn_open.setStyleSheet("font：30pt '黑体'；color：rgb(255,255,255)；background-color：rgb(0,0,0)")方法设置该按钮的字体大小是 30 个像素、字体名称是黑体、字体颜色是白色，背景色是黑色的样式。可以看出定义样式表的一般规则是用“样式属性：值”的形式定义样式属性的值，多个样式的“样式属性：值”对之间用分号“；”隔开。如果是对某一类控件进行设置，需要先说明控件的类，然后后面跟一对“{ }”，把“样式属性：值”放到“{ }”中。下面详细介绍样式表的格式。

1. 选择器

样式表除了类名、对象名和属性名外，一般不区分大小写。样式表由选择器(selector)和声明(declaration)两部分构成，选择器用于选择某种类型或多个类型的控件，声明是要设置的属性和属性的值，例如"QPushButton，QLineEdit { font：20pt '宋体'；color：rgb(255,0,0)；background-color：rgb(100,100,100) }"中 QPushButton 和 QLineEdit 就是选择器，用于选择继承自 QPushButton 和 QLineEdit 的所有控件和子控件。选择器的使用方法如表 3-41 所示。

表 3-41 选择器的使用方法

选择器	示　例	说　明
全局选择器	*	选择所有的控件
类型选择器	QWidget	选择 QWidget 及其子类
属性选择器	QPushButton[flat="false"]	只选择属性 flat 的值是 False 的 QPushButton 控件

续表

选择器	示　例	说　　明
类选择器	QPushButton	选择 QPushButton 但不选择其子类
ID 选择器	QPushButton#btn_open	选择名称是 btn_open(用 setObjectName("btn_open")方法设置)的所有 QPushButton
后代选择器	QWidget QPushButton	选择 QWidget 后代中所有的 QPushButton
子对象选择器	QWidget>QPushButton	选择直接从属于 QWidget 的 QPushButton

2. 子控件

一些复合型控件,例如 QComboBox,由 QLineEdit 和向下的箭头构成,向下的箭头可以称为子控件。对子控件的引用是在控件和子控件之间用两个连续的冒号"::"隔开,例如"QComboBox::drop-down {image: url(:/image/down.png)}"在资源文件中设置具有向下箭头的图片。控件的子控件名称如表 3-42 所示。

表 3-42　控件的子控件名称

子控件的名称	说　　明
groove	QSlider 的凹槽
handle	QScrollBar、QSplitter、QSlider 的手柄或滑块
corner	QAbstractScrollArea 中两个滚动条之间的角落
add-line	QScrollBar 增加行的按钮,即按下该按钮滚动条增加一行
add-page	QScrollBar 在手柄(滑块)和增加行之间的区域
sub-line	QScrollBar 减少行的按钮,即按下该按钮滚动条减少一行
sub-page	QScrollBar 在手柄(滑块)和减少行之间的区域
down-arrow	QComboBox、QHeaderView(排序指示器)、QScrollBar、QSpinBox 的向下箭头
down-button	QScrollBar 或 QSpinBox 的向下按钮
up-arrow	QHeaderView(排序指示器)、QScrollBar、QSpinBox 的向上箭头
up-button	QSpinBox 的向上按钮
left-arrow	QScrollBar 的左箭头
right-arrow	QMenu 或 QScrollBar 的右箭头
branch	QTreeView 的分支指示符
section	QHeardeView 的段
text	QAbstractItemView 的文本
chunk	QProgressBar 的进度块
drop-down	QComboBox 的下拉按钮
indicator	QAbstractItemView、QCheckBox、QRadioButton、QMenu(可被选中的)、QGroupBox(可被选中的)的指示器
pane	QTabWidget 的面板(边框)
right-corner	QTabWidget 的右角落,可用于控件 QTabWidget 中右角落控件的位置
left-corner	QTabWidget 的左角落,可用于控件 QTabWidget 中左角落控件的位置
tab-bar	QTabWidget 的选项卡栏,仅用于控制 QTabBar 在 QTabWidget 中的位置
tab	QTabBar 或 QToolBox 的选项卡
tear	QTabBar 的可分离指示器
close-button	QTabBar 选项卡或 QDockWidget 上的关闭按钮

续表

子控件的名称	说　明
float-button	QDockWidget 的浮动按钮
title	QDockWidget 或 QGroupBox 的标题
scroller	QMenu 或 QTabBar 的滚动条
separator	QMenu 或 QMainWindow 中的分隔符
tearoff	QMenu 的可分离指示器
item	QAbstractItemView、QMenuBar、QMenu、QStatusBar 中的一个项
icon	QAbstractItemView 或 QMenu 的图标
menu-arrow	带有菜单的 QToolButton 的箭头
menu-button	QToolButton 的菜单按钮
menu-indicator	QPushButton 的菜单指示器

3. 状态选择

一个控件有多种状态，例如活跃(active)、激活(enabled)、失效(disabled)、鼠标悬停(hover)、选中(checked)、未选中(unchecked)和可编辑(editable)等，根据控件所处的状态，可以给控件设置不同的外观。样式表的格式字符串中，控件与状态之间用冒号“：”隔开，例如"QPushButton：active{...}"设置激活时的外观；可以同时对多个状态进行设置，例如"QPushButton：active：hover{...}"设置激活或者光标悬停时的外观；可以在状态前加“!”，表示相反的状态。控件的常用状态如表 3-43 所示。

表 3-43　控件的常用状态

控件的状态	说　明
active	控件处于激活状态
focus	该项具有输入焦点
default	该项是默认值
disabled	控件已失效
enabled	该控件已启用
hover	光标悬停在该控件上
pressed	使用鼠标按下该控件
no-frame	该控件没有边框，例如无边框的 QLineEdit 等
flat	该控件是平的(flat)，例如，一个平的 QPushButton
checked	该控件被选中
unchecked	该控件未被选中
off	适用于处于关闭状态的控件
on	适用于处于开启状态的控件
editable	QComboBox 是可编辑的
read-only	该控件为只读，例如只读的 QLineEdit
indeterminate	该控件具有不确定状态，例如，三态的 QCheckBox
exclusive	该控件是排他项目组的一部分
non-exclusive	该控件是非排他项目组的一部分
bottom	该控件位于底部
top	该控件位于顶部

续表

控件的状态	说　明
left	该控件位于左侧，例如 QTabBar 的选项卡位于左侧
right	该控件位于右侧，例如 QTabBar 的选项卡位于右侧
middle	该控件位于中间，例如不在 QTabBar 开头或结尾的选项卡
first	该控件是第一个，例如 QTabBar 中的第一个选项卡
last	该控件是最后一个，例如 QTabBar 中的最后一个选项卡
horizontal	该控件具有水平方向
vertical	该控件具有垂直方向
maximized	该控件是最大化的，例如最大化的 QMdiSubWindow
minimized	该控件是最小化的，例如最小化的 QMdiSubWindow
floatable	该控件是可浮动的
movable	该控件可移动，例如，可移动的 QDockWidget
only-one	该控件是唯一的，例如只有一个选项卡的 QTabBar
next-selected	下一控件被选择
previous-selected	上一控件被选择
selected	该控件被选择
window	控件是一个窗口，即顶级控件
closable	该控件可被关闭，例如可关闭的 QDockWidget
closed	该控件处于关闭状态，例如 QTreeView 中的非展开控件
open	该控件处于打开状态，例如 QTreeView 中的展开控件，或带有打开菜单的 QComboBox 或 QPushButton 控件
has-children	该控件具有孩子，例如 QTreeView 中具有子控件的控件
has-siblings	该控件具有兄弟姐妹（即同级的控件）
alternate	当 QAbstractItemView. alternatingRowColors()被设置为 true 时，为每个交替行设置此状态，以绘制 QAbstractItemView 的行

4. 样式的属性

1）颜色属性的设置

控件有背景色、前景色及选中状态时的背景色和前景色，可以对这些颜色分别进行设置，这些颜色的属性名称如表 3-44 所示，例如"QPushButton {background: gray url(d:/s.png); background-repeat: repeat-x; background-position: left}"设置 QPushButton 类的颜色为灰色，设置背景图片为 d:/s. png，沿着 x 方向从左侧重复显示图片。

表 3-44　控件颜色的属性名称

颜色属性名称	类型	说　明
background	Background	设置背景的简写方法，相当于指定 background-color、background-image、background-repeat、background-position
background-color	Brush	控件的背景色
background-image	Url	设置控件的背景图像
background-repeat	Repeat	如何使用背景图像填充背景区域 background-origin，若未指定此属性，则在两个方向重复背景图像

续表

颜色属性名称	类型	说明
background-position	Alignment	背景图像在 background-origin 矩形内的位置，默认为 topleft
background-attachment	Attachment	确定 QAbstractScrollArea 中的 background-image 是相对于视口滚动还是固定，默认值为 scroll
background-clip	Origin	控件绘制背景的矩形，此属性指定 background-color 和 background-image 的裁剪矩形。此属性默认值为 border（即边框矩形）
background-origin	Origin	控件背景的原点矩形，通常与 background-position 和 background-image 一起使用，默认为 padding（即边框矩形）
color	Brush	渲染文本的颜色，所有遵守 QWidget. palette 的控件都支持此属性
selection-background-color	Brush	所选文本或项的背景色，默认为调色板的 QPalette. Highlight 角色的值
selection-color	Brush	所选文本或项的前景色，默认为调色板的 QPalette. HighlightedText 角色的值

2）盒子模型

大多数控件都是长方形的，一个长方形控件由 Content、Padding、Border 和 Margin 4 部分构成，每个部分都是矩形，如图 3-31 所示。Content 矩形是除掉边距、边框和填充之后的部分，默认情况下，边距、边框和填充的距离都为 0，因此这 4 个矩形是重合的。可以用样式表分别设置这四个矩形之间的距离、边框的颜色。

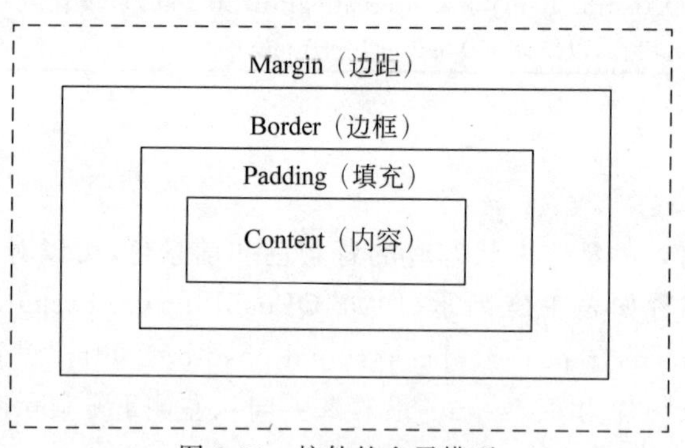

图 3-31　控件的盒子模型

- Content 是输入内容的区域，可以设置 Content 区域宽度和高度的最大值和最小值，属性名称分别为 max-width、max-height、min-width 和 min-height，例如"QSpinBox {min-height：30px；max-height：40px；min-width：100px；max-width：150px}"。
- 对于 Padding 区域，用 padding 属性可以分别设置 Padding 与 Content 在上、右、下和左方向的距离，也可用 padding-top、padding-right、padding-bottom 和 padding-left 属性分别设置距离，例如"QSpinBox {padding：10px 20px 25px 30px}"等价于"QSpinBox {padding-top：10px；padding-right：20px；padding-bottom：25px；padding-left：30px}"。

• Border 区域可以设置的属性比较多，如表 3-45 所示。

表 3-45 Border 的属性名称

属性名称	类 型	说 明
border	Border	设置边框的简写方法，相当于指定 border-color、border-style、border-width
border-top	Border	设置控件顶部边框的简写方法，相当于指定 border-top-color、border-top-style、border-top-width
border-right	Border	设置控件右边框的简写方法，相当于指定 border-right-color、border-right-style、border-right-width
border-bottom	Border	设置控件底部边框的简写方法，相当于指定 border-bottom-color、border-bottom-style、border-bottom-width
border-left	Border	设置控件左边框的简写方法，相当于指定 border-left-color、border-left-style、border-left-width
border-color	Box Colors	边框边界线的颜色，相当于指定 border-top-color、border-bottom-color、 border-left-color、 border-right-color，默认值为 color(即控件的前景色)
border-top-color	Brush	边框顶部边界线的颜色
border-right-color	Brush	边框右边界线的颜色
border-bottom-color	Brush	边框底部边界线的颜色
border-left-color	Brush	边框左边界线的颜色
border-radius	Radius	边框角落的半径，等效于指定 border-top-left-radius、border-top-right-radius、 border-bottom-left-radius、border-bottom-right-radius，默认为 0
border-top-left-radius	Radius	边框左上角的半径
border-top-right-radius	Radius	边框右上角的半径
border-bottom-right-radius	Radius	边框右下角的半径
order-bottom-left-radius	Radius	边框左下角的半径
border-style	Border Style	边框边界线的样式(虚线、实线、点划线等)，默认为 None
border-top-style	Border Style	边框顶部边界线的样式
border-right-style	Border Style	边框右侧边界线的样式
border-bottom-style	Border Style	边框底部边界线的样式
border-left-style	Border Style	边框左侧边界线的样式
border-width	Border Lengths	边框的宽度，等效于指定 border-top-width、border-bottom-width、border-left-width、border-right-width
border-top-width	Length	边框顶部边界线的宽度
border-right-width	Length	边框右侧边界线的宽度
border-bottom-width	Length	边框底部边界线的宽度
border-left-width	Length	边框左侧边界线的宽度
border-image	Border Image	填充边框的图像，该图像被分割成 9 个部分，并在必要时适当地拉伸

• 对于 Margin 区域可以设置页边距。margin 属性设置控件的边距，等效于指定 margin-top、margin-right、margin-bottom、margin-left，默认为 0，margin-top、 margin-right、margin-bottom、margin-left 分别设置控件的上、右、下和左侧的边距。

3）与位置有关的属性

对于子控件，可以设置其在父控件中的位置，与此有关的属性名称如表 3-46 所示。

表 3-46 与位置有关的属性名称

属性名称	类　型	说　　明
subcontrol-origin	Origin	子控件的矩形原点，默认为 padding
subcontrol-position	Alignment	子控件在 subcontrol-origin 属性指定的矩形内的对齐方式，默认值取决于子控件
position	Relative Absolute	使用 left、right、top、bottom 属性的偏移是相对坐标还是绝对坐标，默认为 relative
spacing	Length	控件的内部间距（比如复选按钮和文本之间的距离），默认值取决于当前风格
top、right、bottom、left	Length	以 bottom 属性为例，若 position 属性是 relative（默认值），则将子控件向上移动；若 position 是 absolute（绝对的），则 bottom 属性是指与子控件的下边缘的距离，该距离与 subcontrol-origin 属性有关，默认为 0
height width	Length	子控件的高度/宽度，默认值取决于当前样式。注意：除非另有规定，否则在控件上设置此属性无效。若想要控件有一个固定的高度，应将 min-height 和 max-height 的值设置为相同，宽度类似
max-height	Length	控件或子控件的最大高度
max-width	Length	控件或子控件的最大宽度
min-height	Length	控件或子控件的最小高度，默认值依赖于控件的内容和风格
min-width	Length	控件或子控件的最小宽度，默认值依赖于控件的内容和风格

由于样式表是字符串，因此对于比较复杂的样式表，可以将其保存到文本文件或二进制文件中，需要用时再读入进来。

5. 用第三方包设置样式

第三方包 qt-material 提供了一些样式主题，在使用 qt-material 之前，需要用命令“pip install qt-material”安装 qt-material。用 qt-material 的 list_themes()方法可获得主题名称列表，用 apply_stylesheet(parent，theme)方法可以应用样式主题。qt-material 的使用可参考本书二维码中的实例源代码 Demo3_21. py，通过菜单选择主题，窗口的样式同时发生改变。

第4章

事件与事件的处理函数

事件(event)和前文所介绍的经常用的信号一样,也是实现可视化控件之间联动的重要方法。事件是程序收到外界的输入,处于某种状态时自动发送的信号。事件有固定的类型,每种类型有自己的处理函数,用户只要重写这些函数,即可达到特定的目的。通过事件可以用一个控件监测另外一个控件,并可过滤被监测控件发出的事件。

4.1 事件的类型与处理函数

4.1.1 事件的概念与实例

可视化应用程序在接受外界输入设备的输入时,例如鼠标、键盘等的操作,会对输入设备输入的信息进行分类,根据分类的不同,用不同的函数进行处理,做出不同的反应。外界对 PySide 程序进行输入信息的过程称为事件,例如在窗口上单击鼠标、用鼠标拖动窗口、在输入框中输入数据等,这些都是外界对程序的输入,都可以称为事件。PySide 程序对外界的输入进行处理的过程称为事件处理,根据外界输入信息的不同,处理事件的函数也不同。

前面编制的可视化程序中,在主程序中都会创建一个 QApplication 的应用程序实例对象,然后调用实例对象的 exec()函数,这将使应用程序进入一个循环,不断监听外界输入的信息。当输入的信息满足某种分类时,将会产生一个事件对象 QEvent(),事件对象中记录了外界输入的信息,并将事件对象发送给处理该事件对象的函数进行处理。

事件与前面讲过的信号与槽相似,但是又有不同。信号是指控件或窗口本身满足一定条件时,发送一个带数据的信息或不带数据的信息,需要编程人员为这个信息单独写处理这个信息的槽函数,并将信号和槽函数关联,发送信号时,自动执行与之关联的槽函数。而事件是外界对程序的输入,将外界的输入进行分类后交给函数处理,处理事件的函数是固定的，只需要编程人员把处理事件的函数重写，来达到处理外界输入的目的，而不需要将事件与处理事件的函数进行连接，系统会自动调用能处理事件的函数，并把相关数据作为实参传递给处理事件的函数。

下面是一个处理鼠标单击事件的程序，在窗口的空白处单击鼠标左键，在 QLineEdit 控件上显示出鼠标单击点处的窗口坐标值，单击鼠标右键，显示右键单击处屏幕坐标值。单击鼠标左键或右键，将会产生 QMouseEvent 事件，QMouseEvent 事件的实例对象中有与鼠标事件相关的属性，如 button()方法获取单击的是左键还是右键，x()和 y()方法获取鼠标单击点处窗口坐标值，globalX()和 globalY()方法获取鼠标单击点处屏幕坐标值。QWidget 窗口处理 QMouseEvent 事件的函数有 mouseDoubleClickEvent(QMouseEvent)、mouseMoveEvent(QMouseEvent)、mousePressEvent(QMouseEvent)、mouseReleaseEvent(QMouseEvent)和 moveEvent(QMoveEvent)。

```
import sys                                              #Demo4_1.py
from PySide6.QtWidgets import QApplication,QWidget,QLineEdit
from PySide6.QtCore import Qt

class MyWindow(QWidget):
    def __init__(self,parent = None):
        super().__init__(parent)
        self.resize(500,500)
        self.lineEdit = QLineEdit(self)
        self.lineEdit.setGeometry(0,0,500,30)
    def mousePressEvent(self, event):                   #重写处理 mousePress 事件的函数
        template1 = "单击点的窗口坐标是 x:{} y:{}"
        template2 = "单击点的屏幕坐标是 x:{} y:{}"
        if event.button() == Qt.LeftButton:             #button()获取左键或右键
            string = template1.format(event.x(),event.y())    #x()和 y()获取窗口坐标
            self.lineEdit.setText(string)
        if event.button() == Qt.RightButton:
                                                        #globalX()和 globalY()获取全局坐标
            string = template2.format(event.globalX(), event.globalY())
            self.lineEdit.setText(string)
if __name__ == '__main__':
    app = QApplication(sys.argv)
    window = MyWindow()
    window.show()
    sys.exit(app.exec())
```

4.1.2 QEvent 类

QEvent 类是所有事件的基类，它在 QtCore 模块中。外界输入给程序的信息首先交给 QEvent 进行分类，得到不同类型的事件，然后系统将事件及相关信息交给控件或窗口的事件处理函数进行处理，得到对外界输入的响应。

QEvent 类的属性只有 accepted，常用方法如表 4-1 所示，主要方法介绍如下。

表 4-1　QEvent 的常用方法

QEvent 的方法及参数类型	返回值的类型	说　明
accept()	None	事件被接受
ignore()	None	事件被拒绝
isAccepted()	bool	事件是否被接受
setAccepted(accepted: bool)	None	设置事件是否被接受
clone()	QEvent	重写该函数，返回事件的复本
isPointerEvent()	bool	是 QPointerEvent 事件时返回 True
isSinglePointEvent()	bool	是 QSinglePointEvent 事件时返回 True
spontaneous()	bool	获取事件是否立即被处理
type()	QEvent. Type	获取事件的类型
[**static**]registerEventType(hint: int=-1)	int	注册新的事件类型

- 用 accept()或 setAccepted(True)方法接受一个事件，用 ignore()或 setAccepted(False)方法拒绝一个事件。被接受的事件不会再传递给其他对象；被拒绝的事件会传递给其他对象处理，如果没有对象处理，则该事件会被丢弃。
- 如果事件被 QWidget 的 event()函数进行了处理，则用 spontaneous()方法的返回值是 True，否则返回值是 False。event()函数根据事件类型起到分发事件到指定处理函数的作用，可以在 event()函数中对事件进行处理。
- 用 registerEventType(hint: int=-1)方法可以注册一个新事件类型，其中 hint 的取值介于 QEvent. User(1000)和 QEvent. MaxUser(65535)之间，返回新事件的 ID 号。
- 用 type()方法可以返回事件的类型。QEvent 中定义了事件的类型，QEvent 定义的主要事件类型如表 4-2 所示。

表 4-2　QEvent 定义的主要事件类型

事件类型常量(QEvent. Type)	值	所属事件类	说　明
QEvent. None	0	—	不是一个事件
QEvent. ActionAdded	114	QActionEvent	一个新 QAction 被添加
QEvent. ActionChanged	113	QActionEvent	一个 QAction 被改变
QEvent. ActionRemoved	115	QActionEvent	一个 QAction 被移除
QEvent. ActivationChange	99	—	顶层窗口激活状态发生变化
QEvent. ApplicationFontChange	36	—	程序的默认字体发生变化
QEvent. ApplicationPaletteChange	38	—	程序的默认调色板发生变化
QEvent. ApplicationStateChange	214	—	应用程序的状态发生变化
QEvent. ApplicationWindowIconChange	35	—	应用程序的图标发生变化
QEvent. ChildAdded	68	QChildEvent	一个对象获得孩子
QEvent. ChildPolished	69	QChildEvent	一个控件的孩子被抛光
QEvent. ChildRemoved	71	QChildEvent	一个对象失去孩子
QEvent. Clipboard	40	—	剪贴板的内容发生改变
QEvent. Close	19	QCloseEvent	Widget 被关闭

续表

事件类型常量(QEvent.Type)	值	所属事件类	说　明
QEvent.ContentsRectChange	178	—	控件内容区外边距发生改变
QEvent.ContextMenu	82	QContextMenuEvent	上下文弹出菜单
QEvent.CursorChange	183	—	控件的鼠标指针发生改变
QEvent.DeferredDelete	52	QDeferredDeleteEvent	对象被清除后将被删除
QEvent.DragEnter	60	QDragEnterEvent	拖放操作时光标进入控件
QEvent.DragLeave	62	QDragLeaveEvent	拖放操作时光标离开控件
QEvent.DragMove	61	QDragMoveEvent	拖放操作正在进行
QEvent.Drop	63	QDropEvent	拖放操作完成
QEvent.DynamicPropertyChange	170	—	动态属性已添加、更改或删除
QEvent.EnabledChange	98	—	控件的 enabled 状态已更改
QEvent.Enter	10	QEnterEvent	光标进入控件的边界
QEvent.EnterEditFocus	150	—	编辑控件获得焦点进行编辑
QEvent.FileOpen	116	QFileOpenEvent	文件打开请求
QEvent.FocusIn	8	QFocusEvent	控件或窗口获得键盘焦点
QEvent.FocusOut	9	QFocusEvent	控件或窗口失去键盘焦点
QEvent.FocusAboutToChange	23	QFocusEvent	控件或窗口焦点即将改变
QEvent.FontChange	97	—	控件的字体发生改变
QEvent.Gesture	198	QGestureEvent	触发了一个手势
QEvent.GestureOverride	202	QGestureEvent	触发了手势覆盖
QEvent.GrabKeyboard	188	—	item 获得键盘抓取(仅限 QGraphicsItem)
QEvent.GrabMouse	186	—	item 获得鼠标抓取(仅限 QGraphicsItem)
QEvent.GraphicsSceneContextMenu	159	QGraphicsSceneContextMenuEvent	在图形场景上弹出右键菜单
QEvent.GraphicsSceneDragEnter	164	QGraphicsSceneDragDropEvent	拖放操作时光标进入场景
QEvent.GraphicsSceneDragLeave	166	QGraphicsSceneDragDropEvent	拖放操作时光标离开场景
QEvent.GraphicsSceneDragMove	165	QGraphicsSceneDragDropEvent	在场景上正在进行拖放操作
QEvent.GraphicsSceneDrop	167	QGraphicsSceneDragDropEvent	在场景上完成拖放操作
QEvent.GraphicsSceneHelp	163	QHelpEvent	用户请求图形场景的帮助
QEvent.GraphicsSceneHoverEnter	160	QGraphicsSceneHoverEvent	光标进入图形场景中的悬停项
QEvent.GraphicsSceneHoverLeave	162	QGraphicsSceneHoverEvent	光标离开图形场景一个悬停项
QEvent.GraphicsSceneHoverMove	161	QGraphicsSceneHoverEvent	光标在场景的悬停项内移动

续表

事件类型常量(QEvent. Type)	值	所属事件类	说　明
QEvent. GraphicsSceneMouseDoubleClick	158	QGraphicsSceneMouseEvent	光标在图形场景中双击
QEvent. GraphicsSceneMouseMove	155	QGraphicsSceneMouseEvent	光标在图形场景中移动
QEvent. GraphicsSceneMousePress	156	QGraphicsSceneMouseEvent	光标在图形场景中按下
QEvent. GraphicsSceneMouseRelease	157	QGraphicsSceneMouseEvent	光标在图形场景中释放
QEvent. GraphicsSceneMove	182	QGraphicsSceneMoveEvent	控件被移动
QEvent. GraphicsSceneResize	181	QGraphicsSceneResizeEvent	控件已调整大小
QEvent. GraphicsSceneWheel	168	QGraphicsSceneWheelEvent	鼠标滚轮在图形场景中滚动
QEvent. Hide	18	QHideEvent	控件被隐藏
QEvent. HideToParent	27	QHideEvent	子控件被隐藏
QEvent. HoverEnter	127	QHoverEvent	光标进入悬停控件
QEvent. HoverLeave	128	QHoverEvent	光标离开悬停控件
QEvent. HoverMove	129	QHoverEvent	光标在悬停控件内移动
QEvent. IconDrag	96	QIconDragEvent	窗口的主图标被拖走
QEvent. InputMethod	83	QInputMethodEvent	正在使用输入法
QEvent. InputMethodQuery	207	QInputMethodQueryEvent	输入法查询事件
QEvent. KeyboardLayoutChange	169	—	键盘布局已更改
QEvent. KeyPress	6	QKeyEvent	键盘按下
QEvent. KeyRelease	7	QKeyEvent	键盘释放
QEvent. LanguageChange	89	—	应用程序翻译发生改变
QEvent. LayoutDirectionChange	90	—	布局的方向发生改变
QEvent. LayoutRequest	76	—	控件的布局需要重做
QEvent. Leave	11	—	光标离开控件的边界
QEvent. LeaveEditFocus	151	—	编辑控件失去编辑的焦点
QEvent. LeaveWhatsThisMode	125	—	程序离开"What's This?"模式
QEvent. LocaleChange	88	—	系统区域设置发生改变
QEvent. NonClientAreaMouseMove	173	—	光标移动发生在客户区域外
QEvent. ModifiedChange	102	—	控件修改状态发生改变
QEvent. MouseButtonDblClick	4	QMouseEvent	鼠标再次按下
QEvent. MouseButtonPress	2	QMouseEvent	鼠标按下
QEvent. MouseButtonRelease	3	QMouseEvent	鼠标释放
QEvent. MouseMove	5	QMouseEvent	鼠标移动
QEvent. MouseTrackingChange	109	—	鼠标跟踪状态发生改变
QEvent. Move	13	QMoveEvent	控件的位置发生改变

续表

事件类型常量(QEvent.Type)	值	所属事件类	说明
QEvent.NativeGesture	197	QNativeGestureEvent	系统检测到手势
QEvent.Paint	12	QPaintEvent	需要屏幕更新
QEvent.PaletteChange	39	—	控件的调色板发生改变
QEvent.ParentAboutToChange	131	—	控件的 parent 将要更改
QEvent.ParentChange	21	—	控件的 parent 发生改变
QEvent.PlatformPanel	212	—	请求一个特定于平台的面板
QEvent.Polish	75	—	控件被抛光
QEvent.PolishRequest	74	—	控件应该被抛光
QEvent.ReadOnlyChange	106	—	控件的 read-only 状态发生改变
QEvent.Resize	14	QResizeEvent	控件的大小发生改变
QEvent.ScrollPrepare	204	QScrollPrepareEvent	对象需要填充它的几何信息
QEvent.Scroll	205	QScrollEvent	对象需要滚动到提供的位置
QEvent.Shortcut	117	QShortcutEvent	快捷键处理
QEvent.ShortcutOverride	51	QKeyEvent	按下按键,用于覆盖快捷键
QEvent.Show	17	QShowEvent	控件显示在屏幕上
QEvent.ShowToParent	26	—	子控件被显示
QEvent.StatusTip	112	QStatusTipEvent	状态提示请求
QEvent.StyleChange	100	—	控件的样式发生改变
QEvent.TabletMove	87	QTabletEvent	Wacom 写字板移动
QEvent.TabletPress	92	QTabletEvent	Wacom 写字板按下
QEvent.TabletRelease	93	QTabletEvent	Wacom 写字板释放
QEvent.Timer	1	QTimerEvent	定时器事件
QEvent.ToolTip	110	QHelpEvent	一个 tooltip 请求
QEvent.ToolTipChange	184	—	控件的 tooltip 发生改变
QEvent.TouchBegin	194	QTouchEvent	触摸屏或轨迹板序列的开始
QEvent.TouchCancel	209	QTouchEvent	取消触摸事件序列
QEvent.TouchEnd	196	QTouchEvent	触摸事件序列结束
QEvent.TouchUpdate	195	QTouchEvent	触摸屏事件
QEvent.UngrabKeyboard	189	QGraphicsItem	Item 失去键盘抓取
QEvent.UngrabMouse	187	—	Item 失去鼠标抓取(QGraphicsItem QQuickItem)
QEvent.UpdateRequest	77	—	控件应该被重绘
QEvent.WhatsThis	111	QHelpEvent	控件显示"What's This"帮助
QEvent.WhatsThisClicked	118	—	"What's This"帮助链接被单击
QEvent.Wheel	31	QWheelEvent	鼠标滚轮滚动
QEvent.WindowActivate	24	—	窗口已激活
QEvent.WindowBlocked	103	—	窗口被模式对话框阻塞
QEvent.WindowDeactivate	25	—	窗户被停用
QEvent.WindowIconChange	34	—	窗口的图标发生改变
QEvent.WindowStateChange	105	QWindowStateChangeEvent	窗口的状态(最小化、最大化或全屏)发生改变
QEvent.WindowTitleChange	33	—	窗口的标题发生改变

续表

事件类型常量(QEvent. Type)	值	所属事件类	说　　明
QEvent. WindowUnblocked	104	—	一个模式对话框退出后,窗口将不被阻塞
QEvent. WinIdChange	203	—	窗口的系统标识符发生改变

4.1.3　event()函数与实例

当 GUI 应用程序捕捉到事件发生后,会首先将其发送到 QWidget 或子类的 event(QEvent)函数中进行数据处理,如果没有重写 event()函数进行事件处理,事件将会分发到事件默认的处理函数中,因此 event()函数是事件的集散地。如果重写了 event()函数,当 event()函数的返回值是 True 时,表示事件已经处理完毕,事件不会再发送给其他处理函数;当 event()函数的返回值是 False 时,表示事件还没有处理完毕。event()函数可以截获某些类型的事件,并处理事件。

下面的程序是将 4.1.1 节中的例子做了改动,将鼠标的单击事件放到 event()函数中进行处理,只截获 QEvent. MouseButtonPress 事件,通过 super()函数调用父类的 event()函数,其他类型的事件仍交由 QWidget 的 event()函数处理和分发。

```
import sys                                              # Demo4_2.py
from PySide6.QtWidgets import QApplication,QWidget,QLineEdit
from PySide6.QtCore import QEvent,Qt

class MyWindow(QWidget):
    def __init__(self,parent = None):
        super().__init__(parent)
        self.resize(500,500)
        self.lineEdit = QLineEdit(self)
        self.lineEdit.setGeometry(0,0,500,30)
    def event(self, even):                              # 重写 event 函数
        if even.type() == QEvent.MouseButtonPress:      # 按键的情况
            template1 = "单击点的窗口坐标是 x:{} y:{}"
            template2 = "单击点的屏幕坐标是 x:{} y:{}"
            if even.button() == Qt.LeftButton:          # 按左键的情况
                string = template1.format(even.x(), even.y())
                self.lineEdit.setText(string)
                return True
            elif even.button() == Qt.RightButton:       # 按右键的情况
                string = template2.format(even.globalX(), even.globalY())
                self.lineEdit.setText(string)
                return True
            else:                                       # 按中键的情况
                return True
        else:   # 对于不是按鼠标键的事件,交给 QWidget 来处理
            finished = super().event(even)              # super()函数调用父类函数
            return finished
```

```
if __name__ == '__main__':
    app = QApplication(sys.argv)
    window = MyWindow()
    window.show()
    sys.exit(app.exec())
```

4.1.4 常用事件的处理函数

窗口或控件中用于常用事件的处理函数及参数类型如表4-3所示，传递的参数是对应类的实例对象，参数所代表的类的使用方法在后续内容中进行介绍。

表4-3 窗口或控件中用于常用事件的处理函数及参数类型

常用事件的处理函数及参数类型	说明
actionEvent(QActionEvent)	当增加、插入、删除QAction时调用该函数
changeEvent(QEvent)	状态发生改变时调用该函数，事件类型包括：QEvent.ToolBarChange、QEvent.ActivationChange、QEvent.EnabledChange、QEvent.FontChange、QEvent.StyleChange、QEvent.PaletteChange、QEvent.WindowTitleChange、QEvent.IconTextChange、QEvent.ModifiedChange、QEvent.MouseTrackingChange、QEvent.ParentChange、QEvent.WindowStateChange、QEvent.LanguageChange、QEvent.LocaleChange、QEvent.LayoutDirectionChange、QEvent.ReadOnlyChange
childEvent(QChildEvent)	容器控件中添加或移除控件时调用该函数
closeEvent(QCloseEvent)	关闭窗口时调用该函数
contextMenuEvent(QContextMenuEvent)	当窗口或控件的contextMenuPolicy属性值是Qt.DefaultContextMenu，单击右键弹出右键菜单时调用该函数
dragEnterEvent(QDragEnterEvent)	用鼠标拖拽物体进入窗口或控件时调用该函数
dragLeaveEvent(QDragLeaveEvent)	用鼠标拖拽物体离开窗口或控件时调用该函数
dragMoveEvent(QDragMoveEvent)	用鼠标拖拽物体在窗口或控件中移动时调用该函数
dropEvent(QDropEvent)	用鼠标拖拽物体在窗口或控件中释放时调用该函数
enterEvent(QEnterEvent)	光标进入窗口或控件时调用该函数
focusInEvent(QFocusEvent)	用键盘使窗口或控件获得焦点时调用该函数
focusOutEvent(QFocusEvent)	用键盘使窗口或控件失去焦点时调用该函数
hideEvent(QHideEvent)	隐藏或最小化窗口时调用该函数
inputMethodEvent(QInputMethodEvent)	输入方法的状态发生改变时调用该函数
keyPressEvent(QKeyEvent)	按下键盘的按键时调用该函数
keyReleaseEvent(QKeyEvent)	释放键盘的按键时调用该函数
leaveEvent(QEvent)	光标离开窗口或控件时调用该函数
mouseDoubleClickEvent(QMouseEvent)	双击鼠标时调用该函数

续表

处理事件的常用函数及参数类型	说　明
mouseMoveEvent (QMouseEvent)	光标在窗口或控件中移动时调用该函数
mousePressEvent (QMouseEvent)	按下鼠标的按键时调用该函数
mouseReleaseEvent (QMouseEvent)	释放鼠标的按键时调用该函数
moveEvent(QMoveEvent)	移动窗口或控件时调用该函数
paintEvent(QPaintEvent)	控件或窗口需要重新绘制时调用该函数
resizeEvent(QResizeEvent)	窗口或控件的尺寸(长度或宽度)发生改变时调用该函数
showEvent(QShowEvent)	显示窗口或从最小化恢复到原窗口状态时调用该函数
tabletEvent(QTabletEvent)	平板电脑处理事件
timerEvent(QTimerEvent)	用窗口或控件的 startTimer(interval: int, timerType: Qt.CoarseTimer)方法启动一个定时器时调用该函数
wheelEvent(QWheelEvent)	转动鼠标的滚轮时调用该函数

每个窗口或控件的功能是不同的，因此窗口和控件的事件也不同，用于处理事件的函数也不同。本书介绍的窗口或常用控件的事件处理函数如表 4-4 所示。要调用窗口或控件的事件处理函数，需要继承窗口类或控件类创建其子类，在子类中重写事件处理函数。

表 4-4　窗口或控件的事件处理函数

窗口或控件	窗口或控件的事件处理函数
QWidget	actionEvent()、changeEvent()、closeEvent()、contextMenuEvent()、dragEnterEvent()、dragLeaveEvent()、dragMoveEvent()、dropEvent()、enterEvent()、focusInEvent()、focusOutEvent()、hideEvent()、inputMethodEvent()、keyPressEvent()、leaveEvent()、keyReleaseEvent()、mouseDoubleClickEvent()、mouseMoveEvent()、showEvent()、mousePressEvent()、mouseReleaseEvent()、moveEvent()、paintEvent()、event()、resizeEvent()、tabletEvent()、wheelEvent()
QMainWindow	contextMenuEvent()、event()
QDialog	closeEvent()、contextMenuEvent()、eventFilter()、keyPressEvent()、resizeEvent()、showEvent()
QLabel	changeEvent()、contextMenuEvent()、event()、focusInEvent()、focusOutEvent()、keyPressEvent()、mouseMoveEvent()、mousePressEvent()、mouseReleaseEvent()、paintEvent()
QLineEdit	changeEvent()、contextMenuEvent()、dragEnterEvent()、dragLeaveEvent()、dragMoveEvent()、dropEvent()、focusInEvent()、focusOutEvent()、paintEvent()、inputMethodEvent()、keyPressEvent()、keyReleaseEvent()、mouseMoveEvent()、mouseDoubleClickEvent()、mousePressEvent()、mouseReleaseEvent()
QTextEdit	changeEvent()、contextMenuEvent()、dragEnterEvent()、dragLeaveEvent()、dragMoveEvent()、dropEvent()、focusInEvent()、focusOutEvent()、showEvent()、inputMethodEvent()、keyPressEvent()、keyReleaseEvent()、resizeEvent()、mouseDoubleClickEvent()、mouseMoveEvent()、mousePressEvent()、paintEvent()、mouseReleaseEvent()、wheelEvent()

续表

窗口或控件	窗口或控件的事件处理函数
QPlainTextEdit	changeEvent()、contextMenuEvent()、dragEnterEvent()、dragLeaveEvent()、dragMoveEvent()、dropEvent()、focusInEvent()、focusOutEvent()、paintEvent()、inputMethodEvent()、keyPressEvent()、keyReleaseEvent()、resizeEvent()、mouseDoubleClickEvent()、mouseMoveEvent()、mousePressEvent()、showEvent()、mouseReleaseEvent()、wheelEvent()
QTextBrowser	event()、focusOutEvent()、keyPressEvent()、mouseMoveEvent()、paintEvent()、mousePressEvent()、mouseReleaseEvent()
QComboBox	changeEvent()、contextMenuEvent()、focusInEvent()、focusOutEvent()、hideEvent()、inputMethodEvent()、keyPressEvent()、keyReleaseEvent()、mousePressEvent()、mouseReleaseEvent()、paintEvent()、resizeEvent()、showEvent()、wheelEvent()
QScrollBar	event()、contextMenuEvent()、hideEvent()、mouseMoveEvent()、paintEvent()、mousePressEvent()、mouseReleaseEvent()、wheelEvent()
QSlider	event()、mouseMoveEvent()、mousePressEvent()、mouseReleaseEvent()、paintEvent()
QDial	event()、mouseMoveEvent()、mousePressEvent()、mouseReleaseEvent()、paintEvent()、resizeEvent()
QProgressBar	event()、paintEvent()
QPushButton	event()、focusInEvent()、focusOutEvent()、keyPressEvent()、mouseMoveEvent()、paintEvent()
QCheckBox	event()、mouseMoveEvent()、paintEvent()
QRadioButton	同上
QCalendarWidget	event()、eventFilter(t)、keyPressEvent()、mousePressEvent()、resizeEvent()
QLCDNumber	event()、paintEvent()
QDateTimeEdit	focusInEvent()、keyPressEvent()、mousePressEvent()、paintEvent()、wheelEvent()
QGroupBox	changeEvent()、childEvent(QChildEvent)、event()、focusInEvent()、resizeEvent()、mouseMoveEvent()、mousePressEvent()、mouseReleaseEvent()、paintEvent()
QFrame	changeEvent()、event()、paintEvent()
QScrollArea	event()、eventFilter(QObject,QEvent)、resizeEvent()
QTabWidget	changeEvent()、event()、keyPressEvent()、paintEvent()、resizeEvent()、showEvent()
QToolBox	changeEvent()、event()、showEvent()
QSplitter	changeEvent()、childEvent(QChildEvent)、event()、resizeEvent()
QWebEngineView	closeEvent()、contextMenuEvent()、dragEnterEvent()、dragLeaveEvent()、dragMoveEvent()、dropEvent()、event()、hideEvent()、showEvent()
QDockWidget	changeEvent()、closeEvent()、event()、paintEvent()
QMdiArea	childEvent(QChildEvent)、event()、eventFilter()、paintEvent()、resizeEvent()、showEvent()、timerEvent()、viewportEvent()
QMdiSubWindow	changeEvent()、childEvent(QChildEvent)、closeEvent()、contextMenuEvent()、event()、eventFilter()、focusInEvent()、focusOutEvent()、hideEvent()、timerEvent()、keyPressEvent()、leaveEvent()、mouseDoubleClickEvent()、mouseMoveEvent()、mousePressEvent()、mouseReleaseEvent()、moveEvent()、paintEvent()、resizeEvent()、showEvent()
QToolButton	actionEvent()、changeEvent()、enterEvent()、event()、leaveEvent()、timerEvent()、mousePressEvent()、mouseReleaseEvent()、paintEvent()

续表

窗口或控件	窗口或控件的事件处理函数
QToolBar	actionEvent()、changeEvent()、event()、paintEvent()
QMenuBar	actionEvent()、changeEvent()、event()、eventFilter()、focusInEvent()、leaveEvent()、focusOutEvent()、keyPressEvent()、mouseMoveEvent()、mousePressEvent()、mouseReleaseEvent()、paintEvent()、resizeEvent()、timerEvent(QTimerEvent)
QStatusBar	event()、paintEvent()、resizeEvent()、showEvent()
QTabBar	changeEvent()、event()、hideEvent()、keyPressEvent()、mouseDoubleClickEvent()、mouseMoveEvent()、mousePressEvent()、mouseReleaseEvent()、paintEvent()、resizeEvent()、showEvent()、timerEvent(QTimerEvent)、wheelEvent()
QListWidget	dropEvent()、event()
QTableWidget	同上
QTreeWidget	同上
QListView	dragLeaveEvent()、dragMoveEvent()、dropEvent()、event()、mouseMoveEvent()、mouseReleaseEvent()、paintEvent()、resizeEvent()、timerEvent(QTimerEvent)、wheelEvent()
QTreeView	changeEvent()、dragMoveEvent()、keyPressEvent()、mouseDoubleClickEvent()、mouseMoveEvent()、mousePressEvent()、mouseReleaseEvent()、paintEvent()、timerEvent(QTimerEvent)、viewportEvent()
QTableView	paintEvent()、timerEvent(QTimerEvent)
QVideoWidget	event()、hideEvent()、moveEvent()、resizeEvent()、showEvent()
QGraphicsView	contextMenuEvent()、dragEnterEvent()、dragLeaveEvent()、dragMoveEvent()、dropEvent()、event()、focusInEvent()、focusOutEvent()、inputMethodEvent()、keyPressEvent()、keyReleaseEvent()、mouseDoubleClickEvent()、paintEvent()、mouseMoveEvent()、mousePressEvent()、mouseReleaseEvent()、resizeEvent()、showEvent()、viewportEvent()、wheelEvent()
QGraphicsScene	event()、focusInEvent()、focusOutEvent()、keyPressEvent()、keyReleaseEvent()、eventFilter(QObject,QEvent)、inputMethodEvent()、helpEvent(QGraphicsSceneHelpEvent)、wheelEvent(QGraphicsSceneWheelEvent)、contextMenuEvent(QGraphicsSceneContextMenuEvent)、dragEnterEvent(QGraphicsSceneDragDropEvent)、dragLeaveEvent(QGraphicsSceneDragDropEvent)、dragMoveEvent(QGraphicsSceneDragDropEvent)、dropEvent(QGraphicsSceneDragDropEvent)、mouseDoubleClickEvent(QGraphicsSceneMouseEvent)、mouseMoveEvent(QGraphicsSceneMouseEvent)、mousePressEvent(QGraphicsSceneMouseEvent)、mouseReleaseEvent(QGraphicsSceneMouseEvent)
QGraphicsWidget	changeEvent()、closeEvent()、hideEvent()、showEvent()、polishEvent()、grabKeyboardEvent(QEvent)、grabMouseEvent(QEvent)、ungrabKeyboardEvent(QEvent)、ungrabMouseEvent(QEvent)、windowFrameEvent(QEvent)、moveEvent(QGraphicsSceneMoveEvent)、resizeEvent(QGraphicsSceneResizeEvent)

续表

窗口或控件	窗口或控件的事件处理函数
QGraphicsItem	focusInEvent()、focusOutEvent()、inputMethodEvent()、keyPressEvent()、QEvent)、keyReleaseEvent()、sceneEvent()、dropEvent(QGraphicsSceneDragDropEvent)、sceneEventFilter(QGraphicsItem,QEvent)、wheelEvent(QGraphicsSceneWheelEvent)、contextMenuEvent(QGraphicsSceneContextMenuEvent)、dragEnterEvent(QGraphicsSceneDragDropEvent)、dragLeaveEvent(QGraphicsSceneDragDropEvent)、dragMoveEvent(QGraphicsSceneDragDropEvent)、hoverEnterEvent(QGraphicsSceneHoverEvent)、hoverLeaveEvent(QGraphicsSceneHoverEvent)、hoverMoveEvent(QGraphicsSceneHoverEvent)、mouseDoubleClickEvent(QGraphicsSceneMouseEvent)、mouseMoveEvent(QGraphicsSceneMouseEvent)、mousePressEvent(QGraphicsSceneMouseEvent)、mouseReleaseEvent(QGraphicsSceneMouseEvent)

4.2 鼠标事件和键盘事件

鼠标事件和键盘事件是用得最多的事件，通过鼠标和键盘事件可以拖拽控件、弹出快捷菜单等。

4.2.1 鼠标事件 QMouseEvent 和滚轮事件 QWheelEvent 与实例

鼠标事件类 QMouseEvent 涉及鼠标按键的单击、释放和鼠标移动操作，与 QMouseEvent 关联的事件类型有 QEvent. MouseButtonDblClick、QEvent. MouseButtonPress、QEvent. MouseButtonRelease 和 QEvent. MouseMove。当在一个窗口或控件中按住鼠标按键或释放按键时会产生鼠标事件 QMouseEvent，鼠标移动事件只会在按下鼠标按键的情况下才会发生，除非通过显式调用窗口的 setMouseTracking(True)函数来开启鼠标轨迹跟踪，这种情况下只要鼠标指针移动，就会产生一系列鼠标事件。处理 QMouseEvent 类鼠标事件的函数有 mouseDoubleClickEvent(QMouseEvent)(双击鼠标按键)、mouseMoveEvent(QMouseEvent)(移动鼠标)、mousePressEvent(QMouseEvent)(按下鼠标按键)、mouseReleaseEvent(QMouseEvent)(释放鼠标按键)。鼠标滚轮的滚动事件类是 QWheelEvent，处理 QWheelEvent 滚轮事件的函数是 wheelEvent(QWheelEvent)。

1. 鼠标事件 QMouseEvent 的常用方法

当产生鼠标事件时，会生成 QMouseEvent 类的实例对象，并将实例对象作为实参传递给相关的处理函数。QMouseEvent 类包含了用于描述鼠标事件的参数。QMouseEvent 类在 QtGui 模块中，它的常用方法如表 4-5 所示，主要方法介绍如下。

- 用 button()方法可以获取产生鼠标事件的按键，用 buttons()方法获取产生鼠标事件时被按住的按键，返回值可以是 Qt. NoButton、Qt. AllButtons、Qt. LeftButton、Qt. RightButton、Qt. MidButton、Qt. MiddleButton、Qt. BackButton、Qt. ForwardButton、Qt. TaskButton 和 Qt. ExtraButtoni(i=1,2,…,24)。
- 用 source()方法可以获取鼠标事件的来源，返回值可以是 Qt. MouseEventNotSynthesized(来自鼠标)、Qt. MouseEventSynthesizedBySystem(来自鼠标和触摸屏)、Qt. MouseEventSynthesizedByQt(来自触摸屏)或 Qt. MouseEventSynthesizedByApplication(来自应用程序)。

- 产生鼠标事件的同时,有可能按下了键盘上的 Ctrl、Shift 或 Alt 等修饰键,用 modifiers()方法可以获取这些键。modifiers()方法的返回值可以是 Qt. NoModifier(没有修饰键)、Qt. ShiftModifier(Shift 键)、Qt. ControlModifier(Ctrl 键)、Qt. AltModifier(Alt 键)、Qt. MetaModifier(Meta 键,Windows 系统为 window 键)、Qt. KeypadModifier(小键盘上的键)或 Qt. GroupSwitchModifier(Mode_switch 键)。
- 用 deviceType()方法可以获取产生鼠标事件的设备类型,返回值是 QInputDevice. DeviceType 的枚举值,可取 QInputDevice. Unknown、QInputDevice. Mouse、QInputDevice. TouchScreen、QInputDevice. TouchPad、QInputDevice. Stylus、QInputDevice. Airbrush、QInputDevice. Puck、QInputDevice. Keyboard、QInputDevice. AllDevices(以上设备中的任意一种)。
- 用 flags()方法可以识别产生鼠标事件时的标识,返回值是 Qt. MouseEventFlags 的枚举值,只可以取 Qt. MouseEventCreatedDoubleClick,用于标识鼠标的双击事件。

表 4-5　鼠标事件 QMouseEvent 的常用方法

QMouseEvent 的方法	返回值的类型	说　明
button()	Qt. MouseButton	获取产生鼠标事件的按键
buttons()	Qt. MouseButtons	获取产生鼠标事件时被按下的按键
flags()	Qt. MouseEventFlags	获取鼠标事件的标识
source()	Qt. MouseEventSource	获取鼠标事件的来源
modifiers()	Qt. KeyboardModifiers	获取修饰键
device()	QInputDevice	获取产生鼠标事件的设备
deviceType()	QInputDevice. DeviceType	获取产生鼠标事件的设备类型
globalPos()	QPoint	获取全局的鼠标位置
globalX()	int	获取全局的 X 坐标
globalY()	int	获取全局的 Y 坐标
localPos()	QPointF	获取局部鼠标位置
screenPos()	QPointF	获取屏幕的鼠标位置
windowPos()	QPointF	获取相对于接受事件窗口的鼠标位置
pos()	QPoint	获取相对于控件的鼠标位置
x()	int	获取相对于控件的 X 坐标
y()	int	获取相对于控件的 Y 坐标

2. 滚轮事件 QWheelEvent 的方法

滚轮事件 QWheelEvent 类处理鼠标的滚轮事件,其常用方法如表 4-6 所示,大部分方法与 QMouseEvent 的方法相同,主要不同的方法如下所述。

- angleDelta(). y()返回两次事件之间鼠标竖直滚轮旋转的角度,angleDelta(). x()返回两次事件之间鼠标水平滚轮旋转的角度。如果没有水平滚轮,则 angleDetal(). x()的值为 0,正数值表示滚轮相对于用户在向前滑动,负数值表示滚轮相对于用户在向后滑动。

- pixelDelta()方法返回两次事件之间控件在屏幕上的移动距离(单位是像素)。
- inverted()方法将 angleDelta()和 pixelDelta()的值与滚轮转向之间的取值关系反向,即正数值表示滑轮相对于用户在向后滑动,负数值表示滑轮相对于用户在向前滑动。
- phase()方法返回设备的状态,返回值有 Qt. NoScrollPhase(不支持滚动)、Qt. ScrollBegin(开始位置)、Qt. ScrollUpdate(处于滚动状态)、Qt. ScrollEnd(结束位置)和 Qt. ScrollMomentum(不触碰设备,由于惯性仍处于滚动状态)。

表 4-6 滚轮事件 QWheelEvent 的常用方法

QWheelEvent 的方法	返回值的类型	QWheelEvent 的方法	返回值的类型
angleDelta()	QPoint	modifiers()	Qt. KeyboardModifiers
pixelDelta()	QPoint	globalPosition()	QPointF
phase()	Qt. ScrollPhase	globalX()	int
inverted()	bool	globalY()	int
source()	Qt. MouseEventSource	pos()	QPoint
buttons()	Qt. MouseButtons	posF()	QPointF
globalPos()	QPoint	position()	QPointF
globalPosF()	QPointF	x()	int
deviceType()	QInputDevice. DeviceType	y()	int

3. QMouseEvent 类和 QWheelEvent 类的应用实例

下面的程序涉及鼠标单击、拖拽、双击和滚轮滚动的事件,双击窗口的空白处或者单击菜单,弹出打开图片的对话框,选择图片后,显示出图片,按住 Ctrl 键和鼠标左键并拖动鼠标可以移动图片,按住 Ctrl 键并滚动滚轮可以缩放图片。程序中通过控制绘图区域的中心位置来移动图像,通过控制图像区域的宽度和高度来缩放图像。

```
import sys                                              # Demo4_3.py
from PySide6.QtWidgets import QApplication,QWidget,QFileDialog,QMenuBar
from PySide6.QtGui import QPixmap,QPainter
from PySide6.QtCore import QRect,QPoint,Qt

class MyWindow(QWidget):
    def __init__(self,parent = None):
        super().__init__(parent)
        self.resize(600,600)
        self.pixmap = QPixmap()                         # 创建 QPixmap 图像
        self.pix_width = 0                              # 获取初始宽度
        self.pix_height = 0                             # 获取初始高度
        self.translate_x = 0                            # 用于控制 x 向平移
        self.translate_y = 0                            # 用于控制 y 向平移
        self.pixmap_scale_x = 0.0                       # 用于记录图像的长度比例,用于图像缩放
        self.pixmap_scale_y = 0.0                       # 用于记录图像的高度比例,用于图像缩放
        self.start = QPoint(0,0)                        # 鼠标单击时光标位置
```

```
        # 记录图像中心的变量,初始定义在窗口的中心
        self.center = QPoint(int(self.width() / 2), int(self.height() / 2))
        menuBar = QMenuBar(self)
        menuFile = menuBar.addMenu("文件(&F)")
        menuFile.addAction("打开(&O)").triggered.connect(self.actionOpen_triggered)
        menuFile.addSeparator()
        menuFile.addAction("退出(&E)").triggered.connect(self.close)    # 动作与槽连接
    def paintEvent(self,event):          # 窗口绘制处理函数,当窗口刷新时调用该函数
        self.center = QPoint(self.center.x() + self.translate_x, self.center.y() + self.
translate_y)
        # 图像绘制区域的左上角点,用于缩放图像
        point_1 = QPoint(self.center.x() - self.pix_width, self.center.y() - self.pix_
height)
        # 图像绘制区域的右下角点,用于缩放图像
        point_2 = QPoint(self.center.x() + self.pix_width, self.center.y() + self.pix_
height)
        self.rect = QRect(point_1, point_2)        # 图像绘制区域
        painter = QPainter(self)      # 绘图
        painter.drawPixmap(self.rect,self.pixmap)
    def mousePressEvent(self, event):  # 鼠标按键按下事件的处理函数
        self.start = event.pos()          # 鼠标位置
    def mouseMoveEvent(self,event):    # 鼠标移动事件的处理函数
        if event.modifiers() == Qt.ControlModifier and event.buttons() == Qt.LeftButton:
            self.translate_x = event.x() - self.start.x()    # 鼠标的移动量
            self.translate_y = event.y() - self.start.y()    # 鼠标的移动量
            self.start = event.pos()
            self.update()             # 会调用 paintEvent()
    def wheelEvent(self,event):          # 鼠标滚轮事件的处理函数
        if event.modifiers() == Qt.ControlModifier:
          if (self.pix_width > 10 and self.pix_height > 10) or event.angleDelta().y()> 0:
            self.pix_width = self.pix_width + int(event.angleDelta().y()/10 * self.pixmap_
scale_x)
            self.pix_height = self.pix_height + int(event.angleDelta().y()/10 * self.pixmap_
scale_y)
            self.update()             # 会调用 paintEvent()
    def mouseDoubleClickEvent(self, event):          # 双击鼠标事件的处理函数
        self.actionOpen_triggered()
    def actionOpen_triggered(self):   # 打开文件的动作
        fileDialog = QFileDialog(self)
        fileDialog.setNameFilter("图像文件(*.png *.jpeg *.jpg)")
        fileDialog.setFileMode(QFileDialog.ExistingFile)
        if fileDialog.exec():
            self.pixmap.load(fileDialog.selectedFiles()[0])
            self.pix_width = int(self.pixmap.width() / 2)      # 获取初始宽度
            self.pix_height = int(self.pixmap.height() / 2)    # 获取初始高度
            self.pixmap_scale_x = self.pix_width/(self.pix_width + self.pix_height)
            self.pixmap_scale_y = self.pix_height/(self.pix_width + self.pix_height)
            self.center = QPoint(int(self.width() / 2), int(self.height() / 2))
            self.update()
if __name__ == '__main__':
```

```
    app = QApplication(sys.argv)
    window = MyWindow()
    window.show()
    sys.exit(app.exec())
```

4.2.2 键盘事件 QKeyEvent

键盘事件 QKeyEvent 涉及键盘键的按下和释放，与 QKeyEvent 关联的事件类型有 QEvent.KeyPress、QEvent.KeyRelease 和 QEvent.ShortcutOverride，处理键盘事件的函数是 keyPressEvent(QKeyEvent)和 keyReleaseEvent(QKeyEvent)。当发生键盘事件时，将创建 QKeyEvent 的实例对象，并将实例对象作为实参传递给处理函数。

键盘事件 QKeyEvent 的常用方法如表 4-7 所示，主要方法介绍如下。

- 如果同时按下多个键，可以用 count()方法获取按键的数量。
- 如果按下一个键不放，将连续触发键盘事件，用 isAutoRepeat()方法可以获取某个事件是否是重复事件。
- 用 key()方法可以获取按键的 Qt.key 代码值，不区分大小写；可以用 text()方法获取按键的字符，区分大小写。
- 用 matches(QKeySequence.StandardKey)方法可以判断按下的键是否匹配标准的按键，QKeySequence.StandardKey 中定义了常规的标准按键，例如 Ctrl+C 表示复制、Ctrl+V 表示粘贴、Ctrl+S 表示保存、Ctrl+O 表示打开、Ctrl+W 或 Ctrl+F4 表示关闭。

表 4-7 键盘事件 QKeyEvent 的常用方法

QKeyEvent 的方法	返回值的类型	说　明
count()	int	获取按键的数量
isAutoRepeat()	bool	获取是否是重复事件
key()	int	获取按键的代码
matches(QKeySequence.StandardKey)	bool	如果按键匹配标准的按键，则返回 True
modifiers()	Qt.KeyboardModifiers	获取修饰键
text()	str	返回按键上的字符

4.2.3 鼠标拖放事件 QDropEvent 和 QDragMoveEvent 与实例

可视化开发中经常会用鼠标拖放动作来完成一些操作，例如把一个 docx 文档拖到 Word 中直接打开，把图片拖放到一个图片浏览器中打开，拖放一段文字到其他位置等。拖放事件包括鼠标进入、鼠标移动和鼠标释放事件，还可以有鼠标移出事件，对应的事件类型分别是 QEvent.DragEnter、QEvent.DragMove、QEvent.Drop 和 QEvent.DragLeave。拖放事件类分别为 QDragEnterEvent、QDragMoveEvent、QDropEvent 和 QDragLeaveEvent，其实例对象中保存着拖放信息，例如被拖放文件路径、被拖放的文本等。拖放事件的处理函数分别是 dragEnterEvent（QDragEnterEvent）、dragMoveEvent（QDragMoveEvent）、dropEvent(QDropEvent)和 dragLeaveEvent(QDragLeaveEvent)。

1. QDropEvent 和 QDragMoveEvent 的方法

QDragEnterEvent 类是从 QDropEvent 类和 QDragMoveEvent 类继承而来的，它没有自己特有的方法；QDragMoveEvent 类是从 QDropEvent 类继承而来的，它继承了 QDropEvent 类的方法；又添加了自己新的方法；QDragLeaveEvent 类是从 QEvent 类继承而来的，它也没有自己特有的方法。

QDropEvent 类和 QDragMoveEvent 类的方法分别如表 4-8 和表 4-9 所示，主要方法介绍如下。

- 要使一个控件或窗口接受拖放，必须用 setAcceptDrops(True)方法设置成接受拖放，在进入事件的处理函数 dragEnterEvent(QDragEnterEvent)中，需要把事件对象设置成 accept()，否则无法接受后续的移动和释放事件。
- 在拖放事件中，用 mimeData()方法获取被拖放物体的 QMimeData 数据，MIME (multipurpose internet mail extensions)是多用途互联网邮件扩展类型。关于 QMimeData 的介绍参见下面的内容。
- 在释放动作中，被拖拽的物体可以从原控件中被复制或移动到目标控件中，复制或移动动作可以通过 setDropAction(Qt. DropAction)方法来设置，其中 Qt. DropAction 可以取 Qt. CopyAction(复制)、Qt. MoveAction(移动)、Qt. LinkAction(链接)、Qt. IgnoreAction(什么都不做)或 Qt. TargetMoveAction(目标对象接管)，另外系统也会推荐一个动作，可以用 proposedAction()方法获取推荐的动作，用 possibleActions()方法获取有可能实现的动作，用 dropAction()方法获取采取的动作。

表 4-8　QDropEvent 的常用方法

QDropEvent 的方法	返回值的类型	说　明
keyboardModifiers()	Qt. KeyboardModifiers	获取修饰键
mimeData()	QMimeData	获取 mime 数据
mouseButtons()	Qt. MouseButtons	获取按下的鼠标按键
pos()	QPoint	获取释放时的位置
posF()	QPointF	
dropAction()	Qt. DropAction	获取采取的动作
possibleActions()	Qt. DropActions	获取可能实现的动作
proposedAction()	Qt. DropAction	系统推荐的动作
acceptProposedAction()	None	接受推荐的动作
setDropAction(Qt. DropAction)	None	设置释放动作
source()	QObject	获取被拖对象

表 4-9　QDragMoveEvent 的常用方法

QDragMoveEvent 的方法	返回值的类型	说　明
accept()	None	在控件或窗口的边界内都可接受移动事件
accept(QRect)	None	在指定的区域内接受移动事件
ignore()	None	在整个边界内部忽略移动事件

续表

QDragMoveEvent 的方法	返回值的类型	说　明
ignore(QRect)	None	在指定的区域内部忽略移动事件
answerRect()	QRect	返回可以释放的区域

2. QMimeData 类

QMimeData 类用于描述存放到粘贴板上的数据，并通过拖放事件传递粘贴板上的数据，从而在不同的程序间传递数据，也可以在同一个程序内传递数据。创建 QMimeData 实例对象的方法是 QMimeData()，它在 QtCore 模块中。

QMimeData 可以存储的数据有文本、图像、颜色和地址等。QMimeData 类的方法如表 4-10 所示，可以分项设置和获取数据，也可以用 setData(str，QByteArray)方法设置数据。QMimeData 的数据格式、各种数据设置和获取的方法如表 4-11 所示。

表 4-10　QMimeData 类的方法

QMimeData 的方法及参数类型	返回值的类型	说　明
formats()	List[str]	获取格式列表
hasFormat(str)	bool	获取是否有某种格式
removeFormat(str)	None	移除格式
setColorData(Any)	None	设置颜色数据
hasColor()	bool	获取是否有颜色数据
colorData()	Any	获取颜色数据
setHtml(str)	None	设置 Html 数据
hasHtml()	bool	判断是否有 Html 数据
html()	str	获取 Html 数据
setImageData(Any)	None	设置图像数据
hasImage()	bool	获取是否有图像数据
imageData()	Any	获取图像数据
setText(str)	None	设置文本数据
hasText()	bool	判断是否有文本数据
text()	str	获取文本数据
setUrls(Sequence[QUrl])	None	设置 Url 数据
hasUrls()	bool	判断是否有 Url 数据
urls()	List[QUrl]	获取 Url 数据
setData(str，QByteArray)	None	设置某种格式的数据
data(str)	QByteArray	获取某种格式的数据
clear()	None	清空格式和数据

表 4-11　QMimeData 的数据格式和方法

格　式	是否存在	获取方法	设置方法	举　例
text/plain	hasText()	text()	setText()	setText("拖动文本")
text/html	hasHtml()	html()	setHtml()	setHtml("拖动文本</ b>")
text/uri-list	hasUrls()	urls()	setUrls()	setUrls ([QUrl (" www.qq.com/")])

续表

格 式	是否存在	获取方法	设置方法	举 例
image/ *	hasImage()	imageData()	setImageData()	setImageData(QImage("ix.png"))
application/x-color	hasColor()	colorData()	setColorData()	setColorData(QColor(23,56,53))

3. 拖放事件的应用实例

下面的程序是在上一个实例的基础上增加了拖拽功能，除了可以双击窗口、用菜单打开一个图像文件外，也可以把一个图像文件拖拽到窗口上打开。需要注意的是，要使窗口或控件接受拖放操作，应该用 setAcceptDrops(bool)方法将其设置成 True。

```
import sys                                   #Demo4_4.py
from PySide6.QtWidgets import QApplication,QWidget,QFileDialog,QMenuBar
from PySide6.QtGui import QPixmap,QPainter
from PySide6.QtCore import QRect,QPoint,Qt

class MyWindow(QWidget):
    def __init__(self,parent = None):
        super().__init__(parent)
        self.setAcceptDrops(True)            #设置成接受拖放事件
        self.resize(600,600)
        self.pixmap = QPixmap()              #创建 QPixmap 图像
        self.pix_width = 0                   #获取初始宽度
        self.pix_height = 0                  #获取初始高度
        self.translate_x = 0                 #用于控制 x 向平移
        self.translate_y = 0                 #用于控制 y 向平移
        self.pixmap_scale_x = 0.0            #用于记录图像的长度比例,用于图像缩放
        self.pixmap_scale_y = 0.0            #用于记录图像的高度比例,用于图像缩放
        self.start = QPoint(0,0)             #鼠标单击时光标位置
        # 记录图像中心的变量,初始定义在窗口的中心
        self.center = QPoint(int(self.width() / 2), int(self.height() / 2))
        menuBar = QMenuBar(self)
        menuFile = menuBar.addMenu("文件(&F)")
        menuFile.addAction("打开(&O)").triggered.connect(self.actionOpen_triggered)
        menuFile.addSeparator()
        menuFile.addAction("退出(&E)").triggered.connect(self.close)    #动作与槽连接
    def paintEvent(self,event):              #窗口绘制处理函数,当窗口刷新时调用该函数
        self.center = QPoint(self.center.x() + self.translate_x, self.center.y() + self.
translate_y)
                                             #图像绘制区域的左上角点,用于缩放图像
        point_1 = QPoint(self.center.x() - self.pix_width, self.center.y() - self.pix_
height)
                                             # 图像绘制区域的右下角点,用于缩放图像
        point_2 = QPoint(self.center.x() + self.pix_width, self.center.y() + self.pix_
height)
        self.rect = QRect(point_1, point_2) #图像绘制区域
```

```
        painter = QPainter(self)                               # 绘图
        painter.drawPixmap(self.rect,self.pixmap)
    def mousePressEvent(self, event):                          # 鼠标按键按下事件的处理函数
        self.start = event.pos()                               # 鼠标位置
    def mouseMoveEvent(self,event):                            # 鼠标移动事件的处理函数
        if event.modifiers() == Qt.ControlModifier and event.buttons() == Qt.LeftButton:
            self.translate_x = event.x() - self.start.x()      # 鼠标的移动量
            self.translate_y = event.y() - self.start.y()      # 鼠标的移动量
            self.start = event.pos()
            self.update()                                      # 会调用 paintEvent()
    def wheelEvent(self,event):                                # 鼠标滚轮事件的处理函数
        if event.modifiers() == Qt.ControlModifier:
            if (self.pix_width > 10 and self.pix_height > 10) or event.angleDelta().y()> 0:
                self.pix_width = self.pix_width + int(event.angleDelta().y()/10 * self.pixmap_
scale_x)
                self.pix_height = self.pix_height + int(event.angleDelta().y()/10 * self.pixmap_
scale_y)
                self.update()                                  # 会调用 paintEvent()
    def mouseDoubleClickEvent(self, event):                    # 双击鼠标事件的处理函数
        self.actionOpen_triggered()
    def actionOpen_triggered(self):                            # 打开文件的动作
        fileDialog = QFileDialog(self)
        fileDialog.setNameFilter("图像文件(*.png *.jpeg *.jpg)")
        fileDialog.setFileMode(QFileDialog.ExistingFile)
        if fileDialog.exec():
            self.pixmap.load(fileDialog.selectedFiles()[0])
            self.pix_width = int(self.pixmap.width() / 2)      # 获取初始宽度
            self.pix_height = int(self.pixmap.height() / 2)    # 获取初始高度
            self.pixmap_scale_x = self.pix_width/(self.pix_width + self.pix_height)
            self.pixmap_scale_y = self.pix_height/(self.pix_width + self.pix_height)
            self.center = QPoint(int(self.width() / 2), int(self.height() / 2))
            self.update()
    def dragEnterEvent(self,event):                            # 拖动进入事件
        if event.mimeData().hasUrls():
            event.accept()
        else:
            event.ignore()
    def dropEvent(self,event):                                 # 释放事件
        urls = event.mimeData().urls()                         # 获取被拖动文件的地址列表
        fileName = urls[0].toLocalFile()                       # 将文件地址转成本地地址
        self.pixmap.load(fileName)
        self.pix_width = int(self.pixmap.width() / 2)          # 获取初始宽度
        self.pix_height = int(self.pixmap.height() / 2)        # 获取初始高度
        self.pixmap_scale_x = self.pix_width / (self.pix_width + self.pix_height)
        self.pixmap_scale_y = self.pix_height / (self.pix_width + self.pix_height)
        self.center = QPoint(int(self.width() / 2), int(self.height() / 2))
        self.update()
if __name__ == '__main__':
    app = QApplication(sys.argv)
```

```
    window = MyWindow()
    window.show()
    sys.exit(app.exec())
```

4.2.4　拖拽类 QDrag 与实例

如果要在程序内部拖放控件，需要先把控件定义成可移动控件，可移动控件需要在其内部定义 QDrag 的实例对象。QDrag 类用于拖放物体，它继承自 QObject 类，创建 QDrag 实例对象的方法是 QDrag(QObject)，参数 QObject 表示只要是从 QObject 类继承的控件都可以。

1. QDrag 类的方法和信号

QDrag 类的方法如表 4-12 所示，主要方法介绍如下。

- 创建 QDrag 实例对象后，用 exec(supportedActions: Qt.DropActions, defaultAction: Qt.DropAction)或 exec(supportedActions: Qt.DropActions=Qt.MoveAction)方法开启拖放，参数是拖放事件支持的动作和默认动作，Qt.DropAction 可以取 Qt.CopyAction(复制数据到目标对象)、Qt.MoveAction(移动数据到目标对象)、Qt.LinkAction(在目标和原对象之间建立链接关系)、Qt.IgnoreAction(忽略，对数据不做任何事情)或 Qt.TargetMoveAction(目标对象接管数据)。
- 用 setMimeData(QMimeData)方法设置 mime 对象，传递数据；用 mimeData()方法获取 mime 数据。
- 用 setPixmap(QPixmap)方法设置拖拽时鼠标显示的图像，用 setDragCursor(QPixmap,Qt.DropAction)方法设置拖拽时光标的形状。
- 用 setHotSpot(QPoint)方法设置热点位置。热点位置是拖拽过程中，光标相对于控件左上角的位置。
- 为了防止误操作，可以用 QApplication 的 setStartDragDistance(int)方法和 setStartDragTime(msec)方法设置拖动开始一定距离或一段时间后才开始进行拖放事件。

QDrag 有两个信号 actionChanged(Qt.DropAction)和 targetChanged(QObject)。

表 4-12　QDrag 类的方法

QDrag 的方法及参数类型	返回值的类型	说　明
exec(supportedActions: Qt.DropActions = Qt.MoveAction)	Qt.DropAction	开始拖动操作，并返回释放时的动作
exec(supportedActions: Qt.DropActions, defaultAction: Qt.DropAction)		
defaultAction()	Qt.DropAction	返回默认的释放动作
setDragCursor(QPixmap,Qt.DropAction)	None	设置拖拽时的光标形状
dragCursor(Qt.DropAction)	QPixmap	获取拖拽时的光标形状

续表

QDrag 的方法及参数类型	返回值的类型	说　明
setHotSpot(QPoint)	None	设置热点位置
hotSpot()	QPoint	获取热点位置
setMimeData(QMimeData)	None	设置拖放中传递的数据
mimeData()	QMimeData	获取数据
setPixmap(QPixmap)	None	设定拖拽时鼠标显示的图像
pixmap()	QPixmap	获取图像
source()	QObject	返回被拖放物体的父控件
target()	QObject	返回目标控件
supportedActions()	Qt.DropActions	获取支持的动作
cancel()	None	取消拖放

2. QDrag 的应用实例

下面实例先重写了 QPushButton 的 mousePressEvent()事件，在该事件中定义了 QDrag 的实例，这样 QPushButton 的实例对象就是可移动控件；然后又重新定义了 QFrame 框架，在内部定义了两个 QPushButton，重写了 dragEnterEvent()函数、dragMoveEvent()函数和 dropEvent()函数。程序运行后，可以随机用鼠标左键移动按钮的位置。

```
import sys                                                    #Demo4_5.py
from PySide6.QtWidgets import QApplication,QWidget,QPushButton,QFrame,QHBoxLayout
from PySide6.QtGui import QDrag
from PySide6.QtCore import QMimeData,Qt

class MyPushButton(QPushButton):
    def __init__(self, parent = None):
        super().__init__(parent)
    def mousePressEvent(self, event):                         #按键事件
        if event.button() == Qt.LeftButton:
            self.drag = QDrag(self)
            self.drag.setHotSpot(event.pos())
            mime = QMimeData()
            self.drag.setMimeData(mime)
            self.drag.exec()
class MyFame(QFrame):
    def __init__(self,parent = None):
        super().__init__(parent)
        self.setAcceptDrops(True)
        self.setFrameShape(QFrame.Box)
        self.btn_1 = MyPushButton(self)
        self.btn_1.setText("push button 1")
        self.btn_1.move(100,100)
        self.btn_2 = MyPushButton(self)
        self.btn_2.setText("push button 2")
```

```
        self.btn_2.move(200,200)
    def dragEnterEvent(self,event):
        self.child = self.childAt(event.pos()) #获取指定位置的控件
        event.accept()
    def dragMoveEvent(self,event):
        if self.child:
            self.child.move(event.pos() - self.child.drag.hotSpot())
    def dropEvent(self,event):
        if self.child:
            self.child.move(event.pos() - self.child.drag.hotSpot())
class MyWindow(QWidget):
    def __init__(self,parent = None):
        super().__init__(parent)
        self.setupUi()
        self.resize(600,400)
        self.setAcceptDrops(True)
    def setupUi(self):
        self.frame_1 = MyFame(self)
        self.frame_2 = MyFame(self)
        H = QHBoxLayout(self)
        H.addWidget(self.frame_1)
        H.addWidget(self.frame_2)
if __name__ == '__main__':
    app = QApplication(sys.argv)
    window = MyWindow()
    window.show()
    sys.exit(app.exec())
```

4.2.5 上下文菜单事件 QContextMenuEvent 与实例

1. 上下文菜单事件 QContextMenuEvent 的方法

上下文菜单通常通过单击鼠标右键后弹出。上下文菜单的事件类型是 QEvent.ContextMenu，处理函数是 contextMenuEvent（QContextMenuEvent），其中上下文菜单类 QContextMenuEvent 的方法如表 4-13 所示。主要方法介绍如下。

表 4-13　上下文菜单类 QContextMenuEvent 的方法

QContextMenuEvent 的方法	返回值的类型	说　明
globalPos()	QPoint	光标的全局坐标点
globalX()	int	全局坐标的 X 值
globalY()	int	全局坐标的 Y 值
pos()	QPoint	局部坐标点
x()	int	局部坐标的 x 值
y()	int	局部坐标的 y 值
reason()	QContextMenuEvent.Reason	获得产生上下文菜单的原因
modifiers()	Qt.KeyboardModifiers	获取修饰键

- 用 globalPos()方法、globalX()方法和 globalY()方法可以获得单击鼠标右键时的全局坐标位置，用 pos()方法、x()方法和 y()方法可以获得窗口的局部坐标位置。
- 用 reason()方法可以获得产生上下文菜单的原因，返回值是 QContextMenuEvent.Reason 的枚举值，可能是 QContextMenuEvent.Mouse、QContextMenuEvent.Keyboard 和 QContextMenuEvent.Other，值分别是 0、1 和 2，分别表示上下文菜单来源于鼠标、键盘(Windows 系统是菜单键)或除鼠标及键盘之外的其他情况。
- 在 contextMenuEvent (QContextMenuEvent)处理函数中，用菜单的 exec(QPoint)方法在指定位置显示菜单，菜单可以是在其他位置已经定义好的，也可以是在处理函数中临时定义的。
- 只有在窗口或控件的 contextMenuPlolicy 属性为 Qt.DefaultContextMenu 时，单击鼠标右键才会执行处理函数，通常情况下 Qt.DefaultContextMenu 是默认值。如果不想弹出右键菜单，可以通过 setContextMenuPolicy(Qt.ContextMenuPolicy)方法将该属性设置为其他值，Qt.ContextMenuPolicy 的取值如表 4-14 所示。

表 4-14 Qt.ContextMenuPolicy 的取值

Qt.ContextMenuPolicy 取值	值	说 明
Qt.NoContextMenu	0	控件不具有上下文菜单，上下文菜单被推到控件的父窗口
Qt.DefaultContextMenu	1	控件或窗口的 contextMenuEvent()被调用
Qt.ActionsContextMenu	2	将控件 actions()方法返回的 QActions 当作上下文菜单项，单击鼠标右键后显示该菜单
Qt.CustomContextMenu	3	控件发送 customContextMenuRequested(Qpoint)信号，如果要自定义菜单，用这个枚举值，并自定义一个处理函数
Qt.PreventContextMenu	4	控件不具有上下文菜单，所有的鼠标右键事件都传递到 mousePressEvent()和 mouseReleaseEvent()函数

2. 上下文菜单事件 QContextMenuEvent 应用实例

下面的程序建立一个空白窗口，在窗口单击鼠标右键，弹出上下文菜单，然后选择打开项，选择一幅图片后，在窗口上显示该图片。

```
import sys                                                  # Demo4_6.py
from PySide6.QtWidgets import QApplication,QWidget,QFileDialog,QMenu
from PySide6.QtGui import QPixmap,QPainter

class MyWindow(QWidget):
    def __init__(self,parent = None):
        super().__init__(parent)
        self.setAcceptDrops(True)                           # 设置可接受拖放事件
        self.resize(600,400)
        self.pixmap = QPixmap()                             # 创建 QPixmap 图像
    def contextMenuEvent(self,event) :
        contextMenu = QMenu(self)
```

```
        contextMenu.addAction("打开(&O)").triggered.connect(self.actionOpen_triggered)
                                                    #槽连接
        contextMenu.addSeparator()
        contextMenu.addAction("退出(&E)").triggered.connect(self.close)
                                                    #动作与槽连接
        contextMenu.exec(event.globalPos())
    def paintEvent(self,event):                     #窗口绘制处理函数,当窗口刷新时调用该函数
        painter = QPainter(self)                    # 绘图
        painter.drawPixmap(self.rect(),self.pixmap)
    def mouseDoubleClickEvent(self, event):#双击鼠标事件的处理函数
        self.actionOpen_triggered()
    def actionOpen_triggered(self):                 #打开文件的动作
        fileDialog = QFileDialog(self)
        fileDialog.setNameFilter("图像文件(*.png *.jpeg *.jpg)")
        fileDialog.setFileMode(QFileDialog.ExistingFile)
        if fileDialog.exec():
            self.pixmap.load(fileDialog.selectedFiles()[0])
            self.update()
if __name__ == '__main__':
    app=QApplication(sys.argv)
    window = MyWindow()
    window.show()
    sys.exit(app.exec())
```

4.2.6 剪贴板 QClipboard

剪贴板 QClipboard 类似于拖放,可以在不同的程序间用复制和粘贴操作来传递数据。QClipboard 位于 QtGui 模块中,继承自 QObject 类,用 QClipboard(parent=None)方法可以创建剪贴板对象。

可以直接往剪贴板中复制文本数据、QPixmap 和 QImage,其他数据类型可以通过 QMimeData 来传递,剪贴板 QClipboard 的常用方法如表 4-15 所示。

表 4-15 剪贴板 QClipboard 的常用方法

QClipboard 的方法及参数类型	返回值的类型	说　明
setText(str)	None	将文本复制到剪贴板
text()	str	从剪贴板上获取文本
text(str)	Tuple[str,str]	从 str 指定的数据类型中获取文本,数据类型如 plain 或 html
setPixmap(QPixmap)	None	将 QPixmap 图像复制到剪贴板上
pixmap()	QPixmap	从剪贴板上获取 QPixmap 图像
setImage(QImage)	None	将 QImage 图像复制到剪贴板上
image()	QImage	从剪贴板上获取 QImage 图像
setMimeData(QMimeData)	None	将 QMimeData 数据赋值到剪贴板上
mimeData()	QMimeData	从剪贴板上获取 QMimeData 数据
clear()	None	清空剪贴板

剪贴板的主要信号是 dataChanged()，当剪贴板上的数据发生变化时发送该信号。

4.3 窗口和控件的常用事件

窗口和控件的常用事件包括窗口或控件的隐藏、显示、移动、缩放、重绘、关闭、获得和失去焦点等，通常需要重写这些事件的处理函数，以便达到特定的目的。

4.3.1 显示事件 QShowEvent 和隐藏事件 QHideEvent

在用 show()方法或 setVisible(True)方法显示一个顶层窗口之前会发生 QEvent.Show 事件，调用 showEvent(QShowEvent)处理函数，显示事件类 QShowEvent 只有从 QEvent 继承的属性，没有自己特有的属性。在用 hide()方法或 setVisible(False)方法隐藏一个顶层窗口之前会发生 QEvent.Hide 事件，调用 hideEvent(QHideEvent)处理函数，隐藏事件类 QHideEvent 只有从 QEvent 继承的属性，没有自己特有的属性。利用显示和隐藏事件的处理函数，可以在窗口显示之前或被隐藏之前做一些预处理工作。

4.3.2 缩放事件 QResizeEvent 和移动事件 QMoveEvent

当一个窗口或控件的宽度和高度发生改变时会触发 QEvent.Resize 事件，调用 resizeEvent(QResizeEvent)处理函数。缩放事件类 QResizeEvent 只有两个方法 oldSize()和 size()，分别返回缩放前和缩放后的窗口尺寸 QSize。

当改变一个窗口或控件的位置时会触发 QEvent.Move 事件，调用 moveEvent(QMoveEvent)处理函数。移动事件类 QMoveEvent 只有两个方法 oldPos()和 pos()，分别返回窗口左上角移动前和移动后的位置 QPoint。

4.3.3 绘制事件 QPaintEvent

绘制事件 QPaintEvent 是窗体系统产生的，在一个窗口首次显示、隐藏后又显示、缩放窗口、移动控件，以及调用窗口的 update()、repaint()、resize()方法时都会触发 QEvent.Paint 事件。绘制事件发生时，会调用 paintEvent(QPaintEvent)处理函数，该函数是受保护的，不能直接用代码调用，通常在 paintEvent(QPaintEvent)处理函数中处理一些与绘图、显示有关的事情。

绘制事件类 QPaintEvent 只有两个方法 rect()和 region()方法，分别返回被重绘的矩形区域 QRect 和裁剪区域 QRegion。

4.3.4 进入事件和离开事件 QEnterEvent

当光标进入窗口时，会触发 QEvent.Enter 进入事件，进入事件的处理函数是 enterEvent(QEnterEvent)，QEnterEvent 的方法如表 4-16 所示；当光标离开窗口时，会触发 QEvent.Leave 离开事件，离开事件的处理函数是 leaveEvent(QEvent)。可以重写这两个函数，以达到特定的目的。

表 4-16　QEnterEvent 的方法

QEnterEvent 的方法	返回值的类型	QEnterEvent 的方法	返回值的类型
clone()	QEnterEvent	pos()	QPoint
globalPos()	QPoint	screenPos()	QPointF
globalX()	int	windowPos()	QPointF
globalY()	int	x()	int
localPos()	QPointF	y()	int

4.3.5　焦点事件 QFocusEvent

一个控件获得键盘焦点时，可以接受键盘的输入。控件获得键盘焦点的方法很多，例如按 Tab 键、鼠标、快捷键等。当一个控件获得和失去键盘输入焦点时，会触发 QEvent.FocusIn 和 QEvent.FocusOut 事件，这两个事件的处理函数分别是 focusInEvent(QFocusEvent)和 focusOutEvent(QFocusEvent)，焦点事件类 QFocusEvent 的方法有 gotFocus()、lostFocus()和 reason()。当事件类型 type()的值是 QEvent.FocusIn 时，gotFocus()方法的返回值是 True，当事件类型 type()的值是 QEvent.FocusOut 时，lostFocus()方法的返回值是 True；reason()方法返回获得焦点的原因，其返回值的类型是 Qt.FocusReason，其值有 Qt.MouseFocusReason、Qt.TabFocusReason、Qt.BacktabFocusReason、Qt.ActiveWindowFocusReason、Qt.PopupFocusReason、Qt.ShortcutFocusReason、Qt.MenuBarFocusReason 和 Qt.OtherFocusReason。

4.3.6　关闭事件 QCloseEvent

当用户单击窗口右上角的 × 按钮或执行窗口的 close()方法时，会触发 QEvent.Close 事件，调用 closeEvent(QCloseEvent)处理该事件。如果事件用 ignore()方法忽略了，则什么也不会发生；如果事件用 accept()方法接收了，首先窗口被隐藏，在窗口设置了 setAttribute(Qt.WA_DeleteOnClose,True)属性的情况下，窗口会被删除。窗口事件类 QCloseEvent 没有特殊的属性，只有从 QEvent 继承来的方法。

4.3.7　定时器事件 QTimerEvent 与实例

从 QObject 类继承的窗口和控件都会有 startTimer(int,timerType = Qt.CoarseTimer)方法和 killTimer(int)方法。startTimer()方法会启动一个定时器，并返回定时器的 ID 号。如果不能启动定时器，则返回值是 0，参数 int 是定时器的事件间隔，单位是毫秒；timerType 是定时器的类型，可以取 Qt.PreciseTimer、Qt.CoarseTimer 或 Qt.VeryCoarseTimer。窗口或控件可以用 startTimer()方法启动多个定时器，启动定时器后，会触发 timerEvent(QTimerEvent)事件，QTimerEvent 是定时器事件类。用 QTimerEvent 的 timerId()方法可以获取触发定时器事件的定时器 ID；用 killTimer(int)方法可以停止定时器，参数是定时器的 ID。

下面的程序启动窗口上的两个定时器，这两个定时器的时间间隔不同，用定时器事件识别是哪个定时器触发了定时器事件，可用按钮停止定时器。

```
import sys                                                          # Demo4_7.py
from PySide6.QtWidgets import QApplication, QWidget,QPushButton,QHBoxLayout
from PySide6.QtCore import Qt

class MyWidget(QWidget):
    def __init__(self,parent = None):
        super().__init__(parent)
        self.ID_1 = self.startTimer(500,Qt.PreciseTimer)        # 启动第 1 个定时器
        self.ID_2 = self.startTimer(1000,Qt.CoarseTimer)        # 启动第 2 个定时器
        btn_1 = QPushButton("停止第 1 个定时器", self)
        btn_2 = QPushButton("停止第 2 个定时器", self)
        btn_1.clicked.connect(self.killTimer_1)
        btn_2.clicked.connect(self.killTimer_2)

        h = QHBoxLayout(self)
        h.addWidget(btn_1)
        h.addWidget(btn_2)
    def timerEvent(self, event):                                # 定时器事件
        print("我是第" + str(event.timerId()) + "个定时器。")
    def killTimer_1(self):
        if self.ID_1:
            self.killTimer(self.ID_1)                           # 停止第 1 个定时器
    def killTimer_2(self):
        if self.ID_2:
            self.killTimer(self.ID_2)                           # 停止第 2 个定时器
if __name__ == "__main__":
    app = QApplication(sys.argv)
    myWindow = MyWidget()
    myWindow.show()
    sys.exit(app.exec())
```

4.4 事件过滤和自定义事件

前面已经讲过，一个控件或窗口的 event()函数是所有事件的集合点，可以在 event()函数中设置某种类型的事件是接收还是忽略，另外还可以用事件过滤器把某种事件注册给其他控件或窗口进行监控、过滤和拦截。

4.4.1 事件的过滤与实例

一个控件产生的事件可以交给其他控件进行处理，而不是由自身的处理函数处理，原控件称为被监测控件，进行处理事件的控件称为监测控件。要实现这个目的，需要将被监测控件注册给监测控件。

1. 事件过滤器的注册与删除

要把被监测对象的事件注册给监测控件，需要在被监测控件上安装监测器，被监测控件

的监测器用 installEventFilter(QObject)方法定义，其中 QObject 是监测控件。如果一个控件上安装了多个事件过滤器，则后安装的过滤器先被使用。用 removeEventFilter(QObject)方法可以解除监测。

2. 事件的过滤

要实现对被监测对象事件的过滤，需要在监测对象上重写过滤函数 eventFilter(QObject,QEvent)，其中参数 QObject 是传递过来的被监测对象，QEvent 是被检测对象的事件类对象。过滤函数如果返回 True，表示事件已经过滤掉了；如果返回 False，表示事件没有被过滤。

3. 事件过滤器的应用实例

下面的程序在两个 QFrame 控件上分别定义了两个 QPushButton 按钮，把这两个按钮的事件注册到窗口上，监控按钮的移动事件，如果移动其中的一个按钮，另一个按钮也同步移动。

```
import sys                                          # Demo4_8.py
from PySide6.QtWidgets import QApplication,QWidget,QPushButton,QFrame,QHBoxLayout
from PySide6.QtGui import QDrag
from PySide6.QtCore import QMimeData,Qt,QEvent

class MyPushButton(QPushButton):
    def __init__(self,parent = None):
        super().__init__(parent)
        self.setText("MyPushButton")
    def mousePressEvent(self, event):               # 按键事件
        if event.button() == Qt.LeftButton:
            self.drag = QDrag(self)
            self.drag.setHotSpot(event.pos())
            mime = QMimeData()
            self.drag.setMimeData(mime)
            self.drag.exec()
class MyFrame(QFrame):
    def __init__(self,parent = None):
        super().__init__(parent)
        self.setAcceptDrops(True)
        self.setFrameShape(QFrame.Box)
        self.btn = MyPushButton(self)
    def dragEnterEvent(self,event):
        self.child = self.childAt(event.pos())      # 获取指定位置的控件
        if self.child:
            event.accept()
        else:
            event.ignore()
    def dragMoveEvent(self,event):
        if self.child:
            self.child.move(event.pos() - self.child.drag.hotSpot())
class MyWindow(QWidget):
```

```
    def __init__(self,parent = None):
        super().__init__(parent)
        self.setupUi()
        self.resize(600,400)
        self.setAcceptDrops(True)
    def setupUi(self):
        self.frame_1 = MyFrame(self)
        self.frame_2 = MyFrame(self)
        H = QHBoxLayout(self)
        H.addWidget(self.frame_1)
        H.addWidget(self.frame_2)

        self.frame_1.btn.installEventFilter(self)      #将 btn 的事件注册到窗口 self 上
        self.frame_2.btn.installEventFilter(self)      #将 btn 的事件注册到窗口 self 上
    def eventFilter(self,watched,event):               #事件过滤函数
        if watched == self.frame_1.btn and event.type() == QEvent.Move:
            self.frame_2.btn.move(event.pos())
            return True
        if watched == self.frame_2.btn and event.type() == QEvent.Move:
            self.frame_1.btn.move(event.pos())
            return True
        return super().eventFilter(watched,event)
if __name__ == '__main__':
    app = QApplication(sys.argv)
    window = MyWindow()
    window.show()
    sys.exit(app.exec())
```

4.4.2 自定义事件与实例

除了可以直接使用 PySide6 中标准的事件外，用户还可以自定义事件，指定事件产生的时机和事件的接受者。

1. 自定义事件类

用户定义自己的事件首先要创建一个继承自 QEvent 的类，并给自定义事件一个 ID 号(值)，该 ID 号的值只能在 QEvent.User(值为 1000)和 QEvent.MaxUser(值为 65535)之间，且不能和已有的 ID 号相同。为保证 ID 号的值不冲突，可以用 QEvent 类的静态函数 registerEventType(hint: int=-1)注册自定义事件的 ID 号，并检查给定的 ID 号是否合适，如果 ID 号合适，会返回指定的 ID 号值；如果不合适，则推荐一个 ID 号值。在自定义事件类中根据情况定义所需的属性和方法。

2. 自定义信号的发送

需要用 QCoreApplication 的 sendEvent(receiver, event)函数或 postEvent(receiver, event)函数发送自定义事件，其中 receiver 是自定义事件的接收者，event 是自定义事件的实例化对象。用 sendEvent(receiver, event)函数发送的自定义事件被 QCoreApplication 的 notify()函数直接发送给 receiver 对象，返回值是事件处理函数的返回值；用 postEvent (receiver,event)函数发送的自定义事件添加到事件队列中,它可以在多线程应用程序中用于在线程之间交换事件。

3. 自定义事件的处理函数

控件或窗口上都有个customEvent(event)函数,用于处理自定义事件,自定义事件类的实例作为实参传递给形参event,也可以用event(event)函数处理,在customEvent(event)函数或event(event)函数中根据事件类型进行相应的处理,也可用事件过滤器来处理。

4. 自定义事件的应用实例

下面的程序是建立自定义事件的例子,读者可以通过这个例子了解建立自定义事件的过程。

```
import sys                                          #Demo4_9.py
from PySide6.QtWidgets import QApplication,QWidget,QPushButton,QFrame,QHBoxLayout
from PySide6.QtGui import QDrag
from PySide6.QtCore import QMimeData,Qt,QEvent,QCoreApplication

class MyEvent(QEvent):                              #自定义事件
    #myID = QEvent.registerEventType(2000)
    def __init__(self,position,object_name = None):
        super().__init__(QEvent.User)
        #super().__init__(MyEvent.myID)
        self.__pos = position                       #位置属性,可对数据作其他处理
        self.__name = object_name                   #名称属性
    def get_pos(self):                              #自定义事件的方法
        return self.__pos
    def get_name(self):                             #自定义事件的方法
        return self.__name
class MyPushButton(QPushButton):
    def __init__(self,name = None,parent = None,window = None):
        super().__init__(parent)
        self.setText(name)
        self.window1 = window
    def mousePressEvent(self, event):               #按键事件
        if event.button() == Qt.LeftButton:
            self.drag = QDrag(self)
            self.drag.setHotSpot(event.pos())
            mime = QMimeData()
            self.drag.setMimeData(mime)
            self.drag.exec()
    def moveEvent(self, event):
        self.__customEvent = MyEvent(event.pos(), self.objectName())   #自定义事件
        QCoreApplication.sendEvent(self.window(), self.__customEvent)  #发送事件
class MyFrame(QFrame):
    def __init__(self,parent = None):
        super().__init__(parent)
```

```
        self.setAcceptDrops(True)
        self.setFrameShape(QFrame.Box)
    def dragEnterEvent(self,event):
        self.child = self.childAt(event.pos())          #获取指定位置的控件
        if self.child:
            event.accept()
        else:
            event.ignore()
    def dragMoveEvent(self,event):
        if self.child:
            self.child.move(event.pos() - self.child.drag.hotSpot())
class MyWindow(QWidget):
    def __init__(self,parent = None):
        super().__init__(parent)
        self.setupUi()
        self.resize(600,400)
        self.setAcceptDrops(True)
    def setupUi(self):
        self.frame_1 = MyFrame(self)
        self.frame_2 = MyFrame(self)
        H = QHBoxLayout(self)
        H.addWidget(self.frame_1)
        H.addWidget(self.frame_2)
        self.btn1 = MyPushButton("PushButton 1",self.frame_1,window = self)   #按钮 1
        self.btn1.setObjectName("button1")                  #按钮的名称
        self.btn2 = MyPushButton("PushButton 2",self.frame_1,window = self)   #按钮 2
        self.btn2.setObjectName("button2")                  #按钮的名称
        self.btn3 = MyPushButton("PushButton 3", self.frame_2,window = self)   #按钮 3
        self.btn3.setObjectName("button3")                  #按钮的名称
        self.btn4 = MyPushButton("PushButton 4", self.frame_2,window = self)   #按钮 4
        self.btn4.setObjectName("button4")                  #按钮的名称
    def customEvent(self,event) :                           #自定义事件的处理函数
        if event.type() == MyEvent.User:
        #if event.type() == MyEvent.myID:
            if event.get_name() == "button1":
                self.btn3.move(event.get_pos())
            if event.get_name() == "button2":
                self.btn4.move(event.get_pos())
            if event.get_name() == "button3":
                self.btn1.move(event.get_pos())
            if event.get_name() == "button4":
                self.btn2.move(event.get_pos())
if __name__ == '__main__':
    app = QApplication(sys.argv)
    window = MyWindow()
    window.show()
    sys.exit(app.exec())
```

第5章

基于项和模型的控件

人们在工作中经常会处理大量数据，数据类型多种多样，数据的表现形式也很多，如列表结构、树结构（层级关系）和二维表格结构数据。PySide6 有专门的显示数据的控件和存储数据的模型，可以显示和存储不同形式的数据，本章详细介绍显示数据的控件和存储数据的模型。显示数据的控件分为两类，一类是基于项（item）的控件，另一类是基于模型（model）的控件，基于项的控件是基于模型的控件的简便类。基于项的控件把读取到的数据存储到项中，基于模型的控件把数据存储到模型中，或通过模型提供读取数据的接口，然后通过控件把数据模型中的数据或关联的数据显示出来。

5.1 基于项的控件

基于项的控件有列表控件 QListWidget、表格控件 QTableWidget 和树结构控件 QTreeWidget，它们是从基于模型的控件继承而来的，基于模型的控件有 QListView、QTableView 和 QTreeView，这些控件之间的继承关系如图 5-1 所示。

5.1.1 列表控件 QListWidget 及其项 QListWidgetItem 与实例

列表控件 QListWidget 由一列多行构成，每行称为一个项（item），每个项是一个 QListWidgetItem 对象。可以继承 QListWidgetItem 创建用户自定义的项，也可以先创建 QWidget 实例，在其上添加一些控件，然后把 QWidget 放到 QListWidgetItem 的位置，形成复杂的列表控件。列表控件的外观如图 5-2 所示。

列表控件 QListWidget 是从 QListView 类继承而来的，用 QListWidget 类创建列表控件的方法如下所示，其中 parent 是 QListWidget 列表控件所在的父窗口或控件。

```
QListWidget(parent:QWidget = None)
```

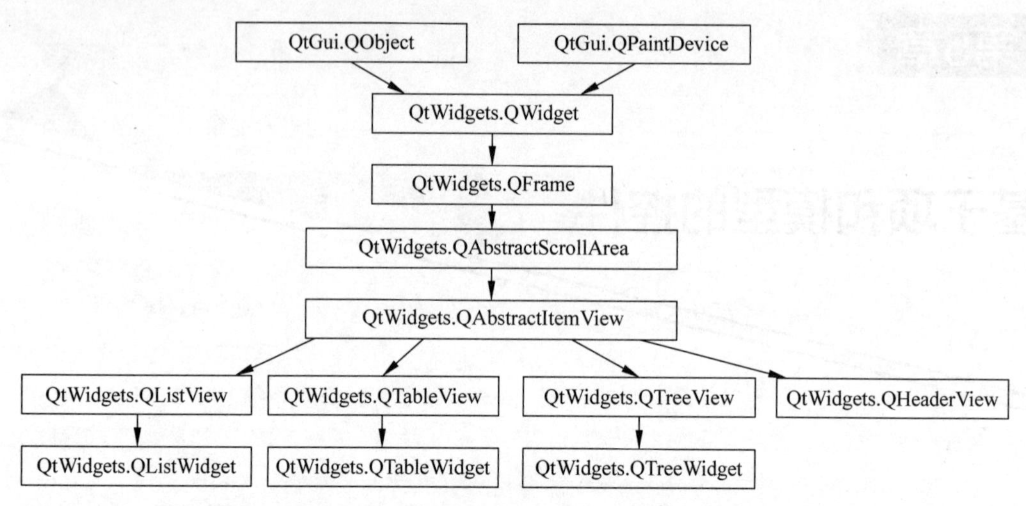

图 5-1 基于项和模型的控件的继承关系

图 5-2 列表控件的外观

用 QListWidgetItem 创建列表项的方法如下所示，其中 type 可取 QListWidgetItem. Type(值为 0)或 QListWidgetItem. UserType(值为 1000)，前者是默认值，后者是用户自定义类型的最小值。可以用 QListWidgetItem 类创建子类，定义新的类型。

```
QListWidgetItem(icon:Union[QIcon,QPixmap],text:str,listview:QListWidget = None,
    type:int = QListWidgetItem.Type)
QListWidgetItem(listview:QListWidget = None,type:int = QListWidgetItem.Type)
QListWidgetItem(text:str,listview:QListWidget = None,type:int = QListWidgetItem.Type)
```

1. 列表控件 QListWidget 的常用方法

列表控件 QListWidget 的常用方法如表 5-1 所示，主要方法介绍如下。

- 用 addItem(item: QListWidgetItem)方法可以在列表控件的末尾添加已经存在的项；用 addItem(label: str)方法可以用文本创建一个新项，并添加到列表控件的末尾；用 addItems(labels: Sequence[str])方法可以用文本列表添加多个项；用 insertItem(row: int, item: QListWidgetItem)方法、insertItem(row: int, label: str)方法和 insertItems(row: int, labels: Sequence[str])方法可以在指定的行插入项；用 count()方法可以获得项的数量，包括隐藏的项。
- 用 setCurrentItem(QListWidgetItem)方法可以把指定的项设置成当前的项，也可用 setCurrentRow(int)方法将指定行的项设置成当前项；用 currentItem()方法获取当前的项；用 currentRow()方法获取当前项所在的行；用 row (QListWidgetItem)方法获取项所在的行号。

- 用 item(row: int)方法可以获取指定行上的项(行的编号从 0 开始)；用 itemAt(QPoint)方法或 itemAt(x: int, y: int)方法可以获取指定位置的项；用 visualItemRect(QListWidgetItem)方法可以获取项所占据的区域 QRect。
- 用 takeItem(row: int)方法从列表中移除指定行上的项，并返回该项；用 clear()方法清空所有的项。
- 用 setSortingEnabled(bool)方法设置是否可以进行排序；用 sortItems(order=Qt.AscendingOrder)方法设置排序方法，其中 order 可取 Qt.AscendingOrder(升序)或 Qt.DescendingOrder(降序)。
- 用 setItemWidget(QListWidgetItem, QWidget)方法可以把一个控件放到项的位置，例如在一个 QWidget 上放置控件、布局，然后把 QWidget 对象放到项的位置，形成复杂的项；用 removeItemWidget(QListWidgetItem)方法可以移除项上的控件；用 itemWidget(QListWidgetItem)方法可以获取项的控件。
- 用 findItems(text: str, flags: Qt.MatchFlags)方法可以查找满足匹配规则的项 List[QListWidgetItem]，其中参数 flags 可取 Qt.MatchExactly、Qt.MatchFixedString、Qt.MatchContains、Qt.MatchStartsWith、Qt.MatchEndsWith、Qt.MatchCaseSensitive、Qt.MatchRegularExpression、Qt.MatchWildcard、Qt.MatchWrap 或 Qt.MatchRecursive。
- 用 setModel(model: QAbstractItemModel)方法和 setSelectionModel(QItemSelectionModel)方法可分别设置数据模型和选择模型，关于数据模型和选择模型见后续内容。
- 用 supportedDropActions()方法获取支持的拖放动作 Qt.DropAction，其中 Qt.DropAction 可以取 Qt.CopyAction(复制)、Qt.MoveAction(移动)、Qt.LinkAction(链接)、Qt.IgnoreAction(什么都不做)或 Qt.TargetMoveAction(目标对象接管)。

表 5-1 列表控件 QListWidget 的常用方法

QListWidget 的方法及参数类型	说明
addItem(item: QListWidgetItem)	在列表控件中添加项
addItem(label: str)	用文本创建项并添加项
addItems(labels: Sequence[str])	用文本列表添加多个项
insertItem(row: int, item: QListWidgetItem)	在列表中插入项
insertItem(row: int, label: str)	用文本创建项并插入项
insertItems(row: int, labels: Sequence[str])	用文本列表创建项并插入多个项
setCurrentItem(QListWidgetItem)	设置当前项
currentItem()	获取当前项 QListWidgetItem
count()	获取列表控件中项的数量
takeItem(row: int)	移除指定索引值的项，并返回该项
[**slot**]clear()	清空所有项
openPersistentEditor(QListWidgetItem)	打开指定项的编辑框，用于编辑文本
isPersistentEditorOpen(QListWidgetItem)	获取编辑框是否已打开
closePersistentEditor(QListWidgetItem)	关闭编辑框
currentRow()	获取当前行的索引号

续表

QListWidget的方法及参数类型	说　明
item(row: int)	获取指定行的项
itemAt(QPoint)	获取指定位置处的项
itemAt(x: int,y: int)	获取指定位置处的项
itemFromIndex(QModelIndex)	获取指定模型索引QModelIndex的项
indexFromItem(QListWidgetItem)	获取指定项的模型索引QModelIndex
setItemWidget(QListWidgetItem,QWidget)	把某控件显示在指定项的位置处
removeItemWidget(QListWidgetItem)	移除指定项上的控件
itemWidget(QListWidgetItem)	获取指定项的位置处的控件
findItems(text: str,flags: Qt. MatchFlags)	查找满足匹配规则的项List[QListWidgetItem]
[**slot**]scrollToItem(QListWidgetItem)	滚动到指定的项,使其可见
selectedItems()	获取选中项的列表List[QListWidgetItem]
setCurrentRow(int)	指定行的项为当前项
row(QListWidgetItem)	获取指定项所在的行号
visualItemRect(item: QListWidgetItem)	获取项所占据的区域QRect
setSortingEnabled(bool)	设置是否可以进行排序
isSortingEnabled()	获取是否可以排序
sortItems(order=Qt. AscendingOrder)	按照排序方式进行项的排序
supportedDropActions()	获取支持的拖放动作Qt. DropAction
setModel(model: QAbstractItemModel)	设置数据模型
setSelectionModel(QItemSelectionModel)	设置选择模型
clearSelection()	清除选择
setAlternatingRowColors(enable: bool)	设置交替色
mimeData(items: Sequence[QListWidgetItem])	获取多个项的mime数据QMimeData
mimeTypes()	获取mime数据的类型List[str]

2. 列表项QListWidgetItem的常用方法

列表项QListWidgetItem的常用方法如表5-2所示,主要方法介绍如下。

- 用setText(str)方法和setIcon(QIcon)方法可以分别设置项的文字和图标;用text()方法和icon()方法可以分别获取项的文字和图标。
- 用setForeground(QColor)方法和setBackground(QColor)方法可以设置前景色和背景色,其中参数QColor可以取QBrush、Qt. BrushStyle、Qt. GlobalColor、QGradient、QImage或QPixmap。
- 用setSelected(bool)方法可以设置项是否处于选中状态,用isSelected()方法可以获取项是否处于选中状态。
- 用setCheckState(Qt. CheckState)方法设置项是否处于勾选状态,其中参数Qt. CheckState可以取Qt. Unchecked(未勾选)、Qt. PartiallyChecked(部分勾选,如果有子项)或Qt. Checked(勾选);用checkState()方法获取项的勾选状态。
- 用setFlags(Qt. ItemFlags)方法设置项的标识,其中参数Qt. ItemFlags可取的值如表5-3所示。例如setFlags(Qt. ItemIsEnabled | Qt. ItemIsEditable)将使项处于可编辑状态,双击该项可以编辑项的文字。

- 用 setData(role: int,value: Any)方法可以设置项的某种角色的值,用 data(role: int)方法可以获取某种角色的值。
- 用 write(QDataStream)方法可以把项对象写入到数据流 QDataStream 中,用 read (QDataStream)方法从数据流中读取项,数据流可以直接保存到文件中。有关数据流的内容见 7.2 节。

表 5-2　列表项 QListWidgetItem 的常用方法

QListWidgetItem 的方法	说　明	QListWidgetItem 的方法	说　明
setText(str)	设置文字	setSelected(bool)	设置是否被选中
text()	获取文字	isSelected()	获取是否被选中
setIcon(QIcon)	设置图标	icon()	获取图标
setTextAlignment(Qt.Alignment)	设置文字的对齐方式	setStatusTip(str)	设置状态提示信息,需激活 mouseTracking 属性
setForeground(QColor)	设置前景色	setToolTip(str)	设置提示信息
setBackground(QColor)	设置背景色	setWhatsThis(str)	设置按 Shift+F1 键的提示信息
setCheckState(Qt.CheckState)	设置勾选状态	write(QDataStream)	将项写入数据流
checkState()	获取勾选状态	read(QDataStream)	从数据流中读取项
setFlags(Qt.ItemFlags)	设置标识	setData(role: int,value: Any)	设置某角色的数据
setFont(QFont)	设置字体	data(role: int)	获取某角色的数据
setHidden(bool)	设置是否隐藏	clone()	克隆出新的项
isHidden()	获取是否隐藏	listWidget()	获取所在的列表控件

表 5-3　Qt.ItemFlags 的取值

Qt.ItemFlags 的取值	说　明	Qt.ItemFlags 的取值	说　明
Qt.NoItemFlags	没有标识符	Qt.ItemIsUserCheckable	项可以勾选
Qt.ItemIsSelectable	项可选	Qt.ItemIsEnabled	项被激活
Qt.ItemIsEditable	项可编辑	Qt.ItemIsAutoTristate	如有子项,则有第 3 种状态
Qt.ItemIsDragEnabled	项可以拖拽	Qt.ItemNeverHasChildren	项没有子项
Qt.ItemIsDropEnabled	项可以拖放	Qt.ItemIsUserTristate	可在 3 种状态之间循环切换

3. 列表控件 QListWidget 的信号

列表控件 QListWidget 的信号如表 5-4 所示。

表 5-4　列表控件 QListWidget 的信号

QListWidget 的信号及参数类型	说　明
currentItemChanged(currentItem,previousItem)	当前项发生改变时发送信号
currentRowChanged(currentRow)	当前行发生改变时发送信号
currentTextChanged(currentText)	当前项的文本发生改变时发送信号
itemActivated(QListWidgetItem)	单击或双击项,使其变成活跃项时发送信号
itemChanged(QListWidgetItem)	项的数据发生改变时发送信号

续表

QListWidget 的信号及参数类型	说　明
itemClicked(QListWidgetItem)	单击某个项时发送信号
itemDoubleClicked(QListWidgetItem)	双击某个项时发送信号
itemEntered(QListWidgetItem)	光标进入某个项时发送信号
itemPressed(QListWidgetItem)	当鼠标在某个项上按下按键时发送信号
itemSelectionChanged()	项的选择状态发生改变时发送信号

4. 列表控件 QListWidget 的应用实例

下面的程序建立一个自定义对话框，通过菜单显示对话框。对话框中放置两个列表控件，第 1 个列表控件中放置可选科目，对每个项根据其所在的行把行号定义成项的角色值，单击其中的项，将会移到第 2 个列表控件中，且按照角色值顺序插入；同样，单击第 2 个列表控件中的项，也是按照角色值顺序插入到第 1 个列表控件中，单击对话框中的“确定”按钮，会把第 2 个列表控件中的内容输出到主界面上。程序运行界面如图 5-3 所示。

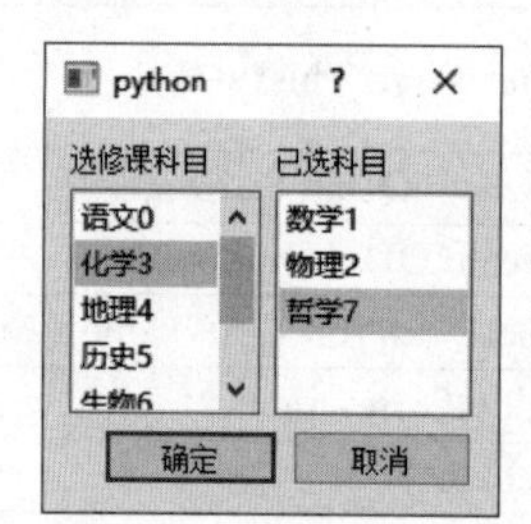

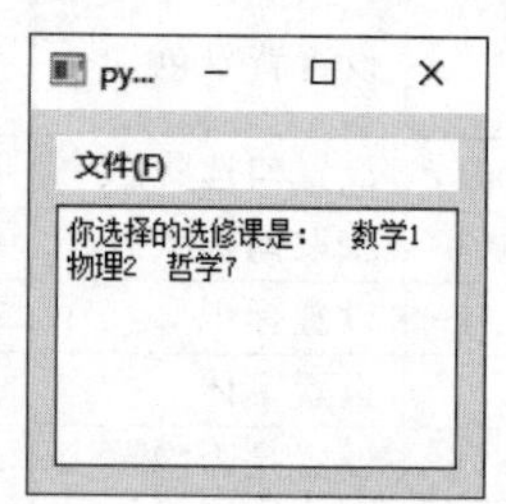

图 5-3　程序运行界面

```
import sys                                                  # Demo5_1.py
from PySide6.QtWidgets import (QApplication,QDialog,QWidget,QPushButton,QMenuBar,
QLabel, QGridLayout,QListWidget,QTextBrowser,QVBoxLayout,QHBoxLayout,QFileDialog)
from PySide6.QtCore import Qt

class MyDialog(QDialog):                                    # 自定义对话框
    def __init__(self,parent = None):
        super().__init__(parent)
        self.setupUi()
    def setupUi(self):                                      # 自定义对话框的界面
        label1 = QLabel("选修课科目")
        label2 = QLabel("已选科目")
        self.listWidget_available = QListWidget() # 列表控件
        self.listWidget_selected = QListWidget()  # 列表控件
        btn_ok = QPushButton("确定")
        btn_cancel = QPushButton("取消")
        h = QHBoxLayout()                                   # 按钮采用水平布局
        h.addStretch(1)
        h.addWidget(btn_ok)
```

```
        h.addWidget(btn_cancel)
        grid = QGridLayout(self)                    #标签、列表框采用格栅布局
        grid.addWidget(label1,0,0)
        grid.addWidget(label2,0,1)
        grid.addWidget(self.listWidget_available,1,0)
        grid.addWidget(self.listWidget_selected,1,1)
        grid.addLayout(h,2,0,1,2)
        class_available = ["语文 0","数学 1","物理 2","化学 3","地理 4","历史 5",
                          "生物 6","哲学 7","测量 8"]
        self.listWidget_available.addItems(class_available)#添加项
        for i in range(self.listWidget_available.count()):  #用角色数据记录项的初始位置
            item = self.listWidget_available.item(i)        #获取项
            item.setData(Qt.UserRole,i)                 #设置项的角色值,值为行号
        self.listWidget_available.itemClicked.connect(self.listWidget_available_clicked)
        self.listWidget_selected.itemClicked.connect(self.listWidget_selected_clicked)
        btn_ok.clicked.connect(self.btn_ok_clicked)                #"确定"按钮的单击
        btn_cancel.clicked.connect(self.btn_cancel_clicked)        #"取消"按钮的单击
    def listWidget_available_clicked(self,item): #列表控件的单击槽函数
        row = self.listWidget_available.row(item)#获取项的行号
        self.listWidget_available.takeItem(row) #移除项
        i = item.data(Qt.UserRole)              #移除项的角色值
        for j in range(self.listWidget_selected.count()):
            if i < self.listWidget_selected.item(j).data(Qt.UserRole):
                self.listWidget_selected.insertItem(j, item)  #根据角色值插入到列表中
        self.listWidget_selected.addItem(item)
    def listWidget_selected_clicked(self,item):  #列表控件的单击槽函数
        row = self.listWidget_selected.row(item)
        self.listWidget_selected.takeItem(row)
        i = item.data(Qt.UserRole)
        for j in range(self.listWidget_available.count()):
            if i < self.listWidget_available.item(j).data(Qt.UserRole):
                self.listWidget_available.insertItem(j, item)
        self.listWidget_available.addItem(item)
    def btn_ok_clicked(self):                    # "确定"按钮的槽函数
        self.setResult(QDialog.Accepted)
        self.setVisible(False)
    def btn_cancel_clicked(self):                # "取消"按钮的槽函数
        self.setResult(QDialog.Rejected)
        self.setVisible(False)
class MyWindow(QWidget):
    def __init__(self,parent = None):
        super().__init__(parent)
        self.widget_setupUi()
    def widget_setupUi(self):                    #建立主程序界面
        menuBar = QMenuBar(self)                 #定义菜单栏
        file_menu = menuBar.addMenu("文件(&F)")#定义菜单
        action_selection = file_menu.addAction("选修课(&C)")    #添加动作
        action_save = file_menu.addAction("保存(&S)")           #添加动作
        file_menu.addSeparator()
        action_exit = file_menu.addAction("退出(&E)")           #添加动作
```

```
        self.textBrowser = QTextBrowser(self)              #显示数据控件
        v= QVBoxLayout(self)                               #主程序界面的布局
        v.addWidget(menuBar)
        v.addWidget(self.textBrowser)
        action_selection.triggered.connect(self.action_selection_triggered)
                                                           #信号与槽的连接
        action_save.triggered.connect(self.action_save_triggered)  #信号与槽的连接
        action_exit.triggered.connect(self.close)          #退出动作的信号与窗口关闭的连接
    def action_selection_triggered(self):                  #自定义槽函数
        dialog = MyDialog (self)                           #自定义对话框实例
        if dialog.exec():                                  #模式显示对话框
            n= dialog.listWidget_selected.count()
            text="你选择的选修课是:"
            if n>0:
                for i in range(n):
                    text=text+" "+dialog.listWidget_selected.item(i).text()
                self.textBrowser.append(text)
            else:
                self.textBrowser.append("你没有选择任何选修课!")
    def action_save_triggered(self):                       #自定义槽函数
        string = self.textBrowser.toPlainText()
        if len(string) > 0:
            filename, filter = QFileDialog.getSaveFileName(self, "保存文件",
                                                "d:\\", "文本文件(*.txt)")
            if len(filename) > 0:
                fp = open(filename, "a+", encoding="UTF-8")
                fp.writelines(string)
                fp.close()
if __name__ == '__main__':
    app=QApplication(sys.argv)
    window = MyWindow()
    window.show()
    sys.exit(app.exec())
```

5.1.2 表格控件 QTableWidget 及其项 QTableWidgetItem 与实例

表格控件 QTableWidget 是从 QTableView 类继承而来的，由多行多列构成，并且含有行表头和列表头，表格控件的每个单元格称为一个项（item），每个项是一个 QTableWidgetItem 对象，可以设置每个项的文本、图标、颜色、前景色和背景色等属性。

用 QTableWidget 类创建表格控件的方法如下所示，其中 parent 是表格控件 QTableWidget 所在的父窗口或控件，rows 和 columns 分别指定表格对象的行和列的数量。

```
QTableWidget(parent:QWidget = None)
QTableWidget(rows:int,columns:int,parent:QWidget = None)
```

用 QTableWidgetItem 创建表格项的方法如下所示，其中 type 可取 QTableWidgetItem.Type（值为 0）或 QTableWidgetItem.UserType（值为 1000），前者是默认值，后者是用户自定义

类型的最小值。可以用 QTableWidgetItem 类创建子类，定义新表格项。

```
QTableWidgetItem(type = QTableWidgetItem.Type)
QTableWidgetItem(str, type = QTableWidgetItem.Type)
QTableWidgetItem(QIcon, str, type = QTableWidgetItem.Type)
```

1. 表格控件 QTableWidget 的常用方法

表格控件 QTableWidget 的常用方法如表 5-5 所示，主要方法介绍如下。

- 用 setRowCount(rows: int)方法和 setColumnCount(columns: int)方法分别设置表格控件的行数和列数，行数和列数不含表头；用 rowCount()方法和 columnCount()方法可以获取表格控件的行数和列数。
- 用 insertRow(row: int)方法和 insertColumn(column: int)方法可以插入行和插入列；用 removeRow(row: int)方法和 removeColumn(column: int)方法可以分别删除指定的行和列；用 clear()方法可以清空包含表头在内的所有内容；用 clearContents()方法可以清空不含表头的内容。
- 用 setItem(row: int,column: int,QTableWidgetItem)方法可以在指定的行和列处设置表格项；用 takeItem(row: int,column: int)方法可以从表格控件中移除表格项，并返回此表格项。
- 用 setCurrentCell(row: int,column: int)方法可以将指定的行列单元设为当前单元格，用 setCurrentItem(QTableWidgetItem)方法将指定的表格项设置成当前项，用 currentItem()方法获取当前的表格项。
- 用 item(row: int, column: int)方法获取指定行和列处的表格项；用 itemAt(QPoint)或 itemAt(x: int,y: int)方法获取指定位置处的表格项，如果没有，则返回 None。
- 用 row(QTableWidgetItem)方法和 column(QTableWidgetItem)方法获取表格项所在的行号和列号。
- 用 setSortingEnabled(bool)方法设置表格控件是否可排序，用 sortItems(column: int,order= Qt. AscendingOrder)方法对指定的列进行升序或降序排列。
- 用 setHorizontalHeaderItem(column: int, QTableWidgetItem)和 setVerticalHeaderItem(row: int,QTableWidgetItem)方法设置水平和竖直表头；用 setHorizontalHeaderLabels(labels: Sequence[str])和 setVerticalHeaderLabels(labels: Sequence[str])方法用字符串序列定义水平和竖直表头；用 horizontalHeaderItem(column: int)和 verticalHeaderItem(row: int)方法获取水平和竖直表头的表格项；用 takeHorizontalHeaderItem(column: int)和 takeVerticalHeaderItem(row: int)方法可以移除表头，并返回被移除的表格项。

表 5-5 表格控件 QTableWidget 的常用方法

QTableWidget 的方法及参数类型	说 明
setRowCount(rows: int)	设置行数
setColumnCount(columns: int)	设置列数
[**slot**]insertRow(row: int)	在指定位置插入行

续表

QTableWidget 的方法及参数类型	说　明
[**slot**]insertColumn(column: int)	在指定位置插入列
rowCount()	获取行数
columnCount()	获取列数
[**slot**]removeRow(row: int)	移除指定的行
[**slot**]removeColumn(column: int)	移除指定的列
setItem(row: int,column: int,QTableWidgetItem)	在指定行和列处设置表格项
takeItem(row: int,column: int)	移除并返回表格项
setCurrentCell(row: int,column: int)	设置当前的单元格
setCurrentItem(QTableWidgetItem)	设置当前的表格项
currentItem()	获取当前的表格项
row(QTableWidgetItem)	获取表格项所在的行
column(QTableWidgetItem)	获取表格项所在的列
currentRow()	获取当前行
currentColumn()	获取当前列
setHorizontalHeaderItem(column: int,QTableWidgetItem)	设置水平表头
setHorizontalHeaderLabels(labels: Sequence[str])	用字符串序列设置水平表头
horizontalHeaderItem(column: int)	获取水平表头的表格项
takeHorizontalHeaderItem(column: int)	移除水平表头的表格项,并返回表格项
setVerticalHeaderItem(row: int,QTableWidgetItem)	设置竖直表头
setVerticalHeaderLabels(labels: Sequence[str])	用字符串序列设置竖直表头
verticalHeaderItem(row: int)	获取竖直表头的表格项
takeVerticalHeaderItem(row: int)	移除竖直表头的表格项,并返回表格项
[**slot**]clear()	清空表格项和表头的内容
[**slot**]clearContents()	清空表格项的内容
editItem(QTableWidgetItem)	开始编辑表格项
findItems(text: str,flags: Qt. MatchFlags)	获取满足条件的表格项列表
item(row: int,column: int)	获取指定行和列处的表格项
itemAt(QPoint)	获取指定位置的表格项
itemAt(x: int,y: int)	获取指定位置的表格项
openPersistentEditor(QTableWidgetItem)	打开编辑框
isPersistentEditorOpen(QTableWidgetItem)	获取编辑框是否已经打开
closePersistentEditor(QTableWidgetItem)	关闭编辑框
[**slot**]scrollToItem(QTableWidgetItem)	滚动表格使表格项可见
selectedItems()	获取选中的表格项列表
setCellWidget(row: int,column: int,QWidget)	设置单元格的控件
cellWidget(row: int,column: int)	获取单元格的控件 QWidget
removeCellWidget(row: int,column: int)	移除单元格上的控件
setSortingEnabled(bool)	设置是否可以排序
isSortingEnabled()	获取是否可以排序
sortItems(column: int,order=Qt. AscendingOrder)	按列排序
supportedDropActions()	获取支持的拖放动作 Qt. DropAction

2. 表格项 QTableWidgetItem 的常用方法

表格项 QTableWidgetItem 的常用方法如表 5-6 所示，其方法与列表项的方法基本一致。

表 5-6 表格项 QTableWidgetItem 的常用方法

QTableWidgetItem 的方法及参数类型	说 明	QTableWidgetItem 的方法及参数类型	说 明
setText(str)	设置文本	setSelected(bool)	设置是否被选中
text()	获取文本	isSelected()	获取是否被选中
setIcon(QIcon)	设置图标	icon()	获取图标
setTextAlignment(Qt.Alignment)	设置文字的对齐方式	setStatusTip(str)	设置状态提示信息，需激活列表控件的 mouseTracking 属性
setForeground(QColor)	设置前景色	setToolTip(str)	设置提示信息
setBackground(QColor)	设置背景色	setWhatsThis(str)	设置按 Shift+F1 键的提示信息
setCheckState(Qt.CheckState)	设置勾选状态	write(QDataStream)	将项写入数据流
checkState()	获取勾选状态	read(QDataStream)	从数据流中读取项
setFlags(Qt.ItemFlag)	设置标识	setData(role: int, Any)	设置某种角色的数据
setFont(QFont)	设置字体	data(role: int)	获取某种角色的数据
row()	获取所在的行	clone()	复制出新的项
column	获取所在的列	tableWidget()	获取所在的表格控件

3. 表格控件 QTableWidget 的信号

表格控件 QTableWidget 的信号如表 5-7 所示。

表 5-7 表格控件 QTableWidget 的信号

QTableWidget 的信号及参数类型	说 明
cellActivated(row: int, column: int)	单元格活跃时发送信号
cellChanged(row: int, column: int)	单元格的数据变化时发送信号
cellClicked(row: int, column: int)	单击单元格时发送信号
cellDoubleClicked(row: int, column: int)	双击单元格时发送信号
cellEntered(row: int, column: int)	光标进入单元格时发送信号
cellPressed(row: int, column: int)	光标在单元格上按下按键时发送信号
currentCellChanged(currentRow: int, currentColumn: int, previousRow: int, previousColumn: int)	当前单元格发生改变时发送信号
currentItemChanged(currentItem, previousItem)	当前表格项发生改变时发送信号
itemActivated(QTableWidgetItem)	表格项活跃时发送信号
itemChanged(QTableWidgetItem)	表格项的数据发生改变时发送信号
itemClicked(QTableWidgetItem)	单击表格项时发送信号
itemDoubleClicked(QTableWidgetItem)	双击表格项时发送信号
itemEntered(QTableWidgetItem)	光标进入表格项时发送信号

续表

QTableWidget 的信号及参数类型	说　明
itemPressed(QTableWidgetItem)	光标在表格项上按下按键时发送信号
itemSelectionChanged()	选择的表格项发生改变时发送信号

4. Python 读取 Excel 文档的方法

本书中有些实例直接从 Excel 文档中读取数据，因此需要介绍一下 Python 读写 Excel 文档的方法。Python 对 Excel 文件的读写需要安装第三方软件包。用于处理 Excel 文件的第三方软件包有 xlrd、xlwt、xlwings、xlsxwriter、pandas、win32com 和 openpyxl，本书只介绍 openpyxl 的使用方法。openpyxl 是一种综合的工具，不仅能够同时读取和修改 Excel 文档，而且可以对 Excel 文件内单元格进行详细设置，包括单元格样式等，还支持图表插入、打印设置等功能。使用 openpyxl 可以读写 Excel 2010 的 xltm、xltx、xlsm、xlsx 类型的文件，且可以处理数据量较大的 Excel 文件。使用 openpyxl 前需先下载安装，在 Windows 的 cmd 窗口中输入"pip install openpyxl"并按 Enter 键安装完成。安装完成后在 Python 的安装目录 Lib\site-packages 下可以看到 openpyxl 包。使用 openpyxl 时需要先用 import openpyxl 语句把 openpyxl 包导入进来。

openpyxl 包的 3 个主要类是 Workbook、Worksheet 和 Cell。Workbook 是一个 Excel 文档对象，是包含多个工作表格的 Excel 文件；Worksheet 是 Workbook 中的一个工作表格，一个 Workbook 中有多个 Worksheet，Worksheet 通过表名识别，如 Sheet1、Sheet2 等；Cell 是 Worksheet 上的单元格，可以存储具体的数据。

1）创建工作簿 Workbook 对象

用 Workbook 类创建工作簿对象的格式为 Workbook(write_only=False)，其中 write_only=False 表示可以往工作簿中写数据也可以读数据；如果 write_only=True，则表示只能写数据，不能读数据。当要处理大量数据时，而且只是写数据，采用 write_only=True 模式可以提高写入速度。用 mybook = openpyxl.Workbook()语句将创建一个工作簿，打开一个已经存在的 Excel 文档(*.xlsx)可以用 openpyxl 的 load_workbook()方法，其格式如下所示。

```
load_workbook(filename, read_only = False, keep_vba = False, data_only = False, keep_links =
True)
```

其中，filename 是要打开的文件名；read_only=False 表示可以读和写，如果 read_only=True，表示只能读不能写，当要读取大量数据时，用 read_only=True 可以加快读取速度；keep_vba 表示是否保留 VB 脚本；data_only 表示保留单元格上的数学公式，还是 Excel 最后一次存盘的数据。openpyxl 并不能读取 *.xlsx 文件中的所有数据，例如图片、数据图表等将丢失。

2）创建工作表格 Worksheet 对象

读取数据和保存数据需要工作表格 Worksheet 对象。工作表格对象由单元格 Cell 对象构成，每个 Cell 对象就是一个单元格，每个单元格存放一个数据。用 Workbook 创建工作簿时，会自动带一个 Worksheet 对象，可以通过 active 属性引用这个工作表格对象。用

Office Excel 建立文档时会创建 3 个工作表格。

用 Workbook 创建工作表格对象是用 Workbook 类的 create_sheet()方法,create_sheet()方法的格式为 create_sheet(title=None,index=None),其中 title 是工作表格实例的名称,index 是工作表格实例的序号或索引号。如果没有输入 title,默认使用"Sheet"作为工作表格的名称,如果"Sheet"名称已经存在,则使用"Sheet1"作为工作表格实例的名称,如果"Sheet1"名称已经存在,则使用"Sheet2"作为工作表格实例的名称,以此类推。index 是工作表格的序列号,序列号按照 0,1,2,…的顺序排列,序列号小的工作表格放到前面。可以用工作表格的 title 属性输出工作表格的名称,也可以用工作簿的 sheetnames 属性输出工作表格的名称列表。

下面的代码是创建工作表格的方法。运行后在磁盘上将会创建 myExcel.xlsx 文件,用 Office Excel 打开该文件,可以看到有 5 个工作表格,只是工作表格中还没有数据。

```
import openpyxl                                 # Demo5_2.py
wbook = openpyxl.Workbook()                     # 创建工作簿实例对象
wsheet1 = wbook.active                          # 用 wsheet1 指向活动的工作表格
wsheet2 = wbook.create_sheet()                  # 创建工作表格对象 wsheet2
wsheet3 = wbook.create_sheet("mySheet")         # 创建工作表格对象,名称是 mySheet
wsheet4 = wbook.create_sheet("mySheet1",0)  # 创建工作表格对象,名称是 mySheet1,序号是 0
wsheet5 = wbook.create_sheet("mySheet2",1)  # 创建工作表格对象,名称是 mySheet2,序号是 1
print(wsheet1.title,wsheet2.title,wsheet3.title,wsheet4.title,wsheet5.title)
                                                # 输出工作表格名称
print("活动工作表格的名称:",wbook.active.title)   # 输出活动工作表格名称
print(wbook.sheetnames)                         # 输出工作表格名列表
wbook.save("d:\\myExcel.xlsx")                  # 存盘
# 运行结果如下:
# Sheet Sheet1 mySheet mySheet1 mySheet2
# 活动工作表格的名称: mySheet1
# ['mySheet1', 'mySheet2', 'Sheet', 'Sheet1', 'mySheet']
```

在打开一个 Excel 文件 *.xlsx 后,需要获取 Excel 文件中的工作表格,可以通过工作表格对象的名称(title)获取对工作表格的引用。有两种方法可以获取工作表格,一种是用"[ ]"方法获取,另一种是用工作簿的 get_sheet_by_name()方法获取。"[ ]"方法的格式为"工作簿['title']",get_sheet_by_name()方法的格式为"get_sheet_by_name('title')",建议使用前者。可以用 for 循环遍历工作表格,用工作簿的 index()方法或 get_index()方法可以获取工作表格的序列号,例如下面的代码:

```
from openpyxl import load_workbook              # Demo5_3.py
wbook = load_workbook("d:\\student.xlsx")

wsheet1 = wbook['学生成绩']
wsheet2 = wbook.get_sheet_by_name('Sheet')
print(wsheet1.title,wsheet2.title)
for sheet in wbook:                             # 遍历工作表格
```

```
    print(sheet.title)
a = wbook.index(wsheet1)              #获取工作表格实例的序列号
b = wbook.get_index(wsheet2)          #获取工作表格实例的序列号
print(a,b)
```

3）对单元格的操作

单元格用于存储数据，从单元格中读取数据或往单元格中写数据都需要找到对应的单元格。定位单元格可以通过单元格的名称或单元格所在的行列号来进行，获得单元格的数据可以用单元格的 value 属性，往单元格中写入数据。下面的程序新建一个工作簿对象，往工作表格中添加 3 列值，第 1 列是角度值，第 2 列是正弦值，第 3 列是余弦值。

```
import openpyxl, math                                    #Demo5_4.py
mybook = openpyxl.Workbook()
mysheet = mybook.active
mysheet.title = "正弦和余弦值"
mysheet["A1"] = "角度值(度)"
mysheet["B1"] = "正弦值"
mysheet["C1"] = "余弦值"
for i in range(360):
    mysheet.cell(row = i + 2, column = 1, value = i)
    mysheet.cell(row = i + 2, column = 2, value = math.sin(i * math.pi/180))
    mysheet.cell(row = i + 2, column = 3, value = math.cos(i * math.pi/180))
mybook.save("d:\\sin_cos.xlsx")
```

通过切片方式可以获得单元格元组，也可以通过整列、整行或多列、多行的方式获得由单元格构成的元组，用工作表格的 values 属性可以输出工作表格的所有单元格的值，用 dimensions 属性可以输出工作表格中所有数据的范围，例如下面的代码。

```
from openpyxl import load_workbook                      #Demo5_5.py
wbook = load_workbook("d:\\student.xlsx")
wsheet = wbook['学生成绩']
cell_range = wsheet["A2:F6"]                            #单元格切片，返回值是按行排列的单元格元组
for i in cell_range:                                    # i是行单元格元组
    for j in i:                                         # j是单元格
        print(j.value,end = ' ')                        # 输出元组中单元格的值
    print()
columnA = wsheet['A']                                   # columnA 是 A 列单元格元组
row1 = wsheet['1']                                      # row1 是第 1 行单元格元组
row2 = wsheet[2]                                        # row2 是第 2 行单元格元组
columnB_F = wsheet["B:F"]                               # columnB_F 是从 B 列到 F 列单元格元组
row1_2 = wsheet["1:2"]                                  # row1_2 是第 1 行到第 2 行单元格元组
row3_5 = wsheet[3:5]                                    # row3_5 是第 3 行到第 5 行单元格元组
for i in columnA:                                       # i 是 A 列中的单元格
    print(i.value,end = ' ')
print()
```

```
for i in columnB_F:                          # i是列单元格元组
    for j in i:                              # j是单元格
        print(j.value,end = ' ')
    print()
for i in row3_5:                             # i是行单元格元组
    for j in i:                              # j是单元格
        print(j.value,end = ' ')
    print()
for i in wsheet.values:                      #输出工作表格中所有单元格的值
    for j in i:
        print(j,end = ' ')
    print()
cell_range = wsheet[wsheet.dimensions]      #获取工作表格中所有数据的单元格
for i in cell_range:                         #输出工作表格中所有单元格的值
    for j in i:
        print(j.value,end = ' ')
    print()
```

关于 Python 对 Excel 表格更多的操作，请参考本书作者所著《Python 编程基础与科学计算》第 9 章中的内容。

5. 表格控件 QTableWidget 的应用实例

下面的程序从 Excel 文档 student.xlsx 中读取数据，用表格控件显示读取的数据，可以统计总成绩和平均成绩，并可以把数据保存到新的 Excel 文档中。原数据和程序界面如图 5-4 所示。

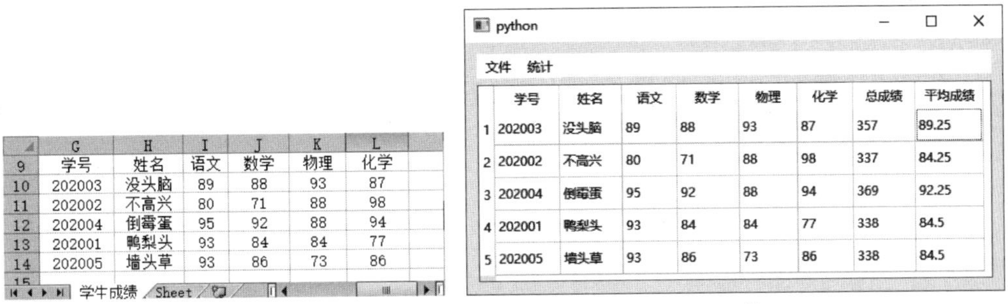

	G	H	I	J	K	L
9	学号	姓名	语文	数学	物理	化学
10	202003	没头脑	89	88	93	87
11	202002	不高兴	80	71	88	98
12	202004	倒霉蛋	95	92	88	94
13	202001	鸭梨头	93	84	84	77
14	202005	墙头草	93	86	73	86

学生成绩 / Sheet

(a)

python

文件　统计

	学号	姓名	语文	数学	物理	化学	总成绩	平均成绩
1	202003	没头脑	89	88	93	87	357	89.25
2	202002	不高兴	80	71	88	98	337	84.25
3	202004	倒霉蛋	95	92	88	94	369	92.25
4	202001	鸭梨头	93	84	84	77	338	84.5
5	202005	墙头草	93	86	73	86	338	84.5

(b)

图 5-4　原数据和程序界面

(a) 原数据；(b) 程序界面

```
import sys,os                                          #Demo5_6.py
from PySide6.QtWidgets import (QApplication,QWidget,QMenuBar,QVBoxLayout,
                               QFileDialog,QTableWidget,QTableWidgetItem)
from openpyxl import load_workbook,Workbook

class MyWindow(QWidget):
    def __init__(self,parent = None):
        super().__init__(parent)
```

```
        self.setupUi()
    def setupUi(self):                                        #建立主程序界面
        menuBar = QMenuBar(self)
        fileMenu = menuBar.addMenu("文件")                     #菜单
        self.action_open = fileMenu.addAction("打开")          #动作
        self.action_saveAs = fileMenu.addAction("另存")        #动作
        fileMenu.addSeparator()
        self.action_exit = fileMenu.addAction("退出")
        statisticMenu = menuBar.addMenu("统计")                #菜单
        self.action_total = statisticMenu.addAction("插入总成绩")  #动作
        self.action_average = statisticMenu.addAction("插入平均分") #动作
        self.action_saveAs.setEnabled(False)
        self.action_total.setEnabled(False)
        self.action_average.setEnabled(False)

        self.tableWidget = QTableWidget(self)                 #表格控件
        v = QVBoxLayout(self)
        v.addWidget(menuBar)
        v.addWidget(self.tableWidget)

        self.action_open.triggered.connect(self.action_open_triggered)  #信号与槽连接
        self.action_saveAs.triggered.connect(self.action_saveAs_triggered)
                                                              #信号与槽连接
        self.action_exit.triggered.connect(self.close)        #信号与槽连接
        self.action_total.triggered.connect(self.action_total_triggered)
                                                              #信号与槽连接
        self.action_average.triggered.connect(self.action_average_triggered)
    def action_open_triggered(self):                          #打开 Excel 文件
        score = list()                              #读取数据后,保存数据的列表
        fileName,fil = QFileDialog.getOpenFileName(self,"打开文件","d:\\",
                                        "Excel 文件(*.xlsx)")
        if os.path.exists(fileName):
            wbook = load_workbook(fileName)
            wsheet = wbook.active
            cell_range = wsheet[wsheet.dimensions]       #按行排列的单元格对象元组

            for i in cell_range:                          # i是Excel行单元格元组
                temp = list()                                 # 临时列表
                for j in i:                                   # j是单元格对象
                    temp.append(str(j.value))
                score.append(temp)
            row_count = len(score) - 1                        # 行数,不包含表头
            column_count = len(score[0])                      # 列数

            self.tableWidget.setRowCount(row_count)
            self.tableWidget.setColumnCount(column_count)
            self.tableWidget.setHorizontalHeaderLabels(score[0])
            for i in range(row_count):
                for j in range(column_count):
                    cell = QTableWidgetItem()
```

```
                cell.setText(score[i + 1][j])
                self.tableWidget.setItem(i, j, cell)
            self.action_saveAs.setEnabled(True)
            self.action_total.setEnabled(True)
            self.action_average.setEnabled(True)
    def action_saveAs_triggered(self):                #另存
        score = list()
        fileName,fil = QFileDialog.getSaveFileName(self,"保存文件","d:\\",
                                                   "Excel 文件(*.xlsx)")
        if fileName!= "":
            temp = list()
            for j in range(self.tableWidget.columnCount()):
                temp.append(self.tableWidget.horizontalHeaderItem(j).text())
            score.append(temp)
            for i in range(self.tableWidget.rowCount()):
                temp = list()
                for j in range(self.tableWidget.columnCount()):
                    temp.append(self.tableWidget.item(i,j).text())
                score.append(temp)
            wbook = Workbook()
            wsheet = wbook.create_sheet("学生成绩",0)
            for i in score:
                wsheet.append(i)
            wbook.save(fileName)
    def action_total_triggered(self):                 #计算总成绩
        column = self.tableWidget.columnCount()
        self.tableWidget.insertColumn(column)
        item = QTableWidgetItem("总成绩")
        self.tableWidget.setHorizontalHeaderItem(column,item)
        for i in range(self.tableWidget.rowCount()):
            total = 0
            for j in range(2,6):
                total = total + int(self.tableWidget.item(i,j).text())
            item = QTableWidgetItem(str(total))
            self.tableWidget.setItem(i,column,item)
    def action_average_triggered(self):               #计算平均成绩
        column = self.tableWidget.columnCount()
        self.tableWidget.insertColumn(column)
        item = QTableWidgetItem("平均成绩")
        self.tableWidget.setHorizontalHeaderItem(column,item)
        for i in range(self.tableWidget.rowCount()):
            total = 0
            for j in range(2,6):
                total = total + int(self.tableWidget.item(i,j).text())
            item = QTableWidgetItem(str(total/4))
            self.tableWidget.setItem(i,column,item)
if __name__ == '__main__':
    app = QApplication(sys.argv)
    window = MyWindow()
    window.show()
    sys.exit(app.exec())
```

5.1.3 树结构控件 QTreeWidget 及其项 QTreeWidgetItem 与实例

树结构控件 QTreeWidget 继承自 QTreeView 类，它是 QTreeView 的便利类。树结构控件由 1 列或多列构成，没有行的概念。树结构控件有 1 个或多个顶层项，顶层项下面有任意多个子项，子项下面还可以有子项，顶层项没有父项。顶层项和子项都是 QTreeWidgetItem，每个 QTreeWidgetItem 可以定义在每列显示的文字和图标，一般应在第 1 列中定义文字或图标，其他列中是否设置文字和图标，需要用户视情况而定。可以把每个项理解成树结构控件的一行，只不过行之间有层级关系，可以折叠和展开。树结构控件的外观如图 5-5 所示，它由两列构成，分别是“噪声源”和“噪声值”，有两个顶层项“高铁”和“地铁”。

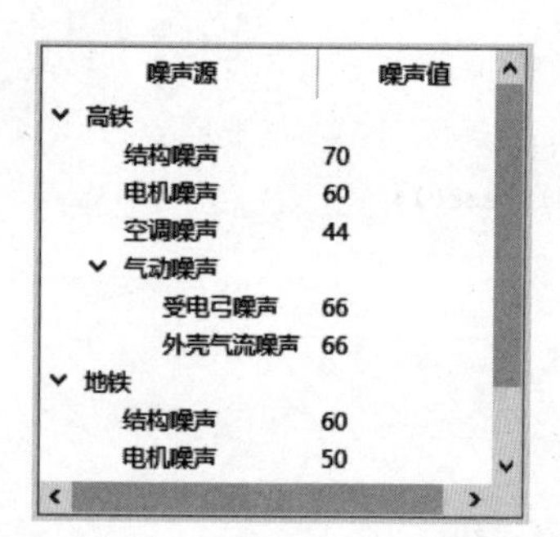

图 5-5 树结构控件的外观

用 QTreeWidget 类创建树结构控件的方法如下。其中 parent 是 QTreeWidget 树结构控件所在的父窗口或控件。

```
QTreeWidget(parent:QWidget = None)
```

用 QTreeWidgetItem 类创建树结构项的方法如下。其中 Sequence[str]表示字符串序列，是各列上的文字。第 1 个参数是 QTreeWidget 时表示项追加到树结构控件中，这时新创建的项是顶层项；第 1 个参数是 QTreeWidgetItem 表示父项，这时新创建的项作为子项追加到父项下面；第 2 个参数是 QTreeWidgetItem 时表示新创建的项插入到该项的后面。type 可以取 QTreeWidgetItem.Type(值是 0)或 QTreeWidgetItem.UserType(值是 1000，自定义类型的最小值)。

```
QTreeWidgetItem(type = QTreeWidgetItem.Type)
QTreeWidgetItem(Sequence[str], type = QTreeWidgetItem.Type)
QTreeWidgetItem(QTreeWidget, type = QTreeWidgetItem.Type)
QTreeWidgetItem(QTreeWidget, Sequence[str], type = QTreeWidgetItem.Type)
QTreeWidgetItem(QTreeWidget, QTreeWidgetItem, type = QTreeWidgetItem.Type)
QTreeWidgetItem(QTreeWidgetItem, type = QTreeWidgetItem.Type)
QTreeWidgetItem(QTreeWidgetItem, Sequence[str], type = QTreeWidgetItem.Type)
QTreeWidgetItem(QTreeWidgetItem, QTreeWidgetItem, type = QTreeWidgetItem.Type)
```

1. 树结构控件 QTreeWidget 的常用方法

树结构控件 QTreeWidget 的常用方法如表 5-8 所示，主要方法介绍如下。

- 树结构控件的列的数量由 setColumnCount(columns: int)方法定义，可以为项的每个列定义文字、图标、背景色和前景色、控件和角色值。
- 树结构控件可以添加顶层项，往项中添加子项需要用项的方法。用 addTopLevelItem(QTreeWidgetItem)方法和 addTopLevelItems(Sequence[QTreeWidgetItem])方法添加顶层项；用 insertTopLevelItem(index: int, QTreeWidgetItem)方法和 insertTopLevelItems(index: int, Sequence[QTreeWidgetItem])方法可以插入顶层项；用 takeTopLevelItem(index: int)方法

可以移除顶层项，并返回该项；用 topLevelItemCount()方法可以获取顶层项的数量；用 topLevelItem(index: int)方法可以获取索引值是 index 的顶层项。

- 用 setCurrentItem(QTreeWidgetItem)方法设置当前项，用 setCurrentItem(QTreeWidgetItem,column: int)方法设置当前项和当前列，用 currentItem()方法获取当前项。
- 用 setHeaderItem(QTreeWidgetItem)方法可以设置表头项，用 setHeaderLabel(label: str)方法和 setHeaderLabels(labels: Sequence[str])方法设置表头文字。
- 用 collapseItem(QTreeWidgetItem)方法可以折叠指定的项，用 collapseAll()方法可以折叠所有的项，用 expandItem(QTreeWidgetItem)方法可以展开指定的项，用 expandAll()方法可以展开所有的项。

表 5-8 树结构控件 QTreeWidget 的常用方法

QTreeWidget 的方法及参数类型	说 明
setColumnCount(columns: int)	设置列数
columnCount()	获取列数
currentColumn()	获取当前列
setColumnWidth(column: int,width: int)	设置列的宽度
setColumnHidden(column: int,hide: bool)	设置列是否隐藏
addTopLevelItem(QTreeWidgetItem)	添加顶层项
addTopLevelItems(Sequence[QTreeWidgetItem])	添加多个顶层项
insertTopLevelItem(index: int,QTreeWidgetItem)	插入顶层项
insertTopLevelItems(index: int,Sequence[QTreeWidgetItem])	插入多个顶层项
takeTopLevelItem(index: int)	移除顶层项，并返回移除的项
topLevelItem(index: int)	获取索引值是 int 的顶层项
topLevelItemCount()	获取顶层项的数量
setCurrentItem(QTreeWidgetItem)	把指定的项设置成当前项
setCurrentItem(QTreeWidgetItem,column: int)	设置当前项和当前列
currentItem()	获取当前项
editItem(QTreeWidgetItem,column: int=0)	开始编辑项
findItems(str,Qt.MatchFlag,column: int=0)	搜索项，返回项的列表
setHeaderItem(QTreeWidgetItem)	设置表头
setHeaderLabel(label: str)	设置表头第 1 列文字
setHeaderLabels(labels: Sequence[str])	设置表头文字
headerItem()	获取表头项
indexOfTopLevelItem(QTreeWidgetItem)	获取顶层项的索引值
invisibleRootItem()	获取不可见的根项
itemAbove(QTreeWidgetItem)	获取指定项之前的项
itemBelow(QTreeWidgetItem)	获取指定项之后的项
itemAt(QPoint)	获取指定位置的项
itemAt(x: int,y: int)	获取指定位置的项
openPersistentEditor(QTreeWidgetItem,column=0)	打开编辑框
isPersistentEditorOpen(QTreeWidgetItem,column=0)	获取编辑框是否已经打开
closePersistentEditor(QTreeWidgetItem,column=0)	关闭编辑框

续表

QTreeWidget 的方法及参数类型	说　明
[**slot**]scrollToItem(QTreeWidgetItem)	滚动树结构，使指定的项可见
selectedItems()	获取选中的项列表
setFirstItemColumnSpanned(QTreeWidgetItem，bool)	只显示指定项的第1列的值
isFirstItemColumnSpanned(QTreeWidgetItem)	获取是否只显示第1列的值
setItemWidget(QTreeWidgetItem，column：int，QWidget)	在指定项的指定列设置控件
itemWidget(QTreeWidgetItem，column：int)	获取项上的控件
removeItemWidget(QTreeWidgetItem，column：int)	移除项上的控件
[**slot**]collapseItem(QTreeWidgetItem)	折叠项
collapseAll()	折叠所有的项
[**slot**]expandItem(QTreeWidgetItem)	展开项
expandAll()	展开所有的项
[**slot**]clear()	清空所有项

2. 树结构项 QTreeWidgetItem 的常用方法

树结构项 QTreeWidgetItem 的常用方法如表 5-9 所示，主要方法介绍如下。

- 用 addChild(QTreeWidgetItem)方法或 addChildren(Sequence[QTreeWidgetItem])方法可以为项添加子项，用 insertChild(index：int，QTreeWidgetItem)方法或 insertChildren(index：int，Sequence[QTreeWidgetItem])方法可以在项的子项中插入子项，用 childCount()方法可以获取子项的数量，用 child(index：int)方法可以获取指定索引号的子项。
- 用 takeChild(int)方法移除指定索引号的项，并返回该项；用 removeChild(QTreeWidgetItem)方法移除指定的子项；用 takeChildren()方法移除所有的子项，并返回子项列表。
- 用 setText(index：int，str)方法设置项的第 int 列的文字，用 setIcon(index：int，QIcon)方法设置项的第 int 列的图标，用 setFont(index：int，QFont)方法设置项的第 int 列的字体，用 setBackground(index：int，QColor)方法设置项第 int 列的背景色，用 setForeground(index：int，QColor)方法设置项第 int 列的前景色。
- 用 setCheckState(column：int，Qt. CheckState)方法设置项的第 int 列的勾选状态，其中 Qt. CheckState 可以取 Qt. Unchecked(未勾选)、Qt. PartiallyChecked(部分勾选，如果有子项)或 Qt. Checked(勾选)；用 checkState(column：int)方法获取项的勾选状态。
- 用 setExpanded(True)方法展开项，用 setExpanded(False)方法折叠项。
- 用 setChildIndicatorPolicy(QTreeWidgetItem. ChildIndicatorPolicy)方法设置展开/折叠标识的显示策略，其中 QTreeWidgetItem. ChildIndicatorPolicy 可以取 QTreeWidgetItem. ShowIndicator（不论有没有子项，都显示标识）、QTreeWidgetItem. DontShowIndicator（即便有子项，也不显示标识）或 QTreeWidgetItem. DontShowIndicatorWhenChildless（当没有子项时，不显示标识）。

表 5-9　树结构项 QTreeWidgetItem 的常用方法

QTreeWidgetItem 的方法及参数类型	说　明
addChild(QTreeWidgetItem)	添加子项
addChildren(Sequence[QTreeWidgetItem])	添加多个子项
insertChild(int,QTreeWidgetItem)	插入子项
insertChildren(int,Sequence[QTreeWidgetItem])	插入多个子项
child(int)	获取子项
childCount()	获取子项数量
takeChild(index: int)	移除子项,并返回子项
takeChildren()	移除所有子项,返回子项列表
removeChild(QTreeWidgetItem)	移除子项
setCheckState(column: int,Qt.CheckState)	设置勾选状态
checkState(column: int)	获取勾选状态
setText(column: int,text: str)	设置列的文本
text(column: int)	获取列的文本
setTextAlignment(column: int,alignment: int)	设置列的文本对齐方式
setIcon(column: int,QIcon)	设置列的图标
setFont(column: int,QFont)	设置列的字体
font(column: int)	获取列的字体
setData(column: int,role: int,Any)	设置列的角色值
data(column: int,role: int)	获取列的角色值
setBackground(column: int,QColor)	设置背景色
setForeground(column: int,QColor)	设置前景色
columnCount()	获取列的数量
indexOfChild(QTreeWidgetItem)	获取子项的索引
setChildIndicatorPolicy(QTreeWidgetItem.ChildIndicatorPolicy)	设置展开/折叠标识的显示策略
childIndicatorPolicy()	获取展开策略
setDisabled(bool)	设置是否激活
isDisabled()	获取是否激活
setExpanded(bool)	设置是否展开
isExpanded()	获取是否已经展开
setFirstColumnSpanned(bool)	设置只显示第 1 列的内容
setFlags(Qt.ItemFlag)	设置标识
setHidden(bool)	设置是否隐藏
setSelected(bool)	设置是否选中
setStatusTip(column: int,str)	设置状态信息
setToolTip(column: int,str)	设置提示信息
setWhatsThis(column: int,str)	设置按 Shift+F1 键显示的信息
sortChildren(column: int,Qt.SortOrder)	对子项进行排序
parent()	获取项的父项
treeWidget()	获取项所在的树结构控件

3. 树结构控件 QTreeWidget 的信号

树结构控件 QTreeWidget 的信号如表 5-10 所示。

表 5-10 树结构控件 QTreeWidget 的信号

QTreeWidget 的信号及参数类型	说 明
currentItemChanged(currentItem,previousItem)	当前项发生改变时发送信号
itemActivated(item,column)	项变成活跃项时发送信号
itemChanged(item,column)	项发生改变时发送信号
itemClicked(item,column)	单击项时发送信号
itemDoubleClicked(item,column)	双击项时发送信号
itemEntered(item,column)	光标进入项时发送信号
itemPressed(item,column)	在项上按下鼠标按键时发送信号
itemExpanded(item)	展开项时发送信号
itemCollapsed(item)	折叠项时发送信号
itemSelectionChanged()	选择的项发生改变时发送信号

4. 树结构控件 QTreeWidget 的应用实例

下面的程序建立一个树结构控件,单击树结构控件的子项,可以把子项上的内容输出。程序运行界面如图 5-5 所示。

```
import sys                                                    # Demo5_7.py
from PySide6.QtWidgets import QApplication,QWidget,QSplitter,QTextBrowser, \
                    QHBoxLayout,QTreeWidget,QTreeWidgetItem
from PySide6.QtCore import Qt

class MyWindow(QWidget):
    def __init__(self,parent = None):
        super().__init__(parent)
        self.widget_setupUi()
        self.treeWidget_setUp()
    def widget_setupUi(self):                                 # 建立主程序界面
        h = QHBoxLayout(self)
        splitter = QSplitter(Qt.Horizontal,self)
        h.addWidget(splitter)
        self.treeWidget = QTreeWidget()
        self.textBrowser = QTextBrowser()
        splitter.addWidget(self.treeWidget)
        splitter.addWidget(self.textBrowser)
    def treeWidget_setUp(self):                               # 建立树结构控件
        self.treeWidget.setColumnCount(2)                     # 设置列数
        header = QTreeWidgetItem()                            # 表头项
        header.setText(0, "噪声源")
        header.setText(1, "噪声值")
        header.setTextAlignment(0,Qt.AlignCenter)
        header.setTextAlignment(1, Qt.AlignCenter)
        self.treeWidget.setHeaderItem(header)

        self.topItem_1 = QTreeWidgetItem(self.treeWidget)         # 顶层项
        self.topItem_1.setText(0,"高铁")
```

```
        child_1 = QTreeWidgetItem(self.topItem_1,["结构噪声","70"])   #子项
        child_2 = QTreeWidgetItem(self.topItem_1, ["电机噪声", "60"])  #子项
        child_3 = QTreeWidgetItem(self.topItem_1, ["空调噪声","44"])   #子项
        child_4 = QTreeWidgetItem(self.topItem_1, ["气动噪声"])         #子项
        child_5 = QTreeWidgetItem(child_4, ["受电弓噪声","66"])         #子项
        child_6 = QTreeWidgetItem(child_4, ["外壳气流噪声", "66"])      #子项

        self.topItem_2 = QTreeWidgetItem(self.treeWidget)               #顶层项
        self.topItem_2.setText(0, "地铁")
        child_7 = QTreeWidgetItem(self.topItem_2, ["结构噪声", "60"])  #子项
        child_8 = QTreeWidgetItem(self.topItem_2, ["电机噪声", "50"])  #子项
        child_9 = QTreeWidgetItem(self.topItem_2, ["空调噪声", "44"])  #子项
        child_10 = QTreeWidgetItem(self.topItem_2, ["气动噪声"])        #子项
        child_11 = QTreeWidgetItem(child_10, ["受电弓噪声", "56"])      #子项
        child_12 = QTreeWidgetItem(child_10, ["外壳气流噪声", "56"])    #子项

        self.treeWidget.itemClicked.connect(self.treeWidget_clicked)    #信号与槽的连接
        self.treeWidget.expandAll()
    def treeWidget_clicked(self,item,column):
        if item.text(1) != "":
            self.textBrowser.append("噪声源:%s 噪声值:%s" % (item.text(0),item.text
(1)))
if __name__ == '__main__':
    app = QApplication(sys.argv)
    window = MyWindow()
    window.show()
    sys.exit(app.exec())
```

5.2　数据模型基础

5.2.1　Model/View 机制与实例

对于存储在本机上的数据，可以采用另外一种机制将其显示出来，如图 5-6 所示。可以先把数据读取到一个能保存数据的类中，或者类不直接读取数据，但能提供读取数据的接口，然后用能显示数据的控件把数据从模型中读取并显示出来，显示数据的控件并不存储数据，显示的数据只是数据的一个映射。像这种能保存数据或者能提供数据接口的类称为数据模型(model)，把数据模型中的数据显示出来的控件称为视图(view)控件。要修改或增删视图控件中显示的数据，一种方法是在后台的数据模型中直接修改或增删数据，数据模型中的数据改变了，视图控件中显示的数据也会同时改变，视图控件不直接编辑数据，视图控件显示的数据只是对数据模型中数据的一种映射，是单向的；另一种方法是调用可以编辑数据的控件，在编辑控件中修改数据，例如编辑文本数据时调用 QLineEdit 控件，文本数据在 QLineEdit 中修改，编辑整数和浮点数数据时可以调用 QSpinBox 控件和 QDoubleSpinBox 控件，修改完成后，通过信号通知数据模型和视图控件，数据模型中的数

据和视图控件显示的数据也同时发生改变，像这种用于编辑数据的控件称为代理控件。

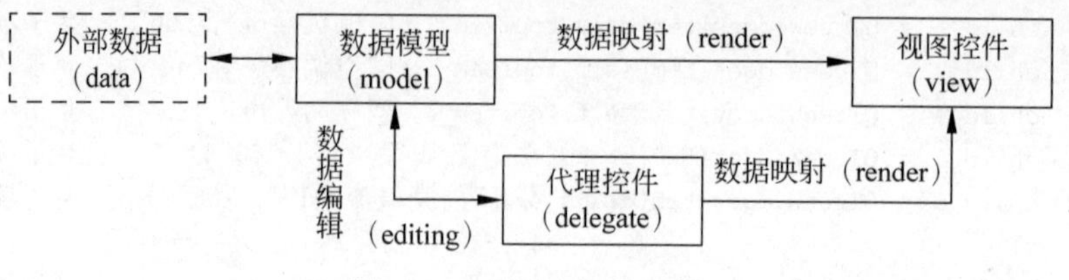

图 5-6 Model/View 机制

下面的程序先建立一个数据模型 QStringListModel()，并添加数据，然后建立两个 QListView 视图控件，并设置相同的数据模型，双击任意一个视图控件中的文字，修改其值后，另一个视图控件同时发生变化。

```
import sys                                              # Demo5_8.py
from PySide6.QtWidgets import QApplication,QWidget,QListView,QHBoxLayout
from PySide6.QtCore import QStringListModel

class MyWindow(QWidget):
    def __init__(self,parent = None):
        super().__init__(parent)
        self.setupUi()
    def setupUi(self):
        self.listModel = QStringListModel(self)  # 数据模型
        self.listModel.setStringList(['语文','数学','物理','化学']) # 数据模型中添加数据

        self.listView1 = QListView()              # 视图控件
        self.listView2 = QListView()              # 视图控件

        self.listView1.setModel(self.listModel) # 为视图控件设置数据模型
        self.listView2.setModel(self.listModel) # 为视图控件设置数据模型
        h = QHBoxLayout(self)                   # 水平布局
        h.addWidget(self.listView1)
        h.addWidget(self.listView2)
if __name__ == '__main__':
    app = QApplication(sys.argv)
    window = MyWindow()
    window.show()
    sys.exit(app.exec())
```

5.2.2 数据模型的类型

根据用途不同，数据模型分为多种类型，它们的继承关系如图 5-7 所示。QAbstractItemModel 是所有数据模型的基类，继承自 QAbstractItemModel 的类有 QStandardItemModel、QFileSystemModel、QHelpContentModel、QAbstractListModel、QAbstractTableModel 和 QAbstractProxyModel，其中 QAbstractListModel、QAbstractTableModel 和 QAbstractProxyModel 又有不同的派生类。本章主要对 QStringListModel、QFileSystemModel 和 QStandardItemModel 进行讲解。

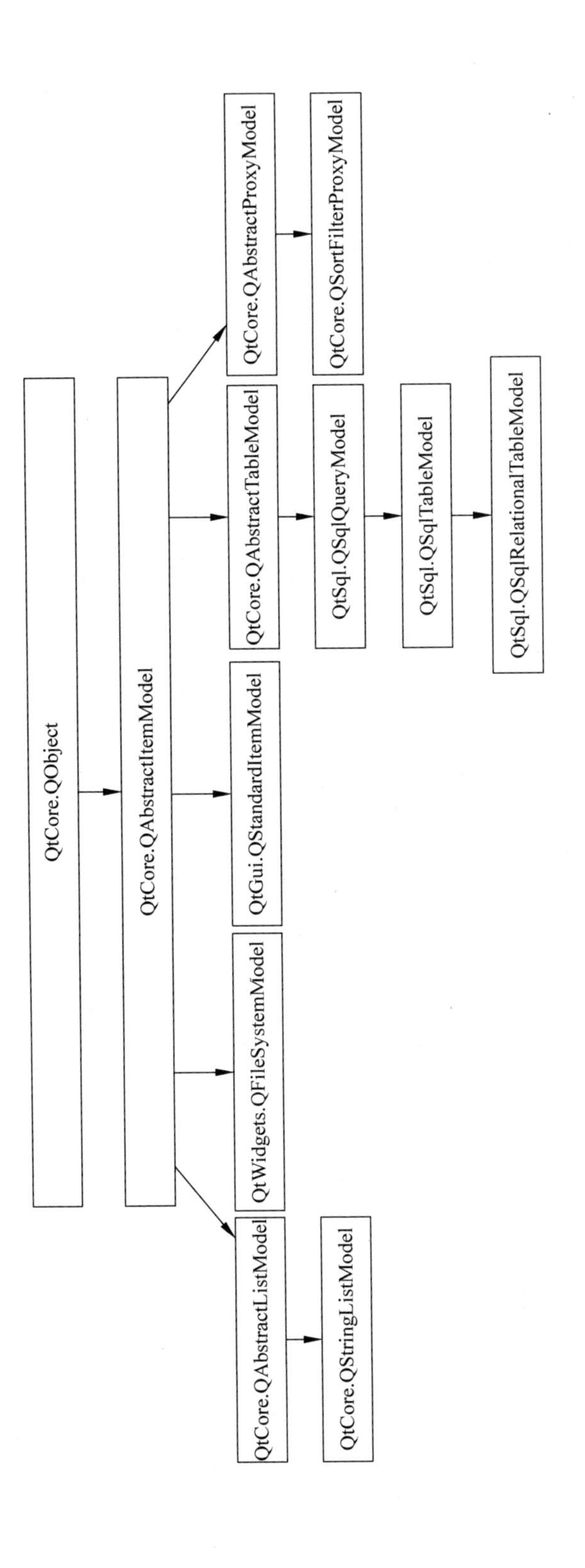

图 5-7　数据模型的继承关系

数据模型存储数据的3种常见结构形式如图5-8所示，主要有列表模型(list model)、表格模型(table model)和树结构模型(tree model)。列表模型中的数据没有层级关系，由一列多行数据构成；表格模型由多行多列数据构成；树结构模型的数据是有层级关系的，每层数据下面还有子层数据。不管数据的存储形式如何，每个数据都称为数据项(data item)。数据项存储不同角色、不同用途的数据，每个数据项都有一个索引(model index)，通过数据索引可以获取数据项上存储的数据。

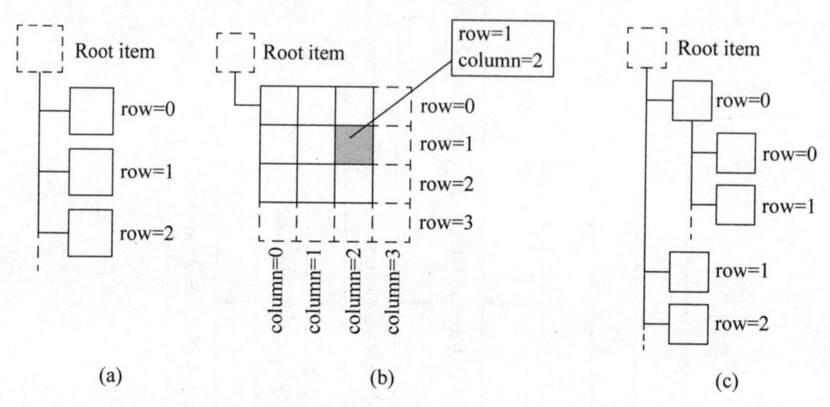

图5-8 数据模型存储数据的3种结构形式

(a) 列表模型；(b) 表格模型；(c) 树结构模型

5.2.3 数据项的索引QModelIndex

数据模型中存放着数据，要获取或写入数据，需要知道数据所在的行和列。行和列单独构成一个类，称为数据项索引QModelIndex，通过数据项索引可以定位到对应的数据。由于数据模型可能是一个列表、表格、树或更复杂的结构，所以数据模型的数据索引也会比较复杂。通常用QModelIndex()表示指向数据模型根部的索引，这个索引不指向任何数据，表示最高层索引。用数据模型的index(row, column, parent)表示索引parent(类型是QModelIndex)下的第row行第column列的数据项索引，例如index_1＝index(2, 1, QModelIndex())表示根目录下的第row＝2行第column＝1列数据的索引，如果在该数据项下还有子数据项，则index_2＝index(1, 3, index_1)表示在index_1下的第row＝1行第column＝3列数据项的索引，其他情况类推。

数据项索引的常用方法如表5-11所示。用parent()方法可以获得父数据项的索引；用sibling(row, column)方法、siblingAtColumn(column)方法和siblingAtRow(row)方法可以获取同级别的row行column列的数据项的索引；用isValid()方法可以判断索引是否有效；用row()方法和column()方法可以获取数据索引所指向的行值和列值；用flags()方法获取数据项的状态，返回值是Qt.ItemFlag的枚举值，可能是Qt.NoItemFlags(没有任何属性)、Qt.ItemIsSelectable(可选择)、Qt.ItemIsEditable(可编辑)、Qt.ItemIsDragEnabled(可拖拽)、Qt.ItemIsDropEnabled(可拖放)、Qt.ItemIsUserCheckable(可勾选)、Qt.ItemIsEnabled(可激活)、Qt.ItemIsAutoTristate(由子项的状态决定)、Qt.ItemNeverHasChildren(禁止有子项)或Qt.ItemIsUserTristate(用户可以在3种状态间切换)。

表 5-11　数据项索引 QModelIndex 的常用方法

QModelIndex 的方法及参数类型	返回值的类型	说　明
model()	QAbstractItemModel	获取数据模型
parent()	QModelIndex	获取父索引
sibling(row：int,column：int)	QModelIndex	获取同级别的索引
siblingAtColumn(column：int)	QModelIndex	按列获取同级别的索引
siblingAtRow(row：int)	QModelIndex	按行获取同级别的索引
row()	int	获取索引所指向的行值
column()	int	获取索引所指向的列值
data(role：int=Qt.ItemDataRole)	Any	获取数据项指定角色的数据
flags()	Qt.ItemFlag	获取标识
isValid()	bool	获取索引是否有效

5.2.4　抽象模型 QAbstractItemModel

1. 抽象模型 QAbstractItemModel 的方法

抽象模型 QAbstractItemModel 提供数据模型与视图控件的数据接口，不能直接使用该类，需要用其子类定义数据模型。QAbstractItemModel 的方法会被其子类继承，因此有必要介绍 QAbstractItemModel 提供的方法。抽象模型 QAbstractItemModel 的方法如表 5-12 所示，主要方法介绍如下。

表 5-12　抽象模型 QAbstractItemModel 的方法

QAbstractItemModel 的方法及参数类型	说　明
index(row：int，column：int，parent：QModelIndex)	获取父索引下的指定行和列的数据项索引
parent(QModelIndex)	获取父数据项的索引
sibling(row：int,column：int,QModelIndex)	获取同级别的指定行和列的数据索引
flags(QModelIndex)	获取指定数据项的标识 Qt.ItemFlag
hasChildren(parent=QModelIndex())	获取是否有子数据项
hasIndex(row：int，column：int，parent=QModelIndex())	获取是否能创建数据项索引
insertColumn(column：int,parent=QModelIndex())	插入列，成功则返回 True
insertColumns(column：int,count：int,parent=QModelIndex())	插入多列，成功则返回 True
insertRow(row：int,parent=QModelIndex())	插入行，成功则返回 True
insertRows(row：int，count：int，parent=QModelIndex())	插入多行，成功则返回 True
setData(QModelIndex，Any，role=Qt.ItemDataRole)	设置数据项的角色值，成功则返回 True
data(QModelIndex,role=Qt.ItemDataRole)	获取角色值
setItemData(QModelIndex，roles：Dict[int，Any])	用字典设置数据项的角色值，成功则返回 True

续表

QAbstractItemModel 的方法及参数类型	说　明
itemData(QModelIndex)	获取数据项的角色值 Dict[int,Any]
moveColumn(sourceParent: QModelIndex, sourceColumn: int, destinationParent: QModelIndex, destinationChild: int)	将目标数据项索引的指定列移动到目标数据项索引的指定列处,成功则返回 True
moveColumns(sourceParent: QModelIndex, sourceColumn: int, count: int, destinationParent: QModelIndex, destinationChild: int)	移动多列到目标索引的指定列处,成功则返回 True
moveRow(QModelIndex, int, QModelIndex, int)	移动单行,成功则返回 True
moveRows(QModelIndex, int, int, QModelIndex, int)	移动多行,成功则返回 True
removeColumn(column: int, parent: QModelIndex)	移除单列,成功则返回 True
removeColumns(column: int, count: int, parent: QModelIndex)	移除多列,成功则返回 True
removeRow(row: int, parent: QModelIndex)	移除单行,成功则返回 True
removeRows(row: int, count: int, parent: QModelIndex)	移除多行,成功则返回 True
rowCount(parent: QModelIndex)	获取行数
columnCount(parent: QModelIndex)	获取列数
setHeaderData(section: int, orientation: Qt. Orientation, value: Any, role: int=Qt. EditRole)	设置表头数据,成功则返回 True
headerData(section: int, orientation: Qt. Orientation, role: int=Qt. DisplayRole)	获取表头数据
supportedDragActions()	获取支持的拖放动作 Qt. DropActions
[**slot**]submit()	提交缓存信息到永久存储中
[**slot**]revert()	放弃提交缓存信息到永久存储中
sort(column: int, order: =Qt. AscendingOrder)	对指定列进行排序

- 用 index(row: int, column: int, parent: QModelIndex)方法可以获取某数据项的子项的索引,用 parent(QModelIndex)方法可以获取父项的索引,用 sibling(row: int, column: int, QModelIndex)方法可以获取同级别的数据项的索引。
- 用 setData(QModelIndex, Any, role=Qt. ItemDataRole)方法可以设置数据项的某角色值,用 setItemData(QModelIndex, roles: Dict[int, Any])方法可以用字典方式设置某数据项的多个角色值,用 data(QModelIndex, role=Qt. ItemDataRole)和 itemData(QModelIndex)方法获取角色值,其中参数 Qt. ItemDataRole 的取值如表 5-13 所示。
- 用 setHeaderData(section: int, orientation: Qt. Orientation, value: Any, role: int=Qt. EditRole)方法设置表头某角色的值,当 orientation 取 Qt. Horizontal 时,section 是指列;orientation 取 Qt. Vertical 时,section 是指行。
- 用 rowCount(parent: QModelIndex)方法可获取行的数量,用 columnCount(parent: QModelIndex)方法可获取列的数量。
- 可以用多个方法对列和行进行插入、移动和移除等操作。

表 5-13　角色 Qt. ItemDataRole 的取值

Qt. ItemDataRole 的取值	值	对应的数据类型	说　明
Qt. DisplayRole	0	str	视图控件显示的文本
Qt. DecorationRole	1	QIcon、QPixmap	图标
Qt. EditRole	2	str	视图控件中编辑时显示的文本
Qt. ToolTipRole	3	str	提示信息
Qt. StatusTipRole	4	str	状态提示信息
Qt. WhatsThisRole	5	str	按下 Shift+F1 键时显示的数据
Qt. SizeHitRole	13	QSize	尺寸提示
Qt. FontRole	6	QFont	默认代理控件的字体
Qt. TextAlignmentRole	7	Qt. AlignmentFlag	默认代理控件的对齐方式
Qt. BackgroundRole	8	QBrush、QColor、Qt. GlobalColor	默认代理控件的背景色
Qt. ForegroundRole	9		默认代理控件的前景色
Qt. CheckStateRole	10	Qt. CheckState	勾选状态
Qt. InitialSortOrderRole	14	Qt. SortOrder	初始排序
Qt. AccessibleTextRole	11	str	用于可访问插件扩展的文本
Qt. AccessibleDescriptionRole	12	str	用于可访问功能的描述
Qt. UserRole	0x0100	any(数据类型不限)	自定义角色,可使用多个自定义角色,第 1 个为 Qt. UserRole,第 2 个为 Qt. UserRole+1,依次类推

2. 抽象模型 QAbstractItemModel 的信号

抽象模型 QAbstractItemModel 提供的信号也会被其子类继承,抽象模型 QAbstractItemModel 的信号如表 5-14 所示。

表 5-14　抽象模型 QAbstractItemModel 的信号

QAbstractItemModel 的信号及参数类型	说　明
columnsAboutToBeInserted(parent: QModelIndex, first: int, last: int)	插入列之前发送信号,其中 parent 是目标的父索引,first 和 last 分别是目标的起始和终止列
columnsInserted(parent: QModelIndex, first: int, last: int)	插入列之后发送信号
columnsAboutToBeMoved(sourceParent: QModelIndex, sourceStart: int, sourceEnd: int, destinationParent: QModelIndex, destinationColumn: int)	移动列之前发送信号
columnsMoved(parent: QModelIndex, start: int, end: int, destination: QModelIndex, column: int)	移动列之后发送信号
columnsAboutToBeRemoved(parent: QModelIndex, first: int, last: int)	移除列之前发送信号
columnsRemoved(parent: QModelIndex, first: int, last: int)	移除列之后发送信号
rowsAboutToBeInserted(parent: QModelIndex, first: int, last: int)	插入行之前发送信号
rowsInserted(parent: QModelIndex, first: int, last: int)	插入行之后发送信号

续表

QAbstractItemModel 的信号及参数类型	说　明
rowsAboutToBeMoved(sourceParent: QModelIndex, sourceStart: int, sourceEnd: int, destinationParent: QModelIndex, destinationRow: int)	移动行之前发送信号
rowsMoved(parent: QModelIndex, start: int, end: int, destination: QModelIndex, row: int)	移动行之后发送信号
rowsAboutToBeRemoved(parent: QModelIndex, first: int, last: int)	移除行之前发送信号
rowsRemoved(parent: QModelIndex, first: int, last: int)	移除行之后发送信号
dataChanged(topLeft: QModelIndex, bottomRight: QModelIndex, roles: List[int])	数据发生改变时发送信号
headerDataChanged(orientation: Qt.Orientation, first: int, last: int)	标题数据发生改变时发送信号
modelAboutToBeReset()	重置数据模型前发送信号
modelReset()	重置数据模型后发送信号

5.3 常用数据模型和视图控件

5.3.1 文本列表模型 QStringListModel

文本列表模型 QStringListModel 通常用于存储一维文本列表,它由一列多行文本数据构成。用于显示 QStringListModel 模型中文本数据的控件是 QListView 控件。

用 QStringListModel 类创建文本列表模型实例的方法如下,其中 parent 是继承自 QObject 的实例对象; strings 是字符串型列表或元组,用于确定文本列表模型中显示角色和编辑角色的数据。

```
QStringListModel(parent:QObject = None)
QStringListModel(strings:Sequence[str], parent:QObject = None)
```

文本列表模型 QStringListModel 的常用方法如表 5-15 所示,主要方法介绍如下。

- 用 setStringList(strings: Sequence[str])方法设置文本列表模型的显示角色和编辑角色的数据,用 stringList()方法获取文本列表。
- 用 setData(QModelIndex, Any, role: int=Qt.EditRole)方法设置单个角色的值;用 setItemData(QModelIndex, Dict[int, Any])方法按照字典形式设置角色值,关键字是角色; 用 data(QModelIndex, role: int = Qt.DisplayRole)方法和 itemData(QModelIndex)方法可获得数据,数据的角色可参考表 5-13。
- 用 index(row: int, column=0, parent=QModelIndex())方法获得某行的模型数据索引,用 sibling(row: int, column: int, idx: QModelIndex)方法获得同级别的数据项的索引。

- 用 insertRows(row: int,count: int,parent=QModelIndex)方法可以插入多行,用 moveRows(sourceParent: QModelIndex, sourceRow: int, count: int, destinationParent: QModelIndex,destinationChild: int)方法可以移动多行到目标行,用 removeRows(row: int, count: int, parent = QModelIndex)方法可以移除多行。

表 5-15 文本列表模型 QStringListModel 的常用方法

QStringListModel 的方法及参数类型	说　明
setStringList(strings: Sequence[str])	设置列表模型显示和编辑角色的文本数据
stringList()	获取文本列表 List[str]
rowCount(parent=QModelIndex())	获取行的数量
parent()	获取模型所在的父对象 QObject
parent(child: QModelIndex)	获取父索引 QModelIndex
index(row: int,column=0,parent: QModelIndex)	获取 row 行的模型数据索引
sibling(row: int,column: int,idx: QModelIndex)	获取同级别的模型数据索引
setData(QModelIndex,Any,role: int=Qt.EditRole)	按角色设置数据
data(QModelIndex,role: int=Qt.DisplayRole)	获取角色的值
setItemData(QModelIndex,Dict[int,Any])	用字典设置角色值
itemData(QModelIndex)	获取字典角色值
flags(QModelIndex)	获取数据的标识 Qt.ItemFlag
insertRows(row: int, count: int, parent = QModelIndex)	插入多行,成功则返回 True
moveRows(sourceParent: QModelIndex, sourceRow: int, count: int, destinationParent: QModelIndex, destinationChild: int)	移动多行,成功则返回 True
removeRows(int,int,parent=QModelIndex())	移除多行,成功则返回 True
clearItemData(index: QModelIndex)	清空角色数据,成功则返回 True
sort(column: int,order=Qt.AscendingOrder)	对列进行排序

5.3.2 列表视图控件 QListView 与实例

列表视图控件 QListView 用于显示文本列表模型 QStringListModel 中的文本数据。用 QListView 创建列表视图控件的方法如下,其中 parent 是继承自 QWidget 的窗口或容器控件。

```
QListView(parent:QWidget = None)
```

1. 列表视图控件 QListView 的常用方法

列表视图控件 QListView 用于显示数据模型中某数据项下的所有子数据项的显示角色的文本。列表视图控件没有表头,可以把数据显示成一列,也可以显示成一行。列表视图控件不仅可以显示文本列表模型中的数据,也可显示其他模型中的数据。列表视图控件的常用方法如表 5-16 所示,主要方法介绍如下。

表 5-16　列表视图控件 QListView 的常用方法

QListView 的方法及参数类型	说　明
setModel(QAbstractItemModel)	设置数据模型
setSelectionModel(QItemSelectionModel)	设置选择模型
selectionModel()	获取选择模型 QItemSelectionModel
setSelection(rect: QRect, command: QItemSelectionModel.SelectionFlags)	选择指定范围内的数据项
indexAt(QPoint)	获取指定位置处数据项的模型数据索引
selectedIndexes()	获取选中的数据项的索引列表 List[int]
clearSelection()	取消选择
clearPropertyFlags()	清空属性标志
contentsSize()	获取包含的内容所占据的尺寸 QSize
resizeContents(width: int, height: int)	重新设置尺寸
scrollTo(QModelIndex)	使数据项可见
setModelColumn(int)	设置数据模型中要显示的列
modelColumn()	获取模型中显示的列
setFlow(QListView.Flow)	设置显示的方向
setGridSize(QSize)	设置数据项的尺寸
setItemAlignment(Qt.Alignment)	设置对齐方式
setLayoutMode(QListView.LayoutMode)	设置数据的显示方式
setBatchSize(int)	设置批量显示的数量，默认为 100
setMovement(QListView.Movement)	设置数据项的移动方式
setResizeMode(QListView.ResizeMode)	设置尺寸调整模式
setRootIndex(QModelIndex)	设置根目录的数据项索引
setRowHidden(int, bool)	设置是否隐藏
setSpacing(int)	设置数据项之间的间距
setUniformItemSizes(bool)	设置数据项是否统一尺寸
setViewMode(QListView.ViewMode)	设置显示模式
setWordWrap(bool)	设置单词是否可以写到两行上
setWrapping(bool)	设置文本是否可以写到两行
setAlternatingRowColors()	设置是否用交替颜色
setSelectionMode(QAbstractItemView.SelectionMode)	设置选择模式
setSelectionModel(QItemSelectionModel)	设置选择模型
selectionModel()	获取选择模型
setPositionForIndex(position: QPoint, index: QModelIndex)	将指定索引的项放到指定位置处

- 用 setModel(QAbstractItemModel)方法可以给列表视图控件设置关联的数据模型；用 setRootIndex(QModelIndex)方法设置列表视图控件需要显示的数据索引下的子数据项，如果数据项由多列构成，则用 setModelColumn(int)方法设置数据模型中要显示的列。
- 用 selectedIndexes()方法获取选中的数据项的行索引 List[int]；用

setCurrentIndex(QModelIndex)方法设置当前的模型数据索引；用 currentIndex()方法获取当前项的模型数据索引；用 indexAt(QPoint)方法获取指定位置处的数据项的模型数据索引。

- 用 setFlow(QListView. Flow)方法设置数据项的排列方向，其中 QListView. Flow 可以取 QListView. LeftToRight(值是 0)和 QListView. TopToBottom(值是 1)。
- 用 setLayoutMode(QListView. LayoutMode)方法设置数据的显示方式，其中 QListView. LayoutMode 可取 QListView. SinglePass(值是 0，全部显示)和 QListView. Batched(值是 1，分批显示)；用 setBatchSize(int)方法设置分批显示的个数。
- 用 setMovement(QListView. Movement)方法设置数据项的拖拽方式，其中 QListView. Movement 可取 QListView. Static(不能移动)、QListView. Free(可以自由移动)和 QListView. Snap(捕捉到数据项的位置)。
- 用 setViewMode(QListView. ViewMode)方法设置显示模式，参数 QListView. ViewMode 如果取 QListView. ListMode，则采用 QListView. TopToBottom 排列、小尺寸和 QListView. Static 不能移动方式；如果取 QListView. IconMode，则采用 QListView. LeftToRight 排列、大尺寸和 QListView. Free 自由移动方式。
- 用 setResizeMode(QListView. ResizeMode)方法设置尺寸调整模式，参数可取 QListView. Fixed 或 QListView. Adjust。
- 用 setSelectionMode(QAbstractItemView. SelectionMode)方法可以设置选择模式，其中参数 QAbstractItemView. SelectionMode 的取值如表 5-17 所示。

表 5-17 选择模式 QAbstractItemView. SelectionMode 的取值

QAbstractItemView. SelectionMode 的取值	值	说 明
QAbstractItemView. NoSelection	0	禁止选择
QAbstractItemView. SingleSelection	1	单选，当选择一个数据项时，其他任何已经选中的数据项都变成未选中项
QAbstractItemView. MultiSelection	2	多选，当单击一个数据项时，将改变选中状态，其他还未单击的数据项状态不变
QAbstractItemView. ExtendedSelection	3	当单击某数据项时，清除已选择的数据项；当按住 Ctrl 键选择时，会改变被单击数据项的选中状态；当按住 Shift 键选择两个数据项时，这两个数据项之间的数据项的选中状态发生改变
QAbstractItemView. ContiguousSelection	4	当单击一个数据项时，清除已经选择的项；当按住 Shift 键或 Ctrl 键选择两个数据项时，这两个数据项之间的选择状态发生改变

2. 列表视图控件 QListView 的信号

列表视图控件 QListView 的信号如表 5-18 所示。

表 5-18 列表视图控件 QListView 的信号

QListView 的信号及参数类型	说　明
activated(QModelIndex)	数据项活跃时发送信号
clicked(QModelIndex)	单击数据项时发送信号
doubleClicked(QModelIndex)	双击数据项时发送信号
entered(QModelIndex)	光标进入数据项时发送信号
iconSizeChanged(QSize)	图标尺寸发生变化时发送信号
indexesMoved(List[QModelIndex])	数据索引发生移动时发送信号
pressed(QModelIndex)	按下鼠标按键时发送信号
viewportEntered()	光标进入视图时发送信号

3. 文本列表模型 QStringListModel 和列表视图控件 QListView 的应用实例

下面的程序建立两个 QListView 控件，并分别关联两个 QStringListModel。程序初始从 Excel 文件"学生 ID. xlsx"中的 ID 工作页中读取学生名单，在学生名单中选择学生姓名后，单击"添加"按钮，数据会从学生名单中删除，并移到三好学生中；单击"删除"按钮，数据会从三好学生中移到学生名单中，并插入到原来的位置。程序运行界面如图 5-9 所示，左侧选择 1 个或多个学生姓名，右侧只有 1 个选中时，可以使用"插入"按钮。本例用到了读写 Excel 的功能包 openpyxl，读者可以按照本书 5.1.2 节介绍的内容学习 openpyxl。

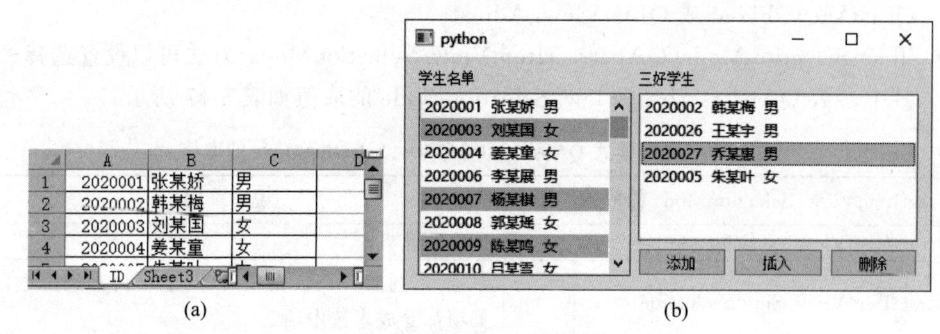

(a)　　(b)

图 5-9 程序运行界面

(a) Excel 中的原始数据；(b) 读入后的数据

```
import sys,os                                     #Demo5_9.py
from PySide6.QtWidgets import (QApplication,QWidget,QListView,QHBoxLayout,
                              QLabel,QPushButton,QVBoxLayout)
from PySide6.QtCore import QStringListModel,QModelIndex,Qt
from openpyxl import load_workbook

class MyWindow(QWidget):
    def __init__(self,parent = None):
        super().__init__(parent)
        self.fileName = "d:\\python\\学生 ID.xlsx"
        self.reference_Model = QStringListModel(self) #从 Excel 中读数据,存储数据的模型
        self.selection_Model = QStringListModel(self) #选择数据后,存储选择数据的模型
```

```
        self.setup_Ui()              #建立界面
        self.data_import()           #从 Excel 中读取数据
        self.view_clicked()          #单击视图控件,判断按钮是否激活或失效
    def setup_Ui(self):              #建立界面
        label1 = QLabel("学生名单")
        self.listView_1 = QListView()        #列表视图控件,显示 Excel 中的数据的控件
        v1 = QVBoxLayout()
        v1.addWidget(label1)
        v1.addWidget(self.listView_1)

        label2 = QLabel("三好学生")
        self.listView_2 = QListView()        #列表视图控件,显示选中的数据
        self.btn_add = QPushButton("添加")
        self.btn_insert = QPushButton("插入")
        self.btn_delete = QPushButton("删除")
        h1 = QHBoxLayout()
        h1.addWidget(self.btn_add)
        h1.addWidget(self.btn_insert)
        h1.addWidget(self.btn_delete)
        v2 = QVBoxLayout()
        v2.addWidget(label2)
        v2.addWidget(self.listView_2)
        v2.addLayout(h1)
        h2 = QHBoxLayout(self)
        h2.addLayout(v1)
        h2.addLayout(v2)

        self.listView_1.setModel(self.reference_Model)    #设置模型
        self.listView_2.setModel(self.selection_Model)    #设置模型
        self.listView_1.setSelectionMode(QListView.ExtendedSelection)    #设置选择模式
        self.listView_2.setSelectionMode(QListView.ExtendedSelection)    #设置选择模式

        self.btn_add.clicked.connect(self.btn_add_clicked)
        self.btn_insert.clicked.connect(self.btn_insert_clicked)
        self.btn_delete.clicked.connect(self.btn_delete_clicked)
        self.listView_1.clicked.connect(self.view_clicked)
        self.listView_2.clicked.connect(self.view_clicked)
    def data_import(self):
        if os.path.exists(self.fileName):
            wbook = load_workbook(self.fileName)
            if "ID" in wbook.sheetnames:
                wsheet = wbook["ID"]
                cell_range = wsheet[wsheet.dimensions]    #获取 Excel 中数据存储范围
                student = list()
                for cell_row in cell_range:               # cell_row 是 Excel 行单元格元组
                    string = ""
                    for cell in cell_row:
                        string = string + str(cell.value) + " "  #获取 Excel 单元格中数据
                    student.append(string.strip())
                self.reference_Model.setStringList(student)    #在模型中添加数据列表
```

```
    def btn_add_clicked(self):                          # 添加按钮的槽函数
        while len(self.listView_1.selectedIndexes()):
            selectedIndexes = self.listView_1.selectedIndexes()
            index = selectedIndexes[0]
            string = self.reference_Model.data(index,Qt.DisplayRole)    # 获取数据
            self.reference_Model.removeRow(index.row(),QModelIndex())   # 删除行
            count = self.selection_Model.rowCount()  # 获取行的数量
            self.selection_Model.insertRow(count)     # 在末尾插入数据
            last_index = self.selection_Model.index(count, 0, QModelIndex())
                                                      # 获取末尾索引
            self.selection_Model.setData(last_index,string,Qt.DisplayRole)
                                                      # 设置末尾的数据
        self.view_clicked()                           # 控制按钮的激活与失效
    def btn_insert_clicked(self):                     # 插入按钮的槽函数
        while len(self.listView_1.selectedIndexes()):
            selectedIndexs_1 = self.listView_1.selectedIndexes() # 获取选中数据项的索引
            selectedIndex_2 = self.listView_2.selectedIndexes()  # 获取选中数据项的索引
            index = selectedIndexs_1[0]
            string = self.reference_Model.data(index, Qt.DisplayRole)
            self.reference_Model.removeRow(index.row(), QModelIndex())
            row = selectedIndex_2[0].row()
            self.selection_Model.insertRow(row)
            index = self.selection_Model.index(row)
            self.selection_Model.setData(index, string, Qt.DisplayRole)
        self.view_clicked()
    def btn_delete_clicked(self):               # 删除按钮的槽函数
        while len(self.listView_2.selectedIndexes()):
            selectedIndexes = self.listView_2.selectedIndexes()
            index = selectedIndexes[0]
            string = self.selection_Model.data(index, Qt.DisplayRole)
            self.selection_Model.removeRow(index.row(), QModelIndex())
            count = self.reference_Model.rowCount()
            self.reference_Model.insertRow(count)
            last_index = self.reference_Model.index(count, 0, QModelIndex())
            self.reference_Model.setData(last_index, string, Qt.DisplayRole)
        self.view_clicked()
        self.reference_Model.sort(0)           # 排序
    def view_clicked(self):                    # 单击视图控件的槽函数,用于按钮的激活或失效
        n1 = len(self.listView_1.selectedIndexes())     # 获取选中数据项的数量
        n2 = len(self.listView_2.selectedIndexes())     # 获取选中数据项的数量
        self.btn_add.setEnabled(n1)
        self.btn_insert.setEnabled(n1 and n2 == 1)
        self.btn_delete.setEnabled(n2)
if __name__ == '__main__':
    app = QApplication(sys.argv)
    window = MyWindow()
    window.show()
    sys.exit(app.exec())
```

5.3.3 文件系统模型 QFileSystemModel

利用文件系统模型 QFileSystemModel 可以访问本机的文件系统，可以获得文件目录、文件名称和文件大小等信息，可以新建目录、删除目录和文件、移动目录和文件及重命名目录和文件。用 QFileSystemModel 类定义文件系统模型的方法如下所示，其中 parent 是继承自 QObject 的实例。

```
QFileSystemModel(parent: QObject = None)
```

1. 文件系统模型 QFileSystemModel 的常用方法

文件系统模型 QFileSystemModel 的常用方法如表 5-19 所示，主要方法介绍如下。

- 用 setRootPath(path: str)方法设置模型的根目录，并返回指向该目录的模型数据索引。改变根目录时，发送 rootPathChanged(newPath)信号。用 rootPath()方法获取根目录。
- 用 fileName(QModelIndex)方法获取文件名；用 filePath(QModelIndex)方法获取文件名和路径；用 fileInfo(QModelIndex)方法获取文件信息；用 lastModified(QModelIndex)方法获取文件最后修改日期。
- 用 mkdir(QModelIndex,str)方法创建目录，并返回指向该目录的模型数据索引。用 rmdir(QModelIndex)方法删除目录，成功则返回 True，否则返回 False，删除后不可恢复。
- 用 setOption(QFileSystemModel.Option,on=True)方法设置文件系统模型的参数，其中 QFileSystemModel.Option 可取 QFileSystemModel.DontWatchForChanges(不使用监控器)、QFileSystemModel.DontResolveSymlinks(不解析链接)、QFileSystemModel.DontUseCustomDirectoryIcons(不使用客户图标)，默认都是关闭的。
- 用 setNameFilters(filters: Sequence[str])方法设置名称过滤器；用 setFilter(filters: QDir.Filter)方法设置路径过滤器，其中 filters 可取 QDir.Dirs、QDir.AllDirs、QDir.Files、QDir.Drives、QDir.NoSymLinks、QDir.NoDotAndDotDot、QDir.NoDot、QDir.NoDotDot、QDir.AllEntries、QDir.Readable、QDir.Writable、QDir.Executable、QDir.Modified、QDir.Hidden、QDir.System 或 QDir.CaseSensitive。设置路径过滤器时一定要包括 QDir.AllDirs，否则无法识别路径的结构。

表 5-19 文件系统模型 QFileSystemModel 的常用方法

QFileSystemModel 的方法及参数类型	返回值的类型	说　明
setRootPath(path: str)	QModelIndex	设置模型的根目录，并返回指向该目录的模型数据索引
setData(QModelIndex, Any, role=Qt.EditRole)	bool	设置角色数据，成功则返回 True
data(index: QModelIndex, role: int=Qt.DisplayRole)	Any	获取角色数据

续表

QFileSystemModel 的方法及参数类型	返回值的类型	说　明
setFilter(filters：QDir.Filter)	None	设置路径过滤器
setNameFilters(filters：Sequence[str])	None	设置名称过滤器
nameFilters()	List[str]	获取名称过滤器
setNameFilterDisables(enable：bool)	None	设置名称过滤器是否激活
nameFilterDisables()	bool	获取名称过滤器是否激活
setOption(QFileSystemModel.Option，on=True)	None	设置文件系统模型的参数
setReadOnly(enable：bool)	None	设置是否是只读的
isReadOnly()	bool	获取是否有只读属性
fileIcon(QModelIndex)	QIcon	获取文件的图标
fileInfo(QModelIndex)	QFileInfo	获取文件信息
fileName(QModelIndex)	str	获取文件名
filePath(QModelIndex)	str	获取路径和文件名
headerData(int，Qt.Orientation，role=Qt.DisplayRole)	Any	获取表头数据
index(row：int，column：int，parent：QModelIndex)	QModelIndex	获取索引
index(path：str，column：int=0)	QModelIndex	获取索引
hasChildren(parent：QModelIndex)	bool	获取是否有子目录或文件
isDir(QModelIndex)	bool	获取是否是路径
lastModified(QModelIndex)	QDateTime	获取最后修改时间
mkdir(QModelIndex，str)	QModelIndex	创建目录，并返回指向该目录的模型数据索引
myComputer(role=Qt.DisplayRole)	Any	获取 myComputer 下的数据
parent(child：QModelIndex)	QModelIndex	获取父模型数据索引
remove(QModelIndex)	bool	删除文件或目录，成功则返回 True
rmdir(QModelIndex)	bool	删除目录，成功则返回 True
rootDirectory()	QDir	返回根目录 QDir
rootPath()	str	返回根目录文本
rowCount(parent：QModelIndex)	int	返回目录下的文件数量
sibling(row：int，column：int，idx：QModelIndex)	QModelIndex	获取同级别的模型数据索引
type(index：QModelIndex)	str	返回路径或文件类型，例如"Directory" "JPEG file"
size(QModelIndex)	int	获取文件的大小
columnCount(parent：QModelIndex)	int	获取父索引下的列数

2. 文件系统模型 QFileSystemModel 的信号

文件系统模型 QFileSystemModel 的信号如表 5-20 所示。

表 5-20　文件系统模型 QFileSystemModel 的信号

QFileSystemModel 的信号及参数类型	说　明
directoryLoaded(path: str)	当加载路径时发送信号
rootPathChanged(newPath: str)	根路径发生改变时发送信号
fileRenamed(path: str, oldName: str, newName: str)	更改文件名时发送信号

5.3.4　树视图控件 QTreeView 与实例

树视图控件 QTreeView 以树列表的形式显示文件系统模型关联的本机文件系统，显示出本机的目录、文件名、文件大小等信息，也可以以层级结构形式显示其他类型的数据模型。用 QTreeView 类创建树视图控件的方法如下，其中 parent 是继承自 QWidget 的窗口或容器控件。

```
QFileSystemModel(parent:QObject = None)
```

1. 树视图控件 QTreeView 的方法

树视图控件 QTreeView 的常用方法如表 5-21 所示，主要方法介绍如下。

- 用 setModel(QAbstractItemModel)方法可以给树视图控件设置关联的数据模型；用 setRootIndex(QModelIndex)方法可以设置树视图控件根部指向的模型数据位置。
- 用 setItemsExpandable(bool)方法设置是否可以展开节点；用 setExpanded(QModelIndex, bool)方法设置展开或折叠某节点；用 expand(QModelIndex)方法展开某节点；用 expandAll()方法展开所有节点；用 collapse(QModelIndex)方法折叠某节点；用 collapseAll()方法折叠所有节点；用 setExpandsOnDoubleClick(bool)方法设置双击节点时是否展开节点。展开或折叠节点时，将会发送 expanded(QModelIndex)信号或 collapsed(QModelIndex)信号。
- 用 setColumnHidden(column: int, hide: bool)方法可以设置隐藏或显示某列，用 showColumn(column: int)方法和 hideColumn(column: int)方法可以显示和隐藏指定的列。
- 用 setColumnWidth(int, int)方法设置列的宽度，用 setUniformRowHeights(bool)方法设置行是否有统一的高度。

表 5-21　树视图控件 QTreeView 的常用方法

QTreeView 的方法及参数类型	说　明
setModel(QAbstractItemModel)	设置数据模型
setSelectionModel(QItemSelectionModel)	设置选择模型
selectionModel()	获取选择模型 QItemSelectionModel

续表

QTreeView 的方法及参数类型	说　明
setSelection(rect：QRect，command：QItemSelectionModel.SelectionFlags)	选择指定范围内的数据项
setRootIndex(QModelIndex)	设置根部的索引
setRootIsDecorated(bool)	设置根部是否有折叠或展开标识
rootIsDecorated()	获取根部是否有折叠或展开标识
[**slot**]collapse(QModelIndex)	折叠节点
[**slot**]collapseAll()	折叠所有节点
[**slot**]expand(QModelIndex)	展开节点
isExpanded(QModelIndex)	获取节点是否已经展开
[**slot**]expandAll()	展开所有节点
[**slot**] expandRecursively (QModelIndex, depth = −1)	逐级展开，展开深度是 depth。−1 表示展开所有节点，0 表示只展开本层
[**slot**]expandToDepth(depth：int)	展开到指定的深度
[**slot**]hideColumn(column：int)	隐藏列
[**slot**]showColumn(column：int)	显示列
indexAbove(QModelIndex)	获取某索引之前的索引
indexAt(QPoint)	获取某个点处的索引
indexBelow(QModelIndex)	获取某索引之后的索引
selectAll()	全部选择
selectedIndexes()	获取选中的项的行列表 List[int]
setAnimated(bool)	设置展开或折叠时是否比较连贯
isAnimated()	获取展开或折叠时是否比较连贯
setColumnHidden(column：int，hide：bool)	设置是否隐藏列
isColumnHidden(column：int)	获取列是否隐藏
setRowHidden(row：int，parent：QModelIndex，hide：bool)	设置相对于 QModelIndex 的第 int 行是否隐藏
isRowHidden(row：int，parent：QModelIndex)	获取行是否隐藏
setColumnWidth(column：int，width：int)	设置列的宽度
columnWidth(column：int)	获取列的宽度
rowHeight(index：QModelIndex)	获取行的高度
setItemsExpandable(enable：bool)	设置是否可以展开节点
itemsExpandable()	获取节点是否可以展开
setExpanded(QModelIndex，bool)	设置是否展开某节点
setExpandsOnDoubleClick(bool)	设置双击时是否展开节点
setFirstColumnSpanned(row：int，parent：QModelIndex，span：bool)	设置某行的第 1 列的内容是否占据所有列
isFirstColumnSpanned(int，QModelIndex)	获取某行的第 1 列的内容是否占据所有列
setHeader(QHeaderView)	设置表头
header()	获取表头
setHeaderHidden(bool)	设置是否隐藏表头
setIndentation(int)	设置缩进量
indentation()	获取缩进量

续表

QTreeView 的方法及参数类型	说　明
resetIndentation()	重置缩进量
setAutoExpandDelay(delay: int)	拖放操作中设置项打开的延迟时间(毫秒)
autoExpandDelay()	获取项打开的延迟时间,如为负则不能打开
setAllColumnsShowFocus(enable: bool)	设置所有列是否显示键盘焦点,否则只有一列显示焦点
allColumnsShowFocus()	获取所有列是否显示键盘焦点
setItemsExpandable(bool)	设置是否可以展开节点
setUniformRowHeights(uniform: bool)	设置项是否有相同的高度
uniformRowHeights()	获取项是否有相同的高度
setWordWrap(on: bool)	设置一个单词是否可以写到两行上
setTextElideMode(mode: Qt. TextElideMode)	设置省略号"…"的位置,参数可取 Qt. ElideLeft、Qt. ElideRight、Qt. ElideMiddle 或 Qt. ElideNone
setTreePosition(logicalIndex: int)	设置树的位置
treePosition()	获取树的位置
setSortingEnabled(bool)	设置是否可以进行排序
isSortingEnabled()	获取是否可以排序
[**slot**]sortByColumn(int,Qt. SortOrder)	按列进行排序
[**slot**]resizeColumnToContents(column: int)	根据内容调整列的尺寸
scrollContentsBy(dx: int,dy: int)	将内容移动指定的距离
setUniformRowHeights(bool)	设置行是否有统一高度

2. 树视图控件 QTreeView 的信号

树视图控件 QTreeView 的信号如表 5-22 所示。

表 5-22　树视图控件 QTreeView 的信号

QTreeView 的信号及参数类型	说　明
collapsed(QModelIndex)	折叠节点时发送信号
expanded(QModelIndex)	展开节点时发送信号
activated(QModelIndex)	数据项活跃时发送信号
clicked(QModelIndex)	单击数据项时发送信号
doubleClicked(QModelIndex)	双击数据项时发送信号
entered(QModelIndex)	光标进入数据项时发送信号
iconSizeChanged(QSize)	图标尺寸发生变化时发送信号
pressed(QModelIndex)	按下鼠标按键时发送信号
viewportEntered()	光标进入树视图时发送信号

3. 文件系统模型 QFileSystemModel 和树视图控件 QTreeView 的应用实例

本书二维码中的实例源代码 Demo5_10. py 是关于文件系统模型 QFileSystemModel 和树视图控件 QTreeView 的应用实例。该程序建立了一个简单的图片浏览器,用两个 QSplitter 分割器将界面分割成 3 个区域,分别放置 QTreeView、QListView 和 QFrame,其中 QTreeView 显示文件和目录,QListView 显示目录下的文件,单击图片文件,在 QFrame

中显示图片。程序运行界面如图 5-10 所示。

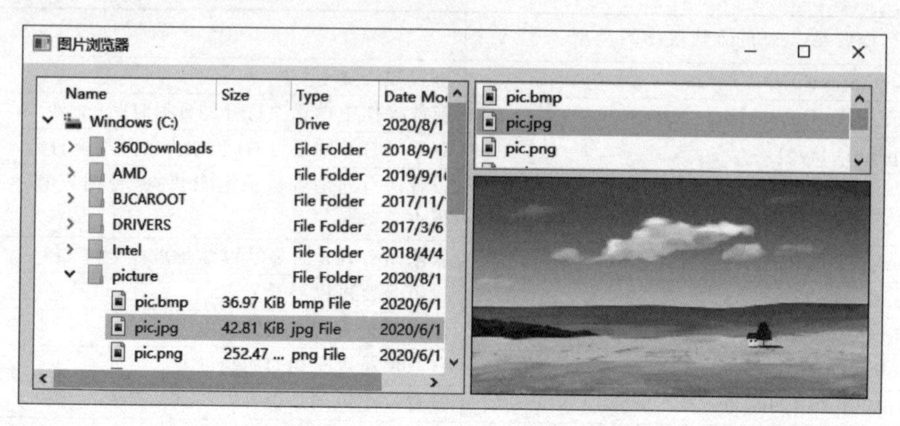

图 5-10 程序运行界面

5.3.5 标准数据模型 QStandardItemModel

标准数据模型 QStandardItemModel 可以存储多行多列的数据表格,数据表格中的每个数据称为数据项 QStandardItem,每个数据项下面还可以存储多行多列的子数据表格,并形成层级关系,这样会形成比较复杂的结构关系。数据项可以存储文本、图标、勾选状态等信息。

用 QStandardItemModel 创建标准数据模型的方法如下所示,其中 parent 是 QObject 或继承自 QObject 的实例对象,rows 和 columns 分别是行数和列数。

```
QStandardItemModel(parent:QObject = None)
QStandardItemModel(rows:int,columns:int, parent = None)
```

用 QStandardItem 创建数据项的方法如下所示,用 QStandardItem(rows,columns)方法可以创建一个含有多行多列子数据项的数据项。

```
QStandardItem()
QStandardItem(text:str)
QStandardItem(icon:Union[QIcon,QPixmap],text:str)
QStandardItem(rows:int,columns:int = 1)
```

1. 标准数据模型 QStandardItemModel 的常用方法

标准数据模型 QStandardItemModel 的常用方法如表 5-23 所示,主要方法介绍如下。

- 标准数据模型最高层的列数和行数用 setColumnCount(columns: int)和 setRowCount(row: int)方法设置;用 columnCount(parent: QModelIndex)方法和 rowCount(parent: QModelIndex)方法可获得某层的列数和行数。
- 用 appendColumn(Sequence[QStandardItem])方法可以添加列;用 appendRow(Sequence [QStandardItem])方法或 appendRow(QStandardItem)方法可添加行;用 insertColumn(…)方法和 insertRow(…)方法插入列和行;用 takeColumn(column: int)方法和 takeRow(row: int)方法移除列和行。

- 用 setItem(row: int,column: int,item: QStandardItem)方法或 setItem(row: int,item: QStandardItem)方法可以在数据模型中设置数据项,用 item(row: int,column: int=0)方法可以获取数据项,用 takeItem(row: int,column: int=0)方法可移除数据项,用 clear()方法可清除所有的数据项。
- 用 setData(QModelIndex, Any, role = Qt.EditRole)方法和 setItemData(QModelIndex,Dict[int,Any])方法可以设置数据项的角色数据,用 clearItemData(QModelIndex)方法可以清除数据项上的角色数据。
- 用 index(row: int, column: int, parent: QModelIndex)方法、indexFromItem(QStandardItem)方法或 sibling(row: int,column: int,idx: QModelIndex)方法可以获得数据项的索引。
- 标准数据模型有行表头和列表头,用 setHorizontalHeaderItem(column: int,item: QStandardItem)方法和 setVerticalHeaderItem(row: int,item: QStandardItem)方法设置水平表头和竖直表头的数据项;用 takeHorizontalHeaderItem(column: int)方法和 takeVerticalHeaderItem(row: int)方法移除表头的数据项,并返回被移除的表头数据项。

表 5-23　标准数据模型 QStandardItemModel 的常用方法

QStandardItemModel 的方法及参数类型	返回值的类型	说　明
setColumnCount(columns: int)	None	设置列的数量
setRowCount(row: int)	None	设置行的数量
columnCount(parent: QModelIndex)	int	获取列的数量
rowCount(parent: QModelIndex)	int	获取行的数量
appendColumn(Sequence[QStandardItem])	None	添加列
appendRow(Sequence[QStandardItem])	None	添加行
appendRow(QStandardItem)	None	添加行
insertColumn(column: int,Sequence[QStandardItem])	None	插入列
insertColumn(column: int,parent: QModelIndex)	bool	插入列
insertColumns(column: int,count: int,parent: QModelIndex)	bool	插入多列
insertRow(row: int,items: Sequence[QStandardItem])	None	插入行
insertRow(row: int,item: QStandardItem)	None	插入行
insertRow(row: int,parent: QModelIndex)	bool	插入行
insertRows(row: int, count: int, parent: QModelIndex)	bool	插入多行
takeColumn(column: int)	List[QStandardItem]	移除列
takeRow(row: int)	List[QStandardItem]	移除行
removeColumns(column: int, count: int, parent: QModelIndex)	bool	移除多列

续表

QStandardItemModel 的方法及参数类型	返回值的类型	说　明
removeRows(row: int, count: int, parent: QModelIndex)	bool	移除多行
setItem(row: int, column: int, item: QStandardItem)	None	根据行和列设置项
setItem(row: int, item: QStandardItem)	None	根据行设置数据项
item(row: int, column: int=0)	QStandardItem	根据行和列获取项
takeItem(row: int, column: int=0)	QStandardItem	移除数据项
setData(QModelIndex, Any, role = Qt.EditRole)	bool	设置角色值
data(QModelIndex, role=Qt.DisplayRole)	Any	获取角色值
setItemData(QModelIndex, Dict[int, Any])	bool	用字典设置项的值
itemData(QModelIndex)	Dict[int, Any]	获取多个项的值
setHeaderData(int, Qt.Orientation, Any, role=Qt.EditRole)	bool	设置表头值
headerData(int, Qt.Orientation, role = Qt.DisplayRole)	Any	获取表头的值
setHorizontalHeaderItem(column: int, QStandardItem)	None	设置水平表头的项
setHorizontalHeaderLabels(labels: Sequence[str])	None	设置水平表头的文本内容
horizontalHeaderItem(column: int)	QStandardItem	获取水平表头的项
setVerticalHeaderItem(row: int, item: QStandardItem)	None	设置竖直表头的项
setVerticalHeaderLabels(labels: Sequence[str])	None	设置竖直表头的文本内容
verticalHeaderItem(row: int)	QStandardItem	获取竖直表头的项
takeHorizontalHeaderItem(coloumn: int)	QStandardItem	移除水平表头的项
takeVerticalHeaderItem(row: int)	QStandardItem	移除竖直表头的项
index(row: int, column: int, parent: QModelIndex)	QModelIndex	根据行列获取数据项索引
indexFromItem(QStandardItem)	QModelIndex	根据项获取索引
sibling(row: int, column: int, idx: QModelIndex)	QModelIndex	获取同级别的索引
invisibleRootItem()	QStandardItem	获取根目录的项
clear()	None	清除所有的数据项
clearItemData(index: QModelIndex)	bool	清除项中的数据
findItems(str, Qt.MatchFlag, column=0)	List[QStandardItem]	获取满足匹配条件的数据项列表
flags(QModelIndex)	Qt.ItemFlags	获取数据项的标识
hasChildren(parent: QModelIndex)	bool	获取是否有子项
itemFromIndex(QModelIndex)	QStandardItem	根据索引获取项
parent(child: QModelIndex)	QModelIndex	获取父项的索引
setSortRole(role: int)	None	设置排序角色

续表

QStandardItemModel 的方法及参数类型	返回值的类型	说　　明
sortRole()	int	获取排序角色
sort(column: int,order: =Qt.AscendingOrder)	None	根据角色值排序

2. 数据项 QStandardItem 的常用方法

数据项 QStandardItem 的常用方法如表 5-24 所示，主要方法介绍如下。

- 数据项可以设置文本、字体、图标、前景色、背景色、勾选状态和提示信息等。用 setText(str)方法设置数据项显示的文本；用 setIcon(QIcon)方法设置图标；用 setFont(QFont)方法设置数据项的字体；用 setForeground(QColor)方法设置前景色；用 setCheckable(bool)方法设置是否可以勾选；用 setCheckState(Qt.CheckState)方法设置勾选状态。
- 数据项下面可以有多行多列子数据项，行和列可以在创建数据项时用构造函数设置，也可用 setRowCount(int)方法和 setColumnCount(int)方法设置；用 rowCount()方法和 columnCount()方法获取行和列的数量。另外可用多种方法添加、插入和移除子数据项的行和列。
- 用 setChild(row: int, column: int, QStandardItem)方法和 setChild(row: int, QStandardItem)方法设置子数据项；用 row()和 column()方法获取数据项所在的行和列；用 child(row: int,column: int=0)方法获取子数据项；用 hasChildren()方法获取是否有子数据项；用 takeChild(row: int,column: int=0)方法移除子数据项，并返回被移除的子数据项。

表 5-24　数据项 QStandardItem 的常用方法

QStandardItem 的方法及参数类型	返回值的类型	说　　明
index()	QModelIndex	获取数据项的索引
setColumnCount(int)	None	设置列数
columnCount()	Int	获取列数
setRowCount(int)	None	设置行数
rowCount()	int	获取行数
setChild(row: int,column: int, QStandardItem)	None	根据行和列设置子数据项
setChild(row: int,QStandardItem)	None	根据行设置子数据项
hasChildren()	bool	获取是否有子数据项
child(row: int,column: int=0)	QStandardItem	根据行和列获取子数据项
takeChild(row: int,column: int=0)	QStandardItem	移除并返回子数据项
row()、column()	int	获取数据项所在的行和列
appendColumn(Sequence[QStandardItem])	None	添加列
appendRow(Sequence[QStandardItem])	None	添加行
appendRow(QStandardItem)	None	添加行
appendRows(Sequence[QStandardItem])	None	添加多行

续表

QStandardItem 的方法及参数类型	返回值的类型	说　明
insertColumn(column: int, Sequence[QStandardItem])	None	插入列
insertColumns(column: int, count: int)	None	插入多列
insertRow(row: int, Sequence[QStandardItem])	None	插入行
insertRow(row: int, QStandardItem)	None	插入行
insertRows(row: int, count: int)	None	插入多行
insertRows(row: int, Sequence[QStandardItem])	None	插入多行
removeColumn(column: int)	None	移除列
removeColumns(column: int, count: int)	None	移除多列
removeRow(row: int)	None	移除行
removeRows(row: int, count: int)	None	移除多行
takeColumn(column: int)	List[QStandardItem]	移除列,并返回被移除的数据项列表
takeRow(row: int)	List[QStandardItem]	移除行,并返回被移除的数据项列表
model()	QStandardItemModel	获取数据模型
parent()	QStandardItem	获取父数据项
setAutoTristate(bool)	None	设置自动有第 3 种状态
isAutoTristate()	bool	获取自动有第 3 种状态
setTristate(bool)	None	设置是否有第 3 种状态
setForeground(brush: Union[QBrush, Qt.BrushStyle, Qt.GlobalColor, QColor, QGradient, QImage, QPixmap])	None	设置前景色
foreground()	QBrush	获取前景画刷
setBackground(brush: Union[QBrush, Qt.BrushStyle, Qt.GlobalColor, QColor, QGradient, QImage, QPixmap])	None	设置背景色
background()	QBrush	获取背景画刷
setCheckable(bool)	None	设置是否可以勾选
setCheckState(Qt.CheckState)	None	设置勾选状态
checkState()	Qt.CheckState	获取勾选状态
isCheckable()	bool	获取是否可以勾选
setData(value: Any, role: int=257)	None	设置数据
data(role: int=257)	Any	获取数据
clearData()	None	清空数据
setDragEnabled(bool)	None	设置是否可以拖拽
isDragEnabled()	bool	获取是否可以拖拽
setDropEnabled(bool)	None	设置是否可以拖放
isDropEnabled()	bool	获取是否可以拖放
setEditable(bool)	None	设置是否可以编辑
setEnabled(bool)	None	设置是否激活

续表

QStandardItem 的方法及参数类型	返回值的类型	说　明
setFlags(Qt.ItemFlag)	None	设置标识
isEditable()	bool	获取是否可编辑
isEnabled()	bool	获取是否激活
isSelectable()	bool	获取是否可选择
isUserTristate()	bool	获取是否有用户第 3 状态
setFont(QFont)	None	设置字体
setIcon(QIcon)	None	设置图标
setSelectable(bool)	None	设置选中状态
setStatusTip(str)	None	设置状态信息
setText(str)	None	设置文本
text()	str	获取文本
setTextAlignment(Qt.Alignment)	None	设置文本对齐方式
setToolTip(str)	None	设置提示信息
setWhatsThis(str)	None	设置按 Shift+F1 键的提示信息
write(QDataStream)	None	把项写入到数据流中
read(QDataStream)	None	从数据流中读取项
sortChildren(column: int, order = Qt.AscendingOrder)	None	对列进行排序

5.3.6 表格视图控件 QTableView 与实例

表格视图控件 QTableView 可以用多行多列的单元格来显示标准数据模型，也可显示其他类型的数据模型。用 QTableView 创建表格视图控件的方法如下所示，其中 parent 是继承自 QWidget 的窗口或容器控件。

```
QTableView(parent = None)
```

1. 表格视图控件 QTableView 的常用方法

表格视图控件 QTableView 以二维表格的形式显示数据模型中的数据，其常用方法如表 5-25 所示，主要方法介绍如下。

- 用 setModel(QAbstractItemModel)方法设置表格视图控件的数据模型，用 setRootIndex(QModelIndex)方法设置根目录（不可见）的数据索引，用 setSelectionModel(QItemSelectionModel)方法设置选择模型。
- 用 setColumnWidth(int,int)方法和 setRowHeight(int,int)方法设置列的宽度和行的高度，用 columnWidth(int)方法和 rowHeight(int)方法获取列的宽度和行的高度。
- 表格视图控件有坐标系，用 columnAt(x: int)方法获取 x 坐标位置处的列号，用 rowAt(y: int)方法获取 y 坐标位置处的行号，用 columnViewportPosition(column: int)方法获取指定列的 x 坐标值，用 rowViewportPosition(row: int)方法获取指定行的 y 坐标值。

- 行和列可以根据内容调整高度和宽度，用 resizeColumnToContents(column: int)方法和 resizeColumnsToContents()方法自动调整列的宽度，用 resizeRowToContents(row: int)方法和 resizeRowsToContents()方法自动调整行的高度。
- 在表格的左上角有个按钮，单击该按钮可以选中所有数据，用 setCornerButtonEnabled(bool)方法设置是否激活该按钮。
- 用 setShowGrid(bool)方法设置是否显示表格线条，用 setGridStyle(Qt. PenStyle)方法可以设置表格线条的样式，其中参数 Qt. PenStyle 可取 Qt. NoPen(没有表格线条)、Qt. SolidLine、Qt. DashLine、Qt. DotLine、Qt. DashDotLine、Qt. DashDotDotLine 或 Qt. CustomDashLine(用 setDashPattern()方法自定义)。

表 5-25　表格视图控件 QTableView 的常用方法

QTableView 的方法及参数类型	返回值的类型	说　明
setModel(QAbstractItemModel)	None	设置关联的数据模型
setRootIndex(QModelIndex)	None	设置根目录的数据索引
setSelectionModel(QItemSelectionModel)	None	设置选择模型
selectionModel()	QItemSelectionModel	获取选择模型
setSelection(rect: QRect, command: QItemSelectionModel. SelectionFlags)	None	选择指定范围内的数据项
columnAt(x: int)	int	获取 x 坐标位置处的列号
rowAt(y: int)	int	获取 y 坐标位置处的行号
columnViewportPosition(column: int)	int	获取指定列的 x 坐标值
rowViewportPosition(row: int)	int	获取指定行的 y 坐标值
indexAt(QPoint)	QModelIndex	获取指定位置的数据索引
selectedIndexes()	List[int]	获取选中的项的索引列表
resizeColumnToContents(column: int)	None	自动调整指定列的宽度
resizeColumnsToContents()	None	根据内容自动调整列的宽度
resizeRowToContents(row: int)	None	自动调整指定行的高度
resizeRowsToContents()	None	根据内容自动调整行的高度
scrollTo(QModelIndex)	None	滚动表格使指定内容可见
selectColumn(column: int)	None	选择列
selectRow(row: int)	None	选择行
setColumnHidden(column: int, bool)	None	设置是否隐藏列
hideColumn(column: int)	None	隐藏列
setRowHidden(row: int, bool)	None	设置是否隐藏行
hideRow(row: int)	None	隐藏行
showColumn(column: int)	None	显示列
showRow(row: int)	None	显示行
isColumnHidden(column: int)	bool	获取指定的列是否隐藏
isRowHidden(row: int)	bool	获取指定的行是否隐藏
isIndexHidden(QModelIndex)	bool	获取索引对应的单元格是否隐藏
setShowGrid(bool)	None	设置是否显示表格线条
showGrid()	bool	获取表格线条是否已显示
setGridStyle(Qt. PenStyle)	None	设置表格线的样式

续表

QTableView 的方法及参数类型	返回值的类型	说　　明
setColumnWidth(column: int,width: int)	None	设置列的宽度
columnWidth(column: int)	int	获取列的宽度
setRowHeight(row: int,height: int)	None	设置行的高度
rowHeight(row: int)	int	获取行的高度
setCornerButtonEnabled(bool)	None	设置是否激活右下角按钮
isCornerButtonEnabled()	bool	获取右下角按钮是否激活
setVerticalHeader(QHeaderView)	None	设置竖直表头
verticalHeader()	QHeaderView	获取竖直表头
setHorizontalHeader(QHeaderView)	None	设置水平表头
horizontalHeader()	QHeaderView	获取水平表头
setSpan(row: int, column: int, rowSpan: int,columnSpan: int)	None	设置单元格的行跨度和列跨度
columnSpan(row: int,column: int)	int	获取单元格的列跨度
rowSpan(row: int,column: int)	int	获取单元格的行跨度
clearSpans()	None	清除跨度
setWordWrap(bool)	None	设置字可以写到多行上
setSortingEnabled(bool)	None	设置是否可以排序
isSortingEnabled()	bool	获取是否可以排序
sortByColumn(int,Qt. SortOrder)	None	按列进行排序
scrollContentsBy(dx: int,dy: int)	None	把表格移动指定的距离
scrollTo(index: QModelIndex, hint = QAbstractItemView. EnsureVisible)	None	使指定的项可见
setAlternatingRowColors(enable: bool)	None	设置行的颜色交替变化

2. 表格视图控件 QTableView 的信号

表格视图控件 QTableView 的信号如表 5-26 所示。

表 5-26　表格视图控件 QTableView 的信号

QTableView 的信号及参数类型	说　　明
activated(QModelIndex)	数据项活跃时发送信号
clicked(QModelIndex)	单击数据项时发送信号
doubleClicked(QModelIndex)	双击数据项时发送信号
entered(QModelIndex)	光标进入数据项时发送信号
iconSizeChanged(QSize)	图标尺寸发生变化时发送信号
pressed(QModelIndex)	按下鼠标按键时发送信号
viewportEntered()	光标进入视图控件时发送信号

3. 标准数据模型 QStandardItemModel 和表格视图控件 QTableView 的应用实例

本书二维码中的实例源代码 Demo5_11. py 是关于标准数据模型 QStandardItemModel 和表格视图控件 QTableView 的应用实例。该程序从 Excel 文件"年级考试成绩. xlsx"中读取数据,该文件中保存 5 个班级的考试成绩,数据保存到标准数据模型中,用列表视图控件、表格视图控件和树视图控件把数据模型中的数据显示出来。程序运行界面如图 5-11 所示。另外单击“文件”菜单中的“另存”可以把修改后的数据保存到新的 Excel 文件中。

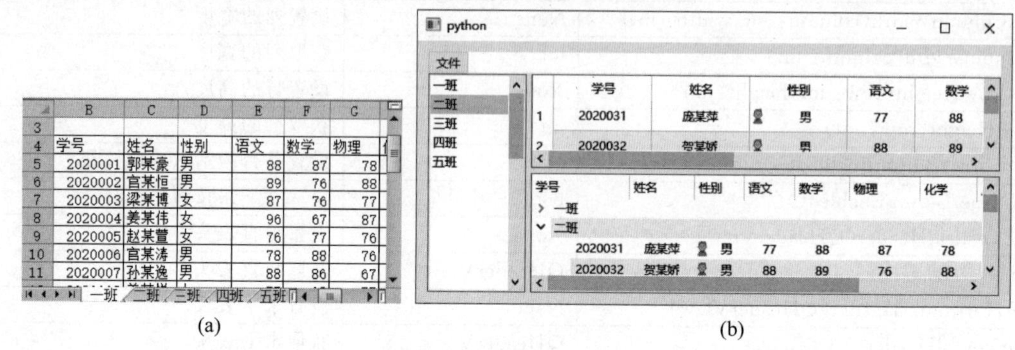

(a) (b)

图 5-11 程序运行界面

(a) Excel 中的原始数据；(b) 读入后的数据

5.4 选择模型和代理控件

5.4.1 选择模型 QItemSelectionModel

在列表、树和表格视图中，如要对数据项进行操作，需要先选中数据项，被选中的数据项高亮或反色显示。在 PySide6 中被选中的数据项记录在选择模型 QItemSelectionModel 中，如果多个视图控件同时关联到一个数据模型，选择模型可以记录多个视图控件中被选中的数据项，形成数据选择集 QItemSclcction。视图控件有自己默认的选择模型，一般可以满足用户的需要；另外可以单独创建新的选择模型，以实现特殊目的。

视图控件都有 setSelectionModel(QItemSelectionModel)方法和 selectionModel()方法，用于设置视图控件的选择模型和获取选择模型。用 selectionModel()方法获取某一个视图控件的选择模型后，可以使用 setSelectionModel()方法提供给其他视图共享选择模型，因此一般没有必要新建选择模型。

用 QItemSelectionModel 创建选择模型的方法如下。

```
QItemSelectionModel(model:QAbstractItemModel,parent:QObject)
QItemSelectionModel(model:QAbstractItemModel = None)
```

1. 选择模型 QItemSelectionModel 的常用方法

选择模型 QItemSelectionModel 的常用方法如表 5-27 所示，其中用 selection()方法可以获取项的选择集 QItemSelection；用 select(index: QModelIndex, command: QItemSelectionModel.SelectionFlags)方法可以往选择集中添加内容，或从选择集中移除选择，其中 command 是 QItemSelectionModel.SelectionFlags 的枚举值，可取的值如表 5-28 所示。

表 5-27 选择模型 QItemSelectionModel 的常用方法

QItemSelectionModel 的方法及参数类型	返回值的类型	说　明
[**slot**]clear()	None	清空选择模型并发送 selectionChanged()和 currentChanged()信号
[**slot**]reset()	None	清空选择模型，不发送信号
[**slot**]clearCurrentIndex()	None	清空当前的数据索引模型并发送 currentChanged()信号
[**slot**]clearSelection()	None	清空选择模型并发送 selectionChanged()信号
[**slot**]setCurrentIndex(index: QModelIndex, command: QItemSelectionModel. SelectionFlags)	None	设置当前的项，并发送 currentChanged()信号
[**slot**] select (index: QModelIndex, command: QItemSelectionModel. SelectionFlags)	None	选择项，并发送 selectionChanged()信号
[**slot**] select(selection: QItemSelection, command: QItemSelectionModel. SelectionFlags)	None	选择项，并发送 selectionChanged()信号
rowIntersectsSelection(row: int, parent: QModelIndex)	bool	如果选择的数据项与 parent 的子数据项的指定行有交集，则返回 True
columnIntersectsSelection(column: int, parent: QModelIndex)	bool	如果选择的数据项与 parent 的子数据项的指定列有交集，则返回 True
currentIndex()	QModelIndex	获取当前数据项的索引
hasSelection()	bool	获取是否有选择项
isColumnSelected(column: int, parent: QModelIndex)	bool	获取 parent 下的某列是否全部选中
isRowSelected(row: int, parent: QModelIndex)	bool	获取 parent 下的某行是否全部选中
isSelected(index: QModelIndex)	bool	获取某数据项是否选中
selectedRows(column: int=0)	List[int]	获取某行中被选中的数据项的索引列表
selectedColumns(row: int=0)	List[int]	获取某列中被选中的数据项的索引列表
selectedIndexes()	List[int]	获取被选中的数据项的索引列表
selection()	QItemSelection	获取项的选择集
setModel(QAbstractItemModel)	None	设置数据模型

表 5-28 QItemSelectionModel. SelectionFlags 的取值

QItemSelectionModel. SelectionFlags 的取值	说　明
QItemSelectionModel. NoUpdate	选择集没有变化
QItemSelectionModel. Clear	清空选择集
QItemSelectionModel. Select	选择所有指定的项
QItemSelectionModel. Deselect	取消选择所有指定的项
QItemSelectionModel. Toggle	根据项的状态选择或不选择
QItemSelectionModel. Current	更新当前的选择
QItemSelectionModel. Rows	选择整行

续表

QItemSelectionModel. SelectionFlags 的取值	说　明
QItemSelectionModel. Columns	选择整列
QItemSelectionModel. SelectCurrent	Select | Current
QItemSelectionModel. ToggleCurrent	Toggle | Current
QItemSelectionModel. ClearAndSelect	Clear | Select

2. 选择模型 QItemSelectionModel 的信号

选择模型 QItemSelectionModel 的信号如表 5-29 所示。

表 5-29　选择模型 QItemSelectionModel 的信号

QItemSelectionModel 的信号及参数类型	说　明
currentChanged(current: QModelIndex, previous: QModelIndex)	当前数据项发生改变时发送信号
currentColumnChanged(current: QModelIndex, previous: QModelIndex)	当前数据项的列改变时发送信号
currentRowChanged(current: QModelIndex, previous: QModelIndex)	当前数据项的行改变时发送信号
modelChanged(QAbstractItemModel)	数据模型发生改变时发送信号
selectionChanged(selected: QItemSelection, deselected: QItemSelection)	选择区域发生改变时发送信号

3. 选择集 QItemSelection

选择集 QItemSelection 是指数据模型中已经被选中的项的集合，其方法如表 5-30 所示。

表 5-30　选择集 QItemSelection 的方法

QItemSelection 的方法及参数类型	返回值的类型	说　明
select(topLeft: QModelIndex, bottomRight: QModelIndex)	None	添加从左上角到右下角位置处的所有项
merge(other: QItemSelection, command: QItemSelectionModel. SelectionFlags)	None	与其他选择集合并
indexes()	List[QModelIndex]	获取选择集中的数据索引列表
contains(index: QModelIndex)	bool	获取指定的项是否在选择集中
clear()	None	清空选择集
count()	int	获取选择集中元素的个数

5.4.2　代理控件 QStyledItemDelegate 与实例

在视图控件中双击某个数据项，可以修改数据项当前显示的值，即可以输入新的值。输入新值时，并不是直接在视图控件上输入(视图控件只具有显示数据的功能)，而是在视图控件的单元格位置出现一个新的可以输入数据的控件，例如 QLineEdit。QLineEdit 读取数据项的值作为初始值，供用户修改，修改完成后通过数据项的索引把数据保存到数据模型中，并通知视图控件显示新的数据，像这种为视图控件提供编辑功能的控件称为代理控件或委托控件。

系统为每种数据类型定义了默认的代理控件，用户也可以自定义代理控件。例如某个数据项存储性别值，该数据项只有“男”和“女”两个选择，可以用 QComboBox 作为代理控件，双击该数据项，弹出 QComboBox 控件，从 QComboBox 的列表中选择"男"或"女"；再如对于存储成绩的数据项，用 QDoubleSpinBox 作为代理控件，设置其可以输入 1 位小数。

定义代理控件需要用 QStyledItemDelegate 类或 QItemDelegate 类创建子类，这两个类都继承自 QAbstractItemDelegate 类。这两个类的主要区别是前者可以使用当前的样式表来设置代理控件的样式，因此建议使用前者来定义代理控件。在 QStyledItemDelegate 或 QItemDelegate 的子类中定义代理控件的类型、位置，以及如何读取和返回数据。视图控件都有从 QAbstractItemView 继承而来的 setItemDelegate(delegate: QAbstractItemDelegate)方法、setItemDelegateForColumn(column: int, delegate: QAbstractItemDelegate)方法和 setItemDelegateForRow(row: int, delegate: QAbstractItemDelegate)方法，可以分别为所有的数据项、列数据项和行数据项设置代理控件。创建代理控件可以用项编辑器工厂 QItemEditorFactory 定义默认的代理控件，也可以自定义代理控件的类型，本书讲解自定义代理控件。

自定义代理控件需要重写 QStyledItemDelegate 类或 QItemDelegate 类的下面 4 个函数：

- createEditor(parent: QWidget, option: QStyleOptionViewItem, index: QModelIndex)-> QWidget 函数，用于创建代理控件的实例对象并返回该实例对象。
- setEditorData(editor: QWidget, index: QModelIndex)-> None 函数，用于读取视图控件的数据项的值到代理控件中。
- setModelData(editor: QWidget, model: QAbstractItemModel, index: QModelIndex)-> None 函数，用于将编辑后的代理控件的值返回到数据模型中。
- updateEditorGeometry(editor: QWidget, option: QStyleOptionViewItem, index: QModelIndex)-> None 函数，用于设置代理控件显示的位置。

createEditor()函数中的参数 parent 指代理控件所在的窗口，通常取视图控件所在的窗体；其他 3 个函数的 editor 指 createEditor()返回的代理控件，用于传递数据；QModelIndex 是数据项的索引，系统会给实参传递索引；QStyleOptionViewItem 传递的一些属性用于确定代理控件的位置和外观，其属性如表 5-31 所示。其中枚举值 QStyleOptionViewItem.Position 可取 QStyleOptionViewItem.Left、QStyleOptionViewItem.Right、QStyleOptionViewItem.Top 或 QStyleOptionViewItem.Bottom；枚举值 QStyleOptionViewItem.ViewItemFeatures 可取 QStyleOptionViewItem.None、QStyleOptionViewItem.WrapText、QStyleOptionViewItem.Alternate、QStyleOptionViewItem.HasCheckIndicator、QStyleOptionViewItem.HasDisplay 或 QStyleOptionViewItem.HasDecoration；枚举值 QStyleOptionViewItem.ViewItemPosition 可取 QStyleOptionViewItem.Beginning、QStyleOptionViewItem.Middle、QStyleOptionViewItem.End 或 QStyleOptionViewItem.OnlyOne(行中只有一个项，两端对齐)。

表 5-31　QStyleOptionViewItem 的属性

QStyleOptionViewItem 的属性	属性值的类型	说　明
backgroundBrush	QBrush	项的背景画刷
checkState	Qt.CheckState	项的勾选状态

续表

QStyleOptionViewItem 的属性	属性值的类型	说　明
decorationAlignment	Qt. Alignment	项的图标对齐位置
decorationPosition	QStyleOptionViewItem. Position	项的图标位置
decorationSize	QSize	项的图标尺寸
displayAlignment	Qt. Alignment	项的文字对齐位置
features	QStyleOptionViewItem. ViewItemFeatures	项所具有的特征
font	QFont	项的字体
icon	QIcon	项图标
index	QModelIndex	项的模型索引
showDecorationSelected	bool	项是否显示图标
text	QString	项显示的文本
textElideMode	Qt. TextElideMode	省略号的模式
viewItemPosition	QStyleOptionViewItem. ViewItemPosition	项在行中的位置
direction	Qt. LayoutDirection	布局方向
palette	QPalette	调色板
rect	QRect	项的矩形区域
styleObject	QObject	项的窗口类型
version	int	版本

本书二维码中的实例源代码 Demo5_12. py 是关于定义代理部件的应用实例，读者可参考该例建立自己的代理控件。该程序先创建两个从 QStyledItemDelegate 继承的子类 comboBoxDelegate（ ）和 doubleSpinBoxDelegate（ ），分别创建用 QComboBox 和 QDoubleSpinBox 定义的代理控件。程序运行界面如图 5-12 所示。用菜单从 Excel 文件"年级考试成绩. xlsx"中读取数据，该文件中保存五个班级的考试成绩，数据保存到标准数据模型中，用列表视图控件、表格视图控件把数据模型中的数据显示出来，根据水平表头的名称，性别列设置代理控件 QComboBox，其他各科成绩列设置代理控件 QDoubleSpinBox。

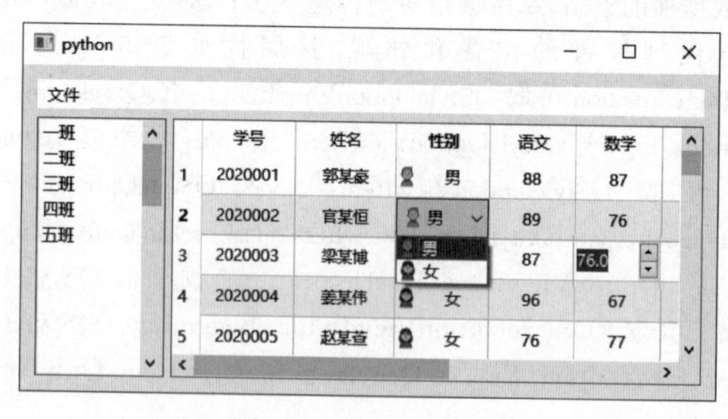

图 5-12　程序运行界面

第6章

QPainter和Graphics/View绘图

绘图是指在绘图设备(窗口、控件、图像、打印机等)上将用户构思出的图形绘制出来，图形包括点、线、矩形、多边形、椭圆、文字及保存到磁盘上的图像等。可以对绘制的图形进行处理，如给封闭的图形填充颜色。PySide6 中绘制图形有两种方式，一种是用 QPainter 类来绘图，另一种是用 Graphics/View 框架来绘图。QPainter 绘图是过程性绘图，Graphics/View 框架绘图是面向对象的绘图；QPainter 绘制的图形不能选择和再编辑，Graphics/View 框架绘制的图形可以选择、移动和编辑；QPainter 绘图是 Graphics/View 绘图的基础。Graphics/View 框架可以自定义图项(QGraphicsItem)，在自定义图项中用 QPainter 绘制自己的图形，形成面向对象的图项，进而形成用户自定义的控件。

6.1 QPainter 绘图

QPainter 是基本的绘图方法，可以绘制各种各样的图形、文字和图像，可以用渐变色填充区域。同时 QPainter 绘图方法是 Graphics/View 绘图框架的基础。

6.1.1 QPainter 类与实例

利用 QPainter 类可以在绘图设备上绘制图片、文字和几何形状，几何形状有点、线、矩形、椭圆、弧形、弦形、饼图、多边形和贝塞尔曲线等。绘图设备是从 QPaintDevice 继承的类，包括继承自 QWidget 的窗口、各种控件、QPixmap 和 QImage。如果绘图设备是窗口或控件，则 QPainter 绘图一般放到 paintEvent()事件或者被 paintEvent()事件调用的函数中。

用 QPainter 类创建绘图实例的方法如下，其中 QPaintDevice 是指继承自 QPaintDevice 的绘图设备。读者如果使用不带设备的 QPainter()方法创建实例对象，例如 painter = QPainter()，则在开始绘图前需要用 painter. begin(QPaintDevice)方法指定绘图设备，此时

painter. isActive()的返回值是 True，绘图完成后，需要用 painter. end()方法声明完成绘图，之后可以用 begin()方法重新指定绘图设备。begin()和 end()方法都返回 bool 值。

```
QPainter()
QPainter(QPaintDevice)
```

QPainter 的方法较多，对其状态进行设置的方法如表 6-1 所示，这些方法的参数在后面的内容中进行讲解。

表 6-1　QPainter 的状态设置方法及参数类型

QPainter 的状态设置方法及参数类型	说　明
setBackground(bg: Union[QBrush, Qt. BrushStyle, Qt. GlobalColor, QColor, QGradient, QImage, QPixmap])	设置背景色，背景色只对不透明的文字、虚线或位图起作用
setBackgroundMode(mode: Qt. BGMode)	设置透明或不透明背景模式
setBrush(brush: Union[QBrush, Qt. BrushStyle, Qt. GlobalColor, QColor, QGradient, QImage, QPixmap])	设置画刷
setBrush(style: Qt. BrushStyle)	设置画刷
setBrushOrigin(Union[QPointF, QPoint, QPainterPath. Element])	设置画刷的起点
setBrushOrigin(x: int, y: int)	设置画刷的起点
setClipPath(QPainterPath, op: Qt. ClipOperation=Qt. ReplaceClip)	设置剪切路径
setClipRect(QRect, op: Qt. ClipOperation=Qt. ReplaceClip)	设置剪切矩形区域
setClipRect(Union[QRectF, QRect], op=Qt. ReplaceClip)	设置剪切矩形区域
setClipRect(x: int, y: int, w: int, h: int, op=Qt. ReplaceClip)	设置剪切矩形区域
setClipRegion(Union[QRegion, QBitmap, QPolygon, QRect], op: Qt. ClipOperation=Qt. ReplaceClip)	设置剪切区域
setClipping(enable: bool)	设置是否启动剪切
setCompositionMode(mode: QPainter. CompositionMode)	设置图形合成模式
setFont(f: Union[QFont, str, Sequence[str]])	设置字体
setLayoutDirection(direction: Qt. LayoutDirection)	设置布局方向
setOpacity(opacity: float)	设置不透明度
setPen(color: Union[QColor, Qt. GlobalColor, str])	设置钢笔
setPen(pen: Union[QPen, Qt. PenStyle, QColor])	设置钢笔
setPen(style: Qt. PenStyle)	设置钢笔
setRenderHint(hint: QPainter. RenderHint, on: bool=True)	设置渲染模式，例如抗锯齿
setRenderHints(hints: QPainter. RenderHints, on: bool=True)	设置多个渲染模式
setTransform(transform: QTransform, combine: bool=False)	设置全局变换矩阵
setWorldTransform(matrix: QTransform, combine: bool=False)	设置全局变换矩阵
setViewTransformEnabled(enable: bool)	设置是否启动视口变换
setViewport(viewport: QRect)	设置视口
setViewport(x: int, y: int, w: int, h: int)	设置视口
setWindow(window: QRect)	设置逻辑窗口
setWindow(x: int, y: int, w: int, h: int)	设置逻辑窗口
setWorldMatrixEnabled(enabled: bool)	设置是否启动全局矩阵变换
save()	保存状态到堆栈中
restore()	从堆栈中恢复状态

下面先举一个用 QPainter 绘制五角星的实例，实例中计算 5 个顶点的坐标，用 QPainter 绘制折线方法 drawPolyline()绘制五角星，并在每个顶点上绘制名称。

```
import sys,math                                    # Demo6_1.py
from PySide6.QtWidgets import QApplication,QWidget
from PySide6.QtGui import QPen,QPainter
from PySide6.QtCore import QPointF
from math import cos,sin,pi
class MyWindow(QWidget):
    def __init__(self,parent = None):
        super().__init__(parent)
        self.resize(600,500)
        self.painter = QPainter()
    def paintEvent(self,event):
        if self.painter.begin(self):
            font = self.painter.font()
            font.setPixelSize(20)
            self.painter.setFont(font)              #设置字体

            pen = QPen()                            #钢笔
            pen.setWidth(5)                         #线条宽度
            self.painter.setPen(pen)                #设置钢笔
            r = 100                                 #五角星的外接圆半径
            x = self.width()/2
            y = self.height()/2
            p1 = QPointF(r * cos(-90 * pi/180) + x,r * sin(-90 * pi/180) + y)
            p2 = QPointF(r * cos(-18 * pi/180) + x,r * sin(-18 * pi/180) + y)
            p3 = QPointF(r * cos(54 * pi/180) + x,r * sin(54 * pi/180) + y)
            p4 = QPointF(r * cos(126 * pi/180) + x,r * sin(126 * pi/180) + y)
            p5 = QPointF(r * cos(198 * pi/180) + x,r * sin(198 * pi/180) + y)

            self.painter.drawPolyline([p1,p3,p5,p2,p4,p1])   #绘制折线
            self.painter.drawText(p1," p1")         #绘制文字
            self.painter.drawText(p2, " p2")
            self.painter.drawText(p3, " p3")
            self.painter.drawText(p4, " p4")
            self.painter.drawText(p5, " p5")
            if self.painter.isActive():
                self.painter.end()
if __name__ == '__main__':
    app = QApplication(sys.argv)
    window = MyWindow()
    window.show()
    sys.exit(app.exec())
```

6.1.2 钢笔 QPen 的用法与实例

钢笔 QPen 用于绘制线条，线条有样式(实线、虚线、点虚线)、颜色、宽度等属性，用

QPainter 的 setPen(QPen)方法为 QPainter 设置钢笔。用 QPen 创建钢笔的方法如下，其中 s 是 Qt. PenStyle 的枚举值，用于设置钢笔的样式；画刷 brush 可以用 QBrush、QColor、Qt. GlobalColor 和 QGradient 来设置；c 是 Qt. PenCapStyle 的枚举值，用于设置线条端点样式；j 是 Qt. PenJoinStyle 的枚举值，用于设置线条连接点处的样式。钢笔默认的颜色是黑色，宽度是 1 像素，样式是实线，端点样式是 Qt. SquareCap，连接处是 Qt. BevelJoin。

```
QPen()
QPen(s:Qt.PenStyle)
QPen(brush:Union[QBrush,Qt.BrushStyle,Qt.GlobalColor,QColor,QGradient,QImage,QPixmap],
width:float,s:Qt.PenStyle = Qt.SolidLine,c:Qt.PenCapStyle = Qt.SquareCap,j:Qt.PenJoinStyle = Qt.
BevelJoin)
QPen(color:Union[QColor,Qt.GlobalColor,str,int])
QPen(pen:Union[QPen,Qt.PenStyle,QColor])
```

1. 钢笔 QPen 的常用方法

钢笔 QPen 的常用方法如表 6-2 所示，主要方法介绍如下。

表 6-2 钢笔 QPen 的常用方法

QPen 的方法及参数类型	说 明
setStyle(Qt. PenStyle)	设置线条样式
style()	获取线条样式
setWidth(int)、setWidthF(float)	设置线条宽度
width()、widthF()	获取线条宽度
isSolid()	获取线条样式是否是实线填充
setBrush(brush: Union[QBrush, Qt. BrushStyle, QColor, Qt. GlobalColor, QGradient, QImage, QPixmap])	设置画刷
brush()	获取画刷 QBrush
setCapStyle(Qt. PenCapStyle)	设置线端部的样式
capStyle()	获取线端部的样式 Qt. PenCapStyle
setColor(Union[QColor, Qt. GlobalColor, str, int])	设置颜色
color()	获取颜色 QColor
setCosmetic(cosmetic: bool)	设置是否进行装饰
isCosmetic()	获取是否进行装饰
setDashOffset(doffset: float)	设置虚线开始绘制的点与线起始点的距离
setDashPattern(pattern: Sequence[float])	设置用户自定义虚线样式
dashPattern()	获取自定义样式
setJoinStyle(Qt. PenJoinStyle)	设置两相交线连接点处的样式
setMiterLimit(float)	设置斜接延长线的长度

- 线条的宽度用 setWidth(int)或 setWidthF(float)方法设置，如果宽度始终为 0，表示是装饰线条；装饰线条也可用 setCosmetic(bool)方法设置。装饰线条是指具有恒定宽度的边，可确保线条在不同缩放比例下具有相同的宽度。
- 线条的样式用 setStyle(Qt. PenStyle)方法设置，参数 Qt. PenStyle 可取的值如表 6-3 所示，其中自定义样式需要用 setDashPattern(Sequence[float])方法设置，这些样式的外观如图 6-1 所示。

表 6-3 钢笔样式 Qt. PenStyle 的取值

Qt. PenStyle 的取值	值	说 明	Qt. PenStyle 的取值	值	说 明
Qt. NoPen	0	不绘制线条	Qt. DashDotLine	4	点画线
Qt. SolidLine	1	实线	Qt. DashDotDotLine	5	双点画线
Qt. DashLine	2	虚线	Qt. CustomDashLine	6	自定义线
Qt. DotLine	3	点线			

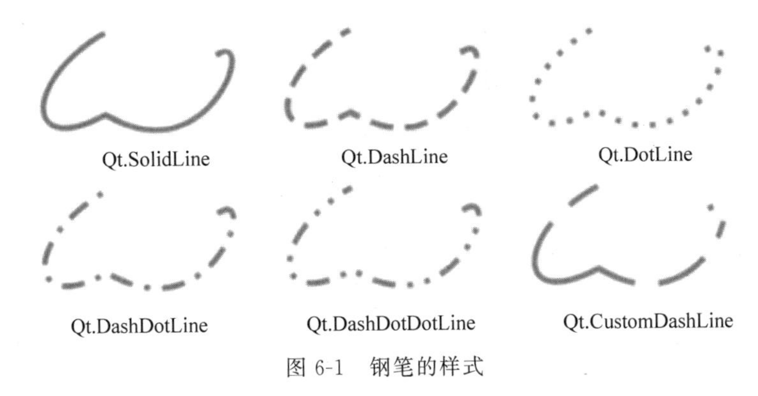

图 6-1 钢笔的样式

• 钢笔的端点样式用 SetCapStyle(Qt. PenCapStyle)方法设置,其中参数 Qt. PenCapStyle 可取 Qt. FlatCap、Qt. SquareCap 或 Qt. RoundCap,这些样式的区别如图 6-2 所示。Qt. FlatCap 不包含端点,Qt. SquareCap 包含端点,并延长半个宽度。

图 6-2 线条端部的样式

• 两个线条连接点处的样式用 setJoinStyle(Qt. PenJoinStyle)方法设置,其中参数 Qt. PenJoinStyle 可取 Qt. MiterJoin、Qt. BevelJoin、Qt. RoundJoin 或 Qt. SvgMiterJoin,前 3 种样式如图 6-3 所示。

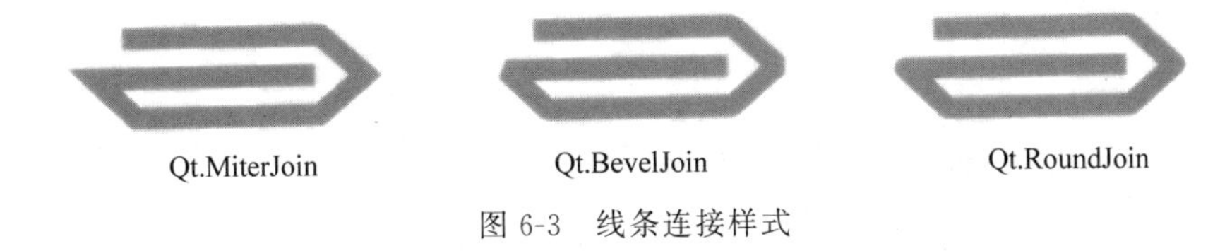

图 6-3 线条连接样式

• 当线条连接样式是 Qt. MiterJoin 时,用 setMiterLimit(float)方法设置延长线的长度,其中参数 float 是线条宽度的倍数,默认是 2.0,其延长线的含义如图 6-4 所示。

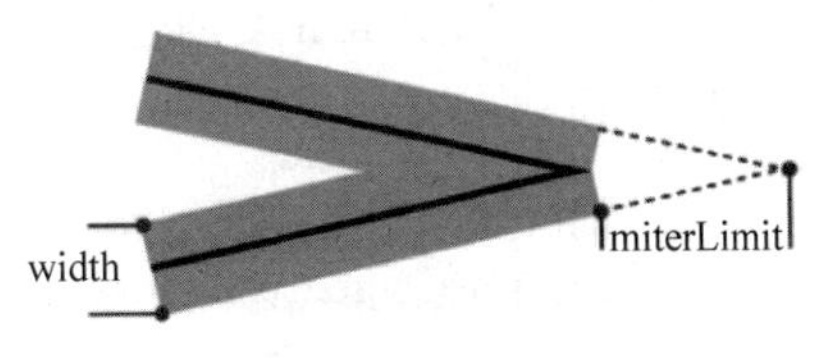

图 6-4 延长线的含义

• 用 setDashPattern(Sequence[float])方法可以

自定义虚线样式，其中参数的奇数项表示实线的长度，偶数项表示空白处的长度，长度以线宽为单位，表示为线宽的倍数。例如 setDashPattern([4,2,4,2])表示实线的长度是线宽的四倍，而空白处的长度是线宽的两倍。

- 用 setDashOffset(float)方法可以设置虚线开始绘制的点与线起始点之间的距离，如果这个距离是动态的，则会形成动画效果。

2. 钢笔 QPen 的应用实例

下面的程序用钢笔绘制一个带有背景图像、形状是“Z”形的虚线图。

```
import sys,math                                        # Demo6_2.py
from PySide6.QtWidgets import QApplication,QWidget
from PySide6.QtGui import QPen,QPainter,QPixmap
from PySide6.QtCore import QPointF,Qt

class MyWindow(QWidget):
    def __init__(self,parent = None):
        super().__init__(parent)
        self.resize(600,500)
    def paintEvent(self,event):
        painter = QPainter(self)
        pix = QPixmap(r"d:\python\pic.jpg")           # 图像
        pen = QPen(pix,40)                            # 含有背景图像的钢笔,线宽是 40
        pen.setStyle(Qt.DashLine)
        pen.setJoinStyle(Qt.MiterJoin)
        painter.setPen(pen)                           # 设置钢笔

        p1 = QPointF(50,50)
        p2 = QPointF(self.width() - 50,50)
        p3 = QPointF(50,self.height() - 50)
        p4 = QPointF(self.width() - 50,self.height() - 50)
        painter.drawPolyline([p1,p2,p3,p4])          # 绘制折线
if __name__ == '__main__':
    app = QApplication(sys.argv)
    window = MyWindow()
    window.show()
    sys.exit(app.exec())
```

6.1.3 画刷 QBrush 的用法与实例

对于封闭的图形，如矩形、圆等，用画刷 QBrush 可以在其内部填充颜色、样式、渐变、纹理或图案。用 QBrush 类创建画刷的方法如下所示，其中 bs 是 Qt.BrushStyle 的枚举值，用于设置画刷的风格。

```
QBrush()
QBrush(brush:Union[QBrush,Qt.BrushStyle,Qt.GlobalColor,QColor,QGradient,QImage,QPixmap])
QBrush(bs:Qt.BrushStyle)
QBrush(color:Qt.GlobalColor,bs:Qt.BrushStyle = Qt.SolidPattern)
```

```
QBrush(color:Qt.GlobalColor,pixmap:Union[QPixmap,QImage,str])
QBrush(color:Union[QColor, Qt.GlobalColor,str],bs:Qt.BrushStyle = Qt.SolidPattern)
QBrush(color:Union[QColor, Qt.GlobalColor,str],pixmap:Union[QPixmap,QImage,str])
QBrush(gradient:Union[QGradient,QGradient.Preset])
QBrush(image:Union[QImage,str])
QBrush(pixmap:Union[QPixmap,QImage,str])
```

1. 画刷 QBrush 的常用方法

画刷 QBrush 的常用方法如表 6-4 所示，主要方法介绍如下。

表 6-4 画刷 QBrush 的常用方法

QBrush 的方法和参数类型	返回值的类型	说　　明
setStyle(Qt. BrushStyle)	None	设置风格
style()	Qt. BrushStyle	获取风格
setTexture(QPixmap)	None	设置纹理图片
texture()	QPixmap	获取纹理图片
setTextureImage(QImage)	None	设置纹理图片
textureImage()	QImage	获取纹理图片
setColor(Union[QColor,Qt. GlobalColor,str])	None	设置颜色
color()	QColor	获取颜色
gradient()	QGradient	获取渐变色
setTransform(QTransform)	None	设置变换矩阵
transform()	QTransform	返回变换矩阵
isOpaque()	bool	获取是否不透明

- 画刷的风格用 setStyle(Qt. BrushStyle)方法设置，其中参数 Qt. BrushStyle 的取值和示意图如图 6-5 所示。

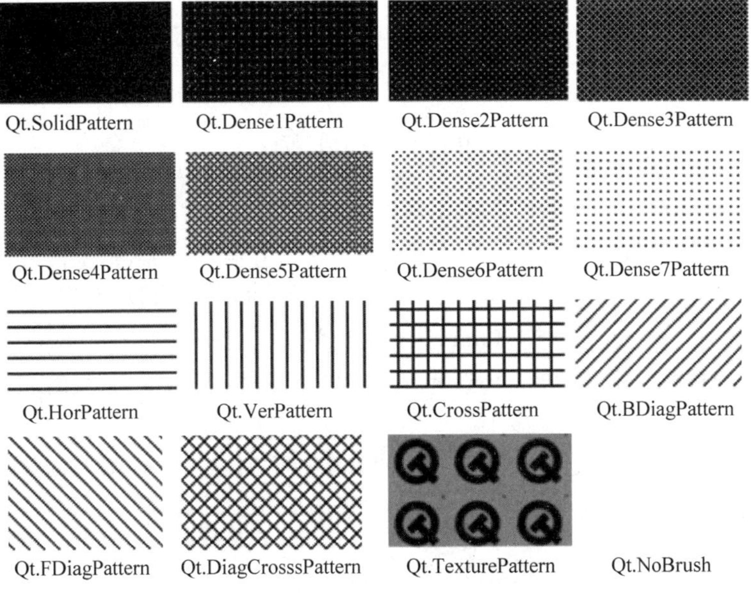

图 6-5 画刷的风格示意图

• 画刷的纹理可以用 setTexture(QPixmap)或 setTextureImage(QImage)方法来设置,这时样式被设置成 Qt. TexturePattern。

2. 画刷 QBrush 的应用实例

下面的程序在窗口中绘制一个矩形框,并在矩形框中用画刷填充网格线。

```
import sys                                                  # Demo6_3.py
from PySide6.QtWidgets import QApplication,QWidget
from PySide6.QtGui import QPen,QPainter,QBrush
from PySide6.QtCore import Qt,QPointF,QRectF

class MyWindow(QWidget):
    def __init__(self,parent = None):
        super().__init__(parent)
    def paintEvent(self,event):
        painter = QPainter(self)
        pen = QPen()                                        # 钢笔
        pen.setColor(Qt.blue)
        pen.setWidth(5)                                     # 线条宽度
        painter.setPen(pen)                                 # 设置钢笔

        brush = QBrush(Qt.red,Qt.DiagCrossPattern)          # 画刷,同时设置颜色和风格
        painter.setBrush(brush)                             # 设置画刷
        p1 = QPointF(self.width()/4,self.height()/4)
        p2 = QPointF(3 * self.width()/4,3 * self.height()/4)
        painter.drawRect(QRectF(p1,p2))                     # 绘制矩形
if __name__ == '__main__':
    app = QApplication(sys.argv)
    window = MyWindow()
    window.show()
    sys.exit(app.exec())
```

6.1.4 渐变色 QGradient 的用法与实例

在用画刷进行填充时,可以设置填充颜色为渐变色。所谓渐变色是指在两个不重合的点处分别设置不同的颜色,这两个点一个是起点,另一个是终点,这两个点之间的颜色从起点的颜色逐渐过渡到终点的颜色。定义渐变色的类是 QGradient,渐变样式分为 3 种类型,分别为线性渐变 QLinearGradient、径向渐变 QRadialGradient 和圆锥渐变 QConicalGradient,它们都继承自 QGradient 类,也会继承 QGradient 类的属性和方法。这 3 种渐变的样式如图 6-6 所示。

用 QLinearGradient 类创建线性渐变色的方法如下所示。线性渐变需要一个线性渐变矩形区域(起始和终止位置),参数用于确定这个矩形区域。

```
QLinearGradient()
QLinearGradient(start:Union[QPointF,QPoint,QPainterPath.Element],
    finalStop:Union[QPointF,QPoint,QPainterPath.Element])
```

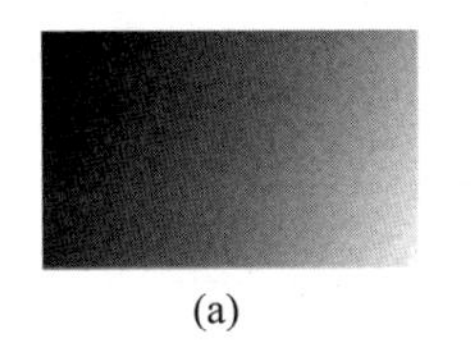
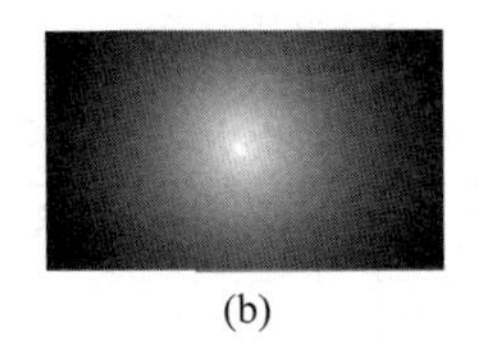
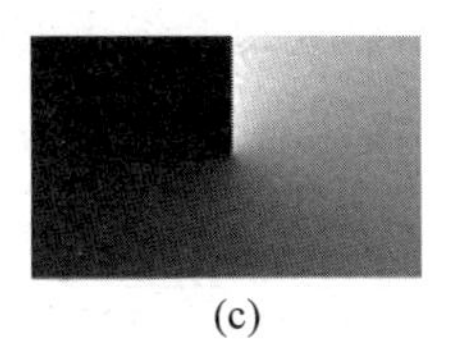

(a) (b) (c)

图 6-6 渐变样式

(a) 线性渐变；(b) 径向渐变；(c) 圆锥渐变

```
QLinearGradient(xStart:float,yStart:float,xFinalStop:float,yFinalStop:float)
```

用 QRadialGradient 类创建径向渐变色的方法如下。径向渐变需要的几何参数如图 6-7(a)所示，需要确定圆心位置、半径、焦点位置和焦点半径。径向渐变的构造函数中，第 1 个参数是圆心位置，可以用点或坐标定义；第 2 个参数是半径；第 3 个参数是焦点位置，可以用点或坐标定义；第 4 个参数是焦点半径。如果焦点设置到圆的外面，则取圆上的点作为焦点。

```
QRadialGradient()
QRadialGradient(center:Union[QPointF,QPoint,QPainterPath.Element],centerRadius:float,
    focalPoint:Union[QPointF,QPoint,QPainterPath.Element],focalRadius:float)
QRadialGradient(center:Union[QPointF,QPoint,QPainterPath.Element],radius:float)
QRadialGradient(center:Union[QPointF,QPoint,QPainterPath.Element],radius:float,
    focalPoint:Union[QPointF,QPoint,QPainterPath.Element])
QRadialGradient(cx:float,cy:float,centerRadius:float,fx:float,fy:float,focalRadius:float)
QRadialGradient(cx:float,cy:float,radius:float)
QRadialGradient(cx:float,cy:float,radius:float,fx:float,fy:float)
```

用 QConicalGradient 创建圆锥渐变色的方法如下所示。如图 6-7(b)所示，圆锥渐变需要的几何参数为圆心位置和起始角度 a，角度必须在 0°～360°之间，圆心位置可以用点或坐标来定义。

```
QConicalGradient()
QConicalGradient(center:Union[QPointF,QPoint,QPainterPath.Element],startAngle:float)
QConicalGradient(cx:float,cy:float,startAngle:float)
```

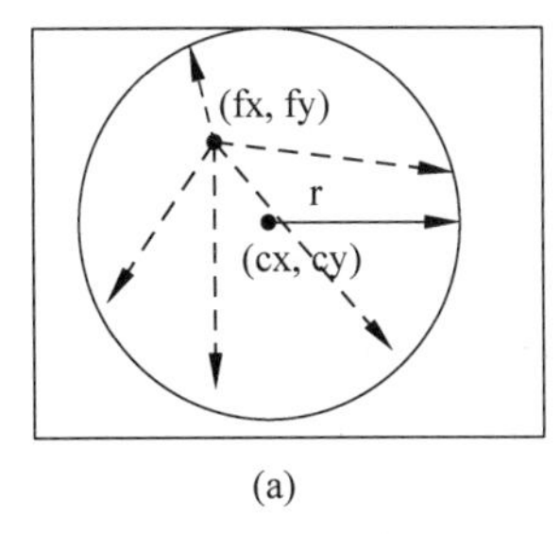

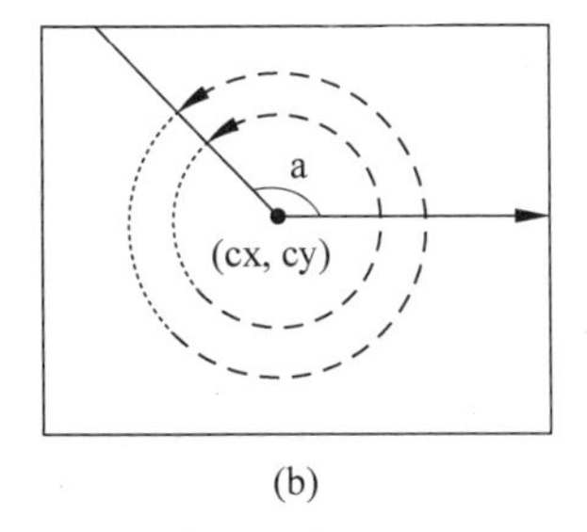

(a) (b)

图 6-7 径向渐变和圆锥渐变的几何参数

(a) 径向渐变；(b) 圆锥渐变

1. QGradient、QLinearGradient、QRadialGradient 和 QConicalGradient 的常用方法

QGradient、QLinearGradient、QRadialGradient 和 QConicalGradient 的常用方法如表 6-5 所示，主要方法介绍如下。QLinearGradient、QRadialGradient 和 QConicalGradient 继

承自 QGradient，因此也会继承 QGradient 的方法。

表 6-5 QGradient、QLinearGradient、QRadialGradient 和 QConicalGradient 的常用方法

渐变类	渐变类的常用方法及参数类型	说　明
QGradient	setCoordinateMode(QGradient. CoordinateMode)	设置坐标模式
	setColorAt(pos：float,Union[QColor,Qt. GlobalColor,str])	设置颜色
	setStops(stops：Sequence[Tuple[float,QColor]])	设置颜色
	setInterpolationMode(mode：QGradient. InterpolationMode)	设置插值模式
	setSpread(QGradient. Spread)	设置扩展方式
	type()-> QGradient. Type	获取类型
QLinearGradient	setStart(Union[QPointF,QPoint,QPainterPath. Element])	设置起始点
	setStart(x：float,y：float)	设置起始点
	start()-> QPointF	获取起始点
	setFinalStop(Union[QPointF,QPoint,QPainterPath. Element])	设置终止点
	setFinalStop(x：float,y：float)	设置终止点
	finalStop()-> QPointF	获取终止点
QRadialGradient	setCenter(Union[QPointF,QPoint])	设置圆心
	setCenter(x：float,y：float)	设置圆心
	setRadius(radius：float)	设置半径
	setCenterRadius(radius：float)	设置半径
	setFocalPoint(Union[QPointF,QPoint])	设置焦点位置
	setFocalPoint(float,float)	设置焦点位置
	setFocalRadius(radius：float)	设置焦点半径
QConicalGradient	setCenter(Union[QPointF,QPoint])	设置圆心
	setCenter(x：float,y：float)	设置圆心
	setAngle(float)	设置起始角度

- 在渐变区域内，可以在多个点设置颜色值，这些点之间的颜色值根据两侧的颜色来确定。在定义内部点的颜色值时，通常通过逻辑坐标来定义，渐变区域内的起始点的逻辑值是 0，终止点的逻辑值是 1。如果要在中间位置定义颜色，可以用 setColorAt()方法来定义，例如 setColorAt(0. 1,Qt. blue)、setColorAt(0. 4,Qt. yellow)和 setColorAt(0. 6,Qt. red)定义了 3 个位置处的颜色值；也可以用 setStops()方法一次定义多个颜色值，例如 setStops([(0. 1,Qt. red),(0. 5,Qt. blue)])定义了两个点处的颜色值。用 stops()方法可以获得逻辑坐标和颜色值。
- 用 setCoordinateMode(QGradient. CoordinateMode)方法可以设置坐标的模式，参数 QGradient. CoordinateMode 的取值如表 6-6 所示。

表 6-6 QGradient. CoordinateMode 的取值

QGradient. CoordinateMode 的取值	值	说　明
QGradient. LogicalMode	0	逻辑方式，起始点为 0，终止点为 1。这是默认值
QGradient. ObjectMode	3	相对于绘图区域矩形边界的逻辑坐标，左上角的坐标是(0,0)，右下角的坐标是(1,1)

续表

QGradient. CoordinateMode 的取值	值	说　　明
QGradient. StretchToDeviceMode	1	相对于绘图设备矩形边界的逻辑坐标，左上角的坐标是(0，0)，右下角的坐标是(1,1)
QGradient. ObjectBoundingMode	2	该方法与 QGradient. ObjectMode 基本相同，除了 QBrush. transform()应用于逻辑空间而不是物理空间

- 当设置的渐变区域小于填充区域时，渐变颜色可以扩展到渐变区域以外的空间。扩展模式用 setSpread(QGradient. Spread)方法定义，参数 QGradient. Spread 的取值如表 6-7 所示。扩展模式不适合圆锥渐变，圆锥渐变没有固定的边界。

表 6-7　QGradient. Spread 的取值

QGradient. Spread 的取值	值	说　　明
Qgradient. PadSpread	0	用最近的颜色扩展
Qgradient. RepeatSpread	2	重复渐变
Qgradient. ReflectSpread	1	对称渐变

- 用 setInterpolationMode(mode: QGradient. InterpolationMode)方法设置渐变色内部的插值模式，参数可取 QGradient. ColorInterpolation 或 QGradient. ComponentInterpolation。
- 用 type()方法可以获取渐变类型，返回值可能是 QGradient. LinearGradient、QGradient. RadialGradient、QGradient. ConicalGradient 或 QGradient. NoGradient(无渐变色)。

2. QGradient、QLinearGradient、QRadialGradient 和 QConicalGradient 的应用实例

下面的程序将窗口工作区分成 4 个矩形，在这 4 个矩形中分别绘制线性渐变、圆锥渐变和径向渐变，并应用扩展。程序运行界面如图 6-8 所示。

图 6-8　程序运行界面

```
import sys                                        # Demo6_4.py
from PySide6.QtWidgets import QApplication,QWidget
from PySide6. QtGui  import  QPen, QPainter, QBrush, QLinearGradient, QRadialGradient,
QConicalGradient
from PySide6.QtCore import Qt,QPointF,QRectF
```

```
class MyWindow(QWidget):
    def __init__(self,parent = None):
        super().__init__(parent)
        self.resize(800,400)
    def paintEvent(self,event):
        painter = QPainter(self)
        pen = QPen()                                          # 钢笔
        pen.setColor(Qt.darkBlue)
        pen.setStyle(Qt.DashLine)
        pen.setWidth(5)                                       # 线条宽度
        painter.setPen(pen)                                   # 设置钢笔
        w = self.width()
        h = self.height()
        linear = QLinearGradient(QPointF(0,0),QPointF(w/8,0))# 线性渐变
        linear.setStops([(0,Qt.red),(0.3,Qt.yellow),(0.6,Qt.green),(1,Qt.blue)])
                                                              # 设置颜色
        linear.setSpread(QLinearGradient.ReflectSpread)       # 镜像扩展
        brush1 = QBrush(linear)                               # 用线性渐变定义刷子
        painter.setBrush(brush1)
        painter.drawRect(QRectF(0,0,w/2,h/2))                 # 画矩形

        conical = QConicalGradient(QPointF(w/4 * 3,h/4),h/6)
        conical.setAngle(60)                                  # 起始角度
        conical.setColorAt(0,Qt.red)
        conical.setColorAt(1,Qt.yellow)
        brush2 = QBrush(conical)
        painter.setBrush(brush2)
        painter.drawRect(QRectF(w / 2, 0, w / 2, h / 2))

        radial1 = QRadialGradient(QPointF(w/4,h/4 * 3),w/8,QPointF(w/4,h/4 * 3),w/15)
        radial1.setColorAt(0,Qt.red)
        radial1.setColorAt(0.5,Qt.yellow)
        radial1.setColorAt(1,Qt.blue)
        radial1.setSpread(QRadialGradient.RepeatSpread)
        brush3 = QBrush(radial1)
        painter.setBrush(brush3)
        painter.drawRect(QRectF(0,h/2,w/2,h/2))

        radial2 = QRadialGradient(QPointF(w /4 * 3, h/4 * 3),w/6, QPointF(w /5 * 4,h/5 *
4), w/10)
        radial2.setColorAt(0, Qt.red)
        radial2.setColorAt(0.5, Qt.yellow)
        radial2.setColorAt(1, Qt.blue)
        radial2.setSpread(QRadialGradient.ReflectSpread)
        brush4 = QBrush(radial2)
        painter.setBrush(brush4)
        painter.drawRect(QRectF(w/2, h / 2, w / 2, h / 2))
if __name__ == '__main__':
```

```
app = QApplication(sys.argv)
window = MyWindow()
window.show()
sys.exit(app.exec())
```

6.1.5 绘制几何图形

QPainter 可以在绘图设备上绘制点、直线、折线、矩形、椭圆、弧、弦、文本和图像等，绘制几何图形的方法介绍如下。

1. 绘制点

QPainter 绘制点的方法如表 6-8 所示。可以一次绘制一个点，也可以一次绘制多个点，其中 QPolygon 和 QPolygonF 是用于存储 QPoint 和 QPointF 的类。

表 6-8 QPainter 绘制点的方法

QPainter 绘制单点的方法	QPainter 绘制多点的方法
drawPoint(p: QPoint)	drawPoints(Sequence[QPointF])
drawPoint(pt: Union[QPointF,QPoint])	drawPoints(Sequence[QPoint])
drawPoint(x: int,y: int)	drawPoints(points: Union[QPolygon,Sequence[QPoint],QRect])
drawPoint(pt: QPainterPath.Element)	drawPoints(points: Union[QPolygonF, Sequence[QPointF],QPolygon,QRectF])

QPolygon 和 QPolygonF 用于存储多个 QPoint 和 QPointF，创建 QPolygon 实例的方法是 QPolygon()或者 QPolygon(Sequence[QPoint])，创建 QPolygonF 实例的方法是 QPolygonF()或 QPolygonF(Sequence[Union[QPointF, QPoint]])。用 QPolygon 的 append(QPoint)方法可以添加点，用 insert(int,QPoint)方法可以插入点，用 setPoint(int, QPoint)方法可以更改点；用 QPolygonF 的 append(Union[QPointF,QPoint])方法可以添加点，用 insert(int,Union[QPointF,QPoint])方法可以插入点。

2. 绘制直线

QPainter 绘制直线的方法如表 6-9 所示。绘制直线需要用两个点。可以一次绘制一条直线，也可一次绘制多条直线，其中 QLine 或 QLineF 是 2D 直线类。

表 6-9 QPainter 绘制直线的方法

QPainter 绘制单条直线的方法	QPainter 绘制多条直线的方法
drawLine(line: QLine)	drawLines(lines: Sequence[QLineF])
drawLine(line: Union[QLineF,QLine])	drawLines(lines: Sequence[QLine])
drawLine(p1: QPoint,p2: QPoint)	drawLines(pointPairs: Sequence[QPointF])
drawLine(p1: Union[QPointF, QPoint], p2: Union[QPointF,QPoint])	drawLines(pointPairs: Sequence[QPoint])
drawLine(x1: int,y1: int,x2: int,y2: int)	

QLine 和 QLineF 用于定义二维直线,绘制二维直线需要用两个点。用 QLine 类定义直线实例的方法有 QLine()、QLine(QPoint,QPoint)和 QLine(x1: int,y1: int,x2: int,y2: int),用 QLineF 类定义直线实例的方法有 QLineF(QLine)、QLineF()、QLineF(Union[QPointF,QPoint],Union[QPointF,QPoint])和 QLineF(x1: float,y1: float,x2: float,y2: float)。用 QLine 的 setLine(x1: int,y1: int,x2: int,y2: int)方法、setP1(QPoint)方法、setP2(QPoint)或 setPoints(QPoint,QPoint)方法可以设置线两端的点。QLineF 也有同样的方法,只需把参数 int 改成 float,或 QPoint 改成 QPointF。

3. 绘制折线

绘制折线必须用两个点,即使两条折线的终点和起始点相同,每条折线也必须用两个点来定义。折线由多个折线段构成,绘制折线需要给出多个点,上个折线段的终点是下个折线段的起始点。QPainter 绘制折线的方法如表 6-10 所示。

表 6-10 QPainter 绘制折线的方法

QPainter 绘制折线的方法	QPainter 绘制折线的方法
drawPolyline(Sequence[QPointF])	drawPolyline(polygon: Union[QPolygon, Sequence[QPoint], QRect])
drawPolyline(Sequence[QPoint])	drawPolyline(Union[QPolygonF, Sequence[QPointF], QPolygon, QRectF])

4. 绘制多边形和凸多边形

QPainter 绘制多边形和凸多边形的方法如表 6-11 所示。使用这些方法时,需要给出多边形或凸多边形的顶点,系统会自动在起始点和终止点之间建立直线,使多边形封闭。参数 fillRule 是 Qt.FillRule 的枚举类型,用于确定一个点是否在图形内部,在内部的区域可以进行填充。fillRule 可以取 Qt.OddEvenFill 或 Qt.WindingFill,这两种填充规则如图 6-9 所示。Qt.OddEvenFill 是奇偶填充规则,要判断一个点是否在图形中,可以从该点向图形外引一条水平线,如果该水平线与图形的交点个数为奇数,那么该点在图形中。Qt.WindingFill 是非零绕组填充规则,要判断一个点是否在图形中,可以从该点向图形外引一条水平线,如果该水平线与图形的边线相交,这个边线是顺时针绘制的,就记为 1,是逆时针绘制的就记为−1,然后将所有数值相加,若结果不为 0,那么该点就在图形中。图形的绘制方向会影响填充的判断。

表 6-11 QPainter 绘制多边形和凸多边形的方法

QPainter 绘制多边形的方法	QPainter 绘制凸多边形的方法
drawPolygon(Sequence[QPointF],Qt.FillRule)	drawConvexPolygon(Sequence[QPointF])
drawPolygon(Sequence[QPoint],Qt.FillRule)	drawConvexPolygon(Sequence[QPoint])
drawPolygon(polygon: Union[QPolygon, Sequence[QPoint], QRect], fillRule: Qt.FillRule = Qt.OddEvenFill)	drawConvexPolygon(polygon: Union[QPolygon,Sequence[QPoint],QRect])
drawPolygon(polygon: Union[QPolygonF, Sequence[QPointF],QPolygon,QRectF],fillRule: Qt.FillRule=Qt.OddEvenFill)	drawConvexPolygon(polygon: Union[QPolygonF, Sequence[QPointF], QPolygon, QRectF])

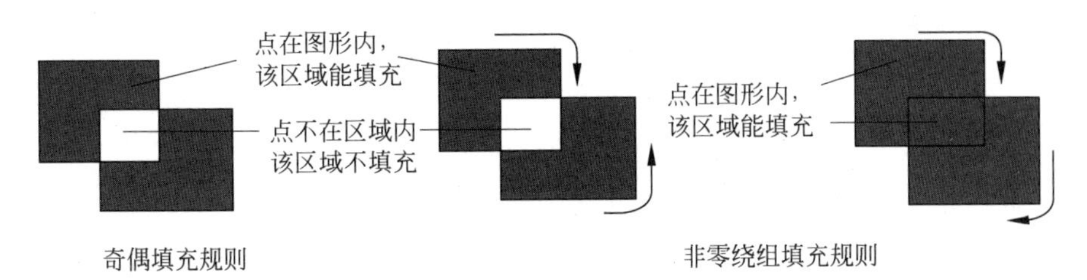

图 6-9 填充规则示意图

下面的程序用绘制多边形的方法绘制两个五角星，并分别采用奇偶填充规则和非零绕组填充规则进行填充，程序运行结果如图 6-10 所示。

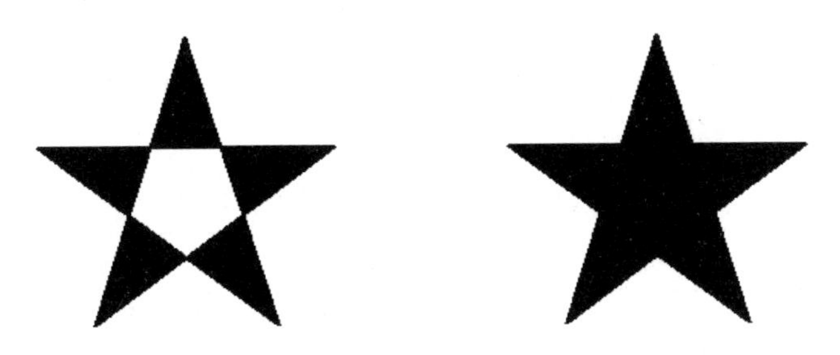

图 6-10 采用不同填充规则绘制五角星程序运行结果的对比

```
import sys                                  #Demo6_5.py
from PySide6.QtWidgets import QApplication,QWidget
from PySide6.QtGui import QPen,QPainter,QBrush
from PySide6.QtCore import QPointF,Qt
from math import cos,sin,pi
class MyWindow(QWidget):
    def __init__(self,parent = None):
        super().__init__(parent)
        self.resize(600,500)
    def paintEvent(self,event):
        painter = QPainter(self)
        pen = QPen()                    #钢笔
        pen.setWidth(2)                 #线条宽度
        painter.setPen(pen)             #设置钢笔
        bush = QBrush(Qt.SolidPattern)
        painter.setBrush(bush)
        r = 100                         #五角星的外接圆半径
        x = self.width()/4
        y = self.height()/2
        p1 = QPointF(r * cos(-90 * pi/180) + x,r * sin(-90 * pi/180) + y)
        p2 = QPointF(r * cos(-18 * pi/180) + x,r * sin(-18 * pi/180) + y)
        p3 = QPointF(r * cos(54 * pi/180) + x,r * sin(54 * pi/180) + y)
        p4 = QPointF(r * cos(126 * pi/180) + x,r * sin(126 * pi/180) + y)
        p5 = QPointF(r * cos(198 * pi/180) + x,r * sin(198 * pi/180) + y)
```

```
        painter.drawPolygon([p1,p3,p5,p2,p4],Qt.OddEvenFill)    #绘制多边形
        offset = QPointF(self.width()/2,0)
        painter.drawPolygon([p1 + offset,p3 + offset,p5 + offset,p2 + offset,p4 + offset],
Qt.WindingFill)
if __name__ == '__main__':
    app = QApplication(sys.argv)
    window = MyWindow()
    window.show()
    sys.exit(app.exec())
```

5. 绘制矩形

QPainter 可以一次绘制一个矩形,也可以一次绘制多个矩形。QPainter 绘制矩形的方法如表 6-12 所示,其中 drawRect(x1: int,y1: int,w: int,h: int)方法中 x1 和 y1 参数确定左上角的位置,w 和 h 参数确定宽度和高度。

表 6-12 QPainter 绘制矩形的方法

QPainter 绘制单个矩形的方法	QPainter 绘制多个矩形的方法
drawRect(rect: QRect)	drawRects(rectangles: Sequence[QRectF])
drawRect(rect: Union[QRectF,QRect])	drawRects(rectangles: Sequence[QRect])
drawRect(x1: int,y1: int,w: int,h: int)	

6. 绘制圆角矩形

圆角矩形是在矩形的基础上对 4 个角分别用一个椭圆进行倒圆角,其示意图如图 6-11 所示。要绘制圆角矩形,除了需要设置绘制矩形的参数外,还需要设置椭圆的两个半径。

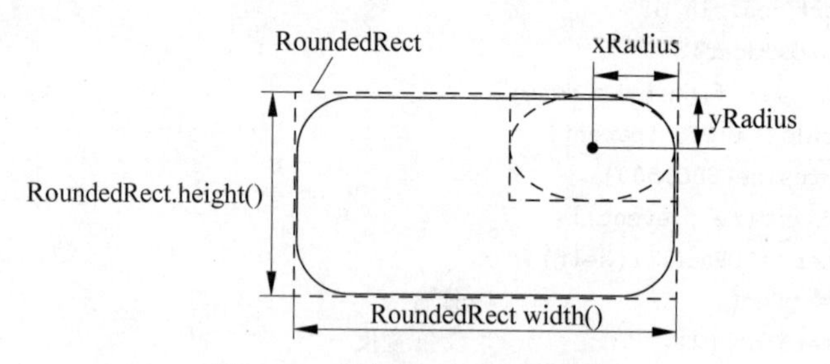

图 6-11 圆角矩形几何示意图

QPainter 绘制椭圆的方法有 drawRoundedRect(rect: Union[QRectF, QRect], xRadius: float, yRadius: float, mode: Qt. SizeMode = Qt. AbsoluteSize) 和 drawRoundedRect(x: int,y: int,w: int,h: int,xRadius: float,yRadius: float,mode: Qt. SizeMode = Qt. AbsoluteSize),其中参数 mode 是 Qt. SizeMode 的枚举类型,可以取 Qt. AbsoluteSize 或 Qt. RelativeSize,分别确定椭圆半径是绝对值还是相对于矩形边长的相对值。

7. 绘制椭圆、扇形、弧和弦

一个椭圆有两个半径。确定一个椭圆有两种方法:一种是先确定一个矩形边界,在矩形内部作一个与矩形相切的内切椭圆;另一种是先定义一个中心,再定义两个半径。绘制

椭圆示意图如图 6-12 所示。如果矩形边界是正方形或者椭圆的两个半径相等,椭圆就变成了圆。扇形是椭圆的一部分,绘制扇形时除了确定椭圆的几何数据外,还需要确定扇形的起始角和跨度角。需要特别注意的是,起始角和跨度角都是用输入值的 1/16 计算,如要求起始角为 45°,跨度角为 60°,则需要输入的起始角为 45 * 16,跨度角为 60 * 16,例如 painter.drawPie(QRect(300,300,200,100),45 * 16,60 * 16)。QPainter 绘制椭圆和扇形的方法如表 6-13 所示。

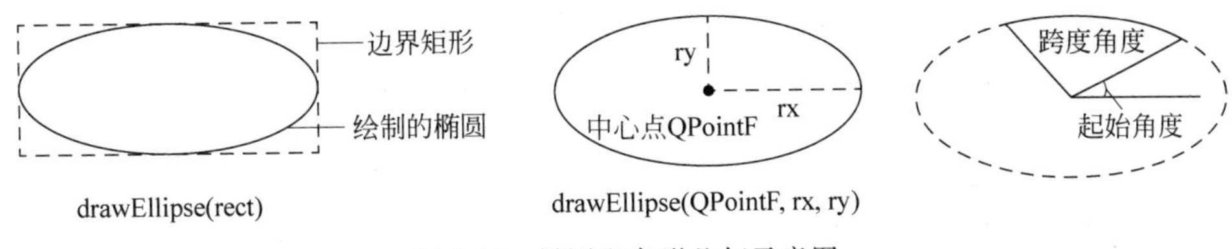

图 6-12 椭圆和扇形几何示意图

表 6-13 QPainter 绘制椭圆和扇形的方法

QPainter 绘制椭圆的方法	QPainter 绘制扇形的方法
drawEllipse(center: [QPointF, QPoint], rx: int, ry: int)	drawPie(QRect, a: int, alen: int)
drawEllipse(r: QRect)	drawPie(rect: Union[QRectF, QRect], a: int, alen: int)
drawEllipse(r: Union[QRectF, QRect])	drawPie(x: int, y: int, w: int, h: int, a: int, alen: int)
drawEllipse(x: int, y: int, w: int, h: int)	
drawEllipse(center: QPainterPath. Element, rx: float, ry: float)	

绘制弧和绘制弦的参数与绘制扇形的参数相同,只不过是从椭圆上截取的部分不同。QPainter 绘制弧和弦的方法如表 6-14 所示。

表 6-14 QPainter 绘制弧和弦的方法

QPainter 绘制弧的方法	QPainter 绘制弦的方法
drawArc(QRect, a: int, alen: int)	drawChord(QRect, a: int, alen: int)
drawArc(rect: Union[QRectF, QRect], a: int, alen: int)	drawChord(rect: Union[QRectF, QRect], a: int, alen: int)
drawArc(x: int, y: int, w: int, h: int, a: int, alen: int)	drawChord(x: int, y: int, w: int, h: int, a: int, alen: int)

8. 抗锯齿

在绘制几何图像和文字时,如果线条是斜线,对线条进行放大后会发现它呈现锯齿状。为防止出现锯齿状,需要对线条边缘进行模糊化处理。用 QPainter 的 setRenderHint(hint: QPainter. RenderHint, on: bool=True)或 setRenderHints(hints: QPainter. RenderHints, on: bool=True)方法可以设置是否进行抗锯齿处理,用 testRenderHint(hint: QPainter.

RenderHint)方法可以获取是否设置了抗锯齿算法，其中枚举参数 QPainter. RenderHint 可以取 QPainter. Antialiasing(启用抗锯齿)、QPainter. TextAntialiasing(对文本进行抗锯齿)、QPainter. SmoothPixmapTransform(使用平滑的像素图像算法)或 QPainter. LosslessImageRendering(用于 PDF 文档)。

6.1.6 绘制文本

可以在指定位置绘制文本，绘制文本时，通常需要先用 setFont(QFont)方法设置 QPainter 的字体。绘制文本的方法如表 6-15 所示，所绘文本默认是反锯齿的。

表 6-15 QPainter 绘制文本的方法

QPainter 绘制文本的方法	QPainter 绘制文本的方法
drawStaticText(left: int, top: int, staticText: QStaticText)	drawText(p: Union[QPointF,QPoint],s: str)
drawStaticText(topLeftPosition: Union[QPointF, QPoint, QPainterPath. Element], staticText: QStaticText)	drawText(r: Union[QRectF,QRect],flags: int, text: str,br: Union[QRectF,QRect])
drawText(r: Union[QRectF,QRect],text: str, Qt. Alignment)	drawText(p: QPoint,s: str)
drawText(x: int,y: int,w: int,h: int,flags: int, text: str,br: QRect)	drawText(x: int,y: int,s: str)
drawText(r: QRect, flags: int, text: str, br: QRect)	drawText(p: QPainterPath. Element,s: str)

绘制文本可以用 drawStaticText()方法，该方法比较快，且每次不用重新计算文本的排列位置。QStaticText 是静态文本类，用 QStaticText 类创建静态文本的方法是 QStaticText()或 QStaticText(str)。可以用 QStatciText 的 setText(str)方法设置文本；用 setTextFormat(Qt. TextFormat)方法设置静态文本的格式，参数 Qt. TextFormat 可取 Qt. PlainText、Qt. RichText、Qt. AutoText 或 Qt. MarkdownText；用 setTextOption(QTextOption)方法设置选项；用 setTextWidth(float)方法设置静态文本的宽度。绘制文本的方法中，flags 参数可取 Qt. AlignLeft、Qt. AlignRight、Qt. AlignHCenter、Qt. AlignJustify、Qt. AlignTop、Qt. AlignBottom、Qt. AlignVCenter、Qt. AlignCenter、Qt. TextSingleLine、Qt. TextExpandTabs、Qt. TextShowMnemonic 或 Qt. TextWordWrap；参数 r 是要绘制文本的矩形范围；参数 br 是指边界矩形(bounding rectangle)，所绘文本应该包含在边界矩形中。

如果所绘制的文本用当前的字体绘制时，给定的矩形范围不合适，可以用 boundingRect(…)方法获取边界矩形。获取文本边界矩形的方法如表 6-16 所示。

表 6-16 获取文本边界矩形的方法

获取文本边界矩形的方法	返回值的类型
boundingRect(rect: QRect,flags: int,text: str)	QRect
boundingRect(rect: Union[QRectF,QRect],flags: int,text: str)	QRectF

续表

获取文本边界矩形的方法	返回值的类型
boundingRect(rect: Union[QRectF,QRect],text: str,Qt. Alignment)	QRectF
boundingRect(x: int,y: int,w: int,h: int,flags: int,text: str)	QRect

6.1.7 绘图路径 QPainterPath 的用法与实例

前文中绘制的几何图形比较简单，各个图形之间也是相互独立的，例如用 line()或 lines()方法绘制的多个线条之间相互独立，即便是首尾相连，它们也不是封闭的，不能在其内部填充图案。为了将简单的图形组合成复杂且封闭的图形，需要用到绘图路径 QPainterPath，前面介绍的绘图方法所绘制的图形都可以加入 QPainterPath 中，构成 QPainterPath 的元素。用 QPainter 的 drawPath(path: QPainterPath)方法或 strokePath(path: QPainterPath,pen: Union[QPen,Qt. PenStyle,QColor])方法可以将绘图路径的图形绘制出来，用绘图路径绘制的图形不论是否封闭，都隐含是封闭的，可以在其内部进行填充。

QPainterPath 是一些绘图命令按照先后顺序的有序组合，创建一次后可以反复使用。用 QPainterPath 类创建绘图路径实例对象的方法如下所示，其中 startPoint 是绘制路径的起始点，也可以用绘图路径的 moveTo(Union[QPointF,QPoint])或 moveTo(x: float,y: float)方法将绘图路径的当前点移到起始点。

```
QPainterPath()
QPainterPath(other:QPainterPath)
QPainterPath(startPoint:Union[QPointF,QPoint,QPainterPath.Element])
```

1. 绘图路径 QPainterPath 的常用方法

绘图路径中与绘图有关的方法如表 6-17 所示，与查询有关的方法如表 6-18 所示，主要方法介绍如下。

- 路径是由多个图形构成的，每个图形中可能包括直线、贝塞尔曲线、弧、椭圆、多边形、矩形或文本。使用 moveTo()方法把当前路径移到指定位置，作为绘图开始的起点位置，移动当前点会启用一个新的子路径，并自动封闭之前的路径。
- 用 lineTo()方法绘制直线，用 arcTo()方法绘制弧，用 quadTo()方法和 cubicTo()方法绘制二次和三次贝塞尔曲线，用 addEllipse()方法绘制封闭的椭圆，用 addPolygon()方法绘制多边形，用 addRect()方法和 addRoundedRect()方法绘制矩形。在添加直线、弧或贝塞尔曲线后，当前点移动到这些元素的最后位置。绘制弧时，弧的零度角与钟表的 3 时方向相同，逆时针方向为正。
- 路径中每个绘图步骤称为单元(element)，比如 moveTo()、lineTo()、arcTo()都是单元，addRect()、addPolygon()等都是用 moveTo()、lineTo()、arcTo()等绘制的。例如 addRect(100,50,200,200)由 movetTo(100,50)、lineTo(300,50)、lineTo(300,250)、lineTo(100,250)和 lineTo(100,50)共 5 个单元构成。
- 路径可以进行交、并、减和移动操作。

表 6-17　绘图路径 QPainterPath 与绘图有关的方法

QPainterPath 的绘图方法及参数类型	说　明
moveTo(Union[QPointF,QPoint])	将当前点移动到指定的点，作为下一个绘图单元的起始点
moveTo(x: float,y: float)	
currentPosition()	获取当前的起始点 QPointF
arcMoveTo(rect: Union[QRectF,QRect],angle: float)	将当前点移动到指定矩形框内的椭圆上，最后的 float 是起始角度
arcMoveTo(x: float,y: float,w: float,h: float,angle: float)	
lineTo(Union[QPointF,QPoint,QPainterPath.Element])	在当前点与指定点之间绘制直线
lineTo(x: float,y: float)	
cubicTo(ctrlPt1: Union[QPointF,QPoint,QPainterPath.Element],ctrlPt2: Union[QPointF,QPoint,QPainterPath.Element],endPt: Union[QPointF,QPoint,QPainterPath.Element])	在当前点和终点间绘制三次贝塞尔曲线，前两个点是中间控制点，最后一个点是终点
cubicTo(ctrlPt1x: float,ctrlPt1y: float,ctrlPt2x: float,ctrlPt2y: float,endPtx: float,endPty: float)	
quadTo(ctrlPt: Union[QPointF,QPoint,QPainterPath.Element],endPt: Union[QPointF,QPoint,QPainterPath.Element])	在当前点和终点间添加二次贝塞尔曲线，第一个点是控制点
quadTo(ctrlPtx: float,ctrlPty: float,endPtx: float,endPty: float)	
arcTo(rect: Union[QRectF,QRect],startAngle: float,arcLength: float)	在矩形框内绘制圆弧，startAngle 和 arcLength 分别是起始角和跨度角
arcTo(x: float,y: float,w: float,h: float,startAngle: float,arcLength: float)	
addEllipse(center: Union[QPointF,QPoint],rx: float,ry: float)	绘制封闭的椭圆
addEllipse(rect: Union[QRectF,QRect])	
addEllipse(x: float,y: float,w: float,h: float)	
addPolygon(Union[QPolygonF,Sequence[QPointF],QPolygon,QRectF])	绘制多边形
addRect(rect: Union[QRectF,QRect])	绘制矩形
addRect(x: float,y: float,w: float,h: float)	
addRoundedRect(rect: Union[QRectF,QRect],xRadius: float,yRadius: float,mode: Qt.SizeMode=Qt.AbsoluteSize)	绘制圆角矩形
addRoundedRect(x: float,y: float,w: float,h: float,xRadius: float,yRadius: float,mode: Qt.SizeMode=Qt.AbsoluteSize)	

续表

QPainterPath 的绘图方法及参数类型	说　明
addText (point: Union [QPointF, QPoint, QPainterPath. Element], f: Union[QFont, str, Sequence[str]], text: str)	绘制文本
addText(x: float, y: float, f: Union[QFont, str, Sequence[str]], text: str)	
addRegion (region: Union [QRegion, QBitmap, QPolygon, QRect])	绘制 QRegion 的范围
closeSubpath()	由当前子路径首尾绘制直线,开始新的子路径的绘制
connectPath(QPainterPath)	由当前路径的终点位置与给定路径的起始位置绘制直线
addPath(QPainterPath)	将其他绘图路径添加进来
translate(dx: float, dy: float)	将绘图路径进行平移,dx 和 dy 是 x 和 y 方向的移动量,或用点表示
translate (offset: Union [QPointF, QPoint, QPainterPath. Element])	

表 6-18　绘图路径 QPainterPath 与查询有关的方法

QPainterPath 的查询方法	返回值的类型	说　明
angleAtPercent(t: float)	float	获取绘图路径长度百分比处的切向角
slopeAtPercent(t: float)	float	获取斜率
boundingRect()	QRectF	获取路径所在的边界矩形区域
capacity()	int	返回路径中单元的数量
clear()	None	清空绘图路径中的元素
contains(Union[QPointF, QPoint])	bool	如果指定的点在路径内部,则返回 True
contains(QRectF)	bool	如果矩形区域在路径内部,则返回 True
contains(QPainterPath)	bool	如果包含指定的路径,则返回 True
controlPointRect()	QRectF	获取包含路径中所有点和控制点构成的矩形
elementCount()	int	获取绘图路径的单元数量
intersected(QPainterPath)	QPainterPath	获取绘图路径和指定路径填充区域相交的路径
united(QPainterPath)	QPainterPath	获取绘图路径和指定路径填充区域合并的路径
intersects(QRectF)	bool	获取绘图路径与矩形区域是否相交
intersects(QPainterPath)	bool	获取绘图路径与指定路径是否相交
subtracted(QPainterPath)	QPainterPath	获取减去指定路径后的路径
isEmpty()	bool	获取绘图路径是否为空
length()	float	获取绘图路径的长度
pointAtPercent(float)	QPointF	获取百分比长度处的点
reserve(size: int)	None	在内存中预留指定数量的绘图单元内存空间
setElementPositionAt (i: int, x: float, y: float)	None	将索引是 int 的元素的 x 和 y 坐标设置成指定值

续表

QPainterPath 的查询方法	返回值的类型	说　明
setFillRule(Qt.FillRule)	None	设置填充规则
simplified()	QPainterPath	获取简化后的路径，如果路径元素有交叉或重合，则简化后的路径没有重合
swap(QPainterPath)	None	交换绘图路径
toReversed()	QPainterPath	获取顺序反转后的绘图路径
toSubpathPolygons()	List[QPolygonF]	将每个元素转换成 QPolygonF
toSubpathPolygons(QTransform)	List[QPolygonF]	
translated(dx: float, dy: float)	QPainterPath	获取平动后的绘图路径，float 是 x 方向和 y 方向的移动量，或者用点来表示
translated(Union[QPointF, QPoint])	QPainterPath	

2. 绘图路径 QPainterPath 的应用实例

作为应用实例，下面我们绘制一个太极图像，程序中使用非零绕组填充。

```
import sys                                         # Demo6_6.py
from PySide6.QtWidgets import QApplication,QWidget
from PySide6.QtGui import QPen,QPainter,QPainterPath,QBrush
from PySide6.QtCore import QPointF,Qt

class MyWindow(QWidget):
    def __init__(self,parent = None):
        super().__init__(parent)
        self.resize(600,500)
    def paintEvent(self,event):
        path = QPainterPath()                      # 路径
        self.center = QPointF(self.width() / 2, self.height() / 2)
        r = min(self.width(),self.height())/3      # 外面大圆的半径
        r1 = r/7                                   # 内部小圆的半径
        path.moveTo(self.center.x(), self.center.y() - r)
        path.arcTo(self.center.x() - r, self.center.y() - r, 2 * r, 2 * r, 90, 360)
                                                   # 外部大圆
        path.arcTo(self.center.x() - r, self.center.y() - r, 2 * r, 2 * r, 90, -180)
                                                   # 反向半圆

        path.moveTo(self.center.x(), self.center.y() + r)
        path.arcTo(self.center.x() - r / 2, self.center.y(), r, r, -90, 180)   # 内部半圆
        path.arcTo(self.center.x() - r/2,self.center.y() - r/2 - r/2,r,r,270, -180)
                                                   # 内部半圆

        path.moveTo(self.center.x() + r1, self.center.y() - r / 2)
        path.arcTo(self.center.x() - r1,self.center.y() - r/2 - r1,2 * r1,2 * r1,0,360)
                                                   # 内部小圆
        path.moveTo(self.center.x() + r1, self.center.y() + r / 2)
        path.arcTo(self.center.x() - r1,self.center.y() + r/2 - r1,2 * r1,2 * r1,0, -360)
                                                   # 内部小圆

        path.setFillRule(Qt.WindingFill)           # 填充方式
```

```
        painter = QPainter(self)
        pen = QPen()
        pen.setWidth(5)
        pen.setColor(Qt.black)
        painter.setPen(pen)

        brush = QBrush(Qt.SolidPattern)
        painter.setBrush(brush)                  #设置画刷
        painter.drawPath(path)                   #设置绘制路径
        super().paintEvent(event)
if __name__ == '__main__':
    app = QApplication(sys.argv)
    window = MyWindow()
    window.show()
    sys.exit(app.exec())
```

6.1.8 填充与实例

用 QPainter 绘图时，如果所绘制的图形是封闭的，且为 QPainter 设置了画刷，则系统自动在封闭的图形内填充画刷的图案，封闭的图形包括绘图路径、矩形、椭圆、多边形。除此之外，还可以为指定的矩形范围填充图案，此时不需要有封闭的边界线。

QPainter 的方法中用于填充的方法如表 6-19 所示，主要方法介绍如下。

- 用 fillPath()方法可以用画刷、颜色和渐变色给指定路径填充颜色。
- 用 fillRect()方法可以给指定的矩形区域绘制填充颜色，这时无须封闭的空间，也不会绘制出轮廓；用 eraseRect()方法可以擦除矩形区域的填充。
- 用 setBackgroundMode(Qt.BGMode)方法设置背景的模式，其中参数 Qt.BGMode 可以取 Qt.TransparentMode(透明模式)或 Qt.OpaqueMode(不透明模式)。
- 用 setBackground(Union[QBrush,QColor,Qt.GlobalColor,QGradient])方法设置背景色，背景色只有在不透明模式下才起作用。
- 用 setBrushOrigin(Union[QPointF,QPoint])、setBrushOrigin(int,int)或 setBrushOrigin(QPoint)方法设置画刷的起始点，起始点会影响纹理、渐变色的布局。

表 6-19 QPainter 的填充方法

QPainter 的填充方法	说　明
fillPath(path: QPainterPath, brush: Union[QBrush, Qt.BrushStyle, Qt.GlobalColor, QColor, QGradient, QImage, QPixmap])	为指定的路径填充颜色
fillRect(Union[QRectF, QRect], Union[QBrush, Qt.BrushStyle, Qt.GlobalColor, QColor, str, QGradient, QImage, QPixmap])	用画刷、颜色和渐变色填充指定的矩形区域
fillRect(x: int, y: int, w: int, h: int, Union[QBrush, Qt.BrushStyle, Qt.GlobalColor, QColor, str, QGradient, QImage, QPixmap])	

续表

QPainter 的填充方法	说　明
eraseRect(Union[QRectF,QRect])	擦除指定区域的填充
eraseRect(x: int,y: int,w: int,h: int)	
setBackground(Union[QBrush,QColor,Qt.GlobalColor,QGradient])	设置背景色
background()	获取背景画刷 QBrush
setBackgroundMode(Qt.BGMode)	设置背景模式
setBrushOrigin(Union[QPointF,QPoint,QPainterPath.Element])	设置画刷的起始点
setBrushOrigin(x: int,y: int)	
brushOrigin()	获取起始点 QPoint

下面的程序绘制文字,用渐变色分别显示文字和背景色,并用定时器实现动态移动画刷的起始点,产生动画效果。

```
import sys                                                     # Demo6_7.py
from PySide6.QtWidgets import QApplication,QWidget
from PySide6.QtGui import QPen,QPainter,QLinearGradient,QBrush
from PySide6.QtCore import Qt,QRect,QTimer

class MyWindow(QWidget):
    def __init__(self,parent = None):
        super().__init__(parent)
        self.resize(1000,300)
        self.__text = "北京诺思多维科技有限公司"
        self.__start = 0
        self.__rect = QRect(0,0,self.width(),self.height())    # 记录文字的绘图范围
        self.timer = QTimer(self)                               # 定时器
        self.timer.timeout.connect(self.timeout)
        self.timer.setInterval(10)
        self.timer.start()
    def paintEvent(self,event):
        painter = QPainter(self)
        font = painter.font()
        font.setFamily("黑体")
        font.setBold(True)
        font.setPointSize(50)
        painter.setFont(font)

        linear = QLinearGradient(self.__rect.topLeft(),self.__rect.bottomRight())
                                                                # 字体渐变
        linear.setColorAt(0,Qt.red)
        linear.setColorAt(0.5,Qt.yellow)
        linear.setColorAt(1,Qt.green)
```

```
        linear2 = QLinearGradient(self.__rect.left(),0,self.__rect.right(),0)
                                                              #背景渐变
        linear2.setColorAt(0.4, Qt.darkBlue)
        linear2.setColorAt(0.5, Qt.white)
        linear2.setColorAt(0.6, Qt.darkBlue)

        brush = QBrush(linear)                                #字体画刷
        brush2 = QBrush(linear2)                              #背景画刷
        pen = QPen()                                          #钢笔
        pen.setBrush(brush)                                   #设置钢笔画刷
        painter.setPen(pen)
        painter.setBackgroundMode(Qt.OpaqueMode)              #背景模式不透明
        painter.setBackground(brush2)                         #设置背景画刷
        painter.setBrushOrigin(self.__start,self.__rect.top())  #设置画刷的起始点
        self.__rect = painter.drawText(self.rect(),Qt.AlignCenter,self.__text)
                                                              #绘制文字
    def timeout(self):                                        #定时器槽函数
        if self.__start > self.__rect.width()/2:
            self.__start = int( - self.__rect.width()/2)
        self.__start = self.__start + 5
        self.update()
if __name__ == '__main__':
    app = QApplication(sys.argv)
    window = MyWindow()
    window.show()
    sys.exit(app.exec())
```

6.1.9 绘制图像与实例

除了可以直接绘制几何图形外，QPainter 还可以把 QPixmap、QImage 和 QPicture 图像直接绘制在绘图设备上。

绘制 QPixmap 图像的方法如表 6-20 所示，可以将图像按照原始尺寸显示，也可以缩放图像到一个矩形区域中显示，还可以从原图像上截取一部分绘制到一个矩形区域。用 drawPixmapFragments(fragments: List[QPainter.PixmapFragment], fragmentCount: int, pixmap: Union[QPixmap, QImage, str], hints: QPainter.PixmapFragmentHints)方法可以截取图像的多个区域，并对每个区域进行缩放、旋转操作，其中参数 hints 只能取 QPainter.OpaqueHint；参数 QPainter.PixmapFragment 的创建方法是 QPainter.PixmapFragment.create(pos: QPointF, sourceRect: QRectF, scaleX = 1, scaleY = 1, rotation = 0, opacity = 1)，其中 pos 是图像绘制地点，sourceRect 是截取的图像的部分区域，scaleX 和 scaleY 是缩放比例，rotation 是旋转角度，opacity 是不透明度值。

表 6-20 QPainter 绘制 QPixmap 图像的方法

QPainter 绘制 QPixmap 图像的方法	说明
drawPixmap(p: Union[QPointF, QPoint, QPainterPath.Element], pm: Union[QPixmap, QImage, str])	指定绘图设备上的一个点作为左上角，按照图像原始尺寸显示
drawPixmap(x: int, y: int, pm: Union[QPixmap, QImage, str])	
drawPixmap(r: QRect, pm: Union[QPixmap, QImage, str])	指定绘图设备上的矩形区域，以缩放尺寸方式显示
drawPixmap(x: int, y: int, w: int, h: int, pm: Union[QPixmap, QImage, str])	
drawPixmap(p: Union[QPointF, QPoint, QPainterPath.Element], pm: Union[QPixmap, QImage, str], sr: Union[QRectF, QRect])	指定绘图设备上的一个点和图像的矩形区域，裁剪显示图像
drawPixmap(x: int, y: int, pm: Union[QPixmap, QImage, str], sx: int, sy: int, sw: int, sh: int)	
drawPixmap(targetRect: Union[QRectF, QRect], pixmap: Union[QPixmap, QImage, str], sourceRect: Union[QRectF, QRect])	指定绘图设备上的矩形区域和图像的矩形区域，裁剪并缩放显示图像
drawPixmap(x: int, y: int, w: int, h: int, pm: Union[QPixmap, QImage, str], sx: int, sy: int, sw: int, sh: int)	
drawTiledPixmap(QRect, Union[QPixmap, QImage, str], pos: QPoint)	以平铺样式绘制图片
drawTiledPixmap(rect: Union[QRectF, QRect], pm: Union[QPixmap, QImage, str], offset: Union[QPointF, QPoint, QPainterPath.Element])	
drawTiledPixmap(x: int, y: int, w: int, h: int, Union[QPixmap, QImage, str], sx: int=0, sy: int=0)	
drawPixmapFragments(fragments: List[QPainter.PixmapFragment], fragmentCount: int, pixmap: Union[QPixmap, QImage, str], hints: QPainter.PixmapFragmentHints)	绘制图像的多个部分，可以对每个部分进行缩放、旋转操作

绘制 QImage 图像的方法如表 6-21 所示。可以将图像按照原始尺寸显示，也可以缩放图像到一个矩形区域中显示，还可以从原图像上截取一部分绘制到一个矩形区域。其中 flags 参数是 Qt.ImageConversionFlags 枚举值，可取 Qt.AutoColor、Qt.ColorOnly 或 Qt.MonoOnly。

表 6-21 QPainter 绘制 QImage 图像的方法

QPainter 绘制 QImage 图像的方法	说明
drawImage(p: Union[QPointF, QPoint, QPainterPath.Element], image: Union[QImage, str])	在指定位置，按图像实际尺寸显示
drawImage(r: Union[QRectF, QRect], image: Union[QImage, str])	在指定矩形区域内，图像进行缩放显示

续表

QPainter 绘制 QImage 图像的方法	说 明
drawImage(p: Union[QPointF, QPoint, QPainterPath.Element],image: Union[QImage,str], sr: Union[QRectF, QRect], flags: Qt.ImageConversionFlags=Qt.AutoColor)	在指定位置,从图像上截取一部分显示
drawImage(x: int, y: int, image: Union[QImage, str],sx: int=0,sy: int=0,sw: int=-1,sh: int=-1,flags: Qt.ImageConversionFlags=Qt.AutoColor)	
drawImage(targetRect: Union[QRectF, QRect], image: Union[QImage, str], sourceRect: Union[QRectF,QRect],flags: Qt.ImageConversionFlags=Qt.AutoColor)	从图像上截取一部分,以缩放形式显示在指定的矩形区域内

对于 QPicture 图像,只能在绘图设备的指定点上按照原始尺寸进行绘制。绘制 QPicture 图像的方法有 drawPicture(p: Union[QPointF,QPoint,QPainterPath.Element], picture: Union[QPicture,int])和 drawPicture(x: int,y: int,picture: Union[QPicture, int])。

下面的程序从磁盘图片文件上创建 QPixmap,然后以 QPixmap 作为绘图设备,直接在图片上绘制一个矩形和一个椭圆,并在矩形和椭圆之间填充黑色,最后在窗口上绘制出图像。把图形先绘制到 QPixmap 或 QImage 图像中,然后再把 QPixmap 或 QImage 图像绘制到窗体上,可以避免出现屏幕闪烁现象。

```
import sys,os                                              #Demo6_8.py
from PySide6.QtWidgets import QApplication,QWidget,QGraphicsWidget
from PySide6.QtGui import QPainter,QPixmap,QPainterPath,QBrush
from PySide6.QtCore import QRectF,Qt

class MyWindow(QWidget):
    def __init__(self,parent = None):
        super().__init__(parent)
        self.resize(600,500)
        self.__pixmap = QPixmap("d:\\python\\pic.png")
    def paintEvent(self,event):
        painter = QPainter()                               #未确定绘图设备
        rect = QRectF(0, 0, self.__pixmap.width(), self.__pixmap.height())
                                                           #获取图片的矩形
        path = QPainterPath()                              #绘图路径
        path.addRect(rect)                                 #添加矩形
        path.addEllipse(rect)                              #添加椭圆
        path.setFillRule(Qt.OddEvenFill)                   #设置填充方式
        brush = QBrush(Qt.SolidPattern)                    #画刷
        brush.setColor(Qt.black)                           #画刷颜色

        painter.begin(self.__pixmap)                       # 以 QPixmap 作为绘图设备
```

```
            painter.setBrush(brush)                          #设置画刷
            painter.setRenderHint(QPainter.Antialiasing)     #抗锯齿
            painter.drawPath(path)                           #在 QPixmap 上绘图
            painter.end()                                    #结束绘图
            if not os.path.exists("d:\\python\\new.png"):
                self.__pixmap.save("d:\\python\\new.png")    #保存图像

            painter.begin(self)                              #以窗口作为位图设备
            painter.drawPixmap(self.rect(), self.__pixmap)   #在窗口上绘制图像
            painter.end()                                    #结束绘图
if __name__ == '__main__':
    app = QApplication(sys.argv)
    window = MyWindow()
    window.show()
    sys.exit(app.exec())
```

6.1.10 裁剪区域 QRegion 与实例

1. QPainter 中有关裁剪区域的方法

当所绘图形比较大时，若只想显示绘图上的一部分区域的内容，其他区域的内容不显示，就需要使用裁剪区域。用 QPainter 设置裁剪区域的方法如表 6-22 所示，其中参数 op 是 Qt.ClipOperation 的枚举值，可以取 Qt.NoClip、Qt.ReplaceClip（替换裁剪区域）或 Qt.IntersectClip（与现有裁剪区域取交集）。

表 6-22 QPainter 设置裁剪区域的方法

QPainter 设置裁剪区域的方法	说　明
setClipping(bool)	设置是否启用裁剪区域
hasClipping()	获取是否有裁剪区域
setClipPath(path: QPainterPath, op: Qt.ClipOperation=Qt.ReplaceClip)	用路径设置裁剪区域
setClipRect(Union[QRectF, QRect], op: Qt.ClipOperation=Qt.ReplaceClip)	用矩形框设置裁剪区域
setClipRect(x: int, y: int, w: int, h: int, op: Qt.ClipOperation=Qt.ReplaceClip)	用矩形框设置裁剪区域
setClipRegion(Union[QRegion, QBitmap, QPolygon, QRect], op: Qt.ClipOperation=Qt.ReplaceClip)	用 QRegion 设置裁剪区域
clipBoundingRect()	获取裁剪区域 QRectF
clipPath()	获取裁剪区域绘图路径 QPainterPath
clipRegion()	获取裁剪区域 QRegion

2. QRegion 的方法

QRegion 类专门用于定义裁剪区域，QWidget 的 repaint()方法可以接受 QRegion 参数，限制刷新的范围。用 QRegion 类创建裁剪区域实例的方法如下，其中 t 是 QRegion.

RegionType 枚举类型，可以取 QRegion.Rectangle 或 QRegion.Ellipse。

```
QRegion()
QRegion(bitmap:Union[QBitmap,str])
QRegion(pa:Union[QPolygon,Sequence[QPoint],QRect],fillRule:Qt.FillRule = Qt.OddEvenFill)
QRegion(r:QRect,t:QRegion.RegionType = QRegion.Rectangle)
QRegion(region:Union[QRegion,QBitmap,QPolygon,QRect])
QRegion(x:int,y:int,w:int,h:int,t:QRegion.RegionType = QRegion.Rectangle)
```

QRegion 的常用方法如表 6-23 所示，主要方法介绍如下。

表 6-23 QRegion 的常用方法

QRegion 的方法及参数类型	返回值类型	说　明
boundingRect()	QRect	获取边界
contains(QPoint)	bool	获取是否包含指定的点
contains(QRect)	bool	获取是否包含矩形
intersects(Union[QRegion, QBitmap, QPolygon, QRect])	bool	获取是否与区域相交
isEmpty()	bool	获取是否为空
isNull()	bool	获取是否无效
setRects(rect: QRect,num: int)	None	设置多个矩形区域
rectCount()	int	获取矩形区域的数量
begin()、cbegin()	QRect	获取第一个非重合矩形
end()、cend()	QRect	获取最后一个非重合矩形
intersected(Union[QRegion, QBitmap, QPolygon, QRect])	QRegion	获取相交区域
subtracted(Union[QRegion, QBitmap, QPolygon, QRect])	QRegion	获取减去区域后的区域
united(Union[QRegion,QBitmap,QPolygon,QRect])	QRegion	获取合并后的区域
xored(Union[QRegion,QBitmap,QPolygon,QRect])	QRegion	获取异或区域
translate(dx: int,dy: int)	QRegion	获取平移后的区域
translated(QPoint)	QRegion	获取平移后的区域
swap(other: Union[QRegion, QBitmap, QPolygon, QRect])	None	交换区域
translate(dx: int,dy: int)	None	平移区域
translate(p: QPoint)	None	

- QRegion 可以进行交、减、并和异或运算，这些运算的示意图如图 6-13 所示。

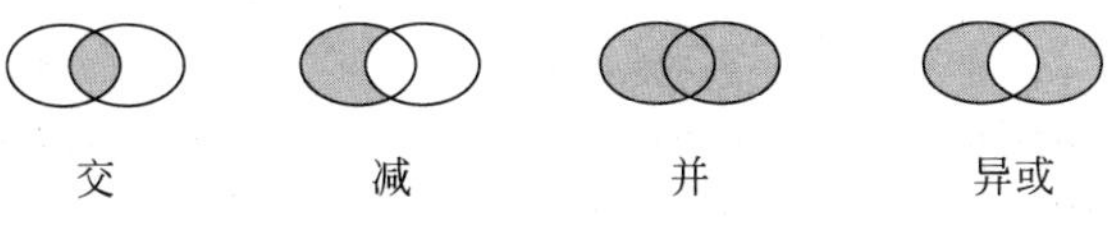

图 6-13　剪切区域的布尔运算

- 用 setRects(Sequence[QRect])方法可以设置多个矩形区域，多个矩形之间不能相互交叉，处于同一层的矩形必须有相同的高度，而不能连在一起，多个矩形可以合并成一个矩形。多个矩形首先按 y 值以升序排列，其次按 x 值以升序排列。

3. QRegion 的应用实例

下面的程序将一个图像绘制到窗口中，只显示两个矩形和两个椭圆形区域内的图像，程序运行结果如图 6-14 所示。

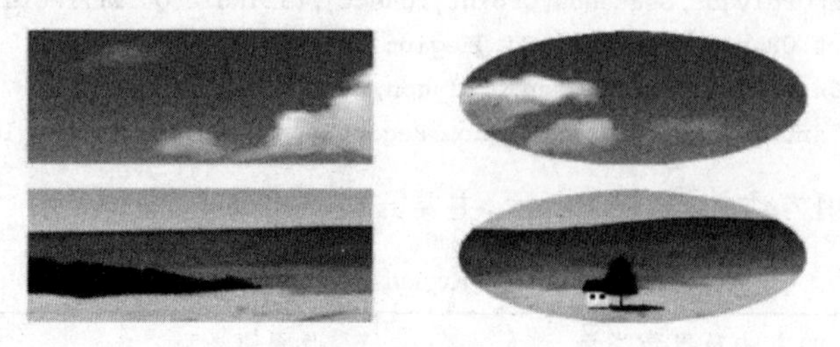

图 6-14　程序运行结果

```
import sys,os                                          # Demo6_9.py
from PySide6.QtWidgets import QApplication,QWidget,QGraphicsWidget
from PySide6.QtGui import QPainter,QPixmap,QPainterPath,QBrush,QRegion
from PySide6.QtCore import QRect,Qt

class MyWindow(QWidget):
    def __init__(self,parent = None):
        super().__init__(parent)
        self.resize(600,500)
        self.__pixmap = QPixmap("d:\\python\\pic.png")
    def paintEvent(self,event):
        painter = QPainter(self)                       # 未确定绘图设备
        painter.setClipping(True)

        rect_1 = QRect(self.width()/20,self.height()/10,self.width()/10 * 4,self.height
()/10 * 3)
        rect_2 = QRect(self.width()/20,self.height()/10 * 5,self.width()/10 * 4,self.
height()/10 * 3)
        rect_3 = QRect(self.width()/20 * 11,self.height()/10,self.width()/10 * 4,self.
height()/10 * 3)
        rect_4 = QRect(self.width()/20 * 11,self.height()/10 * 5,self.width()/10 * 4,self.
height()/10 * 3)
        region_1 = QRegion(rect_1)                     # 矩形剪切区域
        region_2 = QRegion(rect_2)                     # 矩形剪切区域
        region_3 = QRegion(rect_3,t = QRegion.Ellipse) # 椭圆形剪切区域
        region_4 = QRegion(rect_4,t = QRegion.Ellipse) # 椭圆形剪切区域

        region = region_1.united(region_2)             # 剪切区域并运算
        region = region.united(region_3)               # 剪切区域并运算
        region = region.united(region_4)               # 剪切区域并运算

        painter.setClipRegion(region)
        painter.drawPixmap(self.rect(), self.__pixmap) # 在窗口上绘制图像
if __name__ == '__main__':
    app = QApplication(sys.argv)
```

```
    window = MyWindow()
    window.show()
    sys.exit(app.exec())
```

6.1.11 坐标变换 QTransform 与实例

前面介绍的绘图都是在窗口坐标系下进行的，窗口坐标系的原点在屏幕的左上角，x 轴水平向右，y 轴竖直向下。使用窗口坐标系经常会不太方便，例如绘制一个对称的多边形时，需要计算出多边形的顶点坐标，这样比较麻烦，如果能把坐标系的原点移到对称多边形的中心，在移动后的坐标系中计算顶点坐标就比较简单了。

1. 用 QPainter 提供的变换坐标系方法进行坐标系变换

PySide6 提供了两种变换坐标系的方法，一种方法是使用 QPainter 提供的变换坐标系的方法，另外一种方法是使用 QTransform 类。QPainter 提供的变换坐标系的方法如表 6-24 所示，可以对坐标系进行平移、缩放、旋转和错切。对于错切 shear(sx，sy)方法的理解为，设(x0，y0)是变换前的一个点的坐标，则错切后的坐标是(sx * y0+x0，sy * x0+y0)。

表 6-24 QPainter 提供的变换坐标系的方法

变换坐标系的方法	说　　明	变换坐标系的方法	说　　明
translate(Union[QPointF, QPoint])	平移坐标系	shear(sh: float, sv: float)	错切坐标系
translate(dx: float, dy: float)		resetTransform()	重置坐标系
rotate(float)	旋转坐标系	save()	保存当前绘图状态
scale(sx: float, sy: float)	缩放坐标系	restore()	恢复绘图状态

下面的程序首先建立一个 myPainterTransform 类，它继承自 QWidget，在该类中采用坐标变换的方法，重绘前面用到的太极图，并通过参数控制是否对太极图进行旋转、缩放和平移，这个 myPainterTransform 类相当于自定义的控件。在主程序类中，建立了四个 myPainterTransform 类的实例对象，第一个能够旋转，第二个能够缩放，第三个能够平动，第四个错切不动。

```
import sys                                                    #Demo6_10.py
from PySide6.QtWidgets import QApplication,QWidget,QSplitter,QHBoxLayout
from PySide6.QtGui import QPen,QPainter,QPainterPath,QBrush,QPalette,QTransform
from PySide6.QtCore import QPointF,Qt,QTimer

class myPainterTransform(QWidget):                            #用坐标变换的方法创建太极图像
    def __init__(self, rotational = False, scaled = False, translational = False, sheared =
False,
                 parent = None):
        super().__init__(parent)
        palette = self.palette()
        palette.setColor(QPalette.Window,Qt.darkYellow)
```

```
        self.setPalette(palette)                              #设置窗口背景
        self.setAutoFillBackground(True)
        self.__rotational = rotational                        #获取输入的参数值
        self.__scaled = scaled                                #获取输入的参数值
        self.__translational = translational                  #获取输入的参数值
        self.__sheared = sheared                              #获取输入的参数值

        self.__rotation = 0                                   #旋转角度
        self.__scale = 1                                      #缩放系数
        self.__translation = 0                                #平移量
        self.__sx = 0                                         #错切系数
        self.__sy = 0                                         #错切系数

        self.timer = QTimer(self)                             #定时器
        self.timer.timeout.connect(self.timeout)
        self.timer.setInterval(10)
        self.timer.start()
    def paintEvent(self,event):
        self.center = QPointF(self.width() / 2, self.height() / 2)
        painter = QPainter(self)
        painter.translate(self.center)                        #将坐标系移动到中心位置

        pen = QPen()
        pen.setWidth(3)
        pen.setColor(Qt.black)
        painter.setPen(pen)

        path = QPainterPath()                                 #路径
        r = min(self.width(),self.height())/3                 #外部大圆的半径
        r1 = r/7                                              #内部小圆的半径
        path.moveTo(0, - r)
        path.arcTo( - r, - r, 2 * r, 2 * r, 90, 360)          #外部大圆
        path.arcTo( - r, - r, 2 * r, 2 * r, 90, - 180)        #反向半圆

        path.moveTo(0,r)
        path.arcTo( - r / 2,0, r, r, - 90, 180)               #内部半圆
        path.arcTo( - r/2, - r, r, r, 270, - 180)             #内部半圆

        path.moveTo( r1, - r / 2)
        path.arcTo( - r1, - r/2 - r1,2 * r1,2 * r1,0,360)     #内部小圆
        path.moveTo( r1, r / 2)
        path.arcTo( - r1, r/2 - r1,2 * r1,2 * r1,0, - 360)    #内部小圆

        path.setFillRule(Qt.WindingFill)                      #填充方式
        brush = QBrush(Qt.SolidPattern)
        painter.setBrush(brush)                               #设置画刷

        painter.rotate(self.__rotation)                       #坐标系旋转
        painter.scale(self.__scale,self.__scale)              #坐标系缩放
```

```
        painter.translate(self.__translation,0)          #坐标系平移
        if self.__sheared:
            painter.shear(self.__sx,self.__sy)

        painter.drawPath(path)                           # 绘制路径
        super().paintEvent(event)
    def timeout(self):
        if self.__rotational:                            #设置坐标系的旋转角度值参数
            if self.__rotation < - 360:
                self.__rotation = 0
            self.__rotation = self.__rotation - 1
        if self.__scaled:                                #设置坐标系的缩放比例参数
            if self.__scale > 2:
                self.__scale = 0.2
            self.__scale = self.__scale + 0.005
        if self.__translational:                         #设置坐标系的平移量参数
            if self.__translation > self.width()/2 + min(self.width(),self.height())/3:
                self.__translation = - self.width()/2 - min(self.width(),self.height())/3
            self.__translation = self.__translation + 1
        self.update()
    def setShearFactor(self,sx = 0,sy = 0):
        self.__sx = sx
        self.__sy = sy
class MyWindow(QWidget):
    def __init__(self,parent = None):
        super().__init__(parent)
        self.setupUi()
        self.resize(800,600)
    def setupUi(self):
        h = QHBoxLayout(self)                            #布局
        splitter_1 = QSplitter(Qt.Horizontal)
        splitter_2 = QSplitter(Qt.Vertical)
        splitter_3 = QSplitter(Qt.Vertical)
        h.addWidget(splitter_1)
        splitter_1.addWidget(splitter_2)
        splitter_1.addWidget(splitter_3)

        taiji_1 = myPainterTransform(rotational = True)      #第一个太极图,能够旋转
        taiji_2 = myPainterTransform(scaled = True)          #第二个太极图,能够缩放
        taiji_3 = myPainterTransform(translational = True)   #第三个太极图,能够平动
        taiji_4 = myPainterTransform(sheared = True)         #第四个太极图,错切
        taiji_4.setShearFactor(0.4,0.2)                      #设置错切系数
        splitter_2.addWidget(taiji_1); splitter_2.addWidget(taiji_2)
        splitter_3.addWidget(taiji_3); splitter_3.addWidget(taiji_4)
if __name__ == '__main__':
    app = QApplication(sys.argv)
    window = MyWindow()
    window.show()
    sys.exit(app.exec())
```

2. 用 QTransform 方法进行坐标系变换

采用坐标变换 QTransform 可以进行更复杂的变换。QTransform 是一个 3×3 的矩阵,用 QTransform 类创建变换矩阵的方法如下所示,其中 hij 参数是矩阵的元素值,类型都是 float。

```
QTransform()
QTransform(h11:float,h12:float,h13:float,h21:float,h22:float,h23:float,h31:float,h32:float,h33:float)
QTransform(h11:float,h12:float,h21:float,h22:float,dx:float,dy:float)
```

其中,参数 h11 和 h22 是沿 x 轴和 y 轴方向的缩放比例;h31 和 h32 是沿 x 轴和 y 轴方向的位移 dx 和 dy;h21 和 h12 是沿 x 轴和 y 轴方向的错切;h13 和 h23 是 x 轴和 y 轴方向的投影;h33 是附加投影系数,通常取 1。

对于二维空间中的一个坐标(x,y),可用(x,y,k)表示,其中 k 是一个不为 0 的缩放比例系数。当 k=1 时,坐标可以表示成(x,y,1),通过变换矩阵,可以得到新的坐标(x′,y′,1),用变换矩阵可以表示成

$$(x',y',1)=(x,y,1)\begin{bmatrix}h11 & h12 & h13\\ h21 & h22 & h23\\ h31 & h32 & h33\end{bmatrix}$$

对于沿着 x 和 y 方向的平移可以表示成

$$(x',y',1)=(x,y,1)\begin{bmatrix}1 & 0 & 0\\ 0 & 1 & 0\\ dx & dy & 1\end{bmatrix}$$

对于沿着 x 和 y 方向的缩放可以表示成

$$(x',y',1)=(x,y,1)\begin{bmatrix}scale\_x & 0 & 0\\ 0 & scale\_y & 0\\ 0 & 0 & 1\end{bmatrix}$$

对于绕 z 轴旋转 θ 角可以表示成

$$(x',y',1)=(x,y,1)\begin{bmatrix}\cos(\theta) & \sin(\theta) & 0\\ -\sin(\theta) & \cos(\theta) & 0\\ 0 & 0 & 1\end{bmatrix}$$

对于错切可以表示成

$$(x',y',1)=(x,y,1)\begin{bmatrix}1 & shear\_y & 0\\ shear\_x & 1 & 0\\ 0 & 0 & 1\end{bmatrix}$$

如果要进行多次不同的变换,可以将以上变换矩阵依次相乘,得到总的变换矩阵。以上是针对二维图形的变换,这些方法也可推广到三维变换。

QTransform 的常用方法如表 6-25 所示。

表 6-25 QTransform 的常用方法

QTransform 的方法及参数类型	返回值的类型	说　明
rotate(a: float, axis: Qt.Axis = Qt.ZAxis)	QTransform	获取以度表示的旋转矩阵，axis 可取 Qt.XAxis、Qt.YAxis 或 Qt.ZAxis
rotateRadians(a: float, axis: Qt.Axis=Qt.ZAxis)	QTransform	获取以弧度表示的旋转矩阵
scale(sx: float, sy: float)	QTransform	获取缩放矩阵
shear(sh: float, sv: float)	QTransform	获取错切矩阵
translate(dx: float, dy: float)	QTransform	获取平移矩阵
dx()、dy()	float	获取平移量
setMatrix(m11: float, m12: float, m13: float, m21: float, m22: float, m23: float, m31: float, m32: float, m33: float)	None	设置矩阵的各个值
m11()、m12()、m13()、m21()、m22()、m23()、m31()、m32()、m33()	float	获取矩阵的各个值
transposed()	QTransform	获取转置矩阵
isInvertible()	bool	获取是否可逆
inverted()	Tuple[Tuple, bool]	获取逆矩阵
isIdentity()	bool	获取是否是单位矩阵
isAffine()	bool	获取是否是放射变换
isRotating()	bool	获取是否只是旋转变换
isScaling()	bool	获取是否只是缩放变换
isTranslating()	bool	获取是否只是平移变换
adjoint()	QTransform	获取共轭矩阵
determinant()	float	获取矩阵的秩
reset()	None	重置矩阵，对角线值为 1，其他全部为 0
map(x: float, y: float)	Tuple[float, float]	变换坐标值，即坐标值与变换矩阵相乘
map(Union[QPointF, QPoint])	QPointF	变换点
map(Union[QLineF, QLine])	QLineF	变换线
map(Union[QPolygon, Sequence[QPoint], QRect])	QPolygon	变换多点到多边形
map(Union[QPolygonF, Sequence[QPointF], QPolygon, QRectF])	QPolygonF	变换多点到多边形
map(Union[QRegion, QBitmap, QPolygon, QRect])	QRegion	变换区域
map(p: QPainterPath)	QPainterPath	变换路径
mapRect(Union[QRectF, QRect])	QRectF	变换矩形
mapToPolygon(QRect)	QPolygon	将矩形变换到多边形
[**static**]fromScale(sx: float, sy: float)	QTransform	由缩放量获取变换矩阵
[**static**] fromTranslate(dx: float, dy: float)	QTransform	由平移量获取变换矩阵

QPainter 用 setTransform(QTransform, combine = False) 或 setWorldTransform(QTransform, combine=False)方法设置变换矩阵，参数 combine 表示是否在现有的变换上叠加新的变换矩阵，如果是 False 则设置新的变换矩阵；用 transform()方法获取变换矩阵；用 resetTransform()方法重置变换矩阵，包括 window 和 viewport 的设置；用 combinedTransform()方法获取 window、viewport 和 world 的组合变换矩阵；用 deviceTransform()方法获取从逻辑坐标到设备坐标的变换矩阵。

下面的程序在新坐标系中绘制一个五角星。窗口坐标系的原点在屏幕的左上角，从左到右是 x 轴，从上到下是 y 轴。在屏幕坐标系下绘制几何图形时通常不方便。下面的程序先利用 translate()方法将坐标系的原点平移到屏幕的中心位置，再利用 rotate()方法将坐标系沿着 x 轴旋转 180°，此时坐标系的 y 轴竖直向上，这就是我们通常意义上的坐标系的方向。在绘制图形时，几何点位置直接在新坐标系中计算即可。

```
import sys,math                                              # Demo6_11.py
from PySide6.QtWidgets import QApplication,QWidget
from PySide6.QtGui import QPainter,QTransform
from PySide6.QtCore import QPointF,Qt

class MyWindow(QWidget):
    def __init__(self,parent = None):
        super().__init__(parent)
        self.resize(600,500)
    def paintEvent(self,event):
        transform = QTransform()
        transform.translate(self.width()/2,self.height()/2)  # 原点平移到窗口中心位置
        transform.rotate(180, Qt.XAxis)                      # 沿着 x 轴旋转 180°,y 轴向上

        painter = QPainter(self)
        painter.setTransform(transform)                      # 设置变换
        r = 100                                              # 五角星的外接圆半径
        points = list()
        for i in range(5):
            x = r * math.cos((90 + 144 * i) * math.pi/180)
            y = r * math.sin((90 + 144 * i) * math.pi/180)
            points.append(QPointF(x,y))

        painter.drawPolygon(points)                          # 绘制多边形
if __name__ == '__main__':
    app = QApplication(sys.argv)
    window = MyWindow()
    window.show()
    sys.exit(app.exec())
```

6.1.12 视口、逻辑窗口与实例

除了用坐标变换进行绘图外，还可以把绘图设备的一部分区域定义成逻辑坐标，在逻辑

坐标中绘制图形，例如图 6-15(a)所示的屏幕窗口中有个矩形区域，在窗口坐标系 oxy 中表示为 QRect(100,100,300,200)，如果把逻辑坐标系 o'x'y'定义在矩形区域的左上角，矩形区域的宽度和高度都定义成 100，则矩形区域在逻辑坐标系 o'x'y'中可以表示成 QRect(0,0,100,100)，如图 6-15(b)所示。同样，如果把逻辑坐标系 o'x'y'定义在矩形区域的中心，宽度和高度仍定义成 100，且 y'轴向上，则矩形区域可以表示成 QRect(−50,50,100,−100)，如图 6-15(c)所示。

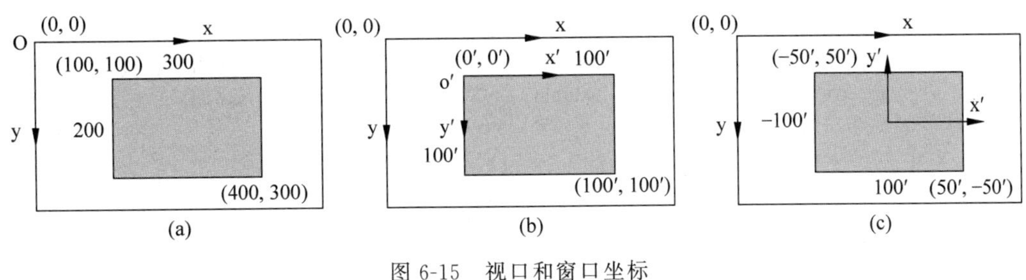

图 6-15 视口和窗口坐标

(a) 视口；(b) 窗口 1；(c) 窗口 2

定义视口需要用 QPainter 的 setViewport(viewport: QRect)方法或 setViewport(x: int,y: int,w: int,h: int)方法，定义窗口的逻辑坐标需要用 setWindow(window: QRect)方法或者 setWindow(x: int,y: int,w: int,h: int)方法。例如图 6-15 中的窗口，用 painter.setViewport(100,100,300,200)定义视口，用 painter.setWindow(0,0,100,100)或 painter.setWindow(−50,50,100,−100)定义窗口的逻辑坐标。如果读者要把坐标系的原点移到屏幕的左下角，x 轴向左，y 轴向上，则需要用 setViewport(0,0,self.width(),self.height())方法定义视口，用 setWindow(0,self.height(),self.width(),-self.height())方法定义逻辑窗口，其中 self 是指窗口。

下面的程序先在窗口中心建立一个逻辑窗口，逻辑坐标系的原点在中心位置，x 轴向左，y 轴向上，绘制五角星，再将整个窗口定义成逻辑窗口，逻辑坐标系的原点在窗口的左下角，x 轴向左，y 轴向上。

```
import sys,math                          #Demo6_12.py
from PySide6.QtWidgets import QApplication,QWidget
from PySide6.QtGui import QPainter
from PySide6.QtCore import QPointF,QRect

class MyWindow(QWidget):
    def __init__(self,parent = None):
        super().__init__(parent)
        self.resize(600,500)
    def paintEvent(self,event):
        painter = QPainter(self)
        rect = QRect(int(self.width()/2) - 200,int(self.height()/2) - 100,400,200)
        painter.drawRect(rect)
        painter.setViewport(rect)
        painter.setWindow( - 100,100,200, - 200)
```

```
        r = 100                              #五角星的外接圆半径
        points = list()
        for i in range(5):
            x = r * math.cos((90 + 144 * i) * math.pi/180)
            y = r * math.sin((90 + 144 * i) * math.pi/180)
            points.append(QPointF(x,y))
        painter.drawPolygon(points)          #在视口中心绘制多边形

        painter.resetTransform()             #重置变换
        painter.setViewport(0,0,self.width(),self.height())  #整个窗口是视口
        painter.setWindow(0,self.height(),self.width(), - self.height())   #窗口左下角
                                                                             #为原点
        painter.drawPolygon(points)          # 在窗口左下角绘制多边形
if __name__ == '__main__':
    app = QApplication(sys.argv)
    window = MyWindow()
    window.show()
    sys.exit(app.exec())
```

6.1.13 图形合成与实例

图形合成是指当绘制新图形时，绘图设备上已经存在旧图形，对新图形和旧图形进行处理的方法。图形合成是基于像素，将旧图形的颜色值和 Alpha 通道的值与新图形的颜色值和 Alpha 通道的值进行合成处理。图形合成的处理使用 QPainter 的 setCompositionMode (mode: QPainter. CompositionMode)方法设置，用 compositionMode()方法获取合成模式，其中参数 mode 是 QPainter. CompositionMode 的枚举值，常用的几个取值如表 6-26 所示，默认值是 QPainter. CompositionMode_SourceOver。这几种取值的效果如图 6-16 所示，其中 Source 表示新绘制的图形，Destination 表示旧图形。

表 6-26 QPainter. CompositionMode 的几个常用取值

QPainter. CompositionMode 的常用取值	QPainter. CompositionMode 的常用取值
QPainter. CompositionMode_Source	QPainter. CompositionMode_SourceOut
QPainter. CompositionMode_Destination	QPainter. CompositionMode_DestinationOut
QPainter. CompositionMode_SourceOver	QPainter. CompositionMode_SourceAtop
QPainter. CompositionMode_DestinationOver	QPainter. CompositionMode_DestinationAtop
QPainter. CompositionMode_SourceIn	QPainter. CompositionMode_Clear
QPainter. CompositionMode_DestinationIn	QPainter. CompositionMode_Xor

下面所示绘图程序先绘制一个图片，再用绘图路径添加矩形和一个椭圆，在矩形和椭圆之间填充黑色。采用 QPainter. CompositionMode_SourceOver 合成方式，将两个图形合成后的效果如图 6-17 所示。

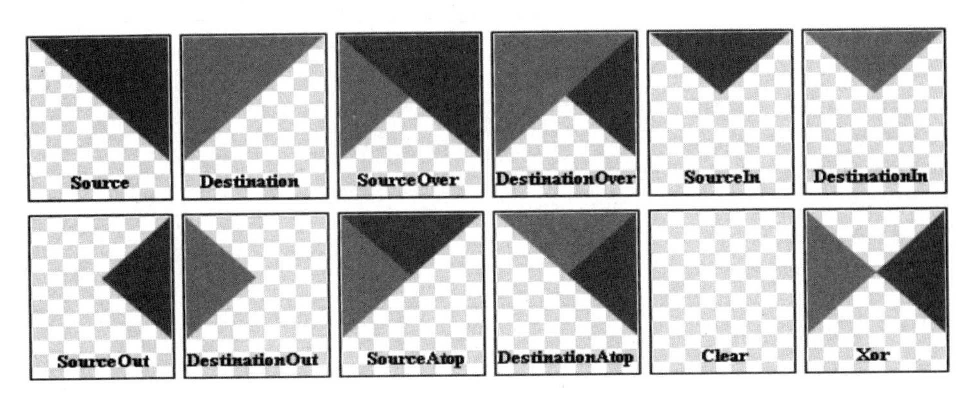

图 6-16　QPainter.CompositionMode 的取值效果

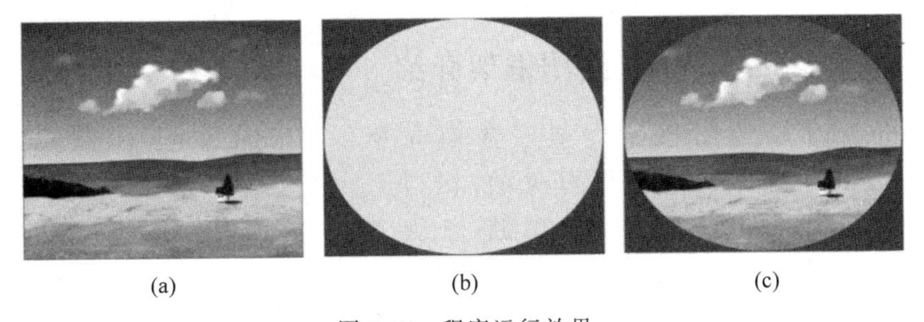

(a)　(b)　(c)

图 6-17　程序运行效果

(a) Destination；(b) Source；(c) Destination+Source

```
import sys                                                  #Demo6_13.py
from PySide6.QtWidgets import QApplication,QWidget
from PySide6.QtGui import QPainter,QPixmap,QPainterPath,QBrush
from PySide6.QtCore import QRectF,Qt

class MyWindow(QWidget):
    def __init__(self,parent = None):
        super().__init__(parent)
        self.resize(600,500)
        self.__pixmap = QPixmap("d:\\python\\pic.png")
    def paintEvent(self,event):
        painter = QPainter(self)
        painter.drawPixmap(self.rect(),self.__pixmap)       #绘制图片

        rect = QRectF(0, 0, self.width(), self.height())   #获取窗口的矩形
        path = QPainterPath()                               #绘图路径
        path.addRect(rect)                                  #添加矩形
        path.addEllipse(rect)                               #添加椭圆
        path.setFillRule(Qt.OddEvenFill)                    #设置填充方式
        brush = QBrush(Qt.SolidPattern)                     #画刷
        brush.setColor(Qt.black)
        painter.setBrush(brush)                             # 设置画刷
```

```
        painter.setCompositionMode(QPainter.CompositionMode_SourceOver)
                                                              #设置图像合成方式
        painter.drawPath(path)
if __name__ == '__main__':
    app = QApplication(sys.argv)
    window = MyWindow()
    window.show()
    sys.exit(app.exec())
```

6.2 Graphics/View 绘图

6.2.1 Graphics/View 绘图框架介绍

Graphics/View 绘图框架类似于前面介绍的 Model/View 机制。Graphics 指 QGraphicsScene(场景)类,它是不可见的,相当于一个容器,在它里面放置各种图项(QGraphicsItem)并对放置的图项进行管理; View 指 QGraphicsView 控件, QGraphicsScene 中的绘图项通过 QGraphicsView 控件显示出来,同一个 QGraphicsScene 可以用多个 QGraphicsView 显示。

Graphics/View 框架结构主要包含三个主要的类: QGraphicsScene、QGraphicsView 和各种 QGraphicsItem。QGraphicsScene(场景)本身不可见,但又是存储和管理 2D 图项的容器,场景没有自己的视觉外观,只负责管理图项,必须通过与之相连的 QGraphicsView 控件来显示图项及与外界进行交互操作。QGraphicsScene 主要提供图项的操作接口,传递事件和管理各个图项的状态,提供无变换的绘制功能(如打印)。QGraphicsView 提供一个可视的窗口,用于显示场景中的图项。QGraphicsItem 是场景中图项的基类,图项有自定义的图项(继承自 QGraphicsItem 的子类),还有标准的图项,例如矩形(QGraphicsRectItem)、多边形(QGraphicsPolygonItem)、椭圆(QGraphicsEllipseItem)、路径(QGraphicsPathItem)、线条(GraphicsLineItem)和文本(QGraphicsTextItem)等。读者可以把 QGraphicsScene 理解成电影胶卷,把 QGraphicsView 理解成电影放映机,而把图项理解成电影胶卷中的人物、树木、建筑物等。

QPainter 采用面向过程的描述方式绘图,而 Graphics/View 采用面向对象的描述方式绘图。Graphics/View 框架中的每一个图项都是一个独立的元素,可以对图项进行操作,图项支持鼠标操作,可以对图项进行按下、移动、释放、双击、滚轮滚动和右键菜单操作,还支持键盘输入和拖放操作。Graphics/View 绘图时首先创建一个场景,然后创建图项对象(如直线对象、矩形对象),再使用场景的 add()函数,将图项对象添加到场景中,最后通过视图控件进行显示。对于复杂的图像来说,如果其中包含大量的直线、曲线、多边形等对象,管理图项对象比管理 QPainter 的绘制过程语句要容易,并且图项对象更符合面向对象的思想,图形的重复使用性更好。

6.2.2 Graphics/View 坐标系

Graphics/View 坐标系基于笛卡儿坐标系，图项在场景中的位置和几何形状通过 x 坐标和 y 坐标表示。当使用没有变换的视图观察场景时，场景中的一个单位对应屏幕上的一个像素。

Graphics/View 架构中有三种坐标系统，分别是图项坐标、场景坐标和视图坐标。场景坐标类似于 QPainter 的逻辑坐标，一般以场景的中心为原点；视图坐标是窗口界面的物理坐标，其左上角为坐标原点；图项坐标是局部逻辑坐标，通常以图项的中心为原点。Graphics/View 提供了三个坐标系统之间的转换函数。

1. 图项坐标、场景坐标和视图坐标

图项存在于自己的本地坐标上，图项的坐标系通常以图项中心为原点，图项中心也是所有坐标变换的原点，图项坐标方向是 x 轴正方向向右，y 轴正方向向下。创建自定义图项时，需要注意图项的坐标，QGraphicsScene 和 QGraphicsView 会完成所有的变换。例如，如果接收到一个鼠标按下或拖入事件，所给的事件位置是基于图项坐标系的。如果某个点位于图项内部，使用图项上的点作为 QGraphicsItem. contains()虚函数的参数，函数会返回 True。类似地，图项的边界矩形和形状也基于图项坐标系。图项的位置是图项的中心点在其父图项坐标系统的坐标，场景可以理解成顶层图项。

子图项的坐标与父图项的坐标相关，如果子图项无变换，则子图项坐标和父图项坐标之间的区别与它们的父图项的坐标相同。例如，如果一个无变换的子图项精确地位于父图项的中心点，则父子图项的坐标系统是相同的。如果子图项的位置是(100,0)，子图项上的点(0,100)就是父图项上的点(100,100)。即使图项的位置和变换与父图项相关，子图项的坐标也不会被父图项的变换影响，虽然父图项的变换会隐式地变换子图项。例如，即使父图项被翻转和缩放，子图项上的点(0,100)仍旧是父图项上的点(100,100)。如果调用 QGraphicsItem 类的 paint()函数重绘图项，应以图项坐标系为基准。

场景坐标是所有图项的基础坐标系统。场景坐标系统描述了顶层图项的位置，并且构成从视图到场景的所有场景事件的基础。每个图项在场景上都有场景坐标和边界矩形。场景坐标的原点在场景中心，坐标方向是 x 轴正方向向右，y 轴正方向向下。

视图坐标是窗口控件的坐标，视图坐标的单位是像素，QGraphicsView 的左上角是(0,0)。所有鼠标事件、拖拽事件最开始都使用视图坐标，为了和图项交互，需要转换为场景坐标。

2. 坐标变换函数

在 Graphics/View 框架中，经常需要在不同种坐标间进行变换：从视图到场景，从场景到图项，从图项到图项。Graphics/View 框架中的坐标变换函数如下。

- QGraphicsView. mapToScene() 视图到场景
- QGraphicsView. mapFromScene()场景到视图
- QGraphicsItem. mapFromScene()场景到图项
- QGraphicsItem. mapToScene()图项到场景
- QGraphicsItem. mapToParent()子图项到父图项

- QGraphicsItem. mapFromParent()父图项到子图项
- QGraphicsItem. mapToItem() 本图项到其他图项
- QGraphicsItem. mapFromItem() 其他图项到本图项

在场景中处理图项时,经常需要在场景到图项、图项到图项、视图到场景间进行坐标和图形转换。当在 QGraphicsView 的视口中单击鼠标时,应该通过调用 QGraphicsView. mapToScence()与 QGraphicsScene. itemAt()函数来获知光标下是场景中的哪个图项;如果想获知一个图项在视口中的位置,应该先在图项上调用 QGraphicsItem. mapToScene()函数,然后调用 QGraphicsView. mapFromScene()函数;如果想获知在一个视图中有哪些图项,应该把 QPainterPath 传递到 mapToScene()函数,然后再把映射后的路径传递到 QGraphicsScene. items()函数。可以调用 QGraphicsItem. mapToScene()函数与 QGraphicsItem. mapFromScene()函数在图项与场景之间进行坐标与形状的映射,也可以在子图项与其父图项之间通过 QGraphicsItem. mapToParent()与 QGraphicsItem. mapFromItem()函数进行映射。所有映射函数可以包括点、矩形、多边形、路径。视图与场景之间的映射也与此类似。对于视图与图项之间的映射,应该先从视图映射到场景,然后再从场景映射到图项。

6.2.3 视图控件 QGraphicsView 与实例

视图控件 QGraphicsView 用于显示场景中的图项,当场景超过视图区域时,视图会提供滚动条。视图控件 QGraphicsView 继承自 QAbstractScrollArea,视图控件根据场景的尺寸提供滚动区,当视图尺寸小于场景尺寸时会提供滚动条。用 QGraphicsView 类创建视图控件对象的方法如下所示,其中 parent 是继承自 QWidget 的窗口或控件;QGraphicsScene 是场景实例对象,用于设置视图控件中的场景。

```
QGraphicsView(parent:QWidget = None)
QGraphicsView(scene:QGraphicsScene,parent:QWidget = None)
```

1. 视图控件 QGraphicsView 的常用方法

视图控件的方法较多,一些常用方法如表 6-27 所示,视图控件获取图项的方法如表 6-28 所示,视图控件中点的坐标与场景坐标互相转换的方法如表 6-29 所示,主要方法介绍如下。

- 给视图控件设置场景,可以在创建视图对象时设置,也可以用 setScene(QGraphicsScene)方法设置;用 scene()方法获取场景。
- 用 setSceneRect(rect: Union[QRectF, QRect])方法或 setSceneRect(x: float, y: float, w: float, h: float)方法设置场景在视图中的范围;用 sceneRect()方法获取场景在视图中的范围,当场景的面积超过视图所显示的范围时,可用滚动条来移动场景。
- 用 setAlignment(Qt. Alignment)方法设置场景在视图控件全部可见时的对齐方式, Qt. Alignment 可以取 Qt. AlignLeft、Qt. AlignRight、Qt. AlignHCenter、Qt. AlignJustify、Qt. AlignTop、Qt. AlignBottom、Qt. AlignVCenter、Qt. AlignBaseline 或 Qt. AlignCenter,默认是 Qt. AlignCenter。
- 创建视图控件的子类,并重写 drawBackground(QPainter, QRectF)函数,可以在显

示前景和图项之前绘制背景；重写 drawForeground(QPainter,QRectF)函数，可以在显示背景和图项之后绘制前景。场景分为背景层、图项层和前景层三层，前面的层会挡住后面的层。

- 用 setCacheMode(mode: QGraphicsView. CacheMode)方法可以设置缓存模式，参数 mode 可取 QGraphicsView. CacheNone（没有缓存）或 QGraphicsView. CacheBackground(缓存背景)。
- 用 setInteractive(bool)方法设置视图控件是否是交互模式，在交互模式下可以接受鼠标、键盘事件；用 isInteractive()方法可以获取是否是交互模式。
- 用 setDragMode(mode: QGraphicsView. DragMode)方法设置在视图控件中按住鼠标左键选择图项时的拖拽模式，参数 mode 可取 QGraphicsView. NoDrag(忽略鼠标事件)、QGraphicsView. ScrollHandDrag(在交互或非交互模式下，光标变成手的形状，拖动鼠标会移动整个场景)或 QGraphicsView. RubberBandDrag(在交互模式下，可以框选图项)。
- 用 setRubberBandSelectionMode(Qt. ItemSelectionMode)方法设置框选图项时，图项是否能被选中，其中参数 Qt. ItemSelectionMode 可以取 Qt. ContainsItemShape、Qt. IntersectsItemShape、Qt. ContainsItemBoundingRect 或 Qt. IntersectsItemBoundingRect。
- 用 setOptimizationFlag(flag: QGraphicsView. OptimizationFlag, enabled: bool = True)方法设置视图控件优化显示标识，参数 flag 可以取 QGraphicsView. DontSavePainterState(不保存绘图状态)、QGraphicsView. DontAdjustForAntialiasing(不调整反锯齿)或 QGraphicsView. IndirectPainting(间接绘制)。
- 用 scale(sx: float, sy: float) 方法、rotate(angle: float) 方法、shear(sh: float, sv: float) 方法和 translate(dx: float, dy: float) 方法可以对场景进行缩放、旋转、错切和平移，用 setTransform(matrix: QTransform, combine: bool = False)方法可以用变换矩阵对场景进行变换。
- 用 setResizeAnchor(QGraphicsView. ViewportAnchor)方法设置视图尺寸发生改变时的锚点，用 setTransformationAnchor(QGraphicsView. ViewportAnchor)方法设置对视图进行坐标变换时的锚点，锚点的作用是定位场景在视图控件中的位置。其中 QGraphicsView. ViewportAnchor 可取 QGraphicsView. NoAnchor(没有锚点，场景位置不变)、QGraphicsView. AnchorViewCenter(场景在视图控件的中心点作为锚点，)或 QGraphicsView. AnchorUnderMouse(光标所在的位置作为锚点)。如果场景在视图控件中全部可见，将使用对齐设置 setAlignment(alignment: Qt. Alignment)的参数。
- 用 setViewportUpdateMode(QGraphicsView. ViewportUpdateMode)方法设置视图刷新模式，参数 QGraphicsView. ViewportUpdateMode 可以取 QGraphicsView. FullViewportUpdate、QGraphicsView. MinimalViewportUpdate、QGraphicsView. SmartViewportUpdate、QGraphicsView. BoundingRectViewportUpdate 或 QGraphicsView. NoViewportUpdate；可以用槽函数 updateScene(rects: Sequence[QRectF])、updateSceneRect(rect: Union[QRectF, QRect])或 invalidateScene(rect: Union[QRectF, QRect], layers: QGraphicsScene. SceneLayers = QGraphicsScene.

AllLayers)方法只刷新指定的区域，参数 layers 可以取 QGraphicsScene. ItemLayer、QGraphicsScene. BackgroundLayer、QGraphicsScene. ForegroundLayer 或 QGraphicsScene. AllLayers。

- 用 itemAt()方法可以获得光标位置处的一个图项，如果有多个图项，则获得最上面的图项；用 items()方法可以获得多个图项列表，图项列表中的图项按照 z 值从顶到底的顺序排列。可以用矩形、多边形或路径获取其内部的图项，例如 items(QRect, mode = Qt. IntersectsItemShape)方法，参数 mode 可取 Qt. ContainsItemShape(图项完全在选择框内部)、Qt. IntersectsItemShape(图项在选择框内部和与选择框相交)、Qt. ContainsItemBoundingRect(图项的边界矩形完全在选择框内部)或 Qt. IntersectsItemBoundingRect(图项的边界矩形完全在选择框内部和与选择框交叉)。
- 用 mapFromScene()方法可以把场景中的一个点坐标转换成视图控件的坐标，用 mapToScene()方法可以把视图控件的一个点转换成场景中的坐标。
- 由于 QGraphicsView 继承自 QWidget，因此 QGraphicsView 提供了拖拽功能。Graphics/View 框架也为场景、图项提供拖拽支持。当视图控件接收到拖拽事件，GraphicsView 框架会将拖拽事件翻译成 QGraphicsSceneDragDropEvent 事件时，再发送到场景，场景接管事件，再把事件发送到光标下接受拖拽的第一个图项。为了开启图项拖拽功能，需要在图项上创建一个 QDrag 对象。
- 用 setViewport(QWidget)方法可以设置视口的控件，如果不设置，会使用默认的控件。如果要使用 OpenGL 渲染，则需设置 setViewport(QOpenGLWidget)。

表 6-27 视图控件 QGraphicsView 的常用方法

QGraphicsView 的常用方法及参数类型	说　明
setScene(scene: QGraphicsScene)	设置场景
scene()	获取场景 QGraphicsScene
setSceneRect(rect: Union[QRectF, QRect])	设置场景在视图中的范围
setSceneRect(x: float, y: float, w: float, h: float)	
sceneRect()	获取场景在视图中的范围 QRectF
setAlignment(alignment: Qt. Alignment)	设置场景全部可见时的对齐方式
setBackgroundBrush(brush: Union[QBrush, Qt. BrushStyle, Qt. GlobalColor, QColor, QGradient, QImage, QPixmap])	设置视图背景画刷
setForegroundBrush(brush: Union[QBrush, Qt. BrushStyle, Qt. GlobalColor, QColor, QGradient, QImage, QPixmap])	设置视图前景画刷
drawBackground(painter: QPainter, rect: Union[QRectF, QRect])	重写该函数，在显示前景和图项前绘制背景
drawForeground(painter: QPainter, rect: Union[QRectF, QRect])	重写该函数，在显示背景和图项后绘制前景

续表

QGraphicsView 的常用方法及参数类型	说　明
centerOn(pos: Union[QPointF, QPoint, QPainterPath.Element])	使某个点位于视图控件中心
centerOn(x: float,y: float)	
centerOn(item: QGraphicsItem)	使某个图项位于视图控件中心
ensureVisible(rect: Union[QRectF, QRect], xmargin: int=50,ymargin: int=50)	确保指定的矩形区域可见,可见时按指定的边距显示;如不可见,滚动到最近的点
ensureVisible(x: float,y: float,w: float,h: float, xmargin: int=50,ymargin: int=50)	
ensureVisible(QGraphicsItem,xmargin: int=50, ymargin: int=50)	确保指定的图项可见
fitInView(rect: Union[QRectF, QRect], aspectRadioMode: Qt.AspectRatioMode = Qt.IgnoreAspectRatio)	以适合方式使矩形区域可见
fitInView(x: float, y: float, w: float, h: float, aspectRadioMode: Qt.AspectRatioMode = Qt.IgnoreAspectRatio)	
fitInView(item: QGraphicsItem, aspectRadioMode: Qt.AspectRatioMode=Qt.IgnoreAspectRatio)	以适合方式使图项可见
render(painter: QPainter, target: Union[QRectF, QRect], source: QRect, aspectRatioMode = Qt.KeepAspectRatio)	从 source(视图)把图像复制到 target(其他设备如 QImage)上
resetCachedContent()	重置缓存
rubberBandRect()	获取用鼠标框选的范围 QRect
setCacheMode(mode: QGraphicsView.CacheMode)	设置缓存模式
setDragMode(mode: QGraphicsView.DragMode)	设置鼠标拖拽模式
setInteractive(allowed: bool)	设置是否是交互模式
isInteractive()	获取是否是交互模式
setOptimizationFlag(flag: QGraphicsView.OptimizationFlag,enabled: bool=True)	设置优化显示标识
setOptimizationFlags(flags: QGraphicsView.OptimizationFlags)	
setRenderHint(hint: QPainter.RenderHint, enabled: bool=True)	设置提高绘图质量标识
setRenderHints(hints: QPainter.RenderHints)	
setResizeAnchor(QGraphicsView.ViewportAnchor)	设置视图控件改变尺寸时的锚点
resizeAnchor()	获取锚点
setRubberBandSelectionMode(Qt.ItemSelectionMode)	设置用鼠标框选模式
setTransform(matrix: QTransform, combine: bool=False)	用变换矩阵变换视图
transform()	获取变换矩阵 QTransform
isTransformed()	获取是否进行过变换
resetTransform()	重置变换

续表

QGraphicsView 的常用方法及参数类型	说　明
setTransformationAnchor(QGraphicsView.ViewportAnchor)	设置变换时的锚点
setViewportUpdateMode(QGraphicsView.ViewportUpdateMode)	设置刷新模式
[**slot**]updateScene(rects: Sequence[QRectF])	更新场景
[**slot**] updateSceneRect (rect: Union [QRectF, QRect])	更新场景
[**slot**] invalidateScene (rect: Union [QRectF, QRect], layers: QGraphicsScene. SceneLayers = QGraphicsScene. AllLayers)	使指定的场景区域进行更新和重新绘制,相当于对指定区域进行 update()操作
setupViewport(QWidget)	重写该函数,设置视口控件
scale(sx: float,sy: float)	缩放
rotate(angle: float)	旋转角度,瞬时针方向为正
shear(sh: float,sv: float)	错切
translate(dx: float,dy: float)	平移

表 6-28　视图控件 QGraphicsView 获取图项的方法

QGraphicsView 获取图项的方法	返回值的类型
itemAt(pos: QPoint)	QGraphicsItem
itemAt(x: int,y: int)	QGraphicsItem
items()	List[QGraphicsItem]
items(pos: QPoint)	List[QGraphicsItem]
items(x: int,y: int)	List[QGraphicsItem]
items (x: int, y: int, w: int, h: int, mode = Qt. IntersectsItemShape)	List[QGraphicsItem]
items (rect: QRect, mode: Qt. ItemSelectionMode = Qt. IntersectsItemShape)	List[QGraphicsItem]
items(polygon: Union[QPolygon, Sequence[QPoint], QRect], mode: Qt. ItemSelectionMode=Qt. IntersectsItemShape)	List[QGraphicsItem]
items (QPainterPath, mode: Qt. ItemSelectionMode = Qt. IntersectsItemShape)	List[QGraphicsItem]

表 6-29　场景坐标与视图坐标相互变换的方法

场景到视图的坐标变换方法	返回值类型	视图到场景的变换方法	返回值类型
mapFromScene (Union [QPointF, QPoint])	QPoint	mapToScene(point: QPoint)	QPointF
mapFromScene(QRectF)	QPolygon	mapToScene(rect: QRect)	QPolygonF
mapFromScene (polygon: Union [QPolygonF, Sequence[QPointF], QPolygon, QRectF])	QPolygon	mapToScene (Union [QPolygon, Sequence[QPoint], QRect])	QPolygonF

续表

场景到视图的坐标变换方法	返回值类型	视图到场景的变换方法	返回值类型
mapFromScene(path: QPainterPath)	QPainterPath	mapToScene(QPainterPath)	QPainterPath
mapFromScene(x: float,y: float)	QPoint	mapToScene(x: int,y: int)	QPointF
mapFromScene(x: float, y: float, w: float,h: float)	QPolygon	mapToScene(int,int,int,int)	QPolygonF

视图控件 QGraphicsView 只有一个信号 rubberBandChanged(viewportRect: QRect, fromScenePoint: QPointF,toScenePoint: QPointF),当框选的范围发生改变时发送信号。

2. 视图控件 QGraphicsView 的应用实例

下面的程序首先建立视图控件的子类,创建自定义信号,信号的参数是单击鼠标或移动鼠标时光标在视图控件的位置,并重写了鼠标单击、移动事件和背景函数;然后在场景中建立一个矩形和一个圆,用鼠标可以拖动矩形和圆,并在状态栏上显示鼠标拖动点的视图坐标、场景坐标和图项坐标。

```
import sys                                          # Demo6_14.py
from PySide6.QtWidgets import (QApplication,QWidget,QGraphicsScene,QGraphicsView,
        QVBoxLayout,QStatusBar,QGraphicsRectItem,QGraphicsItem,QGraphicsEllipseItem)
from PySide6.QtCore import Qt,Signal,QPoint,QRectF

class myGraphicsView(QGraphicsView):                # 视图控件的子类
    point_position = Signal(QPoint)                 # 自定义信号,参数是光标在视图中的位置
    def __init__(self,parent = None):
        super().__init__(parent)
    def mousePressEvent(self,event):                # 鼠标单击事件
        self.point_position.emit(event.pos())       # 发送信号,参数是光标位置
        super().mousePressEvent(event)
    def mouseMoveEvent(self,event):                 # 鼠标移动事件
        self.point_position.emit(event.pos())       # 发送信号,参数是光标位置
        super().mouseMoveEvent(event)
    def drawBackground(self, painter,rectF):        # 重写背景函数,设置背景颜色
        painter.fillRect(rectF,Qt.gray)
class MyWindow(QWidget):
    def __init__(self,parent = None):
        super().__init__(parent)
        self.resize(800,600)
        self.setupUI()
    def setupUI(self):
        self.graphicsView = myGraphicsView()        # 视图窗口
        self.statusbar = QStatusBar()               # 状态栏
        v = QVBoxLayout(self)
        v.addWidget(self.graphicsView)
        v.addWidget(self.statusbar)
        rectF = QRectF(-200, -150,400,300)
        self.graphicsScene = QGraphicsScene(rectF)  # 创建场景
```

```
        self.graphicsView.setScene(self.graphicsScene)    #视图窗口设置场景
        rect_item = QGraphicsRectItem(rectF)               #以场景为坐标创建矩形
            rect _ item. setFlags ( QGraphicsItem. ItemIsSelectable | QGraphicsItem.
ItemIsMovable)
                                                            #标识
        self.graphicsScene.addItem(rect_item)              #在场景中添加图项
        rectF = QRectF( - 40, - 40,80,80)
        ellipse_item = QGraphicsEllipseItem(rectF)         #以场景为坐标创建椭圆
        ellipse_item.setBrush(Qt.green)                    #设置画刷
            ellipse _ item. setFlags ( QGraphicsItem. ItemIsSelectable | QGraphicsItem.
ItemIsMovable)
        self.graphicsScene.addItem(ellipse_item)           #在场景中添加图项
        self.graphicsView.point_position.connect(self.mousePosition)   #信号与槽的连接
    def mousePosition(self,point):                         #槽函数
        template = "view 坐标:{},{} scene 坐标:{},{} item 坐标:{},{}"
        point_scene = self.graphicsView.mapToScene(point) #视图中的点映射到场景中
        item = self.graphicsView.itemAt(point)             #获取视图控件中的图项
        #item = self.graphicsScene.itemAt(point_scene,self.graphicsView.transform())
                                                            #场景中图项
        if item:
            point_item = item.mapFromScene(point_scene)    #把场景坐标转换为图项坐标
            string = template.format(point.x(),point.y(),point_scene.x(),point_scene.y(),
                                     point_item.x(),point_item.y())
        else:
            string = template.format(point.x(), point.y(), point_scene.x(),
                                     point_scene.y(),"None","None")
        self.statusbar.showMessage(string)                 #在状态栏中显示坐标信息
if __name__ == "__main__":
    app = QApplication(sys.argv)
    window = MyWindow()
    window.show()
    sys.exit(app.exec())
```

6.2.4 场景 QGraphicsScene

场景 QGraphicsScene 是图项的容器，用于存放和管理图项。QGraphicsScene 继承自 QObject，用 QGraphicsScene 类创建场景实例对象的方法如下，其中 parent 是继承自 QObject 的实例对象，QRect、QRectF 定义场景的范围。用场景范围来确定视图的默认可滚动区域，场景主要使用它来管理图形项索引。如果未设置或者设置为无效的矩形则 sceneRect()方法将返回自创建场景以来场景中所有图形项的最大边界矩形，即当在场景中添加或移动图形项时范围会增大，但不会减小。

```
QGraphicsScene(parent:QObject = None)
QGraphicsScene(sceneRect:Union[QRectF,QRect],parent:QObject = None)
QGraphicsScene(x:float,y:float,width:float,height:float,parent:QObject = None)
```

1. 场景 QGraphicsScene 的常用方法

场景中添加和删除图项的方法如表 6-30 所示，场景获取图项的方法如表 6-31 所示，场景的其他常用方法如表 6-32 所示，主要方法介绍如下。

- 场景中添加从 QGraphicsItem 继承的子类的方法是 addItem(QGraphicsItem)。另外还可以添加一些标准的图项，用 addEllipse()、addLine()、addPath()、addPixmap()、addPolygon()、addRect()、addSimpleText()、addText()和 addWidget()方法可以添加椭圆、直线、绘图路径、图像、多边形、矩形、简单文本、文本和控件，并返回图项。其中用 addWidget(QWidget,Qt. WindowType)方法可以将一个控件以代理控件的方法添加到场景中，并返回代理控件，按照添加顺序，后添加的图项会在先添加图项的前端；用 removeItem(QGraphicsItem)方法可以从场景中移除图项，用 clear()方法可以移除所有的图项。
- 用 itemAt(pos: Union[QPointF, QPoint, QPainterPath. Element], deviceTransform: QTransform)或 itemAt(x: float, y: float, deviceTransform: QTransform)方法可以获得某个位置处 z 值最大的图项，参数 QTransform 表示变换矩阵，可以取 graphicsView. transform()。用 items()方法可以获得某个位置的图项列表，例如 items(QPoint, mode, order, QTransform)，其中参数 mode 是 Qt. ItemSelectionMode 类型值，可以取 Qt. ContainsItemShape(完全包含)、Qt. IntersectsItemShape(完全包含和交叉)、Qt. ContainsItemBoundingRect(完全包含边界矩形)或 Qt. IntersectsItemBoundingRect(完全包含矩形边界和交叉边界)；order 是指图项 z 值的顺序，可以取 Qt. DescendingOrder(降序)或 Qt. AscendingOrder(升序)，默认是 Qt. DescendingOrder。
- 用 collidingItems(QGraphicsItem, mode=Qt. IntersectsItemShape)方法可以获取与指定图项产生碰撞的图项列表，参数 mode 可以取 Qt. ContainsItemShape、Qt. IntersectsItemShape、Qt. ContainsItemBoundingRect 或 Qt. IntersectsItemBoundingRect。
- 用 createItemGroup(Sequence[QGraphicsItem])方法可以将多个图项定义成组，并返回 QGraphicsItemGroup 对象，可以把组内的图项当成一个图项进行操作，组内的图项可以同时进行缩放、平移和旋转操作。可以用 QGraphicsItemGroup 的 ddToGroup (QGraphicsItem)方法添加图项，用 removeFromGroup(QGraphicsItem)方法移除图项。
- 用 setSceneRect(rect: Union[QRectF, QRect])或 setSceneRect(x: float, y: float, w: float, h: float)方法设置场景的范围，用 sceneRect()方法获取场景范围。
- 用 setItemIndexMethod(QGraphicsScene. ItemIndexMethod)方法设置在场景中搜索图项位置的方法，其中 QGraphicsScene. ItemIndexMethod 可取 QGraphicsScene. BspTreeIndex (BSP 树方法，适合静态场景)或 QGraphicsScene. NoIndex(适合动态场景)。BSP (binary space partitioning)树是二维空间分割树方法，又称为二叉法。用 setBspTreeDepth(int)方法设置 BSP 树的搜索深度。
- 场景分为背景层、图项层和前景层，分别用 QGraphicsScene. BackgroundLayer、QGraphicsScene. ItemLayer 和 QGraphicsScene. ForegroundLayer 表示，这三层可用 QGraphicsScene. AllLayers 表示。用 invalidate(rect: Union[QRectF, QRect], layers: QGraphicsScene. SceneLayers = QGraphicsScene. AllLayers)方法或 invalidate(x: float, y: float, w: float, h: float, layers: QGraphicsScene. SceneLayers = QGraphicsScene. AllLayers)方法将指定区域的指定层设置为失效后再重新绘制，以达到更新指定区域的目的，也可用视图控件的 invalidateScene(rect: Union

[QRectF,QRect],QGraphicsScene. SceneLayer)方法达到相同的目的。也可以用update(rect: Union[QRectF,QRect])或 update(x: float,y: float,w: float,h: float)方法更新指定的区域。

- Graphics/View框架通过渲染函数 QGraphicsScene. render()和 QGraphicsView. render()支持单行打印。场景和视图的渲染函数的不同在于 QGraphicsScene. render()使用场景坐标,QGraphicsView. render()使用视图坐标。
- 用 addWidget(QWidget,Qt. WindowType)方法可以将一个控件或窗口嵌入到场景中,如 QLineEdit、QPushButton,或是复杂的控件如 QTableWidget,甚至是主窗口,该方法返回 QGraphicsProxyWidget,或先创建一个 QGraphicsProxyWidget 实例,手动嵌入控件。通过 QGraphicsProxyWidget,Graphics/View 框架可以深度整合控件的特性,如光标、提示、鼠标、平板和键盘事件、子控件、动画、下拉框、Tab 顺序。用 setFont(QFont)、setPalette(QPalette)或 setStype(QStyle)方法为视图控件设置字体、调色板和风格。
- 用 setActivePanel(item: QGraphicsItem)方法激活场景中的图项,参数若是 None,场景将停用任何当前活动的图项。如果场景当前处于非活动状态,则图项将保持不活动状态,直到场景变为活动状态为止。用 setActiveWindow(widget: QGraphicsWidget)方法激活场景中的视图控件,参数如是 None,场景将停用任何当前活动的视图控件。

表 6-30 场景 QGraphicsScene 中添加和移除图项的方法

QGraphicsScene 中添加和移除图项的方法	返回值的类型	说　明
addItem(QGraphicsItem)	None	添加图项
addEllipse(rect: Union[QRectF,QRect],pen: Union[QPen,Qt. PenStyle,QColor],brush: Union[QBrush,Qt. BrushStyle,Qt. GlobalColor,QColor,QGradient,QImage,QPixmap])	QGraphicsEllipseItem	添加椭圆
addEllipse(x: float,y: float,w: float,h: float,pen,brush)	QGraphicsEllipseItem	添加椭圆
addLine(line: Union[QLineF,QLine],pen)	QGraphicsLineItem	添加线
addLine(x1: float,y1: float,x2: float,y2: float,pen)	QGraphicsLineItem	添加线
addPath(path: QPainterPath,pen,brush)	QGraphicsPathItem	添加绘图路径
addPixmap(pixmap: Union[QPixmap,QImage,str])	QGraphicsPixmapItem	添加图像
addPolygon(polygon: Union[QPolygonF,Sequence[QPointF],QPolygon,QRectF],pen,brush)	QGraphicsPolygonItem	添加多边形
addRect(rect: Union[QRectF,QRect],pen,brush)	QGraphicsRectItem	添加矩形
addRect(x: float,y: float,w: float,h: float,pen,brush)	QGraphicsRectItem	添加矩形
addSimpleText(text: str,font: Union[QFont,str])	QGraphicsSimpleTextItem	添加简单文字
addText(text: str,font: Union[QFont,str])	QGraphicsTextItem	添加文字
addWidget(QWidget,wFlags: Qt. WindowFlags)	QGraphicsProxyWidget	添加图形控件
removeItem(QGraphicsItem)	None	移除图项
[**slot**]clear()	None	清空所有图项

表 6-31 场景 QGraphicsScene 获取图项的方法

QGraphicsScene 获取图项的方法及参数类型	返回值的类型
itemAt（pos: Union[QPointF, QPoint, QPainterPath. Element], deviceTransform: QTransform）	QGraphicsItem
itemAt(x: float, y: float, deviceTransform: QTransform)	QGraphicsItem
items(order: Qt. SortOrder=Qt. DescendingOrder)	List[QGraphicsItem]
items（path: QPainterPath, mode: Qt. ItemSelectionMode = Qt. IntersectsItemShape, order, deviceTransform）	List[QGraphicsItem]
items(polygon: Union[QPolygonF, Sequence[QPointF], QPolygon, QRectF], mode, order, deviceTransform)	List[QGraphicsItem]
items(pos: Union[QPointF, QPoint, QPainterPath. Element], mode, order, deviceTransform)	List[QGraphicsItem]
items(rect: Union[QRectF, QRect], mode, order, deviceTransform)	List[QGraphicsItem]
items(x: float, y: float, w: float, h: float, mode, order, deviceTransform)	List[QGraphicsItem]

表 6-32 场景 QGraphicsScene 的其他常用方法

QGraphicsScene 的其他常用方法及参数类型	说明
setSceneRect(rect: Union[QRectF, QRect])	设置场景范围
setSceneRect(x: float, y: float, w: float, h: float)	
sceneRect()	获取场景范围 QRectF
width()、height()	获取场景的宽度和高度
collidingItems(QGraphicsItem, mode=Qt. IntersectsItemShape)	获取碰撞的图项列表 List[QGraphicsItem]
createItemGroup(Sequence[QGraphicsItem])	创建组，返回 QGraphicsItemGroup
destroyItemGroup(QGraphicsItemGroup)	打散图项组
hasFocus()	获取场景是否有焦点，有焦点时可以接受键盘事件
clearFocus()	使场景失去焦点
[**slot**] invalidate(rect: Union[QRectF, QRect], layers=QGraphicsScene. AllLayers)	刷新指定的区域
invalidate(x: float, y: float, w: float, h: float, layers=QGraphicsScene. AllLayers)	
[**slot**]update(rect: Union[QRectF, QRect])	更新区域
update(x: float, y: float, w: float, h: float)	更新区域
isActive()	场景用视图显示且视图活跃时返回 True
itemsBoundingRect()	获取图项的矩形区域 QRectF
mouseGrabberItem()	获取光标抓取的图项 QGraphicsItem
render(QPainter, target=QRectF(), source=QRectF(), mode=Qt. KeepAspectRatio)	将指定区域的图形复制到其他设备的指定区域上
selectedItems()	获取选中的图项列表 List[QGraphicsItem]
setActivePanel(item: QGraphicsItem)	将场景中的图项设置成活跃图项
activePanel()	获取活跃的图项
setActiveWindow(widget: QGraphicsWidget)	将场景的视图控件设置成活跃控件

续表

QGraphicsScene 的其他常用方法及参数类型	说　明
setBackgroundBrush（Union［QBrush，QColor，Qt.GlobalColor，QGradient］）	设置背景画刷
setForegroundBrush（Union［QBrush，QColor，Qt.GlobalColor，QGradient］）	设置前景画刷
drawBackground(QPainter，QRectF)	重写该函数，绘制背景
drawForeground(QPainter，QRectF)	重写该函数，绘制前景
backgroundBrush()、foregroundBrush()	获取背景画刷、获取前景画刷 QBrush
setFocus(focusReason＝Qt. OtherFocusReason)	使场景获得焦点
setFocusItem（QGraphicsItem，focusReason：Qt.FocusReason＝Qt. OtherFocusReason)	使某个图项获得焦点
focusItem()	获取有焦点的图项
setFocusOnTouch(bool)	在平板电脑上通过手触碰获得焦点
focusNextPrevChild(next：bool)	查找一个新的图形控件，以使键盘焦点对准 Tab 键和 Shift ＋ Tab 键，如果可以找到则返回 true；否则返回 false。如果 next 为 true 则此函数向前搜索，否则向后搜索
setItemIndexMethod(QGraphicsScene. ItemIndexMethod)	设置图项搜索方法
setBspTreeDepth(int)	设置 BSP 树的搜索深度
setMinimumRenderSize(float)	图项变换后，尺寸小于设置的尺寸时不渲染
setSelectionArea(path：QPainterPath，deviceTransform) setSelectionArea（path：QPainterPath，selectionOperation：Qt. ItemSelectionOperation ＝ Qt. ReplaceSelection，mode：Qt. ItemSelectionMode＝Qt. IntersectsItemShape，deviceTransform：QTransform＝Default(QTransform))	将绘图路径内的图项选中，外部的图项取消选中。对于需要选中的图项，必须标记为 QGraphicsItem. ItemIsSelectable
selectionArea()	获取选中区域内的绘图路径 QPainterPath
[**slot**]clearSelection()	取消选择
setStickyFocus(enabled：bool)	单击背景或者单击不接受焦点的图项时，是否失去焦点
setFont(QFont)	设置字体
setPalette(QPalette)	设置调色板
setStyle(QStyle)	设置风格
views()	获取场景关联的视图控件列表
[**slot**]advance()	调用图项的 advance()方法，通知图项可移动

2. 场景 QGraphicsScene 的信号

场景 QGraphicsScene 的信号如表 6-33 所示。

表 6-33　场景 QGraphicsScene 的信号

QGraphicsScene 的信号及参数类型	说　明
changed(region：List[QRectF])	场景中的内容发生改变时发送信号，参数包含场景矩形的列表，这些矩形指示已更改的区域

续表

QGraphicsScene 的信号及参数类型	说　明
focusItemChanged(newFocusItem: QGraphicsItem, oldFocusItem: QGraphicsItem, reason: Qt.FocusReason)	图项的焦点发生改变，或者焦点从一个图项转移到另一个图项时发送信号
sceneRectChanged(rect: QRectF)	场景的范围发生改变时发送信号
selectionChanged()	场景中选中的图形发生改变时发送信号

6.2.5 图项 QGraphicsItem 与实例

QGraphicsItem 类是 QGraphicsScene 中所有图项的基类，用于编写自定义图项，包括定义图项的几何形状、碰撞检测、绘图实现，以及通过其事件处理程序进行图项的交互，继承自 QGraphicsItem 的类有 QAbstractGraphicsShapeItem、QGraphicsEllipseItem、QGraphicsItemGroup、QGraphicsLineItem、QGraphicsPathItem、QGraphicsPixmapItem、QGraphicsPolygonItem、QGraphicsRectItem、QGraphicsSimpleTextItem。图项支持鼠标拖放、滚轮、右键菜单、按下、释放、移动、双击以及键盘等事件，进行分组和碰撞检测，还可以给图项设置数据。

用 QGraphicsItem 类创建图项实例对象的方法如下，其中 parent 是 QGraphicsItem 的实例，在图项间形成父子关系。

```
QGraphicsItem(parent: QGraphicsItem = None)
```

1. 图项 QGraphicsItem 的常用方法

图项的常用方法如表 6-34 所示，在图项、场景间的映射方法如表 6-35 所示，主要方法介绍如下。

表 6-34　图项 QGraphicsItem 的常用方法

QGraphicsItem 的方法及参数类型	说　明
paint(painter: QPainter, option: QStyleOptionGraphicsItem, widget: QWidget = None)	重写该函数，绘制图形
boundingRect()	重写该函数，返回边界矩形 QRectF
itemChange(change: QGraphicsItem.GraphicsItemChange, value: Any)	重写该函数，以便在图项的状态发生改变时做出响应
advance(phase)	重写该函数，用于简单动画，由场景的 advance()调用。phase=0 时通知图项即将运动，phase=1 时可以运动
setCacheMode(mode: QGraphicsItem.CacheMode, cacheSize: QSize=Default(QSize))	设置图项的缓冲模式
childItems()	获取子项列表 List[QGraphicsItem]
childrenBoundingRect()	获取子项的边界矩形
clearFocus()	清除焦点
collidesWithItem(other: QGraphicsItem, mode: Qt.ItemSelectionMode=Qt.IntersectsItemShape)	获取是否能与指定的图项发生碰撞

续表

QGraphicsItem 的方法及参数类型	说明
collidesWithPath(path：QPainterPath，mode：Qt.ItemSelectionMode=Qt.IntersectsItemShape)	获取是否能与指定的路径发生碰撞
collidingItems(mode=Qt.IntersectsItemShape)	获取能发生碰撞的图项列表
contains(Union[QPointF，QPoint])	获取图项是否包含某个点
grabKeyboard()、ungrabKeyboard()	接受、不接受键盘的所有事件
grabMouse()、ungrabMouse()	接受、不接受鼠标的所有事件
isActive()	获取图项是否活跃
isAncestorOf(QGraphicsItem)	获取图项是否是指定图项的父辈
isEnabled()	获取是否激活
isPanel()	获取是否面板
isSelected()	获取是否被选中
isUnderMouse()	获取是否处于光标下
parentItem()	获取父图项
resetTransform()	重置变换
scene()	获取图项所在的场景
sceneBoundingRect()	获取场景的范围
scenePos()	获取在场景中的位置 QPointF
sceneTransform()	获取变换矩阵 QTransform
setAcceptDrops(bool)	设置是否接受鼠标释放事件
setAcceptedMouseButtons(Qt.MouseButton)	设置可接受的鼠标按钮
setActive(bool)	设置是否活跃
setCursor(Union[QCursor，Qt.CursorShape])	设置光标形状
unsetCursor()	重置光标形状
setData(key：int，value：Any)	给图项设置数据
data(key：int)	获取图项存储的数据
setEnabled(bool)	设置图项是否激活
setFlag(QGraphicsItem.GraphicsItemFlag，enabled=True)	设置图项的标识
setFocus(focusReason=Qt.OtherFocusReason)	设置焦点
setGroup(QGraphicsItemGroup)	将图项加入到组中
group()	获取图项所在的组
setOpacity(opacity：float)	设置不透明度
setPanelModality(QGraphicsItem.PanelModality)	设置面板的模式
setParentItem(QGraphicsItem)	设置父图项
setPos(Union[QPointF，QPoint]) setPos(x：float，y：float)	设置在父图项坐标系中的位置
setX(float)、setY(float)	设置在父图项中的 x 和 y 坐标
pos()	获取图项在父图项中的位置 QPointF
x()、y()	获取 x 坐标、获取 y 坐标
setRotation(angle：float)	设置沿 z 轴顺时针旋转角度(°)
setScale(scale：float)	设置缩放比例系数
moveBy(dx：float，dy：float)	设置移动量

续表

QGraphicsItem 的方法及参数类型	说　　明
setSelected(selected: bool)	设置是否选中
setToolTip(str)	设置提示信息
setTransform(QTransform,combine=False)	设置矩阵变换
setTransformOriginPoint (origin: Union[QPointF, QPoint])	设置变换的中心点
setTransformOriginPoint(ax: float,ay: float)	
setTransformations(Sequence[QGraphicsTransform])	设置变换矩阵
transform()	获取变换矩阵 QTransform
transformOriginPoint()	获取变换原点 QPointF
setVisible(bool)	设置图项是否可见
show()、hide()	显示图项、隐藏图项,子项也隐藏
isVisible()	获取是否可见
setZValue(float)	设置 z 值
zValue()	获取 z 值
shape()	重写该函数,返回图形的绘图路径 QPainterPath,用于碰撞检测等
stackBefore(QGraphicsItem)	在指定的图项前插入
isWidget()	获取图项是否是图形控件 QGraphicsWidget
isWindow()	获取图形控件的窗口类型是否是 Qt. Window
window()	获取图项所在的图形控件 QGraphicsWidget
topLevelWidget()	获取顶层图形控件 QGraphicsWidget
topLevelItem()	获取顶层图项(没有父图项)
update(rect: Union[QRectF, QRect] = Default(QRectF))	更新指定的区域
update(x: float, y: float, width: float, height: float)	

表 6-35　图项坐标的映射方法

类　型	图项坐标的映射方法及参数类型	返回值类型
从其他图项映射	mapFromItem(item: QGraphicsItem,path: QPainterPath)	QPainterPath
	mapFromItem(item: QGraphicsItem,point: Union[QPointF,QPoint])	QPointF
	mapFromItem (item: QGraphicsItem, polygon: Union [QPolygonF, Sequence[QPointF],QPolygon,QRectF])	QPolygonF
	mapFromItem(item: QGraphicsItem,rect: Union[QRectF,QRect])	QPolygonF
	mapFromItem(item: QGraphicsItem,x: float,y: float)	QPointF
	mapFromItem(item: QGraphicsItem,x: float,y: float,w: float,h: float)	QPolygonF
	mapRectFromItem(item: QGraphicsItem,rect: Union[QRectF,QRect])	QRectF
	mapRectFromItem(item: QGraphicsItem, x: float, y: float, w: float, h: float)	QRectF

续表

类　型	图项坐标的映射方法及参数类型	返回值类型
从父图项映射	mapFromParent(path：QPainterPath)	QPainterPath
	mapFromParent(point：Union[QPointF,QPoint])	QPointF
	mapFromParent(polygon：Union[QPolygonF，Sequence[QPointF]，QPolygon,QRectF])	QPolygonF
	mapFromParent(rect：Union[QRectF,QRect])	QPolygonF
	mapFromParent(x：float,y：float)	QPointF
	mapFromParent(x：float,y：float,w：float,h：float)	QPolygonF
	mapRectFromParent(rect：Union[QRectF,QRect])	QRectF
	mapRectFromParent(x：float,y：float,w：float,h：float)	QRectF
从场景映射	mapFromScene(path：QPainterPath)	QPainterPath
	mapFromScene(point：Union[QPointF,QPoint])	QPointF
	mapFromScene(polygon：Union[QPolygonF，Sequence[QPointF]，QPolygon,QRectF])	QPolygonF
	mapFromScene(rect：Union[QRectF,QRect])	QPolygonF
	mapFromScene(x：float,y：float)	QPointF
	mapFromScene(x：float,y：float,w：float,h：float)	QPolygonF
	mapRectFromScene(rect：Union[QRectF,QRect])	QRectF
	mapRectFromScene(x：float,y：float,w：float,h：float)	QRectF
映射到其他图项	mapToItem(item：QGraphicsItem,path：QPainterPath)	QPainterPath
	mapToItem(item：QGraphicsItem,point：Union[QPointF,QPoint])	QPointF
	mapToItem(item：QGraphicsItem,polygon：Union[QPolygonF,Sequence[QPointF],QPolygon,QRectF])	QPolygonF
	mapToItem(item：QGraphicsItem,rect：Union[QRectF,QRect])	QPolygonF
	mapToItem(item：QGraphicsItem,x：float,y：float)	QPointF
	mapToItem(item：QGraphicsItem,x：float,y：float,w：float,h：float)	QPolygonF
	mapRectToItem(item：QGraphicsItem,rect：Union[QRectF,QRect])	QRectF
	mapRectToItem(QGraphicsItem,x：float,y：float,w：float,h：float)	QRectF
映射到父图项	mapToParent(path：QPainterPath)	QPainterPath
	mapToParent(point：Union[QPointF,QPoint])	QPointF
	mapToParent(polygon：Union[QPolygonF，Sequence[QPointF]，QPolygon,QRectF])	QPolygonF
	mapToParent(rect：Union[QRectF,QRect])	QPolygonF
	mapToParent(x：float,y：float)	QPointF
	mapToParent(x：float,y：float,w：float,h：float)	QPolygonF
	mapRectToParent(rect：Union[QRectF,QRect])	QRectF
	mapRectToParent(x：float,y：float,w：float,h：float)	QRectF
映射到场景	mapToScene(path：QPainterPath)	QPainterPath
	mapToScene(point：Union[QPointF,QPoint])	QPointF
	mapToScene(polygon：Union[QPolygonF，Sequence[QPointF]，QPolygon,QRectF])	QPolygonF
	mapToScene(rect：Union[QRectF,QRect])	QPolygonF

续表

类　型	图项坐标的映射方法及参数类型	返回值类型
映射到场景	mapToScene(x：float,y：float)	QPointF
	mapToScene(x：float,y：float,w：float,h：float)	QPolygonF
	mapRectToScene(rect：Union[QRectF,QRect])	QRectF
	mapRectToScene(x：float,y：float,w：float,h：float)	QRectF

- 用户需要从 QGraphicsItem 类继承并创建自己的子图项类，需要在子类中重写 paint(painter：QPainter，option：QStyleOptionGraphicsItem，widget：QWidget＝None)函数和 boundingRect()函数，boundingRect()函数的返回值是图项的范围 QRectF。paint()函数会被视图控件调用，需要在 paint()函数中用 QPainter 绘制图形，图形是在图项的局部坐标系中绘制的。QPainter 的钢笔宽度初始值是 1，画刷的颜色是 QPalette. window，线条的颜色是 QPalette. text，QStyleOptionGraphicsItem 是绘图选项，QWidget 是指将绘图绘制到哪个控件上，如果为 None，则绘制到缓存上。boundingRect()函数需要返回 QRectF，用于确定图项的边界。paint()中绘制的图形不能超过边界矩形。
- 用 setFlag(QGraphicsItem. GraphicsItemFlag，enabled＝True)方法设置图项的标志，其中参数 QGraphicsItem. GraphicsItemFlag 可取的值如表 6-36 所示。

表 6-36　QGraphicsItem. GraphicsItemFlag 的取值

QGraphicsItem. GraphicsItemFlag 的取值	说　　明
QGraphicsItem. ItemIsMovable	可移动
QGraphicsItem. ItemIsSelectable	可选择
QGraphicsItem. ItemIsFocusable	可获得键盘输入焦点、鼠标按下和释放事件
QGraphicsItem. ItemClipsToShape	剪切自己的图形，在图项之外不能接收鼠标拖放和悬停事件
QGraphicsItem. ItemClipsChildrenToShape	剪切子类的图形，子类不能在该图项之外绘制
QGraphicsItem. ItemIgnoresTransformations	忽略来自父图项或视图控件的坐标变换，例如文字可以保持水平或竖直，文字比例不缩放
QGraphicsItem. ItemIgnoresParentOpacity	使用自己的透明设置，不使用父图项的透明设置
QGraphicsItem. ItemDoesntPropagateOpacityToChildren	图项的透明设置不影响其子图项的透明值
QGraphicsItem. ItemStacksBehindParent	放置于父图项的后面而不是前面
QGraphicsItem. ItemHasNoContents	图项中不绘制任何图形，调用 paint()方法也不起任何作用
QGraphicsItem. ItemSendsGeometryChanges	该标志使 itemChange() 函数可以处理图项几何形状的改变，例如 ItemPositionChange、ItemScaleChange、ItemPositionHasChanged、ItemTransformChange、ItemTransformHasChanged、ItemRotationChange、ItemRotationHasChanged、ItemScaleHasChanged、ItemTransformOriginPointChange、ItemTransformOriginPointHasChanged
QGraphicsItem. ItemAcceptsInputMethod	图项支持亚洲语言

续表

QGraphicsItem. GraphicsItemFlag 的取值	说　明
QGraphicsItem. ItemNegativeZStacksBehindParent	如果图项的 z 值是负值，则自动放置于父图项的后面，可以用 setZValue()方法切换图项与父图项的位置
QGraphicsItem. ItemIsPanel	图项是面板，面板可被激活和获得焦点，在同一时间只有一个面板能被激活，如果没有面板，则激活所有非面板图项
QGraphicsItem. ItemSendsScenePositionChanges	该标志是 itemChange()函数可以处理图项在视图控件中的位置变化事件 ItemScenePositionHasChanged
QGraphicsItem. ItemContainsChildrenInShape	该标志说明图项的所有子图项在图项的形状范围内绘制，这有利于图形绘制和碰撞检测。与 ItemContainsChildrenInShape 标志相比，该标志不是强制性的

- 重写 itemChange(change: QGraphicsItem. GraphicsItemChange, value: Any)函数可以在图项的状态发生改变时及时做出反应，用于代替图项的信号，其中 value 值根据状态 change 确定，状态参数 change 的取值是 QGraphicsItem. GraphicsItemChange 的枚举值，可取值如表 6-37 所示。需要注意的是，要使 itemChange()函数能处理几何位置改变的通知，需要首先通过 setFlag()方法给图项设置 QGraphicsItem. ItemSendsGeometryChanges 标志，另外也不能在 itemChange()函数中直接改变几何位置，否则会陷入死循环。

表 6-37　QGraphicsItem. GraphicsItemChange 的取值

QGraphicsItem. GraphicsItemChange 的取值	值	说　明
QGraphicsItem. ItemEnabledChange	3	图项的激活状态(setEnable())即将改变时发送通知。itemChange()函数中的参数 value 是新状态，value=True 时表明图项处于激活状态，value=False 时表明图项处于失效状态。原激活状态可用 isEnabled()方法获得
QGraphicsItem. ItemEnabledHasChanged	13	图项的激活状态已经改变时发送通知，itemChange()函数中的参数 value 是新状态
QGraphicsItem. ItemPositionChange	0	图项的位置(setPos()、moveBy())即将改变时发送通知，参数 value 是相对于父图项改变后的位置 QPointF，原位置可以用 pos()获得
QGraphicsItem. ItemPositionHasChanged	9	图项的位置已经改变时发送通知，参数 value 是相对于父图项改变后的位置 QPointF，与 pos()方法获取的位置相同
QGraphicsItem. ItemTransformChange	8	图项的变换矩阵(setTransform())即将改变时发送通知，参数 value 是变换后的矩阵 QTransform，原变换矩阵可以用 transform()方法获得

续表

QGraphicsItem. GraphicsItemChange 的取值	值	说　明
QGraphicsItem. ItemTransformHasChanged	10	图项的变换矩阵已经改变时发送通知，参数 value 是变换后的矩阵 QTransform，与 transform()方法获得的矩阵相同
QGraphicsItem. ItemRotationChange	28	图项即将产生旋转(setRotation())时发送通知，参数 value 是新的旋转角度，原旋转角可用 rotation()方法获得
QGraphicsItem. ItemRotationHasChanged	29	图项已经产生旋转时发送通知，参数 value 是新的旋转角度，与 rotation()方法获得的旋转角相同
QGraphicsItem. ItemScaleChange	30	图项即将进行缩放(setScale())时发送通知，参数 value 是新的缩放系数，原缩放系数可用 scale()方法获得
QGraphicsItem. ItemScaleHasChanged	31	图项已经进行了缩放时发送通知，参数 value 是新的缩放系数
QGraphicsItem. ItemTransformOriginPointChange	32	图项变换原点(setTransformOriginPoint())即将改变时发送通知，参数 value 是新的点 QPointF，原变换原点可用 transformOriginPoint()方法获得
QGraphicsItem. ItemTransformOriginPointHasChanged	33	图项变换原点已经改变时发送通知，参数 value 是新的点 QPointF，原变换原点可用 transformOriginPoint()方法获得
QGraphicsItem. ItemSelectedChange	4	图项选中状态即将改变(setSelected())时发送通知，参数 value 是选中后的状态(True 或 False)，原选中状态可用 isSelected()方法获得
QGraphicsItem. ItemSelectedHasChanged	14	图项的选中状态已经改变时发送通知，参数 value 是选中后的状态
QGraphicsItem. ItemVisibleChange	2	图项的可见性(setVisible())即将改变时发送通知，参数 value 是新状态，原可见性状态可用 isVisible()方法获得
QGraphicsItem. ItemVisibleHasChanged	12	图项的可见性已经改变时发送通知，参数 value 是新状态
QGraphicsItem. ItemParentChange	5	图项的父图项(setParentItem())即将改变时发送通知，参数 value 是新的父图项 QGraphicsItem，原父图项可用 parentItem()方法获得
QGraphicsItem. ItemParentHasChanged	15	图项的父图项已经改变时发送通知，参数 value 是新的父图项
QGraphicsItem. ItemChildAddedChange	6	图项中即将添加子图项时发送通知，参数 value 是新的子图项，子图项有可能还没完全构建
QGraphicsItem. ItemChildRemovedChange	7	图项中已经添加子图项时发送通知，参数 value 是新的子图项
QGraphicsItem. ItemSceneChange	11	图项即将加入到场景(addItem())中或即将从场景中移除(removeItem())时发送通知，参数 value 是新场景或 None(移除时)，原场景可用 scene()方法获得

续表

QGraphicsItem. GraphicsItemChange 的取值	值	说　明
QGraphicsItem. ItemSceneHasChanged	16	图项已经加入到场景中或即将从场景中移除时发送通知,参数 value 是新场景或 None(移除时)
QGraphicsItem. ItemCursorChange	17	图项的光标形状(setCursor())即将改变时发送通知,参数 value 是新光标 QCursor,原光标可用 cursor()方法获得
QGraphicsItem. ItemCursorHasChanged	18	图项的光标形状已经改变时发送通知,参数 value 是新光标 Qcursor
QGraphicsItem. ItemToolTipChange	19	图项的提示信息(setToolTip())即将改变时发送通知,参数 value 是新提示信息,原提示信息可用 toolTip()方法获得
QGraphicsItem. ItemToolTipHasChanged	20	图项的提示信息已经改变时发送通知,参数 value 是新提示信息
QGraphicsItem. ItemFlagsChange	21	图项的标识(setFlags())即将改变时发送通知,参数 value 是新标识信息值
QGraphicsItem. ItemFlagsHaveChanged	22	图项的标识即将发生改变时发送通知,参数 value 是新标识信息值
QGraphicsItem. ItemZValueChange	23	图项的 z 值(setZValue())即将改变时发送通知,参数 value 是新的 z 值,原 z 值可用 zValue()方法获得
QGraphicsItem. ItemZValueHasChanged	24	图项的 z 值即将改变时发送通知,参数 value 是新的 z 值
QGraphicsItem. ItemOpacityChange	25	图项的不透明度(setOpacity())即将改变时发送通知,参数 value 是新的不透明度,原不透明度可用 opacity()方法获得
QGraphicsItem. ItemOpacityHasChanged	26	图项的不透明度已经改变时发送通知,参数 value 是新的不透明度
QGraphicsItem. ItemScenePositionHasChanged	27	图项所在的场景的位置已经发生改变时发送通知,参数 value 是新的场景位置,与 scenePos()方法获得的位置相同

- 用 setCacheMode(mode: QGraphicsItem. CacheMode, cacheSize: QSize＝Default(QSize))方法设置图项的缓冲模式,可以加快渲染速度。参数 mode 取 QGraphicsItem. NoCache 时(默认值),没有缓冲,每次都调用 paint()方法重新绘制;取 QGraphicsItem. ItemCoordinateCache 时,为图形项的逻辑(本地)坐标启用缓存,第一次绘制该图形项时,它将自身呈现到高速缓存中,然后对于以后的每次显示都重新使用该高速缓存;取 QGraphicsItem. DeviceCoordinateCache 时,对绘图设备的坐标启用缓存,此模式适用于可以移动但不能旋转、缩放或剪切的图项。
- 场景中有多个图项时,根据图项的 z 值确定哪个图项先绘制,z 值越大会越先绘制,先绘制的图项会放到后绘制的图项的后面。用 setZValue(float)方法设置图项的 z 值,用 zValue()方法获取 z 值。用场景的 addItem()方法添加图项时,图项的初始 z 值都是 0.0,这时图项依照添加顺序来显示。如果一个图项有多个子项,则会先显

示父图项，再显示子图项。可以用 stackBefore(QGraphicsItem)方法将图项放到指定图项的前面。

- 用 setPos(x,y)、setX(x)和 setY(y)方法设置图项在父图项中的位置。pos()方法返回图项在父图项中的坐标位置，如果图项的父图项是场景，则返回其在场景中的坐标位置。除 pos()外的其他函数，返回的坐标值都是在图项自己的局部坐标系中的值。
- 用 setVisible(bool)方法可以显示或隐藏图项，也可以用 show()或 hide()方法显示或隐藏图项，如果图项有子图项，隐藏图项后，其子图项也隐藏。用 setEnable(bool)方法可以设置图项是否激活，激活的图项可以接受键盘和鼠标事件，如果图项失效，其子项也会失效。
- 用 setData(key: int,value: Any)方法可以给图项设置一个任意类型的数据，用 data(key: int)方法获取图项的数据。
- 碰撞检测需要重写 shape()函数来返回图项的精准轮廓，可以使用默认的 collidesWithItem(QGraphicsItem,mode=Qt. IntersectsItemShape)值定义外形，如果图项的轮廓很复杂，碰撞检测会消耗较长时间。也可重写 collidesWithItem()函数，提供一个新的图项和轮廓碰撞方法。
- 用 setPanelModality(QGraphicsItem. PanelModality)方法设置图项的面板模式，图项是面板时会阻止对其他面板的输入，但不阻止对子图项的输入，参数 QGraphicsItem. PanelModality 可以取 QGraphicsItem. NonModal(默认值，不阻止对其他面板的输入)、QGraphicsItem. PanelModal(阻止对父辈面板的输入)或 QGraphicsItem. SceneModal(阻止对场景中所有面板的输入)。
- 用 mapFromItem()方法或 mapRectFromItem()方法可以从其他图项映射坐标，用 mapToItem()方法或 mapRectToItem()方法可以把坐标映射到其他图项坐标系中，用 mapFromParent()方法或 mapRectFromParent()方法可以映射父图项的坐标，用 mapToParent()方法或 mapRectToParent()方法可以把图项坐标映射到父图项坐标系中，用 mapFromScene()方法或 mapRectFromScene()方法可以从场景中映射坐标，用 mapToScene()方法或 mapRectToScene()方法可以把坐标映射到场景坐标系中。
- 图项的事件有 contextMenuEvent()、focusInEvent()、focusOutEvent()、hoverEnterEvent()、hoverMoveEvent()、hoverLeaveEvent()、inputMethodEvent()、keyPressEvent()、keyReleaseEvent()、mousePressEvent()、mouseMoveEvent()、mouseReleaseEvent()、mouseDoubleClickEvent()、dragEnterEvent()、dragLeaveEvent()、dragMoveEvent()、dropEvent()、wheelEvent()和 sceneEvent(QEvent)。用 installSceneEventFilter(QGraphicsItem)方法给事件添加过滤器；用 sceneEventFilter(QGraphicsItem,QEvent)方法处理事件，并返回 bool 型数据；用 removeSceneEventFilter(QGraphicsItem)方法移除事件过滤器。
- 可以通过 QGraphicsItem. setAcceptDrops()方法设置图项是否支持拖拽功能，还需要重写 QGraphicsItem 的 dragEnterEvent()、dragMoveEvent()、dropEvent()、dragLeaveEvent()函数。

- 创建继承自 QGraphicsItem 的图项，图项可以设置自己的定时器，在 timerEvent()事件中控制图项的运动。通过调用 QGraphicsScene. advance()函数来推进场景，再调用 QGraphicsItem. advance()函数进行动画播放。

2. 图项 QGraphicsItem 的应用实例

本书二维码中的实例源代码 Demo6_15. py 是关于图项 QGraphicsItem 的应用实例，该程序绘制坐标轴、正弦曲线和余弦曲线。首先建立 QGraphicsItem 的子类 axise，用于绘制坐标轴、箭头和文字；然后建立 QGraphicsItem 的子类 sin_cos，用于绘制正弦和余弦曲线，在主类中定义 sin_cos 的父项是 axise，并绘制一个矩形；最后将坐标轴和矩形定义成一个组，并给组添加可移动标识，这样可以用鼠标拖拽整个图项。

6.2.6 标准图项与实例

除了可以自定义图项外，还可以往场景中添加标准图项，标准图项有 QGraphicsLineItem、QGraphicsRectItem、QGraphicsPolygonItem、QGraphicsEllipseItem、QGraphicsPathItem、QGraphicsPixmapItem、QGraphicsSimpleTextItem 和 QGraphicsTextItem，分别用场景的 addLine()、addRect()、addPolygon()、addEllipse()、addPath()、addPixmap()、addSimpleText()和 addText()方法直接往场景中添加这些标准图项，并返回指向这些场景的变量；也可以先创建这些标准场景的实例对象，然后用场景的 addItem()方法将标准图项添加到场景中。这些标准图项的继承关系如图 6-18 所示，它们直接或间接继承自 QGraphicsItem，因此也会继承 QGraphicsItem 的方法和属性。

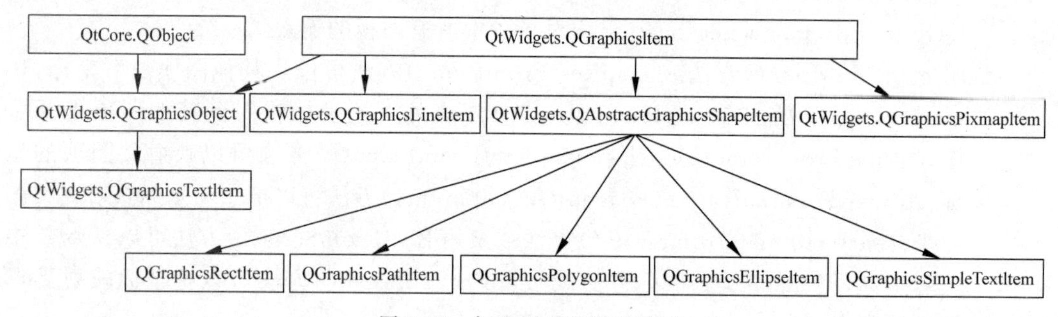

图 6-18 标准图项的继承关系

1. 直线图项 QGraphicsLineItem

用 QGraphicsLineItem 创建直线对象的方法如下所示，其中 parent 是继承自 QGraphicsItem 的实例对象。

```
QGraphicsLineItem(line:Union[QLineF,QLine],parent:QGraphicsItem = None)
QGraphicsLineItem(parent:QGraphicsItem = None)
QGraphicsLineItem(x1:float,y1:float,x2:float,y2:float,parent:QGraphicsItem = None)
```

QGraphicsLineItem 的主要方法是设置直线和钢笔，用 setLine(line: Union[QLineF, QLine])和 setLine(x1: float,y1: float,x2: float,y2: float)方法设置直线，用 setPen(pen: Union[QPen,Qt. PenStyle,QColor])方法设置钢笔，用 line()方法获取线条 QLineF，用 pen()方法获取钢笔 QPen。

2. 矩形图项 QGraphicsRectItem

用 QGrphicsRectItem 创建矩形对象的方法如下所示，其中 parent 是继承自 QGraphicsItem 的实例对象。

```
QGraphicsRectItem(parent:QGraphicsItem = None)
QGraphicsRectItem(rect:Union[QRectF, QRect],parent:QGraphicsItem = None)
QGraphicsRectItem(x:float,y:float,w:float,h:float,parent:QGraphicsItem = None)
```

QGraphicsRectItem 的主要方法有 setRect(rect: Union[QRectF,QRect])、setRect(x: float,y: float,w: float,h: float)、rect()、setPen(pen: Union[QPen,Qt.PenStyle,QColor])、pen()、setBrush(brush: Union[QBrush,Qt.BrushStyle,QColor,Qt.GlobalColor,QGradient,QImage,QPixmap])和 brush()。

3. 多边形图项 QGraphicsPolygonItem

用 QGraphicsPolygonItem 创建多边形对象的方法如下所示。

```
QGraphicsPolygonItem(parent:QGraphicsItem = None)
QGraphicsPolygonItem(polygon:Union[QPolygonF,Sequence[QPointF],QPolygon,QRectF],
    parent:QGraphicsItem = None)
```

QGraphicsPolygonItem 的主要方法有 setPolygon(polygon: Union[QPolygonF,Sequence[QPointF],QPolygon,QRectF])、polygon()、setFillRule(Qt.FillRule)、fillRule()、setPen(pen: Union[QPen,Qt.PenStyle,QColor])、pen()、setBrush(brush: Union[QBrush,Qt.BrushStyle,QColor,Qt.GlobalColor,QGradient,QImage,QPixmap])和 brush()。

4. 椭圆图项 QGraphicsEllipseItem

QGraphicsEllipseItem 可以创建椭圆、圆和扇形对象，创建扇形时需要指定起始角和跨度角，起始角和跨度角需乘以 16 表示角度。用 QGraphicsEllipseItem 类创建椭圆的方法如下所示。

```
QGraphicsEllipseItem(parent:QGraphicsItem = None)
QGraphicsEllipseItem(rect:Union[QRectF,QRect],parent:QGraphicsItem = None)
QGraphicsEllipseItem(x:float,y:float,w:float,h:float,parent:QGraphicsItem = None)
```

QGraphicsEllipseItem 的主要方法有 setRect(rect: Union[QRectF,QRect])、setRect(x: float,y: float,w: float,h: float)、rect()、setSpanAngle(angle: int)、spanAngle()、setStartAngle(angle: int)、startAngle()、setPen(pen: Union[QPen,Qt.PenStyle,QColor])、pen()、setBrush(brush: Union[QBrush,Qt.BrushStyle,QColor,Qt.GlobalColor,QGradient,QImage,QPixmap])和 brush()。

5. 路径图项 QGraphicsPathItem

QGraphicsPathItem 用 QPainterPath 绘图路径绘制图项。用 QGraphicsPathItem 创建图项的方法如下所示。

```
QGraphicsPathItem(parent:QGraphicsItem = None)
QGraphicsPathItem(path:QPainterPath,parent:QGraphicsItem = None)
```

QGraphicsPathItem 的主要方法有 setPath(path: QPainterPath)、path()、setPen(pen: Union[QPen, Qt. PenStyle, QColor])、pen()、setBrush(brush: Union[QBrush, Qt. BrushStyle, QColor, Qt. GlobalColor, QGradient, QImage, QPixmap])和 brush()。

6. 图像图项 QGraphicsPixmapItem

QGraphicsPixmapItem 用于绘制图像。用 QGraphicsPixmapItem 创建图项的方法如下所示。

```
QGraphicsPixmapItem(parent:QGraphicsItem = None)
QGraphicsPixmapItem(pixmap:Union[QPixmap,QImage,str],parent:QGraphicsItem = None)
```

QGraphicsPixmapItem 的主要方法有 setOffset(offset: Union[QPointF, QPoint, QPainterPath. Element])、setOffset(x: float, y: float)、offset()、setPixmap(pixmap: Union[QPixmap, QImage, str])、pixmap()、setShapeMode(QGraphicsPixmapItem. ShapeMode)和 setTransformationMode(Qt. TransformationMode),图像绘制位置在(0,0)点。用 setOffset()方法可以设置偏移位置;用 setTransformationMode(Qt. TransformationMode)方法设置图像是否光滑变换,其中参数 Qt. TransformationMode 可以取 Qt. FastTransformation(快速变换)或 Qt. SmoothTransformation(光滑变换);用 setShapeMode(QGraphicsPixmapItem. ShapeMode)方法设置计算形状的方法,其中参数 QGraphicsPixmapItem. ShapeMode 可取 QGraphicsPixmapItem. MaskShape(通过调用 QPixmap. mask()方法计算形状)、QGraphicsPixmapItem. BoundingRectShape(通过轮廓确定形状)或 QGraphicsPixmapItem. HeuristicMaskShape(通过调用 QPixmap. createHeuristicMask()方法确定形状)。

7. 纯文本图项 QGraphicsSimpleTextItem

QGraphicsSimpleTextItem 用于绘制纯文本,可以设置文本的轮廓和填充颜色。用 QGraphicsSimpleTextItem 创建图项的方法如下。

```
QGraphicsSimpleTextItem(parent:QGraphicsItem = None)
QGraphicsSimpleTextItem(text:str, parent:QGraphicsItem = None)
```

QGraphicsSimpleTextItem 的主要方法有 setText(str)、text()、setFont(font: Union[QFont, str, Sequence[str]])和 font(),用 setPen(pen)方法绘制文本的轮廓,用 setBrush(brush)方法设置文本的填充色。

8. 文本图项 QGraphicsTextItem

用 QGraphicsTextItem 可以绘制带格式和可编辑的文本,还可以有超链接。用 QGraphicsTextItem 创建图项实例的方法如下所示。

```
QGraphicsTextItem(paren:QGraphicsItem = None)
QGraphicsTextItem(text:str, parent:QGraphicsItem = None)
```

QGraphicsTextItem 的常用方法有 adjustSize()(调整到合适的尺寸)、openExternalLinks()、setDefaultTextColor(Union[QColor, Qt. GlobalColor, QGradient])、setDocument(QTextDocument)、setFont(QFont)、setHtml(str)、toHtml()、setOpenExternalLinks(bool)、setPlainText(str)、toPlainText()、setTabChangesFocus (bool)、setTextCursor(QTextCursor)、setTextInteractionFlags(Qt. TextInteractionFlag)、setTextWidth(float)，其中 setTextInteractionFlags(Qt. TextInteractionFlag)方法设置文本是否可以交互操作，参数 Qt. TextInteractionFlag 可以取 Qt. NoTextInteraction、Qt. TextSelectableByMouse、Qt. TextSelectableByKeyboard、Qt. LinksAccessibleByMouse、Qt. LinksAccessibleByKeyboard、Qt. TextEditable、Qt. TextEditorInteraction（指 Qt. TextSelectableByMouse | Qt. TextSelectableByKeyboard | Qt. TextEditable）或 Qt. TextBrowserInteraction(指 Qt. TextSelectableByMouse | Qt. LinksAccessibleByMouse | Qt. LinksAccessibleByKeyboard)。

QGraphicsTextItem 的信号有 linkActivated(link)和 linkHovered(link)，分别在单击超链接和光标在超链接上悬停时发送信号。与其他标准图项不同的是，QGraphicsTextItem 还具有鼠标和键盘事件。

9. 图项综合应用实例

本书二维码中的实例源代码 Demo6_16. py 是关于图项的综合应用实例。程序运行界面如图 6-19 所示，可以动态绘制直线、矩形、椭圆、三角形、圆和曲线。该程序首先定义了继承自 QGraphicsView 的视图 myGraphicsView，在其中定义了 3 个信号，信号参数是 QPoint，重写了鼠标按下、移动和释放事件，在这些事件中用自定义信号发送按下、移动和释放鼠标时的坐标位置。在主界面类中，编写这 3 个信号的槽函数。绘图函数中，直线、矩形、椭圆和圆的绘制直接利用了标准图项的功能，而三角形和曲线是通过自定义图项实现的。在此基础上，还可以设置线条的粗细、颜色、线型、填充颜色、文字、平移、缩放、旋转、叠加顺序等，限于篇幅，本书没有提供这方面的代码。

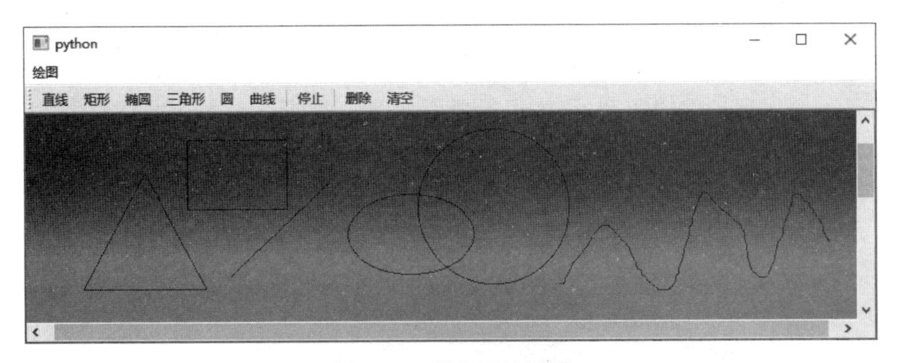

图 6-19　程序运行界面

6.3　代理控件和图形控件

场景中除了可以直接添加图项外，也可以添加常用的控件，甚至是对话框，场景中的控件也可以进行布局。

6.3.1　代理控件 QGraphicsProxyWidget 与实例

前面介绍过，通过场景的 addWidget(QWidget，wFlags：Qt. WindowFlags)方法可以把

一个控件或窗口加入到场景中，并返回代理类控件 QGraphicsProxyWidget。代理类控件可以将 QWidget 类控件加入到场景中，可以先创建 QGraphicsProxyWidget 控件，然后用场景的 addItem（QGraphicsProxyWidget）方法把代理控件加入到场景中。代理控件 QGraphicsProxyWidget 继承自图形控件 QGraphicsWidget，它们之间的继承关系如图 6-20 所示。

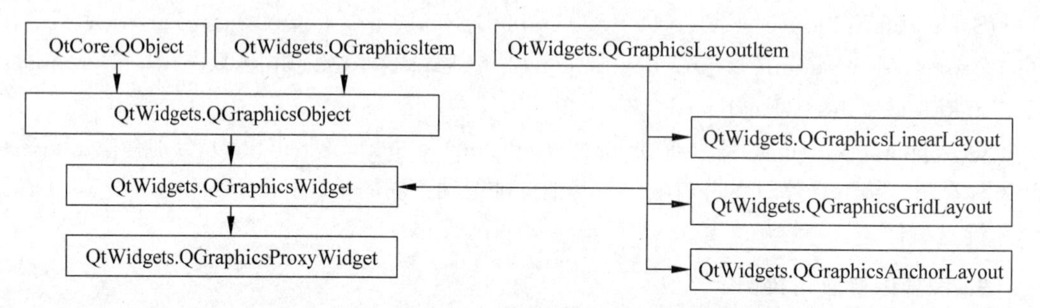

图 6-20 图形控件、代理控件和图形布局的继承关系

用 QGraphicsProxyWidget 类创建代理实例对象的方法如下，其中 parent 是 QGraphicsItem 的实例。

```
QGraphicsProxyWidget(parent: QGraphicsItem = None, wFlags: Qt.WindowFlags)
```

QGraphicsProxyWidget 中添加控件的方法是 setWidget(QWidget)，QWidget 不能有 WA_PaintOnScreen 属性，也不能是包含其他程序的控件，例如 QOpenGLWidget 和 QAxWidget 控件。用 widget()方法可以获取代理控件中的控件。代理控件和其内部包含的控件在状态方面保持同步，例如可见性、激活状态、字体、调色板、光标形状、窗口标题、几何尺寸、布局方向等。

下面是一个代理控件的实例，程序运行界面如图 6-21 所示。单击“选择图片文件”按钮弹出打开文件对话框，选择图片文件后显示图片，图片所在的窗口用代理控件定义成图项，程序中对图片所在的图项进行了错切变换。

图 6-21 程序运行界面

```
import sys,os                                          # Demo6_17.py
from PySide6.QtWidgets import QApplication,QWidget,QVBoxLayout,QGraphicsProxyWidget,\
                 QGraphicsScene,QGraphicsView,QFrame,QPushButton,QFileDialog
from PySide6.QtGui import QPainter,QTransform,QPixmap
from PySide6.QtCore import Qt,QRect

class myFrame(QFrame):                                 # 创建 QFrame 的子类
    def __init__(self,parent = None):
        super().__init__(parent)
        self.fileName = ""
    def paintEvent(self,event):                        # 重写 painterEvent,完成绘图
        if os.path.exists(self.fileName):
            pix = QPixmap(self.fileName)
            painter = QPainter(self)
            rect = QRect(0,0,self.width(),self.height())
            painter.drawPixmap(rect,pix)
        super().paintEvent(event)
class myPixmapWidget(QWidget):
    def __init__(self,parent = None):
        super().__init__(parent)
        self.resize(600,400)
        self.frame = myFrame()                         # 自定义 QFrame 的实例
        self.button = QPushButton("选择图片文件")       # 按钮实例
        self.button.clicked.connect(self.button_clicked)   # 按钮信号与槽函数的连接
        v  =  QVBoxLayout(self)                        # 布局
        v.addWidget(self.frame)
        v.addWidget(self.button)
    def button_clicked(self):                          # 按钮的槽函数
        (fileName, filter)  =  QFileDialog.getOpenFileName(self, caption = "打开图片",
                 dir = "d:\\",filter = "图片(*.png *.bmp *.jpg *.jpeg)")
        self.frame.fileName = fileName
        self.frame.update()
class MyWindow(QWidget):
    def __init__(self,parent = None):
        super().__init__(parent)
        pix = myPixmapWidget()                         # 绘图窗口
        view = QGraphicsView()                         # 视图控件
        scene = QGraphicsScene()                       # 场景
        view.setScene(scene)                           # 在视图中设置场景
        proxy = QGraphicsProxyWidget(None,Qt.Window)   # 创建代理控件
        proxy.setWidget(pix)                           # 代理控件设置控件
        proxy.setTransform(QTransform().shear(1, - 0.5))   # 错切变换
        scene.addItem(proxy)                           # 在场景中添加图项
        v  =  QVBoxLayout(self)                        # 布局
        v.addWidget(view)
if __name__  ==  '__main__':
    app = QApplication(sys.argv)
    window  =  MyWindow()
    window.show()
    sys.exit(app.exec())
```

6.3.2 图形控件 QGraphicsWidget

图形控件 QGraphicsWidget 的继承关系如图 6-22 所示，它继承自 QGraphicsObject 和 QGraphicsLayoutItem，间接继承自 QObject 和 QGraphicsItem，因此它可以直接添加到场景中。

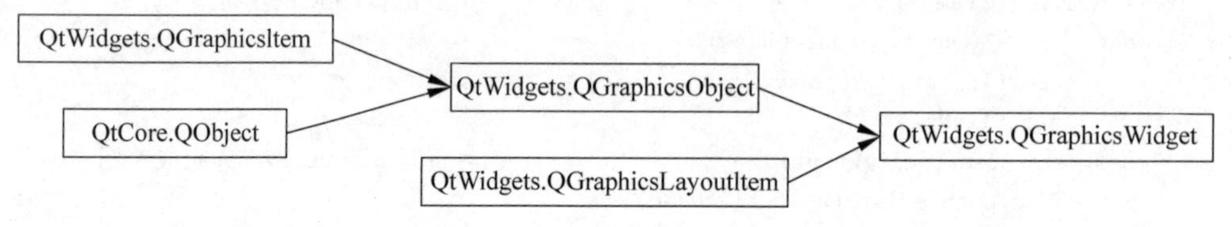

图 6-22 QGraphicsWidget 的继承关系

QGraphicsWidget 是图形控件的基类，继承 QGraphicsWidget 的类有 QGraphicsProxyWidget、QtCharts. QChart、QtCharts. QLegend 和 QtCharts. QPolarChart。QWidget 继承自 QObject 和 QPaintDevice。QGraphicsWidget 和 QWidget 有很多相同点，但也有些不同点。在 QGraphicsWidget 中可以放置其他代理控件和布局，因此 QGraphicsWidget 可以作为场景中的容器使用。用 QGraphicsWidget 类创建图形控件的方法如下，其中 parent 是 QGraphicsItem 的实例。

```
QGraphicsWidget(parent:QGraphicsItem = None,wFlags:Qt.WindowFlags = Default(Qt.WindowFlags))
```

图形控件 QGraphicsWidget 的常用方法如表 6-38 所示，其中用 setAttribute(attribute: Qt. WidgetAttribute,on: bool=True)方法设置窗口的属性，参数 attribute 可以取 Qt. WA_SetLayoutDirection、Qt. WA_RightToLeft、Qt. WA_SetStyle、Qt. WA_Resized、Qt. WA_SetPalette、Qt. WA_SetFont 或 Qt. WA_WindowPropagation。图形控件 QGraphicsWidget 中通常需要用设置布局方法 setLayout(layout: QGraphicsLayout)，在布局中添加图项或代理控件。

表 6-38 图形控件 QGraphicsWidget 的常用方法

QGraphicsWidget 的方法及参数类型	说　明
setAttribute(attribute: Qt. WidgetAttribute, on: bool=True)	设置属性
testAttribute(attribute: Qt. WidgetAttribute)	测试是否设置了某种属性
itemChange(change: QGraphicsItem. GraphicsItemChange, value: Any)	重写该函数，作为信号使用。关于该函数的使用详见 6.2.5 节的内容
paint(painter: QPainter, option: QStyleOptionGraphicsItem, widget: QWidget=None)	重写该函数，绘制图形
boundingRect()	重写该函数，返回边界矩形 QRectF
shape()	重写该函数，返回路径 QPainterPath
setLayout(layout: QGraphicsLayout)	设置布局
layout()	获取布局
setLayoutDirection(direction: Qt. LayoutDirection)	设置布局方向

续表

QGraphicsWidget 的方法及参数类型	说　明
setAutoFillBackground(enabled: bool)	设置是否自动填充背景
setContentsMargins(margins: Union[QMarginsF, QMargins])	设置窗口内的控件到边框的最小距离
setContentsMargins(left: float, top: float, right: float, bottom: float)	
setFocusPolicy(policy: Qt.FocusPolicy)	设置获取焦点的策略
setFont(font: Union[QFont, str, Sequence[str]])	设置字体
setGeometry(rect: Union[QRectF, QRect])	设置工作区的位置和尺寸
setGeometry(x: float, y: float, w: float, h: float)	
setPalette(palette: Union[QPalette, Qt.GlobalColor, QColor])	设置调色板
setStyle(style: QStyle)	设置风格
[**static**]setTabOrder(first: QGraphicsWidget, second: QGraphicsWidget)	设置按 Tab 键获取焦点的顺序
setWindowFlags(wFlags: Qt.WindowFlags)	设置窗口标识
setWindowFrameMargins(Union[QMarginsF, QMargins])	设置边框距
setWindowFrameMargins(float, float, float, float)	
setWindowTitle(title: str)	设置窗口标题
rect()	获取图形控件的窗口范围 QRectF
resize(QSizeF)	调整窗口尺寸
resize(float, float)	
size()	获取尺寸 QSizeF
focusWidget()	获取焦点控件 QGraphicsWidget
isActiveWindow()	获取是否是活跃控件
updateGeometry()	刷新图形控件
addAction(QAction)、addActions(Sequence[QAction])	图形控件中添加动作
insertAction(before: QAction, action: QAction)	图形控件中插入动作，图形控件的动作可以作为右键快捷菜单使用
insertActions(before: QAction, actions: Sequence[QAction])	
actions()	获取动作列表 List[QAction]
removeAction(action: QAction)	移除动作
[**slot**]close()	关闭窗口，成功则返回 True

QGraphicsWidget 的信号有 geometryChanged()和 layoutChanged()，当几何尺寸和布局发生改变时发送信号，另外 QGraphicsWidget 从 QGraphicsObject 继承的信号有 opacityChanged()、parentChanged()、rotationChanged()、scaleChanged()、visibleChanged()、xChanged()、yChanged()和 zChanged()。

6.3.3 图形控件的布局与实例

图形控件可以添加布局，图形控件的布局有3种，分别为QGraphicsLinearLayout、QGraphicsGridLayout和QGraphicsAnchorLayout，它们都继承自QGraphicsLayoutItem。

1. 线性布局 QGraphicsLinearLayout

线性布局QGraphicsLinearLayout类似于QHLayoutBox或QVLayoutBox，布局内的图形控件线性分布。用QGraphicsLinearLayout创建线性布局的方法如下，其中parent是QGraphicsLayoutItem的实例；Qt.Orientation确定布局的方法，可以取Qt.Horizontal或Qt.Vertical，默认是水平方向。

```
QGraphicsLinearLayout(orientation:Qt.Orientation,parent:QGraphicsLayoutItem = None)
QGraphicsLinearLayout(parent:QGraphicsLayoutItem = None)
```

QGraphicsLinearLayout的主要方法如表6-39所示。用图形控件的setLayout(QGraphicsLayout)方法可以添加一个布局，用addItem(QGraphicsLayoutItem)方法可以添加图形控件，用insertItem(index,QGraphicsLayoutItem)方法在指定索引处插入图形控件，用addStretch(stretch=1)方法可以添加空间拉伸系数，用insertStretch(index,stretch=1)方法插入空间拉伸系数，用setStretchFactor(QGraphicsLayoutItem,int)方法设置图项或布局的拉伸系数，用setOrientation(Qt.Orientation)方法设置布局的方向。

表6-39 QGraphicsLinearLayout的方法

QGraphicsLinearLayout的方法及参数类型	说　明
addItem(item: QGraphicsLayoutItem)	添加图形控件、代理控件或布局
insertItem(index: int,item: QGraphicsLayoutItem)	根据索引插入图形控件或布局
addStretch(stretch: int=1)	在末尾添加拉伸系数
insertStretch(index: int,stretch: int=1)	根据索引插入拉伸系数
count()	获取弹性控件和布局的个数
setAlignment(QGraphicsLayoutItem,Qt.Alignment)	设置图形控件的对齐方式
setGeometry(rect: Union[QRectF,QRect])	设置布局的位置和尺寸
setItemSpacing(index: int,spacing: float)	根据索引设置间距
setOrientation(Qt.Orientation)	设置布局方向
setSpacing(spacing: float)	设置图形控件之间的间距
setStretchFactor(item: QGraphicsLayoutItem,stretch: int)	设置图形控件的拉伸系数
stretchFactor(item: QGraphicsLayoutItem)	获取控件的拉伸系数
itemAt(index: int)	根据索引获取图形控件或布局
removeAt(index: int)	根据索引移除图形控件或布局
removeItem(item: QGraphicsLayoutItem)	移除指定的图形控件或布局

下面的程序在QGraphicsWidget中添加线性布局，在布局中添加了两个QLabel和两个QPushButton。

```
import sys                                                          # Demo6_18.py
from PySide6.QtWidgets import QApplication,QWidget,QVBoxLayout,QGraphicsProxyWidget,\
QGraphicsScene,QGraphicsView,QPushButton,QGraphicsWidget,QGraphicsLinearLayout,QLabel
from PySide6.QtCore import Qt

class MyWindow(QWidget):
    def __init__(self,parent = None):
        super().__init__(parent)
        view = QGraphicsView()                                      # 视图控件
        scene = QGraphicsScene()                                    # 场景
        view.setScene(scene)                                        # 视图中设置场景
        v = QVBoxLayout(self)                                       # 布局
        v.addWidget(view)

        widget = QGraphicsWidget()
        widget.setFlags(QGraphicsWidget.ItemIsMovable | QGraphicsWidget.ItemIsSelectable)
        scene.addItem(widget)
        linear = QGraphicsLinearLayout(Qt.Vertical,widget)   #线性竖直布局

        label1 = QLabel("MyLabel_1")
        label2 = QLabel("MyLabel_2")
        button1 = QPushButton("MyPushbutton_1")
        button2 = QPushButton("MyPushbutton_2")
        p1 = QGraphicsProxyWidget(); p1.setWidget(label1)       #代理控件
        p2 = QGraphicsProxyWidget(); p2.setWidget(label2)       #代理控件
        p3 = QGraphicsProxyWidget(); p3.setWidget(button1)      #代理控件
        p4 = QGraphicsProxyWidget(); p4.setWidget(button2)      #代理控件
        linear.addItem(p1);linear.addItem(p2);linear.addItem(p3);linear.addItem(p4)
        linear.setSpacing(10)
        linear.setStretchFactor(p3,1)
        linear.setStretchFactor(p4,2)
if __name__ == '__main__':
    app = QApplication(sys.argv)
    window = MyWindow()
    window.show()
    sys.exit(app.exec())
```

2. 格栅布局 QGraphicsGridLayout

格栅布局 QGraphicsGridLayout 与 QGridLayout 类似，由多行和多列构成，一个图形控件可以占用一个节点，也可以占用多行和多列。用 QGraphicsGridLayout 创建格栅布局的方法如下所示，其中 parent 是 QGraphicsLayoutItem 的实例或图形控件。

```
QGraphicsAnchorLayout(parent: QGraphicsLayoutItem = None)
```

QGraphicsGridLayout 的常用方法如表 6-40 所示，可以添加和移除图形控件及布局，可以设置列宽度、行高度、列之间的间隙和行之间的间隙，及行或列的拉伸系数。

表 6-40 QGraphicsGridLayout 的常用方法

QGraphicsGridLayout 的方法及参数类型	说 明
addItem (item: QGraphicsLayoutItem, row: int, column: int, alignment: Qt. Alignment = Default(Qt. Alignment))	在指定的位置添加图形控件
addItem (item: QGraphicsLayoutItem, row: int, column: int, rowSpan: int, columnSpan: int, alignment: Qt. Alignment)	添加图形控件，可占据多行多列
rowCount()、columnCount()	获取行数、获取列数
count()	获取图形控件和布局的个数
itemAt(row: int, column: int)	获取指定行和列处的图形控件或布局
itemAt(index: int)	根据索引获取图形控件或布局
removeAt(index: int)	根据索引移除图形控件或布局
removeItem(QGraphicsLayoutItem)	移除指定的图形控件或布局
setGeometry(rect: Union[QRectF, QRect])	设置控件所在的区域
setAlignment(QGraphicsLayoutItem, Qt. Alignment)	设置控件的对齐方式
setRowAlignment (row: int, alignment: Qt. Alignment)	设置行对齐方式
setColumnAlignment (column: int, alignment: Qt. Alignment)	设置列对齐方式
setRowFixedHeight(row: int, height: float)	设置行的固定高度
setRowMaximumHeight(row: int, height: float)	设置行的最大高度
setRowMinimumHeight(row: int, height: float)	设置行的最小高度
setRowPreferredHeight(row: int, height: float)	设置指定行的高度
setRowSpacing(row: int, spacing: float)	设置指定行的间距
setRowStretchFactor(row: int, stretch: int)	设置指定行的拉伸系数
setColumnFixedWidth(column: int, width: float)	设置列的固定宽度
setColumnMaximumWidth(column: int, width: float)	设置列的最大宽度
setColumnMinimumWidth(column: int, width: float)	设置列的最小宽度
setColumnPreferredWidth(column: int, width: float)	设置指定列的宽度
setColumnSpacing(column: int, spacing: float)	设置指定列的间隙
setColumnStretchFactor(column: int, stretch: int)	设置指定列的拉伸系数
setSpacing(spacing: float)	设置行、列之间的间隙
setHorizontalSpacing(spacing: float)	设置水平间隙
setVerticalSpacing(spacing: float)	设置竖直间隙

3. 锚点布局 QGraphicsAnchorLayout

锚点布局可以设置两个图形控件之间的相对位置，可以是两个边对齐，也可以是两个点对齐。用 QGraphicsAnchorLayout 创建锚点布局的方法如下，其中参数 parent 是 QGraphicsLayoutItem 实例。

```
QGraphicsAnchorLayout(parent: QGraphicsLayoutItem = None)
```

QGraphicsAnchorLayout 的方法中，用 addAnchor(firstItem: QGraphicsLayoutItem, firstEdge: Qt. AnchorPoint, secondItem: QGraphicsLayoutItem, secondEdge: Qt.

AnchorPoint)方法将第 1 个图形控件的某个边与第 2 个图形控件的某个边对齐,其中 Qt. AnchorPoint 可以取 Qt. AnchorLeft、Qt. AnchorHorizontalCenter、Qt. AnchorRight、Qt. AnchorTop、Qt. AnchorVerticalCenter 或 Qt. AnchorBottom;用 addCornerAnchors(firstItem: QGraphicsLayoutItem, firstCorner: Qt. Corner, secondItem: QGraphicsLayoutItem, secondCorner: Qt. Corner)方法可以让第 1 个控件的某个角点与第 2 个控件的某个角点对齐,其中 Qt. Corner 可以取 Qt. TopLeftCorner、Qt. TopRightCorner、Qt. BottomLeftCorner 或 Qt. BottomRightCorner;用 addAnchors(firstItem: QGraphicsLayoutItem, secondItem: QGraphicsLayoutItem, orientations: Qt. Orientations=Qt. Horizontal | Qt. Vertical)方法可以使两个控件在某个方向上尺寸相等。另外用 setHorizontalSpacing(spacing: float)、setVerticalSpacing(spacing: float)或 setSpacing(spacing: float)方法可以设置控件之间在水平和竖直方向的间距,用 itemAt(index: int)方法可以获取图形控件,用 removeAt(index: int)方法可以移除图形控件,用 count()方法可以获取图形控件的数量。

6.3.4 图形效果与实例

在图项和视图控件的视口之间可以添加渲染通道,实现对图项显示效果的特殊设置。图形效果 QGraphicsEffect 类是图形效果的基类,图形效果类有 QGraphicsBlurEffect(模糊效果)、QGraphicsColorizeEffect(变色效果)、QGraphicsDropShadowEffect(阴影效果)和 QGraphicsOpacityEffect(透明效果),用图项的 setGraphicsEffect(QGraphicsEffect)方法设置图项的图形效果。创建这 4 种效果的方法如下所示,其中 parent 是指继承自 QObject 的实例。

```
QGraphicsBlurEffect(parent:QObject = None)
QGraphicsColorizeEffect(parent: QObject = None)
QGraphicsDropShadowEffect(parent: QObject = None)
QGraphicsOpacityEffect(parent: QObject = None)
```

1. 图形效果的常用方法

QGraphicsBlurEffect、QGraphicsColorizeEffect、QGraphicsDropShadowEffect 和 QGraphicsOpacityEffect 的常用方法如表 6-41 所示,主要方法介绍如下。

- 模糊效果是使图项变得模糊不清,可以隐藏一些细节。在一个图项失去焦点,或将注意力移到其他图项上时,可以使用模糊效果。QGraphicsBlurEffect 的模糊效果是通过设置模糊半径和模糊提示实现的。QGraphicsBlurEffect 主要有槽函数 setBlurRadius(blurRadius: float)、setBlurHints(QGraphicsBlurEffect. BlurHint),其中模糊半径默认为 5 个像素,模糊半径越大图像越模糊;模糊提示 QGraphicsBlurEffect. BlurHint 可以取 QGraphicsBlurEffect. PerformanceHint(主要考虑渲染性能)、QGraphicsBlurEffect. QualityHint(主要考虑渲染质量)和 QGraphicsBlurEffect. AnimationHint(用于渲染动画)。
- 变色效果是用另外一种颜色给图项着色,QGraphicsColorizeEffect 的变色效果是通过设置新颜色和着色强度来实现的,默认的着色是浅蓝色(QColor(0,0,192))。QGraphicsColorizeEffect 主要有槽函数 setColor(Union[QColor, Qt. GlobalColor,

str])和 setStrength(strength: float)。

- 阴影效果能给图项增加立体效果,QGraphicsDropShadowEffect 的阴影效果需要设置背景色、模糊半径和阴影的偏移量。默认的阴影颜色是灰色(QColor(63,63,63,180)),默认的模糊半径是 1,偏移量是 8 个像素,方向是右下。QGraphicsDropShadowEffect 主要有槽函数 setBlurRadius(blurRadius: float)、setColor(Union[QColor,Qt.GlobalColor,str])、setOffset(dx: float,dy: float)和 setOffset(ofs: Union[QPointF,QPoint])。
- 透明效果可以使人看到图项背后的图形,QGraphicsOpacityEffect 的透明效果需要设置不透明度。QGraphicsOpacityEffect 有槽函数 setOpacity(opacity: float)和 setOpacityMask(Union[QBrush, Qt.BrushStyle, Qt.GlobalColor, QColor, QGradient,QImage,QPixmap]),setOpacity(opacity: float)用于设置不透明度,opacity 的值在 0.0~1.0 之间,0.0 表示完全透明,1.0 表示完全不透明,默认值为 0.7;setOpacityMask()用于设置部分透明。

表 6-41 图形效果的常用方法

图形效果	图形效果的方法及参数类型	说明
QGraphicsBlurEffect	setEnabled(enable: bool)	设置激活图形效果
	[**slot**] setBlurHints(hints: QGraphicsBlurEffect.BlurHints)	设置模糊提示
	[**slot**]setBlurRadius(blurRadius: float)	设置模糊半径
	blurHints()	获取模糊提示
	blurRadius()	获取模糊半径
QGraphicsColorizeEffect	[**slot**] setColor(Union[QColor, Qt.GlobalColor, str])	设置着色用的颜色
	[**slot**]setStrength(strength: float)	设置着色强度
	color()	获取着色用的颜色
	strength()	获取着色强度
QGraphicsDropShadowEffect	[**slot**]setBlurRadius(blurRadius: float)	设置模糊半径
	[**slot**] setColor(Union[QColor, Qt.GlobalColor, str])	设置引用颜色
	[**slot**]setOffset(d: float)	设置阴影的 x 和 y 偏移量
	[**slot**]setOffset(dx: float,dy: float)	设置阴影的 x 和 y 偏移量
	[**slot**]setOffset(ofs: Union[QPointF,QPoint])	设置阴影的位移量
	[**slot**]setXOffset(dx: float)	设置阴影的 x 偏移量
	[**slot**]setYOffset(dy: float)	设置阴影的 y 偏移量
	blurRadius()	获取模糊半径
	color()	获取阴影颜色 QColor
	offset()	获取阴影的偏移量
	xOffset()	获取阴影的 x 偏移量
	yOffset()	获取阴影的 y 偏移量

续表

图形效果	图形效果的方法及参数类型	说　　明
QGraphicsOpacityEffect	[**slot**]setOpacity(opacity: float)	设置不透明度
	[**slot**] setOpacityMask (Union [QBrush, Qt. BrushStyle, Qt. GlobalColor, QColor, QGradient, QImage, QPixmap])	设置遮掩画刷
	opacity()	获取不透明度
	opacityMask()	获取遮掩画刷 QBrush

2. 图形效果的信号

图形效果的信号如表 6-42 所示。

表 6-42　图形效果的信号

图形效果	图形效果的信号及参数类型	说　　明
QGraphicsBlurEffect	blurRadiusChanged(radius: float)	模糊半径发生改变时发送信号
	blurHintsChanged (hints: QGraphicsBlurEffect. BlurHints)	模糊提示发生改变时发送信号
QGraphicsColorizeEffect	colorChanged(color: QColor)	颜色发生改变时发送信号
	strengthChanged(strength: float)	强度发生改变时发送信号
QGraphicsDropShadow Effect	blurRadiusChanged(blurRadius: float)	模糊半径发生改变时发送信号
	colorChanged(color: QColor)	阴影颜色发生改变时发送信号
	offsetChanged(offset: QPointF)	阴影偏移量发生改变时发送信号
QGraphicsOpacityEffect	opacityChanged(opacity: float)	不透明度发生改变时发送信号
	opacityMaskChanged(mask: QBrush)	遮掩画刷发生改变时发送信号

3. 图形效果的应用实例

本书二维码中的实例源代码 Demo6_19. py 是关于图形效果的应用实例。单击“打开图片”文件后，建立 QGraphicsPixmapItem 图项，可以分别单击“模糊效果”按钮、“变色效果”按钮、“阴影效果”按钮和“透明效果”按钮在图像上添加图形效果。

第7章

数据读写和文件管理

在程序运行时会生成各种各样的数据，如果数据量少，可以直接将其保存在内存中，计算结束时清空内存并把结果保存到文件中；如果在计算中生成大量的中间数据，则需要把数据写到临时文件中，计算结束时把临时文件删除。为保存数据，可以用 Python 提供的 open()函数打开或新建文件进行文本文件的读写，对于大量的有固定格式的数据（例如用科学计数法表示的数据），可以用 PySide6 提供的以数据流的方式读写文本数据、二进制数据和原生数据的方法和函数，以及对临时文件进行管理和监控的函数，很方便地对数据进行读写和对文件进行管理。

7.1 数据读写的基本方法

把计算过程中的数据保存下来或者读取已有数据是任何程序都需要进行的工作，PySide6 把文件当作输入输出设备，可以把数据写到设备中，或者从设备中读取数据，从而达到读写数据的目的。可以利用 QFile 类调用 QIODevice 类的读写方法直接进行读写，或者把 QFile 类和 QTextStream 类结合起来，用文本流（text stream）的方法进行文本数据的读写，还可以把 QFile 类和 QDataStream 类结合进来，用数据流（data stream）的方法进行二进制数据的读写。

7.1.1 QIODevice 类

QIODevice 类是抽象类，是执行读数据和写数据类（如 QFile、QBuffer）的基类，它提供读数据和写数据的接口。QIODevice 类在 QtCore 模块中。直接或间接继承自 QIODevice，与本地读写文件有关的类有 QBuffer、QFile、QFileDevice、QProcess、QSaveFile、QTemporaryFile，这些类之间的继承关系如图 7-1 所示。另外还有网络方面的读写类 QAbstractSocket、QLocalSocket、QNetworkReply、QSslSocket、QTcpSocket 和 QUdpSocket。

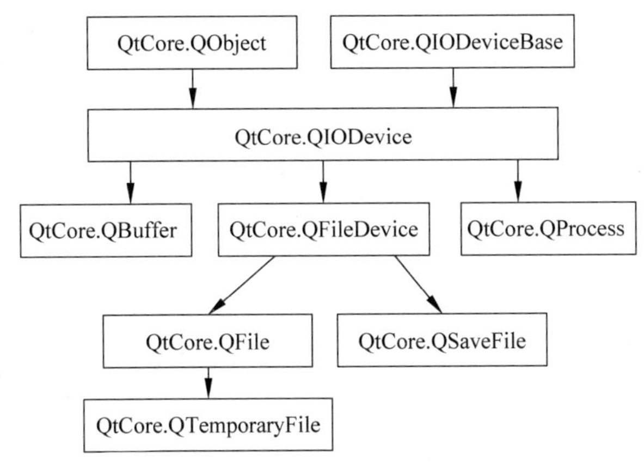

图 7-1　与文件读写有关的类

QIODevice 类提供读写接口，但是不能直接使用 QIODevice 类进行数据的读写，而是使用子类 QFile 或 QBuffer 的继承自 QIODevice 的读写方法来进行数据读写。在一些系统中，将所有的外围设备都当作文件来处理，因此可以读写的类都可以当作设备来处理。

QIODevice 的常用方法如表 7-1 所示，主要方法介绍如下。

表 7-1　QIODevice 的常用方法

QIODevice 的方法及参数类型	返回值的类型	说　　明
open(QIODeviceBase. OpenMode)	bool	打开设备，成功则返回 True
isOpen()	bool	获取设备是否已经打开
setOpenMode(QIODeviceBase. OpenMode)	None	打开设备后，重新设置打开模式
close()	None	关闭设备
setTextModeEnabled(bool)	None	设置是否是文本模式
read(maxlen: int)	QByteArray	读取指定数量的字节数据
readAll()	QByteArray	读取所有数据
readLine(maxlen: int=0)	QByteArray	按行读取 ASCII 数据
getChar(c: bytes)	bool	读取一个字符，并存储到 c 中
ungetChar(c: str)	None	将字符重新存储到设备中
peek(maxlen: int)	QByteArray	读取指定数量的字节
write(data: Union[QByteArray,bytes])	int	写入字节数组，返回实际写入的字节数量
writeData(data: bytes,len: int)	int	写入字节串，返回实际写入的字节数量
putChar(c: str)	bool	写入一个字符，成功则返回 True
setCurrentReadChannel(int)	None	设置当前的读取通道
setCurrentWriteChannel(int)	None	设置当前的写入通道
currentReadChannel()	int	获取当前的读取通道
currentWriteChannel()	int	获取当前的写入通道
readChannelCount()	int	获取读取数据的通道数量
writeChannelCount()	int	获取写入数据的通道数量
canReadLine()	bool	获取是否可以按行读取

续表

QIODevice 的方法及参数类型	返回值的类型	说　明
bytesToWrite()	int	获取缓存中等待写入的字节数量
bytesAvailable()	None	获取可读取的字节数量
setErrorString(str)	None	设置设备的出错信息
errorString()	str	获取设备的出错信息
isReadable()	bool	获取设备是否是可读的
isSequential()	bool	获取设备是否是顺序设备
isTextModeEnabled()	bool	获取设备是否能以文本方式读写
isWritable()	bool	获取设备是否可写入
atEnd()	bool	获取是否已经到达设备的末尾
seek(pos: int)	bool	将当前位置设置到指定值
pos()	int	获取当前位置
reset()	bool	重置设备，回到起始位置，成功则返回 True；如果设备没有打开则返回 False
startTransaction()	None	对随机设备，记录当前位置；对顺序设备，在内部复制读取的数据以便恢复数据
rollbackTransaction()	None	回到调用 startTransaction()的位置
commitTransaction()	None	对顺序设备，放弃记录的数据
isTransactionStarted()	bool	获取是否开始记录位置
size()	int	获取随机设备的字节数或顺序设备的 bytesAvailable()值
skip(int)	int	跳过指定数量的字节，返回实际跳过的字节数
waitForBytesWritten(msecs: int)	bool	对于缓存设备，该方法需要将数据写到设备中或经过 msecs 毫秒后返回值
waitForReadyRead(msecs: int)	bool	当有数据可以读取前或经过 msecs 毫秒前会阻止设备的运行

- QIODevice 的子类 QFile、QBuffer 和 QTcpSocket 等需要用 open(QIODeviceBase.OpenMode)方法打开一个设备，用 close()方法关闭设备。打开设备时需要设置打开模式，参数 QIODeviceBase.OpenMode 可取的值如表 7-2 所示，可以设置只读、只写、读写、追加和不使用缓存等模式，如果同时要选择多个选项可以用“|”连接，用 openMode()方法获取打开模式。

表 7-2　QIODeviceBase.OpenMode 的取值

QIODeviceBase.OpenMode 的取值	说　明
QIODeviceBase.NotOpen	还未打开
QIODeviceBase.ReadOnly	以只读方式打开
QIODeviceBase.WriteOnly	以只写方式打开。如果文件不存在，则创建新文件
QIODeviceBase.ReadWrite	以读写方式打开。如果文件不存在，则创建新文件
QIODeviceBase.Append	以追加方式打开，新增加的内容将被追加到文件末尾
QIODeviceBase.Truncate	以重写的方式打开，在写入新的数据时会将原有数据全部清除，指针指向文件开头

续表

QIODeviceBase. OpenMode 的取值	说　明
QIODeviceBase. Text	在读取时,将行结束符转换成\n;在写入时将行结束符转换成本地格式,例如 Win32 平台上是\r\n
QIODeviceBase. Unbuffered	不使用缓存
QIODeviceBase. NewOnly	创建和打开新文件,只适用于 QFile 设备,如果文件存在,打开将会失败。该模式是只写模式
QIODeviceBase. ExistingOnly	与 NewOnly 相反,打开文件时,如果文件不存在会出现错误。只适用于 QFile 设备

- 读写设备分为两种,一种是随机设备(random-access device),另一种是顺序设备(sequential device),用 isSequential()方法可以判断设备是否是顺序设备。QFile 和 QBuffer 是随机设备,QTcpSocket 和 QProcess 是顺序设备。随机设备可以获取设备指针的位置,将指针指向指定的位置,从指定位置读取数据;而顺序设备只能依次读取数据。随机设备可以用 seek(pos: int)方法定位,用 pos()方法获取位置。
- 读取数据的方法有 read(maxlen: int)、readAll()、readData(data: bytes,maxlen: int)、readLine(maxlen: int=0)、readLineData(data: bytes,maxlen: int)、getChar(c: bytes)和 peek(maxlen: int)。read(maxlen: int)表示读取指定长度的数据;readLine(maxlen: int=0)表示读取行,参数 maxlen 表示允许读取的最大长度,若为 0 表示不受限制。写入数据的方法有 write(QByteArray)、writeData(bytes)和 putChar(c: str)。getChar(c: bytes)和 putChar(c: str)只能读取和写入一个字符。如果要继承 QIODevice 创建自己的读写设备,需要重写 readData()和 writeData()函数。
- 一些顺序设备支持多通道读写,这些通道表示独立的数据流,可以用 setCurrentReadChannel(int)方法设置读取通道,用 setCurrentWriteChannel(int)方法设置写入通道,用 currentReadChannel()方法和 currentWriteChannel()方法获取读取和写入通道。

7.1.2 字节数组 QByteArray

在利用 QIODevice 的子类进行读写数据时,通常返回值或参数是 QByteArray 类型的数据。QByteArray 用于存储二进制数据,至于这些数据到底表示什么内容(字符串、数字、图片或音频等),完全由程序的解析方式决定。如果采用合适的字符编码方式(字符集),字节数组可以恢复成字符串,字符串也可以转换成字节数组。字节数组会自动添加"\0"作为结尾,统计字节数组的长度时,不包含末尾的"\0"。

用 QByteArray 创建字节数组的方法如下,其中 c 只能是一个字符,例如"a",size 指 c 的个数,例如 QByteArray(5,"a")表示"aaaaa"。

```
QByteArray()
QByteArray(bytes, size:int = - 1)
QByteArray(Union[QByteArray, bytes, bytearray, str])
QByteArray(size:int, c:str)
```

用 Python 的 str(QByteArray,encoding="utf-8")函数可以将 QByteArray 数据转换成 Python 的字符串型数据。用 QByteArray 的 append(str)方法可以将 Python 的字符串添加到 QByteArray 对象中,同时返回包含字符串的新 QByteArray 对象。

QByteArray 的常用方法如表 7-3 所示,一些需要说明的方法介绍如下。

- QByteArray 对象用 resize(size: int)方法可以调整数组的尺寸,用 size()方法可以获取字节数组的长度,用"[ ]"操作符或 at(i: int)方法读取数据。用 append(Union[QByteArray,bytes])或 append(c: str)方法可以在末尾添加数据,用 prepend(Union[QByteArray,bytes])方法可以在起始位置添加数据。
- 用静态方法 fromBase64(Union[QByteArray, bytes], options = QByteArray.Base64Encoding)可以把 Base64 编码数据解码,用 toBase64(options: QByteArray.Base64Option)方法可以转换成 Base64 编码,其中参数 options 可以取 QByteArray.Base64Encoding、QByteArray.Base64UrlEncoding、QByteArray.KeepTrailingEquals、QByteArray.OmitTrailingEquals、QByteArray.IgnoreBase64DecodingErrors 或 QByteArray.AbortOnBase64DecodingErrors。
- 用 setNum(float,format='g',precision=6)方法或 number(float,format='g',precision=6)方法可以将浮点数转换成用科学计数法表示的数据,其中格式 format 可以取'e'、'E'、'f'、'g'或'G','e'表示的格式如[-]9.9e[+|-]999,'E'表示的格式如[-]9.9E[+|-]999,'f'表示的格式如[-]9.9,如果取'g'表示视情况选择'e'或'f',如果取'G'表示视情况选择'E'或'f'。

表 7-3 QByteArray 的常用方法

QByteArray 的方法及参数类型	返回值的类型	说 明
append(Union[QByteArray,bytes])	QByteArray	在末尾追加数据
append(c: str)、append(count: int,c: str)	QByteArray	在末尾追加文本数据
append(s: bytes,len: int)	QByteArray	在末尾追加数据
at(i: int)	str	根据索引获取数据
chop(n: int)	None	从尾部移除 n 个字节
chopped(len: int)	QByteArray	获取从尾部移除 len 个字节后的字节数组
clear()	None	清空所有字节
contains(Union[QByteArray,bytes])	bool	获取是否包含指定的字节数组
contains(c: str)	bool	获取是否包含指定的字符
count(Union[QByteArray,bytes])	int	获取包含的字节数组的个数
count()、size()	int	获取长度
data()	bytes	获取字节串
endsWith(Union[QByteArray,bytes])	bool	获取末尾是否是指定的字节数组
endsWith(c: str)	bool	获取末尾是否是指定的字符
startsWith(Union[QByteArray,bytes])	bool	获取起始是否是指定的字节数组
fill(str,size=-1)	QByteArray	使数组的每个数据为指定的字符,将长度调整成 size
[**static**] fromBase64(Union[QByteArray,bytes],options=QByteArray.Base64Encoding)	QByteArray	从 Base64 编码中解码

续表

QByteArray 的方法及参数类型	返回值的类型	说　明
[**static**] fromBase64Encoding(Union[bytes, QByteArray], options)	QByteArray	从 Base64 编码中解码
[**static**] fromHex(Union[QByteArray, bytes])	QByteArray	从十六进制数据中解码
[**static**] fromPercentEncoding(Union[QByteArray, bytes], percent: str='%')	QByteArray	从百分号编码中解码
[**static**]fromRawData(data: bytes, size: int)	QByteArray	用前 size 个原生字节构建字节数组
indexOf(Union[QByteArray, bytes], from_=0)	int	获取索引
indexOf(str, from_: int=0)	int	同上
insert(int, Union[QByteArray, bytes])	QByteArray	根据索引在指定位置插入字节数组，返回值是插入后的字节数组
insert(i: int, c: str)	QByteArray	在指定位置插入文本数据
insert(i: int, count: int, c: str)	QByteArray	同上，count 是指数据的份数
isEmpty()	bool	是否为空，长度为 0 时返回 True，QByteArray(""). isEmpty() 的值是 False
isNull()	bool	内容为空时返回 True，QByteArray(""). isNull()的值是 False
isLower()	bool	全部是小写字母时返回 True
isUpper()	bool	全部是大写字母时返回 True
lastIndexOf(Union[QByteArray, bytes], from_=-1)	int	获取最后索引值
lastIndexOf(str, from_=-1)	int	同上
length()	int	获取长度，与 size()相同
mid(int, length=-1)	QByteArray	从指定位置获取指定长度的数据
[**static**]number(float, format='g', precision=6)	QByteArray	将浮点数转换成科学计数法数据
[**static**]number(int, base=10)	QByteArray	将整数转换成 base 进制数据
prepend(Union[QByteArray, bytes])	QByteArray	在起始位置添加数据
remove(index: int, len: int)	QByteArray	从指定位置移除指定长度的数据
repeated(times: int)	QByteArray	获取重复 times 次后的数据
replace(index: int, len: int, Union[QByteArray, bytes])	QByteArray	从指定位置用数据替换指定长度数据
replace(before: Union[QByteArray, bytes], after: Union[QByteArray, bytes])	QByteArray	用数据替换指定的数据
resize(size: int)	None	调整长度，如果长度小于现有长度，则后面的数据会被丢弃
setNum(float, format='g', precision=6)	QByteArray	将浮点数转换成科学计数法数据
setNum(int, base=10)	QByteArray	将整数转换成指定进制的数据
split(sep: str)	List[QByteArray]	用分割符将字节数组分割成列表
squeeze()	None	释放不存储数据的内存

续表

QByteArray的方法及参数类型	返回值的类型	说　明
toBase64()	QByteArray	转换成Base64编码
toBase64(QByteArray.Base64Option)	QByteArray	同上
toDouble()、toFloat()	Tuple[float,bool]	转换成浮点数
toHex()、toHex(separator: str='\x00')	QByteArray	转换成十六进制，separator是分隔符
toInt(base=10)	Tuple[int,bool]	根据进制转换成整数，base可以取2～36的整数或0。若取0，如果数据以0x开始，则base=16；如果数据以0开始，则base=8；其他情况base=10
toLong(base=10)	Tuple[int,bool]	
toLongLong(base=10)	Tuple[int,bool]	
toShort(base=10)	Tuple[int,bool]	
toUInt(base=10)	Tuple[int,bool]	
toULong(base=10)	Tuple[int,bool]	
toULongLong(base=10)	Tuple[int,bool]	
toUShort(base=10)	Tuple[int,bool]	
toPercentEncoding(exclude: QByteArray, include: QByteArray, percent='%')	QByteArray	转换成百分比编码，exclude和include都是QByteArray数据
toLower()	QByteArray	转换成小写字母
toUpper()	QByteArray	转换成大写字母
simplified()	QByteArray	去除内部、开始和结尾的空格和转义字符\t、\n、\v、\f、\r
trimmed()	QByteArray	去除两端的空格和转义字符
left(len: int)	QByteArray	从左侧获取指定长度的数据
right(len: int)	QByteArray	从右侧获取指定长度的数据
truncate(pos: int)	None	截取前int个字符数据

Python3.x中新添加了字节串bytes数据类型，其功能与QByteArray的功能类似。如果一个字符串前面加“b”，就表示是bytes类型的数据，例如b'hello'。bytes数据和字符串的对比如下：字节是计算机的语言，字符串是人类的语言，它们之间通过编码表形成对应关系。字符串由若干个字符组成，以字符为单位进行操作；bytes由若干个字节组成，以字节为单位进行操作。bytes和字符串除了操作的数据单元不同之外，它们支持的所有方法都基本相同。bytes和字符串都是不可变序列，不能随意增加和删除数据。

用xx=bytes("hello",encoding='utf-8')方法可以将字符串"hello"转换成bytes，用yy=str(xx,encoding='utf-8')方法可以将bytes转换成字符串。bytes也是一个类，用bytes()方法可以创建一个空bytes对象，用bytes(int)方法可以创建指定长度的bytes对象，用decode(encoding='utf-8')方法可以对数据进行解码，bytes的操作方法类似于字符串的操作方法。

Python中还有一个与bytes类似但是可变的数组bytearray，其创建方法和字符串的转换方法与bytes相同，在QByteArray的各个方法中，可以用bytes数据的地方也可以用bytearray。

bytes数据和QByteArray数据非常适合在互联网上传输，可以用于网络通信编程。bytes和QByteArray都可以用来存储图片、音频、视频等二进制格式的文件。

7.1.3　QFile读写数据与实例

QFile继承自QIODevice，会继承QIODevice的方法。QFile可以读写文本文件和二进制文件，可以单独使用，也可以与QTextStream和QDataStream一起使用。用QFile类创建实例对象的方法如下所示，其中parent是继承自QObject的实例，str是要打开的文件。需要注意的是，文件路径中的分隔符可以用"/"或"\\"，而不能用"\"。

```
QFile()
QFile(name:Union[str,bytes,os.PathLike])
QFile(name:Union[str,bytes,os.PathLike],parent:QObject)
QFile(parent:QObject)
```

1. QFile的常用方法

QFile的常用方法如表7-4所示，主要方法介绍如下。

- QFile打开的文件可以在创建实例时输入，也可以用setFileName(name: Union[str,bytes,os.PathLike])方法来设置，用fileName()方法可以获取文件名。
- 设置文件名后，用open(QIODeviceBase.OpenMode)方法打开文件，或者用open(fh,QIODevice.OpenMode,handleFlags)方法打开文件，其中fh是文件句柄号(file handle)，文件句柄号对于打开的文件而言是唯一的识别标识；参数handleFlags可以取QFileDevice.AutoCloseHandle(通过close()来关闭)或QFileDevice.DontCloseHandle(如果文件没有用close()关闭，当QFile析构后，文件句柄一直打开，这是默认值)。
- QFile的读取和写入需要使用QIODevice的方法，例如read(int)、readAll()、readLine()、getChar()、peek(int)、write(QByteArray)或putChar(str)。
- 用setPermissions(QFileDevice.Permission)方法设置打开的文件的权限，其中参数QFileDevice.Permission可以取QFileDevice.ReadOwner(只能由所有者读取)、QFileDevice.WriteOwner(只能由所有者写入)、QFileDevice.ExeOwner(只能由所有者执行)、QFileDevice.ReadUser(只能由使用者读取)、QFileDevice.WriteUser(只能由使用者写入)、QFileDevice.ExeUser(只能由使用者执行)、QFileDevice.ReadGroup(工作组可以读取)、QFileDevice.WriteGroup(工作组可以写入)、QFileDevice.ExeGroup(工作组可以执行)、QFileDevice.ReadOther(任何人都可以读取)、QFileDevice.WriteOther(任何人都可以写入)或QFileDevice.ExeOther(任何人都可以执行)。
- 用QFile的静态函数可以对打开的文件或没有打开的文件进行简单的管理，通过exists()方法判断打开的文件是否存在，用exists(fileName)方法判断其他文件是否存在，用copy(newName)方法可以把打开的文件复制到新文件中，用copy(fileName,newName)方法可以把其他文件复制到新文件中，用remove()方法可以移除打开的文件，用remove(fileName)方法可以移除其他文件，用rename(newName)方法可以对打开的文件重命名，用rename(oldName,newName)方法可以对其他文件重命名。

表 7-4 QFile 的常用方法

QFile 的方法及参数类型	说　明
open(flags：QIODeviceBase.OpenMode)	按照模式打开文件，成功则返回 True
setFileName(name：Union[str，bytes，os.PathLike])	设置文件路径和名称
fileName()	获取文件名称
flush()	将缓存中的数据写入到文件中
atEnd()	判断是否到达文件末尾
close()	关闭设备
[**static**]setPermissions(QFileDevice.Permission)	设置权限，成功则返回 True
[**static**]exists()	获取用 fileName()指定的文件名是否存在
[**static**]exists(str)	获取指定的文件是否存在
[**static**]copy(newName：Union[str，bytes])	复制打开的文件到新文件中，成功则返回 True
[**static**]copy(fileName：str，newName：str)	将指定的文件复制到新文件中，成功则返回 True
[**static**]remove()	移除打开的文件，移除前先关闭文件，成功则返回 True
[**static**]remove(fileName：str)	移除指定的文件，成功则返回 True
[**static**]rename(newName：str)	重命名，重命名前先关闭文件，成功则返回 True
[**static**] rename(oldName：str，newName：str)	给指定的文件重命名，成功则返回 True

2. QFile 的应用实例

下面的程序通过菜单，利用 QFile 文件可以打开文本文件或十六进制编码文件 *.hex，也可以保存文本文件或十六进制编码文件。本程序打开的十六进制编码文件是由本程序保存后的十六进制编码文件，不能打开其他程序生成的十六进制编码文件。程序中可以把打开文本文件和十六进制编码文件的代码放到一个函数中，根据文件扩展名来决定打开哪种格式的文件，保存文件也可以作同样的处理，这里分开到不同动作的槽函数中分别打开文本文件和十六进制文件。

```
import sys                                              # Demo7_1.py
from PySide6.QtWidgets import QApplication,QMainWindow,QPlainTextEdit,QFileDialog
from PySide6.QtCore import QFile,QByteArray

class MyWindow(QMainWindow):
    def __init__(self,parent = None):
        super().__init__(parent)
        self.resize(800,600)
        self.setupUI()                                  # 界面
    def setupUI(self):                                  # 界面建立
        self.plainText = QPlainTextEdit()
        self.setCentralWidget(self.plainText)
        self.status = self.statusBar()
        self.menubar = self.menuBar()                   # 菜单栏
        self.file = self.menubar.addMenu('文件')        # 文件菜单
```

```
        action_textOpen = self.file.addAction('打开文本文件')              # 动作
        action_textOpen.triggered.connect(self.textOpen_triggered)      # 动作与槽的连接
        action_dataOpen = self.file.addAction('打开十六进制文件')
        action_dataOpen.triggered.connect(self.dataOpen_triggered)
        self.file.addSeparator()
        action_textWrite = self.file.addAction('保存到新文本文件中')
        action_textWrite.triggered.connect(self.textWrite_triggered)
        action_dataWrite = self.file.addAction('保存到十六进制文件')
        action_dataWrite.triggered.connect(self.dataWrite_triggered)
        self.file.addSeparator()
        action_close = self.file.addAction('关闭')
        action_close.triggered.connect(self.close)
    def textOpen_triggered(self):
        (fileName,fil) = QFileDialog.getOpenFileName(self,caption = "打开文本文件",
                    filter = "text(*.txt);;python(*.py);;所有文件(*.*)")
        file = QFile(fileName)
        if file.exists():
            file.open(QFile.ReadOnly | QFile.Text)                      # 打开文件
            self.plainText.clear()
            try:
                while not file.atEnd():
                    string = file.readLine()                            # 按行读取
                    string = str(string,encoding = 'utf-8')             # 转成字符串
                    self.plainText.appendPlainText(string.rstrip('\n'))
            except:
                self.status.showMessage("打开文件失败!")
            else:
                self.status.showMessage("打开文件成功!")
        file.close()
    def textWrite_triggered(self):
        (fileName,fil) = QFileDialog.getSaveFileName(self,caption = "另存为",
                    filter = "text(*.txt);;python(*.py);;所有文件(*.*)")
        string = self.plainText.toPlainText()
        if fileName != "" and string != "":
            ba = QByteArray(string)
            file = QFile(fileName)
            try:
                file.open(QFile.WriteOnly | QFile.Text)   # 打开文件
                file.write(ba)                                          # 写入文件
            except:
                self.status.showMessage("文件保存失败!")
            else:
                self.status.showMessage("文件保存成功!")
            file.close()
    def dataOpen_triggered(self):
        (fileName, fil) = QFileDialog.getOpenFileName(self, caption = "打开 Hex 文件",
                    filter = "Hex 文件(*.hex);;所有文件(*.*)")
        file = QFile(fileName)
        if file.exists():
            file.open(QFile.ReadOnly)                                   # 打开文件
```

```
                self.plainText.clear()
                try:
                    while not file.atEnd():
                        string = file.readLine()                    #按行读取数据
                        string = QByteArray.fromHex(string)         #从十六进制数据中解码
                        string = str(string,encoding = "utf - 8")   #从字节转成字符串
                        self.plainText.appendPlainText(string)
                except:
                    self.status.showMessage("打开文件失败!")
                else:
                    self.status.showMessage("打开文件成功!")
            file.close()
    def dataWrite_triggered(self):
        (fileName, fil) = QFileDialog.getSaveFileName(self, caption = "另存为",
                        filter = "Hex 文件(*.hex);;所有文件(*.*)")
        string = self.plainText.toPlainText()
        if fileName != "" and string != "":
            ba = QByteArray(string)
            hex_ba = ba.toHex()                                     #转成十六进制
            file = QFile(fileName)
            try:
                file.open(QFile.WriteOnly)                          #打开文件
                file.write(hex_ba)                                  #写入数据
            except:
                self.status.showMessage("文件保存失败!")
            else:
                self.status.showMessage("文件保存成功!")
            file.close()
if __name__ == '__main__':
    app = QApplication(sys.argv)
    window = MyWindow()
    window.show()
    sys.exit(app.exec())
```

7.2 用流方式读写数据

从本机上读写数据更简便的方法是用流（stream）方式，读写文本数据用文本流QTextStream，读写二进制数据用数据流 QDataStream。用数据流可以将文本、整数和浮点数以二进制格式保存到文件中，也可以将常用的类的实例保存到文件中，可以从文件中直接读取类的实例。

7.2.1 文本流 QTextStream 与实例

文本流是指一段文本数据，可以理解成管道中流动的一股水，管道接到什么设备上，水就流入什么设备内。QTextStream 是文本流类，它可以连接到 QIODevice 或 QByteArray

上,可以将一段文本数据写入 QIODevice 或 QByteArray 上,或者从 QIODevice 或 QByteArray 上读取文本数据。QTextStream 适合写入大量的有一定格式要求的文本,例如试验获取的数值数据,需要将数值数据按照一定的格式写入文本文件中,每个数据需要有固定的长度、精度、对齐方式,数据可以选择是否用科学计数法表示,数据之间要用固定长度的空格隔开等。

用 QTextStream 定义文本流的方法如下所示,可以看出其连接的设备可以是 QIODevice 或 QByteArray。

```
QTextStream()
QTextStream(array:Union[QByteArray,bytes],openMode = QIODeviceBase.ReadWrite)
QTextStream(device:QIODevice)
```

1. 文本流 QTextStream 的常用方法

QTextStream 的常用方法如表 7-5 所示,主要方法介绍如下。

- QTextStream 的连接设备可以在创建文本数据流时定义,也可以用 setDevice(QIODevice)方法来定义,用 device()方法获取连接的设备。QTextStream 与 QFile 结合可读写文本文件,与 QTcpSocket、QUdpSocket 结合可读写网络文本数据。
- QTextStream 没有专门的写数据的方法,需要用流操作符"<<"来完成写入数据。"<<"的左边是 QTextStream 实例,右边可以是字符串、整数或浮点数,如果要同时写入多个数据,可以把多个"<<"写到一行中,例如 out <<'Grid'<< 100 << 2.34 <<'\n'。读取数据的方法有 read(int)、readAll()和 readLine(maxLength = 0),其中 maxLength 表示读行时一次允许的最大字节数。用 seek(int)方法可以定位到指定的位置,成功则返回 True;用 pos()方法获取位置;用 atEnd()方法获取是否还有可读取的数据。
- 用 setEncoding(QStringConverter.Encoding)方法设置文本流读写数据的编码,文本流支持的编码有 QStringConverter.Utf8、QStringConverter.Utf16、QStringConverter.Utf16LE、QStringConverter.Utf16BE、QStringConverter.Utf32、QStringConverter.Utf32LE、QStringConverter.Utf32BE、QStringConverter.Latin1 或 QStringConverter.System(系统默认的编码),对应值分别是 0~8。
- 用 setAutoDetectUnicode(bool)方法设置是否自动识别编码,如果能识别出则会替换已经设置的编码。如果 setGenerateByteOrderMark(bool)为 True 且采用 UTF 编码,会在写入数据前在数据前面添加自动查找编码标识 BOM(byte-order mark),即字节顺序标记,它是插入到以 UTF-8、UTF-16 或 UTF-32 编码 Unicode 文件开头的特殊标记,用来识别 Unicode 文件的编码类型。
- 用 setFieldWidth(width: int=0)方法设置写入一段数据流的宽度,如果真实数据流的宽度小于设置的宽度,可以用 setFieldAlignment(QTextStream.FieldAlignment)方法设置数据在数据流内的对齐方式,其余位置的数据用 setPadChar(str)设置的字符来填充。参数 QTextStream.FieldAlignment 用于指定对齐方式,可以取 QTextStream.AlignLeft(左对齐)、QTextStream.AlignRight(右

对齐)、QTextStream. AlignCenter(居中)或 QTextStream. AlignAccountingStyle(居中,但数值的符号位靠左)。

- 用 setIntegerBase(int)方法设置读取整数或产生整数时的进制,可以取 2、8、10 或 16,用 setRealNumberPrecision(int)方法设置浮点数小数位的个数。
- 用 setNumberFlags(QTextStream. NumberFlag)方法设置输出整数和浮点数时数值的表示样式,其中参数 QTextStream. NumberFlag 可以取 QTextStream. ShowBase(以进制作为前缀,如 16("0x"),8("0"),2("0b"))、QTextStream. ForcePoint(强制显示小数点)、QTextStream. ForceSign(强制显示正负号)、QTextStream. UppercaseBase(进制显示成大写,如"0X"、"0B")或 QTextStream. UppercaseDigits(表示 10~35 的字母用大写)。
- 用 setRealNumberNotation(QTextStream. RealNumberNotation)方法设置浮点数的标记方法,参数 QTextStream. RealNumberNotation 可以取 QTextStream. ScientificNotation(科学计数法)、QTextStream. FixedNotation(固定小数点)或 QTextStream. SmartNotation(视情况选择合适的方法)。
- 用 setStatus(QTextStream. Status)方法设置数据流的状态,参数 QTextStream. Status 可取 QTextStream. Ok(文本流正常)、QTextStream. ReadPastEnd(读取过末尾)、QTextStream. ReadCorruptData(读取了有问题的数据)或 QTextStream. WriteFailed(不能写入数据),对应值分别是 0~3,用 resetStatus()方法可以重置状态。

表 7-5 文本流 QTextStream 的常用方法

QTextStream 的方法及参数类型	说 明
setDevice(QIODevice)	设置操作的设备
device()	获取设备
setEncoding(QStringConverter. Encoding)	设置文本流的编码
encoding()	获取编码 QStringConverter. Encoding
setAutoDetectUnicode(bool)	设置是否自动识别编码,如果能识别,则替换现有编码
setGenerateByteOrderMark(bool)	如果设置成 True 且编码是 UTF,则在写入数据前会先写入 BOM(byte order mark)
setFieldWidth(width: int=0)	设置数据流的宽度,如果为 0,则宽度是数据的宽度
fieldWidth()	获取数据流的宽度
setFieldAlignment(QTextStream. FieldAlignment)	设置数据在数据流内的对齐方式
fieldAlignment()	获取对齐方式
setPadChar(str)	设置对齐时域内的填充字符
padChar()	获取填充字符
setIntegerBase(int)	设置读整数的进位制
integerBase()	获取进位制
setNumberFlags(QTextStream. NumberFlag)	设置整数和浮点数的标识
numberFlags()	获取数值数据的标识
setRealNumberNotation(QTextStream. RealNumberNotation)	设置浮点数的标记方法

续表

QTextStream 的方法及参数类型	说　　明
realNumberNotation()	获取标记方法
setRealNumberPrecision(int)	设置浮点数的小数位数
realNumberPrecision()	获取精度
setStatus(QTextStream. Status)	设置状态
status()	获取状态
resetStatus()	重置状态
read(int)	读取指定长度的数据
readAll()	读取所有数据
readLine(maxLength=0)	按行读取数据，maxLength 是一次允许读的最大长度
seek(int)	定位到指定位置，成功则返回 True
pos()	获取位置
flush()	将缓存中的数据写到设备中
atEnd()	获取是否还有可读取的数据
skipWhiteSpace()	忽略空字符，直到非空字符或达到末尾
reset()	重置除字符串和缓冲以外的其他设置

2. 文本流 QTextStream 读写文本数据的应用实例

下面的程序通过菜单操作，利用文本流，在 d:\sin_cos. txt 文件中写入正弦、余弦、正弦＋余弦的值，也可以打开文本文件。运行程序后先单击“文件”菜单下的“生成文件”，此时在 d:\目录下生成 sin_cos. txt 文件；再单击“文件”菜单下的“打开文件”，弹出打开文件对话框，选择 sin_cos. txt 文件后，可以显示文件中的内容。程序运行界面如图 7-2 所示，左边是用程序打开 d:\sin_cos. txt 文件，右边是用记事本打开文件。

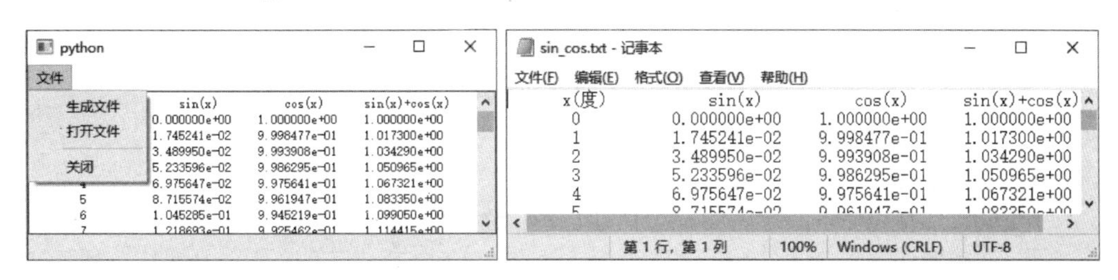

图 7-2　程序运行界面

```
import sys                                    #Demo7_2.py
from PySide6.QtWidgets import QApplication,QMainWindow,QPlainTextEdit,QFileDialog
from PySide6.QtCore import QFile,QTextStream,QStringConverter
from math import sin,cos,pi
class MyWindow(QMainWindow):
    def __init__(self,parent = None):
        super().__init__(parent)
        self.resize(800,600)
        self.setupUI()                        #界面
```

```
        self.fileName = "d:\\sin_cos.txt"      #"d:/sin_cos.txt" 写入的文件
    def setupUI(self):                          #界面建立
        self.plainText = QPlainTextEdit()
        self.setCentralWidget(self.plainText)
        self.status = self.statusBar()
        self.menubar = self.menuBar()                          # 菜单栏
        self.file = self.menubar.addMenu('文件')   #文件菜单
        action_textCreate = self.file.addAction('生成文件')     #动作
        action_textCreate.triggered.connect(self.textCreate_triggered)   #动作与槽的
                                                                         #连接
        action_textOpen = self.file.addAction('打开文件')
        action_textOpen.triggered.connect(self.textOpen_triggered)
        self.file.addSeparator()
        action_close = self.file.addAction('关闭')
        action_close.triggered.connect(self.close)
    def textCreate_triggered(self):
        file = QFile(self.fileName)
        try:
            if file.open(QFile.WriteOnly | QFile.Text | QFile.Truncate):   #打开文件
                writer = QTextStream(file)                                 #创建文本流
                writer.setEncoding(QStringConverter.Utf8)                  #设置编码
                writer.setFieldWidth(40)                                   #设置域宽
                writer.setFieldAlignment(QTextStream.AlignCenter)          #设置对齐方式
                writer.setRealNumberNotation(QTextStream.ScientificNotation)
                writer << "x(度)" << "sin(x)" <<"cos(x)" << "sin(x) + cos(x)"   #写入数据
                writer.setFieldWidth(0)                                    #设置域宽
                writer << "\n"                                             #写入回车换行
                writer.flush()
                for i in range(360):
                    r = i/180 * pi
                    writer.setFieldWidth(40)
                    writer << str(i)<< str(sin(r))<< str(cos(r))<< str(sin(r) + cos(r))
                    writer.setFieldWidth(0)
                    writer << "\n"
        except:
            self.status.showMessage("写入文件失败!")
        else:
            self.status.showMessage("写入文件成功!")
        file.close()
    def textOpen_triggered(self):
        (fileName, fil) = QFileDialog.getOpenFileName(self, caption = "打开文本文件",
                    dir = "d:\\",filter = "文本文件(*.txt);;所有文件(*.*)")
        file = QFile(fileName)
        try:
            if file.open(QFile.ReadOnly | QFile.Text):   #打开文件
                self.plainText.clear()
                reader = QTextStream(file)
                reader.setEncoding(QStringConverter.Utf8)
                reader.setAutoDetectUnicode(True)
                string = reader.readAll()                                  #读取所有数据
```

```
                self.plainText.appendPlainText(string)
        except:
            self.status.showMessage("打开文件失败!")
        else:
            self.status.showMessage("打开文件成功!")
        file.close()
if __name__ == '__main__':
    app = QApplication(sys.argv)
    window = MyWindow()
    window.show()
    sys.exit(app.exec())
```

7.2.2 数据流 QDataStream 与实例

数据流 QDataStream 用于直接读写二进制的数据和网络通信数据，二进制数据具体表示的物理意义由读写方法以及后续的解码决定，数据流的读写与具体的操作系统无关。用 QDataStream 类创建数据流对象的方法如下所示，它可以连接到继承自 QIODevice 的设备或 QByteArray 上。

```
QDataStream()
QDataStream(QIODevice)
QDataStream(Union[QByteArray,bytes])
QDataStream(Union[QByteArray,bytes],flags:QIODeviceBase.OpenMode)
```

1. 数据流 QDataStream 的常用方法

数据流的一些常用方法如表 7-6 所示，主要方法介绍如下。

- 创建数据流对象时，可以设置数据流关联的设备，也可用 setDevice(QIODevice)方法重新设置关联的设备，用 device()方法获取关联的设备。
- 用 setVersion(int)方法设置版本号。不同版本号的数据的存储格式有所不同，因此建议设置版本号。到目前为止，版本号可取 QDataStream.Qt_1_0、QDataStream.Qt_2_0、QDataStream.Qt_3_0、QDataStream.Qt_3_1、QDataStream.Qt_3_3、QDataStream.Qt_4_0～QDataStream.Qt_4_9、QDataStream.Qt_5_0～QDataStream.Qt_5_15、QDataStream.Qt_6_0～QDataStream.Qt_6_2。
- 用 setFloatingPointPrecision(QDataStream.FloatingPointPrecision)方法设置读写浮点数的精度，其中参数 QDataStream.FloatingPointPrecision 可以取 QDataStream.SinglePrecision 或 QDataStream.DoublePrecision。对于版本高于 Qt_4_6 且精度设置为 DoublePrecision 的浮点数是 64 位精度，对于版本高于 Qt_4_6 且精度设置为 SinglePrecision 的浮点数是 32 位精度。
- 用 setByteOrder(QDataStream.ByteOrder)方法设置字节序，参数 QDataStream.ByteOrder 可以取 QDataStream.BigEndian(大端字节序，默认值)和 QDataStream.LittleEndian(小端字节序)，大端字节序的高位字节在前，低位字节在后，小端字节序与此相反。对于十进制数 123，如果用“123”顺序存储是大端字节序，而用“321”

顺序存储是小端字节序，二进制与此类似。

- 用 setStatus(QDataStream. Status)方法设置状态，状态的取值与 QTextStream 的取值相同。
- 用 skipRawData(len: int)方法可以跳过指定长度的原生字节，返回真实跳过的字节数。原生数据是机器上存储的二进制数据，需要用户自己解码。
- 用 startTransaction()方法可以记录一个读数据的点，对于顺序设备会在内部复制读取的数据，对于随机设备会保存当前数据流的位置；用 commitTransaction()方法确认完成记录一个数据块，当数据流的状态是已经超过末尾时，用该方法会回到数据块的记录点，如果状态是数据有误，则会放弃记录的数据块；用 rollbackTransaction()方法在确认完成记录数据块之前返回到记录点；用 abortTransaction()方法放弃对数据块的记录，并不影响当前读数据的位置。

表 7-6 数据流的一些常用方法

QDataStream 的方法及参数类型	说　明
setDevice(QIODevice)	设置设备
setByteOrder(QDataStream. ByteOrder)	设置字节序
byteOrder()	获取字节序 QDataStream. ByteOrder
setFloatingPointPrecision(QDataStream. FloatingPointPrecision)	设置读写浮点数的精度
setStatus(QDataStream. Status)	设置状态
resetStatus()、status()	重置状态、获取状态
setVersion(int)	设置版本号
version()	获取版本号
skipRawData(len: int)	跳过原生数据，返回跳过的字节数量
startTransaction()	开启记录一个数据块起始点
commitTransaction()	完成数据块，成功则返回 True
rollbackTransaction()	回到数据块的记录点
abortTransaction()	放弃对数据块的记录
atEnd()	获取是否还有数据可读

2. 整数、浮点数和逻辑值的读写方法

计算机中存储的数据用二进制表示，每个位有 0 和 1 两种状态，通常用 8 位作为 1 个字节，如果这 8 位全部用来记录数据，则这 8 位数据的最大值是 $0b11111111=2^8-1=255$。如要记录正负号，可以用第 1 位记录，这时用 7 位记录的最大值是 $0b1111111=2^7-1=127$。如果要记录更大的值，用 1 个字节显然是不够的，这时可以用更多个字节来记录，例如用 2 个字节(16 位)来记录一个数，如果全部用于记录数据，可以记录的最大值为 $2^{16}-1$；如果用 1 位记录正负号，可以记录的最大值为 $2^{15}-1$。因此在读写不同大小的数值时，要根据数值的大小选择合适的字节数来保存数值，可以分别用 1 个字节、2 个字节、4 个字节和 8 个字节来存储数值，在读取数值时，要根据写入时指定的字节数来读取。

数据流用于读/写整数、浮点数和逻辑值的方法和数值的范围如表 7-7 所示。需要特别注意的是，在读数值时，必须按照写入数值时所使用的字节数来读，否则读取的数值不是写入时的数值。

表 7-7 QDataStream 读/写整数、浮点数和逻辑值的方法

读/写方法(->表示返回值的类型)		读/写方法说明	读/写取值范围
readInt8()-> int	writeInt8(int)	在 1 个字节上读/写带正负号整数	$-2^7 \sim 2^7-1$
readInt16()-> int	writeInt16(int)	在 2 个字节上读/写带正负号整数	$-2^{15} \sim 2^{15}-1$
readInt32()-> int	writeInt32(int)	在 4 个字节上读/写带正负号整数	$-2^{31} \sim 2^{31}-1$
readInt64()-> int	writeInt64(int)	在 8 个字节上读/写带正负号整数	$-2^{63} \sim 2^{63}-1$
readUInt8()-> int	writeUInt8(int)	在 1 个字节上读/写不带正负号整数	$0 \sim 2^8-1$
readUInt16()-> int	writeUInt16(int)	在 2 个字节上读/写不带正负号整数	$0 \sim 2^{16}-1$
readUInt32()-> int	writeUInt32(int)	在 4 个字节上读/写不带正负号整数	$0 \sim 2^{32}-1$
readUInt64()-> int	writeUInt64(int)	在 8 个字节上读/写不带正负号整数	$0 \sim 2^{64}-1$
readFloat()-> float	writeFloat(float)	在 4 个字节上读/写带正负号浮点数	±3.40282E38(精确到 6 位小数)
readDouble()-> float	writeDouble(float)	在 8 个字节上读/写带正负号浮点数	±1.79769E308(精确到 15 位小数)
readBool()-> bool	writeBool(bool)	在 1 个字节上读/写逻辑值	

3. 对字符串的读/写方法

数据流用于读/写字符串的方法如表 7-8 所示。读/写字符串时不需要指定字节数量,系统会根据字符串的大小来决定所使用的字节数。

表 7-8 QDataStream 对字符串的读写方法

读/写方法(->表示返回值的类型)		读/写方法说明
readQString()-> str	writeQString(str)	读/写文本
readQStringList()-> List[str]	writeQStringList(Sequence[str])	读/写文本列表
readString()-> str	writeString(str)	读/写文本

4. 用 QDataStream 读写字符串和数值的应用实例

下面的程序是将上一个用 QTextStream 读写文本数据的程序改用 QDataStream 来完成读写二进制数据,将数据保存到二进制文件中。程序中用到读写字符串、整数和浮点数的方法。

```
import sys,math                                        #Demo7_3.py
from PySide6.QtWidgets import QApplication,QMainWindow,QPlainTextEdit,QFileDialog
from PySide6.QtCore import QFile,QDataStream

class MyWindow(QMainWindow):
    def __init__(self,parent = None):
        super().__init__(parent)
        self.setupUI()                                 #界面
        self.fileName = "d:\\sin_cos.bin"              #"d:/sin_cos.bin" 写入的文件
    def setupUI(self):                                 #界面建立
        self.plainText = QPlainTextEdit()
        self.resize(800,600)
        self.setCentralWidget(self.plainText)
```

```
        self.status = self.statusBar()
        self.menubar = self.menuBar()                              #菜单栏
        self.file = self.menubar.addMenu('文件')                    #文件菜单
        action_binCreate = self.file.addAction('生成文件')           #动作
        action_binCreate.triggered.connect(self.binCreate_triggered) #动作与槽的连接
        action_binOpen = self.file.addAction('打开文件')
        action_binOpen.triggered.connect(self.binOpen_triggered)
        self.file.addSeparator()
        action_close = self.file.addAction('关闭')
        action_close.triggered.connect(self.close)
    def binCreate_triggered(self):
        file = QFile(self.fileName)
        try:
            if file.open(QFile.WriteOnly | QFile.Truncate):        #打开文件
                writer = QDataStream(file)                         #创建数据流
                writer.setVersion(QDataStream.Qt_6_2)
                writer.setByteOrder(QDataStream.BigEndian)
                writer.writeQString("version:Qt_6_2")
                writer.writeQString("x(度)")                       #写入字符串
                writer.writeQString("sin(x)")                      #写入字符串
                writer.writeQString("cos(x)")                      #写入字符串
                writer.writeQString("sin(x) + cos(x)")             #写入字符串
                for i in range(360):
                    r = i/180 * math.pi
                    writer.writeInt16(i)                           #int
                    writer.writeDouble(math.sin(r))                #sin
                    writer.writeDouble(math.cos(r))                #cos
                    writer.writeDouble(math.sin(r) + math.cos(r))        #sin + cos
        except:
            self.status.showMessage("写入文件失败!")
        else:
            self.status.showMessage("写入文件成功!")
        file.close()
    def binOpen_triggered(self):
        (fileName, fil) = QFileDialog.getOpenFileName(self, caption = "打开二进制文件",
                    dir = "d:\\",filter = "二进制文件(*.bin);;所有文件(*.*)")
        file = QFile(fileName)
        template = "{:^16}{:^16.10}{:^16.10}{:^16.10}"
        try:
            if file.open(QFile.ReadOnly):                          #打开文件
                reader = QDataStream(file)
                reader.setVersion(QDataStream.Qt_6_2)
                reader.setByteOrder(QDataStream.BigEndian)
                if reader.readQString() == "version:Qt_6_2":
                    self.plainText.clear()
                    str1 = reader.readQString()                    #读取字符串
                    str2 = reader.readQString()                    #读取字符串
                    str3 = reader.readQString()                    #读取字符串
                    str4 = reader.readQString()                    #读取字符串
```

```
                string = template.format(str1,str2,str3,str4)
                self.plainText.appendPlainText(string)
                while not reader.atEnd():
                    deg = reader.readInt16()           #读取整数
                    sin = reader.readDouble()          #读取浮点数
                    cos = reader.readDouble()          #读取浮点数
                    sin_cos = reader.readDouble()      #读取浮点数
                    string = template.format(deg,sin,cos,sin_cos)
                    self.plainText.appendPlainText(string)
        except:
            self.status.showMessage("打开文件失败!")
        else:
            self.status.showMessage("打开文件成功!")
        file.close()
if __name__ == '__main__':
    app = QApplication(sys.argv)
    window = MyWindow()
    window.show()
    sys.exit(app.exec())
```

5. 类对象的读写方法与实例

用 QDataStream 可以将一些常用的类实例写入文件中，例如字体、颜色、调色板、列表项、表格项等。用 writeQVariant(Any)方法可以将 QBrush、QColor、QDateTime、QFont、QPixmap、QMargin、QPoint、QLine、QRect、QSize、QTime、QDate、QDateTime、QListWidgetItem、QTableWidgetItem、QTreeWidgetItem 和其他一些实例对象写入文件中，用 readQVariant()方法可以读取这些对象。

下面的程序是 writeQVariant()和 readQVariant()方法的使用实例。通过“文件”菜单根据文件的扩展名用 QDataStream 方式打开或保存二进制文件，用 QTextStream 方式打开或保存文本文件，可以利用“设置”菜单设置颜色和字体。当保存二进制文件时，用 writeQVariant()方法写入调色板和字体；当打开二进制文件时，用 readQVariant()方法读取调色板和字体。

```
import sys,os                                          #Demo7_4.py
from PySide6.QtWidgets import QApplication,QMainWindow,QPlainTextEdit,\
                    QFileDialog,QMessageBox,QFontDialog,QColorDialog
from PySide6.QtCore import QFile,QTextStream,QDataStream,QStringConverter
from PySide6.QtGui import QPalette

class MyWindow(QMainWindow):
    def __init__(self,parent = None):
        super().__init__(parent)
        self.resize(800,600)
        self.setupUI()                                 #界面
    def setupUI(self):                                 #界面建立
        self.plainText = QPlainTextEdit()
```

```
        self.setCentralWidget(self.plainText)
        self.status = self.statusBar()
        self.menubar = self.menuBar()                    #菜单栏
        self.file = self.menubar.addMenu('文件')         #文件菜单
        action_new = self.file.addAction("新建")
        action_new.triggered.connect(self.plainText.clear)
        action_open = self.file.addAction('打开文件') #动作,打开二进制文件或文本文件
        action_open.triggered.connect(self.open_triggered)        #动作与槽的连接
        self.action_save = self.file.addAction('保存文件')        #动作,保存二进制文件
                                                                  #或文本文件
        self.action_save.triggered.connect(self.save_triggered)  #动作与槽的连接
        self.action_save.setEnabled(False)
        self.file.addSeparator()
        action_close = self.file.addAction('关闭')
        action_close.triggered.connect(self.close)
        self.setting = self.menubar.addMenu("设置")
        action_color = self.setting.addAction("设置颜色")
        action_color.triggered.connect(self.color_triggered)
        action_font = self.setting.addAction("设置字体")
        action_font.triggered.connect(self.font_triggered)
        self.plainText.textChanged.connect(self.plainText_textChaneged)
    def open_triggered(self):
        (fileName,fil) = QFileDialog.getOpenFileName(self,caption = "打开文件",dir = "d:\\",
            filter = "二进制文件(*.bin);;文本文件(*.txt);;python 文件(*.py);;所有文件
(*.*)")
        if not os.path.isfile(fileName):
            return
        name,extension = os.path.splitext(fileName)  #获取文件名和扩展名
        file = QFile(fileName)
        try:
            if file.open(QFile.ReadOnly):                #打开文件
                if extension == ".bin":                  #根据扩展名识别二进制文件
                    reader = QDataStream(file)
                    reader.setVersion(QDataStream.Qt_6_2)   #设置版本
                    reader.setByteOrder(QDataStream.BigEndian)
                    version = reader.readQString()          #读取版本号
                    if version != "version:Qt_6_2":
                        QMessageBox.information(self,"错误","版本不匹配.")
                        return
                    palette = reader.readQVariant()         #读取调色板信息
                    font = reader.readQVariant()            #读取字体信息

                    self.plainText.setPalette(palette)      #设置调色板
                    self.plainText.setFont(font)            #设置字体
                    if not file.atEnd():
                        string = reader.readQString()       #读取文本
                        self.plainText.clear()
                        self.plainText.appendPlainText(string)
                if extension == ".txt" or extension == ".py": #根据扩展名识别 txt 或 py
                                                              #文件
```

```
                file.setTextModeEnabled(True)
                reader = QTextStream(file)
                reader.setEncoding(QStringConverter.Utf8)
                reader.setAutoDetectUnicode(True)
                string = reader.readAll()               # 读取所有数据
                self.plainText.clear()
                self.plainText.appendPlainText(string)
        except:
            self.status.showMessage("文件打开失败!")
        else:
            self.status.showMessage("文件打开成功!")
        file.close()
    def save_triggered(self):
        (fileName,fil) = QFileDialog.getSaveFileName(self,caption = "保存文件",dir = "d:\\",
          filter = "二进制文件(*.bin);;文本文件(*.txt);;python 文件(*.py);;所有文件
(*.*)")
        if fileName == "":
            return
        name, extension = os.path.splitext(fileName)        #获取文件名和扩展名
        file = QFile(fileName)
        try:
            if file.open(QFile.WriteOnly|QFile.Truncate):   #打开文件
                if extension == ".bin":                     #根据扩展名识别二进制文件
                    writer = QDataStream(file)              #创建数据流
                    writer.setVersion(QDataStream.Qt_6_2)   #设置版本
                    writer.setByteOrder(QDataStream.BigEndian)
                    writer.writeQString("version:Qt_6_2")   #写入版本
                    palette = self.plainText.palette()
                    font = self.plainText.font()
                    string = self.plainText.toPlainText()
                    writer.writeQVariant(palette)           #写入调色板
                    writer.writeQVariant(font)              #写入字体
                    writer.writeQString(string)             #写入内容
            if extension == ".txt" or extension == ".py":   #根据扩展名识别 txt 或 py
                                                            #文件
                    reader = QTextStream(file)
                    reader.setEncoding(QStringConverter.Utf8)
                    string = self.plainText.toPlainText()
                    reader << string                        #写入内容
        except:
            self.status.showMessage("文件保存失败!")
        else:
            self.status.showMessage("文件保存成功!")
        file.close()
    def font_triggered(self):                               #槽函数,设置字体
        font = self.plainText.font()
        ok,font = QFontDialog.getFont(font,parent = self,title = "选择字体")
        if ok:
            self.plainText.setFont(font)
    def color_triggered(self):                              #槽函数,设置颜色
```

```
            color = self.plainText.palette().color(QPalette.Text)
            colorDialog = QColorDialog(color,parent = self)
            if colorDialog.exec():
                color = colorDialog.selectedColor()
                palette = self.plainText.palette()
                palette.setColor(QPalette.Text,color)
                self.plainText.setPalette(palette)
        def plainText_textChaneged(self):          #槽函数,判断保存动作是否需要激活或失效
            if self.plainText.toPlainText() == "":
                self.action_save.setEnabled(False)
            else:
                self.action_save.setEnabled(True)
if __name__ == '__main__':
    app = QApplication(sys.argv)
    window = MyWindow()
    window.show()
    sys.exit(app.exec())
```

7.3 临时数据的保存

文件可以用 QFile 打开并可以读写数据，另外在进行科学计算时，计算过程中产生的中间临时数据可以写到临时文件或缓存中，程序退出时自动删除临时文件和缓存中的数据。

7.3.1 临时文件 QTemporaryFile

在进行大型科学运算时，通常会产生大量的中间结果数据，例如进行有限元计算时，一个规模巨大的刚度矩阵、质量矩阵和迭代过程中的中间结果会达到几十 GB 或上百 GB，甚至更多，如果把这些数据放到内存中通常是放不下的。需要把这些数据放到临时文件中，并保证临时文件不会覆盖现有的文件，计算过程中读取临时文件中的数据进行运算，计算结束后则自动删除临时文件。

QTemporaryFile 类用于创建临时文件，它继承自 QFile，当用 Open()方法打开设备时创建临时文件，并保证临时文件名是唯一的，不会和本机上的文件同名。用 QTemporaryFile 创建临时文件对象的方法如下，其中 templateName 是文件名称模板，或者不用模板而用指定文件名，parent 是继承自 QObject 类的实例对象。模板的文件名中包含 6 个或 6 个以上的大写“X”，扩展名可以自己指定，例如 QTemporaryFile("XXXXXXXX.sdb")、QTemporaryFile("abXXXXXXXXcd.sdb")。如果没有使用模板，而使用具体文件名，则临时文件名是在文件名基础上添加新的扩展名，如果指定了父对象，则用应用程序的名称(用 app.setApplicationName(str)设置)再加上新的扩展名作为临时文件名。如果没有使用模板或指定文件名，则存放临时文件的路径是系统临时路径，可以通过 QDir.tempPath()方法获取系统临时路径；如果使用模板或指定文件名，则存放到当前路径下，当前路径可以用 QDir.currentPath()方法查询。

```
QTemporaryFile()
QTemporaryFile(parent:QObject)
QTemporaryFile(templateName:str)
QTemporaryFile(templateName:str,parent:QObject)
```

QTemporaryFile 的常用方法如表 7-9 所示。创建临时文件对象后，用 open()方法打开文件，这时生成临时文件，临时文件名可以用 fileName()方法获取，临时文件的打开方式是读写模式(QIODeviceBase.ReadWrite)。打开临时文件后，可以按照前面介绍的写入和读取方法来读写数据。用 setAutoRemove(bool)方法设置临时文件对象销毁后临时文件是否自动删除，默认为 True。

表 7-9　临时文件 QTemporaryFile 的常用方法

QTemporaryFile 的方法及参数类型	返回值的类型	说　　明
open()	bool	创建并打开临时文件
fileName()	str	获取临时文件名和路径
setAutoRemove(bool)	None	设置是否自动删除临时文件
autoRemove()	bool	获取是否自动删除临时文件
setFileTemplate(name: str)	None	设置临时文件的模板
fileTemplate()	str	获取临时文件的模板

7.3.2　临时路径 QTemporaryDir

与创建临时文件类似，也可以创建临时路径，应保证所创建的临时路径不会覆盖本机上的路径，程序退出时自动删除临时路径。创建临时路径的方法如下所示。其中第一种方法 QTemporaryDir()不含模板，这时用应用程序的名称(用 app.setApplicationName(str)方法设置)和随机名称作为路径名称，随机路径保存到系统默认的路径(可用 Dir.tempPath()方法查询)下；第二种方法 QTemporaryDir(templateName: str)用模板创建临时路径，如果模板中有路径，则是指相对于当前的工作路径，如果模板中含有"XXXXXX"，则必须放到路径名称的尾部，"XXXXXX"是临时路径的动态部分。

```
QTemporaryDir()
QTemporaryDir(templateName:str)
```

临时文件 QTemporaryDir 的常用方法如表 7-10 所示。用 isValid()方法查询临时路径是否创建成功；如果没有成功，可以用 errorString()方法获取出错信息；用 path()方法获取创建的临时路径。

表 7-10　临时文件 QTemporaryDir 的常用方法

QTemporaryDir 的方法及参数类型	返回值的类型	说　　明
path()	str	获取创建的临时路径
isValid()	bool	获取临时路径是否创建成功
errorString()	str	如果临时路径创建不成功，获取出错信息
filePath(fileName: str)	str	获取临时路径中的文件的路径
setAutoRemove(bool)	None	设置是否自动移除临时路径

续表

QTemporaryDir 的方法及参数类型	返回值的类型	说　明
autoRemove()	bool	获取是否自动移除路径
remove()	bool	移除临时路径

7.3.3 存盘 QSaveFile

QSaveFile 用来保存文本文件和二进制文件，在写入操作失败时不会导致已经存在的数据丢失。QSaveFile 执行写操作时，会先将内容写入到一个临时文件中，如果没有错误发生，则调用 commit()方法来将临时文件中的内容移到目标文件中。这样能确保目标文件中的数据在写操作发生错误时不会丢失，也不会出现部分写入的情况，一般使用 QSaveFile 在磁盘上保存整份文档。QSaveFile 会自动检测写入过程中所出现的错误，并记住所有发生的错误，在调用 commit()方法时放弃临时文件。

用 QSaveFile 创建保存文件的方法如下所示，其中 name 是文件名，parent 是继承自 QObject 的对象。

```
QSaveFile(name:str)
QSaveFile(name:str,parent:QObject)
QSaveFile(parent:QObject = None)
```

QSaveFile 的常用方法如表 7-11 所示，主要方法介绍如下。

- 用 open(flags：QIODeviceBase.OpenMode)方法打开文件，并创建临时文件，如果创建临时文件出错则返回 False。可以使用 QDataStream 或 QTextStream 进行读写，也可以使用从 QIODevice 继承的 read()、readLine()、write()等方法进行读写。
- QSaveFile 不能调用 close()函数，而是通过调用 commit()函数完成数据的保存。如果没有调用 commit()函数，则 QSaveFile 对象销毁时，会丢弃临时文件。
- 当应用程序出错时，用 cancelWriting()方法可以放弃写入的数据，即使又调用了 commit()，也不会发生真正保存文件操作。
- QSaveFile 会在目标文件的同一目录下创建一个临时文件，并自动进行重命名。但如果由于该目录的权限限制不允许创建文件，则调用 open()会失败。为了解决这个问题，即能让用户编辑一个现存的文件，而不创建新文件，可使用 setDirectWriteFallback(True)方法，这样在调用 open()时就会直接打开目标文件，并向其写入数据，而不使用临时文件。但是在写入出错时，不能使用 cancelWriting()方法取消写入。

表 7-11　QSaveFile 的常用方法

QSaveFile 的方法	返回值的类型	说　明
setFileName(name：str)	None	设置保存数据的目标文件
filename()	str	获取目标文件
open(flags：QIODeviceBase.OpenMode)	bool	打开文件，成功则返回 True

续表

QSaveFile 的方法	返回值的类型	说　明
commit()	bool	从临时文件中将数据写入到目标文件中，成功则返回 True
cancelWriting()	None	取消将数据写入到目标文件
setDirectWriteFallback(enabled: bool)	None	设置是否直接向目标文件中写数据
directWriteFallback()	bool	获取是否直接向目标文件中写数据
writeData(data: bytes,len: int)	int	重写该函数，写入字节串，并返回实际写入的字节串的数量

7.3.4　缓存 QBuffer 与实例

对于程序中反复使用的一些临时数据，如果将其保存到文件中，则反复读取这些数据要比从缓存读取数据慢得多。缓存是内存中一段连续的存储空间，QBuffer 提供了可以从缓存读取数据的功能，在多线程之间进行数据传递时选择缓存比较方便。缓存属于共享资源，所有线程都能进行访问。QBuffer 和 QFile 一样，也是一种读写设备，它继承自 QIODevice，可以用 QIODevice 的读写方法从缓存中读写数据，也可以与 QTextStream 和 QDataStream 结合读写文本数据和二进制数据。

用 QBuffer 创建缓存设备的方法如下，其中 parent 是继承自 QObject 的实例对象。定义 QBuffer 需要一个 QByterArray 对象，也可不指定 QByteArray，系统会给 QBuffer 创建一个默认的 QByteArray 对象。

```
QBuffer(buf:Union[QByteArray,bytes],parent:QObject = None)
QBuffer(parent:QObject = None)
```

1. 缓存 QBuffer 的常用方法

QBuffer 的常用方法如表 7-12 所示。默认情况下，系统会自动给 QBuffer 的实例创建默认的 QByteArray 对象，可以用 buffer()方法或 data()方法获取 QByteArray 对象，也可用 setBuffer(QByteArray)方法设置缓存。QBuffer 需要用 open(QIODeviceBase.OpenMode)方法打开缓存，成功则返回 True，打开后可以读写数据；用 close()方法关闭缓存。

表 7-12　QBuffer 的常用方法

QBuffer 的方法及参数类型	返回值的类型	说　明
setBuffer(Union[QByteArray,bytes])	None	设置缓存
buffer()	QByteArray	获取缓存中的 QByteArray 对象
data()	QByteArray	获取 QByteArray，与 buffer()功能相同
open(QIODeviceBase.OpenMode)	bool	打开缓存，成功则返回 True
close()	None	关闭缓存
canReadLine()	bool	获取是否可以按行读取
setData(data: Union[QByteArray,bytes])	None	给缓存设置 QByteArray 对象

续表

QBuffer 的方法及参数类型	返回值的类型	说　明
pos()	int	获取指向缓存内部指针的位置
seek(off: int)	bool	定位到指定的位置，成功则返回 True
readData(data: bytes,maxlen: int)	object	重写该函数，读取指定的最大数量的字节数据
writeData(data: bytes,len: int)	int	重写该函数，写入数据
atEnd()	bool	获取是否到达尾部
size()	int	获取缓存中字节的总数

2. 缓存 QBuffer 的应用实例

下面的程序是将前面往文件中写正弦、余弦数据的程序稍作修改，通过"文件"菜单的生成数据，将数据写入到缓存中，再通过"文件"菜单的读取数据，将数据从缓存中读取并显示出来。

```
import sys,math,struct                                    #Demo7_5.py
from PySide6.QtWidgets import QApplication,QMainWindow,QPlainTextEdit
from PySide6.QtCore import QDataStream,QBuffer

class MyWindow(QMainWindow):
    def __init__(self,parent = None):
        super().__init__(parent)
        self.resize(800,600)
        self.setupUI()                                    #界面
        self.buffer = QBuffer()                           #创建缓存
    def setupUI(self):                                    #界面建立
        self.plainText = QPlainTextEdit()
        self.setCentralWidget(self.plainText)
        self.status = self.statusBar()
        self.menubar = self.menuBar()                     #菜单栏
        self.file = self.menubar.addMenu('文件')          #文件菜单
        action_dataCreate = self.file.addAction('生成数据')    #动作
        action_dataCreate.triggered.connect(self.dataCreate_triggered)
                                                          #动作与槽的连接
        action_dataRead = self.file.addAction('读取数据')   #动作
        action_dataRead.triggered.connect(self.dataRead_triggered)    #动作与槽的连接
        self.file.addSeparator()
        action_close = self.file.addAction('关闭')
        action_close.triggered.connect(self.close)
    def dataCreate_triggered(self):
        try:
            if self.buffer.open(QBuffer.WriteOnly.WriteOnly | QBuffer.Truncate):
                                                          #打开缓存
                writer = QDataStream(self.buffer)         #创建数据流
                writer.setVersion(QDataStream.Qt_6_2)
```

```
                writer.setByteOrder(QDataStream.BigEndian)
                writer.writeQString("x(度)")              #写入字符串
                writer.writeQString("sin(x)")             #写入字符串
                writer.writeQString("cos(x)")             #写入字符串
                writer.writeQString("sin(x) + cos(x)")    #写入字符串
                for i in range(360):
                    r = i/180 * math.pi
                    writer.writeInt16(i)                  #int
                    writer.writeDouble(math.sin(r))       #sin
                    writer.writeDouble(math.cos(r))       #cos
                    writer.writeDouble(math.sin(r) + math.cos(r))    #sin + cos
        except:
            self.status.showMessage("写数据失败!")
        else:
            self.status.showMessage("写数据成功!")
        self.buffer.close()
    def dataRead_triggered(self):
        template = "{:^10}{:^20.13}{:^20.13}{:^20.13}"
        try:
            if self.buffer.open(QBuffer.ReadOnly):        #打开缓存
                reader = QDataStream(self.buffer)
                reader.setVersion(QDataStream.Qt_6_2)
                reader.setByteOrder(QDataStream.BigEndian)
                self.plainText.clear()
                str1 = reader.readQString()               # 读取字符串
                str2 = reader.readQString()               # 读取字符串
                str3 = reader.readQString()               # 读取字符串
                str4 = reader.readQString()               # 读取字符串
                string = template.format(str1, str2, str3, str4)
                self.plainText.appendPlainText(string)
                while not reader.atEnd():
                    deg = reader.readInt16()              # 读取整数
                    sin = reader.readDouble()             # 读取浮点数
                    cos = reader.readDouble()             # 读取浮点数
                    sin_cos = reader.readDouble()         # 读取浮点数
                    string = template.format(deg, sin, cos, sin_cos)
                    self.plainText.appendPlainText(string)
        except:
            self.status.showMessage("读数据失败!")
        else:
            self.status.showMessage("读数据成功!")
        self.buffer.close()
if __name__ == '__main__':
    app = QApplication(sys.argv)
    window = MyWindow()
    window.show()
    sys.exit(app.exec())
```

7.4 文件管理

程序中除了对数据进行读写外，还需要对文件进行管理。进行文件管理可以用Python自带的os模块，也可以用PySide6提供的文件管理的类。

7.4.1 文件信息QFileInfo

文件信息QFileInfo用于查询文件的信息，如文件的相对路径、绝对路径、文件大小、文件权限、文件的创建及修改时间等。用QFileInfo类创建文件信息对象的方法如下所示，其中str是需要获取文件信息的文件，QFileInfo(QDir,str)表示用QDir路径下的str文件创建文件信息对象。

```
QFileInfo()
QFileInfo(dir:Union[QDir,str],file:Union[str,bytes,os.PathLike])
QFileInfo(file:Union[str,bytes,os.PathLike])
QFileInfo(file:QFileDevice)
```

QFileInfo的常用方法如表7-13所示，主要方法介绍如下。

- 可以在创建QFileInfo对象时设置要获取文件信息的文件，也可以用setFile(dir: Union[QDir, str], file: str)、setFile(file: Union[str, bytes])或setFile(file: QFileDevice)方法重新设置要获取文件信息的文件。
- QFileInfo提供了一个refresh()函数，用于重新读取文件信息。如果想关闭该缓存功能，以确保每次访问文件时都能获取当前最新的信息，可以通过setCaching(False)方法来完成设置。
- 用absoluteFilePath()方法获取绝对路径和文件名；用absolutePath()方法获取绝对路径，不含文件名；用fileName()方法获取文件名，包括扩展名，不包含路径。当文件名中有多个“.”时，用suffix()方法获取扩展名，不包括“.”；用completeSuffix()方法获取第1个“.”后的文件名，包括扩展名。
- 用exists()方法获取文件是否存在，用exists(str)方法获取指定的文件是否存在。
- 用birthTime()方法获取创建时间QDateTime，如果是快捷文件，则返回目标文件的创建时间；用lastModified()方法获取最后修改时间QDateTime；用lastRead()方法获取最后读取时间QDateTime。
- 可以用相对于当前的路径来指向一个文件，也可以用绝对路径指向文件。用isRelative()方法获取是否是相对路径；用makeAbsolute()方法转换成绝对路径，返回值若是False则表示已经是绝对路径。
- 用isFile()方法获取是否是文件，用isDir()方法获取是否是路径，用isShortcut()方法获取是否是快捷方式(链接)，用isReadable()方法获取文件是否可读，用isWritable()方法获取文件是否可写。

表 7-13　文件信息 QFileInfo 的常用方法

QFileInfo 的方法及参数类型	返回值的类型	说　明
setFile(dir: Union[QDir,str],file: str)	None	设置需要获取文件信息的文件
setFile(file: Union[str,bytes])	None	
setFile(file: QFileDevice)	None	
setCaching(bool)	None	设置是否需要进行缓存
refresh()	None	重新获取文件信息
absoluteDir()	QDir	获取绝对路径
absoluteFilePath()	str	获取绝对路径和文件名
absolutePath()	str	获取绝对路径
baseName()	str	获取第 1 个"."之前的文件名
completeBaseName()	str	获取最后 1 个"."前的文件名
suffix()	str	获取扩展名,不包括"."
completeSuffix()	str	获取第 1 个"."后的文件名,含扩展名
fileName()	str	获取文件名,包括扩展名,不含路径
path()	str	获取路径,不含文件名
filePath()	str	获取路径和文件名
canonicalFilePath()	str	获取绝对路径和文件名,路径中不含链接符号和多余的".."及"."
canonicalPath()	str	获取绝对路径,路径中不含链接符号和多余的".."及"."
birthTime()	QDateTime	获取创建时间,如果是快捷文件,则返回目标文件的创建时间
lastModified()	QDateTime	获取最后修改日期和时间
lastRead()	QDateTime	获取最后读取日期和时间
dir()	QDir	获取父类的路径
group()	str	获取文件所在的组
groupId()	int	获取文件所在组的 ID
isAbsolute()	bool	获取是否是绝对路径
isDir()	bool	获取是否是路径
isExecutable()	bool	获取是否是可执行文件
isFile()	bool	获取是否是文件
isHidden()	bool	获取是否是隐藏文件
isReadable()	bool	获取文件是否可读
isRelative()	bool	获取使用的路径是否是相对路径
isRoot()	bool	获取是否是根路径
isShortcut()	bool	获取是否是快捷方式(链接)
isSymLink()	bool	获取是否是连接符号或快捷方式
isSymbolicLink()	bool	获取是否是链接符号
isWritable()	bool	获取文件是否可写
makeAbsolute()	bool	转换成绝对路径,返回 False 时表示已经是绝对路径
owner()	str	获取文件的所有者
ownerId()	int	获取文件的所有者的 ID

续表

QFileInfo 的方法及参数类型	返回值的类型	说　明
size()	int	返回按字节计算的文件大小
symLinkTarget()	str	返回被链接文件的绝对路径
[**static**]exists(file: str)	bool	获取指定的文件是否存在
[**static**]exists()	bool	获取文件是否存在

7.4.2 路径管理 QDir 与实例

路径管理 QDir 用于管理路径和文件，它的一些功能与 QFileInfo 的功能相同。用 QDir 创建路径管理对象的方法如下，其中：path 是路径；nameFilter 是名称过滤器；sort 是枚举类型 QDir. SortFlag，指定排序规则；filters 是枚举类型 QDir. Filter，是属性过滤器。

```
QDir(Union[QDir,str])
QDir(path:Union[str,bytes,os.PathLike])
QDir(path: Union[str, bytes, os. PathLike], nameFilter: str, sort: QDir. SortFlags = QDir.
IgnoreCase,filter:QDir.Filters = QDir.AllEntries)
```

1. 路径管理 QDir 的常用方法

QDir 的常用方法如表 7-14 所示，主要方法介绍如下。

- 可以在创建路径对象时指定路径，也可以用 setPath(str)方法指定路径，用 path()方法获取路径。
- 在创建路径对象时，指定的过滤器、排序规则用于获取路径下的文件和子路径。获取路径下的文件和子路径的方法有 entryInfoList(filters, sort)、entryInfoList(Sequence[nameFilters], filters, sort)、entryList(filters, sort)、entryList[str]和 entryList(Sequence[nameFilters], filters, sort)，其中属性过滤器 filters 可以取 QDir. Dirs(列出满足条件的路径)、QDir. AllDirs(所有路径)、QDir. Files(文件)、QDir. Drives(驱动器)、QDir. NoSymLinks(没有链接文件)、QDir. NoDot(没有“.”)、QDir. NoDotDot(没有“..”)、QDir. NoDotAndDotDot、QDir. AllEntries(所有路径、文件和驱动器)、QDir. Readable、QDir. Writable、QDir. Executable、QDir. Modified、QDir. Hidden、QDir. System 或 QDir. CaseSensitive(区分大小写)，排序规则 sort 可以取 QDir. Name、QDir. Time、QDir. Size、QDir. Type、QDir. Unsorted、QDir. NoSort、QDir. DirsFirst、QDir. DirsLast、QDir. Reversed、QDir. IgnoreCase 或 QDir. LocaleAware。名称过滤器、属性过滤器和排序规则也可以分别用 setNameFilters(Sequence[str])、setFilter(QDir. Filter)和 setSorting(QDir. SortFlag)方法设置。
- 用 setCurrent(str)方法设置应用程序当前的工作路径，用 currentPath()方法获取应用程序的当前绝对工作路径。
- 用 mkdir(str)方法创建子路径；用 mkpath(str)方法创建多级路径；用 rmdir(str)方法移除子路径；在路径为空的情况下，用 rmpath(str)方法移除多级路径。

表 7-14 路径管理 QDir 的常用方法

QDir 的方法及参数类型	返回值的类型	说　明
setPath(path: Union[str,bytes])	None	设置路径
path()	str	获取路径
absoluteFilePath(fileName: str)	str	获取文件的绝对路径
absolutePath()	str	获取绝对路径
canonicalPath()	str	获取不含"."或".."的路径
cd(dirName: str)	bool	更改路径，如果路径存在则返回 True
cdUp()	bool	从当前工作路径上移一级路径，如果新路径存在则返回 True
[**static**]cleanPath(path)	str	返回移除多余符号后的路径
count()	int	获取文件和路径的数量
dirName()	str	获取最后一级的目录或文件名
[**static**]drives()	List[QFileInfo]	获取根文件信息列表
setNameFilters(Sequence[str])	None	设置 entryList()、entryInfoList()使用的名称过滤器，可用"*"和"?"通配符
setFilter(QDir. Filter)	None	设置属性过滤器
setSorting(QDir. SortFlag)	None	设置排序规则
[**static**] setSearchPaths (prefix: str, searchPaths: Sequence[str])	None	设置搜索路径
entryInfoList (filters: QDir. Filters = QDir. NoFilter, sort: QDir. SortFlags = QDir. NoSort)	List[QFileInfo]	根据过滤器和排序规则，获取路径下的所有文件信息和子路径信息
entryInfoList (Sequence [nameFilters], filters, sort)	List[QFileInfo]	
entryList(filters, sort)	List[str]	
entryList (Sequence [nameFilters], filters, sort)	List[str]	
exists()	bool	判断路径或文件是否存在
exists(name: str)	bool	判断路径或文件是否存在
[**static**]home()	QDir	获取系统的用户路径
[**static**]homePath()	str	获取系统的用户路径
[**static**]isAbsolute()	bool	获取是否是绝对路径
[**static**]isAbsolutePath(path: str)	bool	获取指定的路径是否是绝对路径
isRelative()	bool	获取是否是相对路径
[**static**]isRelativePath(path: str)	bool	获取指定的路径是否是相对路径
isRoot()	bool	获取是否是根路径
isEmpty(filters=QDir. NoDotAndDotDot)	bool	获取路径是否为空
isReadable()	bool	获取文件是否可读
[**static**]listSeparator()	str	获取多个路径之间的分隔符，Windows 系统是";"，UNIX 系统是":"
makeAbsolute()	bool	转换到绝对路径
mkdir(str)	bool	创建子路径，路径如已存在，则返回 False
mkpath(str)	bool	创建多级路径，成功则返回 True

续表

QDir 的方法及参数类型	返回值的类型	说　明
refresh()	None	重新获取路径信息
relativeFilePath(fileName: str)	str	获取相对路径
remove(fileName: str)	bool	移除文件,成功则返回 True
removeRecursively()	bool	移除路径和路径下的文件、子路径
rename(oldName: str,newName: str)	bool	重命名文件或路径,成功则返回 True
rmdir(dirName: str)	bool	移除路径,成功则返回 True
rmpath(dirPath: str)	bool	移除路径和空的父路径,成功则返回 True
[**static**]root()	QDir	获取根路径
[**static**]rootPath()	str	获取根路径
[**static**]separator()	str	获取路径分隔符
[**static**]setCurrent(str)	bool	设置程序当前工作路径
[**static**]current()	QDir	获取程序工作路径
[**static**]currentPath()	str	获取程序当前绝对工作路径
[**static**]temp()	QDir	获取系统临时路径
[**static**]tempPath()	str	获取系统临时路径
[**static**]fromNativeSeparators(pathName: str)	str	获取用"/"分割的路径
[**static**] toNativeSeparators (pathName: str)	str	转换成用本机系统使用的分隔符分割的路径

2. 路径管理 Dir 的应用实例

下面的程序,单击"文件"菜单下的选择路径,从路径选择对话框中选择一个路径后,将列出该路径下所有文件的文件名、文件大小、创建日期和修改日期信息。

```
import sys                                                          # Demo7_6.py
from PySide6.QtWidgets import QApplication,QMainWindow,QPlainTextEdit,QFileDialog
from PySide6.QtCore import QDir

class MyWindow(QMainWindow):
    def __init__(self,parent = None):
        super().__init__(parent)
        self.resize(800,600)
        self.setupUI()                                              # 界面
    def setupUI(self):                                              # 界面建立
        self.plainText = QPlainTextEdit()
        self.setCentralWidget(self.plainText)
        self.status = self.statusBar()
        self.menubar = self.menuBar()                               # 菜单栏
        self.file = self.menubar.addMenu('文件')                    # 文件菜单
        action_dir = self.file.addAction('选择路径')                # 动作
        action_dir.triggered.connect(self.action_dir_triggered)
        self.file.addSeparator()
```

```
        action_close = self.file.addAction('关闭')
        action_close.triggered.connect(self.close)
    def action_dir_triggered(self):
        path = QFileDialog.getExistingDirectory(self,caption = "选择路径")
        dir = QDir(path)
        dir.setFilter(QDir.Files)                         #只显示文件
        if dir.exists(path):
            template = "文件名:{} 文件大小:{}字节 创建日期:{} 修改日期:{} "
            fileInfo_list = dir.entryInfoList()           #获取文件信息列表
            n = len(fileInfo_list)                        #文件数量
            if n:                                         #如果路径下有文件
                self.status.showMessage("选择的路径是:" + dir.toNativeSeparators(path) + ",
该路径下有" + str(n) + "个文件.")
                self.plainText.clear()
                self.plainText.appendPlainText(dir.toNativeSeparators(path) + "下的文件
如下:")
                for info in fileInfo_list:
                    string = template.format(info.fileName(),info.size(),
                        info.birthTime().toString(),info.lastModified().toString())
                    self.plainText.appendPlainText(string)
if __name__ == '__main__':
    app = QApplication(sys.argv)
    window = MyWindow()
    window.show()
    sys.exit(app.exec())
```

7.4.3 文件和路径监视器 QFileSystemWatcher

QFileSystemWatcher 是文件和路径监视器，当被监视的文件或路径发生修改、添加和删除等变化时会发送相应的信号，被监视的文件和路径一般不超过 256 个。用 QFileSystemWatcher 定义文件监视器对象的方法如下所示，其中 parent 是继承自 QObject 类的实例对象；Sequence[str]是字符串列表，是被监视的文件或路径。

```
QFileSystemWatcher(parent:QObject = None)
QFileSystemWatcher(paths:Sequence[str], parent:QObject = None)
```

QFileSystemWatcher 的方法如表 7-15 所示。用 addPath(file: str)方法或 addPaths(files: Sequence[str])方法添加被监视的路径或文件；用 removePath(file: str)方法或 removePaths(files: Sequence[str])方法移除被监视的文件或路径；用 directories()方法获取被监视的路径列表；用 files()方法获取被监视的文件列表。当被监视的路径发生改变（增加和删除文件及路径）或文件发生改变（修改、重命名、删除）时，会分别发送 directoryChanged(path)信号和 fileChanged(fileName)信号。

表 7-15　QFileSystemWatcher 的方法

QFileSystemWatcher 的方法	返回值的类型	说　明
addPath(file：str)	bool	添加被监视的路径或文件，成功则返回 True
addPaths(files：Sequence[str])	List[str]	添加被监视的路径或文件列表，返回没有添加成功的路径和文件列表
directories()	List[str]	获取被监视的路径列表
files()	List[str]	获取被监视的文件列表
removePath(file：str)	bool	将被监视的路径或文件从监视中移除，成功则返回 True
removePaths(files：Sequence[str])	List[str]	移除被监视的路径或文件列表，返回没有移除成功的路径和文件列表

第8章

绘制二维图表

如果文件中存在大量的数据，若直接观察，很难发现数据的规律，而且也不方便，可以将数据绘制成图表的形式，以方便分析。PySide6 可以绘制二维图表和三维图表，PySide6 的 PyCharts 模块提供绘制二维图表的控件和数据序列，可以绘制折线图、样条曲线图、散点图、面积图、饼图、条形图、蜡烛图、箱线图和极坐标图。读者也可以用 Python 包 Matplotlib 绘制更多类型的图表，有关 Matplotlib 的使用方法可参考本书作者所著的《Python 编程基础与科学计算》。

8.1 图表视图控件和图表

图表由数据序列、坐标轴和图例构成，数据序列提供图表曲线上的数据。要正确绘制出图表，首先需要创建出能容纳和管理图表的控件，图表可以放到 QGraphicsView 上，也可以放到专门的图表视图控件 QChartView 上。

8.1.1 图表视图控件 QChartView

QChartView 控件是图表 QChart 的容器控件，需要将图表对象放到 QChartView 控件中以显示图表。图表视图控件 QChartView 继承自视图控件 QGraphicsView。

用 QChartView 类创建图表视图控件的方法如下所示，其中 parent 是继承自 QWidget 的对象，chart 是继承自 QChart 的实例对象。

```
QChartView(chart: QChart, parent: QWidget = None)
QChartView(parent: QWidget = None)
```

图表视图控件的方法比较少，用 setChart(QChart)方法设置图表；用 chart()方法获取图表 QChart；用 setRubberBand(rubberBands: QChartView.RubberBands)方法设置光标

在图表视图控件上拖动时选择框的类型，参数 rubberBands 是 QChartView. RubberBands 枚举类型，可取 QChartView. NoRubberBand（无选择框）、QChartView. VerticalRubberBand（竖向选择框）、QChartView. HorizontalRubberBand（水平选择框）或 QChartView. RectangleRubberBand（矩形选择框）；用 setRubberBandSelectionMode（Qt. ItemSelectionMode）方法设置选择模式，参数 Qt. ItemSelectionMode 可以取 Qt. ContainsItemShape（完全包含形状时被选中）、Qt. IntersectsItemShape（与形状交叉时被选中）、Qt. ContainsItemBoundingRect（完全包含边界矩形时被选中）或 Qt. IntersectsItemBoundingRect（与边界矩形交叉时被选中）。

8.1.2 图表 QChart 与实例

QChart 是图表类，它继承自 QGraphicsWidget。一个图表一般包含数据序列、坐标轴、图表标题和图例。用 QChart 类创建图表的方法如下所示，其中 parent 是继承自 QGraphicsItem 的实例，type 是 QChart. ChartType 的枚举类型，可以取 QChart. ChartTypeUndefined（类型未定义）、QChart. ChartTypeCartesian（直角坐标）或 QChart. ChartTypePolar（极坐标）。

```
QChart(parent:QGraphicsItem = None,wFlags:Qt.WindowFlags = Default(Qt.WindowFlags))
QChart(type:QChart.ChartType,parent:QGraphicsItem,wFlags:Qt.WindowFlags)
```

1. 图表 QChart 的常用方法

图表的常用方法如表 8-1 所示，主要是如何设置数据序列和坐标轴，主要方法介绍如下。

- 用 addSeries（series：QAbstractSeries）方法添加数据序列，用 removeAllSeries（）方法移除所有数据序列，用 removeSeries（series：QAbstractSeries）方法移除指定的数据序列。
- 分别用 setAxisX（axis：QAbstractAxis，series：QAbstractSeries＝None）方法和 setAxisY（axis：QAbstractAxis，series：QAbstractSeries＝None）方法设置数据序列的 X 轴和 Y 轴，同时也起到坐标轴与数据序列关联的作用；也可用 createDefaultAxes（）方法创建默认的坐标轴。用 removeAxis（axis：QAbstractAxis）方法移除指定的坐标轴。
- 用 setTheme（theme：QChart. ChartTheme）方法设置主题，主题是图表字体、颜色、画刷、钢笔和坐标轴等的组合方案，参数可取 QChart. ChartThemeLight、QChart. ChartThemeBlueCerulean、QChart. ChartThemeDark、QChart. ChartThemeBrownSand、QChart. ChartThemeBlueNcs（natural color system）、QChart. ChartThemeHighContrast、QChart. ChartThemeBlueIcy、QChart. ChartThemeQt，值分别对应 0～7。
- 用 setAnimationOptions（QChart. AnimationOptions）方法可以设置坐标轴和数据序列的动画效果，参数可取 QChart. NoAnimation（没有动画效果）、QChart. GridAxisAnimations（坐标轴有动画效果）、QChart. SeriesAnimations（数据序列有动画效果）或 QChart. AllAnimations（全部有动画效果）；用 setAnimationDuration（msecs：int）方法设置动画的持续时间，单位是毫秒。

- 用 setTitle(title: str)方法设置图表的标题；用 setTitleFont(font: Union[QFont, str, Sequence[str]])方法设置标题的字体，用 setTitleBrush(QBrush)方法设置标题的画刷。

表 8-1 图表 QChart 的常用方法

QChart 的方法及参数类型	说明
addSeries(series: QAbstractSeries)	添加数据序列
removeAllSeries()	移除所有的数据序列
removeSeries(series: QAbstractSeries)	移除指定的数据序列
setAxisX(axis: QAbstractAxis, series: QAbstractSeries = None)	设置 X 轴
axisX(series: QAbstractSeries=None)	获取 X 轴 QAbstractAxis
setAxisY(axis: QAbstractAxis, series: QAbstractSeries = None)	设置 Y 轴
axisY(series: QAbstractSeries=None)	获取 Y 轴 QAbstractAxis
addAxis(axis: QAbstractAxis, alignment: Qt. Alignment)	添加坐标轴
createDefaultAxes()	创建默认的坐标轴
axes(orientation = Qt. Horizontal | Qt. Vertical, series = None)	获取坐标轴列表 List[QAbstractAxis]
removeAxis(axis: QAbstractAxis)	移除指定的坐标轴
scroll(dx: float, dy: float)	沿着 X 和 Y 方向移动指定距离
setAnimationOptions(QChart. AnimationOptions)	设置动画选项
setAnimationDuration(msecs: int)	设置动画显示持续时间(毫秒)
setBackgroundBrush(brush: Union[QBrush, Qt. BrushStyle, Qt. GlobalColor, QColor, QGradient, QImage, QPixmap])	设置背景画刷
setBackgroundPen(pen: Union[QPen, Qt. PenStyle, QColor])	设置背景钢笔
setBackgroundRoundness(diameter: float)	设置背景 4 个角处的圆的直径
setBackgroundVisible(visible: bool=True)	设置背景是否可见
isBackgroundVisible()	获取背景是否可见
setDropShadowEnabled(enabled: bool=True)	设置背景阴影效果
isDropShadowEnabled()	获取是否有阴影效果
setMargins(margins: QMargins)	设置页边距
setPlotArea(rect: Union[QRectF, QRect])	设置绘图区域
setPlotAreaBackgroundBrush(QBrush)	设置绘图区域的背景画刷
setPlotAreaBackgroundPen(pen: Union[QPen, QColor])	设置绘图区域的背景钢笔
setPlotAreaBackgroundVisible(visible: bool=True)	设置绘图区域背景是否可见
isPlotAreaBackgroundVisible()	获取绘图区域背景是否可见
setTheme(theme: QChart. ChartTheme)	设置主题
theme()	获取主题
setTitle(title: str)	设置标题
title()	获取标题
setTitleBrush(QBrush)	设置标题的画刷
setTitleFont(font: Union[QFont, str, Sequence[str]])	设置标题的字体

续表

QChart 的方法及参数类型	说　明
legend()	获取图例 QLegend
plotArea()	获取绘图区域 QRectF
zoom(factor: float)	按照指定的缩放值进行缩放
zoomIn()	按照缩放值 2 进行缩小
zoomIn(rect: Union[QRectF,QRect])	缩放图表使指定区域可见
zoomOut()	按照缩放值 2 进行放大
isZoomed()	获取是否进行过缩放
zoomReset()	重置缩放

QChart 只有一个信号 plotAreaChanged(plotArea: QRectF)，当绘图范围发生改变时发送信号。

2. 图表 QChart 的应用实例

本书二维码中的实例源代码 Demo8_1. py 是关于图表 QChart 的应用实例。该程序在图表 QChart 上创建一条正弦曲线和一条余弦曲线。

8.2 数据序列

图表 QChart 中显示的数据曲线的值和数据曲线的类型由数据序列来定义，QtCharts 模块中的数据序列都继承自 QAbstractSeries。QAbstractSeries 及其子类之间的继承关系如图 8-1 所示。

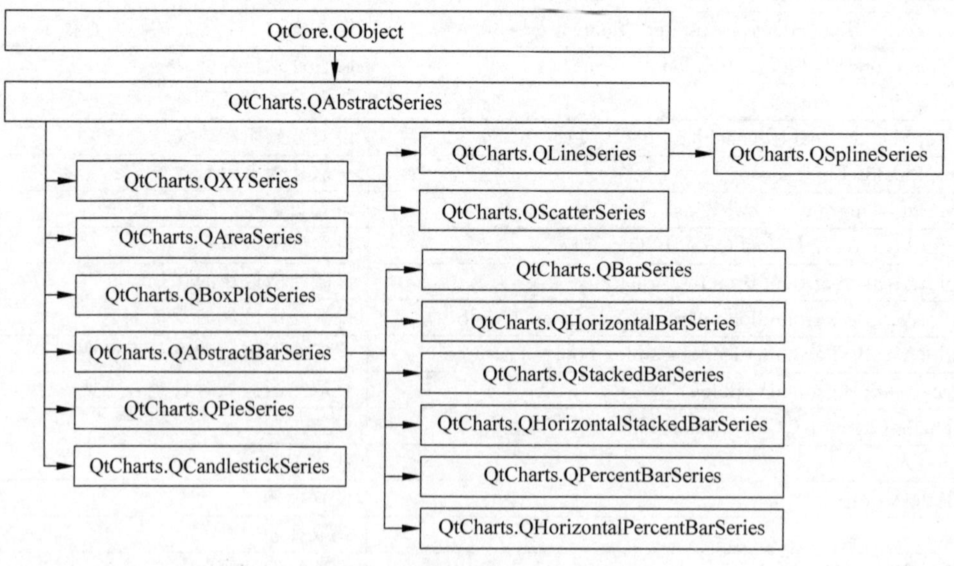

图 8-1　数据序列的继承关系

8.2.1 数据序列抽象类 QAbstractSeries

QAbstractSeries 类是所有数据序列的基类，它的方法和信号也会被其子类所继承。QAbstractSeries 的常用方法如表 8-2 所示，要正确显示数据序列曲线，需要将数据序列与坐标轴关联。将数据序列和坐标轴加入到图表中后，有两种方法可以实现数据序列与坐标轴的关联：一种方法是用 QChart 的 setAxisX（axis：QAbstractAxis，series：QAbstractSeries＝None）方法和 setAxisY（axis：QAbstractAxis，series：QAbstractSeries＝None）方法；另一种方法是用数据序列的 attachAxis(axis：QAbstractAxis)方法将数据序列与坐标轴关联，用 detachAxis(axis：QAbstractAxis)方法断开与坐标轴的关联。另外用数据序列的 setName(str)方法设置数据序列在图例中的名称；用 setUseOpenGL(enable＝True)方法设置是否用 OpenGL 加速显示，如果使用将把数据序列显示在透明的 QOpenGLWidget 控件上。

表 8-2 QAbstractSeries 的常用方法

QAbstractSeries 的方法及参数类型	返回值的类型	说　明
attachAxis(axis：QAbstractAxis)	bool	关联坐标轴，成功则返回 True
attachedAxes()	List[QAbstractAxis]	获取关联的坐标轴列表
detachAxis(axis：QAbstractAxis)	bool	断开与坐标轴的关联
setName(name：str)	None	设置数据序列在图列中的名称
name()	str	获取数据序列在图列中的名称
setUseOpenGL(enable：bool＝True)	None	设置是否使用 OpenGL 加速显示
useOpenGL()	bool	获取是否使用 OpenGL 加速显示
setOpacity(opacity：float)	None	设置不透明度，范围是 0.0～1.0
opacity()	float	获取不透明度
setVisible(visible：bool＝True)	None	设置是否可见
isVisible()	bool	获取数据序列是否可见
hide()	None	隐藏数据序列
show()	None	显示数据序列
chart()	QChart	获取数据序列所在的图表

QAbstractSeries 的信号有 nameChanged()（当在图例中的名称改变时发送该信号）、opacityChanged()（当不透明度发生改变时发送该信号）、useOpenGLChanged() 和 visibleChanged()。

8.2.2 XY 图与实例

XY 图由横坐标 X 数据和纵坐标 Y 数据构成，包括折线图、样条曲线图和散点图。XY 所需的数据序列都继承自 QXYSeries。

QXYSeries 是 QAbstractSeries 的派生类之一，主要实现以二维数据点作为数据源，坐标类型为二维坐标系的图表，包括折线图(QLineSeries)、样条曲线图(QSplineSeries)和散点图(QScatterSeries)。QXYSeries 提供对数据源进行增、删、替换操作的方法和信号，同时内部实现了控制数据点在坐标系上的显示形态(数据点标签的格式、颜色、是否显示等)的功能。用 QLineSeries、QSplineSeries 和 QScatterSeries 类创建数据序列的方法如下所示。

```
QLineSeries(parent:QObject = None)
QSplineSeries(parent:QObject = None)
QScatterSeries(parent:QObject = None)
```

1. QXYSeries 数据序列的方法和信号

QXYSeries 数据序列需要由其继承者来实现绘图。QXYSeries 为 QLineSeries、QSplineSeries 和 QScatterSeries 提供了一些的共同方法和信号，常用方法如表 8-3 所示，主要方法介绍如下。

- 用 append(point: Union[QPointF,QPoint])、append(points: Sequence[QPointF]) 和 append(x: float,y: float)方法可以添加数据点；用 insert(index: int,point: Union[QPointF,QPoint])方法可以根据索引插入数据点；用 remove(index: int)方法根据索引移除数据点；用 remove(point: Union[QPointF,QPoint])或 remove(x: float,y: float)方法根据数据点的坐标移除数据点；用 removePoints(index: int,count: int)方法根据索引和数量移除多个数据点；用 clear()方法可以清除所有数据点。
- 用 at(index: int)方法根据索引获取数据点 QPointF,用 points()方法获取所有数据点构成的列表 List[QPointF]。
- 用 setPointLabelsVisible(visible: bool=True)方法设置数据点的标签是否可见,这里的标签是指数据点的 X 和 Y 的值；用 setPointLabelsFormat(format: str)方法设置数据点标签的格式,格式中用@xPoint 和@yPoint 表示 X 和 Y 值的占位符,例如 setPointLabelsFormat('(X 值: @xPoint,Y 值: @yPoint)')；用 setPointLabelsClipping(enabled: bool=True)方法设置数据点的标签超过绘图区域时被裁剪。
- 根据数据序列上的数据点,可以用最小二乘法计算出一个逼近直线,该直线称为"best fit line",可以分别用 setBestFitLineVisible(visible: bool = True)方法、setBestFitLineColor(color: Union[QColor,str])方法和 setBestFitLinePen(pen: Union[QPen,QColor])方法设置该逼近直线是否可见、直线的颜色和绘图钢笔。

表 8-3 QXYSeries 的常用方法

QXYSeries 的方法及参数类型	说明
append(point: Union[QPointF,QPoint])	添加数据点
append(points: Sequence[QPointF])	添加数据点
append(x: float,y: float)	添加数据点
insert(index: int, point: Union[QPointF,QPoint])	根据索引插入数据点
at(index: int)	根据索引获取数据点 QPointF
points()	获取数据点列表 List[QPointF]
remove(index: int)	根据索引移除数据点
remove(point: Union[QPointF,QPoint])	移除数据点
remove(x: float,y: float)	移除数据点
removePoints(index: int,count: int)	根据索引移除指定数量的数据点

续表

QXYSeries 的方法及参数类型	说　　明
clear()	清空所有数据点
replace(index: int, newPoint: Union[QPointF, QPoint])	根据索引替换数据点
replace(index: int, newX: float, newY: float)	根据索引替换数据点
replace(oldPoint: Union[QPointF, QPoint], newPoint: Union[QPointF, QPoint])	用新数据点替换旧数据点
replace(oldX: float, oldY: float, newX: float, newY: float)	用新坐标点替换旧坐标点
replace(points: Sequence[QPointF])	用多个数据点替换当前点
count()	获取数据点的数量
setBrush(QBrush)	设置画刷
setColor(QColor)	设置颜色
setPen(QPen)	设置钢笔
setPointsVisible(visible: bool=True)	设置数据点是否可见
setPointLabelsVisible(visible: bool=True)	设置数据点标签是否可见
setPointLabelsFormat(format: str)	设置数据点标签的格式
setPointLabelsClipping(enabled: bool=True)	设置数据点标签超过绘图区域时被裁剪
setPointLabelsColor(QColor)	设置数据点标签的颜色
setPointLabelsFont(QFont)	设置数据点标签的字体
setPointSelected(index: int, selected: bool)	根据索引设置某个点是否被选中
setMarkerSize(size: float)	设置标志的尺寸，默认值是 15.0
setLightMarker(lightMarker: Union[QImage, str])	设置灯光标志
selectAllPoints()	选择所有点
selectPoint(index: int)	根据索引选择一点
selectPoints(indexes: Sequence[int])	根据索引选择多个点
selectedPoints()	获取选中的点的索引列表 List[int]
setSelectedColor(Union[QColor, Qt.GlobalColor, str])	设置选中的点的颜色
toggleSelection(indexes: Sequence[int])	将索引列表中的点切换选中状态
sizeBy(sourceData: Sequence[float], minSize: float, maxSize: float)	根据 sourceData 值，设置点的尺寸，尺寸在最小值和最大值之间映射
setBestFitLineVisible(visible: bool=True)	设置逼近直线是否可见
setBestFitLineColor(color: Union[QColor, str])	设置逼近直线的颜色
setBestFitLinePen(pen: Union[QPen, QColor])	设置逼近直线的绘图钢笔

QXYSeries 数据序列的信号如表 8-4 所示。

表 8-4　QXYSeries 数据序列的信号

QXYSeries 的信号及参数类型	说　　明
clicked(QPointF)	单击时发送信号
pressed(QPointF)	按下鼠标按键时发送信号

续表

QXYSeries 的信号及参数类型	说　明
released(QPointF)	释放鼠标按键时发送信号
doubleClicked(QPointF)	双击时发送信号
colorChanged(QColor)	颜色改变时发送信号
hovered(point: QPointF, state: bool)	光标悬停或移开时发送信号，悬停时 state 是 True，移开时 state 是 False
penChanged(QPen)	钢笔改变时发送信号
pointAdded(index: int)	添加点时发送信号
pointLabelsClippingChanged(bool)	数据点标签裁剪状态改变时发送信号
pointLabelsColorChanged(QColor)	数据点标签颜色改变时发送信号
pointLabelsFontChanged(QFontF)	数据点标签字体改变时发送信号
pointLabelsFormatChanged(QFormatF)	数据点标签格式改变时发送信号
pointLabelsVisibilityChanged(bool)	数据点标签可见性改变时发送信号
pointRemoved(index: int)	移除数据点时发送信号
pointReplaced(index: int)	替换数据点时发送信号
pointsRemoved(index: int, count: int)	移除指定数量的数据点时发送信号
pointsReplaced()	替换多个数据点时发送信号
lightMarkerChanged(QImage)	灯光标志发生改变时发送信号
markerSizeChanged(size: float)	标志的尺寸发生改变时发送信号
selectedColorChanged(QColor)	选中的点的颜色发生改变时发送信号
bestFitLineVisibilityChanged(bool)	逼近线的可见性发生改变时发送信号
bestFitLineColorChanged(QColor)	逼近线的颜色发生改变时发送信号

2. 散点图 QScatterSeries 数据序列的方法和信号

QLineSeries 和 QSplineSeries 并没有自己特有的方法和信号，只有从 QXYSeries 继承的方法和信号。下面对 QScatterSeries 的方法和信号进行介绍。

QScatterSeries 的常用方法中，用 setMarkerShape(QScatterSeries. MarkerShape)方法设置散点标志的形状，其参数可取 QScatterSeries. MarkerShapeCircle（默认值）、QScatterSeries. MarkerShapeRectangle、QScatterSeries. MarkerShapeRotatedRectangle、QScatterSeries. MarkerShapeTriangle、QScatterSeries. MarkerShapeStar 或 QScatterSeries. MarkerShapePentagon，对应值分别是 0～5；用 setMarkerSize(float)方法设置散点标志的尺寸；用 setBorderColor(QColor)方法设置边界颜色。

QScatterSeries 的信号有 borderColorChanged(QColor)、colorChanged(QColor)、markerSizeChanged(float) 和 markerShapeChanged(QScatterSeries. MarkerShape shape)。

3. QLineSeries、QSplineSeries 和 QScatterSeries 的应用实例

下面的程序用“文件”菜单打开 test_data. txt 文件，显示读入的数据，并用折线图、样条曲线图和散点图绘制数据曲线，其中折线图和样条曲线图使用相同的数据。程序运行结果如图 8-2 所示。

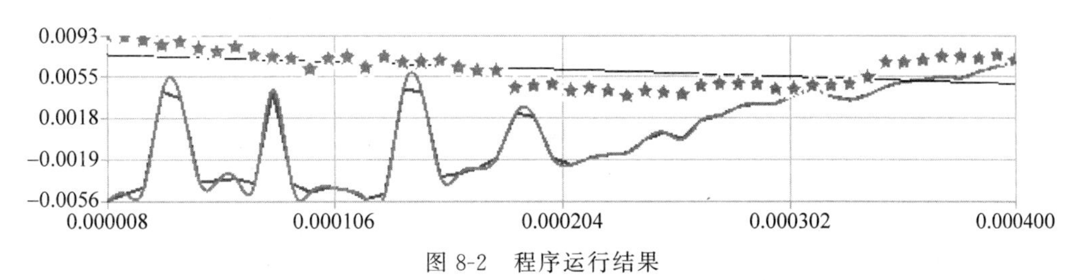

图 8-2 程序运行结果

```
import sys                                                    # Demo8_2.py
from PySide6.QtWidgets import QApplication,QWidget,QVBoxLayout,QMenuBar,\
                             QFileDialog,QPlainTextEdit
from PySide6.QtCore import QFile
from PySide6.QtCharts import QChartView,QChart,QLineSeries,QSplineSeries,QScatterSeries

class MyWindow(QWidget):
    def __init__(self,parent = None):
        super().__init__(parent)
        self.setupUi()
    def setupUi(self):
        menuBar = QMenuBar()
        fileMenu = menuBar.addMenu("文件(&F)")
        fileMenu.addAction("打开(&O)").triggered.connect(self.action_open_triggered)
        fileMenu.addSeparator()
        fileMenu.addAction("退出(&E)").triggered.connect(self.close)
        self.plainText = QPlainTextEdit()
        chartView = QChartView()
        v = QVBoxLayout(self)
        v.addWidget(menuBar)
        v.addWidget(chartView)
        v.addWidget(self.plainText)
        self.chart = QChart()
        chartView.setChart(self.chart)
    def action_open_triggered(self):
        fileName,fil = QFileDialog.getOpenFileName(self,"打开测试文件","d:/",
                       "文本文件(*.txt)")
        file = QFile(fileName)
        data = list()
        if file.exists():
            file.open(QFile.ReadOnly | QFile.Text)                  # 打开文件
            self.plainText.clear()
            try:
                while not file.atEnd():
                    string = file.readLine()                        # 按行读取
                    string = str(string, encoding = 'utf-8').strip() # 转成字符串
                    self.plainText.appendPlainText(string)
                    temp = list()
```

```
                for i in string.split():
                    temp.append(float(i))          #转成浮点数,并添加数据
                data.append(temp)

            self.chart.removeAllSeries()           #移除现有曲线
            self.plot(data)                        #调用函数,绘制曲线
        except:
            self.plainText.appendPlainText('打开文件出错!')
        finally:
            file.close()
    def plot(self,data):                           #绘制图表的函数
        lineSeries = QLineSeries()                 #创建折线数据序列
        splineSeries = QSplineSeries()             #创建样条数据序列
        scatterSeries = QScatterSeries()           #创建散点数据序列
        lineSeries.setName("折线图")
        splineSeries.setName("样条曲线图")
        scatterSeries.setName("散点图")
        scatterSeries.setMarkerShape(QScatterSeries.MarkerShapeStar)
        scatterSeries.setBestFitLineVisible(True)  #逼近线
        for i in data:
            lineSeries.append(i[0], i[1])          #添加数据
            splineSeries.append(i[0], i[1])        #添加数据
            scatterSeries.append(i[0], i[2])       #添加数据
        self.chart.addSeries(lineSeries)           #图表中添加数据序列
        self.chart.addSeries(splineSeries)         #图表中添加数据序列
        self.chart.addSeries(scatterSeries)        #图表中添加数据序列
        self.chart.createDefaultAxes()             #创建坐标轴
if __name__ == '__main__':
    app = QApplication(sys.argv)
    window = MyWindow()
    window.show()
    sys.exit(app.exec())
```

8.2.3 面积图与实例

面积图 QAreaSeries 一般由上下两个折线数据序列 QLineSeries 构成,在上下两个折线之间填充颜色;也可以只有上折线数据序列,把 X 轴当成下折线数据序列。

面积图的数据序列是 QAreaSeries,用 QAreaSeries 类创建面积数据序列的方法如下所示,其中 parent 是继承自 QObject 的实例对象,upperSeries 和 lowerSeries 分别是上下两个折线序列。

```
QAreaSeries(parent:QObject = None)
QAreaSeries(upperSeries:QLineSeries, lowerSeries:QLineSeries = None)
```

1. 面积图 QAreaSeries 的方法

面积图 QAreaSeries 的常用方法如表 8-5 所示,主要方法是用 setUpperSeries (QLineSeries)方法和 setLowerSeries (QLineSeries)方法分别设置面积数据序列的上下两

个数据序列。

表 8-5　面积图 QAreaSeries 的常用方法

QAreaSeries 的方法及参数类型	说　　明
setUpperSeries(QLineSeries)	设置上数据序列
upperSeries()	获取上数据序列
setLowerSeries(QLineSeries)	设置下数据序列
lowerSeries()	获取下数据序列
setBorderColor(QColor)	设置边框颜色
setBrush(QBrush)	设置画刷
setColor(QColor)	设置填充颜色
setPen(QPen)	设置钢笔
setPointLabelsClipping(enabled=True)	设置数据点的标签超过绘图区域时被裁剪
setPointLabelsColor(QColor)	设置标签颜色
setPointLabelsFont(QFont)	设置标签字体
setPointLabelsFormat(str)	设置标签格式
setPointLabelsVisible(visible=True)	设置标签是否可见
pointLabelsVisible()	获取标签是否可见
setPointsVisible(visible=True)	设置数据点是否可见

2．面积图 QAreaSeries 的信号

面积图 QAreaSeries 的信号如表 8-6 所示。

表 8-6　面积图 QAreaSeries 的信号

QAreaSeries 的信号及参数类型	说　　明
clicked(QPointF)	单击时发送信号
pressed(QPointF)	按下鼠标按键时发送信号
released(QPointF)	释放鼠标按键时发送信号
doubleClicked(QPointF)	双击时发送信号
hovered(point: QPointF, state: bool)	光标悬停或移开时发送信号，悬停时 state 是 True，移开时 state 是 False
colorChanged(QColor)	颜色发生改变时发送信号
borderColorChanged(QColor)	当边框颜色发生变化时发送信号
pointLabelsClippingChanged(bool)	数据点标签裁剪状态发生改变时发送信号
pointLabelsColorChanged(QColor)	数据点标签颜色发生改变时发送信号
pointLabelsFontChanged(QFont)	数据点标签字体发生改变时发送信号
pointLabelsFormatChanged(str)	数据点标签格式发生改变时发送信号
pointLabelsVisibilityChanged(bool)	数据点标签可见性发生改变时发送信号

3．面积图 QAreaSeries 的应用实例

本书二维码中的实例源代码 Demo8_3.py 是关于面积图 QAreaSeries 的应用实例。该程序是在前一个例子的基础上稍作改变得到面积图，读取 test_data.txt 文件中的数据。程序运行结果如图 8-3 所示。

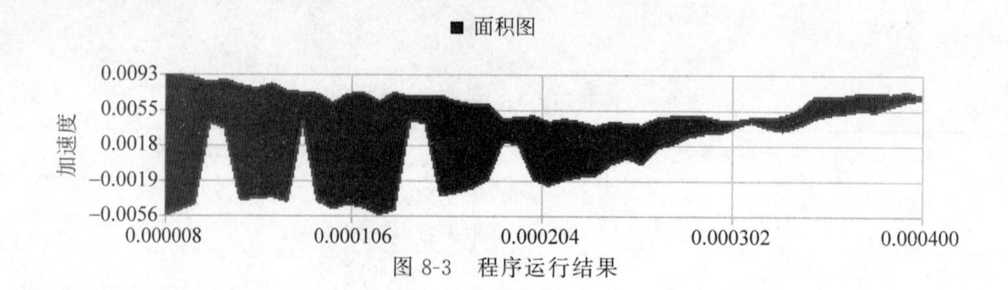

图 8-3 程序运行结果

8.2.4 饼图与实例

饼图是把一个圆分成多个扇形，每个扇形是一个切片，每个切片赋予一个值，每个切片的大小与其值在所有切片总值中的百分比成正比，如果在圆中心添加圆孔，将会成为圆环图。饼图的数据序列是 QPieSeries，每个切片需要用 QPieSlice 来定义。用 QPieSeries 和 QPieSlice 分别定义饼图数据序列和饼图切片的方法如下所示，其中 label 是切片的标签文字，value 是切片的值，切片的大小由切片值之间的相对值决定。

```
QPieSeries(parent:QObject = None)
QPieSlice(label:str,value:float,parent:QObject = None)
QPieSlice(parent:QObject = None)
```

1. 饼图数据序列 QPieSeries 的方法

QPieSeries 的常用方法如表 8-7 所示，主要方法介绍如下。

- 用 append(QPieSlice)方法添加切片；用 append(Sequence[QPieSlice])添加多个切片；用 append(label: str, value: float)方法添加一个全新的切片，并返回该切片；用 insert(index: int, slice: QPieSlice)方法根据索引插入切片；用 count()方法获取切片的数量；用 slices()方法获取切片列表；用 remove(QPieSlice)方法移除并删除切片；用 clear()方法删除所有切片。
- 用 setHoleSize(holeSize: float)方法设置饼图中心的圆，参数的取值范围是 0～1，是相对于饼图所在的矩形尺寸，默认为 0。参数如果不是 0，则饼图成为圆环图。
- 用 setPieSize(relativeSize: float)方法设置饼图相对于容纳饼图矩形的尺寸，参数取值为 0～1；用 setHorizontalPosition(relativePosition: float)方法设置饼图在矩形内的水平相对位置，参数取值为 0～1，默认值是 0.5，表示在水平中间位置，0 表示左侧，1 表示右侧；同理，用 setVerticalPosition (relativePosition: float)方法设置饼图在矩形内的竖直相对位置，0 表示顶部，1 表示底部。
- 用 setLabelsVisible(visible: bool = True)方法设置切片标签是否可见；用 setLabelsPosition(QPieSlice.LabelPosition)方法设置切片标签的位置，枚举参数 QPieSlice.LabelPosition 可取 QPieSlice.LabelOutside、QPieSlice.LabelInsideHorizontal、QPieSlice.LabelInsideTangential 或 QPieSlice.LabelInsideNormal。
- 默认情况下，饼图是 0°～360°全部填充，0°在竖直方向，顺时针旋转为正，可以设置饼图只在指定角度范围内绘制。用 setPieStartAngle(startAngle: float)方法设置饼图的起始角，用 setPieEndAngle (endAngle: float)方法设置终止角。

表 8-7　饼图数据序列 QPieSeries 的常用方法

QPieSeries 的方法及参数类型	说　明
append(QPieSlice)	添加切片，成功则返回 True
append(Sequence[QPieSlice])	添加多个切片，成功则返回 True
append(label：str，value：float)	添加切片，并返回切片 QPieSlice
insert(index：int，slice：QPieSlice)	插入切片，成功则返回 True
slices()	获取切片列表 List[QPieSlice]
remove(QPieSlice)	移除并删除切片
take(QPieSlice)	移除但不删除切片
clear()	删除所有切片
count()	获取切片的数量
sum()	计算所有切片值的和
isEmpty()	获取是否含有切片
setPieSize(relativeSize：float)	设置饼图的相对尺寸，参数取值为 0～1
setHoleSize(holeSize：float)	设置饼图内孔的相对尺寸，参数值为 0～1
setHorizontalPosition(relativePosition：float)	设置饼图的水平相对位置，参数值为 0～1
setVerticalPosition(relativePosition：float)	设置饼图的竖直相对位置，参数值为 0～1
setLabelsVisible(visible：bool=True)	设置切片的标签是否可见
setLabelsPosition(QPieSlice. LabelPosition)	设置切片标签的位置
setPieStartAngle(startAngle：float)	设置饼图的起始角
setPieEndAngle(endAngle：float)	设置饼图的终止角

2. 饼图数据序列 QPieSeries 的信号

饼图数据序列 QPieSeries 的信号如表 8-8 所示。

表 8-8　饼图数据序列 QPieSeries 的信号

QPieSeries 的信号及参数类型	说　明
added(slices：List[QPieSlice])	添加切片时发送信号，参数是添加的切片
clicked(slice：QPieSlice)	单击切片时发送信号
countChanged()	切片数量发生改变时发送信号
doubleClicked(slice：QPieSlice)	双击切片时发送信号
hovered(slice：QPieSlice，state：bool)	光标在切片上悬停时发送信号，光标在切片上移动时 state 值是 True，光标离开切片时 state 值是 False
pressed(slice：QPieSlice)	在切片上按下鼠标按键时发送信号
released(slice：QPieSlice)	在切片上释放鼠标按键时发送信号
removed(slices：List[QPieSlice])	移除切片时发送信号，参数是移除的切片列表
sumChanged()	所有切片的值的和发生改变时发送信号

3. 饼图切片 QPieSlice 的方法

饼图由切片 QPieSlice 构成，通常需要为切片设置标签和值。切片 QPieSlice 的常用方法如表 8-9 所示，主要方法是用 setLabel(label：str)方法设置标签文字；用 setValue(value：float)方法设置切片的值；用 setExploded(exploded：bool=True)方法设置切片是否是爆炸切片；用 setExplodeDistanceFactor(factor：float)方法设置爆炸距离；用

setLabelPosition(position: QPieSlice.LabelPosition)方法设置标签的位置,参数可取 QPieSlice.LabelOutside、QPieSlice.LabelInsideHorizontal、QPieSlice.LabelInsideTangential 或 QPieSlice.LabelInsideNormal,对应值分别是 0~3。

表 8-9 切片 QPieSlice 的常用方法

QPieSlice 的方法及参数类型	说 明
setLabel(label: str)	设置切片的标签文字
label()	获取切片的标签文字
setValue(value: float)	设置切片的值
value()	获取切片的值
percentage()	获取切片的百分比值
setPen(pen: Union[QPen,Qt.PenStyle,QColor])	设置钢笔
setBorderColor(color: Union[QColor,Qt.GlobalColor,str])	设置边框的颜色
setBorderWidth(width: int)	设置边框的宽度
setBrush(brush: Union[QBrush, Qt.BrushStyle, Qt.GlobalColor, QColor,QGradient,QImage,QPixmap])	设置画刷
setColor(color: Union[QColor,Qt.GlobalColor,str])	设置填充颜色
setExploded(exploded: bool=True)	设置切片是否处于爆炸状态
isExploded()	获取切片是否处于爆炸状态
setExplodeDistanceFactor(factor: float)	设置爆炸距离
explodeDistanceFactor()	获取爆炸距离
setLabelVisible(visible: bool=True)	设置切片标签是否可见
isLabelVisible()	获取切片标签是否可见
setLabelArmLengthFactor(factor: float)	设置切片标签的长度
setLabelBrush(brush: Union[QBrush, Qt.BrushStyle, Qt.GlobalColor,QColor,QGradient,QImage,QPixmap])	设置切片标签画刷
setLabelColor(color: Union[QColor,Qt.GlobalColor,str])	设置切片标签的颜色
setLabelFont(font: Union[QFont,str,Sequence[str]])	设置切片标签的字体
setLabelPosition(position: QPieSlice.LabelPosition)	设置切片标签的位置
labelPosition()	获取切片标签的位置
series()	获取切片所在的数据序列
startAngle()	获取切片的起始角
angleSpan()	获取切片的跨度角

4. 饼图切片 QPieSlice 的信号

饼图切片 QPieSlice 的信号如表 8-10 所示,可以通过信号的名称获取其发送的时机,在此不多叙述。

表 8-10 饼图切片 QPieSlice 的信号

QPieSlice 的信号	QPieSlice 的信号	QPieSlice 的信号	QPieSlice 的信号
angleSpanChanged()	colorChanged()	labelColorChanged()	pressed()
borderColorChanged()	doubleClicked()	labelFontChanged()	released()

续表

QPieSlice 的信号	QPieSlice 的信号	QPieSlice 的信号	QPieSlice 的信号
borderWidthChanged()	hovered(state: bool)	labelVisibleChanged()	penChanged()
brushChanged()	labelBrushChanged()	startAngleChanged()	clicked()
valueChanged()	labelChanged()	percentageChanged()	

5. 饼图的应用实例

下面的程序根据季度销售额绘制圆环图,程序运行结果如图 8-4 所示。

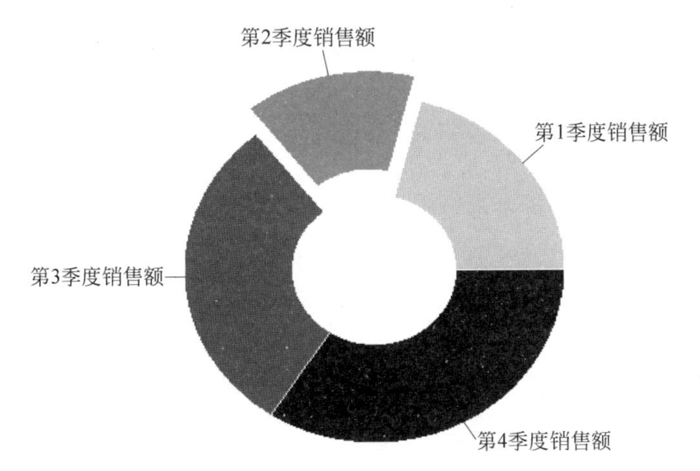

图 8-4 程序运行结果

```
import sys                                              #Demo8_4.py
from PySide6.QtWidgets import QApplication,QWidget,QVBoxLayout
from PySide6.QtCharts import QChartView,QChart,QPieSeries,QPieSlice

class MyWindow(QWidget):
    def __init__(self,parent = None):
        super().__init__(parent)
        chartView = QChartView()
        V = QVBoxLayout(self)
        V.addWidget(chartView)

        self.chart = QChart()
        chartView.setChart(self.chart)
        pieSeries = QPieSeries()
        pieSeries.setLabelsPosition(QPieSlice.LabelOutside)
        pieSeries.setPieStartAngle(90)
        pieSeries.setPieEndAngle( - 270)

        first = QPieSlice("第 1 季度销售额", 32.3)  #创建切片
        second = QPieSlice("第 2 季度销售额", 22.5) #创建切片
        second.setExploded(exploded = True)         #爆炸切片
        pieSeries.append(first)                     #添加切片
```

```
        pieSeries.append(second)                    # 添加切片
        pieSeries.append("第 3 季度销售额", 46.3)   # 添加切片
        pieSeries.append("第 4 季度销售额", 52.7)   # 添加切片
        pieSeries.setLabelsVisible(visible = True)  # 标签可见
        pieSeries.setHoleSize(0.3)                  # 孔的尺寸
        self.chart.addSeries(pieSeries)             # 图表中添加数据序列
if __name__ == '__main__':
    app = QApplication(sys.argv)
    window = MyWindow()
    window.show()
    sys.exit(app.exec())
```

8.2.5 条形图与实例

条形图以竖直条或水平条显示数据，它由数据项 QBarSet 构成，每个数据项包含多个数据，如图 8-5 所示。

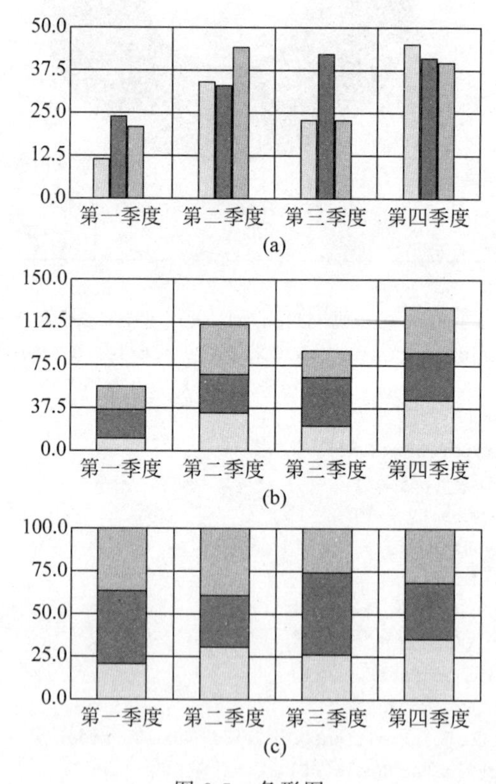

图 8-5 条形图

(a) QBarSeries；(b) QStackedBarSeries；(c) QPercentBarSeries

条形图的数据序列有多种类型，竖直数据序列有 QBarSeries、QStackedBarSeries 和 QPercentBarSeries，水平数据序列有 QHorizontalBarSeries、QHorizontalStackedBarSeries 和 QHorizontalPercentBarSeries，它们并没有特有的方法和信号，它们的方法和信号继承自抽象类 QAbstractBarSeries。

用 QBarSeries、QStackedBarSeries、QPercentBarSeries、QHorizontalBarSeries、QHorizontalStackedBarSeries 和 QHorizontalPercentBarSeries 及 QBarSet 创建实例对象的方法如下所示，其中 label 是数据项在图例中的名称。

```
QBarSeries(parent:QObject = None)
QStackedBarSeries(parent:QObject = None)
QPercentBarSeries(parent:QObject = None)
QHorizontalBarSeries(parent:QObject = None)
QHorizontalStackedBarSeries(parent:QObject = None)
QHorizontalPercentBarSeries(parent:QObject = None)
QBarSet(label:str,parent:QObject = None)
```

1. 抽象类 QAbstractBarSeries 的方法

QAbstractBarSeries 的常用方法如表 8-11 所示，主要方法介绍如下。

- 用 append(set: QBarSet)方法添加数据项；用 append(sets: Sequence[QBarSet])方法添加多个数据项；用 insert(index: int,set: QBarSet)方法根据索引插入数据项；用 barSets()方法获取数据项列表；用 count()方法获取数据项的个数；用 remove(QBarSet)方法删除指定的数据项；用 clear()方法删除所有的数据项。
- 用 setLabelsVisible(visible: bool = True)方法设置条形的标签是否可见；用 setLabelsFormat(format: str)方法设置标签的个数，格式符中用"@value"表示条形的值；用 setLabelsPosition (QAbstractBarSeries. LabelsPosition)方法设置标签的位置，参数可以取 QAbstractBarSeries. LabelsCenter、QAbstractBarSeries. LabelsInsideEnd、QAbstractBarSeries. LabelsInsideBase 或 QAbstractBarSeries. LabelsOutsideEnd，值分别对应 0～3。

表 8-11　QAbstractBarSeries 的常用方法

QAbstractBarSeries 的方法及参数类型	说　明
append(set: QBarSet)	添加数据项，成功则返回 True
append(sets: Sequence[QBarSet])	添加多个数据项，成功则返回 True
insert(index: int,set: QBarSet)	根据索引插入数据项，成功则返回 True
barSets()	获取数据项列表 List[QBarSet]
remove(set: QBarSet)	删除数据项，成功则返回 True
take(set: QBarSet)	移除数据项，成功则返回 True
clear()	删除所有数据项
count()	获取数据项的个数
setBarWidth(width: float)	设置条形的宽度
barWidth()	获取条形的宽度
setLabelsAngle(angle: float)	设置标签的旋转角度
setLabelsVisible(visible: bool=True)	设置标签是否可见
isLabelsVisible()	获取标签是否可见
setLabelsPosition(QAbstractBarSeries. LabelsPosition)	设置标签的位置
setLabelsFormat(format: str)	设置标签的格式
setLabelsPrecision(precision: int)	设置标签的最大小数位数

2. 抽象类 QAbstractBarSeries 的信号

抽象类 QAbstractBarSeries 的信号如表 8-12 所示。

表 8-12　抽象类 QAbstractBarSeries 的信号

QAbstractBarSeries 的信号	说　明
barsetsAdded(barsets: List[QBarSet])	添加数据项时发送信号
barsetsRemoved(barsets: List[QBarSet])	移除数据项时发送信号
clicked(index: int,barset: QBarSet)	单击数据项时发送信号
doubleClicked(index: int,barset: QBarSet)	双击数据项时发送信号
pressed(index: int,barset: QBarSet)	在标签上按下鼠标按键时发送信号
released(index: int,barset: QBarSet)	在标签上释放鼠标按键时发送信号
hovered(status: bool,index: index,barset: QBarSet)	光标在数据项上移动时发送信号
labelsAngleChanged(angle: float)	标签角度发生改变时发送信号
labelsFormatChanged(fromat: str)	标签格式发生改变时发送信号
labelsPositionChanged(QAbstractBarSeries. LabelsPosition)	标签位置发生改变时发送信号
labelsPrecisionChanged(precision: int)	标签精度发生改变时发送信号
labelsVisibleChanged()	标签的可见性发生改变时发送信号
countChanged()	数据项的个数发生改变时发送信号

3. 数据项 QBarSet 的方法

数据项 QBarSet 中定义不同条目的值。数据项的常用方法如表 8-13 所示，主要方法是用 append(value: float)方法或 append(values: Sequence[float])方法添加条目的值；用 insert(index: int,value: float)方法插入值；用 at(index: int)方法根据索引获取值。

表 8-13　数据项 QBarSet 的常用方法

QBarSet 的方法及参数类型	说　明
append(value: float)	添加条目的值
append(values: Sequence[float])	添加多个条目的值
insert(index: int,value: float)	根据索引插入条目的值
at(index: int)	根据索引获取条目的值
count()	获取条目值的个数
sum()	获取所有条目的值的和
remove(index: int,count: int=1)	根据索引,移除指定数量的值
replace(index: int,value: float)	根据索引替换值
setBorderColor(color: Union[QColor,Qt. GlobalColor,str])	设置边框颜色
setPen(pen: Union[QPen,Qt. PenStyle,QColor])	设置钢笔
setBrush(brush: Union[QBrush,Qt. BrushStyle,QColor,Qt. GlobalColor,QGradient,QImage,QPixmap])	设置画刷
setColor(color: Union[QColor,Qt. GlobalColor,str])	设置颜色
setLabel(label: str)	设置数据项在图例中的名称
label()	获取数据项在图例中的名称
setLabelBrush(brush: Union[QBrush, Qt. BrushStyle, Qt. GlobalColor,QColor,QGradient,QImage,QPixmap])	设置标签画刷

续表

QBarSet 的方法及参数类型	说 明
setLabelColor(color: Union[QColor,Qt.GlobalColor,str])	设置标签颜色
setLabelFont(font: Union[QFont,str,Sequence[str]])	设置标签字体
setBarSelected(index: int,selected: bool)	根据索引选中数据项
setSelectedColor(color: Union[QColor,Qt.GlobalColor,str])	设置选中的数据项的颜色
selectedColor()	获取选中的数据项的颜色
selectAllBars()	选中所有的数据项
selectBar(index: int)	根据索引选中指定的数据项
selectBars(indexes: Sequence[int])	根据索引选中多个数据项
selectedBars()	获取选中的数据项的索引列表
deselectBars(indexes: Sequence[int])	根据索引取消选择
isBarSelected(index: int)	根据索引获取指定的数据项是否被选中
toggleSelection(indexes: Sequence[int])	根据索引切换选中状态
deselectBar(index: int)	根据索引取消选中状态
deselectAllBars()	取消所有的选中状态

4. 数据项 QBarSet 的信号

数据项 QBarSet 的信号如表 8-14 所示。

表 8-14 数据项 QBarSet 的信号

QBarSet 的信号	说 明
valuesAdded(index: int,count: int)	添加值发送信号
valuesRemoved(index: int,count: int)	移除值时发送信号
valueChanged(index: int)	值发生改变时发送信号
borderColorChanged(color: QColor)	边框颜色发生改变时发送信号
brushChanged()	画刷发生改变时发送信号
clicked(index: int)	单击鼠标时发送信号
colorChanged(color: QColor)	颜色发生改变时发送信号
doubleClicked(index: int)	双击鼠标时发送信号
hovered(status: bool,index: int)	光标在数据项上移动或移出时发送信号
labelBrushChanged()	标签画刷发生改变时发送信号
labelChanged()	标签发生改变时发送信号
labelColorChanged(color: QColor)	标签颜色发生改变时发送信号
labelFontChanged()	标签字体发生改变时发送信号
penChanged()	钢笔发生改变时发送信号
pressed(index: int)	按下鼠标按键时发送信号
released(index: int)	释放鼠标按键时发送信号

5. 条形图的应用实例

下面的程序用条形图显示某公司 3 个团队的季度销售额,程序运行结果如图 8-5 所示。

```
import sys                                                            # Demo8_5.py
from PySide6.QtWidgets import QApplication,QWidget,QVBoxLayout,QGraphicsLinearLayout
from PySide6 import QtCharts

class MyWidget(QWidget):
    def __init__(self, parent = None):
        super().__init__(parent)
        self.resize(800, 600)
        V = QVBoxLayout(self)
        chartView = QtCharts.QChartView(self)                         # 创建图表视图控件
        V.addWidget(chartView)
        chart = QtCharts.QChart()
        chartView.setChart(chart)
        linearGraphicsLayout = QGraphicsLinearLayout(chart)
        self.chart1 = QtCharts.QChart()                               # 创建图表
        self.chart2 = QtCharts.QChart()                               # 创建图表
        self.chart3 = QtCharts.QChart()                               # 创建图表
        linearGraphicsLayout.addItem(self.chart1)
        linearGraphicsLayout.addItem(self.chart2)
        linearGraphicsLayout.addItem(self.chart3)
        self.chart1.setTitle("XXXXX 公司 2021 年季度销售业绩")  # 设置图表标题
        self.chart2.setTitle("XXXXX 公司 2021 年季度销售业绩")  # 设置图表标题
        self.chart3.setTitle("XXXXX 公司 2021 年季度销售业绩")  # 设置图表标题

        set1 = QtCharts.QBarSet("一组销售额")                         # 创建数据项
        set1.append([12, 34, 23, 45])                                 # 添加数据
        set2 = QtCharts.QBarSet("二组销售额")                         # 创建数据项
        set2.append([24, 33, 42, 41])                                 # 添加数据
        set3 = QtCharts.QBarSet("三组销售额")                         # 创建数据项
        set3.append([21, 44, 23, 40])                                 # 添加数据

        self.barSeries = QtCharts.QBarSeries()                        # 创建数据序列
        self.barSeries.append([set1, set2, set3])                     # 添加数据项
        self.chart1.addSeries(self.barSeries)                         # 图表中添加数据序列

        self.stackedBarSeries = QtCharts.QStackedBarSeries()          # 创建数据序列
        self.stackedBarSeries.append([set1, set2, set3])              # 添加数据项
        self.chart2.addSeries(self.stackedBarSeries)                  # 图表中添加数据序列

        self.percentBarSeries = QtCharts.QPercentBarSeries()          # 创建数据序列
        self.percentBarSeries.append([set1, set2, set3])              # 添加数据项
        self.chart3.addSeries(self.percentBarSeries)                  # 图表中添加数据序列

        self.barCategoryAxis1 = QtCharts.QBarCategoryAxis()           # 创建坐标轴
        self.barCategoryAxis1.append(["第一季度","第二季度","第三季度","第四季度"])
        self.barCategoryAxis2 = QtCharts.QBarCategoryAxis()           # 创建坐标轴
        self.barCategoryAxis2.append(["第一季度","第二季度","第三季度","第四季度"])
        self.barCategoryAxis3 = QtCharts.QBarCategoryAxis()           # 创建坐标轴
        self.barCategoryAxis3.append(["第一季度","第二季度","第三季度","第四季度"])
```

```
        self.chart1.setAxisX(self.barCategoryAxis1, self.barSeries)   #图表设置X轴
        self.chart2.setAxisX(self.barCategoryAxis2, self.stackedBarSeries)
                                                              #图表设置X轴
        self.chart3.setAxisX(self.barCategoryAxis3, self.percentBarSeries)
                                                              #图表设置X轴
        self.valueAxis1 = QtCharts.QValueAxis()               #创建坐标轴
        self.valueAxis1.setRange(0, 50)                       #设置坐标轴的数值范围
        self.  chart1.setAxisY(self.valueAxis1, self.barSeries) #图表设置Y轴
        self.valueAxis2 = QtCharts.QValueAxis()               #创建坐标轴
        self.valueAxis2.setRange(0, 150)                      #设置坐标轴的数值范围
        self.chart2.setAxisY(self.valueAxis2, self.stackedBarSeries)  #图表设置Y轴
        self.valueAxis3 = QtCharts.QValueAxis()               #创建坐标轴
        self.valueAxis3.setRange(0, 100)                      #设置坐标轴的数值范围
        self.chart3.setAxisY(self.valueAxis3, self.percentBarSeries)  #图表设置Y轴

        self.barSeries.setLabelsVisible(True)                 #设置数据标签可见
        self.barSeries.setLabelsFormat("@value 万")            #设置标签格式
        self.barSeries.setLabelsPosition(self.barSeries.LabelsInsideEnd)  #设置标签
                                                                          #位置

if __name__ == "__main__":
    app = QApplication(sys.argv)
    window = MyWidget()
    window.show()
    sys.exit(app.exec())
```

8.2.6　蜡烛图与实例

蜡烛图类似于股票k线图，能反映一段时间内的初始值、期末值和这段时间内的最大值和最小值。蜡烛图的数据序列是QCandlestickSeries，蜡烛序列中的数据项用QCandlestickSet定义。用QCandlestickSeries和QCandlestickSet创建实例对象的方法如下所示，其中open和close分别是初始值和期末值，high和low是这段时间内的最大值和最小值，timestamp是时间戳。

```
QCandlestickSeries(parent:QObject = None)
QCandlestickSet(open:float,high:float,low:float,close:float,timestamp:float = 0.0,parent:
QObject = None)
QCandlestickSet(timestamp:float = 0.0,parent:QObject = None)
```

1. 蜡烛图数据序列QCandlestickSeries的方法

蜡烛图数据序列QCandlestickSeries的方法如表8-15所示，主要方法介绍如下。

- 用append(set：QCandlestickSet)和append(sets：Sequence[QCandlestickSet])方法可以添加蜡烛数据；用insert(index：int,set：QCandlestickSet)方法根据索引插入蜡烛数据；用remove(set：QCandlestickSet)方法和remove(sets：Sequence[QCandlestickSet])方法可以删除蜡烛数据；用clear()方法删除所有蜡烛数据；用count()方法获取蜡烛数据的个数；用set()方法获取蜡烛数据列表。

- 用 setIncreasingColor（increasingColor：QColor）方法和 setDecreasingColor（decreasingColor：QColor）方法分别设置上涨和下跌时的颜色。
- 用 setCapsVisible(capsVisible：bool=False)方法设置最大值和最小值的帽线是否可见；用 setCapsWidth(capsWidth：float)方法设置帽线相对于蜡烛的宽度，参数取值范围是 0～1。

表 8-15 蜡烛图数据序列 QCandlestickSeries 的常用方法

QCandlestickSeries 的方法及参数类型	返回值的类型	说明
append(set：QCandlestickSet)	bool	添加蜡烛数据
append(sets：Sequence[QCandlestickSet])	bool	添加多个蜡烛数据
insert(index：int，set：QCandlestickSet)	bool	根据索引插入蜡烛数据项
sets()	List[QCandlestickSet]	获取蜡烛数据项列表
clear()	None	删除所有蜡烛数据项
count()	int	获取蜡烛数据的数量
remove(set：QCandlestickSet)	bool	删除蜡烛数据
remove(sets：Sequence[QCandlestickSet])	bool	删除多个蜡烛数据
take(set：QCandlestickSet)	bool	移除蜡烛数据
setBodyOutlineVisible(bodyOutlineVisible：bool)	None	设置蜡烛轮廓线是否可见
setBodyWidth(bodyWidth：float)	None	设置蜡烛相对宽度，取值范围是 0～1
bodyWidth()	float	获取蜡烛宽度
setBrush(brush：Union[QBrush，QColor，Qt.GlobalColor，QGradient，QImage，QPixmap])	None	设置画刷
brush()	QBrush	获取画刷
setCapsVisible(capsVisible：bool = False)	None	设置最大值和最小值的帽线是否可见
capsVisible()	bool	获取帽线是否可见
setCapsWidth(capsWidth：float)	None	设置帽线相对于蜡烛的宽度，取值范围是 0～1
capsWidth()	float	获取帽线的相对宽度
setDecreasingColor(decreasingColor：QColor)	None	设置下跌时的颜色
decreasingColor()	QColor	获取下跌时的颜色
setIncreasingColor(increasingColor：QColor)	None	设置上涨时的颜色
increasingColor()	QColor	获取上涨时的颜色
setMaximumColumnWidth(float)	None	设置最大列宽(像素)，设置负值没有最大列宽限制
maximumColumnWidth()	float	获取最大宽度
setMinimumColumnWidth(float)	None	设置最小列宽(像素)，设置负值没有最小列宽限制

续表

QCandlestickSeries 的方法及参数类型	返回值的类型	说　明
minimumColumnWidth()	float	获取最小宽度
setPen(pen: Union[QPen, Qt.PenStyle, QColor])	None	设置钢笔
pen()	QPen	获取钢笔

2. 蜡烛图数据序列 QCandlestickSeries 的信号

蜡烛图数据序列 QCandlestickSeries 的信号如表 8-16 所示。

表 8-16　蜡烛图数据序列 QCandlestickSeries 的信号

QCandlestickSeries 的信号及参数类型	说　明
bodyOutlineVisibilityChanged()	轮廓发生改变时发送信号
bodyWidthChanged()	宽度发生改变时发送信号
brushChanged()	画刷发生改变时发送信号
candlestickSetsAdded(sets: List[QCandlestickSet])	添加蜡烛数据时发送信号
candlestickSetsRemoved(sets: List[QCandlestickSet])	删除蜡烛数据时发送信号
capsVisibilityChanged()	最大值和最小值可见性发生改变时发送信号
capsWidthChanged()	最大值和最小值的宽度发生改变时发送信号
clicked(set: QCandlestickSet)	单击时发送信号
countChanged()	蜡烛数据发生改变时发送信号
decreasingColorChanged()	下跌时的颜色发生改变时发送信号
doubleClicked(set: QCandlestickSet)	双击鼠标时发送信号
hovered(status: bool, set: QCandlestickSet)	光标在蜡烛数据上移动或移开蜡烛数据时发送信号
increasingColorChanged()	上涨时的颜色发生改变时发送信号
maximumColumnWidthChanged()	列的最大宽度发生改变时发送信号
minimumColumnWidthChanged()	列的最小宽度发生改变时发送信号
penChanged()	钢笔发生改变时发送信号
pressed(set: QCandlestickSet)	在蜡烛数据上按下鼠标按键时发送信号
released(set: QCandlestickSet)	在蜡烛数据上释放鼠标按键时发送信号

3. 蜡烛数据项 QCandlestickSet 的方法

蜡烛数据项 QCandlestickSet 的常用方法如表 8-17 所示，主要是用 setOpen(open: float)和 setClose(close: float)方法分别设置初始值和期末值；用 setHigh(high: float)和 setLow(low: float)方法设置最高值和最低值；用 setTimestamp(timestamp: float)方法设置时间戳。

表 8-17　蜡烛数据项 QCandlestickSet 的方法

QCandlestickSet 的方法及参数类型	返回值的类型	说　明
setOpen(open: float)	None	设置初始值
open()	float	获取初始值
setClose(close: float)	None	设置期末值

续表

QCandlestickSet 的方法及参数类型	返回值的类型	说　明
close()	float	获取期末值
setHigh(high: float)	None	设置最高值
high()	float	获取最高值
setLow(low: float)	None	设置最低值
low()	float	获取最低值
setTimestamp(timestamp: float)	None	设置时间戳
timestamp()	float	获取时间戳
setPen(pen: Union[QPen, Qt. PenStyle, QColor])	None	设置钢笔
pen()	QPen	获取钢笔
setBrush(brush: Union[QBrush, Qt. GlobalColor, Qt. BrushStyle, QColor, QGradient, QImage, QPixmap])	None	设置画刷
brush()	QBrush	获取画刷

4. 蜡烛数据项 QCandlestickSet 的信号

蜡烛数据项 QCandlestickSet 的信号如表 8-18 所示。

表 8-18　蜡烛数据项 QCandlestickSet 的信号

QCandlestickSet 的信号	说　明
brushChanged()	画刷发生改变时发送信号
clicked()	在蜡烛数据上单击鼠标时发送信号
closeChanged()	期末值发生改变时发送信号
doubleClicked()	在蜡烛数据上双击鼠标时发送信号
highChanged()	最高值发生改变时发送信号
hovered(status: bool)	光标在蜡烛数据上移动或移开蜡烛数据时发送信号
lowChanged()	最低值发生改变时发送信号
openChanged()	初始值发生改变时发送信号
penChanged()	钢笔发生改变时发送信号
pressed()	在蜡烛数据上按下鼠标按键时发送信号
released()	在蜡烛数据上释放鼠标按键时发送信号
timestampChanged()	时间戳发生改变时发送信号

5. 蜡烛图的应用实例

本书二维码中的实例源代码 Demo8_6. py 是关于蜡烛图的应用实例。该程序绘制反映一只股票涨跌情况的蜡烛图，程序运行结果如图 8-6 所示。

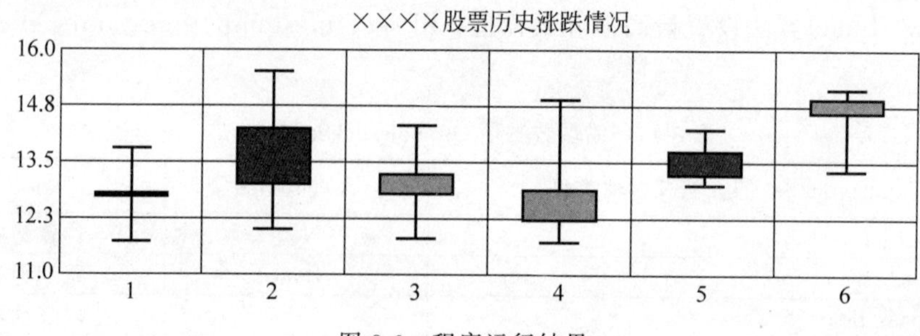

图 8-6　程序运行结果

8.2.7　箱线图与实例

箱线图是一种用来显示一组数据分散情况的统计图，因形状如箱子而得名。箱线图的示意图如图 8-7 所示。

箱线图的计算方法是，找出一组数据的 5 个特征值，特征值（从下到上）分别是最小值、Q1（下四分位数）、中位数、Q3（上四分位数）和最大值。将这 5 个特征值描绘在一条竖直线上，将最小值和 Q1 连接起来，利用 Q1、中位数、Q3 分别作平行等长的线段，然后连接两个四分位数构成箱子，再连接两个极值点与箱子，形成箱线图。中位数、Q1 和 Q3 以及最大值、最小值的概念如下：

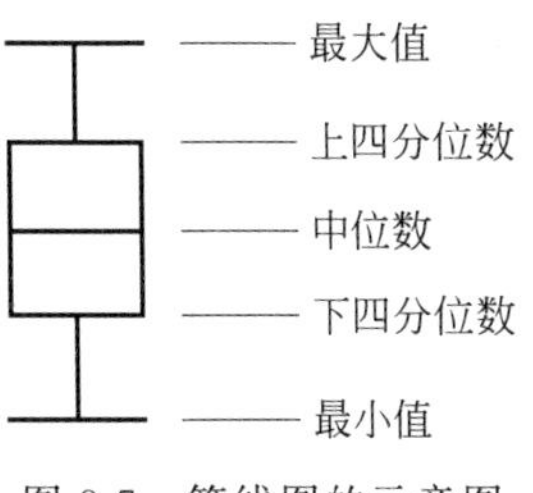

图 8-7　箱线图的示意图

- 中位数：将所有数值从小到大排列，如果数据的个数是奇数，则取中间一个值作为中位数，之后中间的值在计算 Q1 和 Q3 时不再使用；如果数据的个数是偶数，则取中间两个数的平均数作为中位数，这两个数在计算 Q1 和 Q3 时继续使用。
- Q1：中位数将所有数据分成两部分，最小值到中位数的部分按取中位数的方法再取中位数作为 Q1。
- Q3：同 Q1 的取法，取中位数到最大值的中位数。
- 最大值和最小值：取四分位数间距 IQR＝Q3－Q1，所有不在（Q1－whisker * IQR，Q3＋whisker * IQR）区间内的数为异常值，其中 whisker 值一般取 1.5，剩下的值中最大的为最大值，最小的为最小值。

箱线图的数据序列是 QBoxPlotSeries，箱线图的数据项是 QBoxSet。用 QBoxPlotSeries 和 QBoxSet 创建实例对象的方法如下所示，其中 label 是数据项的标签，le(lower extreme)是最小值，lq(lower quartile)是下四分位数，m(median)是中位数，uq(upper quartile)是上四分位数，ue(upper extreme)是最大值。

```
QBoxPlotSeries(parent:QObject = None)
QBoxSet(label:str = '',parent:QObject = None)
QBoxSet(le:float,lq:float,m:float,uq:float,ue:float,label:str = '',parent:QObject = None)
```

1. 箱线图数据序列 QBoxPlotSeries 的方法

箱线图数据序列 QBoxPlotSeries 的常用方法如表 8-19 所示，主要方法是用 append(box：QBoxSet)或 append(boxes：Sequence[QBoxSet])方法添加数据项；用 insert(index：int，box：QBoxSet)方法根据索引插入数据项。

表 8-19　箱线图数据序列 QBoxPlotSeries 的常用方法

QBoxPlotSeries 的方法及参数类型	返回值的类型	说　明
append(box：QBoxSet)	bool	添加箱线图数据项
append(boxes：Sequence[QBoxSet])	bool	添加多个箱线图数据项
insert(index：int，box：QBoxSet)	bool	根据索引插入数据项
boxSets()	List[QBoxSet]	获取箱线图数据项列表
clear()	None	清除所有箱线图数据项

续表

QBoxPlotSeries 的方法及参数类型	返回值的类型	说　明
count()	int	获取箱线图数据项的个数
setBoxOutlineVisible(visible: bool)	None	设置轮廓是否可见
boxOutlineVisible()	bool	获取轮廓是否可见
setBoxWidth(width: float)	None	设置箱形宽度
boxWidth()	float	获取箱形宽度
setBrush(brush: Union[QBrush, Qt.BrushStyle, Qt.GlobalColor, QColor, QGradient, QImage, QPixmap])	None	设置画刷
brush()	QBrush	获取画刷
setPen(pen: Union[QPen, Qt.PenStyle, QColor])	None	设置钢笔
pen()	QPen	获取钢笔
remove(box: QBoxSet)	bool	删除箱线图数据项
take(box: QBoxSet)	bool	移除箱线图数据项

2. 箱线图数据项 QBoxSet 的方法

箱线图数据项 QBoxSet 的常用方法如表 8-20 所示，主要方法是用 append(value: float)方法或 append(values: Sequence[float])方法添加数据；用 setValue(index: int, value: float)方法根据索引设置数据。

表 8-20　箱线图数据项 QBoxSet 的常用方法

QBoxSet 的方法及参数类型	返回值的类型	说　明
append(value: float)	None	添加数据
append(values: Sequence[float])	None	添加多个数据
setValue(index: int, value: float)	None	根据索引设置数据的值
at(index: int)	float	根据索引获取数据的值
clear()	None	清除所有数据
count()	int	获取数据的个数
setLabel(label: str)	None	设置标签
label()	str	获取标签
setBrush(brush: Union[QBrush, Qt.GlobalColor, Qt.BrushStyle, QColor, QGradient, QImage, QPixmap])	None	设置画刷
brush()	QBrush	获取画刷
setPen(pen: Union[QPen, Qt.PenStyle, QColor])	None	设置钢笔
pen()	QPen	获取钢笔

3. 箱线图数据序列 QBoxPlotSeries 和箱线图数据项 QBoxSet 的信号

箱线图数据序列 QBoxPlotSeries 的信号和箱线图数据项 QBoxSet 的信号如表 8-21 所示，发送时机可参考前面的内容。

表 8-21 箱线图数据序列 QBoxPlotSeries 的信号和箱线图数据项 QBoxSet 的信号

QBoxPlotSeries 的信号及参数类型		QBoxSet 的信号及参数类型	
countChanged()	boxsetsAdded(sets: List[QBoxSet])	brushChanged()	pressed()
boxWidthChanged()	boxsetsRemoved(List[QBoxSet])	doubleClicked()	released()
brushChanged()	hovered(status: bool, QBoxSet)	hovered(status: bool)	cleared()
clicked(QBoxSet)	pressed(boxset: QBoxSet)	penChanged()	clicked()
penChanged()	released(boxset: QBoxSet)	valueChanged(index)	
doubleClicked(QBoxSet)	boxOutlineVisibilityChanged()	valuesChanged()	

4. 箱线图的应用实例

本书二维码中的实例源代码 Demo8_7.py 是关于箱线图的应用实例。该程序用菜单打开 Excel 文件 data.xlsx，读取数据并绘制箱线图。

8.2.8 极坐标图与实例

绘制极坐标图需要用 QPolarChart，它是从 QChart 继承而来的。用 QPolarChart 创建极坐标图实例的方法如下，其中 parent 是继承自 QGraphicsItem 的实例对象。

```
QPolarChart(parent:QGraphicsItem = None, wFlags: Qt.WindowFlags = Default(Qt.WindowFlags))
```

在 QPloarChart 中可以添加 QLineSeries、QSplineSeries、QScatterSeries 和 QAreaSeries 数据序列，不过添加坐标轴的方法有所不同，用 addAxis(axis: QAbstractAxis, polarOrientation: PolarOrientation)方法添加坐标轴，其中参数 polarOrientation 确定坐标轴的方法，可以取 QPolarChart.PolarOrientationRadial(半径方向)或 QPolarChart.PolarOrientationAngular(角度方向)；用静态方法 axisPolarOrientation(axis: QAbstractAxis)可以获取指定的坐标轴的方向。极坐标的 0°方法是在图表的正上面，顺时针方向为正。

下面的程序用极坐标绘制一个渐开线图表，分别用折线图和散点图添加两条渐开线，渐开线的方程是 r=(r0 ** 2+(pi * r0 * angle/180) ** 2) ** 0.5，其中 r0 是基圆半径。

```
import sys,math                                    # Demo8_8.py
from PySide6.QtWidgets import QApplication,QWidget,QVBoxLayout
from PySide6.QtCharts import QChartView,QPolarChart,QLineSeries,QScatterSeries,QValueAxis
from PySide6.QtCore import Qt

class MyWidget(QWidget):
    def __init__(self,parent = None):
        super().__init__(parent)
        self.resize(1000,600)
        V = QVBoxLayout(self)
        chartView = QChartView(self)               # 创建图表视图控件
        V.addWidget(chartView)
```

```
        chart = QPolarChart()                                    #创建极坐标图表
        chartView.setChart(chart)                                #图表控件中设置图表
        chart.setTitle("极坐标图表")                              #设置图表的标题
        lineSeries = QLineSeries()                               #创建折线数据序列
        lineSeries.setName("折线")                                #设置数据序列的名称
        scatterSeries = QScatterSeries()                         #创建散点数据序列
        scatterSeries.setName("散点")

        r0 = 10
        for angle in range(0,360,2):
            r = (r0 ** 2 + (math.pi * r0 * angle / 180) ** 2) ** 0.5
            lineSeries.append(angle, r)                          #数据序列中添加数据
        r0 = 12
        for angle in range(0,360,5):
            r = (r0 ** 2 + (math.pi * r0 * angle / 180) ** 2) ** 0.5
            scatterSeries.append(angle, r)
        chart.addSeries(lineSeries)                              #图表中添加数据序列
        chart.addSeries(scatterSeries)                           #图表中添加数据序列

        axis_angle = QValueAxis()                                #创建数值坐标轴
        axis_angle.setTitleText("Angle")                         #设置坐标轴的标题
        axis_angle.setRange(0,360)
        axis_angle.setLinePenColor(Qt.black)
        axis_radius = QValueAxis()                               #创建数值坐标轴
        axis_radius.setTitleText("Distance")
        axis_radius.setRange(0,80)
        axis_radius.setGridLineColor(Qt.gray)

        chart.addAxis(axis_angle,QPolarChart.PolarOrientationAngular)    #添加坐标轴
        chart.addAxis(axis_radius,QPolarChart.PolarOrientationRadial)    #添加坐标轴

        lineSeries.attachAxis(axis_angle)                        #数据序列与坐标轴关联
        lineSeries.attachAxis(axis_radius)                       #数据序列与坐标轴关联
        scatterSeries.attachAxis(axis_angle)                     #数据序列与坐标轴关联
        scatterSeries.attachAxis(axis_radius)                    #数据序列与坐标轴关联
if __name__ == "__main__":
    app = QApplication(sys.argv)
    window = MyWidget()
    window.show()
    sys.exit(app.exec())
```

8.3 图表的坐标轴

要正确显示数据序列所表示的图表，需要给数据序列关联坐标轴，根据数据序列的类型关联对应类型的坐标轴。图表的坐标轴类型和继承关系如图 8-8 所示，坐标轴的类型有 QValueAxis、QLogValueAxis、QBarCategoryAxis、QCategoryAxis 和 QDataTimeAxis，它

们都是从 QAbstractAxis 继承而来的。

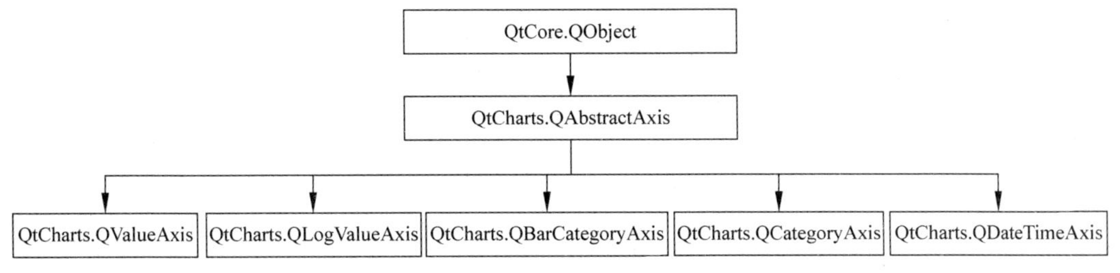

图 8-8　坐标轴的类型和继承关系

8.3.1　QAbstractAxis

QAbstractAxis 是抽象类，不能直接使用，需要用其子类定义坐标轴。QAbstractAxis 定义子类的公共属性和信号，其常用方法如表 8-22 所示。

表 8-22　QAbstractAxis 的常用方法

QAbstractAxis 的方法及参数类型	说　明
show()、hide()	显示坐标轴、隐藏坐标轴
setVisible(visible: bool=True)	设置坐标轴是否可见
isVisible()	获取坐标轴是否可见
setMin(Any)、setMax(Any)、setRange(Any,Any)	设置坐标轴的最小和最大值
setReverse(reverse: bool=True)	设置坐标轴的方向颠倒
isReverse()	获取是否颠倒
setTitleText(str)	设置坐标轴标题的名称
setTitleVisible(visible=True)	设置坐标轴标题的可见性
isTitleVisible()	获取标题是否可见
setTitleBrush(brush: Union[QBrush, Qt. BrushStyle, Qt. GlobalColor,QColor,QGradient,QImage,QPixmap])	设置标题的画刷
setTitleFont(font: Union[QFont,str,Sequence[str]])	设置标题的字体
setGridLineColor(color: Union[QColor,Qt. GlobalColor,str])	设置主网格线的颜色
setGridLinePen(pen: Union[QPen,Qt. PenStyle,QColor])	设置主网格线的钢笔
setGridLineVisible(visible: bool=True)	设置主网格线是否可见
isGridLineVisible()	获取主网格线是否可见
setMinorGridLineColor(color: Union[QColor,Qt. GlobalColor, str])	设置次网格线的颜色
setMinorGridLinePen(QPen)	设置次网格线的颜色
setMinorGridLineVisible(visible: bool=True)	设置次网格线是否可见
isMinorGridLineVisible()	获取次网格线是否可见
setLabelsAngle(int)	设置刻度标签的旋转角度
setLabelsBrush(Union[QBrush, QColor, Qt. GlobalColor, QGradient])	设置刻度标签的画刷
setLabelsColor(color: Union[QColor,Qt. GlobalColor,str])	设置刻度标签的颜色
setLabelsEditable(editable: bool=True)	设置标签是否可编辑

续表

QAbstractAxis 的方法及参数类型	说　明
setLabelsFont(font: Union[QFont,str,Sequence[str]])	设置标签的字体
setLabelsVisible(visible: bool=True)	设置标签是否可见
setTruncateLabels(truncateLabels: bool=True)	当无法全部显示标签时,设置是否可截断显示
setLinePen(pen: Union[QPen,Qt. PenStyle,QColor])	设置坐标轴的线条的钢笔
setLinePenColor(color: Union[QColor,Qt. GlobalColor,str])	设置坐标轴的线条的钢笔颜色
setLineVisible(visible: bool=True)	设置坐标轴的线条是否可见
isLineVisible()	获取坐标轴的线条是否可见
setShadesBorderColor(color: Union[QColor, Qt. GlobalColor, str])	设置阴影边框的颜色
setShadesBrush(Union[QBrush, QColor, Qt. GlobalColor, QGradient])	设置阴影的画刷
setShadesColor(color: Union[QColor,Qt. GlobalColor,str])	设置阴影的颜色
setShadesPen(pen: Union[QPen,Qt. PenStyle,QColor])	设置阴影的钢笔
setShadesVisible(visible: bool=True)	设置阴影是否可见
alignment()	获取对齐方式 Qt. Alignment

QAbstractAxis 的信号如表 8-23 所示,通过名称可知其表达的含义和信号发送的时机。

表 8-23 QAbstractAxis 的信号

QAbstractAxis 的信号	QAbstractAxis 的信号	QAbstractAxis 的信号
colorChanged(QColor)	labelsVisibleChanged(bool)	linePenChanged(QPen)
lineVisibleChanged(bool)	shadesColorChanged(QColor)	shadesPenChanged(QPen)
gridLinePenChanged(QPen)	gridLineColorChanged(QColor)	shadesVisibleChanged(bool)
gridVisibleChanged(bool)	minorGridLineColorChanged(QColor)	titleBrushChanged(QBrush)
labelsAngleChanged(int)	minorGridLinePenChanged(QPen)	titleFontChanged(QFont)
labelsBrushChanged(QBrush)	minorGridVisibleChanged(bool)	titleTextChanged(str)
labelsColorChanged(QColor)	truncateLabelsChanged(bool)	titleVisibleChanged(bool)
labelsEditableChanged(bool)	shadesBorderColorChanged(QColor)	visibleChanged(bool)
labelsFontChanged(QFont)	shadesBrushChanged(QBrush)	reverseChanged(bool)

8.3.2 QValueAxis

数值轴 QValueAxis 适用于具有连续数据坐标的图表,它在继承 QAbstractAxis 的属性、方法和信号的同时,根据数值轴的特点又增添了一些设置坐标轴刻度的方法。用 QValueAxis 创建实例对象的方法是 QValueAxis(parent: QObject = None)。

数值轴的常用方法如表 8-24 所示,主要方法介绍如下。

- 用 setTickAnchor(float)方法设置刻度锚点(参考点); 用 setTickInterval(float)方法设置刻度之间的间隔值; 用 setTickCount(int)方法设置刻度数量,刻度线平均分布在最小值和最大值之间; 用 setTickType(type: QValueAxis. TickType)方法设

置刻度类型，参数可取 QValueAxis. TicksDynamic 或 QValueAxis. TicksFixed。

- 用 setLabelFormat(str)方法设置刻度标签的格式符，可以使用字符串的"%"格式符，例如"%3d"表示输出 3 位整数；"%7. 2f"表示输出宽度为 7 位的浮点数，其中小数位为 2，整数位为 4，小数点占 1 位；用 applyNiceNumbers()智能方法设置刻度的标签。

表 8-24　数值轴 QValueAxis 的常用方法

QValueAxis 的方法及参数类型	说　　明
setTickCount(int)	设置刻度线的数量
setTickAnchor(float)	设置刻度锚点
setTickInterval(float)	设置刻度线的间隔值
setMinorTickCount(int)	设置次刻度的数量
setTickType(type: QValueAxis. TickType)	设置刻度类型
setMax(float)	设置最大值
setMin(float)	设置最小值
setRange(float,float)	设置坐标轴的最小值和最大值
setLabelFormat(str)	设置标签的格式
[**slot**]applyNiceNumbers()	使用智能方法设置刻度的标签

数值轴 QValueAxis 的信号如表 8-25 所示。

表 8-25　数值轴 QValueAxis 的信号

QValueAxis 的信号	QValueAxis 的信号	QValueAxis 的信号
labelFormatChanged(str)	minorTickCountChanged(int)	tickCountChanged(int)
maxChanged(float)	rangeChanged(min: float, max: float)	tickIntervalChanged(float)
minChanged(float)	tickAnchorChanged(float)	tickTypeChanged(QValueAxis. TickType)

8.3.3　QLogValueAxis 与实例

对数轴 QLogValueAxis 是一个非线性值变化坐标轴，它是基于数量级的非线性标尺，轴上的每一个刻度线都是由前一个刻度线的值乘以一个固定的值而得到的。如果 QLogValueAxis 连接的数据序列中含有 0 或负数，则该数据序列不会被绘制。

QLogValueAxis 的方法不多，主要是用 setBase(float)方法设置对数的基；用 setLabelFormat(str)方法设置标签格式；用 setMin(float)方法、setMax(float)方法或 setRange(float,float)方法设置幅度范围；用 setMinorTickCount(int)方法设置次网格的数量；用 tickCount()方法和 minorTickCount()方法分别获取网格和次网格的数量。

QLogValueAxis 的信号有 baseChanged(qrealbase)、labelFormatChanged(str)、maxChanged(float)、minChanged(float)、minorTickCountChanged(int)、rangeChanged(min: float,max: float)和 tickCountChanged(int)。

下面的程序，横坐标用数值坐标、纵坐标用对数坐标绘制图表，并对横坐标和纵坐标的显示进行设置，程序运行结果如图 8-9 所示。

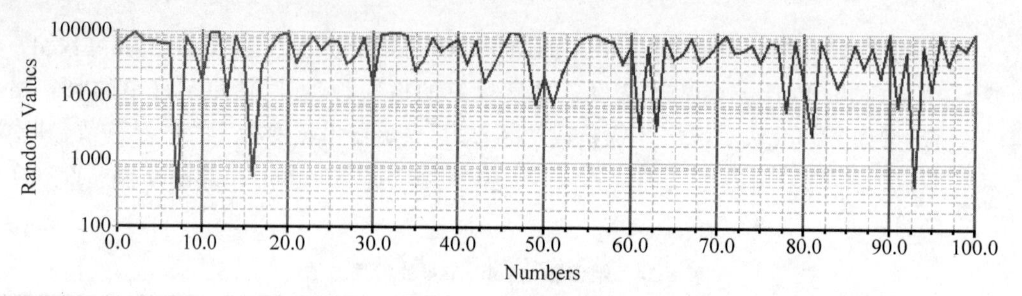

图 8-9 程序运行结果

```
import sys,random                                                    #Demo8_9.py
from PySide6.QtWidgets import QApplication,QWidget,QVBoxLayout
from PySide6 import QtCharts
from PySide6.QtCore import Qt

class MyWidget(QWidget):
    def __init__(self,parent = None):
        super().__init__(parent)
        self.resize(1000,600)
        v = QVBoxLayout(self)
        chartView = QtCharts.QChartView(self)                       #创建图表视图控件
        v.addWidget(chartView)
        chart = QtCharts.QChart()                                   #创建图表
        chartView.setChart(chart)                                   #图表控件中设置图表
        chart.setTitle("随机数据")                                   #设置图表的标题
        lineSeries = QtCharts.QLineSeries()                         #创建折线数据序列
        lineSeries.setName("随机序列")                               #设置数据序列的名称
        random.seed(10000)
        for i in range(101):
            lineSeries.append(i, 100000 * random.random())          #数据序列中添加数据
        chart.addSeries(lineSeries)                                 #图表中添加数据序列
        axis_x = QtCharts.QValueAxis()                              #创建数值坐标轴
        axis_x.setTitleText("Numbers")                              #设置坐标轴的标题
        axis_x.setTitleBrush(Qt.black)
        axis_x.setLabelsColor(Qt.black)
        axis_x.setRange(0,100)                                      #设置坐标轴的范围
        axis_x.setTickCount(10)                                     #设置刻度的数量
        axis_x.applyNiceNumbers()                                   #应用智能刻度标签
        axis_x.setLinePenColor(Qt.black)                            #设置坐标轴的颜色
        pen = axis_x.linePen()                                      #获取坐标轴的钢笔
        pen.setWidth(2)                                             #设置钢笔的宽度
        axis_x.setLinePen(pen)                                      #设置坐标轴的钢笔
        axis_x.setGridLineColor(Qt.gray)                            #设置网格线的颜色
        pen = axis_x.gridLinePen()                                  #获取网格线的钢笔
        pen.setWidth(2)                                             #设置钢笔的宽度
        axis_x.setGridLinePen(pen)                                  #设置网格线的宽度
        axis_x.setMinorTickCount(3)                                 #设置次刻度的数量
        axis_x.setLabelFormat("%5.1f")                              #设置标签的格式

        axis_y = QtCharts.QLogValueAxis()                           #建立对数坐标轴
        axis_y.setBase(10.0)                                        #定义对数基
```

```
        axis_y.setMax(100000.0)                    #设置最大值
        axis_y.setMin(100.0)                       #设置最小值
        axis_y.setTitleText("Random Values")       #设置标题
        axis_y.setMinorTickCount(9)                #设置次网格线的数量
        axis_y.setLabelFormat("%6d")               #设置格式

        chart.setAxisX(axis_x, lineSeries)         #设置坐标轴的数据
        chart.setAxisY(axis_y, lineSeries)         #设置坐标轴的数据
if __name__ == "__main__":
    app = QApplication(sys.argv)
    window = MyWidget()
    window.show()
    sys.exit(app.exec())
```

8.3.4 QBarCategoryAxis 与实例

QBarCategoryAxis 主要用于定义条形图的坐标轴，添加条目，也可用于定义折线图的坐标轴。QBarCategoryAxis 的常用方法如表 8-26 所示。

表 8-26　QBarCategoryAxis 的常用方法

QBarCategoryAxis 的方法及参数类型	说　明	QBarCategoryAxis 的方法及参数类型	说　明
append(category: str)	添加条目	count()	获取条目的数量
append(Sequence[str])	添加多个条目	replace(oldCategory: str, newCategory: str)	用新条目替换旧条目
insert(index: int,str)	根据索引插入条目	setCategories(Sequence[str])	重新设置条目
at(index: int)	根据索引获取条目	setMax(maxCategory: str)	设置最大条目
categories()	获取条目列表	setMin(minCategory: str)	设置最小条目
remove(category: str)	移除条目	setRange(str,str)	设置范围
clear()	清空所有条目	max()、min()	获取最大条目、获取最小条目

QBarCategoryAxis 的信号有 categoriesChanged()、countChanged()、maxChanged(str)、minChanged(str)和 rangeChanged(min: str,max: str)。

下面的程序，在一个图表中添加条形图和折线图，条形图和折线图使用相同的坐标轴，程序运行结果如图 8-10 所示。

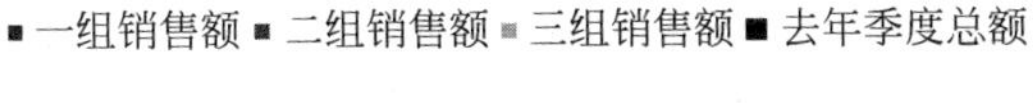

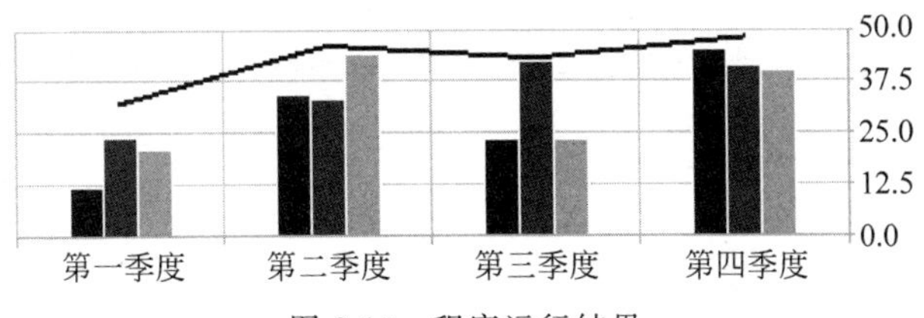

图 8-10　程序运行结果

```
import sys                                                          #Demo8_10.py
from PySide6.QtWidgets import QApplication, QWidget, QVBoxLayout
from PySide6.QtCore import Qt
from PySide6 import QtCharts

class MyWidget(QWidget):
    def __init__(self, parent = None):
        super().__init__(parent)
        self.resize(800, 600)
        v = QVBoxLayout(self)
        self.chartView = QtCharts.QChartView(self)             #创建图表视图控件
        v.addWidget(self.chartView)
        self.chart = QtCharts.QChart()                          #创建图表
        self.chartView.setChart(self.chart)                     #将图表加入到图表视图控件中

        set1 = QtCharts.QBarSet("一组销售额")                    #创建数据项
        set1.append([12, 34, 23, 45])                           #添加数据
        set2 = QtCharts.QBarSet("二组销售额")                    #创建数据项
        set2.append([24, 33, 42, 41])                           #添加数据
        set3 = QtCharts.QBarSet("三组销售额")                    #创建数据项
        set3.append([21, 44, 23, 40])                           #添加数据

        self.barSeries = QtCharts.QBarSeries()                  #创建数据序列
        self.barSeries.append([set1, set2, set3])               #添加数据项
        self.lineSeries = QtCharts.QLineSeries()                #创建数据序列
        self.lineSeries.setName("去年季度总额")
        self.lineSeries.append(0,32)                            #添加数据
        self.lineSeries.append(1,46)
        self.lineSeries.append(2,43)
        self.lineSeries.append(3,48)
        self.chart.addSeries(self.barSeries)                    #图表中添加数据序列
        self.chart.addSeries(self.lineSeries)                   #图表中添加数据序列

        self.barCategoryAxis = QtCharts.QBarCategoryAxis()          #创建坐标轴
        self.chart.addAxis(self.barCategoryAxis, Qt.AlignBottom)#图表中添加坐标轴
        self.barCategoryAxis.append(["第一季度","第二季度","第三季度","第四季度"])

        self.valueAxis = QtCharts.QValueAxis()                      #创建数值坐标轴
        self.chart.addAxis(self.valueAxis, Qt.AlignRight)           #图表中添加坐标轴
        self.valueAxis.setRange(0, 50)                              #设置坐标轴的数值范围

        self.barSeries.attachAxis(self.valueAxis)                   #数据项与坐标轴关联
        self.barSeries.attachAxis(self.barCategoryAxis)             #数据项与坐标轴关联
        self.lineSeries.attachAxis(self.valueAxis)                  #数据项与坐标轴关联
        self.lineSeries.attachAxis(self.barCategoryAxis)            #数据项与坐标轴关联
if __name__ == "__main__":
    app = QApplication(sys.argv)
    window = MyWidget()
    window.show()
    sys.exit(app.exec())
```

8.3.5 QCategoryAxis 与实例

与 QBarCategoryAxis 不同的是，QCategoryAxis 坐标轴可以定义每个条目的宽度，常用来放在竖直轴上，实现坐标轴不等分。

QCategoryAxis 的常用方法如表 8-27 所示。用 append(label: str, categoryEndValue: float)方法添加条目，其中 label 是条目名称，categoryEndValue 是条目的终止值，一个条目的宽度是两个相邻条目的终止值的差，因此后加入的条目的终止值一定要大于先加入的条目的终止值；用 setStartValue(min: float)方法设置坐标轴的起始值；用 startValue(categoryLabel='')方法获取条目的起始值；用 endValue(str)方法获取条目的终止值；用 setLabelsPosition(QCategoryAxis.AxisLabelsPosition)方法设置条目标签的位置，参数可取 QCategoryAxis.AxisLabelsPositionCenter(标签在条目中间位置)或 QCategoryAxis.AxisLabelsPositionOnValue(标签在条目的最大值处)。

表 8-27 QCategoryAxis 的常用方法

QCategoryAxis 的方法与参数类型	返回值的类型	说 明
append(label: str, categoryEndValue: float)	None	添加条目
categoriesLabels()	List[str]	获取条目列表
count()	int	获取条目的数量
endValue(categoryLabel: str)	float	获取指定条目的终止值
remove(label: str)	None	移除指定的条目
replaceLabel(oldLabel: str, newLabel: str)	None	用新条目替换旧条目
setLabelsPosition(QCategoryAxis.AxisLabelsPosition)	None	设置标签的位置
setStartValue(min: float)	None	设置条目的最小值
startValue(categoryLabel: str='')	float	获取指定条目的起始值

QCategoryAxis 的信号有 labelsPositionChanged(QCategoryAxis.AxisLabelsPosition)和 categoriesChanged()。

下面的程序是将 QCategoryAxis 轴放在左侧，QCategoryAxis 轴的条目是销售等级，分为"不及格""及格""良好""优秀"和"超出预期"，每个等级的宽度并不相等。程序运行结果如图 8-11 所示。

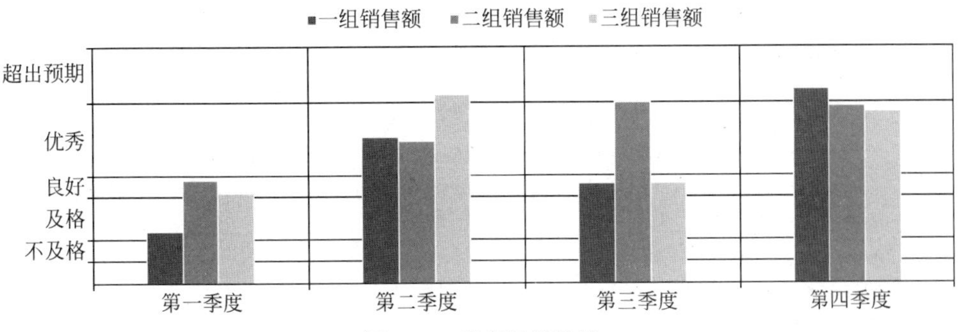

图 8-11 程序运行结果

```
import sys                                                        #Demo8_11.py
from PySide6.QtWidgets import QApplication,QWidget,QVBoxLayout
from PySide6 import QtCharts
from PySide6.QtCore import Qt

class MyWidget(QWidget):
    def __init__(self, parent = None):
        super().__init__(parent)
        self.resize(800, 600)
        v = QVBoxLayout(self)
        self.chartView = QtCharts.QChartView(self)                #创建图表视图控件
        v.addWidget(self.chartView)
        self.chart = QtCharts.QChart()                            #创建图表
        self.chartView.setChart(self.chart)                       #将图表加入到图表视图控件中

        set1 = QtCharts.QBarSet("一组销售额")                      #创建数据项
        set1.append([12, 34, 23, 45])                             #添加数据
        set2 = QtCharts.QBarSet("二组销售额")                      #创建数据项
        set2.append([24, 33, 42, 41])                             #添加数据
        set3 = QtCharts.QBarSet("三组销售额")                      #创建数据项
        set3.append([21, 44, 23, 40])                             #添加数据

        self.barSeries = QtCharts.QBarSeries()                    #创建数据序列
        self.barSeries.append([set1, set2, set3])                 #添加数据项
        self.chart.addSeries(self.barSeries)                      #图表中添加数据序列

        self.barCategoryAxis = QtCharts.QBarCategoryAxis()              #创建坐标轴
        self.chart.addAxis(self.barCategoryAxis,Qt.AlignBottom)         #图表中添加坐标轴
        self.barCategoryAxis.append(["第一季度","第二季度","第三季度","第四季度"])
        self.categoryAxis = QtCharts.QCategoryAxis()              #创建数值坐标轴
        self.chart.addAxis(self.categoryAxis, Qt.AlignLeft)#图表中添加坐标轴
        self.categoryAxis.setRange(0, 60)                         #设置坐标轴的数值范围
        self.categoryAxis.append("不及格", 10)                    #添加条目
        self.categoryAxis.append("及格", 20)                      #添加条目
        self.categoryAxis.append("良好", 25)                      #添加条目
        self.categoryAxis.append("优秀", 42)                      #添加条目
        self.categoryAxis.append("超出预期", 60)                  #添加条目
        self.categoryAxis.setStartValue(5)                        #指定起始值

        self.barSeries.attachAxis(self.categoryAxis)              #数据项与坐标轴关联
        self.barSeries.attachAxis(self.barCategoryAxis)           #数据项与坐标轴关联
if __name__ == "__main__":
    app = QApplication(sys.argv)
    window = MyWidget()
    window.show()
    sys.exit(app.exec())
```

8.3.6 QDateTimeAxis 与实例

QDateTimeAxis 轴用于设置时间坐标轴，可用于 XY 图。QDateTimeAxis 的常用方法如表 8-28 所示，主要方法是用 setFormat(format: str)方法设置显示格式，显示格式可参考 QDateTime 的格式；用 setMin(min: QDateTime)和 setMax(max: QDateTime)方法设置坐标轴显示的最小时间和最大时间；用 setTickCount(count: int)方法设置坐标轴的刻度数量。

表 8-28 QDateTimeAxis 的方法

QDateTimeAxis 的方法及参数类型	返回值的类型	说 明
setFormat(format: str)	None	设置显示时间的格式
format()	str	获取格式
setMax(max: QDateTime)	None	设置坐标轴的最大时间
max()	QDateTime	获取最大时间
setMin(min: QDateTime)	None	设置坐标轴的最小时间
min()	QDateTime	获取最小时间
setRange(min: QDateTime, max: QDateTime)	None	设置范围
setTickCount(count: int)	None	设置刻度数量
tickCount()	int	获取刻度数量

QDateTimeAxis 的信号有 formatChanged(format: str)、maxChanged(max: QDateTime)、minChanged(min: QDateTime)、rangeChanged(min: QDateTime, max: QDateTime)和 tickCountChanged(tickCount: int)。

需要特别注意的是，在定义数据序列的值时，例如 QLineSeries 数据序列，需要把 X 值转换成毫秒，可以用 QDateTime 的 toMSecsSinceEpoch()方法转换，否则数据序列与时间坐标轴的关联会出问题，时间坐标轴显示的时间不准确，可参考下面的实例。

下面的程序用菜单打开 Excel 文件 price.xlsx，读取数据并绘制价格走势图，price.xlsx 文件中第 1 列是时间，第 2 列和第 3 列是价格。程序运行结果如图 8-12 所示。

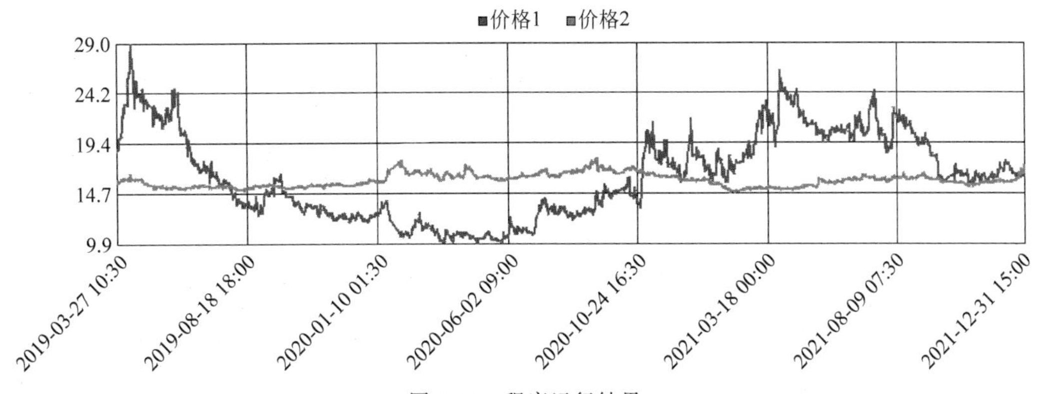

图 8-12 程序运行结果

```
import sys                                                   # Demo8_12.py
from PySide6.QtWidgets import QApplication,QWidget,QVBoxLayout,QMenuBar,QFileDialog
from PySide6.QtCharts import QChartView,QChart,QLineSeries,QValueAxis,QDateTimeAxis
from PySide6.QtCore import QDateTime
from openpyxl import load_workbook

class MyWindow(QWidget):
    def __init__(self,parent = None):
        super().__init__(parent)
        self.setupUi()
    def setupUi(self):
        menuBar = QMenuBar()
        fileMenu = menuBar.addMenu("文件(&F)")
        fileMenu.addAction("打开(&O)").triggered.connect(self.action_open_triggered)
        fileMenu.addSeparator()
        fileMenu.addAction("退出(&E)").triggered.connect(self.close)
        chartView = QChartView()
        v = QVBoxLayout(self)
        v.addWidget(menuBar)
        v.addWidget(chartView)
        self.chart = QChart()
        chartView.setChart(self.chart)
    def action_open_triggered(self):                        # 打开 Excel 文档,读取数据
        fileName,fil = QFileDialog.getOpenFileName(self,"打开测试文件","d:/","Excel( * .
xlsx)")
        if fileName and fil == "Excel( * .xlsx)":
            dateTimeList = list()                           # 时间列表
            valueList_1 = list()                            # 数值列表
            valueList_2 = list()                            # 数值列表
            wb = load_workbook(fileName)
            ws = wb.active
            for row in ws.rows:
                dateTimeList.append(QDateTime(row[0].value)) # 添加时间数据
                valueList_1.append(row[1].value)        # 添加数值数据
                valueList_2.append(row[2].value)        # 添加数值数据
            self.plot(dateTimeList,valueList_1,valueList_2)  # 调用绘制图表函数
    def plot(self,dateTimeList,valueList_1,valueList_2):        # 绘制图表的函数
        lineSeries_1 = QLineSeries(self)                     # 第 1 个数据序列
        lineSeries_1.setName('价格 1')
        lineSeries_2 = QLineSeries(self)                     # 第 2 个数据序列
        lineSeries_2.setName('价格 2')
        for i in range(len(dateTimeList)):
            msec = float(dateTimeList[i].toMSecsSinceEpoch())# 换算成毫秒
            lineSeries_1.append(msec,valueList_1[i])     # 第 1 个数据序列添加数据
            lineSeries_2.append(msec,valueList_2[i])     # 第 2 个数据序列添加数据
        dateTimeAxis = QDateTimeAxis(self)                   # 创建时间坐标轴
        dateTimeAxis.setRange(dateTimeList[0],dateTimeList[len(dateTimeList) - 1])
        dateTimeAxis.setFormat('yyyy - MM - dd HH:mm')
        dateTimeAxis.setTickCount(8)
        valueAxis = QValueAxis(self)                         # 创建数值坐标轴
```

```
        self.chart.removeAllSeries()
        self.chart.removeAxis(self.chart.axisX())
        self.chart.removeAxis(self.chart.axisY())
        self.chart.addSeries(lineSeries_1)
        self.chart.addSeries(lineSeries_2)
        self.chart.setAxisX(dateTimeAxis, lineSeries_1)          # 图表设置 X 轴
        self.chart.setAxisY(valueAxis, lineSeries_1)             # 图表设置 Y 轴
        self.chart.setAxisX(dateTimeAxis, lineSeries_2)          # 图表设置 X 轴
        self.chart.setAxisY(valueAxis, lineSeries_2)             # 图表设置 Y 轴
if __name__ == '__main__':
    app = QApplication(sys.argv)
    window = MyWindow()
    window.show()
    sys.exit(app.exec())
```

8.4 图例与图例上的标志

8.4.1 图例 QLegend

图例 QLegend 用于定义图表中图例的位置、颜色、可见性和序列的标志形状等。图例 QLegend 继承自 QGraphicsWidget，用图表 QChart 的 legend()方法获取图表上的图例对象，然后用图例 QLegend 提供的方法对图例进行设置。不能单独创建图例对象。

1. 图例 QLegend 的方法

图例 QLegend 的常用方法如表 8-29 所示，主要方法介绍如下。

- 用 setAlignment(alignment: Qt. Alignment)方法可以设置图例在图表的位置，例如参数取 Qt. AlignTop、Qt. AlignBottom、Qt. AlignLeft 或 Qt. AlignRight，可以分别把图例放在图表的上、下、左、右位置。
- 用 setMarkerShape(shape: QLegend. MarkerShape)方法设置数据序列标志的形状，参数可取 QLegend. MarkerShapeDefault(使用默认形状)、QLegend. MarkerShapeRectangle、QLegend. MarkerShapeCircle、QLegend. MarkerShapeFromSeries(根据数据序列的类型确定形状)、QLegend. MarkerShapeRotatedRectangle、QLegend. MarkerShapeTriangle、QLegend. MarkerShapeStar、QLegend. MarkerShapePentagon，对应值分别是 0～7。当使用矩形或圆形时，矩形或圆形的尺寸由字体的尺寸决定；当选择数据序列的类型时，如果数据序列是折线或样条曲线，则形状是线段，如果是散列图，则形状是散列图上的点的形状，其他情况时形状是矩形。
- 用 setInteractive(interactive: bool)方法可以将图例设置成交互模式，并且用 detachFromChart()方法使图例与图表失去关联，则可以用鼠标移动图例和调整图例的尺寸。
- 用 markers(series: QAbstractSeries=None)方法可以获取图例上数据序列的标志对象列表，可以对每个标志对象进行更详细的设置。

表 8-29 图例 QLegend 的常用方法

QLegend 的方法及参数类型	说 明
setAlignment(alignment: Qt.Alignment)	设置图例在 QChart 中的位置
setBackgroundVisible(visible: bool=True)	设置图例的背景是否可见
setBorderColor(color: Union[QColor, Qt.GlobalColor, str])	在背景可见时，设置边框的颜色
setBrush(brush: Union[QBrush, Qt.BrushStyle, Qt.GlobalColor, QColor, QGradient, QImage, QPixmap])	设置画刷
setColor(color: Union[QColor, Qt.GlobalColor, str])	设置填充色
setFont(font: Union[QFont, str, Sequence[str]])	设置字体
setLabelBrush(brush: Union[QBrush, QColor, QGradient])	设置标签画刷
setLabelColor(color: Union[QColor, Qt.GlobalColor, str])	设置标签颜色
setMarkerShape(shape: QLegend.MarkerShape)	设置数据序列标志的形状
markerShape()	获取标志的形状 QLegend.MarkerShape
setPen(pen: Union[QPen, Qt.PenStyle, QColor])	设置边框的钢笔
setReverseMarkers(reverseMarkers: bool=True)	设置数据序列的标志是否反向
setToolTip(str)	设置提示信息
setShowToolTips(show: bool)	设置是否显示提示信息
detachFromChart()	使图例与图表失去关联
attachToChart()	使图例与图表建立关联
isAttachedToChart()	获取图例
setInteractive(interactive: bool)	设置图例是否是交互模式
markers(series: QAbstractSeries=None)	获取图例中标志列表 list[QLegendMarker]

2. 图例 QLegend 的信号

图例 QLegend 的信号如表 8-30 所示。

表 8-30 图例 QLegend 的信号

QLegend 的信号及参数类型	说 明
attachedToChartChanged(attached: bool)	图例与图表的关联状态发生改变时发送信号
backgroundVisibleChanged(visible: bool)	背景可见性发生改变时发送信号
borderColorChanged(color: QColor)	背景颜色发生改变时发送信号
colorChanged(color: QColor)	颜色发生改变时发送信号
fontChanged(font: QFont)	字体发生改变时发送信号
labelColorChanged(color: QColor)	标签颜色发生改变时发送信号
markerShapeChanged(QLegend.MarkerShape)	标志形状发生改变时发送信号
reverseMarkersChanged(reverseMarkers: bool)	标志反转状态发生改变时发送信号
showToolTipsChanged(showToolTips: bool)	提示信息显示状态发生改变时发送信号

8.4.2 图例的标志 QLegendMarker 与实例

用图例的 markers(series: QAbstractSeries=None)方法可以获取图例上的数据序列标志

对象列表 list[QLegendMarker]，可以对每个标志对象进行详细的设置。QLegendMarker 继承自 QObject，继承自 QLegendMarker 的类有 QXYLegendMarker、QAreaLegendMarker、QBarLegendMarker、QBoxPlotLegendMarker、QCandlestickLegendMarker 和 QPieLegendMarker，除 QBarLegendMarker 和 QPieLegendMarker 外，这些派生类没有自己特有的方法和信号，都是继承 QLegendMarker 的方法和信号。

1. 图例标志 QLegendMarker 的方法和信号

图例标志 QLegendMarker 的常用方法如表 8-31 所示，主要方法是用 setShape(shape: QLegend. MarkerShape)方法设置形状；用 type()方法获取标志类型，返回值是 QLegendMarker. LegendMarkerType 的枚举值，可取 QLegendMarker. LegendMarkerTypeArea、QLegendMarker. LegendMarkerTypeBar、QLegendMarker. LegendMarkerTypePie、QLegendMarker. LegendMarkerTypeXY、QLegendMarker. LegendMarkerTypeBoxPlot 或 QLegendMarker. LegendMarkerTypeCandlestick，分别对应值 0～5，根据类型可以给标志设置不同的形状。

表 8-31 图例标志 QLegendMarker 的常用方法

QLegendMarker 的方法及参数类型	返回值的类型	说　明
brush()	QBrush	获取画刷
font()	QFont	获取字体
isVisible()	bool	获取是否可见
label()	str	获取标签
labelBrush()	QBrush	获取标签画刷
pen()	QPen	获取钢笔
series()	QAbstractSeries	获取关联的数据序列
setBrush(brush: Union[QBrush, QColor, QGradient, QPixmap])	None	设置画刷
setFont(font: Union[QFont, str])	None	设置字体
setLabel(label: str)	None	设置标签
setLabelBrush(brush: Union[QBrush, QColor, QGradient, QPixmap])	None	设置标签的画刷
setPen(pen: Union[QPen, QColor])	None	设置钢笔
setShape(shape: QLegend. MarkerShape)	None	设置形状
setVisible(visible: bool)	None	设置可见性
shape()	QLegend. MarkerShape	获取形状
type()	QLegendMarker. LegendMarkerType	获取类型

此外，用 QBarLegendMarker 的 barset()方法可以获取 QBarSet 对象，用 QPieLegendMarker 的 slice()方法可以获取 QPieSlice 对象。

图例标志 QLegendMarker 的信号如表 8-32 所示。

表 8-32 图例标志 QLegendMarker 的信号

QLegendMarker 的信号	QLegendMarker 的信号	QLegendMarker 的信号
brushChanged()	hovered(status: bool)	penChanged()
clicked()	labelBrushChanged()	shapeChanged()
fontChanged()	labelChanged()	visibleChanged()

2. 图例 QLegend 和图例标志 QLegendMarker 的应用实例

下面的代码生成折线图和条形图，对图表中的图例进行设置。程序运行结果如图 8-13 所示。

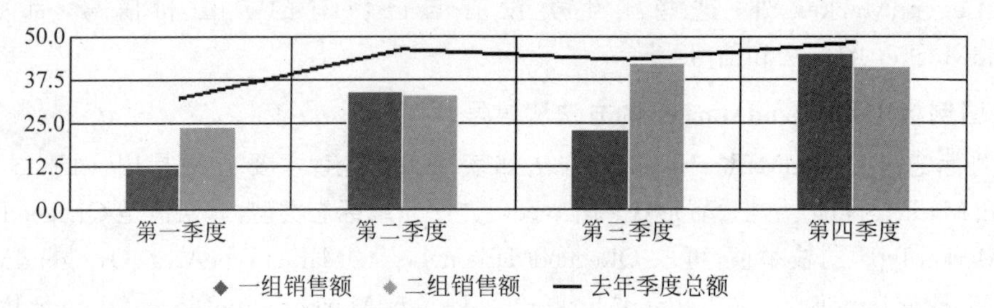

图 8-13 程序运行结果

```
import sys                                                          #Demo8_13.py
from PySide6.QtWidgets import QApplication, QWidget, QVBoxLayout
from PySide6.QtCore import Qt,QPointF
from PySide6 import QtCharts

class MyWidget(QWidget):
    def __init__(self, parent = None):
        super().__init__(parent)
        self.resize(800, 600)
        v = QVBoxLayout(self)
        self.chartView = QtCharts.QChartView(self)              #创建图表视图控件
        v.addWidget(self.chartView)
        self.chart = QtCharts.QChart()                          #创建图表
        self.chartView.setChart(self.chart)                     #将图表加入到图表视图控件中

        set1 = QtCharts.QBarSet("一组销售额")                   # 创建数据项
        set1.append([12, 34, 23, 45])                           # 添加数据
        set2 = QtCharts.QBarSet("二组销售额")                   # 创建数据项
        set2.append([24, 33, 42, 41])                           # 添加数据

        self.barSeries = QtCharts.QBarSeries()                  #创建数据序列
        self.barSeries.append([set1, set2])                     #添加数据项
        self.lineSeries = QtCharts.QLineSeries()                #创建数据序列
        self.lineSeries.setName("去年季度总额")
        self.lineSeries.append([QPointF(0,32),QPointF(1,46),QPointF(2,43),QPointF(3,
48)])
        self.chart.addSeries(self.barSeries)                    #图表中添加数据序列
        self.chart.addSeries(self.lineSeries)                   #图表中添加数据序列

        self.barCategoryAxis = QtCharts.QBarCategoryAxis()#创建坐标轴
        self.chart.addAxis(self.barCategoryAxis, Qt.AlignBottom)    #图表中添加坐标轴
        self.barCategoryAxis.append(["第一季度","第二季度","第三季度","第四季度"])
                                                                #添加条目
        self.valueAxis = QtCharts.QValueAxis()
```

```
        self.valueAxis.setRange(0,50)
        self.chart.addAxis(self.valueAxis,Qt.AlignLeft)

        self.barSeries.attachAxis(self.valueAxis)           #数据项与坐标轴关联
        self.barSeries.attachAxis(self.barCategoryAxis)     #数据项与坐标轴关联
        self.lineSeries.attachAxis(self.valueAxis)          #数据项与坐标轴关联
        self.lineSeries.attachAxis(self.barCategoryAxis)    #数据项与坐标轴关联
        ##以下是对图例的设置
        legend = self.chart.legend()
        legend.setAlignment(Qt.AlignBottom)
        legend.setBackgroundVisible(True)
        legend.setBorderColor(Qt.red)
        legend.setColor(Qt.yellow)
        pen = legend.pen()
        pen.setWidth(4)
        legend.setPen(pen)
        legend.setToolTip("销售团队的销售额对比")
        legend.setShowToolTips(True)
        legend.setMarkerShape(legend.MarkerShapeFromSeries)
        for i in legend.markers():
            font = i.font()
            font.setPointSize(12)
            i.setFont(font)
            if i.type() == QtCharts.QLegendMarker.LegendMarkerTypeBar:
                i.setShape(QtCharts.QLegend.MarkerShapeRotatedRectangle)
            else:
                i.setShape(QtCharts.QLegend.MarkerShapeFromSeries)
if __name__ == "__main__":
    app = QApplication(sys.argv)
    window = MyWidget()
    window.show()
    sys.exit(app.exec())
```

第9章

音频和视频的播放与录制

PySide6 提供音频和视频的播放和录制功能，与音频、视频播放和录制功能相关的类在 PySide6. QtMultimedia 模块中，用于显示视频内容的控件在 PySide6. QtMultimediaWidgets 模块中。本章主要介绍音频和视频的播放与录制及摄像头拍照方面的内容。

9.1 播放音频和视频

9.1.1 播放器 QMediaPlayer 与实例

播放器 QMediaPlayer 可以播放音频和视频，它可以直接播放的格式有限。要播放更多格式的音频或视频，例如 mp4 格式的视频文件，需要在本机上安装解码器。这里推荐一种解码器 K-Lite Codec Pack，它可以对绝大多数影音格式进行解码，安装它之后 QMediaPlayer 可以播放绝大多数的音频和视频文件。读者在搜索引擎中搜索“K-Lite”就可以下载 K-Lite Codec Pack 解码器，或者到官网下载。K-Lite Codec Pack 是完全免费的，下载后使用默认设置安装即可。

QMediaPlayer 继承自 QObject，用 QMediaPlayer 定义播放器实例对象的方法如下所示，其中 parent 是继承自 QObject 类的实例对象。

```
QMediaPlayer(parent:QObject = None)
```

1. 播放器 QMediaPlayer 的常用方法

QMediaPlayer 的常用方法如表 9-1 所示，主要方法介绍如下。

• 要播放音频或视频，首先需要给 QMediaPlayer 设置媒体源。可以用 setSource(source: Union[QUrl, str])方法或用 setSourceDevice(device: QIODevice, sourceUrl: Union[QUrl,str]=Default(QUrl))方法设置媒体文件，其中 sourceUrl 是可选参数，用于获取额外的信息；用 source()和 sourceDevice()分别获取媒体源 QUrl 和 QIODevice，有关 QUrl 和 QIODevice 的介绍见 2.1.11 节和 7.1.1 节的内容。
• 要显示视频，需要将 QMediaPlayer 与显示视频的控件关联，可以显示视频的控件有 QVideoWidget、QGraphicsVideoItem，关联方法分别是 setVideoOutput(QVideoWidget)和 setVideoOutput(QGraphicsVideoItem)。要播放音频，需要用 setAudioOutput(output: QAudioOutput)方法设置音频输出设备，有关 QAudioOutput 的介绍见下面的内容。
• 用 play()方法开始播放音频或视频，用 pause()方法暂停播放，用 stop()方法停止播放并返回。
• 若 isSeekable()返回值是 True，可以用 setPosition(position: int)方法设置当前播放的时间，用 position()方法获取当前播放的时间，用 duration()方法获取音频或视频的总时间，参数或返回值的单位是毫秒。
• 用 setPlaybackRate(rate: float)方法设置播放速率，参数为 1.0 表示正常播放；参数 rate 可以为负值，表示回放速率。有些多媒体不支持回放。
• 用 setLoops(loops: int)方法设置循环播放次数，参数 loops 可取 QMediaPlayer.Infinite(无限次)、QMediaPlayer.Once(一次)或其他整数。
• 用 state()方法获取播放状态 QMediaPlayer.State，返回值可能是 QMediaPlayer.StoppedState、QMediaPlayer.PlayingState 或 QMediaPlayer.PausedState。
• 用 playbackState()方法获取播放器的播放状态 QMediaPlayer.PlaybackState，返回值可能是 QMediaPlayer.StoppedState、QMediaPlayer.PlayingState 或 QMediaPlayer.PausedState。
• 用 mediaStatus()方法获取播放器所处的状态 QMediaPlayer.MediaStatus，返回值可能是 QMediaPlayer.NoMedia、QMediaPlayer.LoadingMedia、QMediaPlayer.LoadedMedia、QMediaPlayer.StalledMedia、QMediaPlayer.BufferingMedia、QMediaPlayer.BufferedMedia、QMediaPlayer.EndOfMedia 或 QMediaPlayer.InvalidMedia。
• 用 error()方法获取播放器出错信息 QMediaPlayer.Error，返回值可能是 QMediaPlayer.NoError、QMediaPlayer.ResourceError、QMediaPlayer.FormatError、QMediaPlayer.NetworkError 或 QMediaPlayer.AccessDeniedError。

表 9-1 播放器 QMediaPlayer 的常用方法

QMediaPlayer 的方法及参数类型	说　明
[**slot**]setSource(source: Union[QUrl,str])	设置要播放的音频或视频源
source()	获取音频或视频地址 QUrl
[**slot**]setSourceDevice(device: QIODevice, sourceUrl: Union[QUrl,str]=Default(QUrl))	设置音频或视频源
sourceDevice()	获取音频或视频源 QIODevice

续表

QMediaPlayer 的方法及参数类型	说　明
setActiveAudioTrack(index: int)	设置当前的声道
activeAudioTrack()	获取当前的声道
setActiveVideoTrack(index: int)	设置当前的视频轨道
activeVideoTrack()	获取当前的视频轨道
setActiveSubtitleTrack(index: int)	设置当前的子标题轨道
activeSubtitleTrack()	获取当前的子标题轨道
[**slot**]setPlaybackRate(rate: float)	设置播放速率
playbackRate()	获取播放速率
isSeekable()	获取是否可以定位到某一播放时间
[**slot**]setPosition(position: int)	设置播放时间(毫秒)
position()	获取当前的播放时间(毫秒)
setAudioOutput(output: QAudioOutput)	设置播放音频的设备
setVideoOutput(QVideoWidget)	设置显示视频的控件
setVideoOutput(QGraphicsVideoItem)	设置显示视频的图项
setLoops(loops: int)	设置循环播放次数
loops()	获取循环播放次数
duration()	获取音频或视频可以播放的总时间(毫秒)
isAvailable()	获取平台是否支持该播放器
playbackState()	获取播放状态 QMediaPlayer. PlaybackState
mediaStatus()	获取播放器所处的状态
error()	获取出错原因 QMediaPlayer. Error
errorString()	获取出错信息
hasAudio()、hasVideo()	获取多媒体中是否有音频或视频
bufferProgress()	获取缓冲百分比,100%时才可以播放
[**slot**]play()	播放音频或视频
[**slot**]pause()	暂停播放
[**slot**]stop()	停止播放并返回

2. 播放器 QMediaPlayer 的信号

播放器 QMediaPlayer 的信号如表 9-2 所示。

表 9-2 播放器 QMediaPlayer 的信号

QMediaPlayer 的信号及参数类型	说　明
activeTracksChanged()	当前轨道发生改变时发送信号
audioOutputChanged()	音频输出设备发生改变时发送信号
bufferProgressChanged(float)	缓冲进度发生改变时发送信号
durationChanged(int)	播放总时间发生改变时发送信号
errorChanged()	出错信息发生改变时发送信号
errorOccurred(error: QMediaPlayer. Error, errorString: str)	播放出错时发送信号
hasAudioChanged(bool)	可播放音频的状态发生改变时发送信号
hasVideoChanged(bool)	可播放视频的状态发生改变时发送信号
loopsChanged()	播放次数发生改变时发送信号

续表

QMediaPlayer的信号及参数类型	说　明
MediaStatusChanged(QMediaPlayer.MediaStatus)	播放器所处的状态发生改变时发送信号
playbackRateChanged(float)	播放速度发生改变时发送信号
PlaybackStateChanged(QMediaPlayer.PlaybackState)	播放状态发生改变时发送信号
positionChanged(int)	播放位置发生改变时发送信号
seekableChanged(bool)	可定位播放状态发生改变时发送信号
sourceChanged(QUrl)	音频或视频源发生改变时发送信号
tracksChanged()	轨道发生改变时发送信号
videoOutputChanged()	关联的视频播放器发生改变时发送信号

3. 播放器 QMediaPlayer 的应用实例

本书二维码中的实例源代码 Demo9_1.py 是关于播放器 QMediaPlayer 的应用实例。该程序创建一个简易的播放器,可以播放本机上的音频文件或视频文件,可以控制播放位置、音量和播放速率,可以暂停播放、继续播放和停止播放。通过"打开媒体文件"按钮选择音频或视频文件进行播放,根据播放状态确定"播放/停止"按钮以及"暂停/继续"按钮的失效和激活及按钮名称,通过拖动进度条滑块,可以重新定位播放位置。程序运行界面如图 9-1 所示。

图 9-1　程序运行界面

9.1.2　音频输出和视频输出与实例

播放器 QMediaPlayer 需要关联音频输出设备和视频输出控件才能播放音频和视频。音频输出需要定义 QAudioOutput 的实例,QAudioOutput 用于连接 QMediaPlayer 与音频输出设备,视频输出需要用到视频控件 QVideoWidget 或视频图项 QGraphicsVideoItem,其中 QGraphicsVideoItem 作为图项应用于场景中。QAudioOutput 继承自 QObject,QVideoWidget 继承自 QWidget,QGraphicsVideoItem 继承自 QGraphicsObject。用 QAudioOutput、QVideoWidget 和 QGraphicsVideoItem 创建实例对象的方法如下所示,其中 QAudioDevice 是本机上的音频输入输出设备。

```
QAudioOutput(parent:QObject = None)
QAudioOutput(device:QAudioDevice,parent:QObject = None)
QVideoWidget(parent:QWidget = None)
QGraphicsVideoItem(parent:QGraphicsItem = None)
```

1. QAudioOutput、QVideoWidget 和 QGraphicsVideoItem 的常用方法

音频输出 QAudioOutput、视频控件 QVideoWidget 和视频图项 QGraphicsVideoItem 的常用方法如表 9-3 所示，其中用 setAspectRatioMode(mode: Qt.AspectRatioMode)方法设置视频控件所播放视频的长宽比模式，参数 mode 可取 Qt.IgnoreAspectRatio(不保持比例关系)、Qt.KeepAspectRatio(保持原比例关系)或 Qt.KeepAspectRatioByExpanding(通过扩充保持原比例关系)，这 3 种模式如图 9-2 所示。

图 9-2 长宽比模式

表 9-3 QAudioOutput、QVideoWidget 和 QGraphicsVideoItem 的常用方法

类	方法及参数类型	说 明
QAudioOutput	[**slot**]setVolume(volume: float)	设置音量，参数取值范围为 0~1
	volume()	获取音量
	[**slot**]setMuted(muted: bool)	设置是否静音
	isMuted()	获取是否静音
	[**slot**]setDevice(device: QAudioDevice)	设置音频设备
	device()	获取音频设备
QVideoWidget	[**slot**]setAspectRatioMode(mode: Qt.AspectRatioMode)	设置长宽比模式
	aspectRatioMode()	获取长宽比模式
	[**slot**]setFullScreen(fullScreen: bool)	设置全屏显示
	isFullScreen()	获取是否全屏显示
QGraphicsVideoItem	boundingRect()	获取边界矩形 QRectF
	setAspectRatioMode(mode: Qt.AspectRatioMode)	设置长宽比模式
	aspectRatioMode()	获取长宽比模式
	setOffset(offset: Union[QPointF, QPoint])	设置偏移量
	offset()	获取偏移量 QPointF
	setSize(size: Union[QSizeF, QSize])	设置尺寸
	size()	获取尺寸 QSizeF

2. QAudioOutput、QVideoWidget 和 QGraphicsVideoItem 的信号

QAudioOutput、QVideoWidget 和 QGraphicsVideoItem 的信号如表 9-4 所示。

表 9-4 QAudioOutput、QVideoWidget 和 QGraphicsVideoItem 的信号

类	信号及参数类型	说 明
QAudioOutput	deviceChanged()	音频设备发生改变时发送信号
	mutedChanged(muted: bool)	静音状态发生改变时发送信号
	volumeChanged(volume: float)	音量发生改变时发送信号

续表

类	信号及参数类型	说　明
QVideoWidget	aspectRatioModeChanged(mode)	长宽比模式发生改变时发送信号
	fullScreenChanged(fullScreen: bool)	全屏状态发生改变时发送信号
QGraphicsVideoItem	nativeSizeChanged(size: QSizeF)	尺寸发生改变时发送信号

3. QAudioOutput、QVideoWidget 和 QGraphicsVideoItem 的应用实例

本书二维码中的实例源代码 Demo9_2.py 是关于视频播放的应用实例。程序中建立 QVideoWidget 和 QGraphicsVideoItem，通过按钮打开视频文件，用 QVideoWidget 和 QGraphicsVideoItem 播放相同的视频，双击 QVideoWidget 控件可以全屏显示视频，按键盘的 Esc 键取消全屏显示。可以任意拖动视频图项。

9.1.3 音频播放 QSoundEffect

QSoundEffect 用于播放低延迟无压缩音频文件，如 wav 文件，并可呈现一些特殊效果。用 QSoundEffect 创建音频播放实例对象的方法如下所示，其中 parent 是继承自 QObject 的实例对象，QAudioDevice 是机器上音频设备。

```
QSoundEffect(audioDevice:QAudioDevice,parent:QObject = None)
QSoundEffect(parent:QObject = None)
```

1. QSoundEffect 的常用方法

QSoundEffect 的常用方法如表 9-5 所示，主要方法介绍如下。

- 用 setSource(url: Union[QUrl,str])方法设置音频源，参数 QUrl 可以是指向网络的文件，也可以是本机文件；用 source()方法获取音频源 QUrl。
- 用 setLoopCount(int)方法设置播放次数，如为 0 或 1 只播放一次，如果取 QSoundEffect.Infinite 则无限次播放；用 loopCount()方法获取播放次数；用 loopsRemaining()方法获取剩余播放次数。
- 用 play()方法开始播放，用 stop()方法停止播放。
- 用 status()方法获取当前的播放状态，返回值是枚举类型 QSoundEffect.Status，可取值有 QSoundEffect.Null、QSoundEffect.Loading、QSoundEffect.Ready 和 QSoundEffect.Error。

表 9-5 QSoundEffect 的常用方法

QSoundEffect 的方法及参数类型	返回值的类型	说　明
setSource(url: Union[QUrl,str])	None	设置音频源
source()	QUrl	获取音频源
setAudioDevice(device: QAudioDevice)	None	设置音频设备
audioDevice()	QAudioDevice	获取音频设备
setLoopCount(loopCount: int)	None	设置播放次数
loopCount()	int	获取播放次数
loopsRemaining()	int	获取剩余的播放次数

续表

QSoundEffect 的方法及参数类型	返回值的类型	说　明
setMuted(muted: bool)	None	设置静音
isMuted()	bool	获取是否是静音
setVolume(volume: float)	None	设置音量
volume()	float	获取音量
[**slot**]play()	None	开始播放
isPlaying()	bool	获取是否正在播放
[**slot**]stop()	None	停止播放
isLoaded()	bool	获取是否已经加载声源
status()	QSoundEffect.Status	获取播放状态
[**static**]supportedMimeTypes()	List[str]	获取支持的 mime 类型

2. QSoundEffect 的信号

QSoundEffect 的信号如表 9-6 所示。

表 9-6　QSoundEffect 的信号

QSoundEffect 的信号及参数类型	说　明
audioDeviceChanged()	音频设备发生改变时发送信号
loadedChanged()	加载状态发生改变时发送信号
loopCountChanged()	循环次数发生改变时发送信号
loopsRemainingChanged()	剩余循环次数发生改变时发送信号
mutedChanged()	静音状态发生改变时发送信号
playingChanged()	播放状态发生改变时发送信号
sourceChanged()	音频源发生改变时发送信号
statusChanged()	状态发生改变时发送信号
volumeChanged()	音量发生改变时发送信号

9.1.4　动画播放 QMovie 与实例

QMovie 用于播放无声音的静态动画，例如 gif 文件，它在 PySide6.Gui 模块中，需要用 QLabel 的 setMovie(QMovie)方法与 QLabel 相关联来播放动画。

用 QMovie 类创建播放动画的实例对象的方法如下，其中 parent 是继承自 QObject 的实例对象，可以用文件名或指向图形动画的 QIODevice 设备来指定动画源；format 指定动画来源的格式，取值类型是 QByteArray 或 bytes，例如 b'gif'、b'webp'，如果不指定格式，系统会自行选择合适的格式。

```
QMovie(parent:QObject = None)
QMovie(fileName:str, format:Union[QByteArray, bytes] = Default(QByteArray), parent:QObject =
None)
QMovie(device:QIODevice, format = Default(QByteArray), parent:QObject = None)
```

1. QMovie 的常用方法

QMovie 的常用方法如表 9-7 所示，主要方法介绍如下。

- 用 setFileName(fileName: str)或 setDevice(device: QIODevice)方法设置动画源;用 isValid()方法获取动画源是否有效。
- 用 setFormat(format: Union[QByteArray,bytes])方法设置动画源的格式,例如 setFormat(b'gif')。
- 用 start()方法开始播放动画,用 stop()方法停止播放,用 pause(True)方法暂停播放,用 pause(False)方法继续播放;用 setSpeed(percentSpeed: int)方法设置播放速度,参数是正常播放速度的百分比值,例如 setSpeed(200)表示播放速度是原播放速度的 2 倍。
- 用 setCacheMode(QMovie. CacheMode)方法设置播放时是否进行缓存,参数可以取 QMovie. CacheNone 或 QMovie. CacheAll。
- 用 jumpToFrame(int)方法可以跳转到指定的帧;用 jumpToNextFrame()方法跳转到下一帧;当跳转到所需要的帧后,用 currentImage()方法或 currentPixmap()方法可以获取帧的图像。
- 用 state()方法可以获得当前的播放状态,播放状态有 QMovie. NoRunning、QMovie. Paused 和 QMove. Running。
- 用 lastErrorString()方法获取最近出错的信息,该信息可读;用 lastError()方法获取出错信息,返回值是 QImageReader. ImageReaderError 的枚举值,可取 QImageReader. UnknownError、QImageReader. FileNotFoundError、QImageReader. DeviceError、QImageReader. UnsupportedFormatError 或 QImageReader. InvalidDataError,分别对应值 0~4。

表 9-7 QMovie 的常用方法

QMovie 的方法及参数类型	说 明
setFileName(fileName: str)	设置动画文件
fileName()	获取动画文件名
setDevice(device: QIODevice)	设置设备
device()	获取设备 QIODevice
setFormat(format: Union[QByteArray,bytes])	设置动画格式
format()	获取动画格式 QByteArray
[**static**]supportedFormats()	获取支持的格式 List[QByteArray]
setScaledSize(QSize)	设置尺寸
[**slot**]setSpeed(percentSpeed: int)	设置相对正常播放速度的百分比
speed()	获取正常播放速度的百分比
setCacheMode(QMovie. CacheMode)	设置缓冲模式
setBackgroundColor(Union[QColor,Qt. GlobalColor,str])	设置背景色
backgroundColor()	获取背景色 QColor
[**slot**]start()	开始播放动画
[**slot**]stop()	停止播放动画
[**slot**]setPaused(paused: bool)	暂停或继续播放动画
state()	获取播放状态 QMovie. MovieState
currentFrameNumber()	获取当前帧

续表

QMovie的方法及参数类型	说　明
currentImage()	获取当前帧的图像QImage
currentPixmap()	获取当前帧的图像QPixmap
frameCount()	获取总帧数
frameRect()	获取尺寸QRect
isValid()	获取动画源是否有效
jumpToFrame(int)	跳转到指定的帧,成功则返回True
[**slot**]jumpToNextFrame()	跳转到下一帧,成功则返回True
lastErrorString()	获取最近的出错信息
lastError()	获取出错信息
loopCount()	获取循环播放次数
nextFrameDelay()	获取播放下一帧的等待时间(毫秒)

2. QMovie的信号

QMovie的信号如表9-8所示。

表9-8　QMovie的信号

QMovie的信号及参数类型	说　明
error(error: QImageReader.ImageReaderError)	出错时发送信号
finished()	播放完成时发送信号
frameChanged(frameNumber: int)	帧发生改变时发送信号
resized(size: QSize)	调整尺寸时发送信号
started()	用start()方法开始播放动画时发送信号
stateChanged(state: QMovie.MovieState)	状态发生改变时发送信号
updated(rect: QRect)	更新时发送信号,以便用currentImage()或currentPixmap()方法获取图像

3. QMovie的应用实例

运行下面的程序,通过双击窗口,打开动画文件car.gif并播放动画。

```
import sys                          #Demo9_3.py
from PySide6.QtWidgets import QApplication,QHBoxLayout,QFileDialog,QWidget,QLabel
from PySide6.QtCore import Qt
from PySide6.QtGui import QMovie

class MyLabel(QLabel):
    def __init__(self,parent = None):
        super().__init__(parent)
    def mouseDoubleClickEvent(self,event):
        fileName, fil  =  QFileDialog.getOpenFileName(self, caption = "选择动画文件",
            dir = "d:\\",filter = "动画文件( * .gif * .webp);;所有文件( * . * )")
        movie  =  QMovie(fileName)
```

```
        movie.setBackgroundColor(Qt.gray)
        if movie.isValid():
            self.setMovie(movie)
            movie.start()
class MyWindow(QWidget):
    def __init__(self,parent = None):
        super().__init__(parent)
        self.resize(800,600)
        self.setupUi()
    def setupUi(self): #界面
        self.label = MyLabel()
        self.label.setText("双击我,打开动画文件,播放动画!")
        self.label.setAlignment(Qt.AlignCenter)
        H = QHBoxLayout(self)
        H.addWidget(self.label)
if __name__ == '__main__':
    app = QApplication(sys.argv)
    window = MyWindow()
    window.show()
    sys.exit(app.exec())
```

9.2 录制音频和视频及拍照

9.2.1 多媒体设备 QMediaDevices

多媒体设备是指本机中的音频输入设备(如麦克风)、音频输出设备(如音箱、头戴耳机)和视频输入设备(如摄像头)。多媒体设备通过 QMediaDevices 类提供的方法来获取,音频输入输出设备类是 QAudioDevice,视频输入设备类是 QCameraDevice。用 QMediaDevices、QAudioDevice 和 QCameraDevice 创建设备实例的方法如下所示。

```
QMediaDevices(parent:QObject = None)
QAudioDevice()
QCameraDevice()
```

QMediaDevices、QAudioDevice 和 QCameraDevice 的常用方法分别如表 9-9、表 9-10 和表 9-11 所示,主要是先用 QMediaDevices 提供的静态方法获取本机上的音频设备和视频输入设备,然后用 QAudioDevice 和 QCameraDevice 提供的方法分别获取音频设备和视频输入设备的详细信息。

表 9-9 QMediaDevices 的常用方法

QMediaDevices 的方法	返回值的类型	说　明
[**static**]audioInputs()	List[QAudioDevice]	获取音频输入设备
[**static**]defaultAudioInput()	QAudioDevice	获取默认的音频输入设备
[**static**]audioOutputs()	List[QAudioDevice]	获取音频输出设备

续表

QMediaDevices 的方法	返回值的类型	说　明
[**static**]defaultAudioOutput()	QAudioDevice	获取默认的音频输出设备
[**static**]videoInputs()	List[QCameraDevice]	获取视频输入设备
[**static**]defaultVideoInput()	QCameraDevice	获取默认的视频输入设备

表 9-10　QAudioDevice 的常用方法

QAudioDevice 的方法	返回值的类型	说　明
description()	str	获取音频设备的信息
id()	QByteArray	获取音频设备的识别号
isDefault()	bool	获取是否是默认的音频设备
isFormatSupported(QAudioFormat)	bool	获取音频设备是否支持某种音频格式
isNull()	bool	获取设备是否有效
maximumChannelCount()	int	获取音频设备支持的最大通道数
minimumChannelCount()	int	获取音频设备支持的最小通道数
maximumSampleRate()	int	获取音频设备支持的最大采样率(Hz)
minimumSampleRate()	int	获取音频设备支持的最小采样率(Hz)
mode()	QAudioDevice. Mode	获取音频设备是输入还是输出设备，返回值可取 QAudioDevice. Null(无效设备)、QAudioDevice. Input(输入设备)或 QAudioDevice. Output(输出设备)
preferredFormat()	QAudioFormat	获取音频设备的默认音频格式
supportedSampleFormats()	List[QAudioFormat. SampleFormat]	获取音频设备支持的采样格式，格式有 QAudioFormat. UInt8、QAudioFormat. Int16、QAudioFormat. Int32、QAudioFormat. Float、QAudioFormat. Unknown

表 9-11　QCameraDevice 的常用方法

QCameraDevice 的方法	返回值的类型	说　明
description()	str	获取视频输入设备的信息
id()	QByteArray	获取视频输入设备的识别号
isDefault()	bool	获取是否是默认的视频输入设备
isNull()	bool	获取视频输入设备是否有效
photoResolutions()	List[QSize]	获取视频输入设备的分辨率
position()	QCameraDevice. Position	获取视频输入设备的位置，返回值可取 QCameraDevice. BackFace(后置摄像头)、QCameraDevice. FrontFace(前置摄像头)或 QCameraDevice. UnspecifiedPosition(位置不确定)
videoFormats()	List[QCameraFormat]	获取视频输入设备支持的格式

QMediaDevices 的信号有 audioInputsChanged()、audioOutputsChanged() 和 videoInputsChanged()，分别当音频输入设备、音频输出设备和视频输入设备发生改变时发送信号。

9.2.2 音频接口 QAudioInput 和视频接口 QCamera

要录制音频和视频，需要定义音频设备的接口 QAudioInput 和视频设备的接口 QCamera 后，才能调用音频设备和视频设备进行录制，QAudioInput 和 QCamera 相当于音频和视频输入通道。QAudioInput 是机器上的音频输入，例如内置麦克风或头戴麦克风，而 QCamera 是机器上的摄像头或外接相机。利用 QAudioInput 和 QCamera 创建音频设备和视频设备接口的方法如下所示。

```
QAudioInput(deviceInfo:QAudioDevice,parent:QObject = None)
QAudioInput(parent:QObject = None)
QCamera(cameraDevice:QCameraDevice,parent:QObject = None)
QCamera(parent:QObject = None)
QCamera(position:QCameraDevice.Position,parent:QObject = None)
```

1. 音频接口 QAudioInput 的常用方法及信号

音频接口 QAudioInput 的常用方法如表 9-12 所示，主要方法是用 setDevice(device: QAudioDevice)方法设置音频设备；用 setMuted(muted: bool)方法设置静音；用 setVolume(volume: float)方法设置音量，音量参数 volume 的取值范围是 0～1。

表 9-12 音频接口 QAudioInput 的常用方法

QAudioInput 的方法及参数类型	返回值的类型	说　明
setDevice(device: QAudioDevice)	None	设置音频设备
device()	QAudioDevice	获取音频设备
setMuted(muted: bool)	None	设置是否静音
isMuted()	bool	获取是否静音
setVolume(volume: float)	None	设置音量
volume()	float	获取音量

音频接口 QAudioInput 的信号有 deviceChanged()、mutedChanged(muted: bool)和 volumeChanged (volume: float)，分别当设备发生改变、静音状态发生改变和音量发生改变时发送信号。

2. 视频接口 QCamera 的常用方法和信号

视频接口 QCamera 的常用方法如表 9-13 所示，主要方法介绍如下。

表 9-13 视频接口 QCamera 的常用方法

QCamera 的方法及参数类型	返回值的类型	说　明
setCameraDevice(cameraDevice: QCameraDevice)	None	设置视频设备
cameraDevice()	QCameraDevice	获取视频设备
[**slot**]start()	None	开启相机
[**slot**]stop()	None	关闭相机
[**slot**]setActive(active: bool)	None	设置是否打开视频设备
isActive()	bool	获取相机是否启用

续表

QCamera 的方法及参数类型	返回值的类型	说　明
isAvailable()	bool	获取相机是否可用
setCameraFormat(format: QCameraFormat)	None	设置视频格式
cameraFormat()	QCameraFormat	获取视频格式
captureSession()	QMediaCaptureSession	获取与 QCamera 关联的媒体捕获器
supportedFeatures()	QCamera. Features	获取支持的特征
[**slot**]setExposureMode(mode: QCamera. ExposureMode)	None	设置曝光模式
isExposureModeSupported (mode: QCamera. ExposureMode)	bool	获取是否支持某种曝光模式
[**slot**]setAutoExposureTime()	None	打开自动计算曝光时间
exposureTime()	float	获取曝光时间
[**slot**]setManualExposureTime(float)	None	设置曝光时间(秒)
manualExposureTime()	float	获取自定义曝光时间
[**slot**]setAutoIsoSensitivity()	None	根据曝光值开启自动选择光敏感值
isoSensitivity()	int	获取光敏感值
[**slot**] setManualIsoSensitivity (iso: int)	None	设置自定义光敏感值
manualIsoSensitivity()	int	获取自定义的光敏感值
[**slot**] setExposureCompensation (ev: float)	None	设置曝光补偿(EV 值)
exposureCompensation()	float	获取曝光补偿
[**slot**] setFlashMode (QCamera. FlashMode)	None	设置快闪模式
flashMode()	QCamera. FlashMode	获取快闪模式
isFlashModeSupported(mode: QCamera. FlashMode)	bool	获取是否支持某种快闪模式
isFlashReady()	bool	获取是否可以用快闪
setFocusMode(QCamera. FocusMode)	None	设置对焦模式
focusMode()	QCamera. FocusMode	获取对焦模式
isFocusModeSupported(mode: QCamera. FocusMode)	bool	获取是否支持某种焦点模式
setFocusDistance(d: float)	None	设置自定义焦距,0 表示最近的点,1 表示无限远
focusDistance()	float	获取自定义焦距
setCustomFocusPoint (point: Union [QPointF,QPoint])	None	设置自定义焦点位置
customFocusPoint()	QPointF	获取自定义焦点
focusPoint()	QPointF	获取焦点

续表

QCamera 的方法及参数类型	返回值的类型	说　明
[**slot**]setTorchMode(QCamera.TorchMode)	None	设置辅助光源模式
torchMode()	QCamera. TorchMode	获取辅助光源模式
isTorchModeSupported(mode:QCamera. TorchMode)	bool	获取是否支持某种辅助光源模式
[**slot**] setWhiteBalanceMode(mode:QCamera. WhiteBalanceMode)	None	设置白平衡模式
isWhiteBalanceModeSupported(QCamera. WhiteBalanceMode)	bool	获取是否支持某种白平衡模式
whiteBalanceMode()	QCamera. WhiteBalanceMode	获取白平衡模式
[**slot**]setColorTemperature(int)	None	设置颜色温度(K 温度)
colorTemperature()	int	获取颜色温度
setZoomFactor(factor: float)	None	设置缩放系数
zoomFactor()	float	获取缩放系数
[**slot**] zoomTo(zoom: float, rate: float)	None	根据速率设置缩放系数
maximumExposureTime()	float	获取最大的曝光时间
minimumExposureTime()	float	获取最小的曝光时间
maximumIsoSensitivity()	int	获取最大的光敏感值
minimumIsoSensitivity()	int	获取最小的光敏感值
maximumZoomFactor()	float	获取最大的放大系数
minimumZoomFactor()	float	获取最小的放大系数
errorString()	str	获取出错信息
error()	QCamera. Error	获取出错类型

- 用 setCameraDevice(cameraDevice: QCameraDevice)方法为视频接口设置视频设备；用 start()方法或 setActive(true)方法开启视频设备；用 stop()方法或 setActive(false)方法停止视频设备。
- 用 supportedFeatures()方法获取相机支持的特征，返回值如表 9-14 所示。

表 9-14　相机的特征

相机的特征值	值	说　明
QCamera. Feature. ColorTemperature	0x1	相机支持色温
QCamera. Feature. ExposureCompensation	0x2	相机支持曝光补偿
QCamera. Feature. IsoSensitivity	0x4	相机支持自定义光敏感值
QCamera. Feature. ManualExposureTime	0x8	相机支持自定义曝光时间
QCamera. Feature. CustomFocusPoint	0x10	相机支持自定义焦点
QCamera. Feature. FocusDistance	0x20	相机支持自定义焦距

- 用 setExposureMode(mode: QCamera. ExposureMode)方法设置相机的曝光模式，参数 mode 的取值是 QCamera. ExposureMode 的枚举值，可取的值如表 9-15 所示；用 isExposureModeSupported(mode: QCamera. ExposureMode)方法获取是否支持某种曝光模式。

表 9-15 QCamera. ExposureMode 的枚举值

QCamera. ExposureMode 的枚举值	值	模 式	QCamera. ExposureMode 的枚举值	值	模 式
QCamera. ExposureAuto	0	自动	QCamera. ExposureNightPortrait	9	夜晚
QCamera. ExposureManual	1	手动	QCamera. ExposureTheatre	10	剧院
QCamera. ExposurePortrait	2	人物	QCamera. ExposureSunset	11	傍晚
QCamera. ExposureNight	3	夜晚	QCamera. ExposureSteadyPhoto	12	固定
QCamera. ExposureSports	4	运动	QCamera. ExposureFireworks	13	火景
QCamera. ExposureSnow	5	雪景	QCamera. ExposureParty	14	宴会
QCamera. ExposureBeach	6	海景	QCamera. ExposureCandlelight	15	烛光
QCamera. ExposureAction	7	动作	QCamera. ExposureBarcode	16	条码
QCamera. ExposureLandscape	8	风景			

- 用 setFlashMode(mode: QCamera. FlashMode)方法设置相机的快闪模式,参数 mode 的取值是 QCamera. FlashMode 的枚举值,可取 QCamera. FlashOff、QCamera. FlashOn 或 QCamera. FlashAuto;用 isFlashModeSupported(mode: QCamera. FlashMode)方法获取是否支持某种快闪模式。
- 用 setFocusMode(mode: QCamera. FocusMode)方法设置对焦模式,参数 mode 的取值是 QCamera. FocusMode 的枚举值,可取的值如表 9-16 所示。

表 9-16 QCamera. FocusMode 的枚举值

QCamera. FocusMode 的枚举值	值	说 明
QCamera. FocusModeAuto	0	连续自动对焦模式
QCamera. FocusModeAutoNear	1	对近处物体连续自动对焦模式
QCamera. FocusModeAutoFar	2	对远处物体连续自动对焦模式
QCamera. FocusModeHyperfocal	3	对超过焦距范围的物体采用最大景深值
QCamera. FocusModeInfinity	4	对无限远对焦模式
QCamera. FocusModeManual	5	手动或固定对焦模式

- 用 setTorchMode(mode: QCamera. TorchMode)方法设置辅助光源模式,在光线不强时可以设置该模式,并会覆盖快闪模式,参数 mode 可取值为 QCamera. TorchOff、QCamera. TorchOn 或 QCamera. TorchAuto。
- 用 setWhiteBalanceMode(mode: QCamera. WhiteBalanceMode)方法设置白平衡模式,白平衡是描述红、绿、蓝三基色混合生成后白色精确度的一项指标。在房间里的日光灯下拍摄的影像会显得发绿,在室内钨丝灯光下拍摄出来的景物会偏黄,而在日光阴影处拍摄到的照片则偏蓝,白平衡的作用是不管在任何光源下都能将白色物体还原为白色。参数 mode 是 QCamera. WhiteBalanceMode 的枚举值,可取的值如表 9-17 所示。在手动模式下,需要用 setColorTemperature(colorTemperature: int)方法设置色温。

表 9-17 QCamera. WhiteBalanceMode 的枚举值

QCamera. WhiteBalanceMode 的枚举值	值	模 式	QCamera. WhiteBalanceMode 的枚举值	值	模 式
QCamera. WhiteBalanceAuto	0	自动	QCamera. WhiteBalanceSunlight	2	阳光
QCamera. WhiteBalanceManual	1	手动	QCamera. WhiteBalanceCloudy	3	云

续表

QCamera. WhiteBalanceMode 的枚举值	值	模 式	QCamera. WhiteBalanceMode 的枚举值	值	模 式
QCamera. WhiteBalanceShade	4	阴影	QCamera. WhiteBalanceFlash	7	快闪
QCamera. WhiteBalanceTungsten	5	钨灯	QCamera. WhiteBalanceSunset	8	日落
QCamera. WhiteBalanceFluorescent	6	荧光灯			

- 用 errorString()方法获取可读的出错信息；用 error()方法获取出错类型，返回值为 QCamera. NoError 或 QCamera. CameraError。

视频接口 QCamera 的信号如表 9-18 所示。

表 9-18 视频接口 QCamera 的信号

QCamera 的信号及参数类型	说 明
activeChanged(bool)	照相机启动或停止时发送信号
cameraDeviceChanged()	照相设备发生改变时发送信号
cameraFormatChanged()	格式发生改变时发送信号
colorTemperatureChanged()	色温发生改变时发送信号
customFocusPointChanged()	自定义焦点发生改变时发送信号
exposureCompensationChanged(value: float)	曝光补偿发生改变时发送信号
exposureModeChanged()	曝光模式发生改变时发送信号
exposureTimeChanged(speed: float)	曝光时间发生改变时发送信号
flashModeChanged()	快闪模式发生改变时发送信号
flashReady(ready: bool)	可以快闪时发送信号
focusDistanceChanged(float)	焦距发生改变时发送信号
focusPointChanged()	焦点发生改变时发送信号
isoSensitivityChanged(value: int)	光敏感值发生改变时发送信号
manualExposureTimeChanged(speed: float)	自定义曝光时间发生改变时发送信号
manualIsoSensitivityChanged(int)	自定义光敏感值发生改变时发送信号
maximumZoomFactorChanged(float)	最大缩放系数发生改变时发送信号
minimumZoomFactorChanged(float)	最小缩放系数发生改变时发送信号
supportedFeaturesChanged()	所支持的特征发生改变时发送信号
torchModeChanged()	辅助光源模式发生改变时发送信号
whiteBalanceModeChanged()	白平衡发生改变时发送信号
zoomFactorChanged(float)	缩放系数发生改变时发送信号
errorChanged()	错误状态发生改变时发送信号
errorOccurred(error: QCamera. Error, errorString: str)	出现错误时发送信号

9.2.3 媒体捕获器 QMediaCaptureSession 与实例

媒体捕获器 QMediaCaptureSession 是音频数据和视频数据的集散地，它接收从 QAudioInput 和 QCamera 传递过来的音频和视频，然后将音频转发给 QAudioOutput 播放音频，将视频转发给 QVideoWidegt 或 QGraphicsVideoItem 播放视频，或者将音频和视频转发给 QMdiaRecorder 录制音频和视频，转发给 QImageCapture 实现拍照功能。用 QMediaCaptureSession 创建实例对象的方法如下所示。

```
QMediaCaptureSession(parent:QObject = None)
```

1. 媒体捕获器 QMediaCaptureSession 的常用方法

媒体捕获器 QMediaCaptureSession 的常用方法如表 9-19 所示，主要方法是用 setAudioInput(input: QAudioInput)方法和 setCamera(camera: QCamera)方法分别设置音频输入和视频输入；用 setAudioOutput(output: QAudioOutput)方法和 setVideoOutput(output: QObject)方法分别设置音频输出设备和视频输出控件以便播放音频和视频；用 setRecorder(recorder: QMediaRecorder)方法设置媒体记录器，以便录制音频和视频；用 setImageCapture(imageCapture: QImageCapture)方法设置图像捕获器，以便实现拍照功能。

表 9-19 媒体捕获器 QMediaCaptureSession 的常用方法

QMediaCaptureSession 的方法及参数类型	返回值的类型	说明
setAudioInput(input: QAudioInput)	None	设置音频输入
audioInput()	QAudioInput	获取音频输入
setAudioOutput(output: QAudioOutput)	None	设置音频输出
audioOutput()	QAudioOutput	获取音频输出
setCamera(camera: QCamera)	None	设置视频接口
camera()	QCamera	获取视频接口
setImageCapture(imageCapture: QImageCapture)	None	设置图像捕获器
imageCapture()	QImageCapture	获取图像捕获器
setRecorder(recorder: QMediaRecorder)	None	设置媒体记录器
recorder()	QMediaRecorder	获取媒体记录器
setVideoOutput(output: QObject)	None	设置视频输出
videoOutput()	QObject	获取视频输出
setVideoSink(sink: QVideoSink)	None	设置视频接收器
videoSink()	QVideoSink	获取视频接收器

2. 媒体捕获器 QMediaCaptureSession 的信号

媒体捕获器 QMediaCaptureSession 的信号如表 9-20 所示。

表 9-20 媒体捕获器 QMediaCaptureSession 的信号

QMediaCaptureSession 的信号	说明
audioInputChanged()	当音频输入发生改变时发送信号
audioOutputChanged()	当音频输出发生改变时发送信号
cameraChanged()	当视频输入发生改变时发送信号
videoOutputChanged()	当视频输出发生改变时发送信号
imageCaptureChanged()	当图像捕获器发生改变时发送信号
recorderChanged()	当记录器发生改变时发送信号

3. 媒体捕获器 QMediaCaptureSession 的应用实例

下面的程序用摄像头实时捕捉画面，并呈现捕捉到的画面。

```
import sys                                                    #Demo9_4.py
from PySide6.QtWidgets import QApplication,QWidget,QPushButton,QVBoxLayout,QHBoxLayout
from PySide6.QtMultimedia import QMediaDevices,QCamera,QMediaCaptureSession
from PySide6.QtMultimediaWidgets import QVideoWidget

class MyWindow(QWidget):
    def __init__(self,parent = None):
        super().__init__(parent)
        self.resize(800,600)
        self.setupUi()
    def setupUi(self):                                        #界面
        self.videoWidget = QVideoWidget()                     #显示视频的控件
        self.btn_start = QPushButton("启动摄像头")              #打开摄像头按钮
        self.btn_stop = QPushButton("停止摄像头")               #停止摄像头按钮
        h = QHBoxLayout() #按钮水平布局
        h.addWidget(self.btn_start)
        h.addWidget(self.btn_stop)
        v = QVBoxLayout(self)                                 #竖直布局
        v.addWidget(self.videoWidget)
        v.addLayout(h)

        self.mediaDevice = QMediaDevices(self)                #媒体设备
        self.cameraDevice = self.mediaDevice.defaultVideoInput()   #获取默认的视频输入
                                                                   #设备
        self.camera = QCamera(self.cameraDevice)    #根据视频输入设备定义视频接口
        self.mediaCaptureSession = QMediaCaptureSession(self)    #媒体捕获器
        self.mediaCaptureSession.setCamera(self.camera)      #设置媒体捕获器的视频接口
        self.mediaCaptureSession.setVideoOutput(self.videoWidget)
                                                              #设置捕获器的视频输出控件

        self.btn_start.clicked.connect(self.camera.start)    #信号与槽连接
        self.btn_stop.clicked.connect(self.camera.stop)      #信号与槽连接
if __name__ == '__main__':
    app = QApplication(sys.argv)
    window = MyWindow()
    window.show()
    sys.exit(app.exec())
```

9.2.4 媒体格式 QMediaFormat

在进行音频和视频的录制时，需要指定音频和视频的记录格式，以及媒体文件的存储格式，这些格式通过 QMediaFormat 类来定义。用 QMediaFormat 类创建媒体格式实例的方法如下所示。

```
QMediaFormat(format:QMediaFormat.FileFormat = QMediaFormat.UnspecifiedFormat)
QMediaFormat(other:Union[QMediaFormat,QMediaFormat.FileFormat])
```

媒体格式 QMediaFormat 的常用方法如表 9-21 所示，主要方法介绍如下。

- 分别用 setFileFormat(f: QMediaFormat. FileFormat)方法、setAudioCodec(codec: QMediaFormat. AudioCodec)方法和 setVideoCodec(codec: QMediaFormat. VideoCodec)方法设置保存媒体的文件格式、音频编码格式和视频编码格式,可选的文件格式、音频编码格式和视频编码格式如表 9-22 所示。
- 分别用 supportedFileFormats(QMediaFormat. ConversionMode)方法、supportedAudioCodecs(QMediaFormat. ConversionMode)方法和 supportedVideoCodecs(QMediaFormat. ConversionMode)方法获取编码或解码时支持的文件格式列表、音频编码格式列表和视频编码格式列表,参数 QMediaFormat. ConversionMode 可取 QMediaFormat. Encode 或 QMediaFormat. Decode。

表 9-21 媒体格式 QMediaFormat 的常用方法

QMediaFormat 的方法及参数类型	返回值的类型	说明
setFileFormat(f: QMediaFormat. FileFormat)	None	设置文件格式
fileFormat()	QMediaFormat. FileFormat	获取文件格式
setAudioCodec(codec: QMediaFormat. AudioCodec)	None	设置音频编码格式
audioCodec()	QMediaFormat. AudioCodec	获取音频编码格式
setVideoCodec(codec: QMediaFormat. VideoCodec)	None	设置视频编码格式
videoCodec()	QMediaFormat. VideoCodec	获取视频编码格式
supportedFileFormats(QMediaFormat. ConversionMode)	List[QMediaFormat. FileFormat]	获取支持的文件格式列表
supportedAudioCodecs(QMediaFormat. ConversionMode)	List[QMediaFormat. AudioCodec]	获取支持的音频编码格式列表
supportedVideoCodecs(QMediaFormat. ConversionMode)	List[QMediaFormat. VideoCodec]	获取支持的视频编码格式列表
isSupported(mode: QMediaFormat. ConversionMode)	bool	获取是否可以对某种格式编码或解码
[**static**]fileFormatDescription(QMediaFormat. FileFormat)	str	获取文件格式信息
[**static**]fileFormatName(QMediaFormat. FileFormat)	str	获取文件格式名称
[**static**]audioCodecDescription(QMediaFormat. AudioCodec)	str	获取音频格式信息
[**static**]audioCodecName(QMediaFormat. AudioCodec)	str	获取音频格式名称
[**static**]videoCodecDescription(QMediaFormat. VideoCodec)	str	获取视频格式信息
[**static**]videoCodecName(QMediaFormat. VideoCodec)	str	获取视频格式名称

表 9-22 可选的文件格式、音频编码格式和视频编码格式

文件格式	音频编码格式	视频编码格式
QMediaFormat. WMA	QMediaFormat. AudioCodec. WMA	QMediaFormat. VideoCodec. VP8
QMediaFormat. AAC	QMediaFormat. AudioCodec. AC3	QMediaFormat. VideoCodec. MPEG2
QMediaFormat. Matroska	QMediaFormat. AudioCodec. AAC	QMediaFormat. VideoCodec. MPEG1
QMediaFormat. WMV	QMediaFormat. AudioCodec. ALAC	QMediaFormat. VideoCodec. WMV
QMediaFormat. MP3	QMediaFormat. AudioCodec. DolbyTrueHD	QMediaFormat. VideoCodec. H265
QMediaFormat. Wave	QMediaFormat. AudioCodec. EAC3	QMediaFormat. VideoCodec. H264
QMediaFormat. Ogg	QMediaFormat. AudioCodec. MP3	QMediaFormat. VideoCodec. MPEG4
QMediaFormat. MPEG4	QMediaFormat. AudioCodec. Wave	QMediaFormat. VideoCodec. AV1
QMediaFormat. AVI	QMediaFormat. AudioCodec. Vorbis	QMediaFormat. VideoCodec. MotionJPEG
QMediaFormat. QuickTime	QMediaFormat. AudioCodec. FLAC	QMediaFormat. VideoCodec. VP9
QMediaFormat. WebM	QMediaFormat. AudioCodec. Opus	QMediaFormat. VideoCodec. Theora
QMediaFormat. Mpeg4Audio	QMediaFormat. AudioCodec. Unspecified	QMediaFormat. VideoCodec. Unspecified
QMediaFormat. FLAC		

9.2.5 媒体录制 QMediaRecorder 与实例

QMediaRecorder 可以录制从 QMediaCaptureSession 获取的音频和视频，并对音频和视频进行编码，需要用 QMediaCaptureSession 的 setRecorder(recorder: QMediaRecorder)方法设置关联的捕获器。用 QMediaRecorder 创建实例的方法如下所示。

```
QMediaRecorder(parent: QObject = None)
```

1. 媒体录制 QMediaRecorder 的常用方法

QMediaRecorder 的常用方法如表 9-23 所示，主要方法介绍如下。

- 当 QMediaRecorder 准备就绪可以录制时，isAvailable()的返回值是 True；用 record()方法开始录制，用 stop()方法停止录制，用 pause()方法暂停录制，用 duration()方法获取录制的时间，单位是毫秒。
- 用 recorderState()方法获取录制状态，返回值是 QMediaRecorder. RecorderState 的枚举值，可取 QMediaRecorder. StoppedState、QMediaRecorder. RecordingState 或

QMediaRecorder. PausedState。

- 录制过程中如果出错，可以用 error()方法获取出错内容，返回值是 QMediaRecorder. Error 的枚举值，可取 QMediaRecorder. NoError、QMediaRecorder. ResourceError（设备没有准备好）、QMediaRecorder. FormatError（不支持该格式）、QMediaRecorder. OutOfSpaceError（存储空间不足）或 QMediaRecorder. LocationNotWritable（输出位置不可写）；或者用 errorString()方法获取具体的出错信息。
- 用 setEncodingMode(QMediaRecorder. EncodingMode)方法设置编码模式，参数是 QMediaRecorder. EncodingMode 的枚举值，可取 QMediaRecorder. ConstantQualityEncoding（常质量编码）、QMediaRecorder. ConstantBitRateEncoding（常比特率编码）、QMediaRecorder. AverageBitRateEncoding（平均比特率编码）或 QMediaRecorder. TwoPassEncoding（二次编码）。
- 用 setQuality(quality：QMediaRecorder. Quality)方法设置录制质量，参数是 QMediaRecorder. Quality 的枚举值，可取 QMediaRecorder. VeryLowQuality、QMediaRecorder. LowQuality、QMediaRecorder. NormalQuality、QMediaRecorder. HighQuality 或 QMediaRecorder. VeryHighQuality。
- 用 setMediaFormat(format：Union[QMediaFormat，QMediaFormat. FileFormat])方法设置媒体格式。

表 9-23 QMediaRecorder 的常用方法

QMediaRecorder 的方法及参数类型	返回值的类型	说 明
isAvailable()	bool	获取是否可以录制
[**slot**]record()	None	开始录制
[**slot**]stop()	None	停止录制
[**slot**]pause()	None	暂停录制
duration()	int	获取录制的时间
error()	QMediaRecorder. Error	获取出错内容
errorString()	str	获取出错信息
recorderState()	QMediaRecorder. RecorderState	获取录制状态
captureSession()	QMediaCaptureSession	获取关联的捕获器
setAudioBitRate(bitRate：int)	None	设置音频比特率
audioBitRate()	int	获取音频比特率
setAudioChannelCount(channels：int)	None	设置音频通道数量
audioChannelCount()	int	获取音频通道数量
setAudioSampleRate(sampleRate：int)	None	设置音频采样率
audioSampleRate()	int	获取音频采样率
setEncodingMode(QMediaRecorder. EncodingMode)	None	设置编码模式
setMediaFormat(Union[QMediaFormat，QMediaFormat. FileFormat])	None	设置媒体格式
mediaFormat()	QMediaFormat	获取媒体格式
setMetaData(QMediaMetaData)	None	设置媒体元数据
metaData()	QMediaMetaData	获取媒体元数据

续表

QMediaRecorder 的方法及参数类型	返回值的类型	说　明
addMetaData(QMediaMetaData)	None	添加媒体元数据
setOutputLocation(Union[QUrl,str])	None	设置媒体输出位置
outputLocation()	QUrl	获取输出位置
actualLocation()	QUrl	获取实际的输出位置
setQuality(QMediaRecorder. Quality)	None	设置录制质量
quality()	QMediaRecorder. Quality	获取录制质量
setVideoBitRate(bitRate: int)	None	设置视频比特率
videoBitRate()	int	获取视频比特率
setVideoFrameRate(frameRate: float)	None	设置视频帧速
videoFrameRate()	float	获取视频帧速
setVideoResolution(QSize)	None	设置视频分辨率
setVideoResolution(width: int, height: int)	None	
videoResolution()	QSize	获取视频分辨率

2. 媒体录制 QMediaRecorder 的信号

媒体录制 QMediaRecorder 的信号如表 9-24 所示。

表 9-24　媒体录制 QMediaRecorder 的信号

QMediaRecorder 的信号及参数类型	说　明
actualLocationChanged(location: QUrl)	存储位置发生改变时发送信号
durationChanged(duration: int)	录制时间发生改变时发送信号
errorChanged()	错误状态发生改变时发送信号
errorOccurred(error: QMediaRecorder. Error, errorString: str)	出现错误时发送信号
mediaFormatChanged()	格式发生改变时发送信号
metaDataChanged()	元数据发生改变时发送信号
recorderStateChanged(state: QMediaRecorder. RecorderState)	录制状态发生改变时发送信号

3. 媒体录制 QMediaRecorder 的应用实例

本书二维码中的实例源代码 Demo9_5. py 是关于媒体录制 QMediaRecorder 的应用实例。程序可以开启摄像头，可以录制音频和视频到文件中，并可以播放录制的音频和视频。

9.2.6 图像捕获 QImageCapture 与实例

用媒体捕获器 QMediaCaptureSession 的 setImageCapture(imageCapture: QImageCapture)方法将 QImageCapture 与 QMediaCatureSession 关联，可以捕获图像，实现拍照功能。用 QImageCapture 类定义图像捕获的方法如下所示。

```
QImageCapture(parent: QObject = None)
```

1. 图像捕获 QImageCapture 的常用方法

图像捕获 QImageCapture 的常用方法如表 9-25 所示，主要方法介绍如下。

- 当 isReadyForCapture()的返回值是 True 时，可以进行拍照；用 capture()方法进行拍照，返回值是拍照的识别号 ID，同时会发送 imageCaptured(id：int，preview：QImage)信号和 imageExposed(id：int)信号，可以获取拍摄的图像；也可以用 captureToFile(location：str='')方法直接将拍摄的图像保存到文件中，同时发送 imageCaptured(id：int，preview：QImage)信号、imageExposed(id：int)信号和 imageSaved(id：int，fileName：str)信号，如果没有给出保存的文件名和路径，则使用默认的路径和文件名，如果只给出文件名，则保存到默认路径下，完整路径可以通过 imageSaved(id：int，fileName：str)信号的参数获取。
- 用 error()方法获取拍照时的出错状态，返回值是 QImageCapture. Error 枚举值，可取 QImageCapture. NoError、QImageCapture. NotReadyError(设备没准备好)、QImageCapture. ResourceError(设备没准备好或不可用)、QImageCapture. OutOfSpaceError(存储空间不够)、QImageCapture. NotSupportedFeatureError(设备不支持拍照)或 QImageCapture. FormatError(格式出错)，对应值分别是 0～5；或者用 errorString()方法获取出错信息。
- 用 setFileFormat(format：QImageCapture. FileFormat)方法设置拍照的格式，参数是 QImageCapture. FileFormat 的枚举值，可取 QImageCapture. FileFormat. JPEG、QImageCapture. FileFormat. PNG、QImageCapture. FileFormat. Tiff、QImageCapture. FileFormat. WebP、QImageCapture. FileFormat. UnspecifiedFormat 或 QImageCapture. FileFormat. LastFileFormat。
- 用 setQuality(quality：QImageCapture. Quality)方法设置图像质量，参数是 QImageCapture. Quality 的枚举值，可取 QImageCapture. VeryLowQuality、QImageCapture. LowQuality、QImageCapture. NormalQuality、QImageCapture. HighQuality 或 QImageCapture. VeryHighQuality，对应值分别是 0～4。

表 9-25 图像捕获 QImageCapture 的常用方法

QImageCapture 的方法及参数类型	返回值的类型	说　明
isReadyForCapture()	bool	获取是否可以拍照
[**slot**]capture()	int	进行拍照
[**slot**]captureToFile(location：str='')	int	拍照到文件中
captureSession()	QMediaCaptureSession	获取关联的捕捉器
error()	QImageCapture. Error	获取出错状态
errorString()	str	获取出错信息
setFileFormat(QImageCapture. FileFormat)	None	设置文件格式
setMetaData(metaData：QMediaMetaData)	None	设置元数据
metaData()	QMediaMetaData	获取元数据
addMetaData(metaData：QMediaMetaData)	None	添加元数据
setQuality(quality：QImageCapture. Quality)	None	设置图像质量
quality()	QImageCapture. Quality	获取图像质量
setResolution(QSize)	None	设置分辨率
setResolution(width：int，height：int)	None	
resolution()	QSize	获取分辨率

续表

QImageCapture 的方法及参数类型	返回值的类型	说 明
[**static**] fileFormatDescription(QImageCapture.FileFormat)	str	获取格式的信息
[**static**] fileFormatName(QImageCapture.FileFormat)	str	获取格式的名称
[**static**]supportedFormats()	List[QImageCapture.FileFormat]	获取支持的格式

2. 图像捕获 QImageCapture 的信号

图像捕获 QImageCapture 的信号如表 9-26 所示，其中 imageAvailable(id: int,frame: QVideoFrame)信号的参数 QVideoFrame 是视频帧，利用 QVideoFrame 的 toImage()方法可以得到 QImage。

表 9-26 图像捕获 QImageCapture 的信号

QImageCapture 的信号及参数类型	说 明
readyForCaptureChanged(ready: bool)	准备状态发生改变时发送信号
imageCaptured(id: int,preview: QImage)	捕捉到图像时发送信号
imageExposed(id: int)	图像曝光时发送信号
imageSaved(id: int,fileName: str)	保存图像时发送信号
imageAvailable(id: int,frame: QVideoFrame)	可以获取图像时发送信号
metaDataChanged()	元数据发生改变时发送信号
qualityChanged()	图像质量发生改变时发送信号
errorOccurred(id: int,error: QImageCapture.Error,errorString: str)	出现错误时发送信号
errorChanged()	错误状态发生改变时发送信号
fileFormatChanged()	文件格式发生改变时发送信号

3. 图像捕获 QImageCapture 的应用实例

本书二维码中的实例源代码 Demo9_6.py 是关于图像捕获 QImageCapture 的应用实例。运行程序可以开启或关闭摄像头，开启摄像头后可以多次拍照，并可预览所拍摄的照片，以及保存和删除所拍摄的照片。

9.2.7 媒体元数据 QMediaMetaData

用 QMediaRecorder 或 QImageCapture 的 setMetaData(metaData: QMediaMetaData)方法可以为所录制的音频和视频或拍摄的照片添加媒体元数据，用 metaData()方法获取媒体元数据。媒体元数据 QMediaMetaData 的常用方法如表 9-27 所示，需要通过字典形式来定义媒体元数据的值，已经定义的字典关键字可以用 keys()方法获取，用 insert(k: QMediaMetaData.Key,value: Any)方法定义关键字的值。

表 9-27 媒体元数据 QMediaMetaData 的常用方法

QMediaMetaData 的方法及参数类型	返回值的类型	说明
insert(k: QMediaMetaData. Key, value: Any)	None	插入关键字及值
keys()	List	获取关键字列表
remove(k: QMediaMetaData. Key)	None	移除关键字
isEmpty()	bool	获取是否为空
clear()	None	清空所有关键字
stringValue(k: QMediaMetaData. Key)	str	获取关键字对应的文本
value(k: QMediaMetaData. Key)	Any	获取关键字对应的值
[**static**]metaDataKeyToString(k: QMediaMetaData. Key)	str	获取关键字对应的文本

媒体元数据 QMediaMetaData 的可选关键字如表 9-28 所示。

表 9-28 媒体元数据 QMediaMetaData 的可选关键字

关键字	值的类型	关键字	值的类型
Title	str	Duration	int
Author	List[str]	AudioBitRate	int
Comment	str	VideoFrameRate	float
Description	str	VideoBitRate	int
Genre	List[str]	AlbumTitle	str
Date	QDate	AlbumArtist	str
Language	QLocale. Language	ContributingArtist	List[str]
Publisher	str	TrackNumber	int
Copyright	str	Composer	List[str]
Url	Qurl	LeadPerformer	List[str]
MediaType	str	ThumbnailImage	QImage
FileFormat	QMediaFormat. FileFormat	CoverArtImage	QImage
AudioCodec	QMediaFormat. AudioCodec	Resolution	QSize
VideoCodec	QMediaFormat. VideoCodec		

第10章

数据库操作

数据库(database)是统一管理的、有组织的、可共享的大量数据的集合。数据有多种形式,如文字、数值、符号、图形、图像及声音等,可以按照第7章介绍的方法以文件形式存储数据,但这种文件管理方法有很大的不足,例如它使得数据通用性差,不便于移植,在不同文件中存储大量重复信息,从而浪费存储空间,查询数据和更新数据不便等。数据库不是针对具体的应用程序,而是立足于数据本身的管理,它将所有数据保存在数据库中,进行科学的组织,并借助于数据库管理系统,通过SQL与各种应用程序或应用系统连接,使之能方便地使用数据库中的数据。PySide提供了对常用数据库的驱动,可以从数据库中进行查询、读取、写入、修改、删除数据等操作,同时提供了可视化的控件和数据库数据模型,可以将数据从数据库读取到数据模型中,然后用Model/View结构在图形界面中对数据进行操作。

10.1 SQL与数据库连接

数据库将数据存储在一个或多个表格中,管理这个数据库的软件称为数据库管理系统(database management system,DBMS)。主流的数据库管理系统有Oracle、Informix、Sybase、SQL Server、PostgreSQL、MySQL、Access、FoxPro和SQLite等。关系型数据库管理系统一般都支持结构化查询语言(structured query language,SQL),SQL是数据库的基础,通过它可以实现对关系型数据库进行查询、新增、更新、删除、求和和排序等操作。

10.1.1 SQL

关系型数据库由数据表(table)构成,数据表的一行数据称为字段,可以在数据库中添加和删除数据表,在数据表中可以查询、添加和删除字段。要对数据库进行操作,首先需要掌握SQL的格式。SQL可以分为以下几类。

- 数据定义语言(data definition language,DDL)。DDL 是 SQL 中定义数据结构和数据库对象的语言,主要关键字有 CREATE、ALTER 和 DROP。
- 数据操纵语言(data manipulation language,DML)。DML 是 SQL 中操纵数据库中数据的语言,可对数据库中的数据进行插入、删除、更新和选择,主要关键字有 INSERT、UPDATE、DELETE 和 SELECT。
- 事务控制语言(transaction control language,TCL)。TCL 用于管理 DML 对数据所作的修改,主要关键字有提交 COMMIT 和撤销 ROLLBACK。对数据库的操作需要用 COMMIT 进行确认,事务一经提交就不能撤销,如果要在提交前撤销对数据库的操作,可以用 ROLLBACK 来"回滚"到相应事务开始时的状态。
- 数据控制语言(data control language,DCL)。DCL 是对数据访问权限进行控制、定义安全级别及创建用户的语言,主要关键字有 GRANT 和 REVOKE。

SQL 由关键字构成,常用的关键字如表 10-1 所示,更高级的 SQL 请参考相关书籍。SQL 的关键字不区分大小写,例如 CREATE 与 Create 或 create 相同,SQL 的每个指令以分号";"结束。

表 10-1 SQL 中的常用关键字及用法

关键字	用 法	说 明
CREATE	CREATE DATABASE database_name	新建数据库
	CREATE TABLE table_name(column_name1 data_type,column_name2 data_type,...)	新建数据表格,同时指定列(字段)名和数据类型
ALTER	ALTER TABLE table _ name ADD column_name datatype	在已经存在的表中增加列(字段)
	ALTER TABLE table _ name DROP COLUMN column_name	在已经存在的表中移除列(字段)
DROP	DROP DATABASE database_name	移除数据库
	DROP TABLE table_name	在数据库中移除数据表
SELECT	SELECT column_name(s)FROM table_name	从指定表中获取指定的列的数据
WHERE	SELECT column FROM table WHERE column condition	SELECT 语句返回 WHERE 子句中条件为 true 的数据,可使用=、<>、>、<、>=、<=、LIKE,可用 AND、OR 或 NOT 连接逻辑表达式,也可用 Between... And... 来设置范围,还可以用 LIKE 与通配符搭配,其中%代表零个或多个字符,_仅代表一个字符,[charlist]代表字符列中的任何单一字符,[^charlist]或[! charlist]表示不在字符列中的任何单一字符
DISTINCT	SELECT DISTINCT column-name(s) FROM table-name	当 column-name(s) 中存在重复值时,返回结果仅留下一个
ORDER BY	SELECT column-name(s) FROM table-name ORDER BY ASC | DESC	设置返回值是升序还是降序,默认是升序。ASC 是升序,DESC 是降序

续表

关键字	用 法	说 明
GROUP BY	SELECT column,SUM(column) FROM table GROUP BY column	对结果进行分组,常与汇总函数一起使用
HAVING	SELECT column,SUM(column) FROM table GROUP BY column HAVING SUM(column) condition value	指定群组或汇总的搜寻条件,通常与GROUP BY 子句同时使用。不使用 GROUP BY 时,HAVING 则与 WHERE 子句功能相似
INSERT INTO	INSERT INTO table_name VALUES (value1,value2,...)	在表中插入一行
	INSERT INTO table_name (column1, column2,...) VALUES (value1,value2,...)	
UPDATE	UPDATE table_name SET column_name = new_value WHERE column_name = value	更新表中的数据
DELETE	DELETE FROM table_name WHERE column_name = value	删除表中的数据
COUNT	SELECT COUNT (column_name) FROM table_name	返回结果集中行的数量
SUM	SELECT SUM(column_name) FROM table_name	返回指定列中数值的总和,或仅 DISTINCT 值,SUM 仅可用于数值列
AVG	SELECT AVG(column_name) FROM table_name	返回指定列中数据的平均值,忽略空行
MAX	SELECT MAX(column_name) FROM table_name	返回指定列中数据的最大值
MIN	SELECT MIN(column_name) FROM table_name	返回指定列中数据的最小值

除关键字外,SQL 中也可以用到一些函数,常用的函数如表 10-2 所示,例如 SQL 语句 SELECT ABS(-1.2)。

表 10-2 SQL 中的常用函数

SQL 函数格式	说 明	SQL 函数格式	说 明
CEIL(value)	大于或等于给定数值的最小整数	FLOOR(value)	小于或等于给定数值的最大整数
ABS(value)	绝对值	NOW()	当前日期
PI()	圆周率	REVERSE(str)	颠倒字符串
COS(value)	余弦函数	LOWER(str)	字符串转成小写
COSH(value)	反余弦函数	UPPER(str)	字符串转成大写
SIN(value)	正弦函数	LTRIM(str)	去除左边空格
SINH(value)	反正弦函数	RTRIM(str)	去除右边空格
TAN(value)	正切函数	LENGTH(str)	字符串的长度
TANH(value)	反正切函数	LEFT(str,n)	字符串左侧 n 个字符

续表

SQL 函数格式	说　明	SQL 函数格式	说　明
EXP(value)	以 e 为底的指数函数	RIGHT(str,n)	字符串右侧 n 个字符
LOG(value)	自然对数函数	STR(value,n)	将数值转换成字符串,n 是字符串的长度
POWER(value1,value2)	指数函数	ASCII(str)	字符串中第 1 个字符的 ASCII 值
SIGN(value)	符号函数	REPLICATE(str,n)	复制字符串 n 次
SQRT(value)	开方	SPACE(n)	n 个空格构成的字符串
MOD(value1,value2)	求余数	SUBSTRING(str,start,end)	从字符串中获取子字符串
ROUND(value,n)	按照 n 指定的小数位进行四舍五入	REPLACE(str,str1,str2)	用字符串 str2 替换字符串 str 中的子字符串 str1
RAND([n])	生成随机数	CONCAT(str1,str2,...)	连接字符串

10.1.2 SQLite 数据库连接与实例

SQLite 数据库是一个常用的开源、跨平台、轻量化本机版数据库,可以作为嵌入式数据库使用。Python 自带的 sqlite3 可以实现对 SQLite 数据库的查询,使用前需要用 import sqlite3 语句导入 sqlite3。下面介绍 sqlite3 的使用方法。

sqlite3 提供了两个基本的类:数据库连接 Connection 和游标 Cursor。用 sqlite3 的 connect (database: str)方法打开一个已经存在的 SQLite 数据库或新建一个数据库,并返回 Connection 对象,其中 databaseName 是本机上已经存储的数据库文件,或者新建立的数据库文件名称,还可取": memory: ",表示在内存中创建临时数据库。用 Connection 对象的 cursor()方法获取 Cursor 对象,用 Cursor 对象提供的方法可以执行 SQL 指令。

1. 数据库连接 Connection 的常用方法

数据库连接 Connection 的常用方法如表 10-3 所示,主要方法是用 cursor()创建并返回 Cursor 对象;用 commit()方法提交对数据库的操作;用 rollback()方法放弃自上次调用 commit()方法后对数据库的操作。

表 10-3　数据库连接 Connection 的常用方法

Connection 的方法及参数类型	说　明
cursor()	创建并返回 Cursor 对象
commit()	提交当前的事务
interrupt()	停止还未执行的操作
rollback()	放弃对数据库的操作,返回到调用 commit()时的状态
close()	关闭数据库
backup(target: Connection)	将数据备份到另外一个数据库中
execute(sql: str[,parameters])	调用 cursor()方法获取 Cursor 对象,并调用 Cursor 的 execute()方法执行一条 SQL 命令。parameters 是 SQL 中的占位符的值

续表

Connection 的方法及参数类型	说　明
executemany(sql: str, sequence of parameters)	调用 cursor()方法获取 Cursor 对象，并调用 Cursor 的 executemany()方法执行多条 SQL 命令
executescript(sql_script: str)	调用 cursor()方法获取 Cursor 对象，并调用 Cursor 的 executescript()方法执行多条 SQL 命令
create_function(name: str, num_params: int, func: Function)	将 func 函数定义成 SQL 指令中可以使用的函数，其中 name 是 SQL 中使用的函数名，num_params 是函数参数的个数
total_changes	操作数据后，返回受影响的行的数量

2. 游标 Cursor 的常用方法

游标 Cursor 用于执行 SQL 命令。Cursor 的常用方法如表 10-4 所示，主要方法介绍如下。

- 执行一条 SQL 命令可以用 execute(sql: str[, parameters])方法，其中 parameters 是可选的，用于 SQL 命令中有占位符的情况，占位符可取“?”。parameters 的取值是序列（如元组、列表），例如 execute("insert into tableName values (?,?)", ("ABC",2015))。也可以在 SQL 命令中用名称做占位符，这时 parameters 是字典，且字典的键是占位符的名称，例如 execute("select * from tableName where birthday=:year",{"year":2015})。
- 用 executemany(sql: str, sequence of parameters)方法可以重复执行一条 SQL 命令，重复执行的次数是参数序列的长度 len(sequence of parameters)，例如 executemany("insert into tableName values (?,?)",(("A",2015),("B",2016),("C",2017))执行 3 次，占位符(?,?)依次取("A",2015)、("B",2016)和("C",2017)。
- 若要执行多条 SQL 命令，需要用 executescript(sql_script: str)方法，例如 executescript("insert into tableName values ("A",2015); insert into tableName values ("B",2016); insert into tableName values ("C",2017); ")。
- 要获取数据表中的数据，可以用 execute()方法执行 SQL 的 SELECT 命令，也可用 fetchone()方法获取当前行的下一行对象，如果当前行是最后一行，则返回值是 None；用 fetchmany(size=cursor.arraysize)方法可以获取当前行后的多行记录，如果没有给出行的数量，则用 cursor.arraysize 属性值确定行数；用 fetchall()方法获取所有剩余的行。

表 10-4　游标 Cursor 的常用方法

Cursor 的方法及参数类型	说　明
execute(sql: str[, parameters])	执行一条 SQL 命令，parameters 是 SQL 中的占位符的值
executemany(sql: str, sequence of parameters)	重复执行 SQL 命令，parameters 是 SQL 中的占位符的值
executescript(sql_script: str)	执行多条 SQL 命令
fetchone()	获取数据表中的下一行，返回由行数据构成的元组或 None
fetchmany(size=cursor.arraysize)	获取多行数据，参数 size 是要获取的行数，并返回多行数据构成的列表

续表

Cursor 的方法及参数类型	说　明
arraysize	设置或获取 fetchmany()方法每次默认读取的行数
fetchall()	获取所有剩余的行,并返回多行数据构成的列表
connection	获取 Connection 对象
lastrowid	获取用 execute()方法执行 sql 指令 INSERT 或 REPLACE 后,最后插入的行的 ID 号,用 executemany 方法或 executescript()方法插入行不改变 lastrowid 的值
close()	关闭游标,游标不可再使用

3. Python 的数据类型与 SQLite 的数据类型的相互转换

SQLite 支持的数据类型较少,它的数据类型有 NULL、INTEGER、REAL、TEXT 和 BLOB,在往 SQLite 数据库中写入数据和从 SQLite 数据库中读取数据时,需要注意 Python 和 SQLite 数据类型之间的转换。Python 的数据类型与 SQLite 的数据类型的相互转换如表 10-5 所示。SQLite 的 TEXT 数据类型转换成 Python 数据类型时,与数据库连接对象 Connection 的 text_factory 属性有关,默认将 TEXT 数据类型转换成 Python 的 str 数据类型,如果设置 con.text_factory=bytes,则 TEXT 类型将转换成 bytes 类型。

表 10-5　Python 的数据类型与 SQLite 的数据类型的相互转换

Python 数据类型转换成 SQLite 数据类型		SQLite 数据类型转换成 Python 数据类型	
Python 数据类型	SQLite 数据类型	SQLite 数据类型	Python 数据类型
None	NULL	NULL	None
int	INTEGER	INTEGER	int
float	REAL	REAL	float
str	TEXT	TEXT	与 Connection 对象的属性 text_factory 有关,默认是 str
bytes	BLOB	BLOB	bytes

4. 对 SQLite 数据库查询的应用实例

下面的程序建立一个数据库 student_score.db,建立一个表格 score,并输入 4 个学生的考试成绩,然后重新打开数据库,并输出结果。

```
import sqlite3                                          #Demo10_1.py

dbName = "d:/student_score.db"                          #数据库保存位置和数据库名称
con = sqlite3.connect(dbName)                           #新建数据库
cur = con.cursor()                                      #创建游标
cur.execute('''CREATE TABLE score
      (ID INTEGER,name TEXT, 语文 REAL, 数学 REAL)''')    #执行一条 SQL 命令,创建表格
information = ((2001,"张",78,89),(2002,"刘",88,82.5),   #学生考试信息
               (2003,"王",78.5,83),(2004,"张",72.5,86))
cur.executemany("INSERT INTO score VALUES (?,?,?,?)", information)   #执行多条 SQL 命令
con.commit()                                            #提交事务
con.close()                                             #关闭数据库
```

```
con = sqlite3.connect(dbName)                                  #打开数据库
cur = con.cursor()                                             #创建游标
for row in cur.execute("SELECT * From score"):                 #查询数据表中的内容
    print(row)
cur.execute("SELECT * From score Where name = '张'")           #重新查询数据表中的内容
rows = cur.fetchall()                                          #获取数据表中的所有内容
for row in rows:
    print(row)
con.close()                                                    #关闭数据库
#运行结果如下:
#(2001, '张', 78.0, 89.0)
#(2002, '刘', 88.0, 82.5)
#(2003, '王', 78.5, 83.0)
#(2004, '张', 72.5, 86.0)
#(2001, '张', 78.0, 89.0)
#(2004, '张', 72.5, 86.0)
```

10.1.3 MySQL 数据库连接与实例

MySQL 数据库是最常用的数据库系统之一,是开源免费的。它是以服务器/客户端结构实现对数据的操作,支持多用户和多线程,它能够快捷、有效和安全地处理大量的数据。

1. 创建 MySQL 数据库的过程

在使用 MySQL 数据库之前,需要下载 MySQL 数据库服务器并启动服务器。MySQL 数据库的服务器程序可以到其官司网上下载,如图 10-1(a)所示,根据系统选择安装程序,本书选择 Microsoft Windows。单击 MySQL Installer for Windows 图片或者 Go to Download Page 按钮,跳转到下载页,可以选择网络版或本机版安装程序,单击 Download 按钮,跳转到账户登录页面,如果没有账户则直接单击"No thanks,just start my download."下载。下载结束后运行下载的安装程序 mysql-installer-web-community-8. 0. 28. 0. msi 或 mysql-installer-community-8. 0. 28. 0. msi,或者运行本书二维码中的 mysql-installer-web-community-8. 0. 28. 0. msi(web 版需要连接网络安装),在安装界面中根据需要选择安装类型,这里选择 Server only,在安装过程中需要设置根(root)密码,例如 12345678,也可添加账户。安装结束后,启动 MySQL 8. 0 Command Line Client 命令客户端,输入根密码。在 mysql>提示下,输入"create database mydatabase;"将创建数据库 mydatabase,如图 10-1(b)所示,输入"show databases;"可以查询已经存在的数据库。

2. 用 pymysql 查询 MySQL 数据库

利用 Python 的 pymysql 包可以实现对 MySQL 数据库的连接和查询,使用前先用 pip install pymysql 语句安装 pymysql。pymysql 对数据库的操作与 sqlite3 对数据库的操作基本相同,都要建立对数据库的连接对象 Connection 和游标对象 QCursor。用 pymysql 的 connect(user=None, password='', host=None, database=None, port=0, charset='', init_command=None, connect_timeout=10, read_timeout=None, write_timeout=None)方法建立对数据库的连接对象 Connection,用 Connection 的 cursor()方法获取 Cursor 对象,用

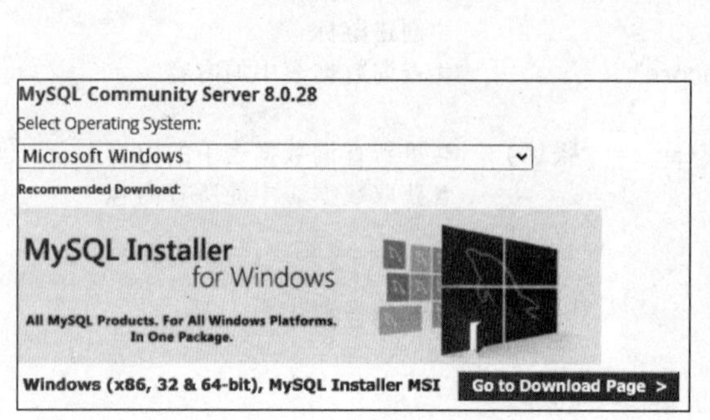

(a)

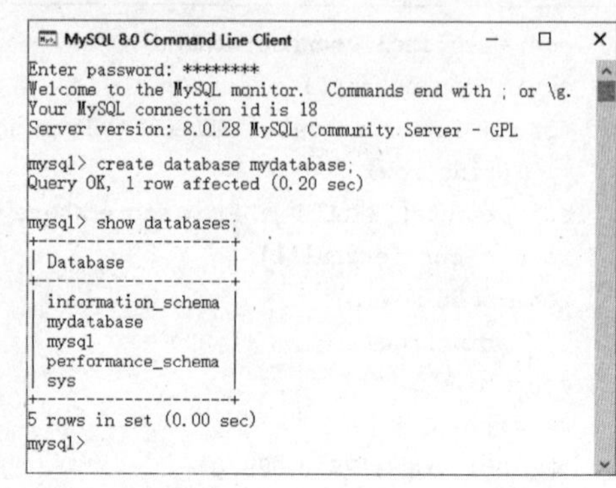

(b)

图 10-1 MySQL 数据库的建立过程

(a)下载 MySQL；(b) MySQL 命令客户端

Cursor 对象的 execute(query,args=None)或 executemany(query,args=None)方法执行 SQL 命令，用 fechone()、fechmany(size=None)或 fechall()方法获取查询到的内容。需要注意的是，在用 Cursor 执行 SQL 查询命令时，若 SQL 中需要参数，当参数是列表或元组时，占位符是“%s”，参数是字典时，占位符是“%(name)s”。

下面的程序用 pymysql 连接 MySQL 数据库，在数据库中创建数据表并插入数据和输出数据。

```
import pymysql                                          # Demo10_2.py

dbName = "mydatabase"                                   # 数据库名称
con = pymysql.connect(host = '127.0.0.1', port = 3306, user = 'root', password = '12345678',
      database = dbName, charset = 'utf8')              # 数据库连接，数据中有中文时需设置
charset = 'utf8'
cur = con.cursor()                                      # 创建游标

cur.execute('''CREATE TABLE score
      (ID INTEGER, name TEXT, 语文 REAL, 数学 REAL)''')   # 执行 SQL 命令，创建数据表 score
information = ((2001,"张",78,89),(2002,"刘",88,82.5),   # 学生考试信息
      (2003,"王",78.5,83),(2004,"张",72.5,86))
cur.executemany("INSERT INTO score VALUES ( %s, %s, %s, %s)", information)
                                                        # 执行多条 SQL 命令
con.commit()                                            # 提交事务
con.close()                                             # 关闭数据库

con = pymysql.connect(host = 'localhost', port = 3306, user = 'root', password = '12345678',
                  db = dbName, charset = 'utf8')        # 重新建立对数据库的连接
cur = con.cursor()                                      # 创建游标
cur.execute("SELECT * From score where name = '张'")     # 查询数据表中的内容
rows = cur.fetchall()                                   # 获取数据表中的所有内容
for row in rows:                                        # 输出查询到的内容
```

```
    print(row)
con.close()                                           #关闭数据库
#运行结果如下:
#(2001, '张', 78.0, 89.0)
#(2004, '张', 72.5, 86.0)
```

10.2 PySide 对数据库的操作

PySide 可以驱动常用的关系型数据库,在对数据库进行操作之前需要用 QSqlDatabase 类建立对数据库的连接,然后再用 QSqlQuery 类执行 SQL 命令,实现对数据库的操作。

10.2.1 数据库连接 QSqlDatabase

在对数据库进行操作之前,需要先建立对数据库的连接。数据库连接用 QSqlDatabase 类,用 QSqlDatabase 创建实例的方法如下所示,其中 type 是数据库的驱动类型,可取的值如表 10-6 所示。如果要建立自定义的驱动类型,可以创建 QSqlDriver 的子类,本书对这一部分内容不作介绍。

```
QSqlDatabase()
QSqlDatabase(type:str)
```

表 10-6 PySide6 支持的数据库驱动类型

数据库驱动类型	说　明
'QDB2'	IBM DB2 数据库,需要最低是 7.1 版本
'QIBASE'	Borland InterBase 数据库
'QMYSQL'	MySQL 数据库
'QODBC'	支持 ODBC 接口的数据库,包括 Microsoft SQL Server,例如 Access
'QPSQL'	PostgreSQL 数据库,需要最低是 7.3 版本
'QSQLITE'	SQLite3 数据库
'QOCI'	Oracle 数据库(oracle call interface,OCI)

数据库连接 QSqlDatabase 的常用方法如表 10-7 所示,主要方法介绍如下。

- 不同的系统支持的数据库驱动类型也不同,用静态方法 drivers()获取系统支持的驱动类型列表;用 isDriverAvailable(name: str)方法获取某种驱动类型是否可用。
- 用静态方法 addDatabase(type: str, connectionName: str = 'qt_sql_default_connection')添加某种驱动类型的连接,其中参数 type 是驱动类型。对同一个数据库可以添加多个连接,数据库连接的识别是通过连接名称 connectionName 来区分的,而不是关联的数据库。如果不输入连接名称,则该连接作为默认连接,将使用默认的连接名称 'qt_sql_default_connection'。用静态方法 removeDatabase(connectionName: str)可以根据连接名称删除数据库连接;用 driverName()方法可以获取数据库连接的驱动类型;用 connectionName()方法可以获取数据库连接的名称；用静态方法 connectionNames()可以获得所有已经添加的连接的名称列表。

- 在用 open()方法打开数据库前，需要分别用 setDatabaseName(name：str)方法、setHostName(host：str)方法、setPassword(password：str)方法、setPort(p：int)方法、setUserName(name：str)方法、setConnectOptions(options：str='')方法设置连接的数据库文件名、主机名、密码、端口号、用户名和连接参数，如果用 open()方法打开数据库后再设置这些参数将不起作用。当然也可以先用 close()方法关闭连接，设置这些参数后再用 open()方法打开。
- 在用 setDatabaseName(name：str)方法打开 SQLite 数据库时，如果数据库不存在则创建新数据库，参数 name 也可取'：memory：'，在内存中临时创建数据库，程序运行结束后删除数据库。对于 ODBC 数据库，参数 name 是 *.dsn 文件或连接字符串；对于 Oracle 数据库，name 参数是 TNS 服务名称。
- 用 setConnectOptions(options：str='')方法设置数据库的参数，不同的驱动类型需要设置的参数也不同，例如 SQLite 数据库，可选参数有 QSQLITE_BUSY_TIMEOUT、QSQLITE_OPEN_READONLY、QSQLITE_OPEN_URI、QSQLITE_ENABLE_SHARED_CACHE、QSQLITE_ENABLE_REGEXP 和 QSQLITE_NO_USE_EXTENDED_RESULT_CODES，各参数值之间用分号"；"隔开，例如 setConnectOptions('QSQLITE_BUSY_TIMEOUT=5.0；QSQLITE_OPEN_READONLY=true')。
- 用 tables(type：QSql.TableType=QSql.Tables)方法获取数据库中存在的数据表名称列表，其中 type 取值是 QSql.TableType 的枚举值，可取 QSql.Tables(对用户可见的所有表)、QSql.SystemTables(数据库使用的内部表)、QSql.Views(对用户可见的所有视图)或 QSql.AllTables(以上三种表和视图)。
- 用 setNumericalPrecisionPolicy(precisionPolicy：QSql.NumericalPrecisionPolicy)方法设置对数据库进行查询时默认的数值精度，参数 precisionPolicy 可取 QSql.LowPrecisionInt32(32 位整数，忽略小数部分)、QSql.LowPrecisionInt64(64 位整数，忽略小数部分)、QSql.LowPrecisionDouble(双精度值，默认值)或 QSql.HighPrecision(保持数据的原有精度)。
- 如果数据库支持事务操作，可以用 transaction()方法开启事务；用 exec(query：str='')方法或 exec_(query：str='')方法执行一条 SQL 命令；用 commit()方法提交事务；用 rollback()方法放弃事务。
- 用 lastError()方法获取最后的出错信息 QSqlError 对象，用 QSqlError 的 type()方法可以获取出错类型，返回值是 QSqlError.ErrorType 的枚举值或－1(不能确定错误类型)，QSqlError.ErrorType 的枚举值有 QSqlError.NoError、QSqlError.ConnectionError(数据库连接错误)、QSqlError.StatementError(SQL 命令语法错误)、QSqlError.TransactionError(事务错误)和 QSqlError.UnknownError，其值分别对应 0～4。

表 10-7　数据库连接 QSqlDatabase 的常用方法

QSqlDatabase 的方法及参数类型	返回值的类型	说　明
[**static**]drivers()	List[str]	获取系统支持的驱动类型
[**static**]isDriverAvailable(name: str)	bool	获取是否支持某种类型的驱动
[**static**]addDatabase(type: str, connectionName: str = 'qt_sql_default_connection')	QSqlDatabase	添加数据库连接
[**static**]database(connectionName: str='qt_sql_default_connection',open: bool=True)	QSqlDatabase	根据连接名称获取数据库连接
[**static**]removeDatabase(connectionName: str)	None	删除数据库连接
[**static**]connectionNames()	List[str]	获取已经添加的连接名称
[**static**]contains(connectionName: str='qt_sql_default_connection')	bool	如果 connectionNames()返回值中有指定的连接,则返回 True
connectionName()	str	获取连接的名称
driverName()	str	获取驱动类型名称
setDatabaseName(name: str)	None	设置连接的数据库名称
databaseName()	str	获取连接的数据库名称
setHostName(host: str)	None	设置主机名
hostName()	str	获取主机名
setPassword(password: str)	None	设置登录密码
password()	str	获取登录密码
setPort(p: int)	None	设置端口号
port()	int	获取端口号
setUserName(name: str)	None	设置用户名
userName()	str	获取用户名
setConnectOptions(options: str='')	None	设置连接参数
connectOptions()	str	获取连接参数
open()	bool	打开数据库
open(user: str,password: str)	bool	打开数据库
isOpen()	bool	获取数据库是否打开
isOpenError()	bool	获取打开数据时是否出错
isValid()	bool	获取连接是否有效
setNumericalPrecisionPolicy(precisionPolicy: QSql.NumericalPrecisionPolicy)	None	设置对数据库进行查询时默认的数值精度
tables(type: QSql.TableType=QSql.TableType.Tables)	List[str]	根据表格类型参数,获取数据库中的表格名称
transaction()	bool	开启事务,成功则返回 True
exec(query: str='')	QSqlQuery	执行 SQL 命令
commit()	bool	提交事务,成功则返回 True
rollback()	bool	放弃事务,成功则返回 True
lastError()	QSqlError	获取最后的出错信息
record(tablename: str)	QSqlRecord	获取含有字段名称的记录
close()	None	关闭连接

10.2.2 数据库查询 QSqlQuery 与实例

数据库查询 QSqlQuery 用于执行标准的 SQL 命令，例如 CREATE TABLE、SELECT、INSERT、UPDATE、DELETE 等，还可执行特定的非标准的 SQL 命令。用 QSqlQuery 类创建实例对象的方法如下所示。

```
QSqlQuery(db:QSqlDatabase)
QSqlQuery(other:QSqlQuery)
QSqlQuery(query:str = '',db:QSqlDatabase = Default(QSqlDatabase))
```

1. 数据库查询 QSqlQuery 的常用方法

数据库查询 QSqlQuery 的常用方法如表 10-8 所示，主要方法介绍如下。

- 用 prepare(query: str)方法准备要执行的 SQL 命令；用 exec()方法或 execBatch(mode= QSqlQuery.ValuesAsRows)方法执行已经准备好的 SQL 命令，其中 mode 可取 QSqlQuery.ValuesAsRows(更新多行，列表中的每个值作为一个值来更新下一行)或 QSqlQuery.ValuesAsColumns(更新一行，列表作为一个值来使用)；也可用 exec(query: str)方法直接执行 SQL 命令。对于 SQLite 数据库，每个 prepare(query: str)方法和 exec(query: str)方法只能准备和执行一条 SQL 命令。
- 在用 prepare(query: str)方法准备 SQL 命令时，SQL 命令中可以有占位符，占位符可以用问号"?"(ODBC 格式)，也可以用冒号": surname"(Oracle 格式)。占位符的真实值可以用 addBindValue(val: Any, type: QSql.ParamType＝QSql.In)方法按照顺序依次设置，也可用 bindValue(placeholder: str, val: Any, type: QSql.ParamType＝QSql.In)方法根据占位符的名称设置，还可以用 bindValue(pos: int, val: Any, type: QSql.ParamType＝QSql.In)方法根据占位符的位置设置，其中参数 type 可取 QSql.In(绑定参数输入到数据库中)、QSql.Out(绑定参数从数据库中接收数据)、QSql.InOut(既可以将数据输入到数据库中，也可以从数据库中接收数据)或 QSql.Binary(数据是二进制，需要将"|"与以上三种参数联合使用)。
- 当一个查询完成后，查询处于活跃状态，isActive()的返回值是 True，用 finish()方法或 clear()方法可使查询处于非活跃状态。
- 有些数据库的查询操作能返回多个结果，用 nextResult()方法可以放弃当前查询结果并定位到下一个结果，成功则返回 True。
- 当返回的结果有多个记录时，需要首先定位到所需要的记录上，当 isActive()方法和 isSelect()方法的返回值是 True 时，可以用 first()、last()、previous()和 next()方法分别定位到第一个记录、最后一个记录、前一个记录和下一个记录上，成功则返回 True；用 seek(index: int, relative: bool＝False)方法可以定位到指定的记录上。如果只是想从开始到结束浏览数据，可以设置 setForwardOnly(True)，这样可以节省大量的内存。
- 用 value(index: int)方法或 value(name: str)方法获取当前记录的字段值。也可用 record()方法获取当前的记录对象 QSqlRecord，QSqlRecord 是指数据表(table)或视图(view)中的一行，然后用记录对象的 value(index: int)方法或 value(name:

str)方法获取字段的值，用记录对象的 count()方法获取字段的数量，用 indexOf(name：str)方法获取字段的索引。

表 10-8 数据库查询 QSqlQuery 的方法

QSqlQuery 的方法及参数类型	返回值类型	说 明
prepare(query：str)	bool	准备 SQL 命令，成功则返回 True
addBindValue(val：Any，type：QSql.ParamType=QSql.In)	None	如果 prepare(query)中有占位符，则按顺序依次设置占位符的值
bindValue(placeholder：str，val：Any，type：QSql.ParamType=QSql.In)	None	如果 prepare(query)中有占位符，则根据占位符名称设置占位符的值
bindValue(pos：int，val：Any，type：QSql.ParamType=QSql.In)	None	如果 prepare(query)中有占位符，则根据占位符位置设置占位符的值
exec()	bool	执行 prepare(query)准备的 SQL 命令
execBatch(mode=QSqlQuery.ValuesAsRows)	bool	批处理用 prepare()方法准备的命令
exec(query：str)	bool	执行 SQL 命令，成功则返回 True
boundValue(placeholder：str)	Any	根据占位符名称获取绑定值
boundValue(pos：int)	Any	根据位置获取绑定值
boundValues()	List[Any]	获取绑定值列表
finish()	None	完成查询，不再获取数据。一般不需要使用该方法
clear()	None	清空结果，释放所有资源，查询处于不活跃状态
executedQuery()	str	返回最后正确执行的 SQL 命令
lastQuery()	str	返回当前查询使用的 SQL 命令
at()	int	返回查询的当前内部位置，第一个记录的位置是 0，如果位置无效，则返回值是 QSql.BeforeFirstRow(值是-1)或 QSql.AfterLastRow(值是-2)
isSelect()	bool	当前 SQL 命令是 SELECT 命令时返回 True
isValid()	bool	当前查询定位在有效记录上时返回 True
first()	bool	将当前查询位置定位到第一个记录
last()	bool	将当前查询位置定位到最后一个记录
previous()	bool	将当前查询位置定位到前一个记录
next()	bool	将当前查询位置定位到下一个记录
seek(index：int，relative：bool=False)	bool	将当前查询位置定位到指定的记录
setForwardOnly(forward：bool)	None	当 forwrad 取 True 时，只能用 next()和 seek()方法来定位结果，此时 seek()参数为正值
isForwardOnly()	bool	获取定位模式
isActive()	bool	获取查询是否处于活跃状态
isNull(field：int)	bool	当查询处于非活跃状态、查询定位在无效记录或空字段上时返回 True

续表

QSqlQuery 的方法及参数类型	返回值类型	说　明
isNull(name: str)	bool	同上,name 是字段名称
lastError()	QSqlError	返回最近出错信息
lastInsertId()	Any	返回最近插入行的对象 ID 号
nextResult()	bool	放弃当前查询结果并定位到下一个结果
record()	QSqlRecord	返回查询指向的当前记录(行)
size()	int	获取结果中行的数量,无法确定、非 SELECT 命令或数据库不支持该功能时返回-1
value(index: int)	Any	根据字段索引,获取当前记录的字段值
value(name: str)	Any	根据字段名称,获取当前记录的字段值
numRowsAffected()	int	获取受影响的行的个数,无法确定或查询处于非活跃状态时返回-1
swap(other: QSqlQuery)	None	与其他查询交换数据

2. 数据库查询 QSqlQuery 的应用实例

下面的程序创建一个 SQLite 数据库和两个数据表,用不同的方法输出占位符的值,并用不同的方法输出数据表中的值。

```
from PySide6.QtSql import QSqlDatabase,QSqlQuery          #Demo10_3.py
import sqlite3

dbName = "d:/student_score_new.db"                        #数据库保存位置和数据库名称
db = QSqlDatabase.addDatabase('QSQLITE')
db.setDatabaseName(dbName)
information1 = ((2011,"张一",78,89),(2012,"刘一",88,82.5),    #学生考试信息
                (2013,"王一",78.5,83),(2014,"张一",72.5,86))
information2 = ((2021,"张二",98,79),(2022,"刘二",83,86.5),    #学生考试信息
                (2023,"王二",88.5,83),(2024,"张二",792.5,89))
if db.open():
    db.exec('''CREATE TABLE score1
        (ID INTEGER,name TEXT,语文 REAL,数学 REAL)''')        #执行一条 SQL 命令,创建数据表
    db.exec('''CREATE TABLE score2
        (ID INTEGER,name TEXT,语文 REAL,数学 REAL)''')        #执行一条 SQL 命令,创建数据表
    print(db.tables())                                    #输出数据库中的表名称
    if db.transaction():
        query = QSqlQuery(db)
        for i in information1:
            query.prepare("INSERT INTO score1 VALUES (?,?,?,?)") #占位符是?
            query.addBindValue(i[0]);query.addBindValue(i[1])  #按顺序设置占位符的值
            query.bindValue(2,i[2]);query.bindValue(3,i[3])    #按索引设置占位符的值
            query.exec()
        db.commit()                                       #提交事务
        for i in information2:
```

```
            query.prepare("INSERT INTO score2 VALUES (:ID,:name,:chinese,:math)")
                                                          #占位符是:
            query.bindValue(0,i[0]);query.bindValue(1,i[1])   #按索引设置占位符的值
            query.bindValue(':math',i[3]);query.bindValue(':chinese',i[2])
                                                          #按名称设置占位符的值
            query.exec()
        db.commit()                                       #提交事务
    db.close()                                            #关闭数据库

db_new = QSqlDatabase.addDatabase('QSQLITE')    #重新打开数据库并输出一个数据表中的数据
db_new.setDatabaseName(dbName)
if db_new.open():
    query = QSqlQuery(db_new)
    print(query.at())
    if query.exec('SELECT * FROM score1'):
        while query.next():
            print(query.value('ID'),query.value('name'),query.value('语文'),query.
value('数学'))
    db_new.close()                                        #关闭数据库
con = sqlite3.connect(dbName)          #用 sqlite3 打开数据库,并输出另一个数据表中的数据
cur = con.cursor()                                        #创建游标
for row in cur.execute("SELECT * From score2"):           #查询数据表中的内容
    print(row)
con.close()                                               #关闭数据库
```

10.3　数据库 Model/View 结构

用 SQL 命令对数据库进行操作并不直观，PySide 提供了对数据库进行可视化操作的 Model/View 结构，通过数据库模型读入在数据库中查询到的数据，并通过视图控件（如 QTableView）显示数据库模型中的数据，通过代理控件在视图控件中对数据进行新增、更新、删除等操作，再通过数据模型把操作后的数据保存到数据库中。PySide 提供的数据库模型有 QSqlQueryModel、QSqlTableModel 和 QSqlRelationalTableModel，它们之间的继承关系如图 5-7 所示。

10.3.1　数据库查询模型 QSqlQueryModel 与实例

数据库查询模型 QSqlQueryModel 只能从数据库中读取数据，而不能修改数据，可以用视图控件，例如 QTableView 来显示查询模型 QSqlQueryModel 中的数据。用 QSqlQueryModel 创建数据库查询模型对象的方法如下所示。

```
QSqlQueryModel(parent: QObject = None)
```

1. 数据库查询模型 QSqlQueryModel 的常用方法

数据库查询模型 QSqlQueryModel 的常用方法如表 10-9 所示，主要方法是用 setQuery

(query：QSqlQuery)方法或 setQuery(query：str，db：QSqlDatabase = Default(QSqlDatabase))方法设置数据库查询 QSqlQuery；用 setHeaderData(section：int，orientation：Qt. Orientation，value：Any，role：int=Qt. EditRole)方法设置显示数据的视图控件表头某角色的值，在 orientation 取 Qt. Horizontal，并且 section 取值合适时返回 True，其他情况返回 False，其中 value 是某种角色的值，section 是列索引。

表 10-9 数据库查询模型 QSqlQueryModel 的常用方法

QSqlQueryModel 的方法及参数类型	返回值的类型	说 明
setQuery(query：QSqlQuery)	None	设置数据库查询
setQuery(query：str，db：QSqlDatabase = Default(QSqlDatabase))	None	设置数据库查询
query()	QSqlQuery	获取数据库查询
setHeaderData(section：int，orientation：Qt. Orientation，value：Any，role：int = Qt. EditRole)	bool	设置显示数据的视图控件(如 QTableView)表头某角色的值
headerData(section：int，orientation：Qt. Orientation，role：int = Qt. ItemDataRole. DisplayRole)	Any	获取显示数据的视图控件表头某种角色的值
record()	QSqlRecord	获取包含字段信息的空记录
record(row：int)	QSqlRecord	获取指定的字段记录
rowCount(parent：QModelIndex = Invalid(QModelIndex))	int	获取数据表中记录(行)的数量
columnCount(parent：QModelIndex=Invalid(QModelIndex))	int	获取数据表中字段(列)的数量
clear()	None	清空查询模型中的数据

2. 数据库查询模型 QSqlQueryModel 的应用实例

下面的程序用菜单打开前一节创建的 SQLite 数据库文件 student_score_new. db，用 QTableView 控件显示出数据表中的数据，用 QComboBox 控件显示数据库中的数据表名称，在 QComboBox 中选择不同的数据表名称时，QTableView 控件将同步显示该数据表中的数据。

```
import sys                                                    #Demo10_4.py
from PySide6.QtWidgets import QApplication,QWidget,QComboBox,QTableView,QLabel,\
    QHBoxLayout,QVBoxLayout,QFileDialog,QMenuBar
from PySide6.QtSql import QSqlDatabase,QSqlQueryModel
from PySide6.QtCore import Qt

class MyWidget(QWidget):
    def __init__(self,parent = None):
        super().__init__(parent)
        self.setupUi()
    def setupUi(self):                                        #建立界面
        menuBar = QMenuBar()
        fileMenu = menuBar.addMenu("文件(&F)")
        fileMenu.addAction("打开(&O)").triggered.connect(self.actionOpen)
                                                              #信号与槽连接
```

```
        fileMenu.addSeparator()
        fileMenu.addAction("关闭(&E)").triggered.connect(self.close)   #信号与槽连接

        label = QLabel("选择数据表:")
        self.combox = QComboBox()
        self.combox.currentTextChanged.connect(self.comboxTextChanged) #信号与槽连接
        H = QHBoxLayout()
        H.addWidget(label,stretch=0);H.addWidget(self.combox,stretch=1)

        self.tableView = QTableView()
        self.tableView.setAlternatingRowColors(True)
        V = QVBoxLayout(self)
        V.addWidget(menuBar);V.addLayout(H);V.addWidget(self.tableView)
    def actionOpen(self):                                   #槽函数
        dbFile, fil = QFileDialog.getOpenFileName(self, dir='d:/',
                                  filter = "SQLite(*.db *.db3);;All File(*.*)")
        if dbFile:
            self.setWindowTitle(dbFile)
            self.combox.clear()
            self.db = QSqlDatabase.addDatabase('QSQLITE')      #数据库连接
            self.db.setDatabaseName(dbFile)
            self.sqlQueryModel = QSqlQueryModel(self)          #数据库查询模型
            if self.db.open():
                tables = self.db.tables()
                if len(tables) > 0:
                    self.combox.addItems(tables)
    def comboxTextChanged(self,text):                       #槽函数
        self.sqlQueryModel.setQuery("SELECT * FROM {}".format(text),self.db)
                                                            #设置查询
        header = self.sqlQueryModel.record()                #获取字段头部的记录
        for i in range(header.count()):
          self.sqlQueryModel.setHeaderData(i,Qt.Horizontal,header.fieldName(i),
              Qt.DisplayRole)
        self.tableView.setModel(self.sqlQueryModel)         #设置表格视图的数据模型
if __name__ == "__main__":
    app = QApplication(sys.argv)
    win = MyWidget()
    win.show()
    sys.exit(app.exec())
```

10.3.2 数据库表格模型 QSqlTableModel 与实例

数据库表格模型 QSqlTableModel 借助视图控件可以对查询到的数据进行修改、插入、删除和排序等操作，同时将修改后的数据更新到数据库中。用 QSqlTableModel 创建数据库表格模型的方法如下所示。

```
QSqlTableModel(parent:QObject = None,db:QSqlDatabase = Default(QSqlDatabase))
```

1. 数据库表格模型 QSqlTableModel 的常用方法和信号

数据库表格模型 QSqlTableModel 的常用方法如表 10-10 所示，主要方法介绍如下。

- 在视图控件（如 QTableView）中对数据库表格模型中的数据进行修改提交时，有 3 种模式可供选择：立即模式、行模式和手动模式。用 setEditStrategy(strategy: QSqlTableModel.EditStrategy)方法设置修改提交模式，参数 strategy 的取值是 QSqlTableModel.EditStrategy 的枚举值，可取的值有 QSqlTableModel.OnFieldChange、QSqlTableModel.OnRowChange 和 QSqlTableModel.OnManualSubmit，对应的值分别是 0、1 和 2；用 editStrategy()方法可获得当前的模式。OnFieldChange 模式表示对模型的修改会立即更新到数据库中；OnRowChange 模式表示修改完一行，再选择其他行后把修改应用到数据库中；OnManualSubmit 模式表示修改后不会立即更新到数据库中，而是保存到缓存中，调用 submitAll()方法后才把修改应用到数据库中，调用 revertAll()方法可撤销修改并恢复原状。QSqlTableModel 还提供了一些与修改提交模式无关的低级方法，例如 deleteRowFromTable(row: int)、insertRowIntoTable(values: QSqlRecord)、updateRowInTable(row: int, QSqlRecord)，这些低级方法可以直接修改数据库。
- 对数据库的查询可以先用 setTable(tableName: str)方法、setFilter(filter: str)方法和 setSort(column: int, order: Qt.SortOrder)方法分别设置需要查询的数据表、SQL 的 WHERE 从句和 SORT BY 从句，最后调用 select()方法，也可以直接用 setQuery(query: QSqlQuery)方法进行查询。
- 在视图控件（如 QTableView）中对数据库表格模型中的数据进行修改提交时，在 OnManualSubmit 模式下，用 revert()方法撤销在代理控件中所作的更改并恢复原状；用 revertAll()方法复原所有未提交的更改；用 submit()方法提交在代理控件中所作的更改；用 submitAll()方法提交所有的更改。
- 用 setRecord(row: int, record: QSqlRecord)方法可以对某行内容用字段进行替换。
- 用 insertRecord(row: int, record: QSqlRecord)方法可以在指定行插入一条记录；用 insertRows(row: int, count: int)方法可以在指定的行位置处插入多个空行；用 insertColumns(column: int, count: int)方法可以在指定的列位置处插入多列。
- 用 removeRow(row: int)方法和 removeColumn(column: int)方法可以分别删除指定的行和列；用 removeRows(row: int, count: int)方法和 removeColumns(column: int, count: int)方法可以分别从指定行或列位置处删除多行和多列。
- 用 setSort(column: int, order: Qt.SortOrder)方法可以将数据模型中的数据按照某列的值进行排序，参数 order 可取 Qt.AscendingOrder（升序）或 Qt.DescendingOrder（降序）。

表 10-10 数据库表格模型 QSqlTableModel 的常用方法

QSqlTableModel 的方法及参数类型	返回值类型	说　明
setEditStrategy(strategy: QSqlTableModel.EditStrategy)	None	设置修改提交模式
database()	QSqlDatabase	获取关联的数据库连接

续表

QSqlTableModel 的方法及参数类型	返回值类型	说明
deleteRowFromTable(row: int)	bool	直接删除数据表中指定的行(记录)
fieldIndex(fieldName: str)	int	获取字段的索引,−1 表示没有对应的字段
insertRecord(row: int,record: QSqlRecord)	bool	在指定行位置插入记录,row 取负值表示在末尾位置,成功则返回 True
insertRowIntoTable(values: QSqlRecord)	bool	直接在数据表中插入行,成功则返回 True
insertRows(row: int,count: int)	bool	插入多个空行,在 OnFieldChange 和 OnRowChange 模式下每次只能插入一行,成功则返回 True
insertColumns(column: int,count: int)	bool	插入多个空列,成功则返回 True
isDirty()	bool	获取模型中是否有脏数据,脏数据是指修改过但还没有更新到数据库中的数据
isDirty(index: QModelIndex)	bool	根据索引获取数据是否是脏数据
primaryValues(row: int)	QSqlRecord	返回指定行的含有表格字段的记录
record()	QSqlRecord	返回仅包含字段名称的空记录
record(row: int)	QSqlRecord	返回指定行的记录,如果模型没有初始化,则返回空记录
removeColumn(column: int)	bool	删除指定的列,成功则返回 True
removeColumns(column: int,count: int)	bool	删除多列,成功则返回 True
romoveRow(row: int)	bool	删除指定的行,成功则返回 True
removeRows(row: int,count: int)	bool	删除多行,成功则返回 True
[**slot**]revert()	None	撤销代理控件所作更改并恢复原状
[**slot**]submit()	bool	往数据库中提交在代理控件中对行所作的更改,成功则返回 True
[**slot**]revertAll()	None	复原所有未提交的更改
[**slot**]submitAll()	bool	提交所有更改,成功则返回 True
revertRow(row: int)	None	复原指定行的更改
rowCount()	int	获取行的数量
columnCount()	int	获取列的数量
setData (index: QModelIndex, value: Any, role: int = Qt. ItemDataRole. EditRole)	bool	设置指定索引的数据项的角色值,成功则返回 True
data(idx: QModelIndex,role: int=Qt. ItemDataRole. DisplayRole)	Any	获取角色值
setQuery(query: QSqlQuery)	None	直接设置数据库查询
query()	QSqlQuery	获取数据查询对象
setRecord(row: int,record: QSqlRecord)	bool	用指定的记录填充指定的行
setTable(tableName: str)	None	获取数据表中的字段名称
setFilter(filter: str)	None	设置 SELECT 查询语句中 WHERE 从句部分,但不包含 WHERE

续表

QSqlTableModel 的方法及参数类型	返回值类型	说　明
filter()	str	获取 WHERE 从句
setSort(column: int,order: Qt.SortOrder)	None	设置 SELECT 语句中 ORDER BY 从句部分
orderByClause()	str	获取 ORDER BY 从句部分
[**slot**]select()	bool	执行 SELECT 命令,获取新查询结果
[**slot**]selectRow(row: int)	bool	用数据库中的行更新模型中的数据
selectStatement()	str	获取"SELECT...WHRER...ORDER BY"
sort(column: int,order: Qt.SortOrder)	None	直接对结果进行排序
updateRowInTable(row: int, QSqlRecord)	bool	直接用记录更新数据库中的行
tableName()	str	获取数据库中的数据表名称
setHeaderData(section: int,orientation: Qt.Orientation,value: Any,role: int=Qt.ItemDataRole.EditRole)	bool	设置视图控件(如 QTableView)表头某角色的值
index(row: int, column: int, parent: QModelIndex=Invalid(QModelIndex))	QModelIndex	获取子索引
parent(child: QModelIndex)	QModelIndex	获取子索引的父索引
sibling(row: int, column: int, idx: QModelIndex)	QModelIndex	获取同级别索引
clear()	None	清空模型中的数据
clearItemData(index: QModelIndex)	bool	根据索引清除数据项中的数据

数据库表格模型 QSqlTableModel 的信号如表 10-11 所示。

表 10-11　数据库表格模型 QSqlTableModel 的信号

QSqlTableModel 的信号及参数类型	说　明
beforeDelete(row: int)	在调用 deleteRowFromTable(row: int)方法删除指定的行之前发送信号
beforeInsert(record: QSqlRecord)	在调用 insertRowIntoTable(values: QSqlRecord)方法插入记录之前发送信号,可以在插入之前修改记录
beforeUpdate(row: int, record: QSqlRecord)	在调用 updateRowInTable(row: int,values: QSqlRecord)方法更新指定的记录之前发送信号
primeInsert(row: int, record: QSqlRecord)	在调用 insertRows(row: int,count: int)方法,对新插入的行进行初始化时发送信号

2. 记录 QSqlRecord 的方法

记录 QSqlRecord 表示数据表中的一行数据,一行数据中每个字段有不同的值,可用 QSqlTableModel 的 record(row: int)方法获取 QSqlRecord 对象,以获取数据表中的一行数据。用 QSqlRecord 创建记录实例对象的方法如下所示。

```
QSqlRecord()
QSqlRecord(other:QSqlRecord)
```

QSqlRecord 的常用方法如表 10-12 所示。用 append(field: QSqlField)方法可以在末尾添加字段；用 insert(pos: int,field: QSqlField)方法插入字段；用 remove(pos: int)方法移除字段；用 setValue(i: int,val: Any)方法或 setValue(name: str,val: Any)方法根据字段索引或字段名称设置字段的值；用 setGenerated(i: int,generated: bool)方法或 setGenerated(name: str,generated: bool)方法根据索引或名称设置字段值是否已经生成，只有已经生成的字段值才能用 QSqlTableModel 的 updateRowInTable(row: int,values: QSqlRecord)方法更新到数据库中，默认值是 True。

表 10-12 记录 QSqlRecord 的常用方法

QSqlRecord 的方法及参数类型	返回值的类型	说　明
append(field: QSqlField)	None	在末尾添加字段
insert(pos: int,field: QSqlField)	None	在指定的位置插入字段
remove(pos: int)	None	根据位置移除字段
replace(pos: int,field: QSqlField)	None	根据位置替换字段的值
setValue(i: int,val: Any)	None	根据字段索引值设置字段的值
setValue(name: str,val: Any)	None	根据字段名称设置字段的值
value(i: int)	Any	根据字段索引获取字段的值
value(name: str)	Any	根据字段名称获取字段的值
setNull(i: int)	None	根据字段索引设置空值
setNull(name: str)	None	根据字段名称设置空值
isNull(i: int)	bool	根据字段名称或位置，当指定的字段值为 None 或不存在该字段时返回 True
isNull(name: str)	bool	
clear()	None	删除所有的字段
isEmpty()	bool	获取是否含有字段
clearValues()	None	删除所有字段的值，字段值为 None
contains(name: str)	bool	获取是否包含指定的字段
count()	int	获取字段的个数
field(i: int)	QSqlField	根据字段索引获取字段对象
field(name: str)	QSqlField	根据字段名称获取字段对象
fieldName(i: int)	str	获取字段的名称
indexOf(name: str)	int	获取字段名称对应的索引
keyValues(keyFields: QSqlRecord)	QSqlRecord	获取与给定的记录具有相同字段名称的记录
setGenerated(i: int,generated: bool)	None	根据索引或名称设置字段值是否已经生成，只有已经生成的字段值才能被更新到数据库中。generated 的默认值是 True
setGenerated(name: str, generated: bool)	None	
isGenerated(i: int)	bool	根据索引获取字段是否已经生成
isGenerated(name: str)	bool	根据名称获取字段是否已经生成

3. 字段 QSqlField 的方法

字段 QSqlField 是数据表中的列，一个记录由多个字段构成。字段的属性有字段名、字段类型和字段值等。用 QSqlRecord 的 field(i: int)方法或 field(name: str)方法可获得 QSqlField。用 QSqlField 创建字段的方法如下所示，其中 type 用于定义字段的类型，可取

PySide 中常见的类，例如 QMetaType. Bool、QMetaType. Int、QMetaType. UInt、QMetaType. Double、QMetaType. QString、QMetaType. QByteArray、QMetaType. Long、QMetaType. LongLong、QMetaType. Short、QMetaType. ULong、QMetaType. ULongLong、QMetaType. UShort、QMetaType. UChar、QMetaType. Float、QMetaType. QCursor、QMetaType. QDate、QMetaType. QSize、QMetaType. QTime、QMetaType. QPolygon、QMetaType. QPolygonF、QMetaType. QColor、QMetaType. QSizeF、QMetaType. QRectF、QMetaType. QLine、QMetaType. QIcon、QMetaType. QPen、QMetaType. QLineF、QMetaType. QRect、QMetaType. QPoint、QMetaType. QUrl、QMetaType. QDateTime、QMetaType. QPointF、QMetaType. QPalette、QMetaType. QFont、QMetaType. QBrush、QMetaType. QRegion、QMetaType. QImage、QMetaType. QPixmap、QMetaType. QBitmap、QMetaType. QTransform 等，QMetaType 类在 QtCore 模块中。这里设置的类型可能与实际的不符，例如太长的整数可能存储成字符串。

```
QSqlField(fieldName:str = '',type:QMetaType = Default(QMetaType),tableName:str = '')
QSqlField(other:QSqlField)
```

字段 QSqlField 的常用方法如表 10-13 所示。主要方法是用 setName(name: str)方法设置字段名称；用 setValue(value: Any)方法设置字段的值；用 setDefaultValue(value: Any)方法设置字段的默认值；用 setReadOnly(readOnly: bool)方法设置是否是只读，在只读状态不能更改字段的值，例如不能用 setValue()方法和 clear()方法改变其值；用 setRequired(required: bool)方法或 setRequiredStatus(status: QSqlField. RequiredStatus)方法设置字段的值是必须要输入的还是可选的，其中参数 status 可取 QSqlField. Required、QSqlField. Optional 或 QSqlField. Unknown。

表 10-13 字段 QSqlField 的常用方法

QSqlField 的方法及参数类型	返回值的类型	说　明
setName(name: str)	None	设置字段的名称
name()	str	获取字段的名称
setValue(value: Any)	None	设置字段的值，只读时不能设置值
value()	Any	获取字段的值
setDefaultValue(value: Any)	None	设置字段的默认值
defaultValue()	Any	获取字段的默认值
setMetaType(type: QMetaType)	None	设置字段的类型
metaType()	QMetaType	获取存储在数据库中的类型
setReadOnly(readOnly: bool)	None	设置是否是只读，只读时不能修改字段的值
isReadOnly()	bool	获取是否只读
setRequired(required: bool)	None	设置字段的值是必须要输入还是可选的
setRequiredStatus (status: QSqlField. RequiredStatus)	None	设置可选状态
setGenerated(gen: bool)	None	设置字段的生成状态
isGenerated()	bool	获取字段的生成状态

续表

QSqlField 的方法及参数类型	返回值的类型	说　明
setLength(fieldLength: int)	None	设置字段的长度,类型是字符串时是字符串的最大长度,其他类型无意义
length()	int	获取字段的长度,负值表示无法确定
setPrecision(precision: int)	None	设置浮点数的精度,只对数值类型有意义
precision()	int	获取精度,负数表示不能确定精度
setTableName(tableName: str)	None	设置数据表名称
tableName()	str	获取数据表名称
setAutoValue(autoVal: bool)	None	将字段的值标记成是由数据库自动生成的
isAutoValue()	bool	获取字段的值是否是由数据库自动生成的
isValid()	bool	获取字段的类型是否有效
clear()	None	清除字段的值并设置成 None
isNull()	bool	如果字段的值是 None,则返回 True

4. 数据库表格模型 QSqlTableModel 的应用实例

下面的程序用菜单打开一个 SQLite 数据库,用 QTableView 控件显示出数据表中的数据,用 QComboBox 控件显示数据库中的数据表名称,可以插入记录和删除记录。在 QTableView 中可以修改字段的值。由于修改提交模式选择 OnFieldChange,因此对数据库的操作会自动保存到数据库中。

```
import sys                                        # Demo10_5.py
from PySide6.QtWidgets import (QApplication, QWidget, QComboBox, QTableView,
        QLabel,QPushButton, QHBoxLayout, QVBoxLayout, QFileDialog, QMenuBar,
        QGroupBox, QLineEdit, QSpinBox, QDoubleSpinBox)
from PySide6.QtSql import QSqlDatabase, QSqlTableModel, QSqlRecord
from PySide6.QtCore import Qt

class MyWidget(QWidget):
    def __init__(self, parent = None):
        super().__init__(parent)
        self.setupUi()
    def setupUi(self):                            # 建立界面
        menuBar = QMenuBar()
        fileMenu = menuBar.addMenu("文件(&F)")
        fileMenu.addAction("打开(&O)").triggered.connect(self.actionOpen)
                                                  #信号与槽连接
        fileMenu.addSeparator()
        fileMenu.addAction("关闭(&E)").triggered.connect(self.close)    #信号与槽连接
        label1 = QLabel("选择数据表:")
        self.combox = QComboBox()
        H1 = QHBoxLayout()
        H1.addWidget(label1, stretch=0);
        H1.addWidget(self.combox, stretch=1)
        label2 = QLabel("学号:"); self.spin_ID = QSpinBox()
```

```
        label3 = QLabel("姓名:"); self.lineEdit_name = QLineEdit()
        label4 = QLabel("语文:"); self.doubleSpin_chinese = QDoubleSpinBox()
        label5 = QLabel("数学:"); self.doubleSpin_math = QDoubleSpinBox()
        self.pushButton_add = QPushButton("在当前位置添加记录")
        self.groupBox1 = QGroupBox("添加记录")
        self.groupBox1.setEnabled(False)
        H2 = QHBoxLayout(self.groupBox1)
        H2.addWidget(label2, 0); H2.addWidget(self.spin_ID, 1)
        H2.addWidget(label3, 0); H2.addWidget(self.lineEdit_name, 1)
        H2.addWidget(label4, 0); H2.addWidget(self.doubleSpin_chinese, 1)
        H2.addWidget(label5, 0); H2.addWidget(self.doubleSpin_math, 1)
        H2.addWidget(self.pushButton_add)
        label6 = QLabel("删除行:"); self.spin_deleteLine = QSpinBox()
        self.pushButton_delete = QPushButton("删除指定的记录")
        self.pushButton_delete_cur = QPushButton("删除当前记录")
        self.groupBox2 = QGroupBox("删除记录")
        self.groupBox2.setEnabled(False)
        H3 = QHBoxLayout(self.groupBox2)
        H3.addWidget(label6, 0); H3.addWidget(self.spin_deleteLine, 1)
        H3.addWidget(self.pushButton_delete); H3.addWidget(self.pushButton_delete_cur)

        self.tableView = QTableView()
        self.tableView.setAlternatingRowColors(True)
        V = QVBoxLayout(self)
        V.addWidget(menuBar); V.addLayout(H1); V.addWidget(self.groupBox1)
        V.addWidget(self.groupBox2); V.addWidget(self.tableView)

        self.combox.currentTextChanged.connect(self.comboxTextChanged)    #信号与槽连接
        self.pushButton_add.clicked.connect(self.pushButton_add_clicked) #信号与槽连接
        self.pushButton_delete.clicked.connect(self.pushButton_delete_clicked)
        self.pushButton_delete_cur.clicked.connect(self.pushButton_delete_cur_clicked)
    def actionOpen(self):                          # 打开数据库的槽函数
        dbFile, fil = QFileDialog.getOpenFileName(self, dir='d:/',
                                    filter="SQLite(*.db *.db3);;All File(*.*)")
        if dbFile:
            self.setWindowTitle(dbFile)
            self.combox.clear()
            self.db = QSqlDatabase.addDatabase('QSQLITE')
            self.db.setDatabaseName(dbFile)
            if self.db.open():
                self.sqlTableModel = QSqlTableModel(self, self.db)   #数据库表格模型
                self.sqlTableModel.setEditStrategy(QSqlTableModel.OnFieldChange)
                self.tableView.setModel(self.sqlTableModel)
                tables = self.db.tables()
                if len(tables) > 0:
                    self.combox.addItems(tables)
                    self.groupBox1.setEnabled(True)
                    self.groupBox2.setEnabled(True)
                else:
                    self.groupBox1.setEnabled(False)
```

```
                self.groupBox2.setEnabled(False)
    def comboxTextChanged(self, text):                     # 槽函数
        self.sqlTableModel.setTable(text)
        self.sqlTableModel.select()
        header = self.sqlTableModel.record()               # 获取字段头部的记录
        for i in range(header.count()):
            self.sqlTableModel.setHeaderData(i, Qt.Horizontal, header.fieldName(i), Qt.
DisplayRole)
    def pushButton_add_clicked(self):                      # 槽函数
        record = QSqlRecord(self.sqlTableModel.record())   # 创建记录
        record.setValue("ID", self.spin_ID.value())        # 设置记录的值
        record.setValue("name", self.lineEdit_name.text())
        record.setValue("语文", self.doubleSpin_chinese.value())
        record.setValue("数学", self.doubleSpin_math.value())
        self.spin_ID.setValue(self.spin_ID.value() + 1)

        currentRow = self.tableView.currentIndex().row()
        if not self.sqlTableModel.insertRecord(currentRow + 1, record):   # 插入行
            self.sqlTableModel.select()
    def pushButton_delete_clicked(self):                   # 槽函数
        row = self.spin_deleteLine.value()
        if row > 0 and row <= self.sqlTableModel.rowCount():
            if self.sqlTableModel.removeRow(row - 1):      # 删除行
                self.sqlTableModel.select()                # 重新查询数据
    def pushButton_delete_cur_clicked(self):
        currentRow = self.tableView.currentIndex().row()
        if self.sqlTableModel.removeRow(currentRow):       # 删除行
            self.sqlTableModel.select()                    # 重新查询数据
if __name__ == "__main__":
    app = QApplication(sys.argv)
    win = MyWidget()
    win.show()
    sys.exit(app.exec())
```

10.3.3 关系表格模型 QSqlRelationalTableModel 与实例

数据库关系表格模型 QSqlRelationalTableModel 继承自 QSqlTableModel，除具有 QSqlTableModel 的方法外，它还提供了外键功能。关系表格模型 QSqlRelationalTableModel 实现了 SQL 的 SELECT 命令中的 INNER JOIN 和 LEFT JOIN 功能。SELECT 命令中 INNER JOIN 和 LEFT JOIN 的格式如下。

```
SELECT * FROM table1 INNER JOIN table2 ON table1.field1 = table2.field2
SELECT * FROM table1 LEFT JOIN table2 ON table1.field1 = table2.field2
```

数据库中的数据表格之间往往有一定的联系，例如学生考试成绩数据库中，用数据表格 table1 来存储学号、姓名、语文成绩、数学成绩，而物理成绩和化学成绩只是用学号来标记，并没有给出成绩，用数据表格 table2 存储学号、姓名、物理成绩和化学成绩，如果想通过查

询数据表格 table1 得到语文成绩、数学成绩、物理成绩和化学成绩，就可利用 QSqlRelationalTableModel 模型的外键功能来实现。

用 QSqlRelationalTableModel 类创建关系表格模型的方法如下所示。

```
QSqlRelationalTableModel(parent: QObject = None, db: QSqlDatabase = Default(QSqlDatabase))
```

用 QSqlRelationalTableModel 的 setRelation(column: int, relation: QSqlRelation)方法定义 QSqlRelationalTableModel 当前数据表格(如 table1)的外键和映射关系，其中参数 column 是 table1 的字段编号，用于确定 table1 中当作外键的字段 field1，relation 参数是 QSqlRelation 的实例对象，用于确定另外一个数据表格(如 table2)和对应的字段 field2。QSqlRelation 实例对象的创建方法是 QSqlRelation(tableName: str, indexCol: str, displayCol: str)，其中 tableName 用于确定第 2 个数据表格 table2，indexCol 用于指定 table2 的字段 field2，displayCol 是 table2 中用于显示在 table1 的 field1 位置处的字段 field3，用 field3 的值显示在 field1 位置处，field1 的值不显示。另外用 QSqlRelationalTableModel 的 setJoinMode(joinMode: QSqlRelationalTableModel.JoinMode)方法可设置两个数据表格的数据映射模式，参数 joinMode 可取 QSqlRelationalTableModel.InnerJoin(内连接，值为 0，只列出 table1 和 table2 中匹配的数据)或 QSqlRelationalTableModel.LeftJoin(左连接，值为 1，即使 table1 和 table2 没有匹配的数据，也列出 table1 中的数据)。

本书二维码中的实例源代码 Demo10_6.py 是关于关系表格模型 QSqlRelationalTableModel 的应用实例。运行程序并打开 SQLite 数据库 student_table_relation.db，将会得到如图 10-2 所示的查询结果。程序中用两个 QTableView 控件分别显示由 QSqlQueryModel 模型和 QSqlRelationalTableModel 模型得到的结果。数据库 student_table_relation.db 中有两个表格 table1 和 table2，程序中用 setRelation(4, QSqlRelation("table2","学号",'物理'))和 setRclation(5,QSqlRelation("table2","学号",'化学'))建立两个表格之间的映射关系。

	学号	姓名	语文	数学	Physics	Chemistry
1	2011	张一	78	89	2011	2011
2	2012	刘一	88	82.5	2012	2012
3	2013	王一	78.5	83	2013	2013
4	2014	张一	72.5	86	2014	2014

(a)

	学号	姓名	物理	化学
1	2011	张一	88	83
2	2012	刘一	73	85
3	2013	王一	69.5	88
4	2014	张一	92.5	59

(b)

	学号	姓名	语文	数学	物理	化学
1	2011	张一	78	89	88	83
2	2012	刘一	88	82.5	73	85
3	2013	王一	78.5	83	69.5	88
4	2014	张一	72.5	86	92.5	59

(c)

图 10-2 程序运行结果

(a) table1 中的数据；(b) table2 中的数据；(c) 查询结果

第11章

打印支持

应用程序一般都有打印功能，可以将重要内容打印成纸质资料。PySide 支持打印操作，它可以识别系统中已经安装的打印机，驱动打印机进行工作，可以用与打印机有关的类直接打印，也可通过打印对话框进行打印，还可对打印的内容在打印前进行打印预览。与打印有关的类主要在 QtPrintSupport 模块中。

11.1 用打印机进行打印

PySide 提供识别打印机硬件的类 QPrinterInfo 和进行打印的类 QPrinter，将 QPrinter 作为 QPainter 的绘图设备，可以将图形、文字和图像等用打印机进行输出，保存到纸质介质上。

11.1.1 打印机信息 QPrinterInfo

打印机信息 QPrinterInfo 代表本机上可以使用的一台打印机，通过 QPrinterInfo 可以获取打印机的参数。用 QPrinterInfo 创建打印机信息实例对象的方法如下所示。

```
QPrinterInfo()
QPrinterInfo(printer:QPrinter)
```

打印机信息 QPrinterInfo 的常用方法如表 11-1 所示，主要方法介绍如下。

- 用 QPrinterInfo 提供的静态方法 availablePrinterNames()和 availablePrinters()可分别获取本机上的打印机名称列表和打印机列表；用静态方法 defaultPrinter()和 defaultPrinterName()可分别获取默认的打印机和默认打印机的名称。
- 用 isNull()方法获取 QPrinterInfo()对象是否不含打印机信息，例如本机上如果没有安装打印机，则用 defaultPrinter()方法获得的打印机是无效的。
- 用 defaultColorMode()方法获取打印机默认的颜色模式，返回值是 QPrinter.

ColorMode 的枚举值,可取 QPrinter. GrayScale(值为 0)或 QPrinter. Color(值为 1)。

- 用 defaultDuplexMode()方法获取打印机默认的双面打印模式,返回值是 QPrinter. DuplexMode 的枚举值,可取 QPrinter. DuplexNone(单面模式)、QPrinter. DuplexAuto(用打印机的默认设置来决定是单面模式还是双面模式)、QPrinter. DuplexLongSide(双面模式,打印第 2 面前沿纸张长边翻面)或 QPrinter. DuplexShortSide(双面模式,打印第 2 面前沿纸张短边翻面),对应值分别是 0～3。
- 用 state()方法获取打印机当前的状态,返回值是 QPrinter. PrinterState,可取 QPrinter. Idle、QPrinter. Active、QPrinter. Aborted(已取消)或 QPrinter. Error,对应值分别是 0～3。

表 11-1 打印机信息 QPrinterInfo 的常用方法

QPrinterInfo 的方法及参数类型	返回值的类型	说 明
[**static**]availablePrinterNames()	List[str]	获取可用的打印机名称列表
[**static**]availablePrinters()	List[QPrinterInfo]	获取可用的打印机列表
[**static**]defaultPrinter()	QPrinterInfo	获取当前默认的打印机
[**static**]defaultPrinterName()	str	获取当前默认打印机的名称
[**static**]printerInfo(printerName: str)	QPrinterInfo	根据打印机名称获取打印机
isDefault()	bool	获取是否是默认的打印机
isNull()	bool	获取是否不含打印机信息
isRemote()	bool	获取是否是远程网络打印机
defaultColorMode()	QPrinter. ColorMode	获取打印机默认的颜色模式
defaultDuplexMode()	QPrinter. DuplexMode	获取默认的双面打印模式
description()	str	获取对打印机的描述信息
location()	str	获取打印机的位置信息
makeAndModel()	str	获取打印机的制造商和型号
defaultPageSize()	QPageSize	获取默认的打印纸尺寸
maximumPhysicalPageSize()	QPageSize	获取支持的最大打印纸尺寸
minimumPhysicalPageSize()	QPageSize	获取支持的最小打印纸尺寸
printerName()	str	获取打印机的名称
state()	QPrinter. PrinterState	获取打印机的状态
supportedColorModes()	List[QPrinter. ColorMode]	获取打印机支持的颜色模式
supportedDuplexModes()	List[QPrinter. DuplexMode]	获取打印机支持的双面模式
supportedPageSizes()	List[QPageSize]	获取打印机支持的打印尺寸
supportedResolutions()	List[int]	获取打印机支持的打印质量
supportsCustomPageSizes()	bool	获取打印机是否支持自定义打印纸尺寸

11.1.2 打印机 QPrinter 及实例

QPrinter 表示打印出来的纸张,可以作为 QPainter 的绘图设备来使用,QPainter 可以按照 6.1 节介绍的方法直接在 QPrinter 上绘制图形、文字和图像等内容。QPrinter 继承自 QPagedPaintDevice 和 QPaintDevice。用 QPrinter 创建打印机实例的方法如下所示,其中参数 mode 设置打印模式,取值是 QPrinter. PrinterMode 的枚举值,可取 QPrinter.

ScreenResolution(使用屏幕分辨率)或 QPrinter. HighResolution,取不同的值会影响 QPainter 的视口。

```
QPrinter(mode:QPrinter.PrinterMode = QPrinter.ScreenResolution)
QPrinter(printer:QPrinterInfo,mode:QPrinter.PrinterMode = QPrinter.ScreenResolution)
```

1. 打印机 QPrinter 的常用方法

打印机 QPrinter 的常用方法如表 11-2 所示,主要方法介绍如下。

- 用 QPrinterInfo 的静态方法 availablePrinterNames()可以获得本机已经安装的打印机名称列表,然后用 QPrinter 的 setPrinterName(str)方法将其中一台打印机设置成 QPrinter。
- 用 setOutputFileName(str)方法设置打印机将打印内容打印到文件中而不是纸质介质上,参数是文件名。如果不设置该内容或设置为空字符串,则将内容打印到纸张上;如果设置了扩展名是 pdf 的文件名,则将打印内容输出到 pdf 文档中;如果设置的扩展名不是 pdf,则将打印内容输出到按照 setOutputFormat(QPrinter. OutputFormat)方法设置的文件格式的文件中,其中 QPrinter. OutputFormat 枚举值可取 QPrinter. NativeFormat(本机定义格式,值是 0)或 QPrinter. PdfFormat(pdf 格式,值是 1)。
- 在打印完第一页后,需要用 newPage()方法通知打印机弹出当前正在打印的纸张,继续进行下一页的打印,成功则返回 True;用 abort()方法取消当前的打印,成功则返回 True。
- 用 setFullPage(bool)方法设置是否是整页模式打印。在 setFullPage(True)时,QPainter 的坐标原点在可打印区的左上角,与纸张坐标系的原点重合,如图 11-1(a)所示,但由于页边距的限制,实际上不能在整张纸上打印;在 setFullPage(False)时,QPainter 的坐标原点在打印区域的左上角,如图 11-1(b)所示。页边距用 setPageMargins(margins: Union[QMarginsF, QMargins], units: QPageLayout. Unit= QPageLayout. Millimeter)方法设置,其中单位 Unit 可取 QPageLayout. Millimeter、QPageLayout. Point(=in/72)、QPageLayout. Inch、QPageLayout. Pica(=in/6)、QPageLayout. Didot(=0. 375mm)或 QPageLayout. Cicero(=4. 5mm),对应值分别是 0~6。用 paperRect(QPrinter. Unit)方法和 pageRect(QPrinter. Unit)方法可以分别获取纸张和打印区的矩形区域 QRectF,其中 QPrinter. Unit 可取 QPrinter. Millimeter、QPrinter. Point、QPrinter. Inch、QPrinter. Pica、QPrinter. Didot、QPrinter. Cicero 或 QPrinter. DevicePixel,对应值分别是 0~6。
- 用 setCopyCount(int)方法设置打印份数;用 setCollateCopies(collate: bool)方法设置是否对照打印,在 setCollateCopies(False)时,每张都会连续打印指定的份数。
- 用 setResolution(int)方法设置打印精度(分辨率),单位是 dpi(dots per inch)。
- 用 setPageOrientation(QPageLayout. Orientation)方法设置打印方向,参数是 QPageLayout. Orientation 的枚举值,可取 QPageLayout. Portrait(纵向,值是 0)或 QPageLayout. Landscape(横向,值是 1)。
- 用 setPageOrder(QPrinter. PageOrder)方法设置打印顺序,参数是 QPrinter.

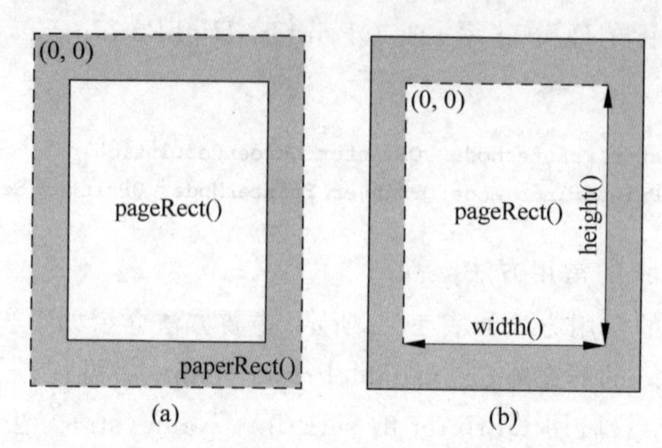

图 11-1　纸张坐标系统和 QPainter 坐标系统

(a) 纸张坐标系统；(b) QPainter 坐标系统

PageOrder 的枚举值，可取 QPrinter. FirstPageFirst(正常顺序，值是 0)或 QPrinter. LastPageFirst(反向顺序，值是 1)。

- 用 setPrintRange(range: QPrinter. PrintRange)方法设置打印范围的模式，参数 range 可取 QPrinter. AllPages(打印所有页，值是 0)、QPrinter. Selection(打印选中的页，值是 1)、QPrinter. PageRange(打印指定范围的页，值是 2)或 QPrinter. CurrentPage(打印当前页，值是 3)；用 setFromTo(fromPage: int, toPage: int)方法或 setPageRanges(ranges: QPageRanges)方法设置打印范围，参数 ranges 是 QPageRanges 的对象，可以用 QPageRanges 的 addPage(pageNumber: int)方法或 addRange(from_: int, to: int)方法添加要打印的页；用 clear()方法清除已经添加的页数；用静态方法 fromString(ranges: str)将字符串转换成 QPageRanges 对象，QPageRanges 类在 QtGui 模块中。
- 用 setPageSize(Union[QPageSize, QPageSize. PageSizeId, QSize])方法可以设置纸张的尺寸，其中枚举值 QPageSize. PageSizeId 定义了一些常用的纸张尺寸，常用的纸张尺寸如表 11-3 所示，也可用 QPageSize(pageSizeId: QPageSize. PageSizeId)、QPageSize(size: Union[QSizeF, QSize], units: QPageSize. Unit)方法定义新的尺寸。用 QPageSize 的 size(units: QPageSize. Unit)方法获取纸张尺寸 QSizeF；用 sizePixels(resolution: int)方法获取用像素表示的尺寸 QSize，或用 sizePoints()方法获取用点表示的尺寸 QSize。
- 用 setPaperSource(QPrinter. PaperSource)方法设置纸张来源(位置)，参数可取 QPrinter. Auto、QPrinter. Cassette、QPrinter. Envelope、QPrinter. EnvelopeManual、QPrinter. FormSource、QPrinter. LargeCapacity、QPrinter. LargeFormat、QPrinter. Lower、QPrinter. MaxPageSource、QPrinter. Middle、QPrinter. Manual、QPrinter. OnlyOne、QPrinter. Tractor、QPrinter. SmallFormat、QPrinter. Upper、QPrinter. CustomSource 或 QPrinter. LastPaperSource；用 supportedPaperSources()方法获取打印机支持的纸张来源列表。
- 用 setPageLayout (pageLayout: QPageLayout)方法为打印机设置页面布局，页面布局 QPageLayout 用于设置页面的方向、页面尺寸和页边距。用 QPageLayout 创建页面布局的方法是 QPageLayout( )或 QPageLayout(pageSize: Union

[QPageSize, QPageSize. PageSizeId, QSize], orientation: QPageLayout. Orientation, margins: Union [QMarginsF, QMargins], units: QPageLayout. Unit = QPageLayout. Point, minMargins: Union[QMarginsF, QMargins] = QMarginsF (0,0,0,0))。利用 QPageLayout 的 setPageSize(pageSize: Union[QPageSize, QPageSize. PageSizeId, QSize], minMargins: Union [QMarginsF, QMargins] = QMarginsF(0,0,0,0))方法可以设置纸张尺寸；用 setOrientation(orientation: QPageLayout. Orientation)方法设置方向（横向或纵向）；用 setMargins(margins: Union [QMarginsF, QMargins]) 方法设置页边距；用 setUnits (units: QPageLayout. Unit)方法设置单位；用 setMode(mode: QPageLayout. Mode)方法设置布局模式，参数 mode 可取 QPageLayout. StandardMode（打印范围包含页边距，值是 0）或 QPageLayout. FullPageMode（打印范围不含页边距，值是 1）。

表 11-2 打印机 QPrinter 的常用方法

QPrinter 的方法及参数类型	返回值的类型	说明
setPrinterName(str)	None	设置打印机名称
printerName()	str	获取打印机名称
setOutputFileName(str)	None	设置打印到文件的文件名
outputFileName()	str	获取打印文件名
setOutputFormat(QPrinter. OutputFormat)	None	设置打印到文件时的格式
setFullPage(bool)	None	设置是否整页模式打印
setPageMargins (margins: Union [QMarginsF, QMargins], units: QPageLayout. Unit = QPageLayout. Millimeter)	bool	设置打印页边距
setCopyCount(int)	None	设置打印份数
copyCount()	int	获取打印份数
setCollateCopies(collate: bool)	None	设置是否对照打印
collateCopies()	bool	获取对照打印
setFromTo(fromPage: int, toPage: int)	None	设置打印页数的范围
fromPage()	int	获取打印范围起始页
toPage()	int	获取打印范围终止页
setPageOrder(QPrinter. PageOrder)	None	设置打印顺序
pageOrder()	QPrinter. PageOrder	获取打印顺序
setResolution(int)	None	设置打印精度
resolution()	int	获取打印精度
setPageOrientation(QPageLayout. Orientation)	bool	设置打印方向
newPage()	bool	生成新页
abort()	bool	取消正在打印的文档
fullPage()	bool	获取是否整页模式
isValid()	bool	获取打印机是否有效
paperRect(QPrinter. Unit)	QRectF	获取纸张范围
setPrintRange(range: QPrinter. PrintRange)	None	设置打印范围的模式

续表

QPrinter 的方法及参数类型	返回值的类型	说　明
printRange()	QPrinter. PrintRange	获取打印范围的模式
printerState()	QPrinter. PrinterState	获取打印状态
setColorMode(QPrinter. ColorMode)	None	设置颜色模式
colorMode()	QPrinter. ColorMode	获取颜色模式
setDocName(str)	None	设置打印来源文档名
docName()	str	获取文档名
setDuplex(duplex: QPrinter. DuplexMode)	None	设置双面模式
duplex()	QPrinter. DuplexMode	获取双面模式
setFontEmbeddingEnabled(enable: bool)	None	设置是否启用内置字体
fontEmbeddingEnabled()	bool	获取是否启用内置字体
setPageSize(Union[QPageSize, QPageSize. PageSizeId, QSize])	bool	设置打印纸的尺寸
pageRect(QPrinter. Unit)	QRectF	获取打印范围
setPaperSource(QPrinter. PaperSource)	None	设置纸张来源
paperSource()	QPrinter. PaperSource	获取纸张来源
supportedPaperSources()	List[QPrinter. PaperSource]	获取支持的纸张来源列表
setPdfVersion(QPagedPaintDevice. PdfVersion)	None	设置 pdf 文档的版本
setPageRanges(ranges: QPageRanges)	None	设置选中的页数
pageRanges()	QPageRanges	获取选中的页数对象
setPageLayout(pageLayout: QPageLayout)	bool	设置页面布局
pageLayout()	QPageLayout	获取页面布局对象
supportedResolutions()	List[int]	获取打印机支持的分辨率列表
supportsMultipleCopies()	bool	获取是否支持多份打印

表 11-3　QPageSize. PageSizeId 的常用纸张尺寸值

QPageSize. PageSizeId 的取值	值	尺寸/(mm×mm)	QPageSize. PageSizeId 的取值	值	尺寸/(mm×mm)
QPageSize. Letter	0	215.9×279.4	QPageSize. B2	16	500×707
QPageSize. Legal	1	215.9×355.6	QPageSize. B3	17	353×500
QPageSize. Executive	2	190.5×254	QPageSize. B4	18	250×353
QPageSize. A0	3	841×1189	QPageSize. B5	19	176×250
QPageSize. A1	4	594×841	QPageSize. B6	20	125×176
QPageSize. A2	5	420×594	QPageSize. B7	21	88×125
QPageSize. A3	6	297×420	QPageSize. B8	22	62×88
QPageSize. A4	7	210×297	QPageSize. B9	23	44×62
QPageSize. A5	8	148×210	QPageSize. B10	24	31×44
QPageSize. A6	9	105×148	QPageSize. C5E	25	163×229
QPageSize. A7	10	74×105	QPageSize. Co10E	26	105×241
QPageSize. A8	11	52×74	QPageSize. DLE	27	110×220
QPageSize. A9	12	37×52	QPageSize. Folio	28	210×330
QPageSize. B0	14	1000×1414	QPageSize. Ledger	29	431.8×279.4
QPageSize. B1	15	707×1000	QPageSize. Tabloid	30	279.4×431.8

2. 打印机 QPrinter 的应用实例

运行下面的程序，选择合适的打印机、设置打印份数，并可选择是否打印到文件，单击"打印"按钮后开始打印。在每页上打印一个五角星。

```
import sys                                    # Demo11_1.py
from PySide6.QtWidgets import QApplication,QWidget,QComboBox,QPushButton,QCheckBox,\
                           QLineEdit,QSpinBox,QFormLayout
from PySide6.QtPrintSupport import QPrinter,QPrinterInfo
from PySide6.QtGui import QPen,QPainter,QPageSize,QPageLayout
from PySide6.QtCore import QPointF,QPoint
from math import cos,sin,pi

class MyWidget(QWidget):
    def __init__(self, parent = None):
        super().__init__(parent)
        self.comboBox = QComboBox()
        self.comboBox.currentTextChanged.connect(self.comboBox_currentText)
                                                                  #信号与槽连接
        self.spin_copies = QSpinBox()
        self.spin_copies.setRange(1,100)
        self.checkBox = QCheckBox('输出到文件')
        self.checkBox.clicked.connect(self.checkBox_clicked)
        self.line_file = QLineEdit()
        self.line_file.setText('d:/stars.pdf')
        self.line_file.setEnabled(self.checkBox.isChecked())
        self.btn_printer = QPushButton('打印')
        self.btn_printer.clicked.connect(self.btn_printer_clicked) #信号与槽连接
        formLayout = QFormLayout(self)
        formLayout.addRow("选择打印机:", self.comboBox)
        formLayout.addRow("设置打印份数:", self.spin_copies)
        formLayout.addRow(self.checkBox, self.line_file)
        formLayout.addRow(self.btn_printer)

        printerNames = QPrinterInfo.availablePrinterNames()
        self.comboBox.addItems(printerNames)
        self.comboBox.setCurrentText(QPrinterInfo.defaultPrinterName())
    def comboBox_currentText(self,text):                          #槽函数
        printInfo = QPrinterInfo.printerInfo(text)
        self.printer = QPrinter(printInfo)                        #打印机
        self.printer.setPageOrientation(QPageLayout.Portrait)
        self.printer.setFullPage(False)
        self.printer.setPageSize(QPageSize.A4)
        self.printer.setColorMode(QPrinter.GrayScale)
    def checkBox_clicked(self,checked):                           #槽函数
            self.line_file.setEnabled(checked)
    def btn_printer_clicked(self):                                #槽函数
        self.printer.setOutputFileName(None)
        if self.checkBox.isChecked():
            self.printer.setOutputFileName(self.line_file.text())  #设置打印到文件中
        if self.printer.isValid():
            self.painter = QPainter()
            if self.painter.begin(self.printer):
                pen = QPen()                                      #钢笔
```

```
            pen.setWidth(3)                                    #线条宽度
            self.painter.setPen(pen)                           #设置钢笔
            x = self.printer.paperRect(QPrinter.DevicePixel).width()/2
                                                               #中心 x 坐标
            y = self.printer.paperRect(QPrinter.DevicePixel).height()/2
                                                               #中心 y 坐标
            r = min(self.printer.pageRect(QPrinter.DevicePixel).width()/2,
              self.printer.paperRect(QPrinter.DevicePixel).height()/2)
                                                               #外接圆半径
            p1 = QPointF(r * cos(-90 * pi/180) + x,r * sin(-90 * pi/180) + y)
            p2 = QPointF(r * cos(-18 * pi/180) + x,r * sin(-18 * pi/180) + y)
            p3 = QPointF(r * cos(54 * pi/180) + x,r * sin(54 * pi/180) + y)
            p4 = QPointF(r * cos(126 * pi/180) + x,r * sin(126 * pi/180) + y)
            p5 = QPointF(r * cos(198 * pi/180) + x,r * sin(198 * pi/180) + y)
            pageCopies = self.spin_copies.value()
            for i in range(1,pageCopies + 1):
                self.painter.drawPolyline([p1, p3, p5, p2, p4, p1])    #绘制五角星
                print("正在提交第{}页,共{}页.".format(i,pageCopies))
                if i != pageCopies:
                    self.printer.newPage()
            self.painter.end()
if __name__ == "__main__":
    app = QApplication(sys.argv)
    win = MyWidget()
    win.show()
    sys.exit(app.exec())
```

3. 控件界面打印

如果要打印窗口或控件的界面,需要利用 QWidget 的 render()函数,它可以把窗口或控件的指定区域打印到纸张或文件中。render()函数的格式如下所示。

render(painter: QPainter,targetOffset: QPoint,sourceRegion: Union[QRegion,QBitmap,QPolygon,QRect] = Default(QRegion),renderFlags = QWidget.DrawWindowBackground | QWidget.DrawChildren)

其中:targetOffset 是指在纸张或文件中的偏移量; sourceRegion 是指窗口或控件的区域,如果不给出则取 rect()的返回值; target 是指绘图设备,如 QPixmap; renderFlags 是枚举值 QWidget. RenderFlag 取值的组合,可取 QWidget. DrawWindowBackground(打印背景)、QWidget. DrawChildren(打印子控件)或 QWidget. IgnoreMask(忽略 mask()函数)。

如果将上一个例子中的槽函数 btn_printer_clicked(self)作如下的修改,就可以把整个窗口打印到纸上或文件中。

```
def btn_printer_clicked(self):                                   #槽函数 Demo11_2.py
    self.printer.setOutputFileName(None)
    if self.checkBox.isChecked():
        self.printer.setOutputFileName(self.line_file.text()) #设置打印到文件中
    if self.printer.isValid():
        self.painter = QPainter()
        if self.painter.begin(self.printer):
```

```
        self.render(self.painter,QPoint(200,0))
        self.painter.end()
```

4. 控件内容的打印

有些控件中可以输入文本、图片等内容，例如在 QTextEdit 中可以输入图像、表格和较长的文本，如果只是想把控件中输入的内容打印出来，就需要用控件提供的打印函数。能打印控件内容的控件和打印函数如表 11-4 所示，当打印内容较长时，会自动分成多页内容打印。有关控件内容打印的例子见 11.2.2 节实例。

表 11-4　能打印控件内容的控件和打印函数

控　件	控件的打印函数	打印设备
QTextEdit	print_(printer: QPrinter)	QPrinter
QGraphicsView	render(painter: QPainter, target: Union[QRectF, QRect]=Default(QRectF), source: QRect=Default(QRect), aspectRatioMode: Qt.AspectRatioMode=Qt.KeepAspectRatio)	QPainter
QWebEngineView	print(printer: QPrinter)	QPrinter
QSvgWidget	render(painter: QPainter, targetOffset: QPoint, sourceRegion: Union[QRegion, QBitmap, QPolygon, QRect]=Default(QRegion), renderFlags = QWidget.DrawWindowBackground | QWidget.DrawChildren)	QPainter
QTextLine	draw(painter: QPainter, position: Union[QPointF, QPoint])	QPainter
QTextLayout	draw(p: QPainter, pos: Union[QPointF, QPoint], selections: Sequence[QTextLayout.FormatRange]), clip: Union[QRectF, QRect]=Default(QRectF))	QPainter

11.1.3　pdf 文档生成器 QPdfWriter 与实例

现在越来越多的资料以 pdf 文档的形式进行保存，PySide 可以将 QPainter 绘制的图形、文字和图像等转换成 pdf 文档。转换成 pdf 文档的类是 QPdfWriter，它继承自 QObject 和 QPagedPaintDevice。用 QPdfWriter 创建实例对象的方法如下所示。

```
QPdfWriter(filename:str)
QPdfWriter(device:QIODevice)
```

1. pdf 文档生成器 QPdfWriter 的常用方法

pdf 文档生成器 QPdfWriter 的常用方法如表 11-5 所示。主要方法是用 newPage()方法生成新页；用 setPageSize(pageSize: Union[QPageSize, QSize, QPageSize.PageSizeId])方法设置页面尺寸；用 setPageOrientation(QPageLayout.Orientation)方法设置文档的方向(横向或纵向)；用 setPageLayout(pageLayout: QPageLayout)方法设置布局(纸张尺寸、页边距和文档方向)；用 setPdfVersion(version)方法设置 pdf 文档的版本，参数 version 可取 QPdfWriter.PdfVersion_1_4、QPdfWriter.PdfVersion_A1b 或 QPdfWriter.PdfVersion_1_6，对应的值分别是 0、1、2。

表 11-5 pdf 文档生成器 QPdfWriter 的常用方法

QPdfWriter 的方法及参数类型	返回值的类型	说明
newPage()	bool	生成新页
setCreator(creator: str)	None	设置 pdf 文档的创建者
creator()	str	获取创建者
setPdfVersion(version: QPagedPaintDevice.PdfVersion)	None	设置版本号
setResolution(resolution: int)	None	设置分辨率(单位是 dpi)
resolution()	int	获取分辨率
setTitle(title: str)	None	设置 pdf 文档标题
title()	str	获取标题
setPageLayout(pageLayout: QPageLayout)	bool	设置布局
pageLayout()	QPageLayout	获取布局
setPageMargins(margins: Union[QMarginsF, QMargins], units: QPageLayout.Unit = QPageLayout.Millimeter)	bool	设置页边距
setPageOrientation(QPageLayout.Orientation)	bool	设置文档方向
setPageRanges(ranges: QPageRanges)	None	设置页数范围
pageRanges()	QPageRanges	获取页数范围
setPageSize(pageSize: Union[QPageSize, QSize, QPageSize.PageSizeId])	bool	设置页面尺寸

2. pdf 文档生成器 QPdfWriter 的应用实例

下面的程序创建 3 页 pdf 文档，每页中用 QPainter 绘制一个五角星。

```
import sys                                              # Demo11_3.py
from PySide6.QtWidgets import QApplication,QWidget,QPushButton
from PySide6.QtGui import QPainter,QPageSize,QPdfWriter
from PySide6.QtCore import QPointF
from math import sin,cos,pi
class MyWidget(QWidget):
    def __init__(self, parent = None):
        super().__init__(parent)
        btn_printer = QPushButton('Pdf 打印',self)
        btn_printer.clicked.connect(self.btn_printer_clicked)    #信号与槽连接
    def btn_printer_clicked(self):                              #槽函数
        pdfWriter = QPdfWriter("d:/mystrars.pdf")  #创建 pdf 文档生成器,设置文件名
        pageSize = QPageSize(QPageSize.A4)                      #纸张尺寸
        pdfWriter.setPageSize(pageSize)                         #设置纸张尺寸
        pdfWriter.setPdfVersion(QPdfWriter.PdfVersion_1_6)      #设置版本号
        painter = QPainter()
        if painter.begin(pdfWriter):
            size = pageSize.size(QPageSize.Millimeter)
            x = size.width() * 20                               #绘图区中心 x 坐标
            y = size.height() * 20                              #绘图区中心 y 坐标
            r = min(x/2,y/2)                                    #五角星的外接圆半径
            p1 = QPointF(r * cos( - 90 *  pi/180) + x,r *  sin( - 90 *  pi/180) + y)
```

```
                p2 = QPointF(r * cos( - 18 * pi/180) + x,r * sin( - 18 * pi/180) + y)
                p3 = QPointF(r * cos(54 * pi/180) + x,r * sin(54 * pi/180) + y)
                p4 = QPointF(r * cos(126 * pi/180) + x,r * sin(126 * pi/180) + y)
                p5 = QPointF(r * cos(198 * pi/180) + x,r * sin(198 * pi/180) + y)
                pageCopies = 3                #页数
                for i in range(1,pageCopies + 1):
                    painter.drawPolyline([p1, p3, p5, p2, p4, p1])    #绘制五角星
                    print("正在打印第{}页,共{}页.".format(i,pageCopies))
                    if i != pageCopies:
                        pdfWriter.newPage()
                painter.end()
if __name__ == "__main__":
    app = QApplication(sys.argv)
    win = MyWidget()
    win.show()
    sys.exit(app.exec())
```

11.2 打印对话框和打印预览对话框

除了直接用 QPrinter 进行打印外，还可以利用打印对话框 QPrintDialog 来打印，在对话框中完成对 QPrinter 的设置并进行打印。一般在打印前需要对打印的内容进行打印预览，打印预览对话框是 QPrintPreviewDialog，还可以利用打印预览控件 QPrintPreviewWidget 创建打印预览对话框。PySide 提供的 Windows 10 平台下的打印对话框和打印预览对话框如图 11-2 所示。

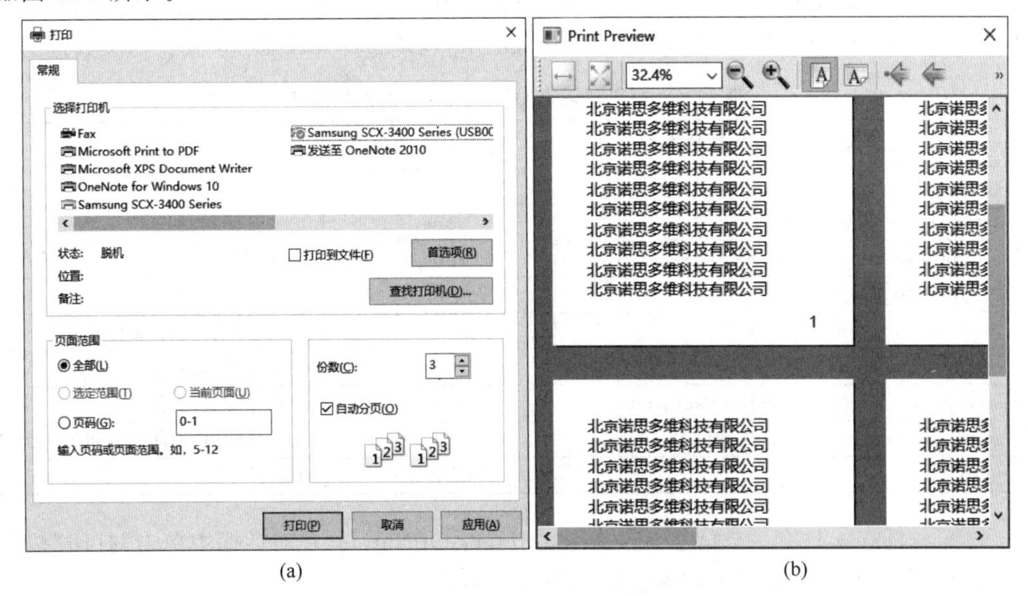

(a) (b)

图 11-2 打印对话框和打印预览对话框

(a) 打印对话框；(b)打印预览对话框

11.2.1 打印对话框 QPrintDialog 与实例

打印对话框 QPrintDialog 提供了对 QPrinter 各种参数的设置功能，例如打印机的选择、打印方向、颜色模式、打印份数、纸张和页边距等。QPrintDialog 继承自 QAbstractPrintDialog 和 QDialog，用 QPrintDialog 创建打印对话框的方法如下所示，为指定的 QPrinter 对象创建对话框需要提供 QPrinter，如果没有提供 QPrinter，将使用系统默认的打印机。

```
QPrintDialog(parent:QWidget = None)
QPrintDialog(printer:QPrinter,parent:QWidget = None)
```

1. 打印对话框 QPrintDialog 的常用方法和信号

打印对话框 QPrintDialog 的常用方法如表 11-6 所示，主要方法介绍如下。

- 一般用 exec()方法模式显示对话框，在对话框中单击“打印”按钮，返回值为 1，同时发送 accepted(printer: QPrinter)信号，在对话框中单击“取消”按钮，返回值为 0。也可用 setVisible(visible: bool)方法或 show()方法显示对话框，这两种方法没有返回值。
- 用 setOption(option,on: bool=True)方法可以在显示对话框之前预先设置一些选项，其中 option 可取 QPrintDialog. PrintToFile、QPrintDialog. PrintSelection、QPrintDialog. PrintPageRange、QPrintDialog. PrintShowPageSize、QPrintDialog. PrintCollateCopies 或 QPrintDialog. PrintCurrentPage；用 testOption(option)方法测试是否设置了某个选项。
- 用 setPrintRange(range)方法设置打印范围选项，range 可取 QPrintDialog. AllPages、QPrintDialog. Selection、QPrintDialog. PageRange 或 QPrintDialog. CurrentPage；用 setFromTo(fromPage: int,toPage: int)方法设置打印页数范围。

表 11-6 打印对话框 QPrintDialog 的常用方法

QPrintDialog 的方法及参数类型	返回值的类型	说明
exec()	int	模式显示对话框
setVisible(visible: bool)	None	显示打印对话框
setOption(option,on: bool=True)	None	设置可选项
setOptions(options)	None	设置多个可选项
testOption(option)	bool	测试是否设置了某种选项
setPrintRange(range)	None	设置打印范围选项
setFromTo(fromPage: int,toPage: int)	None	设置打印页数范围
setMinMax(min: int,max: int)	None	设置打印页数的最小和最大值
printer()	QPrinter	获取打印机

QPrintDialog 只有一个信号 accepted(printer: QPrinter)，在对话框中单击“打印”按钮时发送信号，参数是设置了打印参数的 QPrinter 对象。

2. 打印对话框 QPrintDialog 的应用实例

运行下面的程序，单击“打印”按钮，弹出打印对话框，选择系统中的打印机、设置打印份数后,单击对话框中的“打印”按钮后开始打印。这里打印内容是五角星。

```
import sys                                           # Demo11_4.py
from PySide6.QtWidgets import QApplication,QWidget,QPushButton
from PySide6.QtPrintSupport import QPrinter,QPrintDialog
from PySide6.QtGui import QPen,QPainter
from PySide6.QtCore import QPointF
from math import sin,cos,pi

class MyWidget(QWidget):
    def __init__(self, parent = None):
        super().__init__(parent)
        self.btn_printer = QPushButton('打印',self)
        self.btn_printer.clicked.connect(self.btn_printer_clicked)        #信号与槽连接
        self.printDialog = QPrintDialog(self)
        self.printDialog.accepted.connect(self.printDialog_accepted)     #信号与槽连接
    def btn_printer_clicked(self):                                       #槽函数
        self.printDialog.exec()
    def printDialog_accepted(self,printer):                              #槽函数
        if printer.isValid():
            painter = QPainter()
            if painter.begin(printer):
                pen = QPen()                                             #钢笔
                pen.setWidth(3)                                          #线条宽度
                painter.setPen(pen)                                      #设置钢笔
                x = printer.paperRect(QPrinter.DevicePixel).width()/2     #中心x坐标
                y = printer.paperRect(QPrinter.DevicePixel).height()/2    #中心y坐标
                r = min(printer.pageRect(QPrinter.DevicePixel).width()/2,
                    printer.paperRect(QPrinter.DevicePixel).height()/2)   #外接圆半径
                p1 = QPointF(r * cos( - 90 * pi/180) + x,r * sin( - 90 * pi/180) + y)
                p2 = QPointF(r * cos( - 18 * pi/180) + x,r * sin( - 18 * pi/180) + y)
                p3 = QPointF(r * cos(54 * pi/180) + x,r * sin(54 * pi/180) + y)
                p4 = QPointF(r * cos(126 * pi/180) + x,r * sin(126 * pi/180) + y)
                p5 = QPointF(r * cos(198 * pi/180) + x,r * sin(198 * pi/180) + y)
                painter.drawPolyline([p1, p3, p5, p2, p4, p1])            #绘制五角星
                painter.end()
if __name__ == "__main__":
    app = QApplication(sys.argv)
    win = MyWidget()
    win.show()
    sys.exit(app.exec())
```

11.2.2 打印预览对话框 QPrintPreviewDialog 与实例

在开始打印之前,一般需要预览打印的效果。预览打印效果可在打印预览对话框 QPrintPreviewDialog 中进行。用 QPrintPreviewDialog 创建打印预览对话框的方法如下所示,一般需要提供一个已经定义的 QPrinter 对象,如果没有提供则用系统默认的打印机。

```
QPrintPreviewDialog(parent:QWidget = None,flags:Qt.WindowFlags = Default(Qt.WindowFlags))
QPrintPreviewDialog(printer:QPrinter,parent:QWidget = None,flags:Qt.WindowFlags =
    Default(Qt.WindowFlags))
```

打印预览对话框 QPrintPreviewDialog 的显示方法仍是 exec()、setVisible(visible: bool)或 show()方法，在显示对话框之前会发送 paintRequested(printer: QPrinter)信号，需要在 paintRequested(printer: QPrinter)对应的槽函数中编写要预览的内容，把内容输入到参数 printer 上。要获取打印对话框中关联的打印机，可以使用 QPrintPreviewDialog 的 printer()方法。

下面的程序是打印预览对话框和打印对话框的应用实例。运行该程序，在 QTextEdit 控件中输入内容，单击文件菜单中的"打印预览"命令，弹出打印预览对话框，可查看打印效果；在打印预览对话框中单击按钮，弹出打印对话框即可进行打印，或者关闭打印预览对话框，单击文件菜单中的"打印"命令，弹出打印对话框进行打印。

```
import sys                                                    # Demo11_5.py
from PySide6.QtWidgets import QApplication,QWidget,QTextEdit,QMenuBar,QVBoxLayout
from PySide6.QtPrintSupport import QPrintPreviewDialog,QPrintDialog,QPrinter,QPrinterInfo
from PySide6.QtCore import Qt
class MyWidget(QWidget):
    def __init__(self, parent = None):
        super().__init__(parent)
        self.showMaximized()
        menuBar = QMenuBar()
        fileMenu = menuBar.addMenu("文件(&F)")
        openAction = fileMenu.addAction("打开")
        openAction.triggered.connect(self.openAction_triggered)          #信号与槽连接
        previewAction = fileMenu.addAction("打印预览")
        previewAction.triggered.connect(self.previewAction_triggered)  #信号与槽连接
        printAction = fileMenu.addAction("打印")
        printAction.triggered.connect(self.printAction_triggered)        #信号与槽连接
        fileMenu.addSeparator()
        fileMenu.addAction("退出").triggered.connect(self.close)          #信号与槽连接
        self.textEdit = QTextEdit()
        V = QVBoxLayout(self)
        V.addWidget(menuBar)
        V.addWidget(self.textEdit)
        self.printer = QPrinter(QPrinterInfo.defaultPrinter())           #创建默认的打印机
    def openAction_triggered(self):                                      #槽函数
        #在此添加打开文件代码,将内容读取到 QTextEdit 中,这里以简单文本代替
        font = self.textEdit.font()
        font.setPointSize(30)
        self.textEdit.setFont(font)
        for i in range(100):
            self.textEdit.append("北京诺思多维科技有限公司")
    def previewAction_triggered(self):                                   #槽函数
        previewDialog = QPrintPreviewDialog(self.printer, self, flags =
                                                                         #打印预览对话框
```

```
                Qt.WindowMinimizeButtonHint | Qt.WindowMaximizeButtonHint |
                Qt.WindowCloseButtonHint)
        previewDialog.paintRequested.connect(self.preview_paintRequested)
        previewDialog.exec()
        self.printer = previewDialog.printer()
    def preview_paintRequested(self,printer):              #槽函数
        self.textEdit.print_(printer)                      #预览 QTextEdit 控件中的内容
    def printAction_triggered(self):                       #槽函数
        printDialog = QPrintDialog(self.printer)
        printDialog.accepted.connect(self.printDialog_accepted)   #信号与槽连接
        printDialog.exec()
    def printDialog_accepted(self,printer):                #槽函数
        self.textEdit.print_(printer)                      #打印 QTextEdit 控件中的内容
if __name__ == "__main__":
    app = QApplication(sys.argv)
    win = MyWidget()
    win.show()
    sys.exit(app.exec())
```

11.2.3 打印预览控件 QPrintPreviewWidget

打印预览对话框 QPrintPreviewDialog 实际上包含一个打印预览控件 QPrintPreviewWidget，用户可以将打印预览控件 QPrintPreviewWidget 嵌入到自己的应用程序中，从而不使用打印预览对话框进行打印预览，而是在自定义的界面中进行打印预览。

用 QPrintPreviewWidget 进行打印预览的过程与用打印预览对话框 QPrintPreviewDialog 进行预览的过程相同。首先要创建 QPrintPreviewWidget 的应用实例，可以将其放入其他控件中，然后将 QPrintPreviewWidget 的信号 paintRequested (printer: QPrinter)与槽函数连接，最后在对应的槽函数中编写要打印的内容。

QPrintPreviewWidge 继承自 QWidget，用 QPrintPreviewWidge 创建打印预览控件的方法如下所示，如果没有指定 printer 参数，则使用系统默认的打印机。

```
QPrintPreviewWidget(parent:QWidget = None,flags:Qt.WindowFlags = Default(Qt.WindowFlags))
QPrintPreviewWidget(printer:QPrinter,parent:QWidget = None,flags:Qt.WindowFlags =
    Default(Qt.WindowFlags))
```

打印预览控件 QPrintPreviewWidget 的常用方法如表 11-7 所示，主要方法介绍如下。

- 用 updatePreview()方法可以更新预览，发送 paintRequested(printer)信号；用 print_()方法打印预览的内容。
- 用 setViewMode(viewMode: QPrintPreviewWidget. ViewMode)方法设置预览模式，参数 viewMode 可取 PrintPreviewWidget. SinglePageView(单页模式，值是 0)、QPrintPreviewWidget. FacingPagesView（左右两页模式，值是 1）或 QPrintPreviewWidget. AllPagesView（所有页模式，值是 2)，也可分别使用 setSinglePageViewMode()方法、setFacingPagesViewMode()方法或 setAllPagesViewMode()方法设置。

• 可以对预览进行缩放，用 setZoomMode(zoomMode: QPrintPreviewWidget.ZoomMode)方法设置缩放模式，参数 zoomMode 可取 QPrintPreviewWidget.CustomZoom(自定义缩放模式，值是 0)、QPrintPreviewWidget.FitToWidth(以最大宽度方式显示，值是 1)或 QPrintPreviewWidget.FitInView(以最大适合方式显示，值是 2)。后两种模式可以用 fitToWidth()方法和 fitInView()方法代替；对于自定义缩放模式，可以先用 setZoomFactor(zoomFactor: float)方法定义缩放系数，然后用 zoomIn(zoom: float=1.1)方法和 zoomOut(zoom: float=1.1)方法进行缩放。

表 11-7 打印预览控件 QPrintPreviewWidget 的常用方法

QPrintPreviewWidget 的方法及参数类型	返回值的类型	说 明
[slot]updatePreview()	None	更新预览，发送 paintRequested (printer) 信号
pageCount()	int	获取页数
[slot]print_()	None	用关联的 QPrinter 进行打印
[slot]setCurrentPage(pageNumber: int)	None	设置当前预览的页
currentPage()	int	获取当前预览的页
[slot]setOrientation(orientation: QPageLayout.Orientation)	None	设置预览方向
[slot]setLandscapeOrientation()	None	横向预览
[slot]setPortraitOrientation()	None	纵向预览
[slot]setViewMode(viewMode: QPrintPreviewWidget.ViewMode)	None	设置预览模式
[slot]setSinglePageViewMode()	None	以单页模式预览
[slot]setFacingPagesViewMode()	None	以左右两页模式预览
[slot]setAllPagesViewMode()	None	以所有页全部显示模式预览
[slot]setZoomMode(zoomMode: QPrintPreviewWidget.ZoomMode)	None	设置缩放模式
[slot]fitToWidth()	None	以最大宽度方式显示当前页
[slot]fitInView()	None	以最大适合方式显示当前页
[slot]setZoomFactor(zoomFactor: float)	None	设置缩放系数
zoomFactor()	float	获取缩放系数
[slot]zoomIn(zoom: float=1.1)	None	缩小显示
[slot]zoomOut(zoom: float=1.1)	None	放大显示

打印预览控件 QPrintPreviewWidget 的信号有 paintRequested(printer: QPrinter)和 previewChanged()，当显示打印预览控件或更新预览控件时发送 paintRequested(printer: QPrinter)信号，需要在参数 printer 上写入需要预览的内容；当打印预览控件的内部状态发生改变时，例如预览方向发生改变，就会发送 previewChanged()信号。